随着人类经济社会的快速发展，环境问题日益严峻，人类生存面临巨大挑战。在国家提出"双碳"战略的宏观背景下，新能源作为战略性新兴产业正迅猛崛起。以锂电池为代表的清洁二次电化学储能技术，成为支撑新能源产业的新质生产力并受到重点关注。其中，固态锂电池因其高安全性、高能量密度和长循环寿命等优势，正凸显其与日俱增的重要性和强大的生命力。

固态锂电池采用固态电解质替代传统液态电解液，不仅有望解决传统锂电池在安全性和能量密度等方面的瓶颈，还可为新能源应用领域带来更广泛、更可靠的解决方案。因此，固态锂电池在电动汽车、航空航天、可穿戴设备及智能物联网等领域都具有极大发展潜力。为推动固态锂电池的快速发展，首先需要对其关键材料、应用技术及存在的问题进行深入探讨，加强知识积累，从而更好地理解其工程技术下掩藏的科学问题，进一步推动技术发展，为电池技术的创新和可持续发展奠定坚实基础。

回溯历史，我们不难看出锂电池之所以能在二十年内实现从发明到应用，很大程度上受益于近现代物理、化学、电子及材料等多学科的交叉融合。本书不仅旨在推动固态锂电池技术，更深层的目的在于启迪读者、学者思考和畅想未来电能存储的极限。我国学者受中国传统哲学思维的影响，深知万物衍化中的奇异关联，一定可以迸发出中国特色的科技思路，为下一代电池技术提供里程碑式的突破。

本书围绕固态锂电池关键材料、相应制备技术及未来发展趋势进行分章阐述：第1章为固态锂电池概述；第2章为固态电解质材料；第3章为固态锂电池正极材料；第4章为固态锂电池负极材料；第5章为固态锂电池用黏结剂；第6章为固态锂电池电芯制备相关工艺和配套设备；第7章为固态锂电池界面问题；第8章为固态锂电池理论模拟与机器学习；第9章为固态锂电池器件安全性能评估；第10章为固态锂电池应用现状及未来发展面临的挑战与对策。

本书内容主要源自作者及研究团队多年来的研发经验和知识积累，考虑到固态锂电池技术的迅猛发展，新材料、新体系、新技术、新机理等不断涌现，本书同时总结了固态锂电池关键材料及相关制备技术的最新科研和产业化技术成果，汇聚了国内外许多相关研究者的心血。

在本书撰写过程中，得到了陈立泉院士、孙世刚院士和江雷院士的鼓励和大力支持，衷心感谢他们欣然为本书作序。其中，中国科学院青岛生物能源与过程研究所及青岛储能产业技术研究院的研发人员张建军、韩鹏献、崔子立、鞠江伟、徐红霞、胡乃方、刘涛、张焕瑞、郝建港、许高洁、胡磊、马君、杜晓璠、张舒、周倩、黄浪、吴天元、赵井文等参与了资料收集、整理以及相应章节的撰写和修改工作，在此对他们的努力付出表示衷心的感谢！

固态锂电池的研究和应用涉及有机化学、电化学、材料、物理等学科的概念和理论，是基础研究与应用研究的高度集成，限于作者的时间和精力，疏漏与不足之处在所难免，敬请同行与读者不吝赐教。

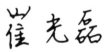

崔光磊

2024年07月

目录 CONTENTS

第 1 章
固态锂电池概述

1.1 发展固态锂电池的重要性与迫切性

有机液态锂离子电池已广泛应用于国民经济的诸多领域（如移动电子设备、电动汽车、大规模储能等），并逐步向深海、深空、深地、极地、单兵作战装备、无人机（军用、民用）、外太空探索等特种应用领域进发。国家"双碳"战略的提出，更是给以锂离子电池为典型代表的二次电化学储能技术带来了极佳的发展机遇。

然而，有机液态锂离子电池存在安全隐患，原因在于：

① 主流的碳酸酯溶剂一般具有挥发性强、闪点低的特点，在较高温度下易燃易爆，并有一定毒性，这限制了其使用温度。

② 负极表面容易形成枝晶，刺穿隔膜，造成正负极短路，导致电池起火。当负极表面不均匀时，在多次充放电循环过程中容易导致多余的锂在负极表面富集堆积，形成锂枝晶，可能刺穿具有微孔结构的隔膜，连接到正极极片，造成正负极短路。

与此同时，随着手机、笔记本等移动电子设备以及电动汽车、大规模储能等对锂离子电池能量密度和安全性能等要求的不断攀升，传统液态锂离子电池在充放电过程中不可避免地发生副反应，不仅影响电池寿命，同时有机易燃电解液引起的安全问题以及行业内多起汽车自燃问题，引发民众对锂电池安全性的疑虑。

2023年1月到7月，发生的多起新能源汽车自燃事件，引起了国家监管部门的注意。2023年7月28日，工业和信息化部装备工业发展中心发布了《关于开展2023年新能源汽车安全隐患排查工作的通知》，对新能源汽车安全隐患排查工作进行了部署，并对其起火燃烧事故调查及上报的时限和内容做出了明确规定。

剖析电池安全隐患根源、揭示内在失效机理是构筑高安全电池体系的前提。在商用液态锂离子电池中，尺寸稳定性差的聚烯烃隔膜及易燃、易泄漏有机电解液被认为是导致电池热失控的首要因素。然而，研究发现，提高隔膜热稳定性和采用阻燃性电解液只能在一定程度上减缓电池放热行为，并无法从根本上杜绝电池热失控发生[1,2]。追本溯源，从微观层面深入理解电池热失控链式放热反应演变路径至关重要。中国科学院青岛生物能源与过程研究所Cui等在深入剖析电池放热特性基础上，提出电池材料（电极材料/电解质/添加剂等）之间的热兼容性对电池安全性至关重要[3]。该团队通过原位/非原位耦合手段对三元高镍电池的失效机理进行了材料-电池多层级探索。采用同位素滴定-质谱在线气体检测装置，在三元电池的石墨负极发现氢化锂（LiH）的存在，且证实了该组分与电解液之间较差的热稳定性是诱导电池链式自放热行为的主要因素。进一步，通过自主设计开发的原位检测电池热失控气体穿梭行为的双反应球测试装置，证明了负极侧由LiH诱导产生的H_2可穿梭至正极侧，加速剧烈放热行为，引起电池热失控[4-6]。基于上述研究，发现电池负极界面层化学组分及其衍生物对电池热失控具有重要影响。因此，如何有效抑制负极侧LiH的积累和H_2的产生是从材料本征上解决电池安全问题的关键。

传统液态锂离子电池材料的本征特性决定了其不能满足未来高性能器件对锂离子电池能量密度、循环寿命和安全性等多方面的苛刻要求。因此，用无氢固态电解质代替易燃易爆的液态电解液，有望从根本上解决锂电池产氢问题，切断热失控的引发源，制备具有高安全、高可靠本质特征的锂电池体系，实现高能量密度动力电池的安全化设计。因此，固态锂电池已经成为研发热点（图1.1）。

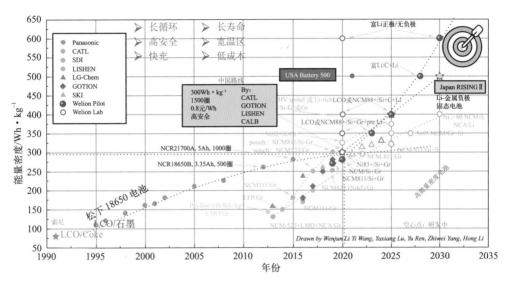

图1.1　固态锂电池提升电池体系的安全性、能量密度、循环寿命等特性

1.2　固态锂电池工作原理与优势

相对比传统液态锂离子电池，固态锂电池最大的不同就是采用固态电解质替代了液态电解液（图1.2），因此固态锂电池具有如下优势[7, 8]：

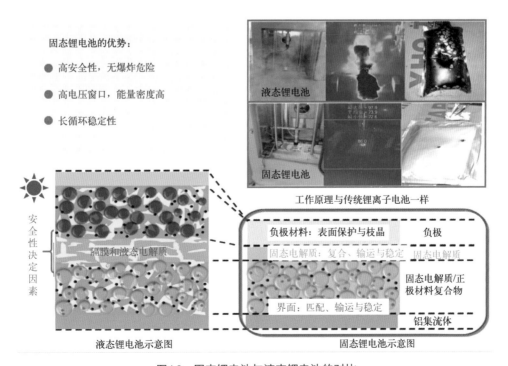

图1.2　固态锂电池与液态锂电池的对比

① 由于采用了不易挥发、不易泄漏、不易燃烧的固态电解质，固态锂电池即使在遭遇过充、短路、挤压、高温等极端条件时，也不会发生自燃或者爆炸等。因此，固态锂电池具有更高的安全性能。

② 不同于采用碳酸酯电解液的传统锂离子电池，固态锂电池由于采用了固态电解质，可以兼容更高电位、更高放电比容量的正极材料（如 $LiNi_{0.8}Co_{0.1}Mn_{0.1}O_2$ 和 $LiNi_{0.90}Co_{0.05}Mn_{0.05}O_2$ 等）以及采用更低电位、更高比容量的锂金属作为负极，因此固态锂电池具有更高的能量密度（预计 $\geqslant 500Wh \cdot kg^{-1}$）；除此之外，由于固态锂电池具有本征高安全性，电池管理系统可以更加简化、轻质化，使整个电池组的能量密度进一步得到提高。

③ 固态锂电池耐高温性能好，潜在应用场景更加广泛，如可以应用于深地等领域。

④ 由于更耐机械冲击，因此固态锂电池有望应用于抗枪击的单兵作战装备等军事领域。

1.3　固态锂电池分类

按照不同的分类标准，固态锂电池可以分为不同的类型。

① 按照固态锂电池中是否含有液体小分子增塑剂，可以分为固态锂电池和全固态锂电池。锂电池中含有较高质量或体积比的固态电解质，而同时含有少量液体小分子增塑剂（$\leqslant 5\%$）的电池，可以称为固态锂电池或固液混合锂电池，但实际上这并不是真正意义上的全固态锂电池。固态锂电池在工作温度范围内，不含有任何液体小分子增塑剂的，可称为全固态锂电池。

② 按照所采用固态电解质的不同，固态锂电池可以分为聚合物固态锂电池、无机固态锂电池两大类。两类固态锂电池各有优势和弊端。聚合物固态锂电池柔韧性好，因此适用于可穿戴器件；除此之外，聚合物固态锂电池还适用于批量化制备大容量锂电池。国外已经有聚合物固态锂电池商业化应用的案例（如法国的 Bolloré 公司），在中国也已经有聚合物固态电源系统的全海深示范应用。但该类电池的最大缺点是低温或室温离子电导率偏低。相对比而言，无机固态锂电池中的氧化物循环性能良好，适用于薄膜柔性器件，但该类电池器件容量偏低，较适用于医疗机械（如心脏起搏器等）以及日用消费品（如芯片等）。氧化物无机固态电解质的缺点是质地硬且其与正负极之间的界面接触阻抗过大，需要进行界面的有效修饰和调控。硫化物无机固态电解质室温离子电导率最高，是未来的主要研究方向，但是该类固态电解质对空气和水分敏感，极易发生分解。未来将无机固态电解质和聚合物电解质的优势整合，制备出高性能有机/无机复合固态电解质是主要发展方向之一。

1.4　固态锂电池国内外政策

1.4.1　固态锂电池国内政策

2020 年 11 月，国家发改委发布了《新能源汽车产业发展规划（2021—2035 年）》，其中提到：实施电池技术突破行动，加快固态动力电池技术研发与产业化。首次将固态电池的研发上升到国家层面。除此之外，国家重点专项也进一步加强了对固态电池的支持力度。如在 2021 年 2 月科技部高新司发布的"十四五" 18 个重点专项中，就有 3 个专项（高端功能与智能材料重点专项、新能源汽车重点专项以及储能、智能电网技术重点专项）与固态电池密切相关。

2023 年 1 月，工信部、教育部、科技部、人民银行、银保监局、能源局联合印发了《关于推动能源电子产业发展的指导意见》，其核心内容包括"开发安全经济的新型储能电池，加强新型储能电池产业化技术攻关，推进先进储能技术及产品规模化应用；研发固态电池，加强固态电池标准体系研究"。可以看出国家各部委对固态电池的重视程度。

为落实"十四五"期间国家科技创新有关部署安排，国家重点研发计划启动实施"深海和极地关键技术与装备"重点专项。2023 年 6 月，"深海和极地关键技术与装备"重点专项 2023 年度项目申报指南中，持续聚焦"超高能量密度全固态软包电池（共性关键技术类）"，旨在突破固态电池在 110MPa 环境下从颗粒到电芯的界面构建、结构演化、应力分布、寿命衰减、安全性边界等瓶颈问题，构建满足各类深海应用的颠覆性超高能量密度全固态电池体系。

综上所述，国家政策的加持将极大推动固态锂电池的快速发展。

1.4.2　固态锂电池国外政策

海外国家抢先研发布局全固态电池，实行资金补贴，大力推进技术落地。如日本打造车企和电池厂共同研发体系，政府资金扶持力度超 2 千亿日元（约合 100 亿元人民币），力争 2030 年实现全固态电池商业化，能量密度目标为 $500Wh \cdot kg^{-1}$。韩国政府提供税收抵免支持固态电池研发，叠加动力电池巨头联合推进，目标是于 2025—2028 开发出能量密度为 $400Wh \cdot kg^{-1}$ 的商用技术，2030 年完成装车。欧洲国家中德国研发布局投入最大。美国由能源部出资，初创公司主导研发，并与众多车企达成合作，目标在 2030 年能量密度达到 $500Wh \cdot kg^{-1}$。

1.5　固态锂电池发展路线

固态锂电池主要包括两种技术路线，一种是仍处在研发阶段的硫化物电解质路线，日本和韩国在该领域布局较早，几乎垄断了相关专利。另一种是聚合物电解质路线，率先实现了示范化应用，目前正处于产业化关键节点。

1.5.1　国内固态锂电池发展路线

国内以市场驱动为主，短期聚焦半固态电池和固态电池技术（表 1.1），同时布局硫化物路线。代表厂商为卫蓝新能源、清陶能源、辉能科技、中科深蓝汇泽新能源等，同时传统锂离子电池企业如比亚迪、宁德时代等也已经进军固态锂电池相关领域。预计 2024 年实现规模放量生产。

中国科学院青岛生物能源与过程研究所开发出的深海特种固态锂离子电池，可满足全海深电源系统对高耐压、高安全、高能量密度的"三高"苛刻要求，打破国外技术垄断，为国产深海装备提供了高可靠能源动力供给。深海高压环境模拟实验室压力实验显示：中国科学院青岛生物能源与过程研究所研制的高能量密度固态锂电池电源系统在121MPa模拟全海深极端压力下可实现对外正常供电，并连续远赴马里亚纳海沟展开深海科考与探测示范应用。自2015年至今，青岛能源所已经累计为各类深海科考装备用户提供了110批次的固态锂电池电源系统，产品高质量运行，高安全、高可靠特性在深海苛刻极端环境下得到充分验证，产生了巨大的社会效益。

表1.1　国内知名公司/科研机构的固态锂电池发展路线

公司/科研机构	路线	固态电解质	正极	负极	能量密度/Wh·kg^{-1}	应用领域
宁德时代	凝聚态	高动力仿生凝固态电解质	—	—	500	—
比亚迪	全固态	聚合物、氧化物、硫化物	—	—	—	自供
卫蓝新能源	半固态	聚合物+氧化物	高镍三元	硅基/预锂化	360	蔚来
清陶能源	半固态	聚合物+氧化物	高镍三元	硅基/预锂化	368	上汽、北汽、广汽
亿纬锂能	半固态+全固态	聚合物+氧化物、聚合物、氧化物、卤化物	高镍三元	硅基/预锂化	330	—
赣锋锂业	半固态	聚合物+氧化物	高镍三元	含锂负极	360	大众、东风、广汽、赛力斯、曙光
辉能科技	半固态	氧化物	高镍三元	硅基/预锂化	270	奔驰、VinFast、ACC、FE、Gogoro、蔚来、一汽
国轩高科	半固态	聚合物+氧化物	高镍三元	硅基/预锂化	360	高合
孚能科技	半固态	聚合物+氧化物	高镍三元	硅基/预锂化	330	奔驰、广汽、吉利、东风
蜂巢科技	半固态	聚合物+氧化物	高镍三元	硅基/预锂化	300	—
中科深蓝汇泽	全固态	聚合物+硫化物	高镍三元	无锂负极	≥550	无人机、空天领域等
	固态	聚合物	高镍三元	硅碳	≥360	深海特种电源、民用等

注：数据来源于网上公开信息。

1.5.2　国外固态锂电池发展路线

国外主打全固态路线，各国力争实现固态锂电池商业化。各国厂商研发、生产模式呈现差异化，主要是自行研发、联合研发及投资初创公司，以全固态路线为主。材料体系选择多样化，技术迭代迅速，部分企业已交付A样，将于2025年集中量产，2028年大规模商业化放量生产。国外固态锂电池发展路线如表1.2所示。

表1.2　国外固态锂电池发展路线

国家	公司	正负极技术	固态电解质	研发/产能进展
美国	Quantum Scape	无负极设计	氧化物（LLZO，主打）、硫化物（LGPS，储备）	计划在2024年实现0.25GWh产能，2025年提高至0.75GWh，最终目标在2028年实现91GWh产能
	Solid Power	NCM正极/FeS$_2$+硅基/金属锂基负极	硫化物	目前提出的三种固态电池设计概念包括：第一代硅负极固态电池，第二代锂金属固态电池，第三代高能量密度正极材料固态电池，分别计划在2024年、2026年实现量产
	SES	—	聚合物	2023年后将有1GWh的产能，预计到2028年将超过100GWh，在2025年实现商业化生产
	Ionic Materials	负极结构预计将转向硅主导和锂金属材料	全新聚合物	Ionic Materias研究人员已经宣布3项重大突破，包括锂离子在聚合物中移动的比常规液态电解液还要快，其材料工作电压高达5V，且能在室温环境下稳定工作
	Factorial Energy	—	FEST（专有固态电解质材料）	在2021年与梅赛德斯-奔驰公司达成了战略协议，获得其约10亿美元投资金额以支持固态电池研发，并计划在5年内实现小批量量产
日本	丰田	层状氧化物正极+碳素负极	硫化物	预计在2025年前实现全固态电池小规模量产，并首先搭载于混动车型，2030年前推出全固态电池电动车型，实现持续的、稳定量的固态电池生产
	松下	NCA正极+合金（硅基）负极	卤化物/硫化物（主打）	松下与日本的主要汽车制造商丰田、日产、本田联手展开了固态电池研发项目；此外松下开发出一种AI高科技材料分析手法，并将其预先应用于全固态电池的研发中，在特定的课题上进行确认
	日产	—	硫化物	已成功开发全固态电池，预计2025年试生产，2028年正式生产一款固态电池的电动汽车
韩国	LG新能源	NCM811正极+全硅负极	硫化物	计划2026年推出650Wh·L^{-1}的聚合物固态电池；2028年推出750Wh·L^{-1}的聚合物固态电池和完成硫化物全固态电池开发，2030年推出超过900Wh·L^{-1}的硫化物固态电池
	三星SDI	NCA正极+新型负极	硫化物	2022年3月，三星宣布一条全固态电池试验线S-Line破土动工，当S-Line完成后，大规模的试生产将成为可能。三星SDI力争在5～8年内实现固态电池大规模生产
	SKI	NCM正极+高含量硅负极	硫化物	计划在2025年前推出使用镍锰和硅、石墨的固态电池，并于2030年前推出锂金属负极电池

注：数据来源于网上公开信息。

美国：初创企业风靡，商业化进程较快。着重于推动电动车产业链本土化，拥有大量固态电池初创公司，创新为主打，以快速融资上市为主要目的，技术路径多为聚合物电解质和氧化物电解质，商业化进程较快。代表厂商为Solid Power、SES、Quantum Scape等。

日本：组织产学研联合，全力搭建硫化物技术体系。日本厂商普遍较早布局固态电池，通常以企业与机构联合研发的形式推进，主攻硫化物固态电解质。代表厂商包括丰田、松下、日产等企业。

韩国：内部研发与外部合作并行，主攻硫化物技术体系。研究模式以企业自行研究和外部合作并行为主，技术路线集中于硫化物体系，电芯开发速度稍逊于日本，但韩企延续正负极材料研发优势，有望较快搭建固态电池材料供应链。领先厂商包括三星SDI、LG、SKI等企业。

1.6 固态锂电池和固态电解质的未来发展方向

在Lux两年一次的市场预测报告中，我们发现，到2035年，整个能源存储市场的年收入将增长到5460亿美元，年度部署将达到3046亿千瓦时。到2035年，人口流动仍然是能源存储年度收入和需求的长期驱动因素，总市场份额按年收入计算为74%，按需求计算为91%。与此同时，固定存储市场将在2023年超过电子设备市场，Lux预计届时它将成为一个价值304亿美元、装机容量为52.5GWh的产业。

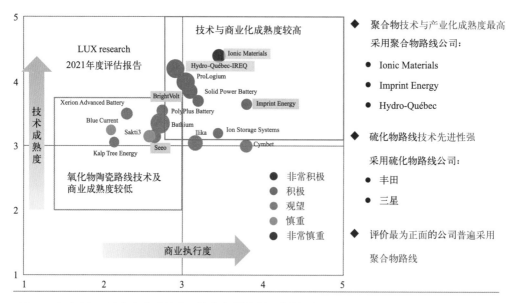

图1.3　固态电解质路线商业成熟度及技术先进性分析（数据来源于LUX research 2021年度评估报告）

与此同时，LUX research的2021年度评估报告，对国内外固态电解质路线商业成熟度及技术先进性进行了深入分析（图1.3）。权威评估报告显示聚合物路线商业化成熟度最高，硫化物路线离子传输指标高，将两条路线进行有效结合，有望成为全固态电池的重要解决方案，国内企业中科深蓝汇泽新能源是这条路线的代表性企业。经专利检索，中国科学院青岛生物能源与过程研究所和中科深蓝汇泽在此领域有136项专利申请，授权专利有66项，显示了很好的技术积累。专利检索发现，国外硫化物代表企业丰田、三星近年来也在硫化物和聚合物领域加速布局，这足以说明该技术路线巨大的发展潜力。

参考文献

[1] Liu X, Ren D, Hsu H, et al. Thermal runaway of lithium ion batteries without internal short circuit[J]. Joule, 2018, 2: 2047-2064.

[2] Lu D, Zhang S, Li J, et al. Transformed solvation structure of noncoordinating flame-retardant assisted propylene carbonate enabling high voltage Li-ion batteries with high safety and long cyclability [J]. Advanced Energy Materials, 2023, 13: 2300684.

[3] Xu G, Huang L, Lu C, et al. Revealing the multilevel thermal safety of lithium batteries [J]. Energy Storage Materials, 2020, 31: 72-86.

[4] Huang L, Xu G, Du X, et al. Uncovering LiH triggered thermal runaway mechanism of a high energy $LiNi_{0.5}Co_{0.2}Mn_{0.3}O_2$/graphite pouch cell[J]. Advanced Science, 2021, 8: 2100676.

[5] Huang L, Lu T, Xu G, et al. Thermal runaway route of large format Li-S batteries[J]. Joule, 2022, 6: 906-922.

[6] Zhang X, Huang L, Xie B, et al. Deciphering the thermal failure mechanism of anode-free lithium metal pouch batteries[J]. Advanced Energy Materials, 2023, 2203648.

[7] Zhang J, Yang J, Dong T, et al. Aliphatic polycarbonate-based solid-state polymer electrolytes for advanced lithium batteries: advances and perspective[J]. Small, 2018, 14: 1800821.

[8] 张雅岚，苑志祥，张浩，张建军，崔光磊. 高镍三元高比能固态锂离子电池的研究进展 [J]. 化学学报，2023, 81: 1724-1738.

第 2 章
固态电解质材料

2.1　聚合物固态电解质关键材料

聚合物固态电解质是构建高安全固态锂电池最有前景的固态电解质体系之一，该类电解质有望取代液态电解质，满足高安全、高能量密度固态锂电池的需求。聚合物固态电解质的优势在于聚合物基体材料本身的优异特性（如机械稳定性、不易泄漏和柔韧性等）。按照基体材料的不同，聚合物固态电解质主要分为聚醚类、聚碳酸酯类、聚丙烯酸酯类、聚丙烯腈类、聚硅氧烷类、聚氨酯类、单离子导体类、聚偏氟乙烯类、聚甲醛类等[1, 2]。聚合物固态电解质的发展历程如图2.1所示。

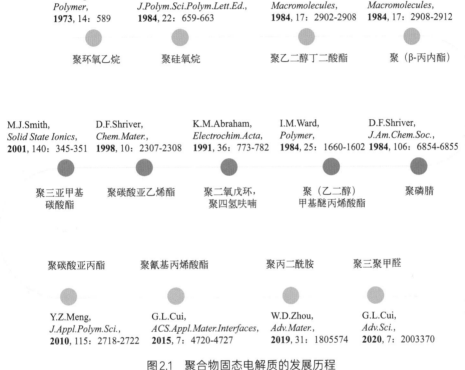

图2.1　聚合物固态电解质的发展历程

2.1.1　聚合物固态电解质基体材料

2.1.1.1　聚醚

聚醚基聚合物固态电解质，是研究最早、研究最多的一类聚合物固态电解质体系，聚环氧乙烷（PEO）是其典型代表[3]。PEO基聚合物固态电解质的优点在于：与锂负极兼容性好，化学稳定性高。缺点是：结晶度高，导致室温锂离子电导率偏低，因此需要在相对较高的温度（60～80℃）下运行；电化学稳定窗口相对较窄（≤4V），不能搭配高电压的正极材料，导致固态锂电池能量密度偏低。针对PEO基聚合物固态电解质的上述缺点，科研人员设计并发展了共混、共聚、有机/无机复合、多层电解质等多种有效策略[4-8]。

为提高PEO聚合物固态电解质的耐高电压性能，Cui等[8]开发了组分可调的三层不对称PEO聚合物固态电解质。在靠近正极侧选用了三氟（全氟叔丁氧基）硼酸锂（LiTFPFB）/PEO，LiTFPFB不仅可以优化CEI组分，还可以通过和PEO之间的离子偶极相互作用降低PEO的HOMO能级，从而提高PEO的电化学氧化稳定性。中间层为PEO-SN-LiTFSI，丁二腈的加入可以有效降低PEO结晶度，一定程度上提高了聚合物固态电解质的离子电导率。靠近锂金属负极的为PEO-LiTFSI-5%LiTFPFB，该电解质层有效隔绝了丁二腈与锂金属负极的副反应，进而实现了对锂金属负极的有效保护。组装的LiCoO₂/Li金属电池能够在2.5～4.3V的电压范围内稳定循环100圈，容量保持率高达83.5%。

除PEO外，环醚聚合物固态电解质还包括聚1,3-二氧戊环（PDOL）和聚1,3-二氧六环（PDOX），主要采用原位聚合的方法制备[8-10]。环醚的原位开环聚合是构建聚醚基聚合物固态电解质的有效手段。2019年，Archer等[9]采用三氟甲磺酸铝［Al(OTf)₃］作引发剂成功诱导了DOL的聚合。通过向DOL+2mol·L⁻¹双三氟甲烷磺酰亚胺锂（LiTFSI）中引入Al(OTf)₃后，铝基阳离子攻击DOL氧原子并引发DOL的开环聚合（图2.2），进而获得聚合物固态电解质（PDOL-SPE）。所制备得到的PDOL聚合物固态电解质的室温离子电导率为1.0×10^{-3}S·cm⁻¹，完全满足室温聚合物固态锂电池的运行需要。使用PDOL-SPE组装的LiFePO₄/Li电池在室温、1C条件下循环700圈后容量保持率高达76%，0.2C下循环200圈后容量保持率大于75%，远高于液态电解质（0.2C下循环100圈后容量保持率低于30%）。

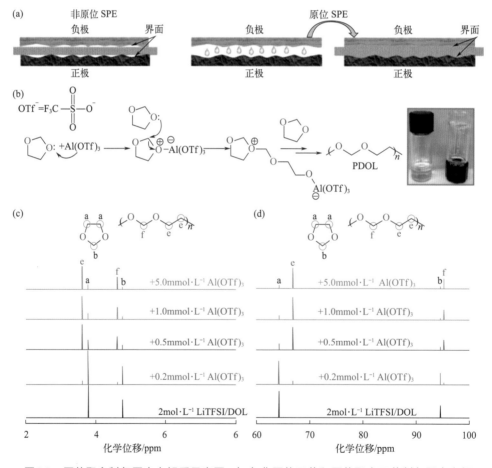

图2.2　原位聚合制备固态电解质示意图：（a）非原位工艺和原位聚合工艺制备固态电解质（SPE）的示意图对比；（b）Al(OTf)₃引发DOL聚合的反应机制。不同Al(OTf)₃浓度下液态DOL和PDOL-SPE的氢（c）和碳（d）核磁共振谱图

华南师范大学的Zheng通过将液体前驱体的分子结构从五元环（DOL）调整为六元环(DOX)，原位制备的PDOX-PE因其延长的烷基链降低了HOMO能级而表现出卓越的氧化稳定性（超过4.7V）[10]。此外，延长的烷基链还削弱了其溶剂化能力，这不仅提供了较高的Li^+迁移数（0.75），还有助于形成高度稳定的富含无机物的固态电解质界面层，赋予其高度致密的锂沉积形态以及超过1300h的锂沉积/剥离可逆性。

采用$Al(OTf)_3$引发锂电池内前驱体原位聚合的工作为构建室温高离子电导率、低界面阻抗的固态聚合物锂电池提供了一种有效的方法，但上述两类聚合物固态电解质是否可以有效兼容高镍正极材料（如$LiNi_{0.90}Co_{0.05}Mn_{0.05}O_2$等）和石墨或硅碳负极，仍需要做进一步的考察和验证。

2.1.1.2 聚碳酸酯

聚碳酸酯聚合物固态电解质，由于其特殊的分子结构（含有强极性碳酸酯基团）以及高介电常数，可以有效减弱阴阳离子间的相互作用，提高载流子数量，从而提高离子电导率，被认为是一类非常有应用前景的聚合物固态电解质体系。脂肪族聚碳酸酯聚合物固态电解质主要包括聚三亚甲基碳酸酯、聚碳酸乙烯酯、聚碳酸丙烯酯和聚碳酸亚乙烯酯等[11-15]。相对于高结晶度的PEO聚合物固态电解质，脂肪族聚碳酸酯为无定形结构，高分子链柔顺性高，有利于锂离子的传输，室温离子电导率较高；电化学稳定窗口较高（≥4.4V）；尺寸热稳定性优异（≥150℃）。

2017年，Cui等[15]利用碳酸亚乙烯酯的自由基聚合反应在锂金属电池内部原位构筑了聚碳酸亚乙烯酯（PVCA）/二氟草酸硼酸锂（LiDFOB）聚合物固态电解质（PVCA-SPE），并且首次将PVCA作为聚合物固态电解质基体应用于锂电池中。第一性原理计算结果表明：锂离子更容易与PVCA中的氧原子发生相互作用，形成Li^+—O＝C络合结构；而且锂离子与C＝O上的氧原子持续的偶合/去偶合过程能够促进锂离子的快速传输（图2.3）。研究还发现原位生成的PVCA-SPE与锂金属负极具有优异的界面相容性，使得Li/Li对称电池在经过600h的恒电流充放电测试后并未出现短路现象。

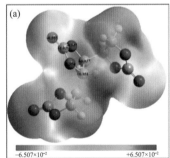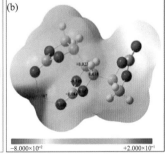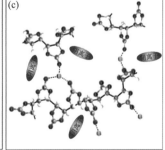

图2.3 PVCA与Li^+相互作用示意图：（a）PVCA（三个重复单元）的电子云密度；（b）引入一个锂离子的PVCA的电子云密度；（c）PVCA与锂离子相互作用图

但是，脂肪族聚碳酸酯电解质在使用时需要充分考虑与碱性电极材料的兼容性问题。即将该类聚合物固态电解质与碱性电极匹配使用时，需要对电极做相应的界面修饰和保护处理。

2.1.1.3 聚丙烯酸酯

聚丙烯酸酯聚合物固态电解质,是一类非常适合原位聚合的固态电解质体系;并且该类聚合物还非常适合进行共聚、嵌段等分子结构设计,通过改变丙烯酸酯单体类型,可以得到结构多样化的聚合物固态电解质[16,17]。其中,侧链为氧化乙烯链段的聚丙烯酸酯电解质最受科研人员关注,因为位于侧链的氧化乙烯链段几乎不存在结晶行为,这使得聚合物固态电解质的室温离子电导率可以提高至$10^{-5}S\cdot cm^{-1}$以上。但是,这种聚合物固态电解质仍然存在聚醚链段氧化稳定性差的问题。为此,Cui等[17]通过甲氧基聚氧化乙烯丙烯酸酯和2-乙基氰基丙烯酸酯原位共聚制备了侧链含有氰基的聚丙烯酸酯电解质(CA-PGL),使聚合物固态电解质的电化学稳定窗口提升至4.9V,显著抑制了氧化乙烯链段的电化学氧化分解。原位组装的高电压$LiCoO_2/Li$电池在60℃、4.4V充电上限截止电压条件下,循环500圈后的容量保持率高达80.7%;在更高的充电上限截止电压条件下(4.5V)也可以稳定循环100圈,容量保持率可达93.5%。

2.1.1.4 聚丙烯腈

聚丙烯腈(PAN)作为一种有机聚合物,被广泛应用于各个领域,并因为其所具有的高热稳定性、宽电化学稳定窗口、高电解液吸液率等特点被认为是制备凝胶聚合物电解质的合适基材[18]。研究表明,PAN类凝胶电解质的电导率与锂盐和塑化剂与PAN的摩尔比有关。在选择合适塑化剂和锂盐的情况下,PAN类凝胶电解质的室温电导率可以达到$10^{-3}S\cdot cm^{-1}$,且t_{Li^+}可以达到0.5。不仅如此,考虑到PAN自身独有的高氧化稳定性,其在高比能电池中展现出极高的应用前景。尽管存在上述优点,PAN类电解质依旧存在不可避免的缺点,如加工性能差使其难以制备成自支撑的电解质膜,以及其与锂金属负极较差的兼容性。为提高PAN类电解质的力学性能,通常采用交联或者引入高机械强度聚合物共混的方法。除此之外,静电纺丝是制备自支撑电解质膜最简单有效的方法。Raghavan等采用静电纺丝的方法制备了PAN类凝胶电解质[19]。该电解质的室温离子电导率达到$2\times10^{-3}S\cdot cm^{-1}$,电化学稳定窗口达到4.7V($vs. Li/Li^+$)。组装的$LiFePO_4/Li$电池的初始放电比容量达到$150mAh\cdot g^{-1}$,循环50圈后的容量保持率大于90%。为解决PAN与锂金属负极的兼容性,Goodenough等报道了高浓盐的设计策略,其中锂盐为主要成分,通过提高锂盐的浓度(盐包聚合物设计策略)来提高PAN类电解质对金属锂的兼容性[20]。得益于高浓盐产生的聚集离子对所形成的连续Li^+传输通道,所制备的高浓PAN电解质在30℃时的电导率达到$8.5\times10^{-3}S\cdot cm^{-1}$,Li/Li对称电池在$0.1mA\cdot cm^{-2}$的电流密度下可以稳定循环超过200h,组装的$LiFePO_4/Li$电池在0.2C下循环100圈后的容量保持率高达95.1%。Hu等采用同步静电纺丝/静电喷雾的方法制备了由ZrO_2和PAN组成的复合聚合物电解质,该电解质在25℃下的离子电导率达到$1.16\times10^{-3}S\cdot cm^{-1}$,组装的Li/Li对称电池在$1mA\cdot cm^{-2}$的电流密度下可以稳定循环5000h[21]。

2.1.1.5 聚硅氧烷

聚硅氧烷(PSE)通常指含有−Si−O−Si−结构的聚合物,该类聚合物通常具有较低的玻璃化转变温度(T_g)、高热稳定性以及对锂金属兼容性好等特点,作制备聚合物电解质的基材颇具研究价值[22]。然而,单独的聚硅氧烷对锂盐的溶解和解离较差,因此通常需要与其他含极性基团的聚合物共聚、共混等以达到预期的效果。Fonseca等的实验表明，硅氧烷-EO共聚物在添加5%LiClO$_4$后，25℃的离子电导率达到2.6×10^{-4}S·cm^{-1}[23]。Zhang等合成了硅氧烷-环状碳酸酯共聚物，在添加15%LiTFSI后，所制备的电解质表现出最大的离子电导率（1.62×10^{-4}S·cm^{-1}）[24]。Zhang等合成了对苯磺酰胺锂的单离子导体聚硅氧烷类聚合物电解质，在浸润EC/PC后，该单离子导体的室温离子电导率达到7.2×10^{-4}S·cm^{-1}，t_{Li^+}达到0.89[25]。Seki等将聚硅氧烷与聚醚聚氨酯共混，所得电解质的室温离子电导率达到约10^{-5}S·cm^{-1}[26]。

2.1.1.6 聚氨酯

聚氨酯（PU）的特征重复单元是—NHCOO—，是由含异氰酸酯（—NCO）单体与含羟基（—OH）或氨基（—NH$_2$）的单体反应制备的。聚氨酯通常含有软段和硬段两种结构单元，软段主要包含聚醚、聚酯等单元，有利于Li$^+$的传输，而硬段主要提供机械强度。聚氨酯这种特殊的结构特点赋予其灵活的结构设计、优异的力学性能以及与不同种类聚合物或无机填料极高的兼容性，是制备聚合物电解质的新型基材。迄今为止，多种不同种类的聚氨酯（包括聚醚类、聚酯类、聚硅氧烷、单离子导体等）以及不同改性措施（包括共混、复合等）都被用于聚合物电解质的研究。

早在1985年，Watanable等首次采用4,4'-二苯基甲烷二异氰酸酯（MDI）、乙二胺（EDA）、聚环氧丙烷（PPO）合成聚醚类聚氨酯。研究发现，LiClO$_4$选择性溶解在聚醚类聚氨酯的软段内，所制备的聚醚类聚氨酯电解质在40℃的离子电导率约为10^{-8}S·cm^{-1}[27]。Son等制备了聚酯类聚氨酯电解质并以EMImTFSI离子液体作为塑化剂，该凝胶电解质55℃的电导率达到10^{-4}S·cm^{-1}，所装配的LiNi$_{0.6}$Co$_{0.2}$Mn$_{0.2}$O$_2$/Li电池在0.2C，4.2V充电截止电压下循环100圈后的容量保持率达到81.9%[28]。Wu等合成的含聚硅氧烷（PDMS）段的聚醚类聚氨酯电解质的室温最大离子电导率可以达到1.05×10^{-5}S·cm^{-1}。该研究证明了硅氧烷链段的引入可以显著提升聚氨酯类聚合物电解质的电导率[29]。Kuo等将50% 1mol·L^{-1} LiClO$_4$/PC添加到含聚二甲基硅氧烷软段（FM-4411）的聚醚聚氨酯中所得到凝胶电解质的电导率在25℃时达到5.9×10^{-4}S·cm^{-1}[30]。Tan等制备了PU/PVDF复合聚合物电解质，该电解质的拉伸强度可以达到8.4MPa[31]。Yu等制备了PU/Li$_7$La$_3$Zr$_2$O$_{12}$（LLZO）复合电解质，该电解质在80℃的电导率可以达到8.89×10^{-5}S·cm^{-1}。

2.1.1.7 单离子导体

传统聚合物电解质是由聚合物基体和小分子锂盐等物质组成，锂盐需要解离形成游离的Li$^+$后才能进行锂离子的传输。但是，锂盐中游离阴离子的存在导致锂离子的迁移数普遍偏低，且在正负电极之间形成浓度梯度，造成电池极化并缩短电池的循环寿命。相比较而言，聚合物单离子导体电解质中阴离子几乎不发生迁移，Li$^+$迁移数较高，接近于1，被认为是目前解决锂电池浓差极化的理想选择。Armand提出用强吸电子基团氟化烷基代替普通烃基基团可以促进Li$^+$的解离，并设计合成了聚[（4-苯乙烯磺酰基）（氟磺酰基）酰亚胺锂]（LiPSFSI）作为单离子导体[32]。该单离子导体中的—SO$_2$—N(-)—SO$_2$CF$_3$基团具有较好的增塑作用，可以增加聚合物基质链段的柔顺性，降低聚合物电解质的结晶度，加速Li$^+$的传输，增加离子电导率，同时—CF$_3$为较强的吸电子基团，可以促进Li$^+$的解离。将LiPSFSI与PEO共混制备的聚合物电解质展现出较高的离子导电性，Li$^+$迁移数为0.9，在4.5V下具有较稳定的电化学窗口。

近期，Cui等[33]等采用热诱导原位聚合全氟乙烯基铝酸锂的方法，设计制备出一种基于锂盐原位聚合的单离子导体聚合物电解质新体系。研究表明，该单离子导体具有独特的多离子结构，不仅具有高的锂离子迁移数，还能够有效抑制过渡金属的溶出-迁移-沉积，可以使能量密度为437Wh·kg^{-1}的NCM811（3.7mAh·cm^{-2}）/Li（50μm）软包电池保持良好的长循环稳定性。更重要的是，该单离子导体可以明显改善NCM811/Li软包电池的热失控行为，将电池的热释放起始温度（T_{onset}）和热失控温度（T_{tr}）分别提高了34℃和72℃。这种基于锂盐原位聚合的单离子导体为高比能锂金属电池循环寿命和安全性的提升开辟了一个新的方向。

2.1.1.8 聚偏氟乙烯

聚偏氟乙烯（PVDF）聚合物固态电解质由于主链中含有大量吸电子能力较强的F原子以及具有较高的介电常数（约8），得到了众多科研工作者的关注[34, 35]。清华大学的Nan等[34]通过实验并结合第一性原理计算，探究了一种新型的PVDF基固态电解质，发现在锂金属负极界面会原位形成具有稳定、均匀镶嵌结构的纳米级界面层，该界面可以有效抑制锂枝晶的生长。

该课题组通过进一步研究[35]还发现：PVDF聚合物固态电解质中残余DMF溶剂的含量对于改善固态电解质的性质十分关键。PVDF、锂盐和键合态的DMF分子之间存在着协同作用，使得该类聚合物固态电解质的离子电导率和固态电池的电化学性能得到了大幅改善。当前PVDF聚合物固态电解质的改性方法主要有共混[36]、接枝[37]、有机/无机复合[38]、静电纺丝[39]等。

2.1.1.9 聚甲醛

三聚甲醛（TXE）是合成聚甲醛最易获得且最便宜的原料之一。TXE不仅可以作为合成工程塑料的单体，还可以成为构建锂电池高性能电解质的重要构成要素[40-44]。

2020年，中国科学院青岛生物能源与过程研究所的Cui等[40]通过原位聚合制备了由LiDFOB引发的含TXE和丁二腈（SN）的新型共晶固态聚合物电解质。由于TXE中氧原子上的孤对电子与SN上强吸电子的氰基之间相互作用，TXE和SN混合可以得到室温深共晶溶液，将LiDFOB加入其中，在80℃下引发TXE原位聚合，便获得了在室温下具有优异电化学性能的固态聚合物电解质。组装的4.3V LiCoO$_2$/Li金属电池在室温下具有优异的循环性能（200次循环后容量保持率为88%）和高库仑效率（99.3%），远远优于SN-LiDFOB。结合理论计算和表征分析，该团队进一步提出了TXE基聚合物固态电解质在4.3V LiCoO$_2$/Li金属电池中的多功能作用机制：LiCoO$_2$正极上形成主要由聚甲醛（POM）和氟化锂（LiF）组成的有效钝化层，抑制Co的溶解，保持晶格结构稳定；Li金属表面会形成以POM为主的保护层，防止SN与Li金属之间的副反应发生，抑制Li枝晶的生长，提高了电池的循环稳定性。

2023年北京理工大学的Huang等[41]使用TXE作为前驱体，原位聚合构建由富LiF内层和含有锂聚甲醛（LiPOM）外层组成的SEI（固态电解质界面）双层结构，并进一步应用于高能量密度、长循环寿命锂金属电池进行了验证。此外，华中科技大学Xin Guo团队[42]原位聚合制备了由TXE、2,2,2-三氟-N,N-二甲基乙酰胺（FDMA）、氟代碳酸乙烯酯（FEC）和LiDFOB作前驱体的准固态聚合物电解质，形成的双层SEI改善了界面离子传导以及化学和机械稳定性，进一步将该聚合物电解质应用于低温锂金属电池，实现了低温下快速离子传输和可逆高稳定循环。基于该聚合物固态电解质的NCM811/Li扣式电池在−20℃条件下表现出优异的长循环稳定性，200次循环后仍然有接近150mAh·g^{-1}的高放电比容量和99.1%的高容量保持率。

截至目前，聚合物固态电解质已经取得了非常大的进步，开发出多款聚合物固态电解质体系（如聚醚类、聚碳酸酯类、聚丙烯酸酯类、聚偏氟乙烯类、聚甲醛类等），但聚合物固态电解质依然需要进一步提升综合性能，以满足高性能固态锂电池发展的需要。

笔者认为，固态聚合物电解质的设计应综合考虑正负极材料特性，从热力学能级调控等角度考虑对高分子进行分子级的设计与调控，进而兼顾高离子电导率、宽电化学稳定窗口、优异力学性能等特性（图2.4），以满足高能量密度锂电池对固态聚合物电解质的需要。

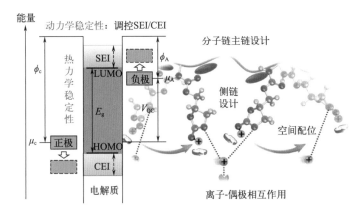

图2.4 高性能聚合物固态电解质的设计思路和理念（SEI：固态电解质界面；CEI：正极电解质界面；LUMO：最低未占分子轨道；HOMO：最高占有分子轨道；E_g：能带隙）

能否开发出同时兼具超轻、超薄（≤5μm）、高机械强度（≥50MPa）、高杨氏模量（≥8GPa）、室温高离子电导率（≥10^{-3}S·cm^{-1}）、宽电化学稳定窗口（0～5V,*vs.*Li$^+$/Li）、Li/Li沉积/脱出稳定（6mA·cm^{-2}，6mAh·cm^{-2}）、柔韧性好、可批量化制备的聚合物固态电解质，对于推进高能量密度、长循环寿命室温固态锂金属电池的快速发展至关重要。与此同时，考虑到超高能量密度无负极固态锂电池的发展需要，开发与无负极固态锂电池发展相匹配的新型高性能固态电解质，同样值得高度关注。以上几点均是未来聚合物固态电解质需要进一步努力的方向。

2.1.2 聚合物固态电解质制备工艺

聚合物固态电解质的制备工艺可分为非原位和原位两种。其中，非原位制备工艺是先将聚合物、锂盐等组分在有机溶剂中溶解混匀，然后将溶液通过浇注、流延、刮涂等方法制膜，再控制条件将溶剂挥发完全，最后制备得到聚合物固态电解质膜。

与非原位不同，原位聚合工艺是一种新型的制备聚合物固态电解质的方法，可以使聚合物固态电解质与电极间保持良好的界面相容性，有利于提升固态电池性能[45-48]。原位聚合工艺是将引发剂、锂盐、单体等混合得到前驱体溶液后组装电池，随后通过引发剂触发单体聚合生成聚合物固态电解质。根据原位聚合机理的不同，原位聚合工艺可分为自由基聚合、离子聚合等。通过原位聚合工艺，可以有效提升聚合物固态电解质在室温下的电化学性能以及固/固界面的高效相容性和稳定性，目前已经成为制备固态锂电池的主流技术之一。聚合物固态锂电池非原位和原位制备方法对比见图2.5。

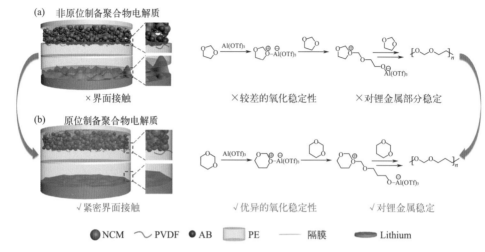

图2.5 聚合物固态锂电池（a）非原位和（b）原位制备方法的优劣势对比

具体到制备工艺，溶液铸膜法等非原位技术制备的固态聚合物电解质因与正负极之间存在不良固/固接触，导致产生较高的界面阻抗进而恶化电池性能；相比较而言，采用原位固态化制备技术，则有利于液态前驱体充分润湿正负极进而保证良好的界面稳定性和高效离子传输。然而，目前大多数原位固态化技术是自由基热聚合，需要加入额外引发剂且需要高温等苛刻条件；而离子聚合则具有巨大优势，可以在室温条件下以锂盐或锂金属等作为引发剂进而有效避免杂质引入。离子聚合主要包括阳离子聚合和阴离子聚合。

不同于传统的自由基聚合，阳离子聚合原位固态化技术构建固态聚合物电解质所采用的引发剂可以是二氟草酸硼酸锂（LiDFOB）、六氟磷酸锂（LiPF$_6$）、四氟硼酸锂（LiBF$_4$）等；且聚合条件更温和（室温即可引发）。采用阳离子聚合原位固态化构建的固态聚合物电解质的有机单体主要包括1,3-二氧戊环（DOL）、1,3-二氧六环（DOX）、三聚甲醛、氧杂环丁烷（Oxetane）、三(乙二醇)二乙烯基醚（TEGDVE）、氰基聚乙烯醇（PVA-CN）等[49]。除阳离子聚合原位固态化策略构建高安全锂电池固态聚合物电解质外，阴离子聚合也可以用于原位固态化制备固态聚合物电解质。目前，采用阴离子聚合原位固态化策略构建固态聚合物电解质的单体主要包括氰基丙烯酸乙酯（502）、二甲基丙烯酰胺（DMA）等[50]。

2.1.3 锂盐

电解液是锂电池的"血液"，在电池的充放电过程中起着传输离子的作用。锂电池电解液中的锂盐应满足如下要求：①在溶剂或聚合物中应具有高的溶解度和解离度，以利于溶剂化锂离子的快速迁移；②锂盐阴离子应具有较高的氧化还原稳定性，或可以在正负极界面形成好的界面保护膜以达到抑制电解质进一步分解的效果；③阴离子对电解质及电池组件（如隔膜、集流体、电池壳体等）稳定等性质。

由于锂离子的离子半径小，大多数简单的锂盐不能满足在低介电常数溶剂中的最低溶解度要求，因大多数符合最低溶解度标准的锂盐都是路易斯酸试剂和稳定的简单阴离子核组成的复杂阴离子。例如，六氟磷酸锂（$LiPF_6$）的阴离子可以被看作是由路易斯酸PF_5络合F^-形成的，此类阴离子，也称为超强酸阴离子。其结构中，负电荷由强吸电子的路易斯酸配体均匀分布，因此这些锂盐在低介电常数的溶剂中更容易溶解。另一方面，基于较温和路易斯酸的阴离子可以在正常条件下与有机溶剂保持稳定，这些锂盐主要包括高氯酸锂（$LiClO_4$）和各种硼酸锂、砷酸盐、磷酸盐等。图2.6展示了部分代表性锂盐的发展历程，下面将详细概述几类重要锂盐在聚合物电解质锂电池中的应用。

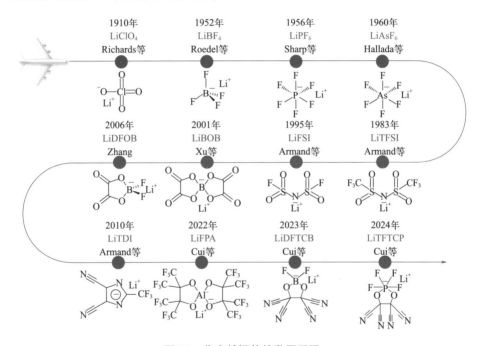

图2.6 代表性锂盐的发展历程

表2.1 代表性锂盐的物化参数

锂盐	分子量	热分解温度/℃	熔点/℃	Al腐蚀	σ（25℃）/mS·cm^{-1}
$LiClO_4$	106.4	236	236	N	8.4
$LiPF_6$	151.9	80	200	N	10.7
$LiBF_4$	93.9	>100	293	N	4.9
$LiAsF_6$	195.9	>100	340	N	11.1
LiTFSI	286.9	>100	234	Y	9.0
LiFSI	187.0	>100	200	Y	10.9
LiBOB	193.8	>100	275	N	2.1
LiDFOB	143.8	>100	200	N	3.9
LiTDI	192.0	>100	160	N	6.7
LiFPA	697.9	>100	230	N	1.3
LiDFTCB	216.0	>100	210	N	3.0

2.1.3.1 磷酸锂盐

LiPF$_6$的首次报道可追溯到1956年[51]。在所有的锂盐中，LiPF$_6$是商业化锂离子电池的主盐，也是综合性能最优的锂盐之一（表2.1）。它具有比LiAsF$_6$更低的离子电导率、比LiTFSI更低的解离常数、比大多数锂盐更低的热稳定性，但这些其他锂盐都不能像LiPF$_6$那样同时满足锂电池对锂盐多方面的要求。LiPF$_6$的成功是因为其能够提供各种性能的最佳平衡，可以在石墨负极上形成有利的SEI以及在铝集流体上形成高效保护层等。尽管LiPF$_6$在综合性能上具有优势，然而LiPF$_6$还存在化学/热力学稳定性差、对水敏感等突出问题。

目前，多数聚合物电解质在室温条件下离子电导率较低（如PEO，$10^{-4} \sim 10^{-5}$mS·cm^{-1}），40 $\sim$ 60℃下可达到较高数值（10^{-2}mS·cm^{-1}左右），但LiPF$_6$化学/热力学稳定性差、对水敏感等问题极大限制了LiPF$_6$在聚合物电解质中的应用。少量的LiPF$_6$与PEO共混可有效拓宽聚合物电解质的电化学稳定窗口，少量LiPF$_6$与LiFSI共混可抑制LiFSI腐蚀铝集流体。基于LiPF$_6$路易斯强酸性特点，Shen等将其作为化学反应引发剂，以ZrO$_2$催化DOL聚合，制备PDOL/钇稳定的氧化锆复合固态电解质，该复合材料具有较高的离子电导率及较好的电极兼容性，其电化学稳定窗口最高可达5.1V（$vs.$ Li$^+$/Li）。鉴于LiPF$_6$在液态电解质中的优异性能，将固态电解质以少量电解液作为浸润剂或塑化剂可提高其离子导电性。聚偏氟乙烯（PVDF）膜具有力学性能优异、高孔隙率、吸液量大等优点，Jo等以静电纺丝技术制备PVDF膜，将该膜以LiPF$_6$基碳酸酯电解液浸润，室温下展现出1mS·cm^{-1}的高离子电导率及较宽的电化学稳定窗口（0.0 $\sim$ 4.5V，$vs.$Li$^+$/Li）。此外，Lucht等将六氟磷酸锂中的两个氟用一个草酸根代替可以得到四氟草酸磷酸锂（LiTFOP）[52]，将该盐用作添加剂可以提高镍钴锰酸锂（NCM）/中间相碳微球（MCMB）电池的高温性能及安全性能[53]，该盐具有与LiPF$_6$相似的离子电导率。将六氟磷酸锂中的三个氟用三氟乙基取代可以得到LiFAP[54]，该盐的电解液具有比LiPF$_6$电解液更高的热安全性[55]。Cui等将四个氰基引入LiPF$_6$得到了磷酸锂盐LiTFTCP（图2.6），同样可以提高NCM电池的热稳定性及安全性[56]。

2.1.3.2 磺酰亚胺锂盐

磺酰亚胺锂盐具有较好的化学和热力学稳定性，在聚合物电解质中已得到广泛应用。1983年，Armand等[57, 58]将其锂盐双（三氟甲基磺酰）亚胺锂［(CF$_3$SO$_2$)$_2$NLi，LiTFSI；图2.6］用于聚合物电解质中，并展现出较高的离子电导率。得益于上述优点，LiTFSI被广泛用作聚合物电解质的导电锂盐，尤其是基于LiTFSI/PEO聚合物电解质的LiFePO$_4$电池已在法国Bolloré公司的Bluecar和Bluebus中得到了示范性应用[59]。然而，LiTFSI聚合物电解质存在锂离子迁移数低以及不能在负极表面形成优异的固态电解质界面膜等缺点，无法有效抑制锂枝晶的生长；另外，TFSI$^-$阴离子在高电压条件下（> 3.8V，$vs.$Li/Li$^+$）容易与铝集流体反应，形成易溶解于电解质的Al$_x$(TFSI)$_y$，从而导致铝集流体腐蚀[60]。上述问题限制了LiTFSI聚合物电解质在高电压锂电池中的应用。研究表明，延长全氟化烷基链的长度，可以有效抑制阴离子的迁移，从而提高聚合物电解质的锂离子迁移数。同时，因为位阻效应，合成的大阴离子锂盐无法形成类似于Al$_x$(TFSI)$_y$的含铝物种，提高了对铝集流体的稳定电位。Kita等[61]发现，用全氟正丁基取代LiTFSI中的一个三氟甲基合成的LiTNFSI[图2.7（a）]对铝集流体的稳定电位能够达到4.8V（*vs.*Li/Li[+]）；并且，LiTNFSI/PEO聚合物电解质的锂离子迁移数为0.25，明显高于LiTFSI/PEO的锂离子迁移数（0.20）[62, 63]。

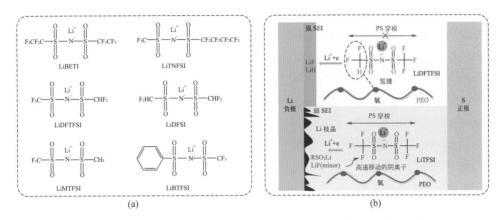

图2.7　氟代磺酰亚胺锂作用示意图：（a）LiTFSI及部分氟代磺酰亚胺锂盐结构图；（b）LiDFTFSI锂盐在聚合物电解质中的作用机理图[61]

通过阴离子结构设计，提高阴离子与聚合物基体的相互作用以限制阴离子的移动是提高锂离子迁移数的有效策略之一。Armand等设计合成了一系列含二氟甲基（CF$_2$H—）或三氟甲基（CF$_3$—）基团的磺酰亚胺锂盐，如LiDFTFSI[图2.7（b）][60,64,65]、LiDFSI[66]和LiMTFSI[64]等。研究表明，锂盐阴离子结构中的氢原子能与PEO形成分子间氢键，从而抑制阴离子的迁移，提高电解质的锂离子迁移数，进而提高锂离子电导率[67]。实验数据证明，PEO聚合物电解质的锂离子迁移数随着阴离子结构中的氢原子数量的增加而增大，其顺序为：LiTFSI(0.20)＜LiDFTFSI(0.35)＜LiDFSI(0.39)＜LiMTFSI(0.46)[64,66]。此外，增加阴离子之间的相互作用同样可以大幅提高聚合电解质的锂离子迁移数。Armand等合成了苯基取代的磺酰亚胺锂盐，即LiBTFSI，利用阴离子之间的π-π堆积作用，将PEO聚合物电解质的锂离子迁移数提高到0.69。高的锂离子迁移数能够减小电池的浓差极化，减小电池内阻，提升电池的倍率性能[67]。另外，根据桑德时间理论，高的锂离子迁移数和锂离子电导率有利于抑制锂枝晶的生长[68]。

另外，用F原子取代LiTFSI中三氟甲基得到了LiFSI（图2.6）。Armand等在1995年将其用在锂电池中[67]。另外，周志彬和张恒等[69,70]发现LiFSI具有更高的还原电位（＞1.0V，*vs.*LiTFSI＜0.5V），其PEO聚合物电解质具有更低的玻璃化转变温度（−45℃，相对于LiTFSI/PEO的−35℃）和更高的离子电导率（1.5mS·cm[−1]，相对于LiTFSI/PEO的1.0mS·cm[−1]，80℃）[69,71]。得益于上述优点，LiFSI/PEO聚合物电解质展现出更加优异的循环性能[69,72]。值得注意的是，LiFSI同样能够形成Al$_x$(FSI)$_y$，从而造成铝集流体的腐蚀[73]。此外，LiFSI基电解质对不锈钢片也具有严重的腐蚀性[73-75]。

2.1.3.3　硼酸锂盐

LiBF$_4$是基于无机超强酸阴离子的盐。与其他盐相比，LiBF$_4$具有多种优势（如高低温稳定性好、形成的正负极界面稳定性高等），但离子电导率低一直是阻碍其进一步应用的主要因素。尽管LiBF$_4$离子电导率偏低，但考虑到LiPF$_6$的热稳定性差和湿度敏感性高等问题，科研工作者已经尝试在锂离子电池中用LiBF$_4$部分替代LiPF$_6$。Winter等研究发现LiBF$_4$可以催化聚乙二醇二缩水甘油醚的交联聚合得到固态电解质，该固态电解质可实现NCM111/Li锂金属电池在60℃下的循环。该固态电解质是通过BF$_4$阴离子结合微量的水催化环氧官能团的阳离子开环聚合得到的[76]。Rajendran等将LiBF$_4$、LiClO$_4$、LiCF$_3$SO$_3$分别与聚氯乙烯/甲基丙烯酸乙酯聚合制备了固态电解质，其中通过LiBF$_4$制备的固态电解质具有最高的离子电导率，原因可能是LiBF$_4$具有最低的晶格能，更有利于其解离[77]。Xu等将LiDFOB引入聚丙烯酸丁酯基的固态电解质中，可在锂负极构筑一层含有B-F/B-O的交联结构来促进锂的均匀沉积[78]。Ghosh等将LiBOB引入PEO-b-(PMMA-ran-PMAALi)中得到的固态聚合物电解质具有高的锂离子迁移数，他们认为高的离子迁移数源于高的盐浓度导致的阴离子自由移动体积减小[79]。

Cui等将BF$_4^-$上的一个氟用全氟叔丁氧基取代得到了LiTFPFB，该锂盐电解液可以有效抑制铝集流体的腐蚀，且具有优异的高温性能。将该盐用于PEO基固态电池时（图2.8），不仅可以构筑高氧化稳定性的DSM-SPE聚合物电解质（4.5V，相对于LiTFSI电解质的4.1V），而且该盐还可在正负极表面分别构筑一层含B-O/B-F化合物的界面膜来抑制副反应的发生并降低正负极界面的阻抗[80]。而将该盐与P(PO/EM)聚合物共混得到的聚合物电解质不仅具有高的锂离子迁移数（0.59，相对于LiTFSI电解质的0.24），而且具有4.6V(vs.Li$^+$/Li)的宽电化学稳定窗口，其中高的锂离子迁移数源于该锂盐中高的氟代结构与聚合物框架的氢键作用抑制了其阴离子的移动[81]。此外，将LiDFOB中的草酸基团用氰基基团代替得到的LiDFTCB（图2.6）可以显著抑制LiDFOB盐的产气现象[82]。

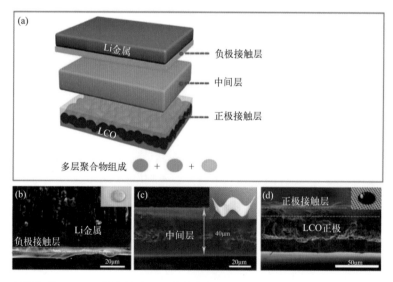

图2.8 新型锂盐LiTFPFB构筑的多层聚合物电解质：（a）多层固态聚合物电解质示意图；（b）具有负极接触层的Li金属负极；（c）中间层SPE；（d）具有正极接触层的LiCoO$_2$正极的截面图

2.1.3.4 其它锂盐

尽管氟化物在电池中显示出了多种优势，但一些问题仍不能忽略，如含氟电解液成分在废旧锂电池回收时也是一个令人担忧的问题，因为它们可能会在处理过程中造成重大的安全和环境危害（释放有毒的HF、PF₅等）。LiClO₄由于其无氟特性，是一种非常受欢迎的电解质锂盐；并且由于高氯酸锂中不含氟，也不会产生高副反应活性的HF，因此电池的阻抗更低。同时，LiClO₄还具有相对较低的吸湿性，对环境湿度稳定等优点。然而，高氯酸盐中氯为+7价使其成为强氧化剂，它很容易与大多数电解液成分发生剧烈反应，进而降低电池的安全性。

作为硼酸锂盐结构的类似物，科研工作者也对铝酸锂盐进行了探索。Tsujioka等[83]报道了LiAl［OCH（CF₃)₂］₄等多种铝酸锂盐。在所有这些阴离子中，铝中心原子由不同数量的氟代烷基和芳基配体配位；并且这些锂盐中的大多数比LiPF₆热稳定性更高，可以有效地钝化铝集流体。Cui等[84]报道了一种螯合配体的铝酸锂盐LiFPA，该锂盐的电解液可以有效地钝化铝集流体，并且由于高的浸润性可以有效抑制枝晶的生长。更重要的是，该锂盐的阴离子可以通过自聚合的方式原位形成单离子固态电解质（3D-SIPE-LiFPA），该三维交联聚合物单离子导体具有高锂离子迁移数，从而有效改善了锂金属电池的综合电化学性能[85]。

杂环的阴离子可以视为酰胺或酰亚胺的共轭和离域变体。Barbarich等[86]合成了一种咪唑硼酸盐LiIm（BF₃)₂，在典型的碳酸酯溶剂中，该盐离子电导率约为5.0mS·cm⁻¹。Armand[87]合成了一类氟代烷基取代的杂环阴离子锂盐LiTDI（图2.6），该类锂盐具有比LiTFSI更好的对铝集流体的稳定能力，电化学稳定窗口可以达到4.6V（vs. Li⁺/Li）。

目前的锂盐，大多是引入了强吸电子性的氟原子、磺酰基，或引入有大π键的芳香基增大阴离子体积来分散电荷，增大其溶解度和解离度，进而提高其离子电导率及电化学稳定窗口。但如果阴离子的体积过于庞大则会显著增加其黏度进而降低其离子电导率。在现有锂盐中，LiPF₆各项性能都较好，但由于其热稳定性较低及对水敏感限制了其在聚合物电解质中的应用。磺酰亚胺系列的锂盐具有非常好的应用前景，但存在对铝集流体的腐蚀作用，限制了其应用，需要进一步优化官能团来开发新的磺酰亚胺锂盐。硼系锂盐也非常具有前景，特别是高温性能和正负极成膜性较好，但由于溶解度或解离困难，需要进一步优化其功能。铝系锂盐也展现出了很强的竞争力尤其在抑制锂枝晶生长方面，特别是螺环锂盐的自聚合原位构筑单离子固态电解质及正负极界面保护膜的特性。综合来讲，提高锂盐性能的重点是控制阴离子的结构，通过对已有锂盐进行结构改进，来提高离子电导率、电化学稳定窗口和界面成膜性。从实用角度出发，将两种或多种锂盐复配使用或进行官能团整合优化，可实现优势互补，也是锂盐未来的重要研究方向之一。

2.2　无机固态电解质关键材料

固态离子学是研究固体离子导体理论及其应用的学科分支，涉及固体物理、固体化学、电化学、结晶化学和材料科学等领域，主要研究对象为快离子导体和混合导体的载流子传输及其物理、化学性质。如图2.9所示，固态离子学的发展历史最早可被追溯到19世纪30年代，Michael Faraday发现Ag₂S和PbF₂固体在加热过程中表现出优异的离子导电性能。然而，直到20世纪60年代才被认为是固态离子学的开端，同时也是固态电池的开端。彼时，二维导钠材料β-氧化铝（$Na_2O \cdot 11Al_2O_3$）被发现并被应用于高温钠-硫电池[88]。在20世纪60～70年代三种固态离子导体（Ag_3SI、β-氧化铝和$RbAg_4I_5$）被成功应用于储能装置之后，对实用化固态电解质的研发也进一步提速[89,90]。在1973年发现聚合物PEO具有传输离子的特性之后，固态离子学的范围便已不再局限于无机材料[91]。

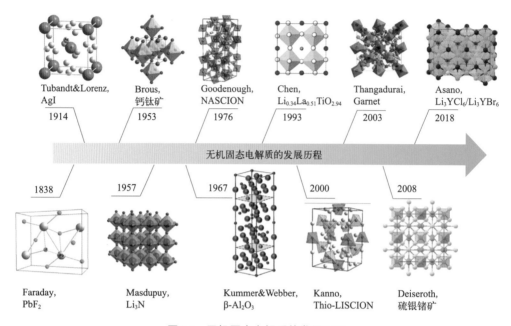

图2.9　无机固态电解质的发展历程

20世纪80年代，β-氧化铝作为钠离子电解质被应用于另一种高温电池——ZEBRA（zero emission battery research activity）电池[92,93]。至此，高温钠-硫电池在日本实现了商业化示范，而ZEBRA电池则被美国通用电气公司大力研发[94]。从1980年开始，"固态离子学"便得到了广泛应用并且同名杂志《Solid State Ionics》创刊。随着材料研发和科学理论的进步，固态电解质作为电化学装置（如传感器、超级电容器、燃料电池和蓄电池等）的重要组分已不可或缺。进入21世纪后，对固态离子学的研究主要集中于通过先进的表征技术探究离子传输机理、开发新的超离子导体、提高电化学器件性能以及探索新应用等方面。

传统液态锂离子电池的安全性问题极大促进了固态电解质在固态锂电池中的应用。常用的固态电解质主要分为三类：无机陶瓷固态电解质、聚合物固态电解质以及二者的复合固态电解质。自聚合物固态电解质PEO发现以来，科学家们相继研发出PAN（聚丙烯腈）[95]、PMMA（聚甲基丙烯酸甲酯）[96]和PVDF（聚偏氟乙烯）[97]基聚合物固态电解质。无机陶瓷固态电解质在固态锂电池中的应用稍晚于聚合物固态电解质，首先由橡树岭国家实验室在20世纪90年代报道了锂磷氧氮（LiPON）薄膜电解质在固态锂电池中的应用[98]。LiPON电解质在固态电池中的成功应用激发了科学家对无机固态电解质的研发热潮。随后，钙钛矿型[99]、NASICON型[100]、石榴石型[101]、硫化物型[102]、反钙钛矿型[103]以及卤化物电解质[104]等被相继报道。在本节中，我们将目前固态锂电池常用的石榴石型、NASICON型、硫化物及卤化物固态电解质及其制备技术进行逐一介绍，并重点讨论它们的优缺点，最后对其在固态锂电池中的应用进行展望。

2.2.1 石榴石型电解质

对石榴石基（$Li_7La_3Zr_2O_{12}$，LLZO）固态电解质的广泛研究兴起于2007年[105]，经过10余年的快速发展，LLZO基固态电解质由于具有高的室温离子电导率（$10^{-4} \sim 10^{-3}S \cdot cm^{-1}$）、对金属锂优异的电化学稳定性以及宽的电化学稳定窗口等特性，已成为制备固态电池最具潜力的固态电解质之一。石榴石型锂离子导体作为电解质应用于固态锂电池最早由Thangadurai等报道[106]。标准的石榴石晶体由正硅酸盐组成，通式为$A_3B_2(SiO_4)_3$（A=Ca、Mg；B=Al、Cr、Fe）。其中，A、B和Si分别占据八配位、六配位和四配位点，结晶为立方结构、$Ia\bar{3}d$空间群。锂的石榴石基电解质由$Ca_3Al_2Si_3O_{12}$演化而来，每一个$[Ca_3][Al_2]$$(Si_3)O_{12}$结构单元包含两个$AlO_6$八面体，三个$CaO_8$四方反棱柱体以及三个$SiO_4$四面体。通过锂取代四面体位置的Si得到锂基石榴石$Li_3La_3Te_2O_{12}$。然而$Li_3La_3Te_2O_{12}$含锂量少，导致其锂离子电导率低。因此，需要设计含锂量高的"锂塞满"结构的石榴石电解质来提高锂离子的电导率。

基于含锂量，石榴石基电解质可以分为四个亚类，即Li3、Li5、Li6和Li7。研究发现，在很大范围内，电解质的离子电导率随着锂含量增大呈现指数关系增长。为研究锂占位和锂离子电导率的关系，O'Callaghan等[107]制备了$Li_3Ln_3Te_2O_{12}$(Ln=Y、Pr、Nd、Sm、Lu)，锂离子仅占据四面体位置。由于四面体位置的锂离子不易移动，导致该类固态电解质离子电导率低。Li5类石榴石电解质通式为$Li_5La_3M_2O_2$(M=Nb、Ta)，将三价La用二价Mg、Ca、Sr、Ba等部分取代后可获得Li6亚类，即$Li_6ALa_2M_2O_{12}$(A=Mg、Ca、Sr、Ba)[108]。2007年，Murugan等[105]制备了高室温离子电导率（$3.0\times10^{-4}S \cdot cm^{-1}$）的Li7亚类$Li_7La_3Zr_2O_{12}$，从此时起，对石榴石电解质的研究进入快速增长阶段。

石榴石型电解质常用制备方法包括固相反应法、溶胶-凝胶法、聚合络合法（Pechini法）等。其中，固相反应法是制备石榴石基电解质应用最为广泛的方法。固相反应法主要包括前驱体研磨混合、坯体压制及高温烧结步骤。最早的石榴石基快锂离子导体材料$Li_5La_3M_2O_{12}$(M=Nb、Ta、Zr)是由Thangadurai等通过固相反应法制备的[106]。他们将$La(NO_3)_3 \cdot 6H_2O$、$LiOH \cdot H_2O$和M_2O_5通过湿磨法球磨12h。为补充高温烧结过程中的锂损失，会额外加入10%（质量分数）的$LiOH \cdot H_2O$。将球磨后的原料在700℃热处理6h后再次球磨，最终在900℃烧结12h获得目标电解质。固相反应法存在的最大问题是，由于长时间高温烧结造成锂损失及副反应产生杂相。因此，科学家们开始大力寻求可在低温条件下制备石榴石电解质材料的方法，如湿化学法。湿化学法是依靠液相前驱体在分子水平上短时间内发生反应，制备的产品粒径十分均匀且晶相纯度高。目前，制备石榴石电解质常采用的湿化学法主要包括溶胶-凝胶法[109-111]、聚合络合法（Pechini法）[112,113]、燃烧法[114]及共沉淀法[115]，具体实验方法可参阅相关资料。

2.2.2 NASICON型电解质

NASICON型电解质通式为$A_xB_y(PO_4)_3$，其中A为一价阳离子，B为多价阳离子。具有NASICON晶型的钠离子导体$NaA_2(PO_4)_3$（A=Ge、Ti、Sn、Hf、Zr）在1968年被首次报

道[116]。1976年，Hong和Goodenough根据$Na_{1+x}Zr_2P_{3-x}Si_xO_{12}$（$0 \leqslant x \leqslant 3$）提出了NASICON这一术语[117]。NASICON型电解质由BO_6八面体和PO_4四面体沿c轴共角相连形成三维结构，通常具有$R3c$空间群。将NASICON型电解质中的钠离子替换为锂离子即获得锂的NASICON型电解质。常见锂的NASICON型电解质如$LiZr_2(PO_4)_3$、$LiTi_2(PO_4)_3$、$LiGe_2(PO_4)_3$等。然而，化学计量的NASICON材料的离子电导率很低，例如$LiTi_2(PO_4)_3$的室温离子电导率约$10^{-7} S \cdot cm^{-1}$。低离子电导率的原因在于材料的烧结活性差，使得电解质片中存在很多孔隙，致密度差。通过添加烧结助剂可提高材料的烧结活性，提高致密度，从而提高材料的离子电导率。Kwatek和Nowiński[118]通过加入8%的LiI将$LiTi_2(PO_4)_3$的室温离子电导率提高到$7.3 \times 10^{-6} S \cdot cm^{-1}$。Aono等[119]通过掺杂$Al_2O_3$将$Li_{1.3}Al_{0.3}Ti_{1.7}(PO_4)_3$的室温离子电导率提升至$7 \times 10^{-4} S \cdot cm^{-1}$。

与石榴石型电解质的制备手段类似，目前文献报道的制备NASICON型电解质的常用方法主要为固相反应法[120]及湿化学法，包括溶胶-凝胶法[121]和共沉淀法[122]。

2.2.3 硫化物电解质

对硫化物电解质的研究最早开始于20世纪80年代左右[123]，主要集中于$Li_2S-P_2S_5$、$Li_2S-P_2S_5-LiI$、$B_2S_3-Li_2S-LiI$、$Li_2S-SiS_2-GeS_2$等玻璃陶瓷电解质，其中以$Li_7P_3S_{11}$组分的室温离子电导率最优。通过热压烧结，Seino等[124]在2014年合成了室温离子电导率高达$1.7 \times 10^{-2} S \cdot cm^{-1}$的$Li_7P_3S_{11}$电解质。2023年，Wang等[125]通过向$Li_2S-P_2S_5$玻璃陶瓷电解质中引入成核助剂诱导异质纳米畴的生成，有效提升了电解质的室温离子电导率，达到$13.2 \times 10^{-3} S \cdot cm^{-1}$。2001年，Kanno等[126]报道了$Li_2S-P_2S_5-GeS_2$系硫化物电解质材料，其在室温下离子电导率为$2.2 \times 10^{-3} S \cdot cm^{-1}$。此后，Kanno等[127]在该类电解质上深入研究，在2011年合成出室温下具有超高离子电导率（$1.2 \times 10^{-2} S \cdot cm^{-1}$）的$Li_{10}GeP_2S_{12}$电解质，从此引发了全世界对硫化物快离子导体的研究热潮。2016年，丰田公司[128]报道了另一种超离子导体电解质$Li_{9.54}Si_{1.74}P_{1.44}S_{11.7}Cl_{0.3}$，其室温离子电导率可达$2.5 \times 10^{-2} S \cdot cm^{-1}$。

锂硫银锗矿电解质是另一类硫化物电解质，也是目前最常用的硫化物电解质。通式为Li_6PS_5X（X为卤素，如Cl、Br、I），由Hans-Jorg Deiseroth等[129]在2008年首次报道，可通过元素掺杂提高其离子电导率和稳定性，如通过As、Se、Sb、Ge、Sn等在P或S位掺杂。最近，Jung等[130]报道了富氯的$Li_{5.5}PS_{4.5}Cl_{1.5}$，室温离子电导率高达$1.02 \times 10^{-2} S \cdot cm^{-1}$。其它掺杂改性的锂硫银锗矿电解质，如$Li_{5.35}Ca_{0.1}PS_{4.5}Cl_{1.55}$（$1.02 \times 10^{-2} S \cdot cm^{-1}$）[131]、$Li_{6.75}Sb_{0.25}Si_{0.75}S_5I$（$1.31 \times 10^{-2} S \cdot cm^{-1}$），室温离子电导率均超过$10^{-2} S \cdot cm^{-1}$[132]。

制备工艺方面，由于硫化物电解质与大部分溶剂兼容性不良，因而以干法为主。其中，机械球磨法简单、成本低，将Li_2S、P_2S_5等原材料按照目标产物的计量比高能球磨即可[133,134]，是制备硫化物电解质最常用的方法之一。绝大多数玻璃态或玻璃陶瓷电解质都可用这种方法制备，如$70Li_2S-30P_2S_5$（$8.6 \times 10^{-3} S \cdot cm^{-1}$）、$77.5Li_2S-22.5P_2S_5$（$1.0 \times 10^{-3} S \cdot cm^{-1}$）、$75Li_2S-25P_2S_5$（$5.0 \times 10^{-4} S \cdot cm^{-1}$）、$80Li_2S-20P_2S_5$（$7.2 \times 10^{-4} S \cdot cm^{-1}$）。进一步将球磨后的产物进行热处理，如将球磨混合均匀后的原材料在300℃以上温度进行热处理，获得结晶性良好的电解质材料。例如，上面提到的$Li_{10}GeP_2S_{12}$电解质就是首先将原材料Li_2S、GeS_2和P_2S_5通过球磨方法混合均匀，然后在550℃、保护性气氛或真空中热处理制得的[127]。锂硫银锗矿电解质Li_6PS_5Cl仅通过机械球磨的方法最高可获得$1.3 \times 10^{-3} S \cdot cm^{-1}$的离子电导率，且需要长时间球磨。但若结合高温处理，即短时间球磨后在550℃热处理，离子电导率可进一步提升至$3.15 \times 10^{-3} S \cdot cm^{-1}$，甚至$5.0 \times 10^{-3} S \cdot cm^{-1[135]}$。

目前所报道的可用于液相法制备硫化物电解质的溶剂有乙二醇二甲醚（DME）、乙腈、四氢呋喃等。Ito 等[136]以DME为溶剂，Li_2S和P_2S_5按一定化学计量比进行反应制备了$Li_7P_3S_{11}$，其室温离子电导率为$2.7 \times 10^{-4} S \cdot cm^{-1}$。Yao 等[137]以同样的方法，以乙腈为溶剂制备了$Li_7P_3S_{11}$，室温离子电导率为$1.5 \times 10^{-3} S \cdot cm^{-1}$。Liu 等[138]以四氢呋喃为溶剂，以$Li_2S$和$P_2S_5$为原料制备了β-$Li_3PS_4$，室温离子电导率为$1.6 \times 10^{-4} S \cdot cm^{-1}$。Teragawa 等[139]以 N-甲基甲酰胺和正己烷为溶剂，以Li_2S和P_2S_5为原料制备了多晶Li_3PS_4，室温离子电导率为$2.3 \times 10^{-6} S \cdot cm^{-1}$。对于硫银锗矿电解质，Yubuchi 等分别以无水乙醇和四氢呋喃为溶剂制备了Li_6PS_5Br，室温离子电导率分别为$1.9 \times 10^{-4} S \cdot cm^{-1[140]}$和$3.1 \times 10^{-3} S \cdot cm^{-1[141]}$。

2.2.4　卤化物电解质

20世纪30年代，继卤化锂（LiX，X=Cl、Br、I）的离子电导率被报道之后，含金属元素的卤化物电解质（Li-M-X）被相继制备和研究[142, 143]，主要包括：①M为二价金属离子，如Mg^{2+}、Zn^{2+}的尖晶石电解质；②M为ⅢA族金属离子，如Al^{3+}、Ga^{3+}的电解质；③M为镧系金属离子，如Sc^{3+}、Y^{3+}等的电解质。然而，由于上述电解质室温离子电导率低，直到2018年Asano 等[104]发现Li_3YCl_6和Li_3YBr_6之后，对卤化物电解质的研究才再度兴起，二者在室温下分别具有$5.0 \times 10^{-4} S \cdot cm^{-1}$和$1.7 \times 10^{-3} S \cdot cm^{-1}$的高离子电导率。根据理论模拟，卤素离子与锂离子的相互作用较弱，利于锂离子的扩散传输；同时，金属阳离子与卤素离子弱的键合作用以及卤素离子自身高的极化率使得卤化物电解质具有很好的机械变形能力。这些特性使得卤化物电解质成为制备固态锂电池最有潜力的固态电解质之一。

20世纪末，Weppner 等[144]报道了$LiAlCl_4$这一卤化物电解质，但其室温离子电导率仅$10^{-6} S \cdot cm^{-1}$。随后，Steinert 等[145]通过固相反应法成功合成了Na_3InCl_6、Ag_3InCl_6、Li_3InCl_6，其中Li_3InCl_6的室温离子电导率首次达到$10^{-5} S \cdot cm^{-1}$。近年来，通过对制备条件等的不断优化，Li_3InCl_6的室温离子电导率不断提高，如Sun 等[146]利用液相法制备的Li_3InCl_6在室温下具有高达$2.04 \times 10^{-3} S \cdot cm^{-1}$的离子电导率，已完全满足固态电池对固态电解质室温离子电导率的要求。

由于ⅢA族阳离子与金属锂接触时易被还原，如Li_3InCl_6的电化学稳定窗口为$2.5 \sim 4.3 V$（*vs.*Li^+/Li），因此以耐还原的ⅢB族阳离子取代ⅢA族阳离子制备的卤化物电解质具有更好的金属锂负极相容性。这类电解质可分为三种构型：①空间群 *C2/m*，立方密堆积结构，典型代表为Li_3ScCl_6；②空间群 *p-3m*1，六方密堆积结构，典型代表为Li_3YCl_6；③空间群 *pnma*，六方密堆积结构，典型代表为Li_3YbCl_6。

20世纪90年代早期，Steinert 等[145]合成了Li_3YCl_6，其室温离子电导率仅$10^{-7} S \cdot cm^{-1}$，当温度升高至200℃时电导率增大至$10^{-4} S \cdot cm^{-1}$。90年代末期，Bohnsack 等[147]通过固相反应法合成了Li_3YBr_6，虽然Li_3YBr_6在300℃时具有$1.0 \times 10^{-2} S \cdot cm^{-1}$的高离子电导率，

但其室温离子电导率与Li_3YCl_6相同，仅为$10^{-7}S\cdot cm^{-1}$，无法满足固态电池对电解质离子电导率的要求。近年来，通过对合成工艺的不断优化设计，Tetsuya Asano等[104]已将Li_3YCl_6和Li_3YBr_6的室温离子电导率分别提高至$5.1\times10^{-4}S\cdot cm^{-1}$和$7.2\times10^{-4}S\cdot cm^{-1}$，其还原电位降低至$0.6V$，显著低于常用硫化物电解质（如$Li_{10}GeP_2S_{12}$的$1.72V$，$Li_3PS_4$的$1.71V$）。Sokseiha等[148]报道合成了$Li_3ErCl_6$卤化物电解质，研究指出，不同合成方法对其离子电导率影响较大。通过高能球磨方法制备的Li_3ErCl_6具有较高的无序度，因而利于锂离子的迁移，从而具有较高的室温离子电导率（$3.3\times10^{-4}S\cdot cm^{-1}$）；而通过球磨-热处理的方法制备的$Li_3ErCl_6$结晶性好、无序度低，不利于锂离子的迁移，致使其室温电导率仅为$5.0\times10^{-8}S\cdot cm^{-1}$。通过变价元素掺杂提高锂空位（载流子）的浓度从而提高卤化物电解质的离子电导率是一种行之有效的方法。如Nazar等[149]向Li_3YCl_6或Li_3ErCl_6的Y或Er位掺杂四价Zr元素获得富锂空位的卤化物电解质，如$Li_{2.5}Er_{0.5}Zr_{0.5}Cl_6$，其室温离子电导率可达$1.4\times10^{-3}S\cdot cm^{-1}$。

Sun和Mo等[150]报道了由Li、Sc、Cl组成的系列卤化物电解质Li_xScCl_{3+x}，其具有单斜立方密堆积结构，室温离子电导率高达$3.0\times10^{-3}S\cdot cm^{-1}$。当$x$大于3时，锂离子浓度增加，但可供锂离子跃迁的空位减少；当x小于3时，Sc^{3+}对锂离子的排斥力增大，导致紧邻Sc^{3+}的四面体扭曲变形，从而封堵了锂离子的传输路径。当$x=3$时，Li_3ScCl_6具有$0.91\sim4.26V$（$vs.Li^+/Li$）的宽电化学稳定窗口。Zhou等[151]报道了具有尖晶石结构的卤化物电解质，其室温离子电导率为$1.5\times10^{-3}S\cdot cm^{-1}$，活化能$0.34eV$，且可耐受$4.6V$的氧化电位。

与硫化物电解质类似，卤化物电解质与绝大多数溶剂难以兼容，因而常采用干法合成[152,153]。通过高能球磨可制备亚稳态无定形相，使其材料微结构趋于无序化，从而降低了锂离子的迁移能垒，提高材料的离子电导率[154]。进一步将球磨后获得的亚稳态无序化材料进行热处理可获得不同结晶态的卤化物电解质[155,156]。Ito等[155]利用原位XRD，通过热处理LiCl和YCl_3的混合物详细研究了Li_3YCl_6的结构演化过程。研究发现，$300℃$以下将合成亚稳相β-Li_3YCl_6，$300℃$以上将形成稳相α-Li_3YCl_6，二者都是由Cl^-按六方堆积构成。在α-Li_3YCl_6中，Y^{3+}占据三种Wyckoff位。但在β-Li_3YCl_6中，由于Y位沿c轴的无序化，所有Y^{3+}的占位都是相同的。得益于无序化的结构，β-Li_3YCl_6的离子电导率显著高于α-Li_3YCl_6。不同的热处理时间同样可以影响卤化物电解质的晶体结构。如在$650℃$热处理$12h$可获得单斜相Li_3ScCl_6，其室温离子电导率$\leqslant3.0\times10^{-3}S\cdot cm^{-1}$；在$650℃$热处理$48h$可获得尖晶石相$Li_3ScCl_6$，其室温离子电导率为$1.5\times10^{-3}S\cdot cm^{-1}$[151]。

对于液相法，目前已报道的有利用水溶液法制备Li_3InCl_6，利用NH_4Cl配位法制备Li_3YCl_6，利用真空蒸发辅助法（VEA）制备Li_3HoBr_6[146,157,158]。Li等[157,159]直接将LiCl和$InCl_3$在水中反应生成$Li_3InCl_6\cdot xH_2O$，而后在$200℃$热处理获得Li_3InCl_6。受工业生产中制备金属氯化物常用的"氯化铵法"的启发，Wang等[158]利用氯化铵制备了一系列氯化物电解质Li_3YCl_6、Li_3ErCl_6、Li_3ScCl_6。所依据的反应方程式如下：

$$3LiCl+3NH_4Cl+MCl_3\cdot 6H_2O\rightarrow 3LiCl+(NH_4)_3(MCl_6)+6H_2O\rightarrow Li_3MCl_6+$$
$$3NH_4Cl+6H_2O（M=Y、Er、Sc）$$

当LiCl和金属卤化物在氯化铵的水溶液中反应时，会首先形成$(NH_4)_3(MCl_6)$这一中间产物，而热处理过程也不会使$(NH_4)_3(MCl_6)$氧化或水解，从而可以获得期望的卤化物电解质。借助真空蒸发辅助法，Li_3HoBr_6可以利用廉价稀土氧化物、碳酸锂和卤化铵实现克级制备[160]，所涉及的反应如下：

$$3Li_2CO_3+Ho_2O_3+12NH_4Br \rightarrow 2Li_3HoBr_6+3CO_2+12NH_3+6H_2O$$

对于固态电解质，高的室温离子电导率是最基本的性能要求。此外，考虑电解质在电池中的实际应用，其它性能要求也同样重要，例如，低的电子电导率、宽的电化学稳定窗口、力学性能优异、稳定性好、价格低廉等。然而，目前尚无任何一种无机固态电解质能满足上述所有特性，常用无机固态电解质的优缺点如表2.2所示，性能对比如图2.10所示。

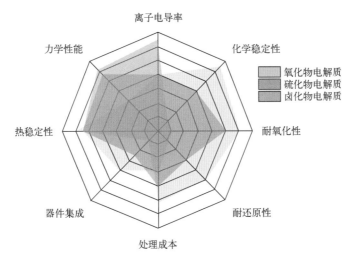

图2.10 常用无机固态电解质性能比较图

氧化物电解质，无论对石榴石型、NASCION或钙钛矿型而言，最大的劣势是质地硬脆，在固态电池器件中很难与固态电极形成良好的界面接触，因此通常需引入界面浸润组分（如电解液、离子液体或柔性的聚合物电解质等），以保证电极和电解质之间高效的载流子传输，且电池需要在60℃以上工作。此外，对于石榴石型电解质，其自身呈强碱性，长时间暴露于空气会在颗粒表面形成碳酸锂层，影响材料的离子电导率。由于强碱性，石榴石电解质可使某些聚合物电解质降解[161]，利用这一性质，Cui等[162]制备了高室温离子电导率（$5.2 \times 10^{-4}S \cdot cm^{-1}$）的聚碳酸丙烯酯/$Li_{6.75}La_3Zr_{1.75}Ta_{0.25}O_{12}$复合电解质。分析发现，高的离子电导率主要是由于聚碳酸酯与石榴石电解质在界面接触处发生解聚产生小分子物质，从而促进了锂离子在界面处的快速传输。

NASCION电解质具有极好的空气稳定性，甚至与水接触都不发生副反应。然而，NASCION电解质通常含有Ti^{4+}元素，在与低电位负极接触时极易被还原。Yan等[163]的研究表明：将$Li_{1.3}Al_{0.3}Ti_{1.7}(PO_4)_3$与金属锂直接接触后，在很短时间内$Li_{1.3}Al_{0.3}Ti_{1.7}(PO_4)_3$表面即变黑，通过XPS分析发现有大量被还原的$Ti^{3+}$产生，结合第一性原理计算，可能发生如下反应：

$$10Li_{1.3}Al_{0.3}Ti_{1.7}(PO_4)_3+17Li \rightarrow 3AlPO_4+10Li_3PO_4+17TiPO_4 \quad \Delta G=-0.321eV$$

通过添加缓冲层（如聚合物电解质），则可完全抑制上述反应的发生。

硫化物电解质室温离子电导率高、质地柔，仅通过冷压方法即可获得"正极/电解质/负极"三明治构型的固态电池，且电池可以在室温下稳定循环。但硫化物电解质极易与水分发生反应，即使在空气中短暂暴露也能够使得电解质性能急剧恶化。这主要与硫化物电解质中的P有关：根据软硬酸碱理论，P属于硬酸，易与硬碱O结合而不易与软碱S结合，因而PS$_4^{3-}$四面体易与含氧物质反应，如H$_2$O。依照此理论，Liang等[164]选择软酸As/Sn制备Li$_{3.833}$Sn$_{0.833}$As$_{0.166}$S$_4$，由于软酸易与软碱S结合而不易与硬碱O结合，使得Li$_{3.833}$Sn$_{0.833}$As$_{0.166}$S$_4$材料具有很好的空气稳定性。此外，Sb、Ge修饰的硫化物电解质也有较好的空气稳定性[165]。

在对硫化物电解质进行深入研究之前，一般观点认为常见硫化物电解质的氧化稳定性超过5V（vs.Li$^+$/Li），如Li$_{10}$GeP$_2$S$_{12}$。然而，采用5V LiNi$_{0.5}$Mn$_{1.5}$O$_4$正极的硫化物固态电池比容量迅速衰减，循环性能很差，表明硫化物电解质耐氧化性不足[166]。基于理论计算并采用"Li/固态电解质/电解液-导电剂复合电极"构型的电池进行研究，Han等[167]发现Li$_{10}$GeP$_2$S$_{12}$的电化学稳定窗口仅1.71～2.14V（vs.Li$^+$/Li）。有趣的是，虽然硫化物电解质的耐氧化电位仅2V左右，但目前文献中报道的硫化物基固态电池却能够匹配LiCoO$_2$、三元系正极且稳定循环，这种现象值得深入研究。Schwietert等[168]利用理论计算、固态核磁等手段，指出固态电解质（包括硫化物和氧化物）的分解是间接的、通过脱嵌锂的方式进行，而非直接发生分解产生热力学稳定的分解产物。由于理论计算预测的电解质的耐氧化窗口是直接发生分解产生热力学稳定的分解产物，因此，考虑动力学因素，电解质的实际耐氧化窗口要高于理论预测。

然而，即使考虑动力学因素，硫化物电解质的耐氧化窗口也较低，这主要由两方面决定：

① 硫化物电解质自身的氧化还原活性。在固态电池中，硫化物电解质自身即可脱嵌锂离子。例如，在充电过程中（脱锂），Li$_6$PS$_5$Cl电解质会在电解质颗粒表面生成单质硫、P$_2$S$_7$/P$_2$S$_6$等物质，阻碍锂离子在电解质相和正极相之间的转移；

② 硫化物电解质与氧化物正极的化学反应。前已提及，根据软硬酸碱理论，硫化物电解质易与空气中的水分发生反应，这种理论同样可以解释硫化物电解质与氧化物正极之间的化学反应。且正极脱锂程度越深，两者的反应越严重。

需要注意的是，①是硫化物电解质的自身特质，无法通过诸如界面包覆等策略缓解或解决，而②可通过在正极颗粒表面包覆缓冲层来抑制两者之间副反应的发生。

相较于硫化物电解质的耐氧化性，其耐还原性更值得关注。电池研究者研发固态电池（固态电解质）的初衷除提高电池的安全性外，还希望固态电解质可以匹配低电位、高容量的金属锂负极，从而大幅度提高电池的能量密度。然而，硫化物电解质的耐还原性差，如含有Ge、Sn元素的硫化物电解质与金属锂甚至锂铟合金直接接触都会被还原分解而失效。相对比而言，Li$_6$PS$_5$Cl、Li$_3$PS$_4$等仅由PS$_4$四面体组成的电解质则可以与金属锂直接接触，他们之间发生类似于电解液和金属锂负极之间的优异固态电解质界面膜形成反应，但具体反应机理及反应产物目前仍不清楚。

表2.2 常用无机固态电解质性能对比

电解质类型	一般化学组成	离子电导率/$S \cdot cm^{-1}$	优点	缺点
石榴石型电解质	$Li_7La_3Zr_2O_{12}$	$10^{-4} \sim 10^{-3}$	空气稳定性良 离子电导率良 耐氧化性优 耐还原性优	力学性能差
NASCION型电解质	$LiTi_2(PO_4)_3$	$10^{-4} \sim 10^{-3}$	空气稳定性优 离子电导率良 耐氧化性优	力学性能差 耐还原性差
硫化物电解质	$Li_2S\text{-}P_2S_5$	10^{-4}	离子电导率优 力学性能良	空气稳定性差 耐氧化性差 耐还原性差
	Li_6PS_5Cl	$10^{-3} \sim 10^{-2}$		
	$Li_{10}GeP_2S_{12}$	10^{-2}		
卤化物电解质	Li_3InCl_6 Li_3YCl_6 Li_3ErCl_6	$10^{-4} \sim 10^{-3}$	离子电导率良 力学性能优 耐氧化性良	空气稳定性差 耐还原性差 腐蚀集流体

虽然氧化物电解质室温离子电导率高、电化学稳定窗口宽、空气稳定性好，但其质地硬脆，颗粒之间必须通过高温烧结才能实现有效接触，这极大限制了氧化物电解质的应用形态，仅能以烧结成型的块体材料或薄膜的形式用于电池，且电极与电解质之间需要电解液浸润。对于硫化物电解质，由于高的室温离子电导率和良好的柔性（延展性），已成为最有希望在固态电池中实现批量化应用的无机固态电解质。为满足硫化物电解质的商业化应用，批量化、耐氧化、高离子电导率是对未来硫化物电解质的进一步要求。

Li_6PS_5Cl是目前研究最为广泛的硫化物电解质，但其是否能满足未来电解质商业化的需求仍需进一步考究。由于Li_6PS_5Cl需通过高能球磨结合高温烧结（550℃）制备，因此对该电解质的批量化制备较困难。事实上，作为最早研究的硫化物电解质之一，$Li_2S\text{-}P_2S_5$二元系玻璃陶瓷电解质具有批量化制备的优势，因为其仅需要简单的机械研磨混合结合低温烧结（200 ~ 300℃）即可制备。但其室温离子电导率低，通常低于$1.0 \times 10^{-3} S \cdot cm^{-1}$。因此，提高其室温离子电导率是实现$Li_2S\text{-}P_2S_5$二元系玻璃陶瓷电解质商业化的关键。据此，Wang等[125]提出一种自组织异质纳米晶化的策略。他们采用硫化铝作为成核助剂，诱导硫化物电解质在玻璃相中爆发式成核，在此基础上改变了原料中的P/S比，从而抑制了晶体的长大以及诱导第二相的生成。由于晶体具有异质成核生长的倾向，第二相会在第一相上成核并长大，从而在成核助剂的作用下自组织为异质纳米畴。由于畴内遍布大量的晶界，锂离子可在晶界上快速传输，极大提高了材料的室温离子电导率（$1.32 \times 10^{-2} S \cdot cm^{-1}$），为批量化制备高离子电导率的硫化物电解质提供了可行方案。

对卤化物电解质而言，虽然其（电）化学稳定优于硫化物电解质而力学性能优于氧化物电解质，但由于卤化物电解质卤素含量很高，导致其极易吸收空气中的水分，同时易对不锈钢集流体产生腐蚀，这是卤化物电解质商业化应用所面临的巨大挑战。但由于目前对卤化物电解质的研发尚未深入，针对此类问题的解决方案还较少，有待于未来进一步开发研究。

2.3 有机/无机复合固态电解质

在无机固态电解质章节中我们已经提到，固态电解质主要分为三类，即无机固态电解质、聚合物固态电解质以及有机/无机复合固态电解质。聚合物固态电解质成膜性好，韧性高，且易于大规模生产和加工，其中应用最为广泛的材料是PEO。2011年，法国的Bolloré公司开发的PEO基聚合物固态锂金属电池，能量密度可达170Wh·kg^{-1}，安全性能良好，已经在Bluecar汽车应用并参与汽车共享服务。2015年，德国Bosch（收购了美国SEEO）电池公司开发出PEO基固态锂电池（220Wh·kg^{-1}）。如图2.11所示，PEO聚合物固态电解质存在的最大问题是室温离子导电率低，低于10^{-5}S·cm^{-1}，电池需要在80℃以下工作；另外，PEO聚合物固态电解质的电化学氧化窗口较低（≤3.8V），只能匹配电位窗口较低的磷酸铁锂正极材料，限制了能量密度的提升。2015年，中国科学院青岛生物能源与过程研究所开发出一种聚碳酸酯基聚合物固态电解质[169]，该材料拥有更宽的电化学稳定窗口（约4.6V），可以匹配更高电压的正极材料，大幅提升了固态锂电池的能量密度。

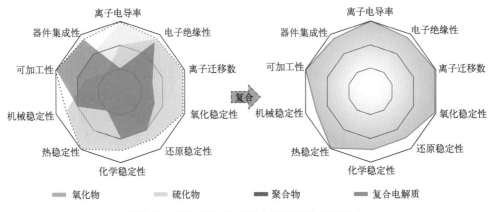

图2.11 有机/无机复合固态电解质的设计理念

与聚合物固态电解质相比，无机固态电解质通常具备高室温离子电导率，目前报道的硫化物固态电解质Li$_{10}$GeP$_2$S$_{12}$室温离子电导率可达10^{-2}S·cm^{-1}，甚至高于商业化液态电解液的水平[167]。2014年，在国际锂电池会议上，丰田电池研究业务部Hideki Iba博士与丰田欧洲先进技术小组Chihiro Yada博士指出在克服技术障碍的前提下，丰田开发的固态锂电池可在2025年实现商业化，但由于大多数硫化物电解质具有一定的电子导电性，或由于掺杂等因素导致电子电导率提升，会加剧电池在长循环过程中锂枝晶的产生，导致其产业化进程一再延后。目前无机固态电解质仍然面临多种挑战，如图2.11所示，多数无机固态电解质易与金属锂发生反应，无法匹配复合锂负极，导致电池能量密度偏低。此外，无机固态电解质膜的加工性差，器件集成性差，无法在现有动力电池生产装备中进行规模化生产。

2.3.1 有机/无机复合固态电解质类型

如上所述，尽管固态锂电池已被公认为是下一代锂电池的重要发展方向，但是目前无论是无机固态电解质材料还是聚合物固态电解质材料，任何单一材料体系均不能满足未来更高能量密度固态电池的多方面要求。因此，充分发挥不同材料的优势，将多种材料进行复合，是获得综合性能优异固态电解质的有效途径之一，也是未来固态锂电池的必然选择。如图2.10所示，复合电解质中硫化物组分可有效提高电解质的离子电导率和离子迁移数；氧化物组分提高电解质的耐氧化还原能力；聚合物组分将提高电解质的力学性能和固/固界面兼容性等。

在复合固态电解质中，除聚合物基体外，渗流的导电活性物质（无机电解质填料）和有机/无机界面相均可提供额外的离子传输路径，有效提高电解质的离子电导率。因此，对填料的尺寸、形貌、结构和添加量的控制将直接影响复合固态电解质的离子电导率。通常，纳米尺寸的填料具有极大的比表面积，可以与聚合物基体作用产生更多的界面相从而提高电解质的离子电导率。然而，少量的添加使得产生的界面相无法形成连续相，大量的添加使得填料颗粒趋于团聚，因此如何保证颗粒的均匀分散是实验和实际生产中的一大难题。一种有效的解决方法是设计自支撑的多孔填料，即一种三维多孔骨架。聚合物填充于骨架的孔中形成连续相，而三维骨架本身即是均匀分布、不团聚的连续相，如此，两者相互作用形成的界面相也是连续相。采用三维骨架与聚合物复合制备的"三相渗流"有机/无机复合固态电解质有效提高了电解质的离子电导率；同时，结合原位聚合技术，解决了电解质/电极固/固界面的相容性问题。

据此，Cui等[169]在2015年创新性地提出了"刚柔并济"复合电解质的概念。如图2.12所示，具备该结构的复合电解质以轻薄、柔韧的自支撑有机隔膜如聚丙烯、纤维素隔膜等作为三维骨架，以聚合物电解质如聚碳酸丙烯酯等作为离子传输导体，并辅以无机快离子导体颗粒增强与聚合物和锂盐之间的路易斯酸碱相互作用，促进锂盐解离的同时抑制锂盐阴离子的移动，从而构造出离子界面渗流能力，协同提升界面离子传输。具备"刚柔并济"结构的聚碳酸丙烯酯/纤维素复合电解质室温离子电导率可达$0.3mS\cdot cm^{-1}$，拉伸强度可达25MPa。鉴于其良好的安全性，采用磷酸铁锂正极、金属锂负极的固态电池在120℃下可稳定运行，在1C/5C倍率下发挥出$139mAh\cdot g^{-1}/74mAh\cdot g^{-1}$的比容量，循环500圈后的容量保持率为95%。

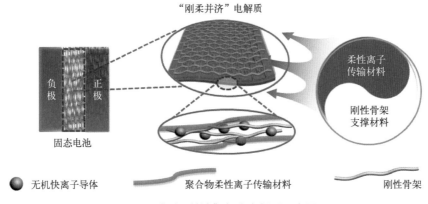

图2.12　"刚柔并济"复合电解质示意图

"刚柔并济"复合电解质采用传统的隔膜材料作为刚性骨架，以聚合物电解质作为柔性离子传输材料。但由于隔膜材料通常不具备离子电导率，他们的存在限制了复合电解质电导率的提升。对此，Cui等不断优化"刚柔并济"结构，采用连续的无机快离子导体膜取代有机隔膜，得到了具有"三相渗流"微结构的有机/无机复合固态电解质。一方面，连续的无机快离子导体相可直接提供快速的离子传输通道，且其与聚合物之间相互作用产生的连续界面相也为Li$^+$的快速传输提供通道；另一方面，连续的无机快离子导体相能够提高电解质的强度，而聚合物相可以保持电解质的柔韧性，二者的有机结合提高了复合电解质的力学性能。

Cui等[170]详细论述了具有"三相渗流"微结构的有机/无机复合固态电解质相对于"单相渗流"和"双相渗流"复合电解质的优势及离子传输机理。如图2.13所示，具有"三相渗流"微结构的复合固态电解质可提供连续的有机、无机及有机/无机界面三条离子高速传输路径，而具有"单相渗流"和"双相渗流"微结构的复合电解质中的锂离子主要沿有机相或有机相+界面相进行传输。以此为指导，Cui等[163]首先制备了Li$_{1.3}$Al$_{0.3}$Ti$_{1.7}$(PO$_4$)$_3$多孔骨架，通过原位聚合的方法与聚合物单体聚(乙二醇)甲基醚丙烯酸酯（PEGMEA）聚合，得到的复合固态电解质室温离子电导率为2.0×10^{-4}S·cm^{-1}；进一步制备高室温离子电导率的Li$_6$PS$_5$Cl[171]和Li$_{10}$GeP$_2$S$_{12}$[172]多孔骨架，与PEGMEA复合，将室温离子电导率提高至8.0×10^{-4}S·cm^{-1}，相对于纯相聚合物，离子电导率提高了128倍，匹配的金属锂和高电压正极NCM811或LiCoO$_2$的固态电池也可以在室温条件下稳定运行，该技术已申请中国发明专利CN110112460A[173]。

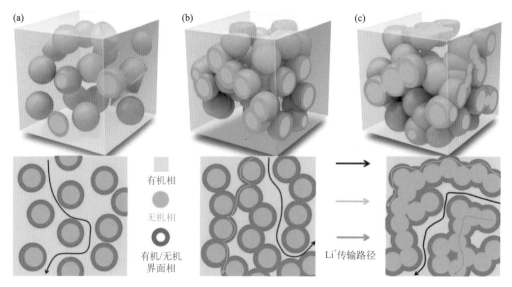

图2.13　具有不同微结构的有机/无机复合固态电解质的锂离子传输路径示意图。（a）"单相渗流"：聚合物基体连续而无机填料相和界面相不连续；（b）"双相渗流"：聚合物和界面相连续而无机填料相不连续；（c）"三相渗流"：聚合物基体、无机填料和界面相三相连续

有机/无机复合固态电解质通常由有机聚合物高分子、锂盐和填料组成，其中填料的组成、结构、形态等对复合固态电解质的物理、化学、电化学性能影响很大。在聚合物固态电解质中，最为广泛接受的离子传输机理是锂离子在链段运动的协助下由一个位点解配位后跃迁到另一个位点。通常，聚合物固态电解质的离子电导率很大程度上受限

于聚合物的结晶度及其玻璃化转变温度（T_g）。引入填料后，锂离子在聚合物电解质基体中的传输速度变快，根据相关研究分析，认为主要由以下原因导致：①填料与聚合物相互作用从而降低了聚合物的T_g和结晶度；②填料与锂盐相互作用从而促进了锂盐的解离，提高了锂离子浓度；③填料通过特定官能团与锂离子和聚合物相互配位，削弱了锂离子的跃迁位垒；④构建新的锂离子传输通道，如具有渗流功能的有机/填料界面相或填料相，尤其对于填料为无机快离子导体而言。

填料通常可分为惰性填料，即不含锂元素填料，如SiO_2、Al_2O_3等；活性填料，即含锂元素填料，如无机固态电解质；功能性填料，如氧化石墨烯、金属有机框架等。填料的引入除了可以提高复合固态电解质的离子电导率外，还可提高锂离子迁移数，拓宽电化学稳定窗口以及提高力学性能等。

惰性填料通常是指无机氧化物Al_2O_3、TiO_2、SiO_2等。惰性填料本身不传导锂离子，但他们在聚合物基体中可以作为交联中心阻碍聚合物链段的再结晶从而降低聚合物的结晶度。同时，惰性填料表面官能团与锂盐阴阳离子强的路易斯酸碱相互作用（如氢键、空位-锂盐作用、偶极-偶极相互作用等）能够促进锂盐的解离以及提高电解质的耐氧化稳定性。1998年，Croce等[174]向PEO/LiClO$_4$聚合物体系中引入10%纳米级Al_2O_3和TiO_2填料，将离子电导率提高了约三个数量级，同时离子迁移数提高到0.6。Sun等[175]设计了酸性、碱性和中性三种Al_2O_3填料并加入PEO/LiClO$_4$聚合物体系中。研究发现，酸性或中性的Al_2O_3表面含有羟基，可以通过氢键与ClO_4^-相互作用，提高锂盐的解离同时提高电解质的电化学稳定性。但碱性的Al_2O_3表面不含羟基，因此不与ClO_4^-相互作用，从而对电解质离子电导率和电化学稳定性的提高没有起到积极作用。Sun等的研究证明了填料表面化学性质对复合固态电解质性能的重要影响。据此，Liu等[176]利用氧化钇掺杂的氧化锆（YSZ）作为填料修饰PAN/LiClO$_4$，将复合固态电解质的离子迁移数由0.27提高至0.56，室温离子电导率提高至$1.07 \times 10^{-5} S \cdot cm^{-1}$。此外，$Gd_{0.1}Ce_{0.9}O_{1.95}$、$La_{0.8}Sr_{0.2}Ga_{0.8}Mg_{0.2}O_{2.55}$等含氧空位的类似填料也都具有相同功效[177]。氧空位作为路易斯酸位点，可以与锂盐的阴离子相互作用，将阴离子如$TFSI^-$吸附在颗粒表面。固态核磁谱显示，在加入无机填料后，处于易移动区域的锂离子数量增多，证明了含氧空位填料能够有效促进锂离子的迁移。

活性填料，通常是无机快离子导体，包括钙钛矿型电解质、石榴石型电解质、NASCION型电解质及硫化物电解质。活性填料不仅可以起到惰性填料的作用（如降低聚合物结晶度和T_g，促进锂盐解离等），还可以提供额外的锂离子传输路径，从而进一步提高电解质的离子电导率。Zhu等[178]通过向PEO/LiTFSI体系中加入15%的LLTO纳米线将室温离子电导率提高至$2.4 \times 10^{-4} S \cdot cm^{-1}$，电化学稳定窗口提升至5V。Li等[179]通过静电纺丝法将另一种高离子电导率的无机快离子导体（LATP）与PAN基体复合，制备得到的LATP/PAN/PEO/LiTFSI复合固态电解质具有10.72MPa的拉伸强度和$6.5 \times 10^{-4} S \cdot cm^{-1}$的室温离子电导率。Choi等[180]向PEO/LiClO$_4$中引入52.5%的石榴石电解质LLZO，将离子电导率提升至$4.42 \times 10^{-4} S \cdot cm^{-1}$（55℃），电化学稳定窗口拓宽至0~5.0V。Nan等[181]利用LLZTO修饰PVDF电解质，发现LLZTO中的La原子能够与溶剂DMF中的N原子和C=O相互作用，使得电子在N原子上富集，从而作为一种路易斯碱诱发PVDF骨架脱氟化氢，增强了与锂盐和LLZTO填料的相互作用，将电解质的离子电导率提升至$5 \times 10^{-4} \text{S} \cdot \text{cm}^{-1}$。Cui等[182]提出一种利用聚合物导电纤维增韧的硫化物复合电解质的方法，通过仿生模拟自然界中竹纤维对竹体的增韧行为，向硫化物无机快离子导体中复合一维纳米聚合物锂离子导电纤维，纤维长1～1000μm，直径10～1000nm，按同一方向平行排列，导电纤维均匀分布于复合结构的表面或内部。此结构提高了硫化物无机快离子导体抵御受力变形的能力，将无机硫化物快离子导体的断裂强度由不高于$0.70 \text{MPa} \cdot \text{m}^{1/2}$提高到$1.2 \sim 1.4 \text{MPa} \cdot \text{m}^{1/2}$。

相对于氧化物活性填料，硫化物活性填料如硫化物电解质离子电导率更高，因此对复合固态电解质离子电导率的提升可能更有利。由于硫化物电解质的化学稳定性差，利用硫化物填料制备复合固态电解质最大的问题是溶剂的兼容性问题。目前仅有少数几种非极性或弱极性的溶剂可用，但这同时也会限制聚合物基体的选择（有些聚合物基体很难溶解于非极性或弱极性的溶剂）。为此，Oh等[183]设计了大分子醚基溶剂，如醋酸苄酯，可同时溶解聚合物和锂盐，同时不破坏硫化物填料。Nan等[184]研究了78Li$_2$S-22P$_2$S$_5$玻璃陶瓷填料与PEO、PVDF和溶剂甲苯、乙酸乙酯之间的相互作用，指出分别以甲苯和乙酸乙酯为溶剂制备的5%质量分数的78Li$_2$S·22P$_2$S$_5$/PEO/LiTFSI复合固态电解质的离子电导率分别为$5.31 \times 10^{-4} \text{S} \cdot \text{cm}^{-1}$和$1.27 \times 10^{-4} \text{S} \cdot \text{cm}^{-1}$；以乙酸乙酯为溶剂制备的5%PVDF/LiTFSI复合电解质离子电导率为$4.54 \times 10^{-4} \text{S} \cdot \text{cm}^{-1}$。

除惰性和活性填料外，另一类填料是功能化填料，如MOF、二维材料（氧化石墨烯、六方氮化硼等）、丁二腈（SN）等。这些填料通常具有特殊的结构和大量的官能团，可与有机物基体相互作用提高电解质的电化学和力学性能。具有多孔结构的MOF材料可以限制锂盐阴离子的移动，锚定阴离子以及削弱锂离子和聚合物之间的相互作用。Wang等[185]研究发现MOF材料UIO-66可将PEGDA的T_g由−49.9℃降低至−51.7℃。同时，研究者设计了M-S-PEGDA，其具有很好的拉伸性能（约500%）以及高室温离子电导率（$2.26 \times 10^{-4} \text{S} \cdot \text{cm}^{-1}$）和高的电化学氧化稳定窗口（5.4V，vs. Li$^+$/Li）。基于UIO-66，Huo等[186]合成了一种新型的阳离子型多功能化合物，该化合物比表面积为$1082 \text{m}^2 \cdot \text{g}^{-1}$，通过静电相互作用有效固定了锂盐阴离子TFSI$^-$，极大提高了离子迁移数（0.72）。

二维材料具有非常大的比表面积，可以提供更多的位点与聚合物基体产生相互作用。作为最典型的二维材料之一，氧化石墨烯（GO）具有大量的含氧官能团，已被广泛用于有机/无机复合固态电解质中。特别地，GO具有长程有序的单原子层结构，可以与聚合物相互作用生成快速传输离子的聚合物/GO界面。Jia等[187]将GO引入PAN/LiClO$_4$体系中，大量的含氧官能团提供电子溶解锂盐，同时，路易斯酸型的官能团可以与C≡N中的孤对电子相互作用修饰聚合物链段。仅用1.0%GO构建的复合固态电解质在室温下便具有$2.6 \times 10^{-4} \text{S} \cdot \text{cm}^{-1}$的离子电导率和80MPa的拉伸模量。Kammoun与合作者[188]制备了1%GO复合PEO/LiClO$_4$的复合固态电解质，其室温离子电导率比纯PEO提升了两个数量级，拉伸强度提高了260%。Li等[189]将六方氮化硼h-BN加入PEO基体中制备复合固态电解质，获得了高的锂离子迁移数（0.56）以及均匀的锂沉积能力。Tang等[190]利用多层蛭石修饰PEO聚合物固态电解质，有效提升了PEO基体的热稳定性、力学性能、离子电导率和电化学性能。

除无机填料外，小分子有机物也可作为填料修饰聚合物固态电解质，如SN等。Xu等[191]将SN加入PEO中，当加入量为10%时（SN:EO=1:12），离子电导率大约提升一个数量级；当加入的SN量提升至SN:EO=1:4时，复合固态电解质的室温离子电导率为1.9×10^{-4}S·cm^{-1}，在0℃仍有2×10^{-5}S·cm^{-1}。通过固态核磁表征发现SN的加入削弱了EO链段与锂离子之间的作用，利用这种复合固态电解质组装的LiFePO$_4$/Li电池表现出优异的库仑效率和长循环性能。即使在0℃，电池仍然可发挥出118.6mAh·g^{-1}的高放电比容量。除SN外，Wang等[192]将聚马来酸（HPMA）引入PEO基体中降低PEO的结晶性，获得的复合固态电解质在室温下具有1.13×10^{-4}S·cm^{-1}的离子电导率和很好的柔性。

2.3.2　有机/无机复合固态电解质制备技术

（1）溶液浇注法

溶液浇注法是制备有机/无机复合电解质最常用的方法。通常先将锂盐和聚合物溶解于相应溶剂获得均一的溶液，然后将填料加入其中搅拌均匀，最后将该溶液浇注到平板上，挥发掉溶剂后获得复合固态电解质膜。由于常用的填料形态为纳米颗粒，它们在电解质膜的制备过程中极易发生团聚，影响电解质膜的性能。同时，填料与溶剂之间的相容性也将影响复合固态电解质的制备过程。因此，为获得高性能的有机/无机复合电解质，制备方法是关键的一环。

（2）原位聚合法

原位聚合是一种发展迅速且受到广泛关注的制备有机/无机复合固态电解质的技术。该技术摒弃了溶剂的使用，因此避免了组分间的副反应。原位聚合技术是将聚合单体、锂盐、填料和引发剂等混合，在电池装配过程中将溶液加入，在一定条件下（如加热）使得聚合物单体发生聚合，从而获得有机/无机复合固态电解质。通过该技术可获得一体化的电极/电解质固/固界面，有效促进了锂离子跨界面传输。Cui等[193]以碳酸亚乙烯酯单体溶液为前驱体，以硫化物电解质Li$_{10}$SnP$_2$S$_{12}$为无机填料，通过原位聚合方法制备了有机/无机复合固态电解质，其室温离子电导率为2.0×10^{-4}S·cm^{-1}，锂离子迁移数为0.6，电化学稳定窗口高于4.5V。原位聚合形成的一体化固/固界面，将电池界面阻抗由1292Ω·cm^{2}减小至213Ω·cm^2。采用LiFe$_{0.2}$Mn$_{0.8}$PO$_4$正极组成的固态电池在室温0.5C下循环140圈后容量保持率为88%（130mAh·g^{-1}），库仑效率超过99%。同时，Cui等[194]也合成了具有不同功能模块的单体甲基丙烯酸(2-氧代-1,3-二氧戊环-4-基)甲酯，通过与SN复合、原位聚合得到了耐高电压的复合固态电解质，单体聚合度达到99.8%，制备的复合固态电解质室温离子电导率为1.07×10^{-3}S·cm^{-1}，离子迁移数为0.62。在4.6V高电压LiCoO$_2$正极体系中，固态电池循环100圈后容量保持率仍然可达82.4%。

（3）干法工艺

干法工艺的开发避免了溶剂的使用，从而避免了填料（通常高反应活性的硫化物电解质）与溶剂间的副反应。干法工艺是将电解质粉体与少量（<5%）黏结剂（如PTFE等）通过反复揉搓等手段混合，然后通过辊压制成复合固态电解质膜。典型案例如韩国三星公司Lee等[195]在Nature Energy上报道了通过干法工艺制备的硫化物电解质膜。采用Li$_6$PS$_5$Cl复合1%的丙烯酸酯型黏结剂制备的复合电解质室温离子电导率为1.31×10^{-3}S·cm^{-1}，

活化能为0.35eV。匹配三元正极、Ag-C负极制备的0.6Ah软包电池，体积能量密度可达900Wh·L^{-1}，稳定循环次数超过1000次。

尽管研究人员已经在有机/无机复合固态电解质方面取得了很大成绩，但目前的研究仍处在初级阶段，最终要实现复合固态电解质在固态电池中的实际应用，依然存在较多挑战。获得高室温离子电导率（1.0×10^{-3}S·cm^{-1}），电化学稳定窗口宽（0～5V，$vs.$Li$^+$/Li），且可以匹配金属锂负极和高电压正极，具有优异力学性能和加工性能的复合固态电解质，依然存在较大困难。下面提出几点关于有机/无机复合固态电解质的未来研究方向：

① 基于先进的表征技术深入研究复合固态电解质的离子传输机理。目前，大量的表征技术如同步辐射技术、固态核磁技术以及中子散射技术等已被用于研究固态电解质复杂的物理化学过程。然而，对有机/无机复合固态电解质离子传输机理的研究不深入，已成为复合固态电解质设计和开发的最大阻碍。为此，采用先进的原位表征技术如原位X射线断层成像技术、原位Raman等谱学技术以及结合理论计算/仿真模拟等深入厘清复合固态电解质的物理、化学和离子传输性质，意义十分重大。

② 开发高室温离子电导率、电化学稳定性好的新型超分子聚合物或其它新型聚合物基体，使得聚合物基体与填料之间可以产生强相互作用。作为核心组分，聚合物基体的性能直接决定复合固态电解质的柔韧性、黏附性和离子传输性能。目前，PEO、PVDF、PAN和PMMA是常用的聚合物基体，一些新型的聚合物基体（如具有高离子电导率的塑性聚合物和具有优异力学性能的橡胶）的应用也见报道。然而，PEO和PVDF高的结晶度、PAN与金属锂的界面不稳定性、PMMA和SN的力学性能差等问题的存在也影响了复合固态电解质的性能。为解决这些问题，研究者们已提出如聚合诱导相分离，交联聚合进一步优化聚合物结构等策略。未来，可通过嵌段/接枝共聚的方法进一步优化和设计官能团，提升聚合物、锂盐和填料之间的相互作用，从而减弱锂离子和极性聚合物间的离子-偶极相互作用，实现固定阴离子、提升离子迁移数和电解质稳定性等多重目的。

③ 复合固态电解质与电极之间的界面问题也是影响其在固态电池中应用的关键问题。提高复合固态电解质的黏附性、与金属锂的亲和性以及力学性能是提高电解质/电极界面相容性、抑制锂枝晶生长的有效策略。同时，通过引入填料原位生成可导锂的电极/电解质界面相也是减小电极/电解质界面阻抗的潜在策略。同时，进一步开发新型的原位聚合技术，构建一体化电极/电解质固/固界面，减小界面阻抗和促进离子传输。

2.4 硫化物电解质/固态电池专利分析

2.4.1 全球专利申请趋势

一种技术的生命周期通常由萌芽、发展、成熟、衰退几个阶段构成（参见表2.3）。通过分析一种技术的专利申请数量、专利权人数量及专利申请人数量的年度变化趋势，可以分析该技术到底处于生命周期的何种阶段？进而为研发、生产、投资等提供关键决策参考。本节以大家广泛关注的硫化物电解质/固态电池为例进行阐释。

表2.3　技术生命周期的主要阶段简介

阶段	阶段名称	代表意义
第一阶段	技术萌芽	社会投入意愿低，专利申请数量与专利权人数量都很少
第二阶段	技术发展	产业技术有了一定突破或厂商对于市场价值有了认知，竞相投入开发，专利申请数量与专利权人数量呈现快速上升
第三阶段	技术成熟	厂商投资于研发的资源不再扩张，且其他厂商进入此市场意愿低，专利申请数量与专利权人数量逐渐减缓或趋于平稳
第四阶段	技术衰退	相关产业已过于成熟，或产业技术研发遇到瓶颈，难以有新的突破，专利申请数量与专利权人数量呈现负增长

　　日本松下最早开始硫化物电解质相关专利的布局，1976年有2项专利布局，随后其他申请人如三洋电机、美国永备电池在1976年至1990年间，也有少量的专利申请，但专利持续性较差，年专利申请量均低于5项，参考意义不大。图2.14是全球硫化物固态电池技术专利申请趋势，以1990年作为起点，全球硫化物固态电池技术领域研究经历了30多年的发展历程，大致可分为两个发展阶段：技术萌芽期和技术发展期。

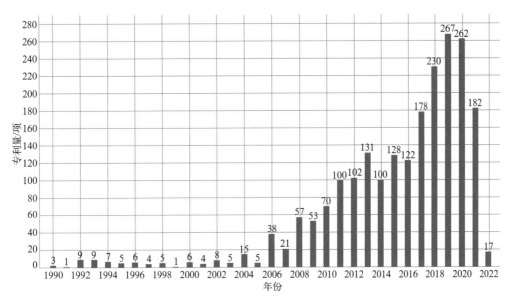

图2.14　全球硫化物固态电池技术专利申请趋势

（1）技术萌芽期

　　1990年至2005年间，硫化物固态电池的专利申请数量较少。自1990年首次出现硫化物固态电池技术专利，除2004年以15项的专利量达到这一时期的申请峰值以外，其余年份的专利申请量均为个位数。专利申请数量少、原理性的基础发明专利多是技术萌芽期的主要特点。由于技术刚起步，这一时期参与产品研发的企业较少，丰田、出光兴产、三星、住友、松下是最早参与该领域竞争的国外企业。

（2）技术发展期

　　2006年至今，全球硫化物固态电池专利量整体上呈逐年增长的趋势。2011年，专利申请量首次突破100项，并在2019年达到最高的267项。这一时期，随着政策及技术热潮的推动,对电池安全性、快速充电性等优异性能的追求,大量的竞争主体进入该领域,硫化物固态电池技术进入快速发展期。

2.4.2 全球专利技术分布状况

在两千余项相关专利中,按照权利要求主要可分为以下几类:硫化物电解质材料、硫化物固态电解质膜及硫化物固态锂电池。其中,硫化物电解质材料本身是研究最早且最多的(占比大于50%)。2013年以后,每年都有大量的技术布局,在2017年专利申请量首次破百,在2020年专利年申请量高达146项。与硫化物电解质材料相关的专利申请侧重于材料的组成和制备方法。材料的组成以二元硫化物和三元硫化物为主,其中二元硫化物以Li_2S-P_2S_5为代表。且在二元硫化物体系中,阴离子掺杂(特别是卤族元素)为常见的性能(电导率、化学稳定性等)优化手段。三元硫化物体系材料为Li_2S-MS_2-P_2S_5,其中M为+3、+4、+5价元素,如Al^{3+}、Si^{4+}、Ge^{4+}、Sb^{5+}等。所涉及的制备方法主要包括液相法、固相烧结法、机械研磨法、熔融淬火法等。

其次是硫化物固态锂电池,占比约37%,专利申请主要在2008年以后,在2011年至2017年间,年专利申请量维持在50项左右,2019年申请量达到高峰。相关专利的申请侧重于包含硫化物固态电解质的正极和固态电池整体制备工艺。正极方面,专利申请侧重于正极材料和正极/固态电解质功能层(包覆层)。其中包含硫化物固态电解质的正极材料技术起始于2004年,布局持续性和年申请量均较为可观;从2013年至今,年专利申请量维持在25项左右。可见该技术一直是硫化物固态电池领域重点关注的对象。正极/固态电解质功能层技术自2007年申请第一项专利以来,布局相对比较持续,但年申请量很低,均为个位数,可见还在寻求技术突破点。在电池整体制备工艺方面,通过一体化成型的方法即原位聚合或原位固态化的技术,可以减小正极、负极、电解质层各个模块分别制备再组装带来的界面阻抗较大的问题。中国的中国科学院青岛生物能源与过程研究所、中国科学院物理研究所,日本的丰田和住友在该方面有一定数量的专利布局。

硫化物固态电解质膜占比约为7%,该技术的研究虽然较早,但持续性较差,2000年至2014年间,年申请量不高于7项;2015年后,年申请量才突破10项,同样在2019年专利申请达到高峰,为29项。相关专利申请侧重于膜组成和制备工艺的研究。电解质膜组成方面,添加材料包含黏结剂、纤维、聚合物、流平剂等,另有少量专利涉及电解质膜的含氧浓度梯度、硫含量控制技术;制备工艺方面,以涂覆和压延技术为主;此外还涉及多层电解质层及电解质膜的修饰改性技术。其中,中国科学院青岛生物能源与过程研究所在硫化物与有机聚合物复合方面已授权专利多项,下面介绍两项典型的专利。专利CN112803064A涉及一种硫化物复合固态电解质膜、制备方法及在全固态电池中的应用。该专利提供的硫化物复合固态电解质,由于采用低玻璃化转变温度的黏结剂,具有较高的机械柔性,简化了硫化物复合固态电解质膜的制备工艺。制备出的固态电解质具有高离子电导率($\geqslant 10^{-4}$S·cm^{-1})和匹配高载量正极循环的优良特点。专利CN107978789B公开了一种聚合物导电纤维增韧的硫化物复合电解质膜。通过仿生模拟自然界中竹纤维对竹体的增韧行为,将硫化物无机快离子导体中复合一维纳米聚合物锂离子导电纤维,按同一方向平行排列,导电纤维均匀分布于复合结构的表面或内部,此结构提高了硫化物复合电解质膜抵御受力变形的能力，可以解决电池充放电过程中的力学失效问题。

2.4.3 全球竞争区域与竞争主体

图2.15为全球硫化物固态电池专利技术来源地，排名前五位的技术来源地为日本、中国、韩国、美国和德国。日本以1334项的专利量居全球第一，占全球硫化物固态电池相关专利总量的62.34%；其次是中国，共申请466项，占比21.78%；韩国有243项，占比11.36%；美国和德国分别有89项和25项。日本在该领域技术研发和专利申请最早，其次是韩国和美国，而中国虽然起步较晚，但技术研发和专利申请量近年来突飞猛进，现专利申请量仅次于日本，说明中国科研界和产业界对该技术的重视。

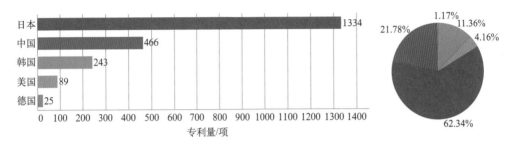

图2.15　全球硫化物固态电池专利主要技术来源地

日本在1976年至2000年间有少量专利申请，2000年后，专利申请持续性较好，2006年起年申请量均高于10项，2013年专利申请量首次破百，2018年专利申请量高达127项，可见日本非常重视该领域的技术研究和专利布局。中国在2002年至2012年间，专利申请量不大，年申请量仅2～3项，说明对该领域重视不足。2013年起，中国在该领域申请量开始突增，保持了较好的专利申请持续性，在2019年专利申请量高达97项，且至今申请热度仍居高不下，但技术发展与日本相比稍显滞后；韩国和中国申请趋势较相似，韩国在1998年有1项专利申请，但1998年至2011年间，专利申请持续性较差，年申请量仅1～3项，从2012年起，年专利申请量高于10项，在2019年专利申请量达到38项；美国1992年有1项专利申请，但1992年至2013年间专利申请持续性较差，直至2019年专利申请量高于10项。德国在该领域刚刚开始进行专利布局，2015年后才开始有持续性的专利申请，但专利申请数量较少。

硫化物固态电解质材料方面，组成和制备工艺是上述各国都重点关注的技术，日本在该领域处于绝对的领先地位，除修饰/改性外，其他细分技术分支占比均高于50%，值得注意的是日本在电解质组合物技术和参数方面也还有30～40余项专利布局，其他国家在该技术分支涉及的专利数量仅为个位数。含硫化物固态电池方面，正极和电池模块是各国都重点关注的技术，日本同样在该领域处于绝对领先地位，各细分技术分支占比均高于60%，此外日本还在制备工艺和正负极与电解质层间结构方面布局了一定数量的专利，其他国家在该技术分支下涉及的专利较少。硫化物电解质膜方面，组成和工艺是各国都重点关注的技术，日本在组成、参数、装置、结构方面处于领先地位，中国在制备工艺、多层电解质层方面处于技术领先地位。

技术来源地	技术目标地						
	日本	中国	美国	韩国	欧洲专利局	世界知识产权组织	德国
日本	1196	386	455	221	183	360	111
中国	5	460	12	5	4	21	
韩国	49	42	106	202	22	31	17
美国	17	22	111	24	24	42	10
德国	6	8	11	8	14	18	16

图2.16　全球硫化物固态电池专利技术流向图

图2.16为全球硫化物固态电池专利技术流向图。由该图可知，日本、中国、韩国、美国申请的专利技术大部分都指向本国市场。日本的申请人在中国、美国、韩国、欧专局和世界知识产权组织同样布局了大量的专利，以本国市场为主要目标的同时，加快了国外技术壁垒的建立。中国申请人目前在其他国家/地区的专利数量很少，在加紧国内布局的同时，也需要关注国外市场。美国是韩国重点关注的市场，在美国布局了106项专利。

在上述竞争区域中，日本的丰田、出光兴产、住友、松下等企业，韩国的三星、现代、LG等企业以及中国的桂林电科院、中国科学院青岛生物能源与过程研究所、中国科学院物理研究所、中国科学院宁波材料所等科研机构在该领域均有可观的专利量。其中，丰田在该领域的专利量最多，2006年至今从未停止硫化物固态电池的技术研发，作为早期入局固态电池的企业之一，丰田一直坚持硫化物路线，并有望在2030年前后实现量产，从而占据技术制高点；出光兴产株式会社有241项专利，2000年申请第一项硫化物固态电池专利，虽年申请量不高，但胜在研发持续性较好；住友的硫化物固态电池技术集中在2008年至2012年间，2014年至今仅有2项专利布局，其已放弃硫化物固态电池研发的可能性较大；三星、古河、三井、富士胶片、现代、东京工业大学、LG和三菱技术起步较晚，属于跟踪式的技术研发和布局；松下和大阪公立大学虽然技术起步早，但布局分散。中国的相关院校、科研机构和企业基本上为近几年申请的专利。

从整体来看，丰田的主要关注点在于含硫化物电解质固态电池，但硫化物固态电解质的专利量也很高，均高于200项，其硫化物电解质膜的专利申请也位居第一；出光兴产、松下、富士胶片、古河、三井、现代、东京工业大学、大阪公立大学、三菱、汉阳大学、桂林电科院、日本物质材料研究机构、起亚的技术分布都相对更侧重于硫化物固态电解质；三星、住友和LG在含硫化物电解质的固态电池上有更多的专利；硫化物固态电解质膜技术主要来源于丰田、住友和中国科学院青岛生物能源与过程研究所。

相比传统锂离子电池，固态电池性能更加优越，在下游能源发展刚需下，固态电池将迎来快速发展，未来全球将有越来越多企业延伸布局或跨界布局固态电池产业，产业整体竞争将越来越激烈。硫化物固态电池技术在1990年至2005年进入技术萌芽期，专利量和申请人数量很少，2006年至今，申请量呈现一定的波动增长趋势，尤其是近几年的申请量更是逐年攀升。随着全球动力电池研发机构对固态电池领域的重视，具有优异离子电导率的硫化物基固态电池成为继聚合物电解质之后最有可能的全固态电池技术路线，具有广阔的发展前景。目前虽然日本和中国的申请人都已成为相关专利的申请主体，然而在专利申请数量和申请人构成上，日本均以绝对的优势领先，说明中国在硫化物固态电池技术与日本相比还有较大的差距。因此，中国企业要抓住机会，加强自身的研发，以便于掌握先机。

目前全球对于硫化物固态电池的研究主要集中于固态电解质材料组成及制备工艺，以及复合硫化物固态电解质正极和负极技术上，日本在这些技术领域已经申请了超过中国两倍的专利。但是，全球申请人在硫化物固态电池相关装置上的研究都没有跟上材料和工艺发展的脚步，这是一个短板。同时，硫化物固态电池存在的界面问题依然制约着其应用，使得硫化物全固态电池极化严重、容量低、循环性能差等问题更加突出。另外，相对于聚合物电解质固态电池体系，硫化物基固态电池制备工艺是全新的，目前生产线不适合其产业化，也没有匹配的产业链，面对产业链上各环节的缺失，固态电池生产成本比较高，这些都是制约固态电池产业化的难题。因此，从事全固态电池开发的企业在优化、改善材料和制备工艺研究的同时，应加强装置上的研究，补强技术短板，以适应市场需要。中国企业目前在商品锂离子电池技术上已经领先，但在全固态电池技术上一定脚踏实地、加大投入、少造"概念"，发扬抓铁有痕的精神，防止颠覆性技术对产业链带来的冲击。努力提升自身技术水平、增强自身核心竞争力的同时，加快专利布局，抢占研发高点，争取实现弯道超车。

2.5 聚合物固态电解质专利态势分析

聚合物固态电解质由聚合物基体、锂盐和添加剂三大部分组成。聚合物基体提供支撑骨架和离子传递介质，要求对锂盐溶解性好，锂盐在其中易离解、离解离子易扩散，通常选用介电常数高、具有极化基团，同时玻璃化转变温度较低的聚合物。固态聚合物电解质的基体组成直接决定了电解质的离子电导率、电化学稳定性和机械强度等，也是研究者们关注的重点技术分支。

2.5.1 聚合物固态电解质专利申请态势

图2.17所示为全球聚合物固态电解质相关专利的申请态势。由图可见，聚合物固态电解质组成相关的专利申请起始于20世纪80年代，技术发展整体分为两个阶段。

（1）技术萌芽期（1981—1994年）

在技术萌芽期，专利申请数量有逐年增长的趋势，但整体数量较少，专利年申请量未超过30项。这一阶段的技术探索主要源自日本申请人，在聚合物组成上以聚氧化乙烯、聚硅氧烷、聚丙烯腈为主，同时涉及少量的两种以上的聚合物复合技术。

（2）技术发展期（1995年—至今）

聚合物固态电解质技术的技术发展期可以划分为两个阶段。第一阶段为1995年至2009年。在第一阶段初期，专利年申请量显著增加，基本达到近90项/年，随后，自2002年起，专利年申请量逐步降低，2008—2009年，相关专利年申请量仅20项。在这一阶段，聚合物电解质的相关技术研究和技术产出迎来了一个小高峰，但由于研发主体参与度相对较低、研究主体较为集中，技术瓶颈的出现或战略布局的调整会直接影响行业整体的专利数量，专利申请呈现先增后降的态势。而从2010年起，聚合物电解质技术

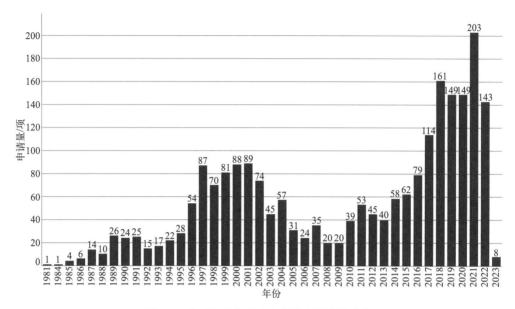

图2.17　全球聚合物固态电解质专利申请态势

进入了真正的快速发展期，专利数量逐年攀升，研发主体多样性提升，在2017年，专利年申请量突破了100项，并于2021年达到高峰203项。由于2022—2023年的部分专利申请尚未公开，因此这两年的专利数据不能代表实际的专利申请数量。而从这一态势可以推知，聚合物电解质的相关技术发展尚未到达技术发展的最高峰，专利数量在未来几年仍将呈现明显的增长态势。

2.5.2　聚合物固态电解质专利技术分布

图2.18所示为聚合物固态电解质相关专利技术分布，体现了研发主体的技术研究热点和专利布局重点。

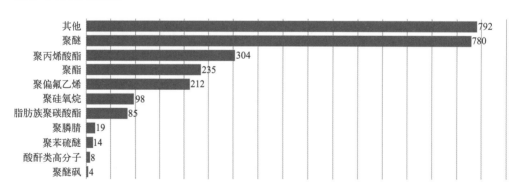

图2.18　全球聚合物固态电解质相关专利技术构成

由图2.18可知，技术分支归类为聚醚和其他的专利，占据了聚合物电解质相关专利技术构成的半壁江山。具体而言，聚醚是研究者们从聚合物电解质研发初期就普遍关注的重要聚合物电解质组成，以PEO为典型代表。而由于聚醚类物质作为电解质使用时，在离子电导率等方面存在一些固有缺陷，因此，以提升电解质的离子电导率为目的，对聚醚类聚合物的基团进行修饰接枝、嵌段共聚、在主链上增加具有特定结构的侧链等技术的开发，促进了相关专利技术的产出。此外，由于 PEO 具有易燃的缺陷，对其结构进行改进从而开发阻燃型聚合物电解质，也是研究者们专利布局的热点。

其他技术分支下，主要包括其余技术分支未涉及的单一聚合物电解质，以及多种聚合物电解质的复配，即有机-有机复配电解质。随着研发的逐步深入，研究者们也在不断尝试采用一些新型的聚合物作为固态电池电解质，这些持续的探索和尝试的同时也催生了相关专利技术的产出。另外，随着研发的逐步深入，研究者们发现，单一类型的聚合物可能在电化学稳定性、离子电导率、力学性能等方面存在一些固有缺陷，但将两种以上的聚合物进行复配时，通常可以发挥各个聚合物的性能优势，获得更优的技术效果；另外，聚合物与有机离子液体的复配使用，也是提升电解质离子电导率的有效手段，逐步成为专利布局的热点和重点。

此外，聚丙烯酸酯、聚酯、聚偏氟乙烯，也是从聚合物电解质研究初期开始就备受关注的基体组成，聚硅氧烷、脂肪族聚碳酸酯也有一定的技术投入和专利布局；对于聚膦腈、聚苯硫醚、酸酐类高分子和聚醚砜的专利布局则较少，专利申请总量未超过20项。

图2.19进一步体现了各类型聚合物固态电解质的技术研发和专利布局趋势。

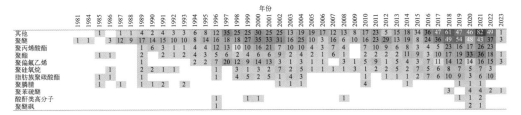

图2.19　聚合物固态电解质专利布局态势

如图2.19所示，聚醚和其他类聚合物电解质的专利布局态势，与聚合物电解质专利申请的整体态势基本相符合。在技术发展初期，技术研发和专利布局主要集中于聚醚、聚硅氧烷和聚丙烯酸酯；随着研发的不断深入，其他新型聚合物、多种聚合物复配、聚偏氟乙烯逐步成为研发热点，而对于聚醚的研究热度仍然有增无减。对于聚苯硫醚、酸酐类高分子和聚醚砜的整体专利布局虽然数量不多，但主要集中于近五年，说明研发者已经开始关注这几类物质，其在后续技术迭代过程中，有可能成为技术研发的新热点和专利技术产出的新高地。自2015年以来，专利布局主要集中于聚醚、聚丙烯酸酯、聚酯和其他聚合物这四个方向。

2.5.3　聚合物固态电解质专利地域分布

日本是聚合物固态电解质相关专利技术的主要来源地，从聚合物电解质相关技术研发初期开始，日本始终保持着持续的技术输出和专利布局，其技术产出的高峰期集中于1997年至2004年，从2005年开始，日本在聚合物电解质方面的专利布局热度明显降低，专利年申请量逐步减少，近几年维持在10项/年上下。这可能是由于从2005年开始，日本调整和确定了后续固态电池相关技术开发的主流工艺路线，将研发重点逐步聚焦到硫化物固态电解质的开发上。

仅次于日本，中国的专利技术输出量排名第二位，而结合图2.20所示的申请态势可知，中国属于后来居上，系统的专利布局从2010年才逐步启动，随后专利申请量逐年提升，近三年甚至超过100项/年。可见，国内申请人对于聚合物电解质的研发热度正处于空前高涨的阶段，预计未来几年会始终保持这一热度。

韩国、美国、德国、法国和欧专局分列技术来源地的第三到第七位。其中韩国和美国也是在技术发展早期就开始进行专利布局，近年来也始终保持着较为稳定、持续的专利产出。

技术来源地	1981	1985	1986	1987	1988	1989	1990	1991	1992	1993	1994	1995	1996	1997	1998	1999	2000	2001	2002	2003	2004	2005	2006	2007	2008	2009	2010	2011	2012	2013	2014	2015	2016	2017	2018	2019	2020	2021	2022	2023
日本		4	6	13	8	25	22	22	3	12	11	11	37	64	48	60	61	68	57	36	45	21	17	23	11	8	17	17	13	9	9	4	10	9	8	22	4			
中国				1														1	1	1						2	9	13	12	12	19	20	36	77	95	97	92	127	117	8
韩国									2	10	11	17	14	10	5	5	2	5	2	3					8	14	19	11	16	30	19	23	16	6						
美国			1	3	2	3	4			5	7	6	5	8	6	2	2	6	2	7	4	3	6		7	9	10	10	10	17	20	9								
德国							2	2				1	1	1	2	1	2	1	1	2	2		3						3											
法国	1				1	1			1			1	1			3	1	1		1	1		2	2	3	3	1	3	1	4	3									
欧专局						1				1											1	2	1			4	2	1	2	7	3	7	1							

图2.20 聚合物固态电解质相关专利技术来源地申请态势

图2.21所示为全球聚合物固态电解质相关专利的技术目标地分布。由图可见，与技术来源类似，日本和中国作为专利技术布局的重点国家，平分秋色。美国、韩国、欧洲和德国，也是研发者们较为关注的重点市场。

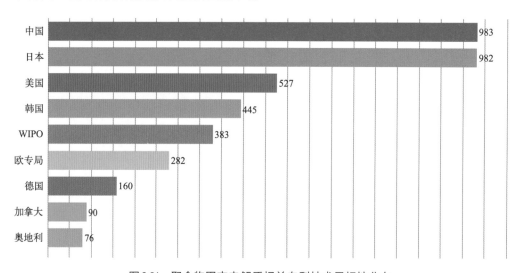

图2.21 聚合物固态电解质相关专利技术目标地分布

图2.22进一步示出了全球聚合物固态电解质相关技术的流向。可见，各个国家和地区均将本土作为专利布局的重点区域，日本除了在本土进行主要的专利布局外，还在美国、中国、欧洲和韩国进行了重点专利布局，同时申请了一定数量的PCT专利；而国内申请人主要还是在国内进行专利申请，其次为部分PCT专利申请，在其他国家/地区的专利布局仅在美国超过30项，在日本、欧洲地区的专利布局仅分别为13项和16项。韩国和美国除了关注本土专利布局外，还重点在中国、日本进行了专利布局。整体而言，

技术目标地

技术来源地	中国	日本	美国	韩国	WIPO	欧专局	德国	加拿大	奥地利
日本	71	801	143	61	100	83	46	33	13
中国	734	13	31	10	50	16	2	4	1
韩国	60	53	94	285	53	49	20		18
美国	62	48	174	41	100	51	21	21	16
德国	5	6	6	1	8	8	40	3	
法国	17	19	29	16	23	30	17	13	16
欧专局	23	23	23	23	25	25	5	8	8

图2.22 聚合物固态电解质相关专利技术流向图

国内申请人需要进一步关注重点技术的海外布局，为后续潜在的市场竞争奠定基础，为可能的技术输出保驾护航。

2.5.4 聚合物固态电解质专利重点技术

在相同的技术领域中，专利被引用次数越多，表明对其后发明者所依据的思想越重要，也反映出该专利技术的重要程度。为充分保证被引用次数的数据可靠性，现利用相关专利简单同族的被引用总次数来选取重点技术。但又存在早期申请的专利，其被引证次数总量固然多的弊端，导致掩盖后期申请的重点专利技术。因此，结合实际情况，采取分段形式（周期分为：2000年前、2001年至2010年、2011年至2015年、2016年至2020年、2021年至今）体现不同时期的重点专利技术。由于有机聚合物电解质相关专利量较大，尤其自2011年起专利量呈爆发式增长，基于此，对2011年后做进一步细分，以5年为周期选择重点专利。

下面节选出各周期全球聚合物固态电解质相关专利简单同族被引用总次数多的相关专利列于表2.4中。

表2.4 聚合物固态电解质专利被引证专利列表

周期	序号	公开号	被引证总次数	技术来源地	申请年	申请人
2000年之前	1	JP2853096B2	859	日本	1994	泰克迪亚科技公司
	2	JP1999035765A	316	日本	1997	夏普株式会社
	3	JP1991077601B2	286	法国	1989	ANBAARU AJANSU NASHIONARU DO BARORIZASHION DO RA RUSHERUSHU｜NASHIONARU ERUFU AKITEENU PURODEYUKUSHIONSOC
	4	JP2003503822A	264	美国	2000	锂动力科技公司
	5	JP1996222270A	358	日本	1995	日本能源株式会社

续表

周期	序号	公开号	被引证总次数	技术来源地	申请年	申请人
2001年至 2010年	6	DE60352352T2	201	德国	2003	海德罗魁北克公司
	7	US8563168B2	191	美国	2007	加利福尼亚大学董事会
	8	JP5122063B2	184	日本	2004	株式会社小原
	9	CN101466750B	149	法国	2007	法国阿科玛公司
	10	CN100551944C	138	日本	2003	日本曹达株式会社
2011年至 2015年	11	CN106165154B	177	美国	2014	离子材料公司
	12	CN103874724B	153	法国	2012	布鲁解决方案公司
	13	CN105390743B	123	韩国	2015	三星电子株式会社
	14	DE602015078596T2	113	韩国	2015	三星电子株式会社
	15	DE602015009912T2	111	美国	2015	SION POWER CORP N D GES D STAATES DELAWARE
2016年至 2020年	16	JP6960727B2	116	韩国	2016	三星电子株式会社｜三星 SDI株式会社｜国立大学法人 三重大学
	17	JP7008024B2	106	美国	2017	纳米技术仪器公司
	18	CN107636880B	99	韩国	2016	株式会社LG新能源
	19	CN105914405B	83	中国	2016	中国科学院青岛生物能源 与过程研究所
	20	CN106299471A	73	中国	2016	哈尔滨工业大学｜江西金晖 锂电材料股份有限公司
	21	WO2016127786A1	59	中国	2016	中国科学院青岛生物能源 与过程研究所
2021年 至今	22	US20230113164A1	27	美国	2022	特拉华大学
	23	WO2022150849A1	13	美国	2022	环球石墨烯集团公司
	24	US20230096009A1	12	美国	2022	飞翼新能源公司

如表2.4所示，来自美国的专利技术占8项，来自日本的占5项，来自韩国的占4项，来自中国、法国的各占3项。虽然日本申请人从整体态势上来看逐步退出聚合物电解质的专利布局，但由于日本申请人专利布局时间早、专利布局数量多，因此，其仍然积累了大量具有影响力的专利。相关专利的聚合物电解质组成涉及聚偏氟乙烯、聚丙烯酸酯、聚醚、通过多种单体交联、混合、共聚，专利技术主要关注聚合物电解质低温下的高离子电导率性能。表格中涉及的美国专利主要分布在近期，其早期所涉专利主要关注低温下高离子电导率，而近几年还关注高镍高压正极适配性，其聚合物电解质的组成涉及较多种类，包括磺化聚合物、反应性羧基和/或羟基、聚苯乙烯聚合物嵌段等。而中国的重点专利主要布局在2015年以后，共涉及3项，其中2项来自中国科学院青岛生物能源与过程研究所。

同族专利数虽然不如引证次数更能反映一项专利在某一个领域的影响力与价值，但是，同族专利数却反映出申请人对这项专利的重视程度。如果某项专利的同族专利数大，那么说明该专利在多个国家进行了申请。众所周知，申请专利需要一定的专利费，同族专利数越大，该专利对申请人来说越重要，其希望获得更广泛的专利权。因此，同族专利数能从侧面反映出某一专利文献的重要程度。

表2.5　聚合物固态电解质相关专利同族专利数前13名列表

序号	公开号	同族规模/项	技术来源地	申请年	申请人
1	JP1991077601B2	17	日本	1991	埃勒夫阿基坦生产公司
2	CN106165154B	15	美国	2020	离子材料公司
3	CN101536113B	15	日本	2012	旭化成株式会社
4	CN1586019A	15	荷兰	2005	国际壳牌研究有限公司
5	CN106661164B	13	比利时	2019	索尔维公司|原子能和替代能源委员会
6	CN101385094B	13	日本	2011	旭化成株式会社
7	CN1167163C	13	加拿大	2004	伊莱克楚瓦雅公司
8	CN1096481C	13	日本	2002	大创株式会社
9	CN113272340A	12	意大利	2021	索尔维索莱克西斯公司
10	CN113195573A	12	法国	2021	布鲁解决方案公司|格勒诺布尔综合理工学院|埃克斯马赛大学|法国国家科学研究中心
11	CN112997347A	12	意大利	2021	索尔维索莱克西斯公司
12	CN1977417B	12	法国	2010	布鲁解决方案公司
13	CN1083435C	12	日本	2002	大金工业株式会社

由表2.5可知，在同族专利数量排名前13位的专利中，技术来源地为日本的占5项，几乎占据了一半；其他8项专利主要来自美国、加拿大和部分欧洲国家，例如荷兰、比利时、法国。且大部分专利均在中国进行了专利布局。可见，上述国家具有较为成熟的专利布局意识和完善的专利体系，对于重点技术相关专利，均在多个国家/地区进行了同步的专利布局。上述专利的技术分支主要涉及聚醚和聚偏氟乙烯，技术性能主要涉及低温高电导率，同时在电化学稳定窗口、力学性能方面也有一定关注。

上述同族专利数量情况也与前文中关于专利布局地域的分析内容相印证，国内申请人目前在除本土之外的其他国家的专利布局较少。在后续的技术迭代和专利布局过程中，国内申请人需要基于技术的重要性和原创性，重视在未来可能的潜在市场地区的专利布局，为后续日益激烈的市场竞争奠定基础。

可见，从全球范围来看，固态聚合物电解质的相关技术发展和专利布局仍在爬坡阶段，尚未迎来真正的爆发高峰。虽然日本申请人正在逐步退出这一领域，但韩国的头部申请人，以及国内的大部分申请人，仍在这一领域进行着不断深耕和探索，在技术迭代和专利布局上还有较为广阔的发挥空间。在技术布局层面，聚醚、聚丙烯酸酯、聚偏氟乙烯等从技术发展早期就是研究者们关注的重点，在近年来的专利布局中，也仍然热度不减，占据着重要的一席之地。而新型聚合物电解质的使用、多种有机聚合物的复配、有机离子液体的加入、聚合物主链和侧链的嵌段、接枝等改性，都是专利布局的热点；而将技术手段与技术效果相匹配时，除了备受关注的低温离子导电性能之外，还可以考虑多种性能的兼顾，例如在保证低温导电性能的同时，提高力学性能，或是对导电性、电化学稳定性、力学性能进行同步优化，以实现技术的跃升和专利的有力布局。

2.6　本章结语

聚醚基聚合物固态电解质，如聚氧化乙烯（PEO），是最经典的一类聚合物固态电解质体系，但其室温离子电导率偏低，电化学氧化窗口相对较窄（≤4V），因此难以实现室温固态电池运行，且不能搭配高电压的正极材料，因此如何提高其室温离子电导率和电化学稳定窗口是PEO固态聚合物电解质发展亟待解决的关键问题。脂肪族聚碳酸酯为无定形结构，链柔顺性高，室温离子电导率较高；电化学氧化窗口较高，但脂肪族聚碳酸酯固态聚合物电解质在使用时需要充分考虑其与碱性电极材料（如锂金属、高镍三元正极）的兼容性、匹配性问题。其他的聚合物固态电解质如聚丙烯酸酯类、聚丙烯腈类、聚硅氧烷类、聚氨酯类、单离子导体类、聚偏氟乙烯类、聚甲醛等也或多或少存在室温离子电导率低、膜机械强度差、残存溶剂的副反应等问题。因此在未来设计开发综合性能优异（超轻、超薄、高机械强度、高杨氏模量、室温高离子电导率、宽电化学稳定窗口、柔韧性好、可批量化制备）的聚合物固态电解质，以极大推进高能量密度、长循环寿命室温固态电池的快速发展。

电解质锂盐是锂离子电池中的重要组成部分，严重影响锂电池的电化学性能。锂盐主要作为电解液中的主要离子传递载体。LiPF$_6$是目前应用最广泛的锂盐之一，其优点在于具有较高的电化学稳定性和较好的离子传输性能。然而，其高温条件下稳定性不足，容易发生水解反应，而产生高毒性的HF酸，这对电池性能和安全性均会造成影响。LiTFSI在电池中的使用逐渐增多，因为其具有很好的热稳定性和高离子传导性，能够提高电池的循环寿命和安全性。但是，LiTFSI腐蚀集流体的特性限制了其在大规模应用中的普及。LiDFOB具有很好的热稳定性和溶解性能，可以在高温条件下保持较好的电池性能。但是，其循环过程会产生气体，带来了很大的安全隐患。新型的多功能铝中心锂盐由于其原位聚合特性给固态锂电池带来了新的生机。随着锂电池技术的发展和应用领域的不断拓展，对锂盐的要求也会逐步提高。未来的锂盐应具有更好的热稳定性、电化学稳定性和安全性，同时成本要尽量降低，以推动锂电池技术的进一步发展和普及。

热稳定性好、离子电导率高是无机快离子导体的优势，而其机械刚性对固态电池的装配提出了严峻挑战。此外，固态电池的商业化需考虑成本，而无机快离子导体通常含锂量高，如硫化物电解质；密度大，如氧化物电解质；或含贵重元素，如卤化物电解质。因此，能否将其成本降至商品化电解液（含隔膜）的水平，决定着其未来能否成功实现商业化。将无机快离子导体与聚合物复合，不论对机械刚性或成本问题都可得到缓解。由于无机快离子导体常常呈现强碱性，聚合物电解质在强碱环境中的稳定性需要特别关注。

参考文献

[1] 张建军，董甜甜，杨金凤，张敏，崔光磊. 全固态聚合物锂电池的科研进展、挑战与展望 [J]. 储能科学与技术，2018, 7(5): 861-868.

[2] 王朵，苑志祥，崔浩然，张浩，张雅岚，张仕杰，李硕琦，吴天元，张建军，崔光磊. 锂电池用三聚甲醛基高性能电解质的研究进展 [J]. 中国科学：化学，2024, ISSN 1674-7224, https://doi.org/10.1360/SSC-2023-0248.

[3] Zhou D, Shanmukaraj D, Tkacheva A, et al. Polymer electrolytes for lithium-based batteries: advances and prospects[J]. Chem，2019, 5(9): 2326-2352.

[4] Wang Q, Cui Z, Zhou Q, et al. A supramolecular interaction strategy enabling high-performance all solid state electrolyte of lithium metal batteries[J]. Energy Stor. Mater., 2020, 25: 756-763.

[5] Meng N, Lian F, Cui G, et al. Macromolecular design of lithium conductive polymer as electrolyte for solid-state lithium batteries[J]. Small, 2021, 17(3): 2005762.

[6] Zhang C, Jin T, Cheng G, et al. Functional polymers in electrolyte optimization and interphase design for lithium metal anodes[J]. J. Mater. Chem. A, 2021, 9(23): 13388-13401.

[7] Yu S, Schmohl S, Liu Z, et al. Insights into a layered hybrid solid electrolyte and its application in long lifespan high-voltage all-solid-state lithium batteries[J]. J. Mater. Chem. A, 2019, 7(8): 3882-3894.

[8] Wang C, Wang T, Wang L L, et al. Differentiated lithium salt design for multilayered PEO electrolyte enables a high-voltage solid-state lithium metal battery[J]. Adv. Sci., 2019, 6(22): 1901036.

[9] Zhao Q, Liu X, Stalin S, et al. Solid-state polymer electrolytes with in-built fast interfacial transport for secondary lithium batteries[J]. Nat. Energy, 2019, 4(5): 365-373.

[10] Liu Y, Zou, H Q, Huang Z L, et al. In situ polymerization of 1, 3-dioxane as a highly compatible polymer electrolyte to enable the stable operation of 4.5 V Li-metal batteries[J]. Energy Environ. Sci., 2023, 16: 6110-6119.

[11] 董甜甜，张建军，柴敬超，贾庆明，崔光磊. 聚碳酸酯基固态聚合物电解质的研究进展 [J]. 高分子学报，2017, 7(6): 906-921.

[12] Zhang J, Zhao J, Yue L, et al. Safety-reinforced poly(propylene carbonate)-based all-solid-state polymer electrolyte for ambient-temperature solid polymer lithium batteries[J]. Adv. Energy Mater., 2015, 5 (24): 1501082.

[13] Zhang J, Yang J, Dong T, et al. Aliphatic polycarbonate-based solid-state polymer electrolytes for advanced lithium batteries: advances and perspective[J]. Small, 2018, 14: 1800821.

[14] Kimura K, Yajima M, Tominaga Y T. A highly-concentrated poly (ethylene carbonate) -based electrolyte for all-solid-state Li battery working at room temperature[J]. Electrochem. Commun., 2016, 66, 46-48.

[15] Chai J C, Liu Z H, Ma J, et al. In situ generation of poly (vinylene carbonate) based solid electrolyte with interfacial stability for LiCoO₂ lithium batteries[J]. Adv. Sci., 2017, 4(2): 1600377.

[16] Zhou Q, Dong S, Lv Z, et al. A temperature-responsive electrolyte endowing superior safety characteristic of lithium metal batteries[J]. Adv. Energy Mater., 2020, 10 (6): 1903441.

[17] Lv Z, Zhou Q, Zhang S, et al. Cyano-reinforced in-situ polymer electrolyte enabling long-life cycling for high-voltage lithium metal batteries[J]. Energy Stor. Mater., 2021, 37: 215-223.

[18] Hu P, Chai J, Duan Y, et al. Progress in nitrile-based polymer electrolytes for high performance lithium batteries[J]. J. Mater. Chem. A, 2016, 4(26): 10070-83.

[19] Raghavan P, Manuel J, Zhao X, et al. Preparation and electrochemical characterization of gel polymer electrolyte based on electrospun polyacrylonitrile nonwoven membranes for lithium batteries[J]. J. Power Sources, 2011, 196(16): 6742-6749.

[20] Gao H, Grundish N S, Zhao Y, et al. Formation of stable interphase of polymer-in-salt electrolyte in all-solid-state lithium batteries[J]. Adv. Energy Mater., 2020, 10: 1932952.

[21] Hu C, Shen Y, Shen M, et al. Superionic conductors via bulk interfacial conduction[J]. J. Am. Chem. Soc., 2020, 142(42): 18035-18041.

[22] Wang Q, Zhang H, Cui Z, et al. Siloxane-based polymer electrolytes for solid-state lithium batteries[J]. Energy Stor. Mater., 2019, 23: 466-90.

[23] Fonseca C P, Neves S. Characterization of polymer electrolytes based on poly(dimethyl siloxane-co-ethylene oxide)[J]. J. Power Sources, 2002, 104(1): 85-89.

[24] Zhang Z, Lyons L J, West R, et al. Synthesis and ionic conductivity of mixed substituted polysiloxanes with oligoethyleneoxy and cyclic carbonate substituents[J]. Silicon Chem., 2007, 3(5): 259.

[25] Rohan R, Pareek K, Chen Z, et al. A high performance polysiloxane-based single ion conducting polymeric electrolyte membrane for application in lithium ion batteries[J]. J. Mater. Chem. A, 2015, 3(40): 20267-20276.

[26] Shibata M, Kobayashi T, Yosomiya R, et al. Polymer electrolytes based on blends of poly(ether urethane) and polysiloxanes[J]. Eur. Polym. J., 2000, 36(3): 485-490.

[27] Lv Z, Tang Y, Dong S, et al. Polyurethane-based polymer electrolytes for lithium Batteries: Advances and perspectives[J]. Chem. Eng. J., 2022, 430:132659.

[28] Son H, Woo H S, Park M S, et al. Polyurethane-based elastomeric polymer electrolyte for lithium metal polymer cells with enhanced thermal safety[J]. J. Electrochem. Soc., 2020, 167(8): 080525.

[29] Wu F, Li Y J, Chen R J, et al. Preparation and characterization of a mixing soft-segment waterborne polyurethane polymer electrolyte[J]. Chinese Chem. Lett., 2009, 20(1): 115-118.

[30] Kuo P L, Liang W J, Lin C L. Solid polymer electrolytes, 2-preparation and ionic conductivity of solid polymer electrolytes based on segmented polysiloxane-modified polyurethane[J]. Macromol. Chem. Phys., 2002, 203(1): 230-237.

[31] Wu N, Cao Q, Wang X, et al. Study of a novel porous gel polymer electrolyte based on TPU/PVdF by electrospinning technique[J]. Solid State Ionics, 2011, 203(1): 42-46.

[32] Ma Q, Xia Y, Feng W, et al. Impact of the functional group in the polyanion of single lithium-ion conducting polymer electrolytes on the stability of lithium metal electrodes[J]. RSC Adv., 2016, 6: 32454.

[33] Zhang S, Sun F, Du X, et al. In situ-polymerized lithium salt as a polymer electrolyte for high-safety lithium metal batteries[J]. Energy Environ. Sci., 2023, 16(6): 2591-2602.

[34] Zhang X, Liu T, Zhang S F, et al. Synergistic coupling between $Li_{6.75}La_3Zr_{1.75}Ta_{0.25}O_{12}$ and poly(vinylidene fluoride) induces high ionic conductivity, mechanical strength, and thermal stability of solid composite electrolytes[J]. J. Am. Chem. Soc., 2017, 139(39): 13779-13785.

[35] Zhang X, Wang S, Xue C J, et al. Self-suppression of lithium dendrite in all-solid-state lithium metal batteries with poly(vinylidene difluoride)-based solid electrolytes[J]. Adv. Mater., 2019, 31(11): 1806082.

[36] Yu X, Wang L, Ma J, et al. Selectively wetted rigid–flexible coupling polymer electrolyte enabling superior stability and compatibility of high-voltage lithium metal batteries[J]. Adv. Energy Mater., 2020, 10(18): 1903939.

[37] Mathies L, Diddens D, Dong D, et al. Transport mechanism of lithium ions in non-coordinating P(VdF-HFP) copolymer matrix[J]. Solid State Ionics, 2020, 357: 115497.

[38] Dutta R, Kumar A. Effect of IL incorporation on ionic transport in PVdF-HFP-based polymer electrolyte nanocomposite doped with NiBTC-metal-organic framework[J]. J. Solid State Electr., 2018, 22(9): 2945-2958.

[39] Jeschke S, Mutke M, Jiang Z X, et al. Study of carbamate-modified disiloxane in porous PVDF-HFP membranes: new electrolytes/separators for lithium ion batteries[J]. Chemphyschem, 2014, 15(9): 1761-1771.

[40] Wu H, Tang B, Du X, et al. LiDFOB initiated in situ polymerization of novel eutectic solution enables room-temperature solid lithium metal batteries[J]. Adv. Sci., 2020, 7(23): 2003370.

[41] Zhang Q K, Zhang X Q, Wan J, et al. Homogeneous and mechanically stable solid–electrolyte interphase enabled by trioxane-modulated electrolytes for lithium metal batteries[J]. Nat. Energy, 2023, 8(7): 725-735.

[42] Li Z, Yu R, Weng S T, et al. Tailoring polymer electrolyte ionic conductivity for production of low temperature operating quasi-all-solid state lithium metal batteries[J]. Nat. Commun., 2023, 14(1): 482.

[43] Li Z, Li Y, Bi C X, et al. Construction of organic-rich solid electrolyte interphase for long-cycling lithium–sulfur batteries[J]. Advanced Functional Materials, 2024, 34(5): 2304541.

[44] Zhang J N, Wu H, Du X F, et al. Smart deep eutectic electrolyte enabling thermally induced shutdown toward high-safety lithium metal batteries[J]. Advanced Energy Materials, 2023, 13(3): 2202529.

[45] 张建军，杨金凤，吴瀚，张敏，刘亭亭，张津宁，董杉木，崔光磊. 二次电池用原位生成聚合物电解质的研究进展[J]. 高分子学报，2019, 50(9): 890-914.

[46] Zhang S H, Xie B, Zhuang X C, et al. Great challenges and new paradigm of the in situ polymerization technology inside lithium batteries[J]. Adv. Funct. Mater., 2024, 34: 2314063.

[47] Hu S J, Wang D, Yuan Z X, et al. In-situ polymerized solid-state polymer electrolytes for high-safety sodium metal batteries: progress and perspectives[J]. Batteries, 2023, 9: 532.

[48] Vijayakumar V, Anothumakkool B, Kurungot S, et al. In situ polymerization process: an essential design tool for lithium polymer batteries[J]. Energy Environ. Sci., 2021, 14(5): 2708-2788.

[49] 苑志祥，张浩，胡思伽，张波涛，张建军，崔光磊. 离子聚合原位固态化构建高安全锂电池固态聚合物电解质的研究进展[J]. 化学学报，2023, 81: 1064-1080.

[50] Guo D, Shinde D B, Shin W, et al. Foldable solid-state batteries enabled by electrolyte mediation in covalent organic frameworks[J]. Adv. Mater., 2022, 34(23): 2201410.

[51] Kemmitt R D, Russell D, Sharp D W. The structural chemistry of comples fluorides of general formula $A^IB^VF_6$ Imperial Coll. of Science and Tech., London; Royal Coll. of Science and Tech., 1956, 876-878.

[52] Xiao A, Yang L, Lucht B L. Thermal reactions of $LiPF_6$ with added LiBOB: Electrolyte stabilization and generation of LiF_4OP[J]. Electrochem. Solid-State Lett., 2007, 10(11): A241-A244.

[53] Qin Y, Chen Z, Liu J, et al. Lithium tetrafluoro oxalato phosphate as electrolyte additive for lithium-ion cells[J]. Electrochem. Solid-State Lett., 2010, 13(2): A11-A14.

[54] Schmidt M, Heider U, Kuehner A, et al. Lithium fluoroalkylphosphates: a new class of conducting salts for electrolytes for high energy lithium-ion batteries[J]. J. Power Sources, 2001, 97-8: 557-560.

[55] Gnanaraj J S, Zinigrad E, Levi M D, et al. A comparison among $LiPF_6$, $LiPF_3(CF_2CF_3)_3$ (LiFAP), and $LiN(SO_2CF_2CF_3)_2$ (LiBETI)

solutions: electrochemical and thermal studies[J]. J. Power Sources, 2003, 119: 799-804.

[56] Zhuang X, Zhang S, Cui Z, et al. Interphase regulation by multifunctional additive empowering high energy lithium-ion batteries with enhanced cycle life and thermal safety[J]. Angew. Chem., Int. Ed., 2024, 63(5): e202315710.

[57] Wang X, Song Z, Wu H, et al. Advances in conducting lithium salts for solid polymer electrolytes[J]. Energy Storage Science and Technology, 2022, 11(4): 1226-1235.

[58] Armand M, Moursli F. Agence Nationale de Valorisation de la Recherche[P]. France Patent, 1983.

[59] https://www.bluebus.fr/en/about-us.

[60] Qiao L, Oteo U, Martinez-Ibanez M, et al. Stable non-corrosive sulfonimide salt for 4-V-class lithium metal batteries[J]. Nat. Mater., 2022, 21(4): 455-462.

[61] Kita F, Sakata H, Sinomoto S, et al. Characteristics of the electrolyte with fluoro organic lithium salts[J]. J. Power Sources, 2000, 90(1): 27-32.

[62] Gorecki W, Roux C, Clémancey M, et al. NMR and conductivity study of polymer electrolytes in the imide family: P(EO)/Li[N(SO$_2$CnF$_{2n+1}$)(SO$_2$C$_m$F$_{2m+1}$)][J]. ChemPhysChem, 2002, 3(7): 620-625.

[63] Qiao L, Rodriguez Peña S, Martínez-Ibáñez M, et al. Anion π–π stacking for improved lithium transport in polymer electrolytes[J]. J. Am. Chem. Soc., 2022, 144(22): 9806-9816.

[64] Zhang H, Oteo U, Zhu H, et al. Enhanced lithium-ion conductivity of polymer electrolytes by selective introduction of hydrogen into the anion[J]. Angew. Chem., Int. Ed., 2019, 58(23): 7829-7834.

[65] Zhang H, Oteo U, Judez X, et al. Designer anion enabling solid-state lithium-sulfur batteries[J]. Joule, 2019, 3(7): 1689-1702.

[66] Qiao L, Oteo U, Zhang Y, et al. Trifluoromethyl-free anion for highly stable lithium metal polymer batteries[J]. Energy Storage Mater., 2020, 32: 225-233.

[67] Zhang H, Li C, Piszcz M, et al. Single lithium-ion conducting solid polymer electrolytes: advances and perspectives[J]. Chem. Soc. Rev., 2017, 46(3): 797-815.

[68] Zhang X, Wang A, Liu X, et al. Dendrites in lithium metal anodes: suppression, regulation, and elimination[J]. Acc. Chem. Res., 2019, 52(11): 3223-3232.

[69] Zhang H, Liu C, Zheng L, et al. Lithium bis(fluorosulfonyl)imide/poly(ethylene oxide) polymer electrolyte[J]. Electrochim. Acta, 2014, 133: 529-538.

[70] Eshetu G G, Judez X, Li C, et al. Ultrahigh performance all solid-state lithium sulfur batteries: salt anion's chemistry-induced anomalous synergistic effect[J]. J. Am. Chem. Soc., 2018, 140(31): 9921-9933.

[71] Tong B, Wang P, Ma Q, et al. Lithium fluorinated sulfonimide-based solid polymer electrolytes for Li ‖ LiFePO$_4$ cell: The impact of anionic structure[J]. Solid State Ionics, 2020, 358: 115519.

[72] Judez X, Zhang H, Li C, et al. Polymer-rich composite electrolytes for all-solid-state Li-S cells[J]. J. Phys. Chem. Lett., 2017, 8(15): 3473-3477.

[73] Zhang S S. Unveiling the mystery of lithium bis(fluorosulfonyl)imide as a single salt in low-to-moderate concentration electrolytes of lithium metal and lithium-ion batteries[J]. J. Electrochem. Soc., 2022, 169(11): 110515.

[74] Luo C, Li Y, Sun W, et al. Revisiting the corrosion mechanism of LiFSI based electrolytes in lithium metal batteries[J]. Electrochim. Acta, 2022, 419: 140353.

[75] Song Z, Wang X, Wu H, et al. Bis(fluorosulfonyl)imide-based electrolyte for rechargeable lithium batteries: A perspective[J]. J. Power Sources Adv., 2022, 14: 100088.

[76] Nair J R, Shaji I, Ehteshami N, et al. Solid polymer electrolytes for lithium metal battery via thermally induced cationic ring-opening polymerization (CROP) with an insight into the reaction mechanism[J]. Chem. Mater., 2019, 31(9): 3118-3133.

[77] Rajendran S, Prabhu M R, Rani M U. Ionic conduction in poly(vinyl chloride)/poly(ethyl methacrylate)-based polymer blend electrolytes complexed with different lithium salts[J]. J. Power Sources, 2008, 180(2): 880-883.

[78] Liu Y, Xu Y, Wang J, et al. Lithium salt-regulated dual-stabilized elastomeric quasi-solid electrolyte for high-voltage lithium metal batteries[J].J. Mater. Chem. A, 2023, 11(15): 8308-8319.

[79] Ghosh A, Wang C, Kofinas P. Block copolymer solid battery electrolyte with high Li-ion transference number[J]. J. Electrochem. Soc., 2010, 157(7): A846.

[80] Wang C, Wang T, Wang L, et al. Differentiated lithium salt design for multilayered PEO electrolyte enables a high-voltage solid-state lithium metal battery[J]. Adv. Sci., 2019, 6(22): 1901036.

[81] Wang Q, Cui Z, Zhou Q, et al. A supramolecular interaction strategy enabling high-performance all solid state electrolyte of lithium metal batteries[J]. Energy Storage Mater., 2020, 25: 756-763.

[82] Min X, Han C, Zhang S, et al. Highly oxidative-resistant cyano-functionalized lithium borate salt for enhanced cycling performance of practical lithium-ion batteries[J]. Angew. Chem., Int. Ed., 2023, 62(34): e202302664.

[83] Tsujioka S, Nolan B G, Takase H, et al. Conductivities and electrochemical stabilities of lithium salts of polyfluoroalkoxyaluminate superweak anions[J]. J. Electrochem. Soc., 2004, 151(9): A1418-A1423.

[84] Li L, Xu G, Zhang S, et al. Highly fluorinated Al-centered lithium salt boosting the interfacial compatibility of Li-metal batteries[J]. ACS Energy Lett., 2022, 7(2): 591-598.

[85] Zhang S, Sun F, Du X, et al. In situ-polymerized lithium salt as a polymer electrolyte for high-safety lithium metal batteries[J]. Energy Environ. Sci., 2023, 16(6): 2591-2602.

[86] Barbarich T J, Driscoll P F A. Lithium salt of a lewis acid-base complex of imidazolide for lithium-ion batteries[J]. Electrochem. Solid-State Lett., 2003, 6(6): A113-A116.

[87] Niedzicki L, Zukowska G Z, Bukowska M, et al. New type of imidazole based salts designed specifically for lithium ion batteries[J]. Electrochim. Acta, 2010, 55(4): 1450-1454.

[88] Knodler R. Thermal properties of sodium-sulphur cells[J]. J. Appl. Electrochem., 1984, 14(1): 39-46.

[89] Chandra S, Lal H B, Shahi K. An electrochemical cell with solid, super-ionic Ag_4KI_5 as the electrolyte[J]. J. Phys. D Appl. Phys., 1974, 7(1): 194-198.

[90] Yao Y F Y, Kummer J T. Ion exchange properties of and rates of ionic diffusion in beta-Alumina[J]. J. Inorg. Nucl. Chem., 1967, 29(9): 2453-2479.

[91] Fenton D E, Parker J M, Wright P V. Complexes of Alkali-metal ions with poly(ethylene oxide)[J]. Polymer, 1973, 14(11): 589.

[92] Bones R J, Coetzer J, Galloway R C. A Sodium/Iron(ll) Chloride cell with a beta Alumina electrolyte[J]. J. Electrochem. Soc., 1986, 133(8): C344.

[93] Kim H S, Muldoon J, Matsui Masaki. High energy density Mg battery system[J]. ECS Meet. Abstr., 2010, MA2010-01: 225.

[94] Capasso C, Veneri O. Experimental analysis of a zebra battery based propulsion system for urban bus under dynamic conditions[J]. Energy Procedia, 2014, 61: 1138-1141.

[95] Abraham K M, Alamgir M. Li$^+$-conductive solid polymer electrolytes with liquid-like conductivity[J]. J. Electrochem. Soc., 1990, 137(5): 1657-1658.

[96] Appetecchi G B, Croce F, Scrosati B. Kinetics and stability of the lithium electrode in poly(methylmethacrylate)-based gelelectrolytes[J]. Electrochim. Acta, 1995, 40(8): 991-997.

[97] Choe H S, Giaccai J, Alamgir M. Preparation and characterization of poly(vinyl sulfone)- and poly(vinylidene fluoride)-based electrolytes[J]. Electrochim. Acta, 1995, 40(13-14): 2289-2293.

[98] Dudney N J, Bates J B, Zuhr R A. Sputtering of lithium compounds for preparation of electrolyte thin films[J]. Solid State Ionics, 1992, 53: 655-661.

[99] Yoshiyuki I, Chen L Q, Mitsuru I. High ionic conductivity in lithium lanthanum titannate[J]. Solid State Commun., 1993, 86(10): 689-693.

[100] Subramanian M A, Subramanian R, Clearfield A. Litthium ion conductors in the system AB(IV)$_2$(PO$_4$)$_3$ (B=Ti, Zr and Hf)[J]. Solid State Ionics, 1986, 18&19: 562-569.

[101] Cussen E J. The structure of lithium garnets: cation disorder and clustering in a new family of fast Li$^+$ conductors[J]. Chem. Commun., 2006, 4: 412-413.

[102] Kennedy J H, Sahami S, She S W. Preparation and conductivity measurements of SiS_2-Li_2S glasses doped with LiBr and LiCl[J]. Solid State Ionics, 1986, 18&19: 368-371.

[103] Zhao Y, Daemen L L. Superionic conductivity in lithium-rich anti-perovskites[J]. J. Am. Chem. Soc., 2012, 134(36): 15042-15047.

[104] Asano T, Sakai A, Ouchi S. Solid Halide electrolytes with high lithium-ion conductivity for application in 4 V class bulk-type all-solid-state batteries[J]. Adv. Mater., 2018, 30(44): e1803075.

[105] Murugan R, Thangadurai V, Weppner W. Fast lithium ion conduction in garnet-type $Li_7La_3Zr_2O_{12}$[J]. Angew. Chem. Int. Ed. Engl., 2007, 46(41): 7778-7781.

[106] Thangadurai V, Kaack H, Weppner W J F. Novel fast lithium ion conduction in garnet-type $Li_5La_3M_2O_{12}$(M = Nb, Ta)[J]. J. Am. Chem. Soc., 2003, 86(3): 437-440.

[107] O'Callaghan M P, Lynham D R, Cussen E J. Structure and ionic-transport properties of lithium-containing garnets $Li_3Ln_3Te_2O_{12}$ (Ln = Y, Pr, Nd, Sm-Lu)[J]. Chem. Mater., 2006, 18: 4681-4689.

[108] Thangadurai V, Weppner W. $Li_6ALa_2Ta_2O_{12}$ (A = Sr, Ba): Novel garnet-like oxides for fast lithium ion conduction[J]. Adv. Funct. Mater., 2005, 15(1): 107-112.

[109] Gao Y X, Wang X P, Wang W G. Sol-gel synthesis and electrical properties of $Li_5La_3Ta_2O_{12}$ lithium ionic conductors[J]. Solid State Ionics, 2010, 181(1-2): 33-36.

[110] Tian Y, Zhou Y, Liu Y. Formation mechanism of sol-gel synthesized $Li_{7-3x}Al_xLa_3Zr_2O_{12}$ and the influence of abnormal grain growth on ionic conductivity[J]. Solid State Ionics, 2020, 354: 115407.

[111] Abrha L H, Hagos T T, Nikodimos Y. Dual-doped cubic garnet solid electrolytes with superior air stability[J]. ACS Appl. Mater. Interfaces, 2020, 12(23): 25709-25717.

[112] Nguyen Q H, Luu V T, Nguyen H L. $Li_7La_3Zr_2O_{12}$ garnet solid polymer electrolyte for highly stable all-solid-state batteries[J]. Front. Chem., 2021, 8: 619832.

[113] Cao Z, Wu W, Li Y. Lithium ionic conductivity of $Li_{7-3x}Fe_xLa_3Zr_2O_{12}$ ceramics by the Pechini method[J]. Ionics, 2020, 26(9): 4247-4256.

[114] Afyon S, Krumeich F, Rupp J L M. A shortcut to garnet-type fast Li-ion conductors for all-solid state batteries[J]. J. Mater. Chem. A, 2015, 3(36): 18636-18648.

[115] Wang T, Zhang X, Yao Z. Processing and enhanced electrochemical properties of $Li_7La_3Zr_{2-x}Ti_xO_{12}$ solid electrolyte by chemical Co-precipitation[J]. J. Electron. Mater., 2020, 49(8): 4910-4915.

[116] Hagman L O, Kierkega P. The crystal structure of $NaM_2^{IV}(PO_4)_3$; M^{IV} = Ge, Ti, Zr[J]. Acta Chem. Scand., 1968, 22(6): 1822-1832.

[117] Goodenough J B, Hong H Y P, Kafalas J A. Fast Na^+-ion transport in skeleton structures[J]. Mater. Res. Bull., 1976, 11(2): 203-220.

[118] Kwatek K, Nowiński J L. Electrical properties of $LiTi_2(PO_4)_3$ and $Li_{1.3}Al_{0.3}Ti_{1.7}(PO_4)_3$ solid electrolytes containing ionic liquid[J]. Solid State Ionics, 2017, 302: 54-60.

[119] Aono H, Sugimoto E, Sadaoka Y. Ionic conductivity of the lithium titanium phosphate ($Li_{1+x}M_XTi_{2-x}(PO_4)_3$, M = Al, Sc, Y and La) systems[J]. J. Electrochem. Soc., 1989, 136: 590.

[120] Inada R, Ishida K I, Tojo M. Properties of aerosol deposited NASICON-type $Li_{1.5}Al_{0.5}Ge_{1.5}(PO_4)_3$ solid electrolyte thin films[J]. Ceram. Int., 2015, 41(9): 11136-11142.

[121] Liu X, Tan J, Fu J. Facile synthesis of nanosized Lithium-ion-conducting solid electrolyte $Li_{1.4}Al_{0.4}Ti_{1.6}(PO_4)_3$ and its mechanical nanocomposites with $LiMn_2O_4$ for enhanced cyclic performance in lithium ion batteries[J]. ACS Appl. Mater. Interfaces, 2017, 9(13): 11696-11703.

[122] Huang L, Wen Z, Wu M. Electrochemical properties of $Li_{1.4}Al_{0.4}Ti_{1.6}(PO_4)_3$ synthesized by a co-precipitation method[J]. J. Power Sources, 2011, 196(16): 6943-6946.

[123] Ribes M, Barrau B, Souquet J L. Sulfide glasses-glass forming region, strucutre and ionic-conduction of glasses in Na_2S-SiS_2, Na_2S-GeS_2, $Na_2S-P_2S_5$ and Li_2S-GeS_2 system[J]. J. Non-Cryst. Solids, 1980, 38-39: 271-276.

[124] Seino Y, Ota T, Takada K. A sulphide lithium super ion conductor is superior to liquid ion conductors for use in rechargeable batteries[J]. Energy Environ. Sci., 2014, 7(2): 627-631.

[125] Wang Y, Qu H, Liu B. Self-organized hetero-nanodomains actuating super Li^+ conduction in glass ceramics[J]. Nat. Commun., 2023, 14(1): 669.

[126] Kanno R, Murayama M. Lithium ionic conductor Thio-LISICON: the $Li_2SGeS_2P_2S_5$ system[J]. J. Electrochem. Soc., 2001, 148: A742.

[127] Kamaya N, Homma K, Yamakawa Y. A lithium superionic conductor[J]. Nat. Mater., 2011, 10(9): 682-686.

[128] Kato Y, Hori S, Saito T. High-power all-solid-state batteries using sulfide superionic conductors[J]. Nat. Energy, 2016, 1(4): 16030.

[129] Deiseroth H J, Kong S T, Eckert H. Li_6PS_5X: a class of crystalline Li-rich solids with an unusually high Li^+ mobility[J]. Angew. Chem. Int. Ed. Engl., 2008, 47(4): 755-758.

[130] Jung W D, Kim J S, Choi S. Superionic halogen-rich Li-argyrodites using in situ nanocrystal nucleation and rapid crystal growth[J]. Nano Lett. , 2020, 20(4): 2303-2309.

[131] Adeli P, Bazak J D, Huq A. Influence of aliovalent cation substitution and mechanical compression on Li-ion conductivity and diffusivity in argyrodite solid electrolytes[J]. Chem. Mater., 2020, 33(1): 146-157.

[132] Lee Y, Jeong J, Lim H D. Superionic Si-substituted lithium argyrodite sulfide electrolyte $Li_{6+x}Sb_{1-x}Si_xS_5I$ for all-solid-state batteries[J]. ACS Sustainable Chem. Eng., 2021, 9(1): 120-128.

[133] Tatsumisago M. Glassy materials based on Li_2S for all-solid-state lithium secondary batteries[J]. Solid State Ionics, 2004, 175(1-4): 13-18.

[134] Boulineau S, Courty M, Tarascon J M. Mechanochemical synthesis of Li-argyrodite Li_6PS_5X (X=Cl, Br, I) as sulfur-based solid electrolytes for all solid state batteries application[J]. Solid State Ionics, 2012, 221: 1-5.

[135] Yu C, Ganapathy S, Hageman J. Facile synthesis toward the optimal structure-conductivity characteristics of the argyrodite Li_6PS_5Cl solid-state electrolyte[J]. ACS Appl. Mater. Interfaces, 2018, 10(39): 33296-33306.

[136] Ito S, Nakakita M, Aihara Y. A synthesis of crystalline $Li_7P_3S_{11}$ solid electrolyte from 1,2-dimethoxyethane solvent[J]. J. Power Sources, 2014, 271: 342-345.

[137] Yao X, Liu D, Wang C. High-energy all-solid-state Lithium batteries with ultralong cycle life[J]. Nano Lett., 2016, 16(11): 7148-7154.

[138] Liu Z, Fu W, Payzant E A. Anomalous high ionic conductivity of nanoporous beta-Li_3PS_4[J]. J. Am. Chem. Soc., 2013, 135(3): 975-978.

[139] Teragawa S, Aso K, Tadanaga K. Liquid-phase synthesis of a Li_3PS_4 solid electrolyte using N-methylformamide for all-solid-state lithium batteries[J]. J. Mater. Chem. A, 2014, 2(14): 5095-5099.

[140] Yubuchi S, Uematsu M, Deguchi M. Lithium-ion-conducting argyrodite-type Li_6PS_5X (X = Cl, Br, I) solid electrolytes prepared by a liquid-phase technique using ethanol as a solvent[J]. ACS Appl. Energy Mater., 2018, 1(8): 3622-3629.

[141] Yubuchi S, Uematsu M, Hotehama C. An argyrodite sulfide-based superionic conductor synthesized by a liquid-phase technique with tetrahydrofuran and ethanol[J]. J. Mater. Chem. A, 2019, 7(2): 558-566.

[142] Ginnings D C, Phipps T E. Temperature-conductance curves of solid salts. Ⅲ. Halides of Lithium[J]. J. Am. Chem. Soc., 1930, 52: 1340-1345.

[143] Li X, Liang J, Yang X. Progress and perspectives on halide lithium conductors for all-solid-state lithium batteries[J]. Energy Environ. Sci., 2020, 13(5): 1429-1461.

[144] Weppner W, Huggins R A. Ionic-conductivity of solid and liquid LiAlCl$_4$[J]. J. Electrochem. Soc., 1977, 124(1): 35-38.

[145] Steinert H J, Lutz H D. Neue schnelle Ionenleiter vom Typ MM^{III}Cl$_6$ (MI$_1^3$ = Li, Na, Ag; M^{III} = In, Y)[J]. Z. anorg. allg. Chem., 1992, 613: 26-30.

[146] Li X, Liang J, Chen N. Water-mediated synthesis of a superionic halide solid electrolyte[J]. Angew. Chem. Int. Ed. Engl., 2019, 58(46): 16427-16432.

[147] Bohnsack A, Balzer G, Wickleder M S. Die bromide Li$_3$MBr$_6$ (M = Sm-Lu, Y): synthese, kristallstruktur, ionenbeweglichkeit[J]. Z. anorg. allg. Chem., 1997, 623: 1352-1356.

[148] Muy S, Voss J, Schlem R. High-throughput screening of solid-state Li-ion conductors using lattice-dynamics descriptors[J]. iScience, 2019, 16: 270-282.

[149] Park K H, Kaup K, Assoud A. High-voltage superionic Halide solid electrolytes for all-solid-state Li-ion batteries[J]. ACS Energy Lett., 2020, 5(2): 533-539.

[150] Liang J, Li X, Wang S. Site-occupation-tuned superionic Li$_x$ScCl$_{3+x}$ halide solid electrolytes for all-solid-state batteries[J]. J. Am. Chem. Soc., 2020, 142(15): 7012-7022.

[151] Zhou L, Kwok C Y, Shyamsunder A. A new halospinel superionic conductor for high-voltage all solid state lithium batteries[J]. Energy Environ. Sci., 2020, 13(7): 2056-2063.

[152] Mizuno F, Hayashi A, Tadanaga K. New, highly ion-conductive crystals precipitated from Li$_2$S-P$_2$S$_5$ Glasses[J]. Adv. Mater., 2005, 17(7): 918-921.

[153] Brinek M, Hiebl C, Wilkening H M R. Understanding the origin of enhanced Li-ion transport in nanocrystalline argyrodite-type Li$_6$PS$_5$I[J]. Chem. Mater., 2020, 32(11): 4754-4766.

[154] Schlem R, Muy S, Prinz N. Mechanochemical synthesis: A tool to tune cation site disorder and Iionic transport properties of Li$_3$MCl$_6$ (M = Y, Er) superionic conductors[J]. Adv. Energy Mater., 2019, 10(6): 1903719.

[155] Ito H, Shitara K, Wang Y. Kinetically stabilized cation arrangement in Li$_3$YCl$_6$ superionic conductor during solid-state reaction[J]. Adv. Sci., 2021, 8(15): e2101413.

[156] Park J, Han D, Kwak H. Heat treatment protocol for modulating ionic conductivity via structural evolution of Li$_{3-x}$Yb$_{1-x}$M$_x$Cl$_6$ (M = Hf^{4+}, Zr^{4+}) new halide superionic conductors for all-solid-state batteries[J]. Chem. Eng. J., 2021, 425: 130630.

[157] Li X, Liang J, Luo J. Air-stable Li$_3$InCl$_6$ electrolyte with high voltage compatibility for all-solid-state batteries[J]. Energy Environ. Sci., 2019, 12(9): 2665-2671.

[158] Wang C H, Liang J W, Luo J A. A universal wet-chemistry synthesis of solid-state halide electrolytes for all-solid-state lithium-metal batteries[J]. Sci. Adv., 2021, 7(37): eabh1896.

[159] Wang C, Liang J, Jiang M. Interface-assisted in-situ growth of halide electrolytes eliminating interfacial challenges of all-inorganic solid-state batteries[J]. Nano Energy, 2020, 76: 105015.

[160] Shi X, Zeng Z, Zhang H. Gram-scale synthesis of nanosized Li$_3$HoBr$_6$ solid electrolyte for all-solid-state Li-Se battery[J]. Small Methods, 2021, 5(11): 2101002.

[161] Chen Y, Li W, Sun C. Sustained release-driven formation of ultrastable SEI between Li$_6$PS$_5$Cl and Lithium anode for Sulfide-based solid-state batteries[J]. Adv. Energy Mater., 2020, 11(4): 2002545.

[162] Zhang J, Zang X, Wen H. High-voltage and free-standing poly(propylene carbonate)/Li$_{6.75}$La$_3$Zr$_{1.75}$Ta$_{0.25}$O$_{12}$ composite solid electrolyte for wide temperature range and flexible solid lithium ion battery[J]. J. Mater. Chem. A, 2017, 5(10): 4940-4948.

[163] Yan Y, Ju J, Dong S. In situ polymerization permeated three-dimensional Li$^+$-percolated porous oxide ceramic framework boosting all solid-state Lithium metal battery[J]. Adv. Sci., 2021, 8(9): 2003887.

[164] Sahu G, Lin Z, Li J. Air-stable, high-conduction solid electrolytes of arsenic-substituted Li$_4$SnS$_4$[J]. Energy Environ. Sci., 2014, 7(3): 1053-1058.

[165] Kwak H, Park K H, Han D. Li$^+$ conduction in air-stable Sb-Substituted Li$_4$SnS$_4$ for all-solid-state Li-ion batteries[J]. J. Power Sources, 2020, 446: 227338.

[166] Oh G, Hirayama M, Kwon O. Bulk-type all solid-state batteries with 5V class LiNi$_{0.5}$Mn$_{1.5}$O$_4$ cathode and Li$_{10}$GeP$_2$S$_{12}$ solid electrolyte[J]. Chem. Mater., 2016, 28(8): 2634-2640.

[167] Han F, Gao T, Zhu Y. A battery made from a single material[J]. Adv. Mater., 2015, 27(23): 3473-3483.

[168] Schwietert T K, Arszelewska V A, Wang C. Clarifying the relationship between redox activity and electrochemical stability in solid electrolytes[J]. Nat. Mater., 2020, 19(4): 428-435.

[169] Zhang J, Zhao J, Yue L. Safety-reinforced poly(propylene carbonate)-based all-solid-state polymer electrolyte for ambient-temperature solid polymer lithium batteries[J]. Adv. Energy Mater., 2015, 5: 1501082.

[170] Cui G. Reasonable design of high-energy-density solid-state lithium-metal batteries[J]. Matter, 2020, 2(4): 805-815.

[171] Wang Y, Ju J, Dong S. Facile design of sulfide-based all solid-state lithium metal battery: in situ polymerization within self-supported porous argyrodite skeleton[J]. Adv. Funct. Mater., 2021, 31(28): 2101523.

[172] Jiang F, Wang Y, Ju J. Percolated sulfide in salt-concentrated polymer matrices extricating high-voltage all-solid-state lithium-metal batteries[J]. Adv. Sci., 2022, 9(25): e2202474.

[173] 中国科学院青岛生物能源与过程研究所. 一种三维双连续导电相的有机无机复合电解质及其构成的全固态锂电池及其制

备和应用：CN 110112460 A[P]. 2019.08.09.

[174] Croce F, Appetecchi G B, Persi L. Nanocomposite polymer electrolytes for lithium batteries[J]. Nature, 1998, 394(6692): 456-458.

[175] Park C. Electrochemical stability and conductivity enhancement of composite polymer electrolytes[J]. Solid State Ionics, 2003, 159(1-2): 111-119.

[176] Liu W, Lin D, Sun J. Improved lithium ionic conductivity in composite polymer electrolytes with oxide-ion conducting nanowires[J]. ACS Nano, 2016, 10(12): 11407-11413.

[177] Wu N, Chien P H, Qian Y. Enhanced surface interactions enable fast Li$^+$ conduction in oxide/polymer composite electrolyte[J]. Angew. Chem. Int. Ed., 2020, 59: 4131-4137.

[178] Zhu P, Yan C, Dirican M. Li$_{0.33}$La$_{0.557}$TiO$_3$ ceramic nanofiber-enhanced polyethylene oxide-based composite polymer electrolytes for all-solid-state lithium batteries[J]. J. Mater. Chem. A, 2018, 6(10): 4279-4285.

[179] Li D, Chen L, Wang T. 3D Fiber-network-reinforced bicontinuous composite solid electrolyte for dendrite-free Lithium metal batteries[J]. ACS Appl. Mater. Interfaces, 2018, 10(8): 7069-7078.

[180] Choi J H, Lee C H, Yu J H. Enhancement of ionic conductivity of composite membranes for all-solid-state lithium rechargeable batteries incorporating tetragonal Li$_7$La$_3$Zr$_2$O$_{12}$ into a polyethylene oxide matrix[J]. J. Power Sources, 2015, 274: 458-463.

[181] Zhang X, Liu T, Zhang S. Synergistic coupling between Li$_{6.75}$La$_3$Zr$_{1.75}$Ta$_{0.25}$O$_{12}$ and poly(vinylidene fluoride) induces high ionic conductivity, mechanical strength, and thermal stability of solid composite electrolytes[J]. J. Am. Chem. Soc., 2017, 139(39): 13779-13785.

[182] 中国科学院青岛生物能源与过程研究所. 一种聚合物导电纤维增韧的硫化物复合电解质：CN 107978789 B[P]. 2020.07.14.

[183] Oh D Y, Kim K T, Jung S H. Tactical hybrids of Li$^+$-conductive dry polymer electrolytes with sulfide solid electrolytes: Toward practical all-solid-state batteries with wider temperature operability[J]. Mater. Today, 2022, 53: 7-15.

[184] Zhang Y, Chen R, Wang S. Free-standing sulfide/polymer composite solid electrolyte membranes with high conductance for all-solid-state lithium batteries[J]. Energy Stor. Mater., 2020, 25: 145-153.

[185] Wang H, Wang Q, Cao X. Thiol-branched solid polymer electrolyte featuring high strength, toughness, and Lithium ionic conductivity for Lithium-metal batteries[J]. Adv. Mater., 2020, 32(37): e2001259.

[186] Huo H, Wu B, Zhang T. Anion-immobilized polymer electrolyte achieved by cationic metal-organic framework filler for dendrite-free solid-state batteries[J]. Energy Stor. Mater., 2019, 18: 59-67.

[187] Jia W, Li Z, Wu Z. Graphene oxide as a filler to improve the performance of PAN-LiClO$_4$ flexible solid polymer electrolyte[J]. Solid State Ionics, 2018, 315: 7-13.

[188] Kammoun M, Berg S, Ardebili H. Flexible thin-film battery based on graphene-oxide embedded in solid polymer electrolyte[J]. Nanoscale, 2015, 7(41): 17516-17522.

[189] Li Y, Zhang L, Sun Z. Hexagonal boron nitride induces anion trapping in a polyethylene oxide based solid polymer electrolyte for lithium dendrite inhibition[J]. J. Mater. Chem. A, 2020, 8(19): 9579-9589.

[190] Tang W, Tang S, Zhang C. Simultaneously enhancing the thermal stability, mechanical modulus, and electrochemical performance of solid polymer electrolytes by incorporating 2D sheets[J]. Adv. Energy Mater., 2018, 8(24): 1800866.

[191] Xu S, Sun Z, Sun C. Homogeneous and fast ion conduction of PEO-based solid-state electrolyte at low temperature[J]. Adv. Funct. Mater., 2020, 30(51): 2007172.

[192] Wang G, Zhu X, Rashid A. Organic polymeric filler-amorphized poly(ethylene oxide) electrolyte enables all-solid-state lithium-metal batteries operating at 35° C[J]. J. Mater. Chem. A, 2020, 8(26): 13351-13363.

[193] Ju J, Wang Y, Chen B. Integrated interface strategy toward room temperature solid-state lithium batteries[J]. ACS Appl. Mater. Interfaces, 2018, 10(16): 13588-13597.

[194] Wang C, Zhang H, Dong S. High polymerization conversion and stable high-voltage chemistry underpinning an in situ formed solid electrolyte[J]. Chem. Mater., 2020, 32(21): 9167-9175.

[195] Lee Y G, Fujiki S, Jung C. High-energy long-cycling all-solid-state lithium metal batteries enabled by silver-carbon composite anodes[J]. Nat. Energy, 2020, 5(4): 299-308.

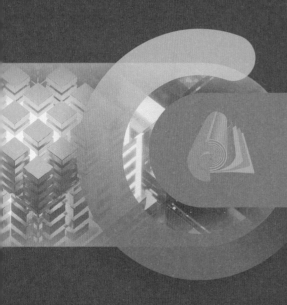

第3章
固态锂电池正极材料

3.1　固态锂电池正极材料

正极材料是决定固态锂电池能量密度、循环性能、倍率性能、安全性和电池成本的关键组分，其种类、组分、结构、形貌、粒径尺寸等均会对固态锂电池的电化学性能产生重要影响。固态锂电池沿用了传统液态锂离子电池中的正极材料，但由于电解质体系不同，导致固态电池的界面性质与液态电池相差较大，在正极材料与固态电解质之间会存在复杂的电-化-力-热耦合问题，并伴有固/固界面（电）化学副反应、空间电荷层、元素扩散、组分体积/应力变化异向、界面接触失效等问题[1]（图3.1）。因此，在选择固态锂电池用的正极材料时，除参考液态锂离子电池体系中的要求外，还需要根据固态锂电池具体的应用场景以及所选用的固态电解质体系进行正极材料晶型、粒径、形貌、表界面化学、导电性、力学性能、热稳定性等多方面的个性化定制，原因如下。

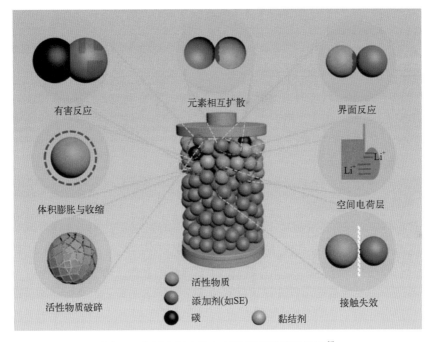

图3.1　全固态锂电池中各种界面挑战示意图[1]

① 具有刚性的正极材料与固态电解质接触时会产生较大的电极/电解质固-固界面接触阻抗，影响电荷和物质传输，并对固态锂电池的电化学性能产生不利影响。另外，正极材料在脱嵌锂时产生的应力、体积变化也会导致电极/电解质的界面物理接触失效。

② 氧化物正极材料与固态电解质存在能级不匹配的问题，导致正极材料与电解质间存在锂化学势的差异，诱导界面空间电荷层产生，并对电子、锂离子在界面处的传输产生不利影响。

③ 正极材料和固态电解质的界面反应与正极材料和电解液的界面反应类型不同，依赖于电解质的种类、晶态，正极材料与电解质的界面反应表现出巨大的差异性，同时正极材料与电解质还存在元素相互扩散、界面产物持续演化的问题。

④ 正极材料对形貌和粒度分布的要求与液态锂离子电池也有所不同，需要重新优

化。因为在固态锂电池的复合正极中，固态电解质的加入改变了正极材料之间的接触，如果仍然采用液态锂离子电池中的粒度分布和形貌，可能导致颗粒之间出现较多空隙，降低有效接触面积，从而阻碍电子和离子的传输。

⑤ 正极材料的离子、电子电导率对固态锂电池电化学性能的影响更加突出，尽管无机固态电解质的离子电导率不断提升，甚至达到液态电解液的水平，但在复合正极材料中维持高比例的正极活性材料并降低固态电解质和导电剂的比例，仍是提高固态锂电池能量密度的通用策略，而这对固态锂电池中正极材料的均质化载流子导通能力提出了更高要求。

⑥ 正极材料的析氧问题对固态电池安全性的影响值得关注。原因在于分子氧在电解液和固态电解质中的不同扩散行为和反应机制尚未得到充分的认识，可能需要探索新的"热失控"解决策略来提升固态电池的安全性能。

结合高比能、长循环寿命与高安全性的固态锂电池发展要求，固态锂电池中正极材料的选用应该满足如下条件（图3.2）：

① 高氧化还原电位，保证电池具有较高的输出电压。

② 电压平台稳定，保证电池输出平稳的电压。

图3.2　全固态锂电池正极材料的性能要求

③ 充足的锂离子可逆脱嵌量，保证正极材料具有较高的充放电比容量。

④ 锂离子脱嵌过程中正极材料结构稳定，具有较小的体积、应力变化，维持电极/电解质界面良好的物理接触，保证界面处电子、离子的高效传输。

⑤ 通过修饰改性策略，实现正极材料与固态电解质的能级、晶体结构匹配，抑制空间电荷层的形成以及界面化学副反应的发生，提高电极/电解质的界面兼容性，降低离子、电子在界面处的传输阻力。

⑥ 具备较高的电子、离子电导率，即具有均质性的载流子导通能力，从而降低固态电解质、导电剂在固态电池中的质量占比，提高固态锂电池的质量能量密度以及低温高倍率性能。

⑦ 具有较好的热稳定性，保证电池的安全性。

⑧ 具有资源丰富、成本低廉和环境友好的特点。

目前，固态锂电池用正极材料体系较为完备，沿用了液态锂电池中的正极材料。固态锂电池中得到广泛研究的正极材料主要包括 $LiFePO_4$、$LiCoO_2$、高镍 $LiNi_xCo_yMn_zO_2$（$x \geqslant 0.6$）和 $LiNi_xCo_yAl_zO_2$[2]。其中，高电压、高比容量的正极材料是发展高能量密度固态锂电池的主要发展路线，高镍含量的 NCM 材料具有容量高、成本低的优势，是新能源汽车用高比能动力电池的主要正极材料体系。$LiCoO_2$ 和 $LiNi_{0.5}Mn_{1.5}O_4$ 则在电子产品用薄膜型固态微电池中得到较多研究[3]。富锂锰基正极材料 $xLi_2MnO_3 \cdot (1-x)LiMn_yM_{1-y}O_2$

（M为除Mn之外的一种或两种金属离子，简写为LRMO）因兼具阴、阳离子协同参与氧化还原反应的优势，其理论比容量远高于现有的其它商业化正极材料，是具有广阔应用潜力的下一代新型正极材料，因而在固态锂电池中的研究也逐渐得到重视[4-6]，然而氧化物正极材料通常具有锂化学势低、电极平衡电位高的特点，与硫化物、卤化物等固态电解质之间存在较大的锂化学势差，导致电极与电解质接触时，会自发地发生界面化学副反应，导致固态电解质的氧化分解。此外，含锂硫化物正极材料、无锂正极材料不同于传统嵌入型的正极材料，它通过与锂金属的转化或嵌入反应，可以获得超高的能量密度[7, 8]。此外该类材料特别是硫化物正极材料与硫化物电解质具有良好的能级匹配性，有望提高电极/电解质的界面兼容性，降低界面化学副反应，促进离子在界面的快速传输，因此，针对它们的研究也日益增多。其中以Li_2S、FeF_3、CoF_3、CuF_2、MnF_3、MnO_2、FeS_2、V_2O_5等为代表的正极材料表现出较大的应用潜力。值得关注的是，在应用这类材料前，还需要综合考虑它们脱嵌锂时的体积、应力变化以及离子、电子的导通特性。

根据阴离子种类的不同，固态电池用正极材料主要分为氧化物正极、硫化物正极和氟化物正极。根据晶体结构的不同，氧化物正极材料又可以分为层状结构氧化物、橄榄石结构氧化物和尖晶石结构氧化物。

层状结构的氧化物$LiTMO_2$（TM为Co、Ni、Mn和Al中的一种或多种）是最成熟的商业化锂离子电池用正极材料，其结构类似于α-$NaFeO_2$型结构，晶体内的TMO_6八面体层和锂层交替排列，构成二维层状结构。锂离子和TM离子分别占据八面体的$3a$和$3b$位置，由ABCABC立方密堆积的氧离子隔开，充放电时锂离子能够在锂层中自由脱出和嵌入，如图3.3（a）所示。当TM为多种过渡金属离子的组合时，各过渡金属离子之间能够相互协同，赋予$LiTMO_2$正极材料高的氧化还原电势、比容量、离子/电子导电性、结构稳定性和低生产成本等优势[9-14]。常见的层状氧化物正极材料包括钴酸锂（$LiCoO_2$）、三元镍钴锰酸锂（$LiNi_xCo_yMn_zO_2$，$x+y+z=1$，简写为NCM）、镍钴铝酸锂（$LiNi_xCo_yAl_zO_2$，$x+y+z=1$，简写为NCA）；具有尖晶石结构的锰酸锂（$LiMn_2O_4$，简写为LMO）和镍锰酸锂（$LiNi_{0.5}Mn_{1.5}O_4$，简写为LNMO）正极材料具有工作电压高以及成本低廉等优势，在便携式电动工具等功率型电子消费品领域得到了广泛应用[15, 16]。以$LiMn_2O_4$为例，其属于$A[B_2]O_4$类型的面心立方结构，氧离子以立方密堆积形式排列，锂离子占据四面体的$8a$位置，Mn离子占据八面体的$16d$位置，锂离子能够在四面体的$8a$空隙和八面体的$16c$空隙实现自由迁移，这种空间开放的结构有助于材料的倍率性能发挥[15, 17-20]，如图3.3（b）所示。具有正交橄榄石结构的磷酸亚铁锂（$LiFePO_4$，简写为LFP）和磷酸锰铁锂（$LiFe_{0.2}Mn_{0.8}PO_4$，简写为LFMP）正极材料属于$Pnma$空间群，其中氧离子以六方密堆积形式排列，P离子占据氧四面体间隙的$4c$位置，Li、Fe离子则分别占据八面体的$4c$、$4a$位置，充放电时锂离子能够沿[010]晶向进行一维传输[21-25]，如图3.3（c）所示。这类材料中，PO_4^{3-}内的P—O键具有强键合作用，能够确保脱嵌锂离子时稳定氧离子，抑制晶体结构的坍塌，赋予橄榄石结构的正极材料优异的结构稳定性。此外，该类正极材料中的Fe、P元素丰度较高，因此还具有材料成本低廉、绿色环保等优势[26-32]。

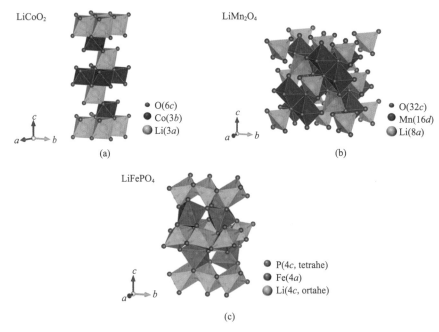

图3.3 不同类型正极材料的晶体结构示意图：（a）LiCoO₂[14]；（b）LiMn₂O₄[20]；（c）LiFePO₄[25]

需要注意的是，固态锂电池用的氧化物正极材料具有较低的锂化学势，电极的平衡电位较高，超出了硫化物、卤化物等多数固态电解质的电化学稳定窗口，导致氧化物正极与固态电解质接触时，便会自发形成空间电荷层以及发生界面化学副反应，导致固态电解质的氧化分解，阻碍锂离子的界面传输（图3.4）[33]。因此，将高比容量、高电压的氧化物正极材料应用于固态锂电池时，如何通过调控氧化物正极材料或硫化物、卤化物等固态电解质的组分、结构或对其进行修饰改性，实现电极/电解质的能级匹配，提高两者间的界面兼容性，是需要重点关注的问题。

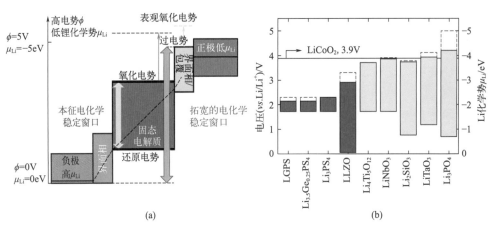

图3.4 全固态锂电池中各组分的电化学稳定窗口以及锂化学势曲线示意图[33]：（a）固态电池中正极材料、固态电解质、负极材料、界面相的电化学稳定窗口以及锂化学势曲线，其中负极高的锂化学势、正极低的锂化学势超过了固态电解质的电化学稳定窗口，能级不匹配导致了固态电解质在负极侧被还原，在正极侧被氧化；（b）不同固态电解质的电化学稳定窗口，其中3.9V位置处的黑线代表了LiCoO₂正极材料的平衡电压

此外，以Li_2S为代表的含锂硫化物正极材料具有超高的理论能量密度（约2600$Wh\cdot kg^{-1}$）、较低的体积膨胀和机械应力，并与硫化物电解质具有良好的能级匹配性，同时该材料还具有原料成本低廉以及适用于无负极结构设计的优势，因此，在固态电池的研究也逐渐得到重视[8]。但Li_2S应用于固态锂电池时也存在离子、电子传输速率低下，充电活化能垒高等问题。近期，中国科学院青岛能源所Cui等设计了一种具备高离子电导率（0.66$mS\cdot cm^{-1}$）、电子电导率（412$mS\cdot cm^{-1}$），且具有低体积变化（约1.2%）的新型硫化物正极材料$Li_{1.75}Ti_2(Ge_{0.25}P_{0.75}S_{3.8}Se_{0.2})_3$，其单体固态电池在室温下经历20000次循环后，能量密度仍高达390$Wh\cdot kg^{-1}$，证实了具备零（低）应变、均质化载流子传输特性的新型硫化物正极材料在固态锂电池中的巨大商业应用潜力（图3.5）。由于无机固态电解质的高机械强度以及良好的热稳定性，使得锂金属负极可以应用于固态锂电池，因此可以选择不含锂元素的无锂正极材料并提供远高于传统正极材料的能量密度（≥1000$Wh\cdot kg^{-1}$）[7]，如金属硫化物（TiS_2、MOS_2、FeS_2、VS_2）、金属氧化物（MnO_2、V_2O_5、CuO、SeO_2）、金属氟化物（CoF_3、CuF_2、MnF_3、FeF_3）等均表现出广阔的应用潜力[34-39]。但这些无锂正极材料在电池中的实际性能表现却远低于预期，普遍存在容量衰退迅速、电压滞后明显等问题，这与无锂正极材料的转化反应路径复杂、体积/应力变化剧烈、离子/电子传输动力学缓慢等密切相关。因此，在这些问题得到解决之前，无锂正极材料的实际应用仍充满挑战。本章将围绕固态锂电池用正极材料的发展需求，从不同种类、不同结构正极材料的研究现状、存在问题以及改进策略进行详细的介绍。

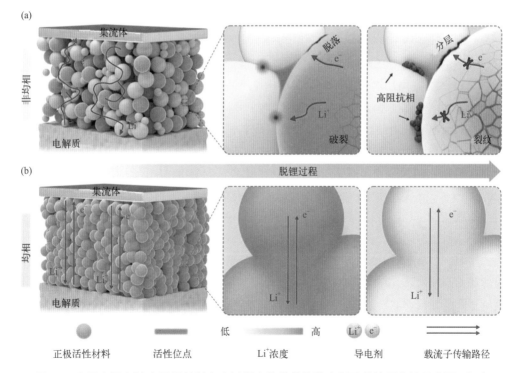

图3.5 全固态锂电池中正极材料充电过程中的微结构演变以及载流子传输示意图：（a）传统的非均相复合正极材料；（b）具有低应变、均质化载流子传输特性的新型硫化物正极材料

3.1.1 正交橄榄石结构正极材料

LiFePO$_4$是一种聚阴离子型正极材料，聚阴离子框架结构赋予了LiFePO$_4$优异的结构稳定性、循环稳定性和安全性。LiFePO$_4$的理论比容量为170mAh·g^{-1}，工作电压范围为3.2～3.7V（*vs.* Li$^+$/Li），循环寿命2000～6000次，适用工作温度为−25～75℃。但该材料的电子电导率偏低（约10^{-9}S·cm^{-1}），锂离子表观扩散系数仅为4.97×10^{-16}～1.29×10^{-14}cm^2·s^{-1}，这是由于LiFePO$_4$在约3.45V平台附近充放电时，锂离子会沿[010]晶向进行一维扩散（图3.6），当扩散通道内存在缺陷或杂相时，会明显阻碍锂离子的迁移[26, 40-43]，所以LiFePO$_4$的实际放电比容量只有140mAh·g^{-1}左右。对其进行纳米化处理，缩短锂离子的扩散路径，可以提升材料中锂离子的迁移速率，改善材料的倍率性能[44,45]。另外利用导电包覆物对LiFePO$_4$进行表面改性，能够提高材料表面的导电性，进而改善其电化学性能[46,47]。

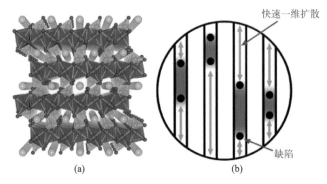

图3.6 （a）LiFePO$_4$晶体中锂离子沿[010]方向扩散的结构示意图及（b）在一维通道内存在缺陷时的锂离子扩散示意图[48]

LiFePO$_4$是在电动汽车领域最早市场化应用的固态锂电池用正极材料。2011年，法国Bollore公司开发的基于PEO聚合物固态电解质、LiFePO$_4$正极材料和锂金属负极的聚合物固态锂电池的电动汽车Bluecar在巴黎成功试运营，续航里程250km，这是世界上首次用于电动汽车的商业化固态聚合物锂电池。Hovington等[49]制备的LiFePO$_4$/聚醚基聚合物电解质/Li聚合物固态锂电池首圈可逆比容量为160mAh·g^{-1}，循环1400圈后仍有130mAh·g^{-1}的可逆比容量，他们认为该电池具有优异循环寿命的原因在于LiFePO$_4$良好的晶体结构稳定性，可以保证长循环过程中LiFePO$_4$不会出现结构恶化、铁离子溶出、阻抗大幅增加等问题。在聚合物固态锂电池的基础研究中，LiFePO$_4$也得到了广泛的使用，其中一个重要的原因是LiFePO$_4$工作电压较低，能够与电压窗口较窄的聚合物固态电解质相匹配，而且LiFePO$_4$的优异安全性能和循环稳定性，使其在大规模储能领域也具有重要的应用前景。然而，在追求更高能量密度的无机固态锂电池中，LiFePO$_4$因其自身电子电导率低、能量密度低等不足，使其得到的关注相对较少。

3.1.2 层状结构正极材料

（1）钴酸锂

钴酸锂（LiCoO$_2$）是最早实现商业化的锂离子电池正极材料，1976年由Goodenough

等率先提出将其作为嵌入／脱出型的锂离子电池正极材料，并于1990年由Sony公司首先实现了商业应用[50,51]。$LiCoO_2$属于$\alpha\text{-}NaFeO_2$层状结构。其中锂层和钴层被ABCABC堆叠的氧原子隔开并交替排列，且Li^+和Co^{3+}分别位于氧层间八面体空隙的$3a$和$3b$位置，充放电时伴随Co^{3+}/Co^{4+}的氧化还原反应，锂层中的锂离子能够实现自由脱出和嵌入。当$LiCoO_2$充电到5V（$vs.\ Li^+/Li$），1mol锂离子完全从正极材料脱出，充电比容量达到$274mAh\cdot g^{-1}$，但高的充电电压会引发$LiCoO_2$材料的层状结构坍塌、氧气不可逆析出、正极／电解质界面不稳定等问题，对锂电池的电化学性能和安全性产生不利影响[52]。为此，其充电截止电压一般限制在4.2V（$vs.\ Li^+/Li$）左右，相当于一个$LiCoO_2$能够可逆脱嵌0.5个锂离子，但此时$LiCoO_2$的比容量只有$140mAh\cdot g^{-1}$左右。

在追求更高能量密度的目标驱动下，$LiCoO_2$的机理研究和制备技术不断进步，工作电压上限也被逐步突破[53]。2012年，北大先行、天津巴莫推出第一代4.35V高电压$LiCoO_2$产品，突破了传统$LiCoO_2$只能脱出50%锂离子的限制。2017年，湖南杉杉、厦门钨业公司推出了4.45V的高电压$LiCoO_2$产品。至此，$LiCoO_2$材料实际比容量已经超过$180mAh\cdot g^{-1}$。另一方面，面对Co原料成本的日益增长以及其他新兴正极材料的激烈竞争，也迫切要求$LiCoO_2$正极通过增加能量密度以降低单位能量密度的成本。2018年，华为公司与美国阿贡实验室[52]合作研发了4.5V的La、Al共掺杂型$LiCoO_2$，可逆比容量达$190mAh\cdot g^{-1}$，循环50圈后容量保持率为96%，并且具有较好的倍率性能。2019年，中国科学院青岛能源所Cui等[54]开发了一种Al、Ti体相共掺杂且表面Mg梯度掺杂的$LiCoO_2$，在$3.0\sim4.6V$的电压范围内可以释放出$224.9mAh\cdot g^{-1}$的首圈放电比容量，且200圈循环后具有78%的容量保持率，在10C条件下放电比容量高达$142mAh\cdot g^{-1}$。同时，采用该正极材料与中间相碳微球构成的全电池在室温及60℃高温环境下的长循环稳定性也得到显著提升。同年，中国科学院物理所[55]成功开发了Ti-Mg-Al痕量元素共掺杂的$LiCoO_2$材料，在4.6V循环100圈后容量保持率为86%，可逆放电比容量为$174mAh\cdot g^{-1}$。这些基础研究工作加深了科研人员对高电压$LiCoO_2$失效机制的认识，指明未来工作方向要综合考虑体相晶体结构、表界面结构、电子结构等，才能进一步突破$LiCoO_2$的工作电压上限。

在固态锂电池中，$LiCoO_2$也得到了广泛关注。中国科学院青岛能源所Cui等[56]利用原位差示相差扫描透射电子显微成像技术（$in\text{-}situ$ DPC-STEM），从实验上首次观察到由于$LiCoO_2/Li_6PS_5Cl$界面存在的空间电荷层而导致的电荷积累现象，并基于此提出了内置电场与化学势耦合的改善策略。此外，Cui等[57]采用原位聚合的方法，研发了一种新型聚碳酸亚乙烯酯固态聚合物电解质，并将其应用于$LiCoO_2$固态锂电池，在50℃和0.1C测试条件下，$2.5\sim4.3V$电压区间进行充放电时，该聚合物固态电池的可逆比容量达到$146mAh\cdot g^{-1}$，循环100圈后放电比容量仍高达$123mAh\cdot g^{-1}$。Wang等[58]将超薄$Li_2CoTi_3O_8$修饰的$LiCoO_2$与$Li_{10}GeP_2S_{12}$匹配制备硫化物固态锂电池，在30℃，$2.1\sim4.5V$电压范围内，以0.2C进行充放电，首圈可逆比容量为$180mAh\cdot g^{-1}$，循环100圈之后比容量为$132mAh\cdot g^{-1}$。Zhou等[59]在氯化物基固态锂电池中评估了高负载$LiCoO_2$的电化学性能。得益于氯化物固态电解质的高离子电导率、低电子电导率、高电化学稳定性和优异的可塑性，高负载（$27mg\cdot cm^{-2}$）的$LiCoO_2$在高电流密度下表现出较高的可逆比容量，而且在超高负载（$52.46mg\cdot cm^{-2}$）时稳定循环500次以上仍然没有明显的容量衰减。

LiCoO$_2$正极材料具有易制备、压实密度高、首效高、循环稳定性好、电压平台高和充放电电压稳定等优点，在对电压平台和能量密度有着硬性要求的消费类电子产品领域占据了大部分的市场份额。与LiCoO$_2$正极材料相比，镍钴锰酸锂三元材料尽管具有容量、循环性能和成本等方面的优势，但是三元正极材料很难满足便携式电子产品对电压平台的要求。更为重要的是，三元正极材料的压实密度（3.6～3.8g·cm^{-3}）远低于LiCoO$_2$的压实密度（4.1～4.3g·cm^{-3}）。另外，三元正极材料的低首效问题、产气问题等也限制了其广泛应用。可见，在三元正极材料性能取得重大突破以前，LiCoO$_2$正极材料依然会在高端消费电子产品领域保持着绝对优势[53,60]。

在固态锂电池中，LiCoO$_2$正极材料在以下几个方面还需要继续改进。

① 工作电压　由于固态电解质与正极材料的界面反应问题，LiCoO$_2$正极材料的实际工作电压尚未突破极限，这限制了固态电池能量密度的提升。

② 倍率性能　继续提升LiCoO$_2$正极材料的导电性能，实现与液态锂电池相当甚至更优的倍率性能，以满足电子产品快充的需求。

③ 循环寿命　LiCoO$_2$正极材料在固态锂电池中的循环寿命还有较大的提升空间。

（2）三元材料

镍钴锰酸锂三元正极材料的分子式为LiNi$_{1-x-y}$Co$_x$Mn$_y$O$_2$（简写为NCM），具有与LiCoO$_2$相同的α-NaFeO$_2$层状晶体结构，同属六方晶系，$R\bar{3}m$空间群。其中NCM中的Ni、Co、Mn元素起到相互协同作用，Ni元素为NCM提供高容量，Co元素可以提高NCM的导电性并减少锂层中的Li/Ni的混排程度，而Mn元素在充放电循环中能够维持Mn^{4+}不变，可以提升材料的结构稳定性并降低材料的成本[30]。因此，与LiCoO$_2$材料相比，NCM材料表现出更加优异的循环性能与安全性。2001年，Ohzuku等[12,61]合成了Li$_{1.0}$Ni$_{0.33}$Co$_{0.33}$Mn$_{0.33}$O$_2$（NCM111），在2.5～4.2V电压区间，NCM111可以提供150mAh·g^{-1}的放电比容量。在2.5～5.0V电压区间内，材料的放电比容量达到200mAh·g^{-1}，但高截止电压不但对电极材料在过充状态下的结构稳定性提出更大挑战，也会引起液态电解液的电化学氧化分解，导致电池的电化学性能快速衰退。由于NCM中Ni元素贡献了材料的主要容量且成本低于Co元素，因此增加Ni元素含量、降低Co元素含量是提高NCM材料放电比容量、降低正极材料成本的有效措施。高Ni含量的NCM材料，诸如NCM523、NCM622、NCM811等被相继开发出来。Noh等[62]系统研究了不同Ni含量对NCM材料容量、循环性能、晶体结构、形貌与尺寸、离子电导率、热稳定性等的影响。发现当NCM中的Ni含量逐渐增加时，其初始放电比容量也逐渐增加，但Ni含量的增加也降低了材料的循环性能。另外，Ni含量增加也降低了NCM材料的热稳定性，见图3.7。这是由于高镍含量的NCM在充电状态下其表面会产生更多的Ni^{4+}，加剧NCM材料表面与电解液间的副反应，导致更多的活性物质被消耗、大量电解液分解和有害气体产生[63]。另一方面，高镍含量的NCM材料其组分和结构更加接近LiNiO$_2$，导致充放电时NCM锂层中的Li/Ni混排更加严重，破坏了层状结构，无法为锂离子提供有效的传输通道，引起材料比容量的快速衰退[64,65]。因此，如何在保持高镍NCM材料高比容量的同时提高材料的循环性能、结构稳定性与热稳定性是NCM材料使用时必须解决的问题。

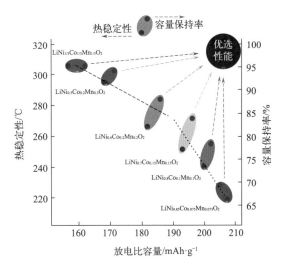

图3.7　NCM正极材料中Ni元素含量对放电比容量、容量保持率以及热稳定性的影响示意图[11,66]

目前，高镍含量的NCM正极材料理论比容量约为273～285mAh·g^{-1}，实际比容量可以达到189～220mAh·g^{-1}，正成为下一代电动汽车用动力电池的关键正极材料[67]，并在固态电池体系的研究中受到广泛关注。如2020年，韩国三星公司将LiNi$_{0.90}$Co$_{0.05}$Mn$_{0.05}$O$_2$正极材料应用于以Li$_6$PS$_5$Cl为硫化物电解质、Ag-C为负极的全固态电池[68]。通过优化设计，使其能量密度超过900Wh·L^{-1}且循环1000次后库仑效率仍高达99.8%，赋予了以高镍三元材料为正极的全固态电池优异的能量密度与循环稳定性。

值得关注的是，在固态电池中，除了NCM正极材料本身的理化性质对电池性能产生影响外，由正极材料、固态电解质和导电剂构成的复合正极材料特性诸如各组分占比、制备方法、固-固接触面积、孔隙率、界面（电）化学性质、界面稳定性、微观结构等也是决定固态电池电化学性能和安全性的关键因素[69-71]。Nakamura等[72]利用干法冲击混合装置，采用复合正极材料的干法制备工艺对NCM111材料和硫化物电解质Li$_3$PS$_4$（LPS）进行冲击混合，在不破坏NCM111结构的情况下，同时实现了对单颗粒NCM111正极材料的连续、均匀包覆，获得了具有核-壳结构的复合正极材料（NCM@LPS）。该设计策略有效降低了复合正极内正、电解质间的孔隙率，增大了固-固接触面积并为锂离子提供了高速传输的渗流网络。与简单固相混合法相比，这种采用干法冲击混合工艺制备的复合正极，其离子电导率由3.3×10^{-6}S·cm^{-1}提高到5.2×10^{-6}S·cm^{-1}，电子电导率则由5.9×10^{-6}S·cm^{-1}降低到3.6×10^{-6}S·cm^{-1}。因此，具有核-壳结构的NCM@LPS复合正极赋予了硫化物固态电池优异的倍率性能和循环性能。

另外，将高镍NCM正极材料应用于固态电池体系时，NCM正极与固态电解质间的固-固界面反应是研究和改善固态电池性能时不容忽视的关键问题。电极与电解质接触时，固态电解质不仅面临着与NCM材料接触时发生的自发化学反应，而且在高工作电压下固态电解质还存在着电化学氧化分解，其生成的界面副产物会阻碍锂离子的快速传输并引起界面阻抗的持续增大，导致固态电池的性能快速衰减。Janek等[73]以NCM622为正极材料、Li$_6$PS$_5$Cl为电解质、Li$_4$Ti$_5$O$_{12}$为负极，构筑了硫化物固态电池。他们发现固态电池的初始充放电比容量分别为188mAh·g^{-1}和161mAh·g^{-1}，在循环50圈、200圈后电池的放电比容量分别快速衰减至 86mAh·g^{-1} 和 22mAh·g^{-1}。通过 XPS 分析，他们发现经历 200 圈循环后正极/电解质界面出现了严重的副反应，生成了含有 PO_x、Li_3PO_4、P_2S_x 等物质的界面副产物。

此外，NCM 正极材料的微结构也是影响高镍 NCM 正极材料在固态电池中性能的重要因素。高镍 NCM 材料一般包括多晶和单晶，在固态锂电池中，研究人员发现单晶比多晶形貌的高镍三元材料具有更加稳定的电化学性能[74]。这是因为单晶材料的微结构在充放电过程中能够保持良好的完整性，不会因为晶格的体积变化而发生电化学-力学失效，而多晶材料中由于一次晶粒的取向是随机分布的，导致材料在脱嵌锂时晶格的膨胀、收缩过程中在不同晶粒间的体积变化程度、方向均难以保持一致，导致 NCM 多晶材料在充放电过程中很容易出现裂纹。Jung 等[75]报道了一种初始颗粒为棒状单晶且为径向取向分布的全浓度梯度高镍三元微米材料 $LiNi_{0.75}Co_{0.10}Mn_{0.15}O_2$，有效克服了 Li_6PS_5Cl 基固态锂电池的电化学-力学失效问题，与传统多晶 $LiNi_{0.80}Co_{0.16}Al_{0.04}O_2$ 材料相比，表现出优异的结构稳定性和电化学性能。

高镍三元材料的晶粒尺寸对固态锂电池的电化学性能同样会产生重要影响。Strauss 等[76]对比了不同粒径的 $LiNi_{0.6}Co_{0.2}Mn_{0.2}O_2$ 材料在硫化物固态锂电池中的电化学性能，测试结果如图 3.8 所示。他们发现固态锂电池的放电比容量随着粒径的降低大幅增加，特别是小粒径（$d \ll 10\mu m$）的正极材料几乎能够实现完全充电。他们还对比了不同粒径尺寸的正极材料在液态电池中的电化学性能，发现三种材料具有几乎一致的可逆比容量。由此可见，在液态锂电池中表现良好的高镍三元材料不一定适用于固态锂电池。为了充分发挥高镍三元正极材料在固态锂电池中的性能，需要系统性地研究高镍三元材料的微结构、尺寸与电池性能间的内在构效关系。

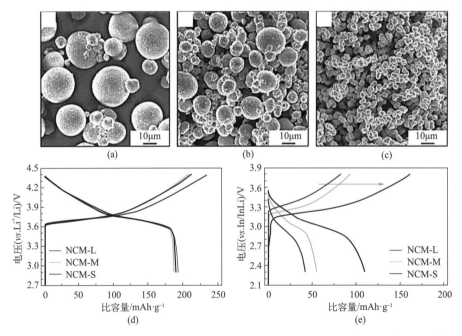

图 3.8　不同粒径 NCM 材料的形貌和电化学性能对比图：（a）大粒径（NCM-L），（b）中粒径（NCM-M），（c）小粒径（NCM-S），以及在液态锂电池（d）和固态锂电池（e）中的初始充放电曲线[76]

综上所述，高镍正极材料应用于固态锂电池时，不仅需要克服材料自身的结构稳定性差、循环性能不佳、热稳定差等问题，还需要根据正极材料与固态电解质的界面电化学匹配性进行新型界面修饰技术的开发，根据正极材料与固态电解质的压实特性对材料的形貌和粒度分布重新进行系统性的优化，这可能会影响高镍正极材料的制备工艺。另外，在液态锂电池中，对电池加工和电化学性能产生很大影响的高镍正极材料表面残碱问题，在固态锂电池中尚未得到充分的关注。笔者认为，高镍正极材料的表面残碱可能在界面反应、阻抗增加、接触失效等方面有一定影响，因此需要对高镍正极材料进行界面处理，一方面消除残碱的影响，另一方面提高其与固态电解质的界面稳定性。

（3）富锂锰基正极材料

富锂锰基正极材料具有与 $LiCoO_2$ 和 NCM 材料类似的层状结构。但目前针对富锂锰基正极材料（LRMO）的晶体结构类型争议较大，一种观点认为 LRMO 是由六方层状相的 $LiTMO_2$（$R\bar{3}m$ 空间群）组分和单斜相的 Li_2MnO_3（$C2/m$ 空间群）组分构成的两相结构[77-80]。另一种观点认为，由于 Li_2MnO_3 相和 $LiTMO_2$ 相均属于层状结构且具有极高的结构兼容性，因此认为 LRMO 属于单相固溶体的结构[81-83]，如图3.9所示。虽然 LRMO 的晶体结构仍存在争议，但 LRMO 在充放电过程中的电化学行为是相似的。因此，在研究 LRMO 材料的电化学反应机理时，研究人员通常采用两相模型来对其进行研究。LRMO 材料中含有更多的锂离子，且在充放电过程中除了过渡金属离子（TM）参与可逆的氧化还原反应外，部分阴离子氧（O^{2-}）也会可逆地参与氧化还原反应，所以，LRMO 在其工作电压窗口内（$2.0 \sim 4.8V$）可以提供更高的比容量和能量密度（$\geqslant 250mAh \cdot g^{-1}$，$\geqslant 900Wh \cdot kg^{-1}$）。另外，LRMO 材料中 Ni、Co 元素的含量较低，Mn 元素的含量较高，与 NCM 材料相比，LRMO 还具有结构稳定、成本低的优势，因此基于富锂锰基正极材料的固态锂电池研究也逐渐受到重视。但 LRMO 材料的工作电压较高，且存在不可逆的氧气析出等潜在问题，使其与固态电解质匹配时面临着更加复杂的界面与结构调控难题。除此之外，LRMO 材料本身的电压降问题尚未得到有效解决，也导致了目前对富锂锰基固态锂电池的开创性研究还非常少。

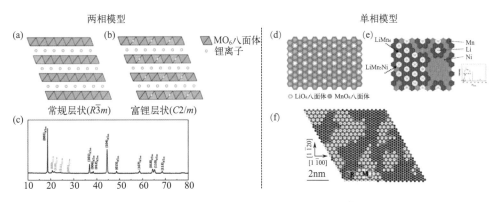

图3.9　富锂锰基正极材料的两相结构模型[79]与单相结构模型[78, 84]示意图：（a）$LiTMO_2$ 的三方晶系结构模型；（b）Li_2MnO_3 的单斜结构模型；（c）富锂锰基正极材料的 XRD 图；（d）Li_2MnO_3 的结构模型；（e）$LiMn_{0.5}Ni_{0.5}O_2$ 的结构模型；（f）富锂锰基正极材料 $Li_{1.2}Co_{0.4}Mn_{0.4}O_2$ 的结构模型

Wang等[67]将富锂锰基正极材料LRMO分别与液态电解液、硫化物电解质（$Li_{10}GeP_2S_{12}$）、卤化物固态电解质（Li_3InCl_6）进行匹配，分别制备了液态电池、硫化物固态电池和卤化物固态电池，在0.1C（1C=200mA·g^{-1}）、2.0～4.8V电压范围下对三种电池进行了电化学性能的测试，结果如表3.1所示。LRMO正极材料与Li_3InCl_6卤化物电解质匹配时，其首圈充电比容量可以达到传统液态锂电池水平，并远高于LRMO与硫化物电解质匹配的固态锂电池。但是，液态锂电池中普遍存在的首圈库仑效率低和循环稳定性差等问题，在卤化物固态锂电池中同样存在。他们认为有以下几方面原因：Li_3InCl_6在高电压（4.8V以上）下仍会发生氧化分解，生成In_2O_3；高电压下LRMO材料的晶格氧O^{2-}会转变为具有高氧化活性的O^-，加剧了Li_3InCl_6的氧化分解反应；LRMO的晶格氧脱出后，促进了过渡金属离子向锂离子层的迁移，导致LRMO材料的结构发生由层状相向岩盐相的转变。针对以上问题，他们通过在LRMO和Li_3InCl_6之间引入惰性的$LiNbO_3$界面过渡层，有效抑制了O^-对Li_3InCl_6的氧化分解，显著改善了卤化物固态电池的首圈库仑效率和倍率性能，但是LRMO材料在充放电过程中的晶格氧析出和晶体结构相变问题依然存在。

表3.1　富锂锰基正极材料在不同电池体系下的电化学性能[67]

电池体系	首圈充电比容量/mAh·g^{-1}	首圈放电比容量/mAh·g^{-1}	首圈库仑效率/%
$Li_{1.15}Mn_{0.53}Ni_{0.265}Co_{0.055}O_2$-液态电解液	311.2	235.3	75.62
$Li_{1.15}Mn_{0.53}Ni_{0.265}Co_{0.055}O_2$-$Li_{10}GeP_2S_{12}$	104.5	41.5	39.75
$Li_{1.15}Mn_{0.53}Ni_{0.265}Co_{0.055}O_2$-$Li_3InCl_6$	312	183.4	58.79

日本东京工业大学的Kanno等[85,86]利用脉冲激光沉积成膜技术和磁控溅射技术制备了以Li_2MnO_3为正极、无定形Li_3PO_4为氧化物电解质的全固态锂金属薄膜电池。所组装的液态电池在经历50圈循环后，放电比容量仅为初始比容量的49%，相反，固态薄膜电池在经历初始活化后，容量逐渐由初始的180mAh·g^{-1}提升至270mAh·g^{-1}，在经历100圈循环后库仑效率仍接近99%。相反，液态电池在经历50圈循环后，放电比容量仅为初始比容量的49%。同时固态薄膜电池也表现出优异的倍率性能，在20C测试条件下，放电比容量仍高达233mAh·g^{-1}，如图3.10所示。他们将Li_2MnO_3-$LiPO_4$固态电池优异的循环性能与倍率性能归因于高氧化稳定性的固态电解质的使用，避免了高电压下电解质的持续分解、Mn离子的溶解析出以及充放电过程中氧气的析出。他们进一步利用原位薄

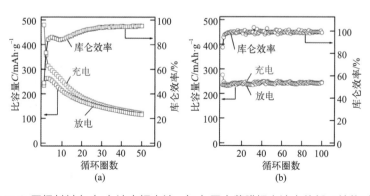

图3.10　Li_2MnO_3正极材料在（a）液态锂电池、（b）固态薄膜锂电池中的循环性能对比图[85,86]

膜XRD表征和DFT理论计算的方法对固态薄膜电池在循环中的Li_2MnO_3正极结构变化进行了研究，发现Li_2MnO_3在高电压下发生低浓度的锂离子脱出时，Li_2MnO_3会发生由O3相向高容量O1相的逐渐转变，O1相在[001]方向上具有较低的锂离子扩散阻力，有利于Li_2MnO_3的容量发挥，但高电压下高浓度的锂离子脱出导致材料发生不可逆的结构相变，从而降低固态电池的循环稳定性能。

中国科学院青岛能源所Cui等以$Li_{1.2}Ni_{0.13}Co_{0.13}Mn_{0.54}O_2$为正极、$Li_6PS_5Cl$为硫化物电解质、Li-In合金为负极，制备了硫化物全固态电池。他们发现所制备的固态电池初始充放电比容量发挥很低，Li_2MnO_3组分的活化严重受限。借助先进的原位球差扫描透射电镜-微分相位对比成像技术（in situ STEM-DPC），发现$Li_{1.2}Ni_{0.13}Co_{0.13}Mn_{0.54}O_2$材料内的两相分离（$LiTMO_2$、$Li_2MnO_3$）是导致锂离子在正极材料体相传输异质以及电极/电解质界面处传输阻力增大的原因[58]，并进一步利用软X射线吸收光谱（sXAS）揭示了固态电池中氧离子、过渡金属阳离子在$Li_{1.2}Ni_{0.13}Co_{0.13}Mn_{0.54}O_2$材料内存在空间异步活化的问题[87]，这些研究为改善富锂锰基硫化物固态电池的性能提供了有利借鉴。另外，富锂锰基正极材料的高工作电压特性也给固态电池中的电极/电解质界面稳定性带来了更大的挑战。为解决富锂锰基正极材料与硫化物电解质间的严重界面副反应问题，Yang等[88]在60℃、0.05C测试条件下，利用Li_2RuO_3正极材料与Li_6PS_5Cl电解质间的（电）化学反应，在Li_2RuO_3与Li_6PS_5Cl之间构筑了一层电子绝缘的界面钝化层，有效抑制了正极与固态电解质间的持续界面副反应，显著提高了电极与电解质间的固-固界面稳定性。上述研究表明改善富锂固态电池的电化学性能与结构稳定性，需综合考虑富锂正极材料的本征特性以及正极/电解质的界面性质。

针对富锂锰基正极材料应用于固态锂电池时面临的问题，笔者提出"内外兼修"的解决新思路。具体来说，对内采用阴、阳元素（如Nb^{5+}、Zr^{4+}、Al^{3+}、Mg^{2+}、Na^+、F^-、S^{2-}、PO_4^{3-}等）掺杂的策略或原子尺度结构无序化设计等方法解决富锂锰基正极材料体相结构的非均相锂离子传输、电子/离子导电性差、阴离子氧氧化还原不可逆以及不可逆相变等问题；对外通过表面修饰技术对富锂锰基正极材料的表界面进行修饰改性（如Al_2O_3、ZrO_2、Li_3PO_4、$LiNbO_3$等），提高其与固态电解质在高电压时的界面稳定性，改善界面锂离子传输动力学，并且抑制分子氧的逸出。

3.1.3　立方尖晶石结构正极材料

$LiMn_2O_4$尖晶石氧化物作为一种锂离子电池正极材料，由M. Thackeray首次提出，其理论比容量为$148mAh\cdot g^{-1}$，实际放电比容量在$110\sim120mAh\cdot g^{-1}$。与$LiCoO_2$、NCM三元正极材料相比，$LiMn_2O_4$具有安全性高、环境友好和成本低廉的优势[89]。在$LiMn_2O_4$晶体中，锂离子占据四面体的$8a$位置，Mn离子占据八面体的$16d$位置，锂离子能够在四面体的$8a$空隙和八面体的$16c$空隙位置实现自由迁移，这种独特的Mn_2O_4骨架结构为锂离子的传输提供了三维扩散通道，因此该正极材料具有优异的倍率性能。但$LiMn_2O_4$在实际应用时还面临着循环稳定性差的问题，这是由于Mn^{3+}容易发生歧化反应，生成Mn^{2+}和Mn^{4+}，造成活性材料的损失[90,91]。另外，Mn^{3+}较强的Jahn-Teller效应也会导致MnO_6八面体发生畸变，降低材料的结构稳定性，进而对电池的循环稳定性产生不利影响[92]。阳离子掺杂或表面包覆处理，是提高 $LiMn_2O_4$ 材料结构稳定性、抑制活性物质损失的有效措施。如利用 Ni 离子取代部分 Mn 离子后，可以得到 5V 级新型尖晶石化合物 $LiNi_{0.5}Mn_{1.5}O_4$（LNMO），其理论比容量为 146.7mAh·g^{-1}，理论能量密度高达 650Wh·kg^{-1}，对应于 Ni^{2+}/Ni^{3+} 和 Ni^{3+}/Ni^{4+} 的两个电压平台都处于 4.7V 左右。但是，$LiNi_{0.5}Mn_{1.5}O_4$ 与固态电解质的匹配性问题也最为突出。Hansel 等[93]报道在充电到 3.8V 时，$LiNi_{0.5}Mn_{1.5}O_4/c-Li_{6.4}Ga_{0.2}La_3Zr_2O_{12}$ 界面开始形成非活性物相，并引起固态电池显著的电压降。他们认为 $LiNi_{0.5}Mn_{1.5}O_4$ 可能与石榴石型电解质 $c-Li_{6.4}Ga_{0.2}La_3Zr_2O_{12}$ 不匹配。锂磷氧氮固态电解质（LiPON）具有较宽的电化学稳定窗口（约 5.5V，$vs.$ Li$^+$/Li），适中的离子电导率（约 10^{-6}S·cm^{-1}）和力学性能，因此将 5V 级 $LiNi_{0.5}Mn_{1.5}O_4$ 与 LiPON 电解质相结合构建的固态电池体系，有望解决正极/电解质界面不匹配的问题。Meng 等[94]以 $LiNi_{0.5}Mn_{1.5}O_4$ 为正极、LiPON 为电解质、Li 金属为负极构筑了薄膜固态电池，发现在循环 600 圈后，固态电池的库仑效率仍高于 99%。

硫化物电解质具有更高的室温离子电导率（≥ 10^{-3}S·cm^{-1}）、良好的机械延展性且易大规模生产制造，因此将 $LiNi_{0.5}Mn_{1.5}O_4$ 应用于硫化物固态电池体系，有望改善固态电池的倍率性能差和容量发挥低的难题。Oh 等[95]将 $LiNi_{0.5}Mn_{1.5}O_4$ 正极、$Li_{10}GeP_2S_{12}$ 电解质和锂金属负极构筑的固态锂电池，以 7.3mA·g^{-1} 的电流密度进行了恒流充放电测试，发现首周放电比容量约为 80mAh·g^{-1}，平均电压为 4.3V，在循环过程中固态电池的容量逐渐衰减。他们认为 $LiNi_{0.5}Mn_{1.5}O_4$/乙炔黑间的界面副反应产物阻碍了电子或锂离子的传输，并导致了电池容量的衰减。由此可见，筛选出合适的导电剂、硫化物电解质材料对于开发高电压的 $LiNi_{0.5}Mn_{1.5}O_4$ 固态锂电池同样至关重要。

为抑制 $LiNi_{0.5}Mn_{1.5}O_4$ 与硫化物电解质间的界面副反应，提高电极/电解质的界面稳定性，Meng 等[96]利用 $LiNbO_3$ 对 $LiNi_{0.5}Mn_{1.5}O_4$ 进行了表面包覆处理，并在正极/硫化物电解质之间引入具有高电化学稳定性的卤化物电解质 Li_3YCl_6，这种双改性策略抑制了硫化物电解质的氧化分解，降低了电极/电解质的界面阻抗，从而极大提升了 $LiNi_{0.5}Mn_{1.5}O_4$ 固态电池的容量发挥和循环性能。

此外，Wu 等[97]提出了硫化掺杂策略来对 $LiNi_{0.5}Mn_{1.5}O_4$ 材料进行修饰，他们利用固相反应法获得了 S 掺杂的正极材料 $LiNi_{0.5}Mn_{1.5}O_4$-S$_x$（x=0.1、015、0.2、0.7），每一种材料的晶胞参数如表 3.2 所示。他们认为该方法不仅抑制了 $LiNi_{0.5}Mn_{1.5}O_4$ 与 Li_6PS_5Cl 的界面副反应，而且提高了复合正极的电子和离子电导率，为成功构建 5V 级高能量密度固态锂电池开辟了一条新途径。

表 3.2　通过 Rietveld 分析获得的 $LiNi_{0.5}Mn_{1.5}O_4$ 和 $LiNi_{0.5}Mn_{1.5}O_4$-S$_x$（x=0.1、015、0.2、0.7）的晶胞参数[97]

样品	空间群	a/Å	V/Å^3	ε/%
$LiNi_{0.5}Mn_{1.5}O_4$	Fd-$3m$	8.1733(5)	546.0108	—
$LiNi_{0.5}Mn_{1.5}O_4$-S$_{0.1}$	Fd-$3m$	8.1956(1)	550.4838	0.27
$LiNi_{0.5}Mn_{1.5}O_4$-S$_{0.15}$	Fd-$3m$	8.2015(7)	551.6851	0.35
$LiNi_{0.5}Mn_{1.5}O_4$-S$_{0.2}$	Fd-$3m$	8.1978(5)	550.9365	0.30
$LiNi_{0.5}Mn_{1.5}O_4$-S$_{0.7}$	Fd-$3m$	8.2808(8)	567.8462	1.32

注：a 为晶格参数；V 为晶胞体积；ε 为 S 原子占位率。

无独有偶，为了解决镍锰酸锂对固态电解质带来的极大挑战，Xu等[98]从聚合物电解质构效关系的角度深入剖析了六种聚合物电解质的分子结构和能级结构，提出了进一步优化各种聚合物电解质的结构设计建议，为5V级镍锰酸锂聚合物固态锂电池的实际应用提供了非常有借鉴意义的指导。

3.1.4 其它类型正极材料

（1）含锂硫化物正极材料

以转换反应为特征的Li-S正极材料具有超高的能量密度与低成本优势，将其应用于固态电池体系时，有望解决硫化物正极材料面临的多硫化物穿梭、锂枝晶生长、体积变化剧烈等问题，因此在固态电池中极具应用潜力。含锂硫化物正极材料以Li_2S较为常见，研究发现以Li_2S代替S正极材料，能够有效解决充放电时的剧烈体积膨胀收缩问题，此外采用Li_2S还能够实现电池的无负极设计，提升单体电池的能量密度。但Li_2S正极材料较差的动力学特性也会导致其存在初始充电时活化阻力大（>3V，$vs.$ Li^+/Li）、电池极化严重以及材料利用率低下等问题[98]。

Cui等[99]采用混合导体TiS_2对Li_2S进行纳米厚度的包覆处理，有效降低了其初始充电时的活化阻力（约2.5V，$vs.$ Li^+/Li），并在LiTFSI/PEO为电解质的固态电池体系中获得了良好电化学性能。Nazar等[8]通过构筑核壳结构，在Li_2S表面包覆了一层$LiVS_2$，利用$LiVS_2$反应时的离子、电子传输特性，有效改善了Li_2S在以$Li_{5.5}PS_{4.5}Cl_{1.5}$为电解质的固态电池中的动力学性能，并提升了固态电池的倍率性能和循环稳定性。为解决硫化物正极材料存在的体积/应力变化剧烈、载流子传输动力学速率缓慢等问题，近期中国科学院青岛能源所Cui等设计开发了一种新型含锂硫化物正极材料$Li_{1.75}Ti_2(Ge_{0.25}P_{0.75}S_{3.8}Se_{0.2})_3$。该新型正极材料具备均质化的离子传输（0.22mS·cm^{-1}）、电子传输（242mS·cm^{-1}）特性，同时该正极材料还具有低的体积/应变优势，避免了复合正极中导电剂、固态电解质等非活性物质的添加。所组装的$Li_{1.75}Ti_2(Ge_{0.25}P_{0.75}S_{3.8}Se_{0.2})_3/Li_6PS_5Cl/Li-Si$全固态电池避表现出优异的充放电容量和循环稳定性，在1.6～3.5V（$vs.$ Li^+/Li）区间放电比容量达到250mAh·g^{-1}，在循环20000次后，单体固态锂电池的能量密度仍达到390Wh·kg^{-1}，且充放电过程中该正极材料的体积变化仅为1.2%。该新型硫化物正极材料的电化学性能是目前相关研究中的最高水平，并有望取代传统的$LiCoO_2$、NCM等正极材料，展现出极大的商业应用价值。

（2）无锂正极材料

当固态电池采用锂金属作为负极时，正极材料可以选择不含锂元素的无锂正极。通过与锂金属的转化或嵌入反应，无锂正极材料可以获得超高的能量密度（≥1000Wh·kg^{-1}）。无锂正极材料中以金属硫化物（TiS_2、MOS_2、FeS_2、VS_2）、金属氧化物（MnO_2、V_2O_5、CuO、SeO_2）、金属氟化物（CoF_3、CuF_2、MnF_3、FeF_3）等较为常见[34-39]。Chen等[27]基于热力学计算，发现S、FeF_3、CuF_2、MnO_2和FeS_2等无锂正极材料表现出较好的应用价值。

Chen等[27]以FeS_2为正极材料、Li/C为负极、LiTFSI-PEO为固态聚合物电解质组装了聚合物固态锂电池，并从电池层面计算了无锂正极材料在能量密度提升方面的巨大优势。发现当无锂正极FeS_2的面容量为$4mAh\cdot cm^{-2}$时电池的能量密度达到$455Wh\cdot kg^{-1}$，当面容量为$32mAh\cdot cm^{-2}$时（对应正极厚度为$100\mu m$）电池可获得$995Wh\cdot kg^{-1}$（$1550Wh\cdot L^{-1}$）的超高能量密度，如图3.11所示。

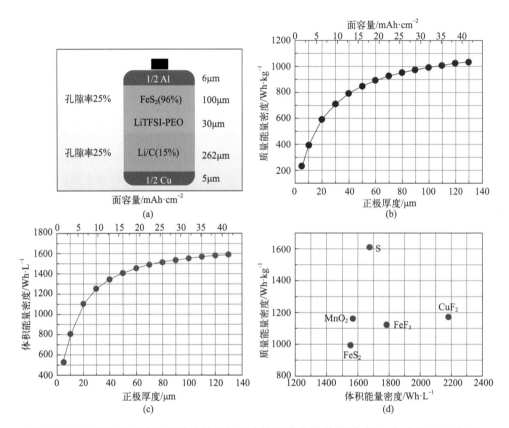

图3.11　FeS_2聚合物固态锂电池中的各组分占比及电化学性能测试图：（a）以FeS_2为正极计算固态锂金属电池能量密度时各组分的质量占比、厚度、孔隙率等参数设定；（b）和（c）以FeS_2为正极时计算的固态锂金属电池质量能量密度与体积能量密度；（d）以不同无锂正极材料计算的固态锂金属电池质量能量密度与体积能量密度理论计算值[26]

但无锂正极材料在电池中的性能发挥与理论预期值却相差甚远，在实际电池中普遍存在比容量衰减迅速、倍率性能不佳、明显电压滞后等问题。表3.3汇总了常见的无锂正极材料的电池性能。Chen等[27]认为无锂正极材料在实际电池中的反应路径复杂、浓差极化难以消除、转化反应过程中存在剧烈的体积膨胀与收缩、无锂正极与电解液存在严重副反应等问题是其性能表现不佳的主要原因。

表3.3　文献报道的无锂正极材料比容量与工作电压汇总[27]

材料	电导率 /S·cm^{-1}	首圈放电比容量 /mAh·g^{-1}	首圈电压 （vs. Li$^+$/Li）/V	第二圈放电比容量 /mAh·g^{-1}	电压窗口/V	长循环放电比容量 /mAh·g^{-1}
S	5×10^{-30}	800（0.1C）	2.1	810	1.7～3.0	750（100th）
$(CF)_n$	$10^{-12}\sim10^{-14}$	896（1C）	1.95	0	1.5～3.0	0
FeF_3	10^{-17}	550（100mA·g^{-1}）	3	550	1.0～4.0	520（400th）
CoF_3	—	1011（5mA·g^{-1}）	1.5	420	0～4.0	400（14th）

材料	电导率 /S·cm^{-1}	首圈放电比容量 /mAh·g^{-1}	首圈电压 (vs. Li$^+$/Li) /V	第二圈放电比容量 /mAh·g^{-1}	电压窗口 /V	长循环放电比容量 /mAh·g^{-1}
CuF$_2$	—	530（5mA·g^{-1}）	3.25	172	1.5 ～ 4.5	58（3rd）
FeS$_2$	10^{-6} ～ 1	907（1C）	1.6	820	1.0 ～ 3.0	720（100th）
MnO$_2$	0.02	780（500mA·g^{-1}）	0.4	720	0 ～ 3.0	847（250th）

由此可见，虽然无锂正极材料与传统正极材料相比，在材料成本、生产制造、能量密度等方面表现出巨大的优势，但该类材料存在容量衰减迅速、倍率性能差、电压滞后明显等问题。在这些问题没有得到有效解决之前，无锂正极材料仍难以得到广泛应用。

针对无锂正极存在的这些问题，目前改进的措施主要包括：

① 对无锂正极进行纳米化处理并与导电基体进行均匀混合，来提高无锂正极材料的离子/电子电导率；

② 对无锂正极材料采用异质的阴、阳离子进行掺杂，通过改变材料的电子结构来提高其电子导电性和结构稳定性；

③ 采用新型的无锂正极材料制备方法，如激光脉冲沉积、反应溅射、溶剂剥离、电化学沉积等技术，来增加无锂正极材料中的无定形相来改善其动力学性能；

④ 提高工作温度来提升无锂正极材料的动力学性能并抑制锂枝晶的形成；

⑤ 对无锂正极进行表面修饰，减少电极/电解质的界面副反应并缓解充放电时无锂正极材料因体积变化带来的应力影响；

⑥ 采用固态电解质取代传统液态电解液，抑制无锂正极材料充放电时所发生的过渡金属离子溶解和界面副反应。

3.2 固态锂电池正极材料修饰改性技术

3.2.1 正极材料修饰改性技术概述

将高比能正极材料应用于固态电池体系，要同时实现固态电池高能量密度、高功率密度与长循环稳定性，就要求正极材料不仅需要满足与传统液态锂离子电池相同的要求，还需要解决正极材料/固态电解质面临的界面问题，特别是电-化-力-热耦合引起的界面失效问题。与此同时，还需要根据固态锂电池的应用场景以及所采用的正极材料、固态电解质体系从材料的晶型、粒径、形貌、离子/电子导电性、力学性能、热稳定性以及表界面的（电）化学性质、物理接触等方面进行综合考虑，开发定制化的制备策略。目前对正极/电解质界面性质调控的工作主要集中于对正极材料进行体相掺杂、表面修饰改性、形貌/粒径调控、微观结构设计等方面，下面将一一展开阐述。

（1）体相掺杂改性

对正极材料体相进行异质原子的掺杂，取代部分阳离子或阴离子，能够改变掺杂位点的局域环境、调控晶体的电子结构，实现稳定材料结构、降低体积/应力变化、提升离子/电子传输速率等目的，从而提升正极材料在固态电池中的循环稳定性和倍率性能。如Ahn等[100]利用共沉淀方法对富锂锰基正极材料Li$_{1.165}$Mn$_{0.495}$Ni$_{0.165}$Co$_{0.165}$O$_2$实现了K$^+$、S^{2-}双离子的体相掺杂。其中K^+进入锂层并取代部分锂离子，S^{2-}进入氧层并取代部分氧离子（图3.12）。K^+能够抑制过渡金属离子迁移至锂层，从而抑制正极材料发生从层状结构向尖晶石结构的相转变。氧层中的S^{2-}则可以进一步稳定晶格氧，抑制氧的不可逆析出。

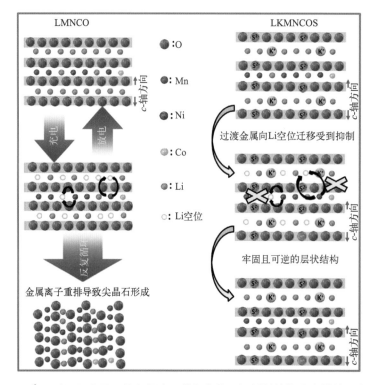

图3.12　S^{2-}、K^+阴阳离子双掺杂提高层状氧化物正极材料结构稳定性的示意图[100]

（2）表面修饰

对正极材料进行表面改性处理是提升其界面稳定性和电化学性能的常见方法。包覆处理不仅可以稳定正极材料的表界面结构，抑制其在循环过程中的结构相变，还可以避免正极材料表面和固态电解质的直接接触，平衡电极/电解质界面处的化学势差异，消除空间电荷层，减少固/固界面副反应，实现电极/电解质界面的充分接触或结构兼容。此外，对正极材料进行定制化的表面改性处理还可以促进离子或电子在界面处的快速传输，进而改善固态电池的循环性能和倍率性能。如Cho等[101]利用溶液处理法同时实现了对$Li_{1.17}Ni_{0.17}Co_{0.17}Mn_{0.5}O_2$的$Mg^{2+}$掺杂和Li-Mg-PO$_4$表面包覆的复合改性（图3.13）。其中，锂层中的$Mg^{2+}$起到支撑作用，抑制正极材料晶体结构的塌陷。Li-Mg-PO$_4$包覆层则可以有效隔绝电极/电解质的接触，抑制界面副反应并降低O_2、CO_2等气体的析出。

（3）形貌、粒径分布与微观结构调控

正极材料的形貌、粒径与微观结构的差异，同样会对正极材料、固态电池的电化学性能和稳定性产生影响。因为正极材料的特殊形貌、微观结构以及粒径分布均会对正极材料的比表面积、离子/电子传输路径、电极/电解质的界面接触状态以及界面稳定性产生重要影响（图3.14）。因此从材料的形貌、粒径分布和微观结构角度，对特定固态电池体系采取定制化的调控策略，也是改善固态电池电化学性能和稳定性的有效方法。

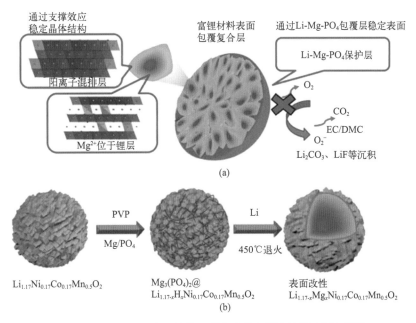

图 3.13　Li-Mg-PO₄ 表面修饰层状氧化物正极材料的示意图[101]

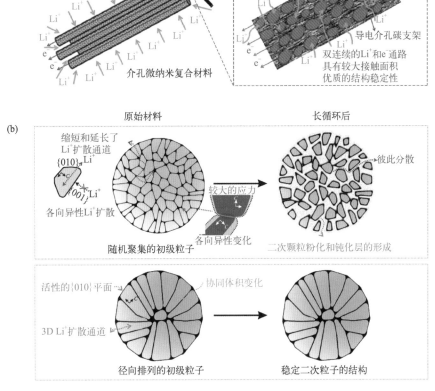

图 3.14　正极材料的微观结构调控图：（a）具备高效载流子传输速率的一维正极材料结构设计；（b）具备低应力、楔形分布的正极材料结构设计[102,103]

3.2.2 正交橄榄石结构正极材料修饰改性技术

（1）包覆

Kanamura等[104]结合水热合成和高温碳化处理的方法，在LiFePO₄材料表面包覆了一层厚度约5nm的导电碳层。碳包覆层不仅提升了LiFePO₄材料的电子导电性而且还有效抑制了电极/电解质的界面副反应发生，所以表面改性后的LiFePO₄材料在聚合物固态电池中的电化学性能和循环稳定性均得到了明显改善。Liang等[105]利用原子层沉积技术（ALD）对LiFePO₄进行了厚度约1.5nm的ZrO_2包覆。发现采用包覆后正极组装的固态电池与未经包覆的LFP/ASSE/Li固态电池相比，循环稳定性得到了明显提升并且放电比容量在经历初始几圈循环后达到稳定，如图3.15所示。这是由于ZrO_2层不仅抑制了LiFePO₄与$Li_{1.5}Al_{0.5}Ge_{1.5}(PO_4)_3$之间的界面副反应，还促进了锂离子在界面处的快速扩散，并有助于LiFePO₄与$Li_{1.5}Al_{0.5}Ge_{1.5}(PO_4)_3$间稳定的界面相生成。

为改善LiFePO₄正极材料与固态电解质界面润湿性差、接触面积有限等问题，Wang等[67]采用刮涂法，直接将PEO基固态电解质涂覆在LiFePO₄正极材料表面，有效增加了电极/电解间的界面润湿性和界面附着力，所组装的LiFePO₄/Li全固态电池在30℃、50℃和0.1C条件下分别能够提供125mAh·g⁻¹和167mAh·g⁻¹的放电比容量，在0.1C、30℃条件下循环410圈后，仍具有98mAh·g⁻¹的放电比容量。

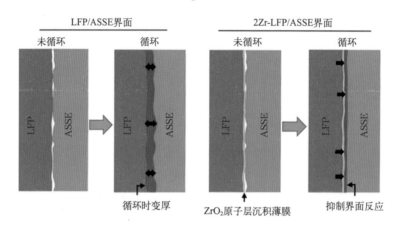

图3.15 ZrO_2改性前后固态电池LiFePO₄-$Li_{1.5}Al_{0.5}Ge_{1.5}(PO_4)_3$界面的演化示意图[105]

（2）形貌、粒径分布与微观结构调控

针对LiFePO₄正极材料低的离子、电子电导率，Patrick S. Grant等[106]采用喷雾印刷法，通过优化基底温度、溶剂比例和电极材料浓度，制备了具有蜂窝状形貌的LiFePO₄正极材料，这种形貌可以缩短锂离子的扩散路径，有利于其快速迁移。在此基础上，作者进一步采用喷雾印刷法，将固态电解质PEO (LiTFSI)-$Li_{1.5}Al_{0.5}Ge_{1.5}(PO_4)_3$(PEO-LAGP)涂覆在LiFePO₄材料表面并注入蜂窝状的孔洞内。这种复合策略实现了电极/电解质的紧密接触，并在以锂金属为负极的全固态电池中，表现出优异的放电比容量和循环稳定性。Akihiko Sakamoto等[107]结合固相合成、聚氧乙烯壬基苯醚水溶液处理与高温烧结的方法，合成了非晶态-晶态的LiFePO₄正极材料，在组装的LiFePO₄/Li_2S-P_2S_5/In全固态电池中，正极材料表面非晶态的LiFePO₄组分起到界面缓冲层的作用，能够促进电荷的快速转移，此外非晶态的$LiFePO_4$组分中还含有碳元素，有利于提高$LiFePO_4$的电子导电性。因此，与商业$LiFePO_4$正极材料相比，这种非晶态-晶态结构设计的$LiFePO_4$材料在硫化物固态电池中表现出更加优异的电化学性能。

3.2.3　层状结构正极材料修饰改性技术

（1）掺杂

Zhang等[4]利用球墨对$Li_{1.2}Ni_{0.13}Co_{0.13}Mn_{0.54}O_2$进行了硫化处理，使正极材料表面与大量$SO_3^{2-}$聚阴离子通过强键合作用结合在一起，$SO_3^{2-}$聚阴离子的存在能够避免充电过程中正极材料表面的氧离子被过度氧化，经SO_3^{2-}硫化处理后，电极/电解质的界面稳定性、离子传输速率均得到了有效提升，如图3.16所示。改性后的$Li_{1.2}Ni_{0.13}Co_{0.13}Mn_{0.54}O_2$正极与$Li_3InCl_{4.8}F_{1.2}$电解质所组装的固态电池在0.1C、室温测试条件下的放电比容量高达$248mAh \cdot g^{-1}$，在1C条件下循环300圈后容量保持率高达81.2%。

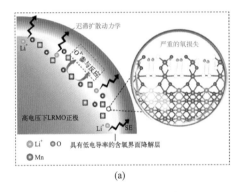
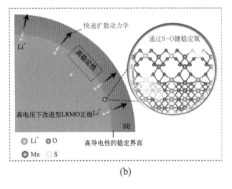

图3.16　硫化改性前后固态电池中$Li_{1.2}Ni_{0.13}Co_{0.13}Mn_{0.54}O_2$-$Li_3InCl_{4.8}F_{1.2}$界面的演化示意图：（a）改性前；（b）改性后[4]

（2）包覆

Masahiro Tatsumisago等[108]以$LiNi_{1/3}Co_{1/3}Mn_{1/3}O_2$（NCM111）为正极材料、$80Li_2S \cdot 19P_2S_5 \cdot 1P_2O_5$为电解质构筑了硫化物固态电池，发现正极/电解质的界面副反应会引起固态电池界面阻抗的急剧增加。为此，他们利用溶胶-凝胶法对NCM111材料进行了无定形$Li_4Ti_5O_{12}$薄膜的包覆改性，改性处理后电极/电解质的界面副反应得到有效抑制，固态电池倍率性能也得到了提升。为抑制NCM622正极材料与β-Li_3PS_4电解质的界面副反应，Torsten Brezesinski等[109]利用溶胶-凝胶法对NCM622分别进行了Li_2CO_3、Li_2CO_3/$LiNbO_3$的表面包覆。不同于液体电池，对NCM622进行Li_2CO_3包覆后，正极材料在固态电池中的循环性能得到了很好的提升，这是由于NCM622表面的Li_2CO_3可以避免电极/电解质的直接接触，降低两者间的副反应。需要注意的是，固态电池在充放电过程中，NCM622材料表面的Li_2CO_3仍会发生氧化分解，导致CO_2的产生，并引起β-Li_3PS_4的分解和SO_2的产生。他们发现对NCM622材料同时进行Li_2CO_3与$LiNbO_3$的表面包覆后，固态电池的电化学性能可以得到进一步的改善，这是由于Li_2CO_3/$LiNbO_3$这种双包覆层的结构能够以共溶体的形式作用于NCM622材料表面，抑制Li_2CO_3的分解并形成牢固的界面缓冲层，如图3.17所示。Li_2CO_3/$LiNbO_3$表面修饰改性后，硫化物固态电池在25℃、

0.1C条件下循环100圈后仍具有91%的容量保持率，表现出良好的循环稳定性。

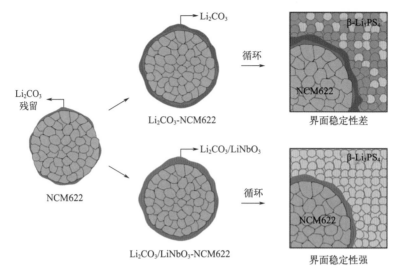

图3.17　Li_2CO_3、$Li_2CO_3/LiNbO_3$表面改性NCM622后，正极/电解质界面的演化示意图[109]

Matthias.T.Elm等[110]采用干法包覆与高温焙烧相结合的方法在$LiNi_{0.70}Co_{0.15}Mn_{0.15}O_2$正极材料表面构筑了一层致密的$Al_2O_3/LiAlO_2$包覆层（$Al_2O_3/LiAlO_2$-NCM），避免了电极/固态电解质的直接接触。与未包覆的NCM以及单纯干法包覆但没有进行高温焙烧处理的正极材料（Al_2O_3-NCM）相比，$Al_2O_3/LiAlO_2$-NCM正极材料在硫化物固态电池中表现出最佳的倍率性能与循环稳定性。Sun等[111]详细研究了NCM523-$Li_{10}GeP_2S_{12}$固态电池中固-固界面反应的类型与特点，发现NCM523正极材料能够化学氧化$Li_{10}GeP_2S_{12}$电解质，在界面处产生含氧副产物，导致界面阻抗的增加，同时NCM523在界面处的氧损失会导致NCM523正极材料发生由层状向岩盐相的结构转变。另外，硫化物固态电池在高电压条件下的充放电循环也会引起$Li_{10}GeP_2S_{12}$电解质的电化学氧化分解，产生非氧副产物，导致电池界面阻抗进一步增加。通过溶胶-凝胶法对NCM523材料进行$LiNb_{0.5}Ta_{0.5}O_3$的表面包覆后，能够有效抑制$Li_{10}GeP_2S_{12}$在界面处的化学氧化分解，提升NCM523材料的界面结构稳定性。但$LiNb_{0.5}Ta_{0.5}O_3$的表面改性处理却不能阻止固态电池在循环过程中$Li_{10}GeP_2S_{12}$的电化学氧化分解。Yang等[88]则以Li_2RuO_3为正极、Li_6PS_5Cl为电解质构筑了富锂锰基-硫化物全固态电池，他们通过在$10mA \cdot g^{-1}$、$60℃$条件下循环10圈的预充放电策略，在正极/电解质间原位构筑了一层电子绝缘的界面钝化层，有效稳定了固-固界面并抑制了电解质在长循环过程中的电化学分解，赋予了固态电池优异的循环性能。Zeng等[112]则利用干法包覆对$Li_{1.1}Ni_{0.35}Mn_{0.55}O_2$正极材料进行了$Li_4Ti_5O_{12}$的表面改性处理，改性后的正极材料不仅在液态电池中的性能得到改善，而且在PEO基固态聚合物电解质的固态电池中也表现出优异的循环稳定性和较高的放电比容量。他们将固态电池性能的改善归因于$Li_4Ti_5O_{12}$与正极材料具有良好的结构兼容性，可以形成致密的表面包覆层，此外$Li_4Ti_5O_{12}$还具有快速的锂离子传输通道，能够促进锂离子在界面处的快速传输。因此，对$Li_{1.1}Ni_{0.35}Mn_{0.55}O_2$进行$Li_4Ti_5O_{12}$表面改性后，固态电池的电极/电解质界面稳定性和动力学性能均得到了明显提升。

（3）形貌、粒径分布与微观结构调控

Strauss 等[76]通过调控 $LiNi_{0.6}Co_{0.2}Mn_{0.2}O_2$(NCM622) 正极材料的粒径，实现了对硫化物固态锂电池电化学性能的改善。研究发现硫化物固态锂电池的比容量随着粒径的降低大幅增加，特别是小粒径（$d \ll 10\mu m$）的 NCM622 几乎能够实现完全充电，而且固态电池中复合正极的电子电导率也随粒径的降低大幅增加，但对离子电导率的影响却不大。这表明，在固态电池中正极材料的电化学活化程度、动力学性能可以通过改变正极材料的粒径来进行调控。Yang 等[74]研究了形貌分别为大粒径多晶、小粒径多晶和单晶形貌的 NCM811 材料对硫化物固态电池的性能影响。研究发现由多晶 NCM811-$Li_{10}SnP_2S_{12}$ 构成的固态电池，无论 NCM811 多晶材料粒径大还是小，固态电池的电化学性能均表现出严重的容量衰减，相反由 NCM811 单晶颗粒构成的固态电池则具有良好的电化学性能。进一步通过原位 EIS、FIB-SEM 和固态 NMR 分析发现，以多晶 NCM811 为正极材料制备复合正极时，复合正极材料的冷压处理会导致 NCM811 多晶颗粒微裂痕和空隙的产生。此外固态电池中的 NCM811 多晶颗粒在充放电过程中会表现出体积变化的各向异性，这些特点共同导致了以 NCM811 多晶材料为正极的固态电池结构稳定性衰退。相反，单晶 NCM811 颗粒在整个充放电过程中则表现出良好的结构稳定性，不存在微裂痕和体积变化的各向异性等问题，从而赋予了固态电池优异的电化学性能。进一步地，他们通过对单晶 NCM811 材料进行 $LiNbO_3$ 表面包覆处理后，可以提高电极/电解质的界面稳定性，有利于提升固态电池的初始放电比容量和循环稳定性。Wang 等[113]研究了不同粒径、不同质量比的 $LiNi_{0.5}Co_{0.2}Mn_{0.3}O_2$(NCM523) 正极材料对以 $Li_{9.54}Si_{1.74}P_{1.44}S_{11.7}Cl_{0.3}$(LSPSCl) 为固态电解质的固态电池的复合正极微观结构、离子/电子传输网络和电化学性能、动力学性能的影响（图3.18）。研究发现在复合正极中，随着 NCM523 粒径的减小，需要更多的 LSPSCl 硫化物电解质来确保有效的离子传输网络。而当 NCM523 粒

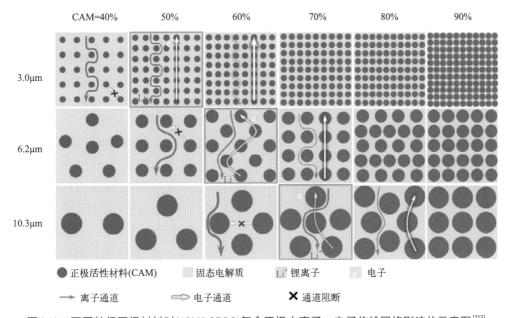

图3.18　不同粒径正极材料对NCM/LSPSCl复合正极中离子、电子传输网络影响的示意图[113]

径逐渐增大时，则需要更多的正极材料来确保电子的传输网络。这表明，复合正极材料中存在离子、电子传输网络的竞争关系，它们共同决定了固态电池的电化学性能，特别是比容量和倍率性能发挥。因此，对固态电池进行微观结构设计时，必须综合考虑复合电极中的离子、电子传输网络的协同构建。

此外，Ryoji Kanno 等[85,86]利用脉冲激光沉积技术在 Al_2O_3 单晶基底上制备了厚度为 40nm 的外延性生长的 Li_2MnO_3 薄膜电极，并将其与无定形 Li_3PO_4 电解质匹配，构筑了富锂固态薄膜电池。得益于 Li_2MnO_3 与 Li_3PO_4 紧实的固-固界面接触，Li_2MnO_3 正极材料在充放电时的氧气逸出、Mn 离子溶出等现象均受到显著抑制，使得该薄膜固态电池表现出比液态电池更加优异的循环稳定性和倍率性能。所制备的固态电池在经历初始活化后，比容量逐渐由初始的 $180mAh·g^{-1}$ 提升至 $270mAh·g^{-1}$，经历 100 圈循环后放电比容量衰减非常缓慢，放电比容量约 $240mAh·g^{-1}$，库仑效率接近 99%。此外，固态电池也表现出优异的大倍率性能，在 20C 测试条件下，仍具有 $233mAh·g^{-1}$ 的放电比容量。Pan 等[5]则通过 Co 元素含量调控、表面 $LiNiO_2$ 组分诱导生成和 $LiNbO_3$ 表面包覆的复合策略对 $Li_{1.2}Ni_{0.13}Co_{0.13}Mn_{0.54}O_2$ 材料的组分、表面结构进行了改性处理，这种复合策略能够提高正极材料的离子和电子电导率，稳定正极材料的表面结构，同时也有效抑制了正极材料与 Li_6PS_5Cl 电解质的界面副反应。将优化后的正极材料用于硫化物固态电池，发现固态电池的放电比容量、能量密度分别达到了 $244.5mAh·g^{-1}$ 和 $853Wh·kg^{-1}$，且在循环 1000 次后固态电池的容量保持率仍高达 83%。

3.2.4　立方尖晶石结构正极材料修饰改性技术

（1）掺杂

$LiMn_2O_4$ 材料的工作电压高、具有可供锂离子迁移的开放空间结构，并且成本低廉，在锂离子电池中表现出了极大的应用潜力。$LiMn_2O_4$ 存在两个电压平台，在约 4.0V 的电压平台进行锂离子脱-嵌时，材料可以维持立方对称的结构，但在约 3.0V 的电压平台进行锂离子脱-嵌时，Mn^{3+} 会引起材料的 Jahn-Teller 效应，导致 $LiMn_2O_4$ 发生晶格的非对称扭曲[90,92]，引起 $LiMn_2O_4$ 材料向四方晶系转变，造成材料比容量降低。因此将 $LiMn_2O_4$ 材料应用于固态电池体系时需要同时考虑电极、电极/电解质界面的稳定性和电压窗口范围。

Wu 等[97]利用固相合成和高温烧结法原位制备了 S 掺杂的 $LiNi_{0.5}Mn_{1.5}O_4$ 正极材料，S 的掺杂改性不仅抑制了高电压 $LiNi_{0.5}Mn_{1.5}O_4$ 正极材料与硫化物电解质 Li_6PS_5Cl 间的界面副反应，还提高了 $LiNi_{0.5}Mn_{1.5}O_4$ 的离子和电子导电性，在改善电极/电解质界面兼容性的同时也提高了硫化物固态电池的初始放电比容量和循环稳定性。为提升 $LiMn_2O_4$ 与 LiPON 间的界面稳定性、促进锂离子在界面处的快速传输，Xu 等[114]另辟蹊径，采用 B 掺杂的策略对 LiPON 电解质进行改性处理，实验表征与 DFT 理论计算结果表明，B 掺杂后的电解质 LiBPON 与 $LiMn_2O_4$ 的界面稳定性得到了明显提升，同时也促进了锂离子的快速扩散。

（2）包覆

为降低 $LiMn_2O_4$ 与 $80Li_2S·20P_2S_5$ 固态电解质间的界面副反应，Masahiro Tatsumisago 等[115]利用溶胶-凝胶法在 $LiMn_2O_4$ 表面包覆了一层无定形的 $Li_4Ti_5O_{12}$。表面改性处理后，电极/电解质间的界面阻抗显著降低，固态电池的倍率性能和循环性能也得到明显提升。Takayoshi Sasaki 等[116]通过对 $LiMn_2O_4$ 进行 $LiNbO_3$ 的表面包覆有效降低了正极与硫化物电解质间的界面阻抗和空间电荷层效应。为解决$Li_{1.5}Al_{0.5}Ge_{1.5}(PO_4)_3$ (LAGP)-PEO 电解质与 $LiMn_2O_4$ 正极材料匹配时 LAGP-PEO 电解质的氧化分解问题并弥合 $LiMn_2O_4$ 正极材料两个放电电压平台间的巨大差距（放电电压分别为2.8V、4.0V），Li 等[117]利用球磨的方法在 $LiMn_2O_4$ 材料表面包覆了一层 $LiFePO_4$ 正极材料。这种 $LiMn_2O_4$ 与 $LiFePO_4$ 正极材料复配的策略，有效稳定了 LAGP-PEO 与 $LiMn_2O_4$ 正极材料的界面，弥合了 $LiMn_2O_4$ 两个放电电压平台之间巨大差距，并且还抑制了 $LiMn_2O_4$ 材料在2.5～4.5V工作电压窗口循环时 Mn^{2+} 的溶解和 Jahn-Teller 效应。Meng 等[96]对 $LiNi_{0.5}Mn_{1.5}O_4$ 表面进行 $LiNbO_3$ 包覆处理，并在 $LiNi_{0.5}Mn_{1.5}O_4$-$LiNbO_3$ 正极材料与 Li_6PS_5Cl 电解质之间引入了具有高氧化稳定性的 Li_3YCl_6 电解质作为界面缓冲层。其中 Li_3YCl_6 电解质缓冲层可以避免 $LiNi_{0.5}Mn_{1.5}O_4$ 正极材料对 Li_6PS_5Cl 电解质的化学分解，而无定形的 $LiNbO_3$ 包覆物则可以避免 Li_3YCl_6 与 $LiNi_{0.5}Mn_{1.5}O_4$ 的直接接触，降低了高电压下（＞4.5V）正极材料对 Li_3YCl_6 的氧化分解，如图3.19所示。

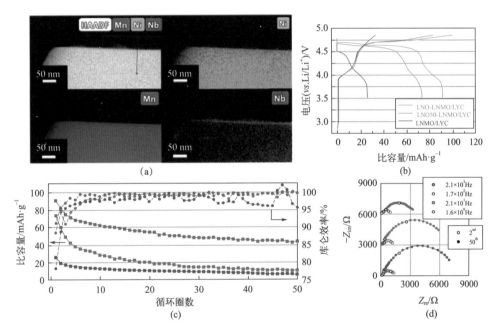

图3.19 $LiNi_{0.5}Mn_{1.5}O_4$ 包覆 $LiNbO_3$ 前后的表征分析与电化学性能对比图：（a）$LiNi_{0.5}Mn_{1.5}O_4$ 包覆 $LiNbO_3$ 后的过渡金属元素分布，$LiNi_{0.5}Mn_{1.5}O_4$ 包覆 $LiNbO_3$ 前后的（b）初始充放电曲线、（c）循环性能和（d）交流阻抗对比[96]

（3）形貌、粒径分布与微观结构调控

Seung-Ki Joo 等[118]利用连续薄膜沉积技术构筑了一种 $Li/LiPON/LiMn_2O_4$ 全固态薄膜电池，该薄膜设计可以赋予固态电池更充分的固-固界面接触和循环容量发挥。此外，他们发现该薄膜电池的放电电压能够维持在4.0V左右，放电比容量可以达到48μAh·cm^{-2}，在100μA·cm^{-2} 电流密度下循环100次后容量衰减率小于4%，表现出良好的循环稳定性。Christophe Lethien 等[119]利用原子层沉积技术制备了具有3D微结构的 $LiMn_2O_4$ 正极材料，并构筑了 Li_3PO_4 基微型全固态薄膜电池（图3.20）。所制备的3D锂化的 $LiMn_2O_4$ 薄膜电极能够与功能化的集流体、Li_3PO_4 电解质实现良好的界面接触而不发生相互扩散和渗透。基于这种设计，当微型全固态薄膜电池内 $LiMn_2O_4$ 电极层厚度为100nm时，其在0.05C

测试条件的实际面容量接近$180\mu Ah\cdot cm^{-2}$。当$LiMn_2O_4$电极层厚度达到$250nm$时，在$0.5C$测试条件下，其实际面容量仍达到$100\mu Ah\cdot cm^{-2}$，并且具有良好的循环稳定性。

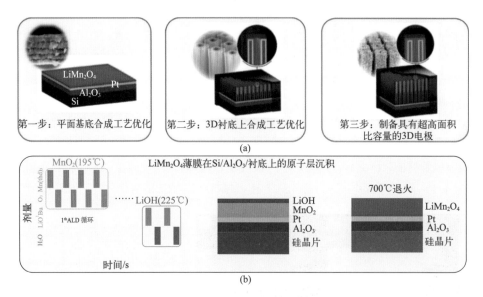

图3.20　高面容量与高倍率性能的$LiMn_2O_4$正极材设计示意图：（a）在平面和3D衬底上沉积$LiMn_2O_4$薄膜正极的关键步骤；（b）以及利用原子层沉积方法沉积$LiMn_2O_4$时的主要制备参数[119]

Mauro Pasta等[120]利用溶剂热的方法制备了具有中空结构的$LiNi_{0.5}Mn_{1.5}O_4$正极材料（H-LNMO），并通过原子层沉积技术对$LiNi_{0.5}Mn_{1.5}O_4$进行了Al_2O_3表面改性处理（图3.21）。

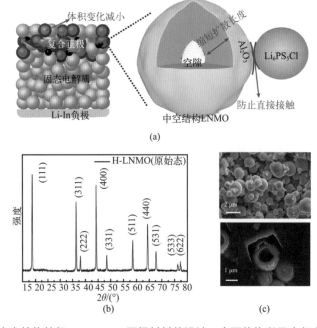

图3.21　具有中空结构特征$LiNi_{0.5}Mn_{1.5}O_4$正极材料的设计、表面修饰以及表征分析：（a）固态电池复合正极材料以及Al_2O_3表面包覆修饰$LiNi_{0.5}Mn_{1.5}O_4$的结构示意图；（b）$LiNi_{0.5}Mn_{1.5}O_4$正极材料的XRD图谱；（c）$LiNi_{0.5}Mn_{1.5}O_4$正极材料SEM图[120]

将改性后的$LiNi_{0.5}Mn_{1.5}O_4$用于Li_6PS_5Cl硫化物全固态电池，发现所制备的固态电池表现出优异的倍率性能和循环稳定性。这是由于材料的中空结构缩短了锂离子的扩散路径，提升了电极反应的动力学，并且这种中空结构和Al_2O_3涂层相结合的策略还可以有效缓解$LiNi_{0.5}Mn_{1.5}O_4$材料在锂离子脱-嵌时的体积和应力变化，能够确保电极/电解质间的良好固-固界面接触，并且Al_2O_3包覆层也能够有效抑制界面处的副反应发生。

3.2.5　其它正极材料修饰改性技术

（1）掺杂

针对金属氟化物带隙较宽和电子电导率较低的问题，通过适量的阴离子O、S取代部分F离子，可以提高其电子电导率和充放电比容量。如Glenn G. Amatucci等[121]利用O元素取代了FeF_2中的部分F元素，进一步通过静电位间歇滴定技术（PITT）与交流阻抗测试（EIS）发现液态电池在C/1000测试条件下，$FeO_{0.67}F_{1.33}$（FeOF）的电压滞后（约0.7V）要远小于FeF_3和FeF_2的电压滞后（约1.3V）。此外，对于FeOF来说，它的理论比容量为$885mAh\cdot g^{-1}$，要远高于FeF_2的$571mAh\cdot g^{-1}$和FeF_3的$712mAh\cdot g^{-1}$。对无锂正极材料进行阳离子掺杂同样可以提高材料的能量密度和循环寿命，Jason Graetz等[122]通过化学合成方法，利用Cu元素对FeF_2材料中的Fe元素进行了部分取代，获得了$Cu_yFe_{1-y}F_2$组分的固溶体结构，并激发了Cu、Fe的可逆氧化还原反应，取代后的$Cu_{0.5}Fe_{0.5}F_2$材料能量密度超过$1000Wh\cdot kg^{-1}$，并表现出良好的容量保持率和极低的电压滞后（<150mV）。Wang等[123]通过对FeF_3进行Co、O元素的阴阳离子共掺杂，有效改善了FeF_3材料的充放电比容量发挥和循环稳定性，这是由于Co、O元素共掺杂后可以对FeF_3材料的热力学性质进行调控，能够降低其转换反应势能，有利于低可逆性的插入-转换反应过程向高可逆性的插入-脱出反应过程转化。Co、O元素共掺杂后，正极材料在循环1000圈后仍具有$420mAh\cdot g^{-1}$的高放电比容量和高达$1000Wh\cdot kg^{-1}$的能量密度，其容量衰减率也仅为0.03%/圈。

（2）包覆

Gleb Yushin等[124]采用溶液渗透法，将FeF_2的前驱体水溶液$FeSiF_6$真空渗入高比表面积的多孔活性炭内部，并借助后续干燥、低温焙烧处理原位制备了活性炭封装的FeF_2@C纳米材料，FeF_2@C在含有LiFSI-DME电解液的电池中经历首圈循环后，能够诱导FeF_2@C材料表面形成一层可导锂离子的界面保护层。该复合包覆措施有效稳定了FeF_2正极材料的界面结构，并提高了材料的电子、离子电导率。Yu等[125]利用模板自牺牲法在FeS_2材料表面包覆了一层均匀的纳米碳层。得益于短路程的锂离子扩散路径、充分的界面接触面积以及良好的电子导电性，所制备FeS_2@C材料在电池中表现出优异的倍率性能（$256mAh\cdot g^{-1}$，5C）和优异的循环稳定性（0.5C循环50圈后的放电比容量仍高达$495mAh\cdot g^{-1}$），如图3.22所示。

E. Peled等[126]以FeS_2为正极、LiI-$(PEO)_n$-Al_2O_3复合聚合物为电解质、Li金属为负极，构筑了无锂正极-聚合物固态电池。为解决电极/电解质存在的界面不兼容的问题，他们在电池初始充放电时通过控制过放电的条件，利用电化学还原方法在FeS_2表面原位构筑了一层离子导通、电子绝缘的SEI包覆层。该SEI层的存在有效保护了FeS_2在完全充、

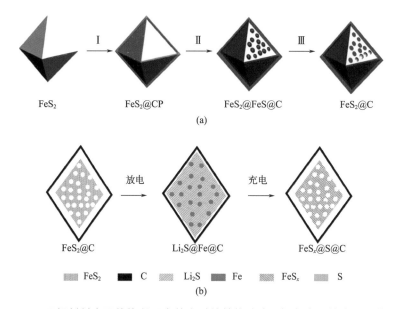

图3.22 FeS$_2$正极材料表面修饰以及充放电时的结构演变：（a）多孔纳米八面体FeS$_2$@C材料的制备流程图；（b）FeS$_2$@C在充放电过程中的结构演变示意图[125]

放电状态时的界面稳定性。得益于该保护层的存在，该电池在经历500次的长循环后仍保持了较高的充放电比容量以及非常低的容量衰减率（低于0.1%/圈）。这种通过电化学方法原位构筑高性能SEI层的策略为调控电极/电解质界面性质提供了独辟蹊径的思路借鉴。

（3）形貌、粒径分布与微观结构调控

Luo等[127]对制备的α-FePO$_4$纳米颗粒利用氨基丙基三甲氧基硅烷（APS）进行了表面修饰，然后利用APS与氧化的碳纳米管（CNT）界面间的相互作用，通过温和超声处理将α-FePO$_4$均匀分散于CNT中，获得了具有高电子、离子渗流网络的纳米复合正极。电池测试发现，0.1C测试条件下材料的放电容量达到162mAh·g^{-1}，接近其理论比容量，5C时仍具有117mAh·g^{-1}的比容量且循环1000圈后容量保持率接近90%。Gleb Yushin等[128]采用双包覆的策略对FeF$_3$正极材料进行了修饰改性，构筑了具有三维空间结构的纳米复合正极，并通过对电解液组分的调控，在正极材料表面原位构筑了富含草酸锂组分与B−F键物种的CEI界面层。这种三维空间结构设计与双包覆界面修饰改性策略赋予了FeF$_3$材料优异的电化学性能，其液态电池在循环300圈后容量保持率仍高于90%。

Lee等[129]以微米级FeS$_2$为正极、Li$_2$S-P$_2$S$_5$为电解质、锂金属为负极构筑了硫化物固态电池。固态电解质的使用确保了锂金属负极的应用，同时可以让FeS$_2$在宽工作电压和温度下进行稳定运行。此外，他们还发现在对固态电池进行充电时还促进了微米级FeS$_2$向正交晶系的FeS$_2$纳米晶转变。这种电化学原位诱导生成的FeS$_2$纳米晶极大地提高了正极材料在后续循环过程中的反应动力学。测试温度为30℃时，FeS$_2$正极的放电比容量达到700mAh·g^{-1}，当测试温度提高到60℃时，放电比容量可以到达800mAh·g^{-1}且循环性能优异。上述关于无锂正极材料的掺杂、包覆改性处理以及特殊结构和形貌设计有效改善了正极材料的结构稳定性与电化学性能，为后续开发基于无锂正极材料的高比能固态锂金属电池提供了有益借鉴。

3.3　本章结语

本章主要概述了聚阴离子型、立方尖晶石、层状结构等氧化物，无机硫化物以及无锂化合物等正极材料在固态电池中的应用现状、面临的挑战以及常见材料和界面改性策略等内容。从正极材料表面性质、形貌、结构、尺寸调控、应力变化、载流子导通特性等角度汇总了针对固态锂电池体系性能提升的相关调控策略。需要强调的是，将高比容量或高电压氧化物正极材料应用于固态电池体系时，必须综合考虑固态电解质具体的电-化-力-热性质以及它们与正极材料间复杂的耦合效应，需要从锂化学势角度考虑电极/电解质的能级匹配，界面（电）化学兼容性以及载流子的界面传输特性，从原子占位、晶格畸变角度考虑正极材料的体积、应力变化以及对电极/电解质的界面力学失效的影响，进而针对具体正极/电解质固态电池体系制定个性化的性能调控策略。与此同时，还需要设计与开发兼具高离子、电子传输特性以及零（低）应变的新型正极材料。为加速和快速推进这一过程，可以采用材料基因组计算、人工智能机器辅助筛选等新方法从理论上指导正极材料/电解质的匹配、正极材料/电解质的改性等。

无论在电子产品领域还是新能源汽车领域，对固态锂电池能量密度特别是体积能量密度要求格外严苛。因此，从微介观层面，在降低复合正极内部孔隙率、确保复合正极材料内快速离子、电子传输速率的前提下，进一步提升复合正极材料中高比能/高电压正极材料的质量占比、开发厚电极制备技术，对于提高固态锂电池的能量密度至关重要。这就要求从材料、电极到电池进行多尺度的结构设计和电性能优化，仅仅依靠大量的试验是不够的，还需要发展多尺度的理论计算方法，特别需要发展建模方法并从介观尺度上指导电极的（化学）机械制造工艺，从而解决电极的接触不良、应力分布不均匀、孔隙率高等问题。

另外，针对高比能固态锂电池复合正极材料在脱嵌锂时各组分因体积、应力变化的异向性而导致各组分机械接触失效问题，需要从调控复合正极材料组分、设计微观结构等方面出发，设计和开发诸如兼具柔性与高离子/电子导电性的新型黏结剂，发展固态电解质原位生成、包覆与填充等复合正极材料制备技术。此外，在复合正极材料内部构筑高效的锂离子、电子导通网络，对于提升固态锂电池的容量、低温性能以及倍率性能也具有重要意义。

参考文献

[1] Dong S, Li R, Li W, et al. Challenges and prospects of all-solid-state electrodes for solid-state lithium batteries[J]. Advanced Functional Materials, 2023, 33(49): 2304371.

[2] Peng G, Yao X, Wan H, et al. Insights on the fundamental lithium storage behavior of all-solid-state lithium batteries containing the $LiNi_{0.8}Co_{0.15}Al_{0.05}O_2$ cathode and sulfide electrolyte[J]. Journal of Power Sources, 2016, 307: 724-730.

[3] Liu L, Xu J, Wang S, et al. Practical evaluation of energy densities for sulfide solid-state batteries[J]. eTransportation, 2019, 1: 100010.

[4] Sun S, Zhao C Z, Yuan H, et al. Eliminating interfacial O-involving degradation in Li-rich Mn-based cathodes for all-solid-state lithium batteries[J]. Science advances, 2022, 8(47): eadd5189.

[5] Du W, Shao Q, Wei Y, et al. High-energy and long-cycling all-solid-state lithium-ion batteries with Li-and Mn-rich layered oxide cathodes and sulfide electrolytes[J]. ACS Energy Letters, 2022, 7(9): 3006-3014.

[6] 张安邦. 富锂锰基材料/Li$_3$InCl$_6$ 电解质界面反应特性探究[D]. 北京：北京有色金属研究总院，2021.

[7] Wang L, Wu Z, Zou J, et al. Li-free cathode materials for high energy density lithium batteries[J]. Joule, 2019, 3(9): 2086-2102.

[8] Kwok C Y, Xu S Q, Kochetkov I, et al. High-performance all-solid-state Li$_2$S batteries using an interfacial redox mediator[J]. Energy & Environmental Science, 2023, 16(2): 610-618.

[9] Mizushima K, Jones P C, Wiseman P J, et al. Li$_x$CoO$_2$ (0<x<−1): A new cathode material for batteries of high energy density[J]. Materials Research Bulletin, 1980, 15(6): 783-789.

[10] Antolini E. LiCoO$_2$: formation, structure, lithium and oxygen nonstoichiometry, electrochemical behaviour and transport properties[J]. Solid State Ionics, 2004, 170(3-4): 159-171.

[11] Schipper F, Erickson E M, Erk C, et al. Review-recent advances and remaining challenges for lithium ion battery cathodes[J]. Journal of the Electrochemical Society, 2017, 164(1): A6220-A6228.

[12] Ohzuku T, Makimura Y. Layered lithium insertion material of LiCo$_{1/3}$Ni$_{1/3}$Mn$_{1/3}$O$_2$ for lithium-ion batteries[J]. Chemistry Letters, 2001, 30(7): 642-643.

[13] Ding Y, Wang R, Wang L, et al. A short review on layered LiNi$_{0.8}$Co$_{0.1}$Mn$_{0.1}$O$_2$ positive electrode material for lithium-ion batteries[J]. Science advances, 2017, 105: 2941-2952.

[14] https://legacy.materialsproject.org/materials/mp-22526/.

[15] Julien C M, Massot M. Lattice vibrations of materials for lithium rechargeable batteries I. Lithium manganese oxide spinel[J]. Materials Science and Engineering, 2003, 97(3): 217-230.

[16] Thackeray M M, Johnson P J, Depicciotto L A, et al. Electrochemical extraction of lithium from LiMn$_2$O$_4$[J]. Materials Research Bulletin, 1984, 19(2): 179-187.

[17] Winter M, Besenhard J O, Spahr M E, et al. Insertion electrode materials for rechargeable lithium batteries[J]. Advanced Materials, 1998, 10(10): 725-763.

[18] Julien C M. Local structure of lithiated manganese oxides[J]. Solid State Ionics, 2006, 177(1-2): 11-19.

[19] Zhou G, Chen L, Li X, et al. Construction of truncated-octahedral LiMn$_2$O$_4$ for battery-like electrochemical lithium recovery from brine[J]. Green Energy & Envriroment, 2023, 8: 1081-1090.

[20] https://legacy.materialsproject.org/materials/mp-25015/.

[21] Kim T, Song W, Son D Y, et al. Lithium-ion batteries: outlook on present, future, and hybridized technologies[J]. Journal of Materials Chemistry A, 2019, 7(7): 2942-2964.

[22] Ju J, Wang Y, Chen B, et al. Integrated interface strategy toward room temperature solid-state lithium batteries[J]. ACS applied materials & interfaces, 2018, 10(16): 13588-13597.

[23] Padhi A K, Nanjundaswamy K S, Masquelier C, et al. Mapping of transition metal redox energies in phosphates with NASICON structure by lithium intercalation[J]. Journal of the Electrochemical Society, 1997, 144(8): 2581-2586.

[24] Tarascon J M, Armand M. Issues and challenges facing rechargeable lithium batteries[J]. Nature, 2001, 414(6861): 359-367.

[25] https://legacy.materialsproject.org/materials/mp-19017/.

[26] Hu J, Huang W, Yang L, et al. Structure and performance of the LiFePO$_4$ cathode material: from the bulk to the surface[J]. Nanoscale, 2020, 12(28): 15036-15044.

[27] Chung S Y, Bloking J T, Chiang Y M. Electronically conductive phospho-olivines as lithium storage electrodes[J]. Nature Materials, 2002, 1(2): 123-128.

[28] Kontje M, Memm M, Axmann P. Substituted transition metal phospho olivines LiMM′ PO$_4$ (M = Mn, M′ = Fe, Co, Mg): Optimisation routes for LiMnPO$_4$[J]. Progress in Solid State Chemistry, 2014, 42(4): 106-117.

[29] Zaghib K, Guerfi A, Hovington P, et al. Review and analysis of nanostructured olivine-based lithium rechargeable batteries: status and trends[J]. Journal of Power Sources, 2013, 232: 357-369.

[30] Schipper F, Erickson E M, Erk C, et al. Review—recent advances and remaining challenges for lithium ion battery cathodes[J]. Journal of The Electrochemical Society, 2016, 164(1): A6220-A6228.

[31] John B G, Kim Y. Challenges for rechargeable Li batteries[J]. Chemistry of Materials, 2009, 22(3): 587-603.

[32] 李宁. 高性能锂离子电池层状富锂锰基正极材料的设计与合成[D]. 北京：北京理工大学，2015.

[33] Zhu Y, He X, Mo Y. Origin of outstanding stability in the lithium solid electrolyte materials: insights from thermodynamic analyses based on first principles calculations[J]. ACS Applied Materials & Interfaces, 2015, 7: 23685-23693.

[34] Wang D Y, Gong M, Chou H L, et al. Highly active and stable hybrid catalyst of cobalt-doped FeS$_2$ nanosheets-carbon nanotubes for hydrogen evolution reaction[J]. Journal of the American Chemical Society, 2015, 137(4): 1587-1592.

[35] Xu X, Cai T, Meng Z, et al. FeS$_2$ nanocrystals prepared in hierarchical porous carbon for lithium-ion battery[J]. Journal of Power Sources, 2016, 331: 366-372.

[36] Tang W P, Yang X J, Liu Z H, et al. Preparation of beta-MnO$_2$ nanocrystal/acetylene black composites for lithium batteries[J]. Journal of Materials Chemistry, 2003, 13(12): 2989-2995.

[37] Zang J, Ye J, Qian H, et al. Hollow carbon sphere with open pore encapsulated MnO$_2$ nanosheets as high-performance anode

materials for lithium ion batteries[J]. Electrochimica Acta, 2018, 260: 783-788.

[38] Groult H, Neveu S, Leclerc S, et al. Nano-CoF$_3$ prepared by direct fluorination with F$_2$ gas: application as electrode material in Li-ion battery[J]. Journal of Fluorine Chemistry, 2017, 196: 117-127.

[39] Hua X, Robert R, Du L S, et al. Comprehensive study of the CuF$_2$ conversion reaction mechanism in a lithium ion battery[J]. Journal of Physical Chemistry C, 2014, 118(28): 15169-15184.

[40] Delacourt C, Laffont L, Bouchet R, et al. Toward understanding of electrical limitations (electronic, ionic) in LiMPO$_4$ (M = Fe, Mn) electrode materials[J]. Journal of the Electrochemical Society, 2005, 152(5): A913-A921.

[41] Hu J, Zheng J, Pan F. Research progress into the structure and performance of LiFePO$_4$ cathode materials[J]. Acta Physico-Chimica Sinica, 2019, 35(4): 361-370.

[42] Zhu X, Lin T, Manning E, et al. Recent advances on Fe- and Mn-based cathode materials for lithium and sodium ion batteries[J]. Journal of Nanoparticle Research, 2018, 20(6): 160.

[43] Wu M, Xu B, Ouyang C. Physics of electron and lithium-ion transport in electrode materials for Li-ion batteries[J]. Chinese Physics B, 2016, 25(1): 018206.

[44] Prosini P P, Carewska M, Scaccia S, et al. A new synthetic route for preparing LiFePO$_4$ with enhanced electrochemical performance[J]. Journal of the Electrochemical Society, 2002, 149(7): A886-A890.

[45] Nan C, Lu J, Li L, et al. Size and shape control of LiFePO$_4$ nanocrystals for better lithium ion battery cathode materials[J]. Nano Research, 2013, 6(7): 469-477.

[46] Wang J, Sun X. Understanding and recent development of carbon coating on LiFePO$_4$ cathode materials for lithium-ion batteries[J]. Energy & Environmental Science, 2012, 5(1): 5163-5185.

[47] Wang Y, Wang Y, Hosono E, et al. The design of a LiFePO$_4$/carbon nanocomposite with a core-shell structure and its synthesis by an in situ polymerization restriction method[J]. Angewandte Chemie-International Edition, 2008, 47(39): 7461-7465.

[48] Malik R, Burch D, Bazant M, et al. Particle size dependence of the ionic diffusivity[J]. Nano Letters, 2010, 10(10): 4123-4127.

[49] Hovington P, Lagace M, Guerfi A, et al. New lithium metal polymer solid state battery for an ultrahigh energy: nano C-LiFePO$_4$ versus nano Li$_{1.2}$V$_3$O$_8$[J]. Nano Letters, 2015, 15(4): 2671-2678.

[50] Megahed S, Scrosati B. Lithium-ion rechargeable batteries[J]. Journal of Power Sources, 1994, 51(1-2): 79-104.

[51] Ozawa K. Lithium-ion rechargeable batteries with LiCoO$_2$ and carbon electrodes: the LiCoO$_2$/C system[J]. Solid State Ionics, 1994, 69(3-4): 212-221.

[52] Liu Q, Su X, Lei D, et al. Approaching the capacity limit of lithium cobalt oxide in lithium ion batteries via lanthanum and aluminium doping[J]. Nature Energy, 2018, 3(11): 936-943.

[53] Wang L, Chen B, Ma J, et al. Reviving lithium cobalt oxide-based lithium secondary batteries-toward a higher energy density[J]. Chemical Society Reviews, 2018, 47(17): 6505-6602.

[54] Wang L, Ma J, Wang C, et al. A novel bifunctional self-stabilized strategy enabling 4.6 V LiCoO$_2$ with excellent long-term cyclability and high-rate capability[J]. Advanced science, 2019, 6(12): 1900355.

[55] Zhang J N, Li Q, Ouyang C, et al. Trace doping of multiple elements enables stable battery cycling of LiCoO$_2$ at 4.6 V[J]. Nature Energy, 2019, 4(7): 594-603.

[56] Wang L L, Ma J, Cui G L, et al. In-situ visualization of the space-charge-layer effect on interfacial lithium-ion transport in all-solid-state batteries[J]. Nature communications, 2021, 11(1):5889.

[57] Chai J, Ma J, Cui G L, et al. In situ generation of poly(vinylene carbonate) based solid electrolyte with interfacial stability for LiCoO$_2$ lithium batteries[J]. Advanced science, 2017, 4(2): 1600377.

[58] Wang C W, Ren F C, Zhou Y, et al. Engineering the interface between LiCoO$_2$ and Li$_{10}$GeP$_2$S$_{12}$ solid electrolytes with an ultrathin Li$_2$CoTi$_3$O$_8$ interlayer to boost the performance of all-solid-state batteries[J]. Energy & Environmental Science, 2021, 14(1): 437-450.

[59] Zhou L, Zuo T T, Kwok C Y, et al. High areal capacity, long cycle life 4 V ceramic all-solid-state Li-ion batteries enabled by chloride solid electrolytes[J]. Nature Energy, 2022, 7(1): 83-93.

[60] 王龙龙. 高比能钴酸锂二次电池的正极界面研究[D]. 北京: 中国科学院大学, 2020.

[61] Yabuuchi N, Ohzuku T. Novel lithium insertion material of LiCo$_{1/3}$Ni$_{1/3}$Mn$_{1/3}$O$_2$ for advanced lithium-ion batteries[J]. Journal of Power Sources, 2003, 119: 171-174.

[62] Noh H J, Youn S, Yoon C S, et al. Comparison of the structural and electrochemical properties of layered Li[Ni$_x$Co$_y$Mn$_z$]O$_2$ (x=1/3, 0.5, 0.6, 0.7, 0.8 and 0.85) cathode material for lithium-ion batteries[J]. Journal of Power Sources, 2013, 233: 121-130.

[63] Escobar H, Gustafson R M, Papadaki M I, et al. Thermal runaway in lithium-ion batteries: incidents, kinetics of the runaway and assessment of factors affecting its initiation[J]. Journal of The Electrochemical Society, 2016, 163(13): A2691-A2701.

[64] Kim N Y, Yim T, Song J H, et al. Microstructural study on degradation mechanism of layered LiNi$_{0.6}$Co$_{0.2}$Mn$_{0.2}$O$_2$ cathode materials by analytical transmission electron microscopy[J]. Journal of Power Sources, 2016, 307: 641-648.

[65] Lin F, Markus I M, Nordlund D, et al. Surface reconstruction and chemical evolution of stoichiometric layered cathode materials for lithium-ion batteries[J]. Nature Communications, 2014, 5: 3529.

[66] Noh H J, Youn S, Yoon C S, et al. Comparison of the structural and electrochemical properties of layered LiNi$_x$Co$_y$Mn$_z$O$_2$ (x=1/3, 0.5,

0.6, 0.7, 0.8 and 0.85) cathode material for lithium-ion batteries[J]. Journal of Power Sources, 2013, 233: 121-130.

[67] Zhang S, Ma J, Hu Z, et al. Identifying and addressing critical challenges of high-voltage layered ternary oxide cathode materials[J]. Chemistry of Materials, 2019, 31(16): 6033-6065.

[68] Lee Y G, Fujiki S, Jung C, et al. High-energy long-cycling all-solid-state lithium metal batteries enabled by silver–carbon composite anodes[J]. Nature Energy, 2020, 5(4): 299-308.

[69] Lu P, Wu D, Chen L, et al. Air stability of solid-state sulfide batteries and electrolytes[J]. Electrochemical Energy Reviews, 2022, 5(3).

[70] Wu J, Liu S, Han F, et al. Lithium/sulfide all-solid-state batteries using sulfide electrolytes[J]. Advanced Materials, 2021, 33(6): e2000751.

[71] Li Y, Zhang D, Xu X, et al. Interface engineering for composite cathodes in sulfide-based all-solid-state lithium batteries[J]. Journal of Energy Chemistry, 2021, 60: 32-60.

[72] Nakamura H, Kawaguchi T, Masuyama T, et al. Dry coating of active material particles with sulfide solid electrolytes for an all-solid-state lithium battery[J]. Journal of Power Sources, 2020, 448: 227579.

[73] Walther F, Strauss F, Wu X, et al. The working principle of a $Li_2CO_3/LiNbO_3$ coating on NCM for thiophosphate-based all-solid-state batteries[J]. Chemistry of Materials, 2021, 33(6): 2110-2125.

[74] Liu X, Zheng B, Zhao J, et al. Electrochemo‐mechanical effects on structural integrity of Ni‐rich cathodes with different microstructures in all solid‐state batteries[J]. Advanced Energy Materials, 2021, 11(8): 2003583.

[75] Jung S H, Kim U H, Kim J H, et al. Ni‐rich layered cathode materials with electrochemo‐mechanically compliant microstructures for all‐solid‐state Li batteries[J]. Advanced Energy Materials, 2019, 10(6): 1903360.

[76] Strauss F, Bartsch T, Kim A Y, et al. Impact of cathode material particle size on the capacity of bulk-type all-solid-state batteries[J]. ACS Energy Letters, 2018, 3(4): 992-996.

[77] Rozier P, Tarascon, Marie J. Review-Li-rich layered oxide cathodes for next-generation Li-ion batteries: chances and challenges[J]. Journal of the Electrochemical Society, 2015, 162(14): A2490-A2499.

[78] Thackeray M M, Kang S H, Johnson C S, et al. Li_2MnO_3-stabilized $LiMO_2$ (M = Mn, Ni, Co) electrodes for lithium-ion batteries[J]. Journal of Materials Chemistry, 2007, 17(30): 3112-3125.

[79] Hong J, Gwon H, Jung S K, et al. Review-lithium-excess layered cathodes for lithium rechargeable batteries[J]. Journal of the Electrochemical Society, 2015, 162(14): A2447-A2467.

[80] Yu H, Ishikawa R, So Y G, et al. Direct atomic-resolution observation of two phases in the $Li_{1.2}Mn_{0.567}Ni_{0.166}Co_{0.067}O_2$ cathode material for lithium-ion batteries[J]. Angewandte Chemie-International Edition, 2013, 52(23): 5969-5973.

[81] Radin M D, Sina M, Fang C, et al. Narrowing the gap between theoretical and practical capacities in Li-ion layered oxide cathode materials[J]. Advanced Energy Materials, 2017, 7(20): 1602888.

[82] Lu Z H, Beaulieu L Y, Donaberger R A, et al. Synthesis, structure, and electrochemical behavior of Li $Ni_xLi_{1/3−2x/3}Mn_{2/3−x/3}$ O_2[J]. Journal of the Electrochemical Society, 2002, 149(6): A778-A791.

[83] Lu Z H, Chen Z H, Dahn J R. Lack of cation clustering in $Li[Ni_xLi_{1/3−2x/3}Mn_{2/3−x/3}]O_2$ ($0 < x ⩽ 1/2$) and $Li[Cr_xLi_{(1−x)/3}Mn_{(2−2x)/3}]O_2$ ($0 < x < 1$)[J]. Chemistry of Materials, 2003, 15(16): 3214-3220.

[84] Bareno J, Balasubramanian M, Kang S H, et al. Long-range and local structure in the layered oxide $Li_{1.2}Co_{0.4}Mn_{0.4}O_2$[J]. Chemistry of Materials, 2011, 23(8): 2039-2050.

[85] Hikima K, Suzuki K, Taminato S, et al. Thin film all-solid-state battery using Li_2MnO_3 epitaxial film electrode[J]. Chemistry Letters, 2019, 48(3): 192-195.

[86] Hikima K, Hinuma Y, Shimizu K, et al. Reactions of the Li_2MnO_3 cathode in an all-solid-state thin-film battery during cycling[J]. ACS applied materials & interfaces, 2021, 13(6): 7650-7663.

[87] Hu N, Zhang Y, Yang Y, et al. Unraveling the spatial asynchronous activation mechanism of oxygen redox-involved cathode for high-voltage solid-state batteries[J]. Advanced Energy Materials, 2024, 14(13): 2303797.

[88] Wu Y, Zhou K, Ren F, et al. Highly reversible Li_2RuO_3 cathodes in sulfide-based all solid-state lithium batteries[J]. Energy & Environmental Science, 2022, 15(8): 3470-3482.

[89] Thackeray M M, David W I F, Bruce P G, et al. Lithium insertion into manganese spinels[J]. Materials Research Bulletin, 1983, 18(4): 461-472.

[90] Mishra S K, Ceder G. Structural stability of lithium manganese oxides[J]. Physical Review B, 1999, 59(9): 6120-6130.

[91] Gummow R J, Dekock A, Thackeray M M. Improved capacity retention in rechargeable 4 V lithium/lithium-manganese oxide (spinel) cells[J]. Solid State Ionics, 1994, 69(1): 59-67.

[92] Wakihara M, Ikuta H, Uchimoto Y. Structural stability in partially substituted lithium manganese spinel oxide cathode[J]. Ionics, 2002, 8(5-6): 329-338.

[93] Hansel C, Afyon S, Rupp J L. Investigating the all-solid-state batteries based on lithium garnets and a high potential cathode-$LiMn_{1.5}Ni_{0.5}O_4$[J]. Nanoscale, 2016, 8(43): 18412-18420.

[94] Shimizu R, Cheng D, Weaver J L, et al. Unraveling the stable cathode electrolyte interface in all solid‐state thin‐film battery operating at 5V[J]. Advanced Energy Materials, 2022, 12(31): 2201119.

[95] Oh G, Hirayama M, Kwon O, et al. Bulk-type all solid-state batteries with 5 V class $LiNi_{0.5}Mn_{1.5}O_4$ cathode and $Li_{10}GeP_2S_{12}$ solid electrolyte[J]. Chemistry of Materials, 2016, 28(8): 2634-2640.

[96] Jang J, Chen Y T, Deysher G, et al. Enabling a Co-free, high-voltage $LiNi_{0.5}Mn_{1.5}O_4$ cathode in all-solid-state batteries with a halide electrolyte[J]. ACS Energy Letters, 2022, 7(8): 2531-2539.

[97] Wang Y, Lv Y, Su Y, et al. 5V-class sulfurized spinel cathode stable in sulfide all-solid-state batteries[J]. Nano Energy, 2021, 90: 106589.

[98] Xu H, Zhang H, Ma J, et al. Overcoming the challenges of 5 V spinel $LiNi_{0.5}Mn_{1.5}O_4$ cathodes with solid polymer electrolytes[J]. ACS Energy Letters, 2019, 4(12): 2871-2886.

[99] Gao X, Zheng X L, Wang J Y, et al. Incorporating the Nanoscale Encapsulation Concept from Liquid electrolytes into Solid-State Lithium-Sulfur Batteries[J]. Nano Letters, 2020, 20(7): 5496-5503

[100] Saroha R, Cho J S, Ahn J H. Synergetic effects of cation (K^+) and anion (S^{2-})-doping on the structural integrity of Li/Mn-rich layered cathode material with considerable cyclability and high-rate capability for Li-ion batteries[J]. Electrochimica Acta, 2021, 366: 137471.

[101] Liu W, Oh P, Liu X, et al. Countering voltage decay and capacity fading of lithium-rich cathode material at 60℃ by hybrid surface protection layers[J]. Advanced Energy Materials, 2015, 5(13): 1500274.

[102] Wei Q, An Q, Chen D, et al. One-pot synthesized bicontinuous hierarchical $Li_3V_2(PO_4)_3$/C mesoporous nanowires for high-rate and ultralong-life lithium-ion batteries[J]. Nano Letters, 2014, 14(2): 1042-1048.

[103] Xu X, Huo H, Jian J, et al. Radially oriented single‐crystal primary nanosheets enable ultrahigh rate and cycling properties of $LiNi_{0.8}Co_{0.1}Mn_{0.1}O_2$ cathode material for lithium‐ion batteries[J]. Advanced Energy Materials, 2019, 9(15): 1803963.

[104] Nakano H, Dokko K, Koizumi S, et al. Hydrothermal synthesis of carbon-coated $LiFePO_4$ and its application to lithium polymer battery[J]. Journal of The Electrochemical Society, 2008, 155(12): A909-A914.

[105] Jin Y, Yu H, He X, et al. Stabilizing the interface of all-solid-state electrolytes against cathode electrodes by atomic layer deposition[J]. ACS Applied Energy Materials, 2021, 5(1): 760-769.

[106] Bu J, Leung P, Huang C, et al. Co-spray printing of $LiFePO_4$ and $PEO-Li_{1.5}Al_{0.5}Ge_{1.5}(PO_4)_3$ hybrid electrodes for all-solid-state Li-ion battery applications [A]. Journal of Materials Chemistry A, 2019, 7(32): 19094-19103.

[107] Sakuda A, Kitaura H, Hayashi A, et al. All-solid-state lithium secondary batteries using $Li_2S-P_2S_5$ solid electrolytes and $LiFePO_4$ electrode particles with amorphous surface layer[J]. Chemistry Letters, 2012, 41(3): 260-261.

[108] Kitaura H, Hayashi A, Tadanaga K, et al. Electrochemical performance of all-solid-state lithium secondary batteries with Li-Ni-Co-Mn oxide positive electrodes[J]. Electrochimica Acta, 2010, 55(28): 8821-8828.

[109] Kim A Y, Strauss F, Bartsch T, et al. Stabilizing effect of a hybrid surface coating on a Ni-rich NCM cathode material in all-solid-state batteries[J]. Chemistry of Materials, 2019, 31(23): 9664-9672.

[110] Negi R S, Yusim Y, Pan R, et al. A dry‐processed $Al_2O_3/LiAlO_2$ coating for stabilizing the cathode/electrolyte interface in high‐Ni NCM‐based all‐solid‐state batteries[J]. Advanced Materials Interfaces, 2021, 9(8): 2101428.

[111] Wang C, Hwang S, Jiang M, et al. Deciphering interfacial chemical and electrochemical reactions of sulfide‐based all‐solid‐state batteries[J]. Advanced Energy Materials, 2021, 11(24): 2100210.

[112] Hu W, Zhong S, Rao X, et al. The stabilizing effect of $Li_4Ti_5O_{12}$ coating on $Li_{1.1}Ni_{0.35}Mn_{0.55}O_2$ cathode for liquid and solid-state lithium-metal batteries[J]. Frontiers in Energy Research, 2022, 10: 869404.

[113] Jiang W, Zhu X, Huang R, et al. Revealing the design principles of Ni‐rich cathodes for all‐solid‐state batteries[J]. Advanced Energy Materials, 2022, 12(13): 2103473.

[114] Wang K, Wei L, Wang L, et al. Ab-initio investigation on the interface improvement by doping boron and carbon in $LiMn_2O_4/$LiPON all solid state battery[J]. Journal of Solid State Chemistry, 2022, 306: 122797.

[115] Kitaura H, Hayashi A, Tadanaga K, et al. Improvement of electrochemical performance of all-solid-state lithium secondary batteries by surface modification of $LiMn_2O_4$ positive electrode[J]. Solid State Ionics, 2011, 192(1): 304-307.

[116] Takada K, Ohta N, Zhang L, et al. Interfacial phenomena in solid-state lithium battery with sulfide solid electrolyte[J]. Solid State Ionics, 2012, 225: 594-597.

[117] Wang C, Bai G, Liu X. Favorable electrochemical performance of $LiMn_2O_4/LiFePO_4$ composite electrodes attributed to composite solid electrolytes for all-solid-state lithium batteries[J]. Langmuir, 2021, 37(7): 2349-2354.

[118] Park Y S, Lee S H, Lee B I, et al. All-solid-state lithium thin-film rechargeable battery with lithium manganese oxide[J]. Electrochemical and Solid State Letters, 1999, 2(2): 58-59.

[119] Hallot M, Nikitin V, Lebedev O I, et al. 3D $LiMn_2O_4$ thin film deposited by ALD: a road toward high-capacity electrode for 3D Li-ion microbatteries[J]. Small, 2022, 18(14): e2107054.

[120] Lee H J, Liu X, Chart Y, et al. $LiNi_{0.5}Mn_{1.5}O_4$ cathode microstructure for all-solid-state batteries[J]. Nano Letters, 2022, 22(18): 7477-7483.

[121] Ko J K, Wiaderek K M, Pereira N, et al. Transport, phase reactions, and hysteresis of iron fluoride and oxyfluoride conversion electrode materials for lithium batteries[J]. ACS applied materials & interfaces, 2014, 6(14): 10858-10869.

[122] Wang F, Kim S W, Seo D H, et al. Ternary metal fluorides as high-energy cathodes with low cycling hysteresis[J]. Nature

Communications, 2015, 6: 6668.

[123] Fan X, Hu E, et al. High energy-density and reversibility of iron fluoride cathode enabled via an intercalation-extrusion reaction[J]. Nature Communications, 2018, 9: 2324.

[124] Gu W, Borodin O, Zdyrko B, et al. Lithium-iron fluoride battery with in situ surface protection[J]. Advanced Functional Materials, 2016, 26(10): 1507-1516.

[125] Liu J, Wen Y, Wang Y, et al. Carbon-encapsulated pyrite as stable and earth-abundant high energy cathode material for rechargeable lithium batteries[J]. Advanced Materials, 2014, 26(34): 6025.

[126] Strauss E, Golodnitsky D, Peled E. Study of phase changes during 500 full cycles of Li/composite polymer electrolyte/FeS$_2$ battery[J]. Electrochimica Acta, 2000, 45(8-9): 1519-1525.

[127] Zhang T, Cheng X B, Zhang Q, et al. Construction of a cathode using amorphous FePO$_4$ nanoparticles for a high-power/energy-density lithium-ion battery with long-term stability[J]. Journal of Power Sources, 2016, 324: 52-60.

[128] Zhao E, Borodin O, Gao X, et al. Lithium-iron (Ⅲ) fluoride battery with double surface protection[J]. Advanced Energy Materials, 2018, 8(26): 1800721.

[129] Yersak T A, Macpherson H A, Kim S C, et al. Solid state enabled reversible four electron storage[J]. Advanced Energy Materials, 2013, 3(1): 120-127.

第4章
固态锂电池负极材料

负极材料作为锂电池的核心组成部分之一，其电化学性质将直接影响锂电池的能量密度、倍率性能以及循环寿命等一系列性能指标。为使固态锂电池获得优异的电化学性能，选择一种合适的负极材料是至关重要的。首先，要使固态锂电池在能量密度上具有较强的竞争力，就需要负极材料具有较高的比容量以及较低的电极电势；其次，为使固态锂电池获得较好的循环稳定性，就需要降低固态电解质与负极之间的界面副反应，解决循环过程中由于界面接触不良所引起的离子传输不畅等诸多问题，同时还需要避免由于锂枝晶生长而引起的内短路等潜在风险。

在选择与优化负极之前，需要了解不同类型负极材料的优缺点，并根据实际需求做出最优选择。根据锂离子存储机制的不同，可以将负极材料分为四种类型，分别为电镀型、合金型、脱嵌型、转化型[1]。如图4.1所示，不同类型的负极材料具有不同的比容量和电极电势，电镀型锂金属以及合金型负极在比容量方面具有明显优势；电镀型锂金属和脱嵌型石墨以及部分合金型负极（如Si、Al、Mg）在电极电势方面的优势较为显著。综合比容量与电极电势两方面优势，处在图4.1右下方位置的电镀型和部分合金型负极优势明显，被认为是固态锂电池实现高比能量最有前途的两大类负极材料体系。2022年5月，德国最大的应用科学研究机构弗劳恩霍夫协会下属系统与创新研究所（Fraunhofer ISI）发布了《固态电池路线图2035+》。路线图中指出：锂金属是最具潜力成为固态锂电池负极的材料，紧跟其后的是具有市场应用潜力的硅负极。尽管Li-In、Li-Al合金负极与固态电解质具有更好的兼容性，但该路线图中并没有提及[2]。

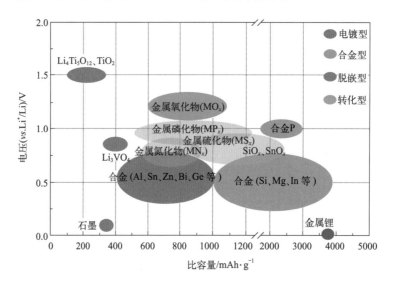

图4.1 锂电池负极材料电压与比容量分布图

电镀型负极一般指锂金属负极，无论从比容量还是从电极电势角度上看，锂金属负极都被认为是最具优势的负极体系。然而，锂金属负极在常规液态电池中存在一系列的安全隐患，且在大容量锂沉积/剥离时存在锂枝晶生长和循环稳定性差等问题，至今仍缺乏行之有效的解决方法，严重制约了锂金属电池的实际应用与发展。固态电池由于不存在电解液泄漏、燃烧、爆炸等安全问题，使锂金属电池的安全可靠性得到有效保障。发展固态电池的另一个重要原因是可以使用锂金属做负极，进一步提升锂电池的能量密度。相比于采用传统石墨做负极的液态锂电池，采用锂金属做负极的固态锂电池能量密度最高可以提升50%。然而，锂金属负极高的反应活性以及较低的临界电流密度（常温下，$<1mA \cdot cm^{-2}$）使电解质与锂金属界面处的物化性质极不稳定，同时还存在枝晶生长引起的内短路风险，上述这些问题严重制约了锂金属负极在固态锂电池中的应用与发展。

合金型负极主要包括Si、In、Al、Sn、P等第Ⅳ和第Ⅴ主族元素，其中Si、In、Al合金负极的研究相对较多。综合对比不同合金负极材料的优劣势，可以发现，合金负极中Si的应用更能满足高比能量固态电池的发展需求。然而合金型负极存在的最大问题是：锂化过程中会产生较大的体积膨胀，并伴随脱锂后严重的电极粉化，导致电解质/负极界面稳定性差，严重影响了合金负极的库仑效率及循环稳定性能。

脱嵌型负极主要包括石墨、$Li_4Ti_5O_{12}$、TiO_2、Li_3VO_4等，由于充电过程中锂离子是嵌入到电极材料晶格内部，因此不会引起显著的体积变化。嵌入型负极材料在循环稳定性以及技术成熟度方面均具有较大优势。但这类材料储锂容量相对较低（通常$<400mAh \cdot g^{-1}$），难以满足高比能固态电池的发展需求。

相比而言，转化型负极材料，其理论比容量一般为石墨的2～3倍，但此类电极材料通常具有较低的库仑效率和相对较高的电极电势，同时还伴有严重的电压滞后以及电极极化等现象，相比于电镀型和合金型负极材料并没有明显优势，因此其在固态锂电池中应用的研究相对较少，这里我们也不再做过多介绍。

目前，固态锂电池距离大规模生产和应用还有一定的距离，其根本原因在于依然存在多个亟待解决的关键基础科学问题与关键技术问题。其中固态电解质与负极之间的界面稳定性被认为是影响固态电池发展的最主要瓶颈之一。就固态锂电池负极材料而言，单一方面的性能优势并不能使某一负极材料脱颖而出，只有达到性能上的有效均衡，才能真正满足固态锂电池发展的需求。根据固态锂电池的性质特点，并结合前期研究工作的成果，可以发现能够满足未来固态锂电池发展的理想型负极材料，需要满足以下几方面的要求（图4.2）[3]：

① 较高的比容量，以提高电池整体能量密度；

② 较低的电极电势，以获得更高的工作电压；

③ 与电解质具有良好的兼容性，以降低界面副反应；

④ 体积膨胀系数低，能够保持良好的界面接触；

⑤ 良好的电子和离子电导，保证电极良好的倍率性能；

⑥ 成本低廉且环境友好，适应未来产业化应用要求。

通过以上分析，不难发现几个需求之间，在一定程度上存在着相互制衡的关系。如果需要较高的比容量，就很难

图4.2 固态锂电池负极材料的发展需求

满足体积形变小的要求；如果需要较低的电极电势，通常会出现严重的界面副反应以及锂枝晶生长问题。因此负极的选择与优化是一个取长补短的过程。单一负极材料如果不能满足要求，就需要两种或多种负极材料进行复合。对于单个负极材料，也需对其短板进行合理的改性与优化，以防止"水桶效应"的发生。

4.1 锂金属负极材料

4.1.1 锂金属负极特点及发展历程

锂元素是1817年瑞典化学家Arfvedson在分析透锂长石矿时所发现的[4]。锂的英文名称lithium来源于希腊语lithos（石头），以表明该元素是在矿物中被发现的。1821年Brande采用伏打堆法电解熔融氧化锂得到了微量的锂金属[5]。直到1855年，德国化学家Bunsen和英国化学家Matthiessen等通过电解熔融氯化锂得到大量可以使用的锂金属单质。1913年美国化学家Lewis和Keyes等[6]通过经典的三电极实验，首次测出了锂的标准电极电势，发现锂具有最低的电极电位，这一发现极大推动了锂金属在储能领域的发展和应用。在相同质量下，由于锂金属比其他碱金属单质能够提供更多的电子，使其具有超高的理论比容量（3860mAh·g^{-1}）。此外，锂金属还具有最低的氧化还原电位（-3.04V，相对标准氢电极），同时锂离子半径约为0.76Å，明显低于其他碱金属离子的半径，使其在正负极材料中的脱嵌能垒相对较低。长期以来锂金属被认为是所有负极材料中的"圣杯"，通过搭配高电压或高镍正极材料可使锂金属电池能量密度突破500Wh·kg^{-1}，被认为是高比能锂电池负极材料的最佳选择[7,8]。

1970年，英国化学家Whittingham以硫化钛作为正极，锂金属作为负极，首次提出锂离子电池的概念。1972年美国Exxon公司（埃克森美孚前身）成功将Li-TiS$_2$二次电池商业化应用于手表中，该体系以高氯酸锂-二氧戊烷为电解液，锂金属的不稳定性以及高氯酸锂的强氧化性使得该体系存在巨大的安全隐患。但当时以小容量纽扣电池为主，其安全问题并未得到足够的重视。1987年，加拿大Moil Energy公司向市场推出以二氧化钼作为正极，锂金属作为负极的Li/MoO$_2$电池。这款电池一经问世便受到全世界的追捧，成为一款革命性产品。但不幸的是，在1989年该款电池接连发生了多起爆炸事故，引发电池市场的极度恐慌，进而导致公司不得不召回其所有产品，并于年底宣布破产[9]。随后日本NEC公司投入大量的人力、物力对Li/MoO$_2$电池进行了安全性分析，最终发现引起该电池起火爆炸的元凶是锂枝晶。自此之后，考虑到锂金属负极存在的巨大安全隐患，研究者们放弃了锂金属作为负极的思路，转而去寻找具有更高安全性的嵌入型化合物代替锂金属作为负极。

经过多年努力，1991年，索尼公司推出以LiCoO$_2$作为正极，石墨作为负极的18650商用锂离子电池，并逐渐成了市场的主流产品，极大地推动了锂电池的发展（图4.3）[5]，与之相伴随的就是锂金属电池的发展进入了停滞期。2010年以后研究者们发现传统脱嵌型锂离子电池的能量密度已接近其理论上限（300Wh·kg^{-1}）[10]，已经难以满足便携式电子产品、电动汽车的发展需求。因此，开发具有更高能量密度的锂电池成为科研界与产业界共同关注的焦点。在这种背景下，锂金属电池再次被研究人员关注。经过十多年的研究，锂金属电池能量密度、循环稳定性、安全性能都有了大幅度的提升。但至今为止，在液态锂电池中由于锂枝晶生长所引起的安全问题仍缺乏行之有效的解决方法，导致储能市场对液态锂金属电池并没有太大信心，因此以锂金属作为负极的二次锂电池仍然没有得到商业化应用[11]。但高比能锂金属电池的研究却没有停歇。

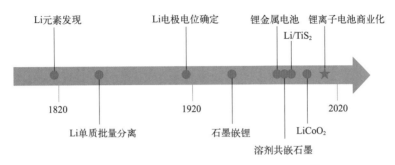

图4.3 锂金属的发现以及锂电池的发展历程[4]

美国的Battery500、日本Rising Ⅱ以及中国的"十三五""十四五"规划都提到以发展高能量密度电池为未来重要发展目标，其中都涉及了采用锂金属负极的固态锂金属电池。固态电解质的不流动性、不可燃、高致密、高机械强度等优势极大地降低了锂金属电池的安全隐患，使研究者真正看到了锂金属负极实际应用的希望[12]。同时锂金属负极的应用，也预示着锂电池未来有望突破500Wh·kg^{-1}能量密度的大关。因此，固态锂金属电池有望解决传统液态锂离子电池安全性能差和能量密度低的双重难题。

1971年，Armand等[13]首次提出了PEO和LiBr组成的聚合物电解质，从此以后大量聚合物电解质体系都得到了探索。由于PEO聚合物电解质与锂金属具有优异的兼容性，可以直接用锂金属作为负极材料。2011年法国Bolloré公司首次推出以锂金属为负极，LiTFSI/PEO为聚合物固态电解质，LiFePO$_4$为正极的首款商业化锂金属固态电池，能量密度为110Wh·kg^{-1}，并成功应用于电动汽车上，从而开启了聚合物固态锂金属电池率先商业化应用的先例。然而此类聚合物固态电解质依然存在室温离子电导率低，不耐高电压（＜4.0V）等瓶颈问题，严重制约了该类聚合物固态锂金属电池在室温下的应用以及能量密度的提升。

针对上述问题，Cui等[14]通过在高温条件下原位聚合碳酸亚乙烯酯（VC），获得既可以抗4.5V高电压又可以与锂金属具有优异界面兼容性的聚合物固态电解质（PVCA-LiDFOB），从而实现了LiCoO$_2$/锂金属优异的倍率及循环稳定性。此外，Cui等[15]采用"刚柔并济"的设计理念，以改性纤维素作为刚性骨架，以聚乙烯基甲醚-马来酸酐作为柔性电解质，制备了一类具有宽电化学稳定窗口以及高锂离子迁移数的新型凝胶聚合物电解质，并成功应用在4.45V高电压钴酸锂/锂金属电池中，取得了非常不错的效果。

除聚合物电解质应用于锂金属电池取得了一定的进展之外，无机固态电解质在固态锂金属电池领域也取得了不错的成绩。1992年，美国橡树岭国家实验室采用射频磁控溅射技术制备了LiPON薄膜，该材料与高电压正极以及锂金属负极具有良好的兼容性。LiPON薄膜型全固态锂金属电池现阶段已经达到商业化量产阶段。Li$_7$La$_3$Zr$_2$O$_{12}$(LLZO)

型富锂电解质具有相对较高的室温离子电导率、与锂金属兼容性极佳、电压窗口高等诸多优势，被认为是应用于金属锂电池中最具潜力的体系之一，然而制约其发展的关键因素是电解质与锂金属负极之间界面接触性差所引起的高界面阻抗：随着锂金属沉积/剥离时发生的体积变化，电解质与锂金属之间的界面阻抗持续增大，导致电池循环性能持续衰退。硫化物固态电解质具有可以媲美液态电解质的室温高离子电导率，但是硫化物电解质与锂金属之间界面稳定性相对较差，会发生较强的副反应；同时，硫化物十分怕水，因此需要对其进行合理的改性或保护。

　　总体来讲，现阶段锂离子电池仍然占据二次电池市场的主要份额，而锂金属负极的运用可以将锂电池的能量密度推向巅峰，但其未来发展依然面临诸多新挑战（图4.4）。锂金属负极面临的锂枝晶生长、高反应活性、巨大的体积膨胀等问题，严重制约了固态电池的循环稳定性。

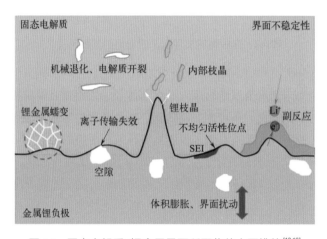

图4.4　固态电解质/锂金属界面所面临的主要挑战[12,16]

　　（1）锂金属的高反应活性

　　锂金属的费米能级高于所有固态电解质的最低未占据轨道能级（LUMO），导致固态电解质与锂金属接触时会发生一系列的化学反应，见图4.5（a）[17]。Zhu等[18]通过第一性原理计算了不同固态电解质的还原电位以及与锂金属的反应能（表4.1）。研究表明：所有非二元体系的固态电解质都具有大于0V的还原电位，且最终的分解产物为二元含锂化合物。即使被认为是与锂金属具有最好兼容性的$Li_7La_3Zr_2O_{12}$，在热力学上也并非与锂金属是完全化学稳定的，只是其还原电位较低（约0.05V），在动力学上抑制了副反应的发生。此外，由于不同固态电解质与锂金属之间形成反应产物的电子电导/离子电导不同，导致副产物组成的SEI对后续副反应的抑制作用也不同，这也是不同固态电解质与锂金属之间兼容性产生巨大差别的根源所在。Chung等[19]研究了不同条件下$Li_{1.5}Al_{0.5}Ge_{1.5}(PO_4)_3$（LAGP）与锂金属之间的界面副反应，由于副反应产物既含有离子导体（Li_2O、Li_3P）又含有电子导体（Li_9Al_4、$Li_{15}Ge_4$），导致后续副反应持续进行。此外，当温度大于200℃时，LAGP与锂金属会发生强烈的热失控反应，使电解质与锂金属快速失活。Meng等[20]研究了Li_6PS_5Cl在固态电池中的氧化还原机理，发现Li_6PS_5Cl在较低电势下的还原产物为Li_3P、Li_2S、LiCl等可以兼容锂金属的反应产物，见图4.5（b）。

Li_3PS_4被认为是与锂金属具有良好兼容性的固态电解质，当与锂金属接触时同样也会发生化学反应。但是，由于Li_3PS_4的还原产物为具有电子绝缘体的离子导体Li_3P、Li_2S，在很大程度上可以抑制后续副反应的发生[21]。

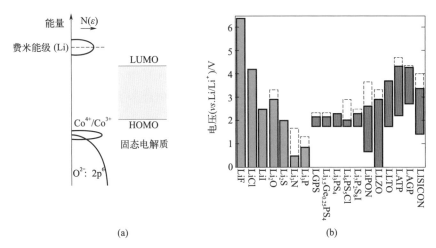

图4.5　固态电解质的电化学窗口限制：（a）Li与$LiCoO_2$费米能级以及固态电解质的LUMO和HOMO[22]；（b）不同固态电解质和不同材料的电化学窗口对比[18]

因此，固态电解质与锂金属之间的兼容性，不仅需要综合考虑固态电解质与金属之间副反应的强弱，还需要充分考虑反应产物对后续副反应的抑制作用。此外，SEI成分对固态电解质/锂金属界面处的离子传输效率，同样也十分关键。

表4.1　不同类型的固态电解质对锂金属的还原电位以及分解能对比[18]

电解质的化学式	最终分解产物	分解能/eV	还原电位/V
$Li_{10}GeP_2S_{12}$	$Li_{15}Ge_4$, Li_3P, Li_2S	−1.25	1.71
Li_3PS_4	Li_2S	−1.42	1.71
Li_4GeS_4	$Li_{15}Ge_4$, Li_2S	−0.89	1.62
$Li_7P_3S_{11}$	Li_3P, Li_2S	−1.67	2.28
Li_6PS_5Cl	Li_3P, Li_2S, $LiCl$	−0.96	1.71
$Li_7P_2S_8I$	Li_3P, Li_2S, LiI	−1.26	1.71
LiPON	Li_3P, Li_3N, Li_2O	−0.66	0.68
LLZO	Zr（或Zr_3O），La_2O_3, Li_2O	−0.021	0.05
LLTO	Ti_6O, La_2O_3, Li_2O	−0.34	1.75
LATP	Ti_3P, $TiAl$, Li_3P, Li_2O	−1.56	2.17
LAGP	Li_9Al_4, $Li_{15}Ge_4$, Li_3P, Li_2O	−1.99	2.70
LISICON	$Li_{15}Ge_4$, $LiZn$, Li_2O	−0.77	1.44

（2）锂枝晶生长

以往研究者们认为，当固态电解质的剪切模量为锂金属的两倍以上时，电解质就可以有效抑制锂枝晶的生长[16,23]。但随后众多的研究工作表明，即使在一些具有超高机械强度的固态电解质中，锂枝晶的生长依然存在，甚至相比于液态电池更容易产生，即固态锂金属电池在常温下具有更小的临界电流密度（＜1.0mA·cm^{-2}）[24,25]。然而随着温度的升高，电解质与锂金属界面处的离子传输效率会随之增加，进而提升了锂金属在负极的均匀沉积，从而提高了锂负极的临界电流密度，降低了锂枝晶的风险。例如，当温度升高到60℃时，在固态电池中锂金属负极可以实现超过3.4mA·cm^{-2}的临界电流密度，极大降低了锂枝晶生长的潜在风险[26]。固态电池与液态电池中锂的电镀/剥离具有完全不同的物理和化学环境，甚至在固态电池中锂枝晶生长的影响因素更为复杂且多变。

由于不同固态电解质的物化性质存在较大差别，锂枝晶在不同电解质中的形成过程和生长机制是完全不同的[27]。固态聚合物电解质具有优异的柔韧性和较低的机械强度，与锂金属具有优异的界面接触，其中锂枝晶的生长机制大体可以分为三类：

① 尖端效应。与液态锂金属电池类似，在锂沉积的过程中由于尖端位置的曲率半径较小，导致尖端处电荷密度较高，因此电场比较强，进而诱发锂金属优先在尖端位置沉积[28]；

② 锂金属/电解质界面处的微观结构差异[29]。锂金属沉积初期由于界面处微观结构存在一定的差异，导致局部离子传输效率不同，高锂离子传输路径位置处会优先沉积锂金属；

③ 界面处空间电荷层的形成。由于聚合物固态电解质中锂离子迁移数较低，导致在电场作用下阴离子也会在电解质内部发生自由移动，从而在界面处形成空间电荷层，空间电荷层会加速锂离子的局部沉积，促进锂枝晶的形成与生长。

无机固态电解质由于具有机械强度大、不易变形、颗粒粒径不均匀等特点，导致其锂枝晶生长机制与固态聚合物电解质存在较大的差异，其影响因素主要有：

① 电解质的微观结构、缺陷以及电解质的空隙和微裂纹等因素的存在，导致固态电解质与锂金属界面处物理接触不良，阻碍了锂离子的传输路径和传输效率，导致锂离子在离子传输较快的局部优先沉积与生长，产生锂枝晶；

② 由于晶粒表面和晶界处的电阻率和活化能相对较低，这些位置处锂离子和电子密度相对更为集中，因此会成为锂金属生长更好的成核位点；

③ 部分固态电解质具有相对较高的电子电导率，导致锂枝晶直接在电解质内部生长。

Han等[30]通过对不同固态电解质中锂金属枝晶的产生和生长机理进行深入研究，发现当固态电解质具有相对较高的电子电导率时，电解质内部自由移动的锂离子很容易获得电子并被还原为锂单质，形成锂枝晶并继续生长，进而连通正负极产生内短路（图4.6）。此外，固态电解质在循环过程中，由于电池内部痕量的杂质或者正极析氧引起的串扰问题，都会影响锂负极表面SEI离子传输的均匀性，进而促进锂枝晶生长。

锂金属枝晶的形成会极大阻碍锂离子的传输效率，进而影响固态电池的循环稳定性，最终会导致电池失效。同时，我们发现锂负极中LiH的产生对负极的循环稳定性以及安全具有较大的影响。因此，充分了解锂枝晶的生长机制，并针对其不同的生长机制做出相应的改性策略，抑制锂枝晶形成与生长，对于推动固态锂金属电池的快速发展和实用化具有重要意义。

（3）剧烈的体积膨胀

固态电池的界面问题，被学术界认为是影响固态电池性能发挥最为关键的因素。不

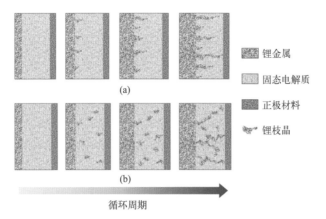

图4.6 锂枝晶生长示意图:(a)传统固态电解质的锂枝晶生长机理;(b)固态电解质高电子电导率诱导的锂枝晶生长机制[31]

同于传统液态电池中的固-液接触,固态电池中的固-固接触,对电极体积膨胀带来的界面问题更为敏感。在固态电池中,初始电解质/电极之间的接触可以是面接触,但是随着电极材料的周期性多次体积膨胀与收缩,使得原本接触良好的面接触不断恶化,并逐渐转化为点接触,进而增加了接触位点的局部电流密度,增大了界面阻抗,使电池性能持续恶化。

锂金属负极作为一种"无宿主"的负极材料,在锂的沉积与溶出过程中会发生较大的体积膨胀与收缩。理论上1mAh·cm^{-2}面容量的锂金属所对应的厚度为4.85μm。由此可知,在商业化面容量下(>4mAh·cm^{-2}),锂负极在循环过程中会对应于超过19.4μm厚度锂金属的不断沉积与剥离。然而在实际循环过程中,由于锂金属自身扩散能力差,同时固态电解质不具备流动性,锂金属难以自发填补剥离产生的空隙,因此随着固态锂金属电池充放电过程的进行,锂金属负极本体内会产生一些空隙(图4.7),导致锂金属

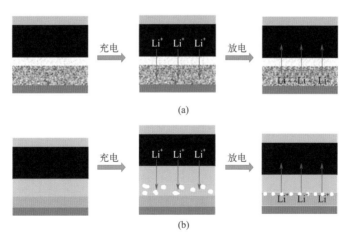

图4.7 不同负极材料充放电过程中体积变化示意图:(a)石墨负极在传统锂离子电池中的体积变化过程;(b)锂金属负极在固态电池中的体积变化过程

负极在实际循环过程中会出现远大于19.4μm的厚度变化。此外，正极通常是脱嵌型材料，在循环过程中的体积膨胀相对较小。两者综合起来，固态锂金属电池在循环过程会出现远超过10%的体积变化，超出传统锂离子电池对体积膨胀的耐受程度，这会对固态锂金属电池的循环稳定性带来巨大挑战。

4.1.2 锂金属的改性策略

界面问题是限制固态电池发展的最主要瓶颈问题。实现锂金属负极与固态电解质优异界面兼容性，是推动锂金属电池快速产业化的关键所在。针对固态电池锂金属负极与固态电解质存在的界面问题，研究者们提出了多种解决方法。

4.1.2.1 电解质/锂金属界面调控和修饰

考虑到固态电解质与锂金属界面兼容性较差，在电池循环过程中极易引起界面急剧恶化、界面阻抗增大等一系列问题，在电解质与锂金属之间构建合理的界面缓冲层被证实是一种行之有效的方法。构建界面缓冲层通常有三种方法。

（1）在电解质与锂金属之间直接引入与锂金属具有优异兼容性的中间层

Wang等[32]采用冷压法将Li_3N-LiF复合材料直接引入Li_3PS_4电解质与锂金属之间。具有高离子电导率的Li_3N，极大地降低了锂的电镀/剥离过电位；具有高界面能的LiF有效阻碍了金属锂对固态电解质的穿透，显著抑制了锂枝晶的形成与生长。该方法使Li_3PS_4电解质获得了高达$6mA \cdot cm^{-2}$的临界电流密度。Li等[33]设计了一种石墨-Li_6PS_5Cl-$Li_{10}GeP_2S_{12}$-Li_6PS_5Cl-石墨多层固态电解质结构用于固态锂金属电池中，其中三个电解质层的厚度相同，与锂金属稳定性更好的Li_6PS_5Cl和石墨保护的锂金属直接接触。这种多层结构的电解质实现了对称电池在$20mA \cdot cm^{-2}$的极高电流密度下的稳定循环。

（2）通过化学反应在锂金属表面原位形成保护层

Park等[34]通过化学气相沉积在锂金属表面原位形成一层纳米结构的Li_2Se，Li_2Se与锂金属之间具有较强的化学键作用，同时与Li_6PS_5Cl之间具有均匀的物理接触，因此该保护层既可以阻碍电解质与锂金属之间的界面副反应发生，同时又能够促进界面处锂离子的均匀沉积，降低锂枝晶产生的风险。类似的界面修饰还有很多，如单质Si[35]、金属Ge[36]、金属Au[37]、氧化物SnO_2[38]等可用于修饰氧化物或硫化物固态电解质。然而，上述界面修饰层的构建通常需要非常复杂的技术（如分子沉积、磁控溅射、化学沉积等）来实现，对商业化应用十分不利。为简化制备过程，Xu等[39]将含有少量H_3PO_4的四氢呋喃溶液滴定到锂金属表面原位形成LiH_2PO_4，该界面层极大地降低了$Li_{10}GeP_2S_{12}$与锂金属之间的副反应，显著提高了固态锂金属电池的循环稳定性（图4.8）。该方法不仅可以很好地保护锂金属负极，还具有简单可行等优势。

（3）对固态电解质进行掺杂修饰，以提高电解质与锂金属本征化学稳定性

Sun等[40]在烧制Li_6PS_5Cl过程中将部分LiCl换成LiF，成功将F引入到Li_6PS_5Cl电解质中，氟化后的Li_6PS_5Cl对锂金属具有优异的稳定性，采用该电解质的Li/Li对称电池在电流密度为$6.37mA \cdot cm^{-2}$，面容量为$5mAh \cdot cm^{-2}$条件下可以持续稳定循环250小时以上。

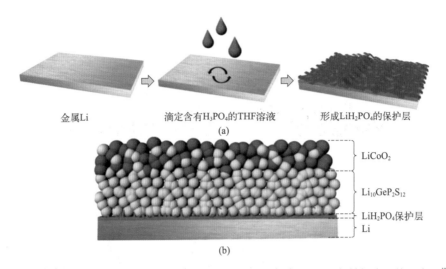

金属Li　　　滴定含有H₃PO₄的THF溶液　　　形成LiH₂PO₄的保护层

图4.8　金属锂的改性：（a）H₃PO₄改性锂金属示意图；（b）LiH₂PO₄保护锂金属的示意图[39]

4.1.2.2　采用三维结构载体

具有无"宿主"结构的锂金属负极，其体积变化是不受限制的，这会导致电池在循环过程中具有极大的体积膨胀，进而带来严重的界面稳定性问题。为了减少锂金属在沉积过程中所引起的巨大体积膨胀，将锂金属与具有三维结构的载体复合，被认为是一种缓解锂负极高体积膨胀的有效方法。

锂属于金属材料，内部存在较强的金属键，使得锂金属具有相对较高的表面能，难以与常规材质的三维骨架载体实现良好的润湿。因此，针对锂金属与三维载体难以复合的问题，通常需要对三维载体表面进行改性，使其成为具有亲锂性质的表面。即通过引入一些可以与锂金属形成合金或复合物的元素，降低锂金属内部金属键的强度，从而降低锂金属的表面张力，提升锂金属在三维载体中的润湿性能。因此，构建具备高反应活性的改性涂层是提高锂金属对三维载体润湿性的有效方法。其中高反应活性的改性涂层主要包括一些金属氧化物（如ZnO、MnO₂、SnO₂、Co₃O₄、MgO等[41]）和金属单质（如Au、Ag、Zn、Mg等[42]）。

为实现锂金属充分填充到三维载体内部，就需要锂金属从三维载体底部向上沉积，既可以充分填充三维载体内部，又能有效避免由于枝晶生长而引起的电池内短路风险。这就要求固态电池中的三维载体具有较高的离子电导，同时还具有电子绝缘的性质，只有这种导电特性才能满足锂金属从三维载体的底部逐渐向上沉积的需求。此外，具有三维立体结构的载体还应该具有更高的比表面积，降低充放电过程中局部电流密度，使锂离子扩散更加均匀，锂金属沉积更加致密。Hu等[43]构建了3D多孔（含有50%孔隙率）石榴石型固态电解质作为锂金属载体，并研究了锂金属在该3D导离子骨架中的沉积/剥离行为（图4.9）。研究发现：在3D导离子骨架中，锂金属能够实现自下而上的均匀沉积，从而获得了无枝晶和长寿命的锂金属负极。Sun等[44]通过盐酸将氧化物固态电解质LLZTO上层腐蚀成多孔结构，形成具有3D多孔结构的储锂载体。该载体与锂金属具有优异的界面润湿性，能够有效抑制锂枝晶的生长，缓解锂金属的体积膨胀，实现了锂金属负极的优异长循环性能。

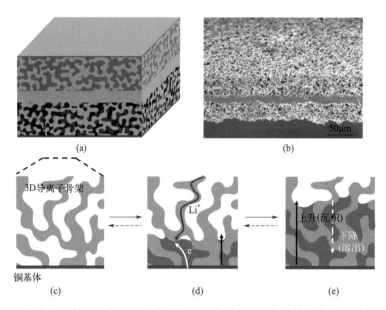

图4.9 3D导离子骨架用于锂金属负极的沉积：（a）3D导离子载体的整体结构示意图；（b）3D载体扫描透射电子显微镜照片；（c）3D导离子载体下层结构示意图；（d）锂在3D载体由底部向上沉积示意图；（e）锂在3D载体中沉积/剥离过程示意图[43]

4.1.2.3 无负极固态锂金属电池的发展

采用锂金属负极的锂金属电池可以大幅提升电池的能量密度。作为更进一步优化的电池体系，通过匹配含锂正极与无锂负极组成的无锂负极固态电池可以将锂电池的能量密度进一步提升至更高的水平（图4.10）。与传统锂金属电池相比，无锂负极固态电池由于没有多余的锂金属补充不可逆的锂损失，导致其电化学性能主要受制于锂在负极集流体上的沉积/剥离效率。因此实现无锂负极固态电池循环稳定性的关键在于提高锂金属负极的库仑效率，具体包括：

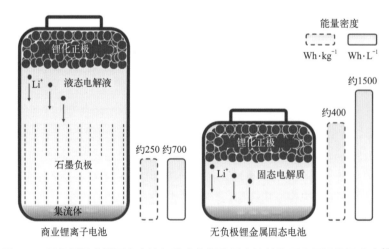

图4.10 无负极锂金属固态电池与商业化锂离子电池结构示意图及能量密度[45]

① 抑制锂金属与固态电解质在界面处的化学反应。锂金属与电解质之间的副反应会消耗有限的锂金属，如果界面处的反应产物或修饰层不能有效阻隔负极界面副反应，

会导致锂金属的持续损耗，随之无锂负极固态电池的放电比容量会出现不可逆的持续衰减。

② 防止锂枝晶的形成以及短路行为的发生。锂金属沉积到集流体的过程，属于异相成核生长行为，初始形核位点一旦出现不均匀分布，会严重影响后续的锂沉积，进而引起枝晶持续生长，导致短路行为的发生。

③ 采用有效方法及时应对负极巨大体积膨胀和应力变化所引起的界面不稳定性。初始阶段负极没有预存的锂金属，后续随着充电的进行，正极的锂离子会通过固态电解质传输到负极集流体，并在集流体表面发生锂沉积，该过程会产生巨大的体积膨胀以及较大的内部应力变化。因此如何通过界面层的修饰以及外部压力的平衡，有效消除体积和应力变化所引起的界面不稳定性，是解决锂金属体积膨胀问题的根本方法。

相比液态电池中的无锂负极电池，固态无锂负极电池中负极锂金属的高效沉积则更加难以控制，因此该方面的报道相对较少。Lee等[26]通过使用不含过量锂金属的Ag-C复合材料作为负极，以具有室温超高锂离子电导率的Li_6PS_5Cl作为固态电解质，采用高镍$LiNi_{0.90}Co_{0.05}Mn_{0.05}O_2$材料作为正极，构建了一种高性能无锂负极全固态电池（图4.11）。

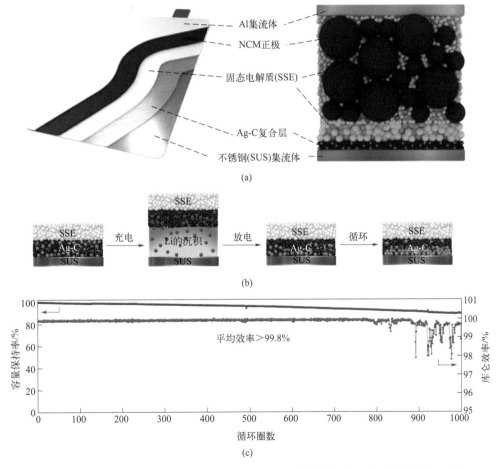

图4.11 无锂负极技术用于全固态锂电池：（a）无锂负极全固态电池结构示意图；（b）Ag-C复合电极工作机理示意图；（c）软包全电池的循环稳定性[26]

研究发现：Ag-C复合负极能够有效调节锂金属的沉积/剥离过程，其中Ag纳米颗粒可以有效诱导锂的形核与沉积，炭黑材料作为电解质与锂金属之间的隔绝层，可以有效提升锂金属-电解质的界面稳定性。基于上述材料所组装的0.6A·h软包电池在60℃下实现了>900Wh·L^{-1}的高体积能量密度，并实现了>99.8%的库仑效率和1000圈的长循环寿命。随后Suzuki等[46]发现在上述体系中如果采用具有晶体结构的石墨会引起无锂负极固态电池的短路，然而炭黑不会引发电池短路问题。炭黑能够抑制上述复合电极体系短路的根本原因在于锂金属会优先沉积到炭黑颗粒之间，后续通过压力作用将沉积的锂金属挤压到炭黑与集流体之间，这也是为何该负极体系采用较高强度的不锈钢或镍集流体的原因，见图4.11。

锂金属电池具有最高的能量密度，是下一代高能量密度二次电池的最有力候选者，但由于在充放电过程中锂金属负极存在巨大安全隐患，使锂金属电池无法满足商业化应用的需求。因此部分研究者认为由锂枝晶生长以及粉化引起的安全隐患，是液态锂金属电池难以逾越的鸿沟。

固态锂电池由于采用高安全的固态电解质来代替具有易泄漏、易挥发、易燃烧的有机液态电解质，极大地消除了锂金属负极的安全隐患，使研究者重新看到了锂金属负极复兴的希望。同样锂金属负极的应用也被认为是固态电池能量密度可以超越传统液态锂离子电池的重要原因之一。然而固态锂金属电池也面临不稳定的固-固接触界面、锂枝晶生长、严重界面副反应、巨大应力变化等诸多问题，如何有效解决上述问题是推动固态锂金属电池快速发展和走向实用化的关键所在。经过多年努力，研究者发现通过优化操作温度、压力和控制电流密度、引入中间保护层、修饰固态电解质等方法，可以有效缓解界面接触问题，一定程度上能够实现固态锂金属电池稳定的长循环。但这些方法距离实用化，依然有不小的差距。虽然固态锂金属电池的发展依然面临诸多挑战，但是其强劲的发展势头和美好的应用前景依旧值得科研界和产业界同仁为之继续奋斗。

4.2 嵌入型负极材料

4.2.1 石墨负极

1955年Herold首次发现石墨嵌锂后可以生成锂碳化合物[47]，自此之后国内外研究人员对具有储锂功能的碳材料开展了大量且深入的研究工作。其中焦炭材料是第一个被商业化应用的负极碳材料，然而焦炭材料并未在锂电池中得到广泛应用。阻碍焦炭材料进一步发展的瓶颈在于其具有相对较高的电极电势（1.0V，$vs.$ Li$^+$/Li）以及低放电比容量（<250mAh·g^{-1}）。1990年，加拿大达尔豪斯大学Jeff Dahn等发现含有碳酸乙烯酯的电解液可以通过还原分解在石墨表面形成一层稳定的SEI层，进而有效解决石墨负极溶剂共嵌入问题，实现了锂离子在石墨负极中高效可逆地嵌入/脱出。1991年，日本科学家Akira Yoshino等以LiCoO$_2$为正极，石墨为负极，构建了锂离子电池，成功将锂离子电池推向商业化应用的道路，并一直沿用至今。

石墨负极因具有嵌锂电位较低（0.1V，$vs.$ Li$^+$/Li）、理论比容量适中（372mAh·g^{-1}）、

体积形变小（＜20%）、价格低廉、环境友好等诸多优势，自商业化以后，便成为锂电池领域应用最为广泛的负极材料，预计在2030年之前石墨负极还会一直占据锂电池负极材料的主导地位。石墨材料具有典型的晶体结构，碳原子之间的杂化方式为sp^2杂化，每个碳原子会与邻近的三个碳原子形成σ键，通过σ键作用将整个平面上的碳原子连接成为一个片状结构。不同片状结构的石墨片在范德华力作用下结合在一起，形成整个石墨结构。石墨中的碳原子层有两种堆叠方式：一种是比较常见的按照ABAB方式堆叠的六方形结构；另一种是少见的以ABCABC方式堆叠的菱形结构（图4.12）[48]。正是由于这种层状结构，使得锂离子可以从石墨边缘嵌入或脱出。当锂离子嵌入到石墨晶体结构内部后，石墨的层间距会由0.335nm变为0.372nm，对应的体积膨胀大约为10%。石墨在嵌锂过程中会产生两种产物：LiC_{12}和LiC_6，其中LiC_{12}是一种中间产物，最终完全嵌锂的石墨材料会生成LiC_6产物[49]。

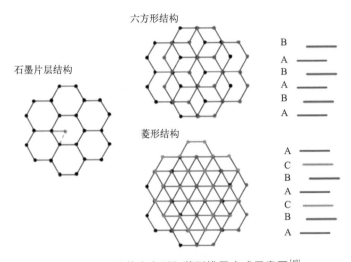

图4.12 石墨的六方形和菱形堆叠方式示意图[48]

相比于锂金属负极以及硅负极，层状结构的石墨负极具有较低的体积膨胀系数以及机械应变小的优势，因此将其应用于固态锂电池中时，通常具有更稳定的界面接触以及更长的循环稳定性。然而，石墨较低的比容量难以满足固态锂电池对高能量密度的需求，因此采用石墨作为负极的固态锂电池的能量密度甚至难以达到常规液态锂离子电池的水平。此外，石墨较低的嵌锂电位（0.1V，$vs.$ Li^+/Li）还容易使石墨负极在嵌锂过程中产生锂沉积行为，从而导致锂枝晶的产生。同时，由于石墨负极在液态电解质与固态电解质中具有完全不同的界面接触方式，导致其具有不同的电化学过程、机械应变等问题。因此，在固态电池中优化石墨负极的结构参数（如尺寸、弯曲度、孔隙率、电极厚度、电解质含量等），对于提升石墨负极的循环稳定性也是非常关键的[3]。

对固态锂电池中石墨负极的研究，初期主要聚焦于采用硫化物电解质提升石墨负极的放电比容量。早在2003年，Takada等[50]采用抗还原型的$LiI-Li_2S-P_2S_5$作为接触石墨负极一侧的电解质，采用抗高电压型的$Li_3PO_4-Li_2S-SiS_2$或$Li_2S-GeS_2-P_2S_5$作为接触$LiCoO_2$正极一侧的电解质，进一步研究了石墨负极在固态锂电池中的电化学性能。结果发现：$LiCoO_2/$石墨固态锂电池的体积能量密度和质量能量密度分别达到390Wh·L^{-1}

和160Wh·kg^{-1}（以电极质量计算）。另外，由于前期硫化物电解质室温离子电导率相对较低，加之石墨与固态电解质之间的界面阻抗较大，导致采用硫化物电解质0.75Li$_2$S-0.25P$_2$S$_5$(LPS)和0.3LiI-0.7(0.75Li$_2$S-0.25P$_2$S$_5$)的石墨负极比容量远低于传统液态锂电池中石墨负极的比容量[51]。Hayashi等[52]通过共焦显微镜观察石墨负极在固态电池中的演变规律，发现经过前4圈循环后，石墨负极比容量发生明显的衰退，且相应石墨负极的极片厚度比原始极片厚度增加了6%，因此认为石墨负极容量衰退的根本原因是石墨负极的体积膨胀引起的界面空隙以及由此所导致的界面阻抗增大和锂离子跨界面传输困难。

得益于Li-CMC优异的离子传导性能，Lee等[53]将具有导离子特性的Li-CMC黏结剂引入到固态电池的石墨电极中，使得不含固态电解质的石墨负极也可以表现出优异的循环稳定性（图4.13）。Huang等[54]通过将石墨与熔融态的锂金属复合制备成Li-C复合电极，并将该电极涂布到石榴石型固态电解质Li$_{6.5}$La$_3$Zr$_{1.5}$Ta$_{0.5}$O$_{12}$表面。由于LiC$_6$的存在提高了Li-C与固态电解质之间的界面相容性，极大地降低了固态电解质与Li-C之间的界面阻抗，显著提高了锂金属沉积效率，该体系的临界电流密度可以达到1.0mA·cm^{-2}。

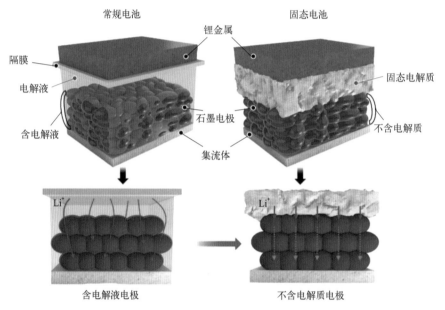

图4.13 传统石墨负极与具有导离子功能的黏结剂构建的石墨负极示意图[53]

4.2.2 钛酸锂负极

通常我们所说的钛酸锂电池实际是以钛酸锂（Li$_4$Ti$_5$O$_{12}$）为负极的锂电池。钛酸锂（Li$_4$Ti$_5$O$_{12}$）的理论比容量为175mAh·g^{-1}，相对锂金属的电极电势为1.55V左右。钛酸锂的晶体结构空间群为Fd-$3m$（图4.14），具有尖晶石结构所特有的三维离子通道，便于锂离子的快速扩散，因此钛酸锂电池具有优异的倍率性能以及极佳的高低温性能。受益于其特殊的晶体结构，钛酸锂最大的特点就是具有"零应变性"，即在锂离子嵌入或脱出其晶格时，其体积变化都小于1%。在充放电过程中，这种"零应变性"可以有效避免在循环过程中由于体积变化引起的结构破坏等问题，因此钛酸锂负极具有极佳的循环寿命，充放电可以达到数万圈以上。与石墨负极相比，钛酸锂的高嵌锂电位，使电解质不会在其表面被还原形成SEI。更重要的是即使在低温或者高倍率下，钛酸锂表面也不会产生锂枝晶。

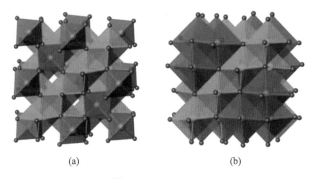

(a)   (b)

图4.14　钛酸锂结构示意图[55]：（a）脱锂态$Li_4Ti_5O_{12}$；（b）嵌锂态$Li_7Ti_5O_{12}$

正是由于具有上述这些优异特性，钛酸锂被认为是锂离子电池各种负极材料中安全性最高、循环寿命最长的。近十多年来，国内外大量研究者对钛酸锂电池技术进行了深入研究。但是需要注意的是，钛酸锂较低的比容量以及相对较高的电极电势，使其组装成的电池在能量密度上没有优势，因此钛酸锂电池的应用场景也受到极大的限制。而且，由于本身无机固态电解质的密度远大于有机液态电解质，当钛酸锂负极应用于固态电池中时，其能量密度会进一步降低，导致在固态锂电池中应用钛酸锂负极的报道相对较少。

Kato等[56]报道了采用钛酸锂作为负极，离子电导率达到$2.0 \times 10^{-2}S \cdot cm^{-1}$的硫化物$Li_{9.54}Si_{1.74}P_{1.44}S_{11.7}Cl_{0.3}$作为固态电解质，正极采用$LiCoO_2$，组装了一种高倍率全固态锂电池。得益于正负极超高的倍率性能以及固态电解质的室温高离子电导率，该固态电池在18C下具有优异的循环稳定性，在25℃下可以实现60C放电，在100℃下可以实现1500C的放电（图4.15）。Rupp等[57]通过脉冲激光沉积方法，将$Li_4Ti_5O_{12}$沉积到固态电解质$Li_{6.25}Al_{0.25}La_3Zr_2O_{12}$表面。$Li_4Ti_5O_{12}$与$Li_{6.25}Al_{0.25}La_3Zr_2O_{12}$表现出优异的界面兼容性，$Li_4Ti_5O_{12}$可以发挥接近理论值的比容量，且在$2.5mA \cdot g^{-1}$电流密度下循环22圈后，依然保持90%的放电比容量。以上研究证明$Li_4Ti_5O_{12}$不仅可以有效避免锂枝晶的产生，同时独特的"零应变性"可以保持与固态电解质优异的界面兼容性。

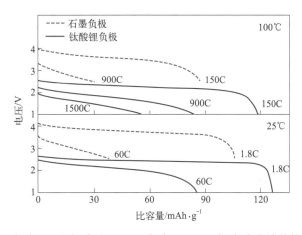

图4.15　$LiCoO_2$（＋）/石墨（－）和$LiCoO_2$（＋）/$Li_4Ti_5O_{12}$（－）全电池的倍率性能对比[56]

综合来看，脱嵌型负极（特别是石墨负极）在循环稳定性以及技术成熟度上具有显著优势，但其较低的比容量不利于固态锂电池实现高能量密度，使固态锂电池的能量密度优势不复存在。因此，采用脱嵌型负极构建高能量密度固态电池的研究思路并不理想。但是将其用于特殊的快充电池（如 $Li_4Ti_5O_{12}$）或者是具有长寿命的固态锂电池，可能会是一种比较好的选择。此外，脱嵌型负极可以与其他类型的负极进行有效复合，取长补短构建"脱嵌-合金"复合型负极，既可以弥补脱嵌型负极比容量的不足，又能缓解合金负极与固态电解质兼容性差的问题，有利于固态电池实现高能量密度、长循环寿命。

4.3 合金型负极材料

4.3.1 合金型负极材料特点及发展历程

合金型负极材料是锂与一种或多种金属或非金属（M）形成的化合物，其拥有仅次于锂金属负极的高比容量和相对较低的电极电势，是十分具有应用发展前景的下一代锂电池负极材料（图4.16）。其中，Li 与 M（M=Si、Sn、In、Bi、Ge、P、Al、Sb、Mg、Zn 等）发生合金化反应的反应式可以被写作：

$$x Li^+ + x e^- + M \rightarrow Li_x M$$

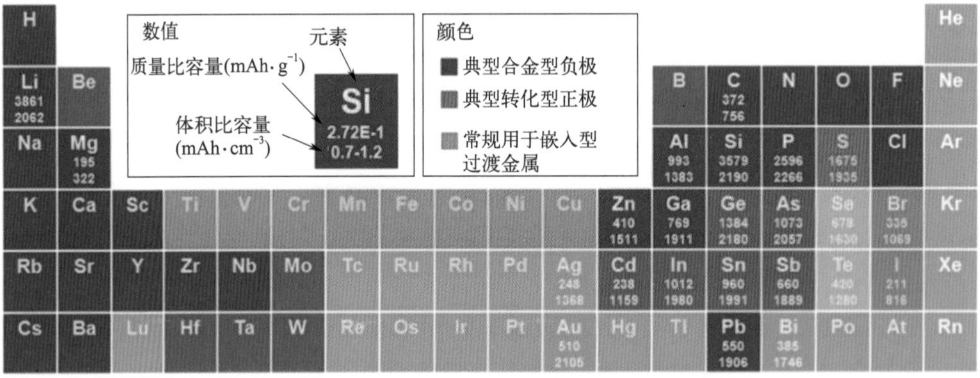

图4.16　不同合金型负极材料的质量/体积比容量[58]

对于一般的二元合金（Li-M）而言，依照锂化后的相态数目可将其反应过程分为单相固溶反应和两相反应。当M（例如Si、Sn等）嵌锂后生成合金的晶体结构、成分及性能与固溶体不同时，此合金化反应即为双相反应，锂嵌入过程中会有一定的成核过电势，成核过电势越低，越有利于锂的均匀沉积，使锂枝晶的生长过程受到抑制。若Li嵌入合金晶体后在某一阶段Li-M晶体结构与M（例如Ag、Al、Mg、Au等）相同，此反应即为单相固溶反应（可视为Li溶解到M内部），说明M具有良好的亲锂性，反应的形核过电势极低，几乎为零[42]。一般而言，固溶反应仅存在于M嵌锂过程中的某一阶段内，当合金中的锂含量超过固溶体溶解度时会体现为双相反应。

大多数M均可以储存多个锂离子，故合金型负极材料往往具有较高的比容量。相比于广泛应用于锂离子电池的脱嵌型石墨负极而言，这无疑是它最大的优势，其中硅的比容量甚至能够达到石墨材料的十倍，被认为是十分具有发展前景的负极材料体系之一[60]。与锂金属相比，合金负极的使用可以有效避免枝晶生长。原因主要包括以下两方面：锂离子在合金相中的扩散速率比在纯锂相中高，有利于锂离子在界面内的输送扩散，形成均匀的锂镀层；锂插入铟等金属中会使其化学势降低，可以抑制硫化物固态电解质的分解。与合金负极在液态电解质中生成三维 SEI 的情况相比，合金负极在固态电池中与电解质的接触是在二维界面上进行的，生成 SEI 的程度较低[61]，并且在循环过程中随着体积的不断变化具有更好的稳定性，所以合金型负极与固态电解质的界面兼容性更好。因此，发展合金型负极是权衡了各种材料的利弊后更为均衡与合理的选择，是目前十分具有发展前景的方向之一。

当然，合金型负极同样也存在着极具挑战性的问题：即严重的体积膨胀以及由此带来的电极材料粉化（图 4.17）。对于合金型负极而言，往往其比容量越大，体积膨胀越严重。以硅为例，硅负极在充电嵌锂过程中会发生 300% 左右的体积变化，并且体积的变化过程是非线性的[62]。在嵌锂初期，锂离子插入晶体硅的间隙位置形成非晶态的 Li_xSi。硅负极在体积膨胀过程中也在发生着不同程度的弹性形变和塑性形变。继续嵌锂后，突然出现的 $Li_{15}Si_4$ 晶体结构会使 Si 结构发生重排，导致体积发生快速而剧烈的膨胀。与此同时，电极内部的应力也随之急剧增加，这个过程极大地破坏了 SEI 的结构稳定性，使新界面不断暴露，导致 SEI 持续生长，使电解质及有限锂源发生不可逆的损失。并且，硅负极脱锂时体积变化的速率要高于嵌锂时的体积变化速率，急剧的体积收缩更容易导致放电过程中硅颗粒的粉化，引起颗粒间电接触失活，使其比容量迅速衰减。使用固态电解质可在一定程度上缓解硅负极表面 SEI 持续生长的问题，但随着体积的不断变化，硅颗粒与固态电解质之间也同样难以维持相对稳定的界面接触。表 4.2 详细总结了各种合金材料的比容量、对锂电位以及体积膨胀率等信息。

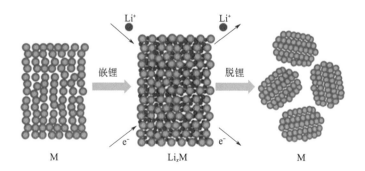

图 4.17　合金型负极的工作机制[59]

表 4.2　各种锂合金材料的理论比容量、平均电压以及体积变化率

合金型负极	嵌锂态	比容量/mAh·g^{-1}	电压（$vs.$ Li^+/Li）/V	体积膨胀率/%
Si	$Li_{15}Si_4$	3579	0.4	300
Sn	$Li_{4.4}Sn$	993	0.6	260
In	$Li_{13}In_3$	1012	0.3	105
Bi	Li_3Bi	385	0.7	215

合金型负极	嵌锂态	比容量/mAh·g^{-1}	电压（vs. Li$^+$/Li）/V	体积膨胀率/%
Ge	Li$_{15}$Ge$_4$	1384	0.5	230
P	Li$_3$P	2596	0.7	300
Al	LiAl	990	0.3	96
Sb	Li$_3$Sb	660	0.95	200
Mg	Li$_3$Mg	3350	0.03	100
Zn	LiZn	410	0.38	98

研究人员已采用了一系列方法来缓解合金型负极的体积膨胀，以改善颗粒之间的接触性以及界面间的稳定性，比如将活性物质的颗粒尺寸缩小到纳米级别、设计出特定的微观结构[61-64]、与活性材料/非活性材料进行复合[62,65,66]。例如将 Si 和 C 及 SiO 等材料进行复合，得到具有多壳层结构的复合负极，其中的硅活性物质为负极提供优异的储锂性能，而非硅材料则可以对其产生机械约束，在避免循环过程中硅颗粒团聚的同时还能抑制其体积膨胀，碳组分可以为硅颗粒提供良好的电子导电性，从而使其同时表现出较高的比容量和较长的循环寿命。

除此之外，制作高性能黏结剂[67]、发展含有羧基、羟基的黏结剂以及具有良好导电性的黏结剂也能够提高合金负极的电化学性能。高性能黏结剂可以增强合金负极活性物质颗粒间的相互作用，避免在循环过程中发生因颗粒间接触失活导致的容量损失。例如 Xun 等[68]在150nm粒径的锡负极中引入多氟芴型导电聚合物黏结剂，不仅可以使锡颗粒保持良好的接触，还可以为其提供贯通的导电网络，提高锡负极的综合性能。当然，对于不同的合金负极需要针对其特性以及所匹配的电解质类型进行相应的改进研究，彼此之间的研究思路不尽相同，但可以相互借鉴、相互引导。下面将分别对各种合金负极进行介绍。

4.3.2 合金型负极在固态电池负极领域的应用

4.3.2.1 硅负极在固态电池负极领域的应用

硅在地球上的储量丰富，是地壳中第二丰富的元素，占地壳总质量的26.4%。其具有超高的理论比容量，室温下 Li$_{15}$Si$_4$ 的理论比容量能够达到3579mAh·g^{-1}，而高温下（400～500℃）嵌锂态 Li$_{22}$Si$_5$ 的理论比容量甚至达到4200mAh·g^{-1}，并且0.4V的嵌锂电位使硅负极极大降低了锂枝晶生长的风险。丰富的资源储备、简单的加工处理方法、低廉的成本、环境友好等特点使其更符合高比能锂电池产业发展的目标（图4.18）。

1995年，Dahn 等[69]合成了硅含量为11%的硅-碳复合电极，其比容量高达600mAh·g^{-1}。1999年，Chen 等[70]制备了纳米硅颗粒与炭黑的复合材料，其比容量达到了1700mAh·g^{-1}。经历了早期的研究探索后，人们认识到硅负极在锂化过程中巨大的体积膨胀（高达300%）会导致负极材料的粉化失活以及SEI的破坏。而且，相较于其他材料，作为半导体的硅室温下的电子电导率（2.52×10^{-4}S·m^{-1}）与离子电导率（1.56×10^{-3}S·m^{-1}）都不算高，若想实现商业化，则上述问题都需得到有效解决。Cui 等[64]于2008年开发了直接从金属集流体上生长的硅纳米线负极，同时实现了高比容量

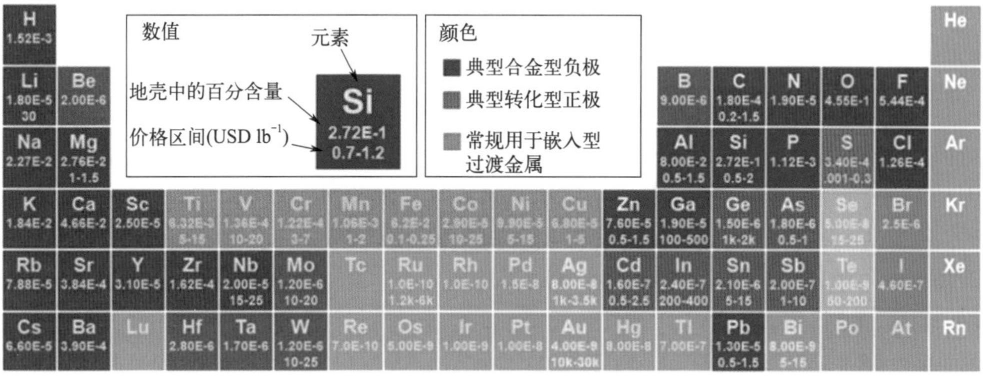

图4.18　不同合金型负极材料在地壳中含量及价格对比图[58]

和长循环稳定性，并于同年成立了 Amprius Inc 公司，致力于大规模生产硅负极电池并推进其商业化。Yu 等[71]采用镁热反应和银镜反应制备了镀有银层的纳米多孔硅负极，获得了较好的倍率性能。在此之后，研究人员还设计出了许多具有特殊结构的纳米硅材料，研究了硅负极中颗粒粒径与粉化程度的关系，并确定了150nm的临界粒径，即小于此粒径的硅颗粒具有较好的机械应变能力，不会在循环过程中出现断裂现象（图4.19）[60]。当然，微米粒径的硅颗粒也受到了较多的关注，因为其成本更加低廉，并且随后研发的自修复聚合物黏结剂、新型电解质和坚固的石墨烯涂层显著提高了微米硅颗粒的电化学性能[62]。

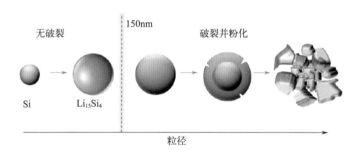

图4.19　硅负极中硅颗粒粒径大小与粉化程度的关系[60]

对于合金负极，尤其是体积膨胀率达到300%以上的硅负极而言，固态电解质特殊的力学性能使其竞争力超过液态电解质。这是因为在液态电解质中，硅负极反复的体积变化会使SEI膜不断地破裂而又持续生长，在增加电池内阻的同时也使有限的锂源发生了不可逆的损耗，从而使电池的比容量快速衰减。而在固态电池中，即使负极发生巨大的体积变化，固态电解质也不会呈现出流动的状态持续浸润负极表面，所以接触界面上的SEI仍相对完整[72-74]。固态电池的循环稳定性主要取决于硅颗粒与固态电解质颗粒间、硅颗粒与集流体之间、硅颗粒彼此之间接触的紧密程度。而硅颗粒在嵌锂、脱锂过程中体积不断发生变化会导致颗粒间不能保持稳定且良好的接触。这时，如果在固态电池上施加外部堆叠压力便可对体积膨胀过程进行抑制，也可以在脱锂、电极体积收缩的过程中确保上述颗粒间始终保持良好的接触，从而保证了循环的稳定性。因此，综合利用硅负极与固态电解质的优点可以在一定程度上弥补各自的缺陷，进一步充分发挥两种材料的优势。

对于采用液态电解质的硅负极而言，在首次充电过程中其表面存在的SiO_x膜会利用其内的硅烷醇官能团与有机溶剂、有机添加剂以及锂盐等物质反应，产生SEI，并且随着循环的进行，硅负极上形成的SEI是在不断发生变化的。然而，在固态电池中，SEI的产生原理更显复杂，研究人员对此也存在不同的看法。Takada等[75]认为在硫化物固态电池中，硅负极表面不会有SEI生成。他们使用不含碳导电剂的无定形硅薄膜作为负极，与硫化物电解质$70Li_2S \cdot 30P_2S_5$和锂铟负极一同组装成半电池，通过分析界面电阻的变化推测纯硅负极与硫化物电解质间不会产生SEI。随后，Takada等[76]又制备出300nm厚度的无定形SiO_x薄膜作为负极，同样使用$70Li_2S \cdot 30P_2S_5$组装成半电池，但并未对负极与电解质界面组成进行详细的组分分析。此时，有学者认为在低电位下，硅基负极与硫化物电解质间也会形成SEI，只是缺少更细致的定量研究。Sakuma等[77]研究了电极的氧化还原电位以及电解质组分对SEI产生的影响，在$Li_ySi/Li_{4-x}Ge_{1-x}P_xS_4$（$x$=0.5、0.65和0.75）/$Li_ySi$电池中将SEI的电阻以及$Li_ySi$合金的电极电位建立了函数关系，证明了在低电位下，硅组分与硫化物电解质间会有较高电阻的SEI生成。随后的研究工作也认为，复合硅负极中碳组分的存在会加剧硫化物的分解，促使具有高电阻SEI生成。而Yamamoto等[78]借用横截面扫描电子显微镜分析技术观察到负极与电解质之间明显存在SEI，该SEI膜的产生被认为是硅碳复合负极中的碳组分与硫化物电解质相互作用而加剧了SEI的产生，可以为上述观点进行佐证。然而，现在仍难以判断此SEI是否仅由硫化物电解质分解产生，硅组分是否对SEI的形成过程有影响尚未得知。想要阐明这一问题，必须对SEI的组成以及微观结构进行更加细致的定性和定量研究分析。同样，无论是作为负极材料主体还是作为硅颗粒表面的杂质，SiO_x是否也参与了SEI的产生也需要科研人员做进一步研究探索。

从上述硅负极的发展历史中，我们可以总结出在液态电池体系中，硅负极的改性策略主要集中在以下几个方面：纳米化硅材料并对其进行结构设计、对硅进行表面包覆、改进黏结剂、预锂化以及制备复合负极等[79-81]。但并不是所有的改性方法都可以平移至固态电池体系内。具有特殊结构的纳米材料层出不穷，纳米线[63]、纳米管[82]、纳米片[83]、纳米多孔结构[71]都可缓解硅负极的体积膨胀，与此同时在纳米硅颗粒上包覆碳[84]的方法也被广泛研究。但是在全固态电池的制作过程中需要施加较大的堆叠压力，这种精细的纳米结构很容易被破坏，使其无法发挥作用。在液态电池体系下，硅负极常用的制备方法仅有湿法涂覆这一种，而在固态电池体系下，通常可以直接将硅层沉积在固态电解质表面，制备薄膜负极，也可以同碳、固态电解质等材料复合，制备粉压负极或湿法涂覆负极。下文将简要介绍由这几种不同方法制备的硅负极的研究进展。

（1）薄膜硅负极

薄膜硅负极的优点在于可以很好地发挥出硅的高比容量，并且在较高倍率下能够有较好的循环稳定性，且在薄膜电池的循环过程中不需要对其施加持续的堆叠压力。然而，将薄膜负极的厚度提升后，其循环稳定性会发生明显下降，难以满足大容量动力电池市场以及规模化储能等的需求，所以其通常仅适用于载量较低的应用场景，如在微型电子设备领域具有广阔发展前景。

薄膜硅负极主要适配于氧化物电解质，例如$Li_7La_3Zr_2O_{12}$(LLZO)，此类电解质具有

室温离子电导率高、与正负极界面兼容性
好、晶界电阻低、副反应少、加工方便、价
格低廉等优点。然而，氧化物电解质也存在
一定的缺点：杨氏模量较高，塑性、弹性均
较差，质地较脆，即使外加堆叠压力仍难
以提高其与硅之间的界面接触性。为保证
硅与氧化物固态电解质间良好的界面接触
性，研究人员直接将硅层沉积在固态电解质

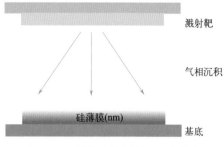

图4.20　磁控溅射方法沉积硅薄膜

层上，制作出依赖扩散的薄膜硅电极（图4.20）。Li等[39]用Ta掺杂$Li_7La_3Zr_2O_{12}$，得到了
$Li_{6.4}La_3Zr_{1.4}Ta_{0.6}O_{12}$(LLZTO)，随后将硅层用直流磁控溅射的方法沉积在1mm厚的LLZTO
薄膜上，沉积的硅层厚度从45nm到900nm不等，这种制作方法极大地提高了两者间接
触的紧密性，使180nm厚度下的硅层与电解质的接触界面在循环过程中不会有断裂破碎
等接触失活的现象发生。但是，随着硅层沉积厚度的不断增加，锂脱出过程中的体积收
缩程度随之增加，平面内的拉应力会导致负极与电解质的界面接触逐渐变差，从而使循
环稳定性逐渐下降。为解决这一问题，Hu等[85]用质量比为3%的Al_2O_3掺杂$Li_7La_3Zr_2O_{12}$
得到LLZAO，并通过等离子体增强型化学气相沉积的方法在该固态电解质表面沉积了
厚度达到1μm的硅层，通过LLZAO与碳纳米管集流体对硅层的双向约束来缓冲其体积
膨胀，并同时维持了硅与集流体、硅与电解质两个界面的稳定。为进一步改善电解质和
硅的界面稳定性，Villevieille等[86]对LLZAO进行表面处理，通过去除电解质表面上的
Li_2CO_3、LiOH等后，再将硅层沉积在固态电解质的表面，显著改善了Li^+在Si/LLZTO界
面上的传输效率。

　　不是只有氧化物型固态电解质才能使用硅薄膜负极，塑性变形更好的硫化物或聚合
物电解质搭配硬度较高的硅负极薄膜同样可以获得更好、更紧密的界面接触。但是，当
塑性较好的固态电解质与硬度较高的硅负极进行匹配时，相较于活性物质与电解质间的
界面，活性物质与集流体间的界面接触成了制约硅负极性能的最主要因素，所以可将硅
沉积于集流体上。例如，Takada等[74]将1μm厚的Si-FeS层沉积在了不锈钢集流体上，搭
配具有一定塑性变形能力的$70Li_2S \cdot 30P_2S_5$电解质可以同时使负极与集流体、负极与电解
质界面保持良好的接触，从而实现了载流子的快速转移，使复合负极能够在10C快速放
电时仍能保持稳定的循环。

　　（2）湿法涂覆硅负极

　　如前所述，薄膜硅负极能更好地适用于氧化物固态电解质，而粉压负极和湿法涂覆
负极则通常应用于硫化物固态电解质体系。硅负极制备方式的不同是由这两类无机固态
电解质不同的力学性能导致的。氧化物固态电解质的弹性较差，质地硬且脆，难以通过
施加堆叠压力使之发生形变的方式来解决界面接触的问题，所以需要将硅薄膜沉积于氧
化物表面以提高界面的接触性。而硫化物固态电解质质地软、模量低，在施加外部堆叠
压力的情况下，活性物质与电解质间可以长期保持良好接触，所以更高载量的硅负极可
被制造并适配于硫化物固态电池体系。

　　湿法涂覆电极的制备工艺在液态和固态电池体系均可适用。湿法涂覆电极的制备方

法通常是将硅颗粒、电解质、导电剂与黏结剂等一同分散于具有良好挥发性的溶剂中，再用刮刀等将混合液均匀地涂抹在集流体上，然后烘干至溶剂完全挥发即可得到极片。这种制备方法简便快捷，适用于硅负极的大规模批量生产。在固态电解质领域，对湿法涂覆硅负极的研究改进主要体现在新型黏结剂的设计、开发和制备方面。

在湿法涂覆负极的制备过程中，黏结剂的作用是使硅颗粒彼此之间、硅颗粒与集流体之间紧密接触，形成良好的导电回路。然而，黏结剂本身则会在一定程度上降低负极中活性物质占比，导电性差的黏结剂也会增加电池内阻。因此，在满足上述效果的前提下，降低黏结剂的含量、增强黏结剂的导电性变得尤为重要。Takahashi等[87]以聚碳酸丙烯酯（PPC）为黏结剂制备涂覆负极，在完成电池的组装后，通过加热使PPC分解挥发除去，使制备后的电池负极中不含黏结剂。这种方法不仅能提高电极中活性物质的比重和电池整体的能量密度，更重要的是可以通过去除导电性较差的黏结剂组分有效降低电池的内阻。Lee等[88]对聚丙烯腈（PAN）进行加热处理，使之通过发生分子内环化产生离域的共轭π键，在不破坏PAN本身离子导电性的同时使其具备了一定的电子导电性，该方法使负极中硅的含量提升至70%。

除了上文中提到的将硅沉积在电解质上形成薄膜负极之外，还可以将电解质沉积在硅负极上。由于黏结剂通常具有较强的极性，因此只有在强极性溶剂中才能分散均匀，但极性较强的溶剂通常会和硫化物电解质发生反应。为了解决这一问题，Xu等[89]首先通过使用PVDF、PAA/CMC黏结剂制备了硅负极，再用Li_6PS_5Cl的乙醇溶液将其浸润，待电极被烘干后，通过原位沉积的方式将电解质沉积于硅负极上。这种制备思路与薄膜负极异曲同工，但打破了薄膜负极载量低的限制条件，使活性物质与电解质间的接触变得紧密的同时也避免了电解质与极性溶剂间的接触。然而，这种制备方法的缺陷在于：固态电解质被溶剂浸润以后离子电导率会降低一个数量级，降低了极片内部的离子传输能力，因此该方法难以应用于高负载电极的制备。

（3）粉压复合负极

构建硅基复合负极材料是提升硅负极电化学性能的常用手段，因为使用具有柔韧性、导电性的"第二相"材料与具有高比容量的硅进行复合，可以达到取长补短的目的。碳材料常用于同硅材料进行复合，与其他硅基复合负极材料相比，硅碳复合材料也更适合商业化生产。

在固态电池领域，硅碳负极常被制作成粉压复合负极，通常将各种粒径的硅粉与导电碳、固态电解质混合后，外加庞大的堆叠压力压制而成。其中，硅颗粒的粒径与质量分数对粉末压制型复合负极的电化学性能有重要的影响，粒径小于临界尺寸的硅颗粒在循环过程中受体积变化产生的应力影响小，能够维持颗粒的完整性，有利于维持循环稳定性（图4.21）。但是，早期的复合负极中含有大量的电解质成分，较小的粒径意味着较大的比表面积，这时的SEI是在围绕着每个硅颗粒周围的三维层面上产生的，当具有加剧电解质降解作用的碳组分存在时，硅颗粒与电解质界面副反应将加剧锂源的不可逆损耗。

Lee等[90]便制作了不使用黏结剂的粉压硅复合负极，并研究了硅颗粒尺寸对电池性能的影响，发现较小粒径的硅颗粒表现出较好的循环稳定性，其中粉压硅复合负极中

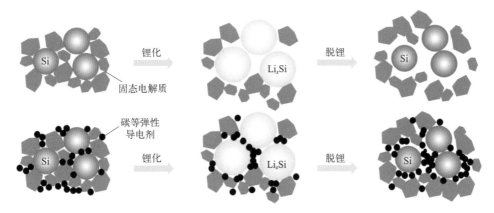

图4.21 粉压型复合硅负极电化学行为示意图

$50 \sim 100nm$粒径的纳米硅颗粒、乙炔黑与硫化物电解质$77.5Li_2S \cdot 22.5P_2S_5$的质量比为$1:1:5$，硅的质量仅占复合负极整体质量的14.3%。Dunlap等[91]通过研究不同粒径硅颗粒制成的Si-C复合负极也得到了同样的结论。

在粉压复合负极的制备过程及干粉压制粉饼全固态电池的运行过程中，通过施加合适的压力、高于50mV的截止电压、选择与杨氏模量匹配的电解质、选择合适的黏结剂均可以有效提高其综合性能。Piper等[92]使用粒径为50nm的复合硅负极进行压力测试，对其组装的电池分别施加3MPa、150MPa和230MPa的堆叠压力，实验结果表明，从3MPa到150MPa、230MPa，电池的比容量会逐渐降低，充电平台消失，克服抑制硅体积膨胀过程中产生的应力也会消耗电能，从而使负极的嵌锂电位降低，但电池的循环稳定性得到增强。

除了对固态电池施加外压之外，还可以通过提高截止电压以及内设框架的方法来缓解硅负极在循环过程中的体积变化。例如，在Li/Si半电池中将截止电压从5mV提高到50mV后[88,92]，由于阻止了晶态$Li_{15}Si_4$的形成，其体积变化明显降低，循环稳定性大幅提高，然而截止电压的升高会使其初始放电容量降低40%。内设框架应用到的力学原理与外加堆叠压力相同，都是依靠材料内部的应力来抑制材料本身的体积膨胀，但内部框架的设立更有利于维系电极结构的完整性。Whiteley等[93]将Si分散于Sn框架中，制备了Si-Sn负极，Sn具有0.6V的嵌锂电位，会先于硅嵌锂发生体积膨胀从而产生应力作用在硅颗粒上，有效限制了硅的体积膨胀。Yang等[94]受植物细胞吸脱水过程中维持结构稳定性的启发，在锂离子电池体系中为微米硅颗粒构建了一个收放自如的导电碳网络，其可承受在电极制备过程中高达100MPa的外部堆叠压力，所以这种复合材料的制备策略同样也可以应用到粉压复合硅负极中。

然而，以上三种方法虽然可以提高硅负极循环稳定性但却会使比容量降低，因此在实际应用中，应权衡这两个因素，使体系的综合性能更为优异。除此之外，还可以通过优化硅负极与固态电解质的杨氏模量匹配性、选择黏结能力更强的黏结剂来提高硅负极的循环性能。Jung等[67]系统地研究了聚偏二氟乙烯（PVDF）、聚丙烯酸（PAA）/羧甲基纤维素（CMC）黏结剂对硅负极循环稳定性的影响。Tatsumisago等[95]通过在Li_2S-P_2S_5中掺杂LiI的方式降低了电解质的杨氏模量，使电解质具备更好的形变能力，提升了与硅颗粒的接触紧密性，但是过低的杨氏模量也会导致电解质发生塑性形变，降低了电解质的弹性，使硅负极在脱锂体积收缩过程中在与电解质接触的界面上留下缝隙、裂纹，导致电池性能衰减严重。

（4）无导电剂的微米硅体系

硅基材料研究的早期，在液态电解质或没有外部堆叠压力帮助下的固态电池体系中，为缓冲硅巨大的体积变化，需要使用无定形的纳米硅。但是纳米硅颗粒间的接触较差、相同载量下存在较多的接触界面，导致其表现出较差的离子电导率和电子电导率，所以通常要向其中加入更多的碳及电解质，这使得复合负极中的硅含量一直难以得到提升。当纳米硅应用于需要较高堆叠压力的硫化物固态电池时，除了面临上述电导率低的问题，还会受到界面反应的影响。硫化物电解质在较低的电位下会分解，从而在与硅负极接触的界面上产生少量的SEI，随着复合负极中碳组分的加入，硫化物电解质的分解变得更加严重，加剧了循环过程中锂源的损耗，尤其是在较小倍率的充放电情况下会大量损耗正极中有限的锂源，导致电池容量迅速降低。因此，在大部分研究报道中，纳米硅复合电极都是组装成半电池进行循环测试的，难以在全电池中应用。

纳米硅应用于固态电池时面临的另一个难题是，液态电解质体系中碳壳包覆硅颗粒的复合形式因难以承受住电池外部的堆叠压力而无法简单地挪用到固态电池体系上，各种具有多孔结构的硅材料也是由于这个原因难以从锂离子电池体系简单地挪移到使用较高堆叠压力的固态电池体系中，所以复合硅负极的常用制备方法是简单混合，这导致每个硅、碳颗粒周围均存在大量的电解质，首圈循环后，大量的SEI将会产生并充斥在整个电极内部，在损失更多锂源的同时也使体相电阻增加，不利于电子、锂离子的传输。

微米粒径的晶体硅本身具有较好的电子电导率，能够达到$3 \times 10^{-5} S \cdot cm^{-1}$，用微米粒径的硅作为负极不需要添加额外的导电组分。但是，微米硅显著的体积变化带来的潜在粉化和接触失效问题，让科研人员对微米硅在固态电池中的应用望而却步。最近，Meng 等[96]使用了一种室温离子电导率超过$10^{-3} S \cdot cm^{-1}$的硫化物固态电解质Li_6PS_5Cl，与不添加任何导电碳和电解质的微米硅阳极相匹配，通过界面钝化效应构建了一个非常稳定的电极/电解质接触界面。起初，界面处的锂嵌入硅中形成硅锂合金，在此之后，电子和离子同时在锂硅合金和硅层的界面上相遇，促进硅实现了一个快速而完整的锂化过程。并且在锂化过程中，硅的体积膨胀会使其结构变得致密，增强了硅粒子之间的物理接触。然而，当硅电极发生去锂化时，硅电极的微观结构不会恢复到原有的多孔隙结构，而是在垂直于接触界面的方向上产生较大的柱状空洞。以往的研究普遍认为，当仅使用微米硅作为活性材料时，体积膨胀引起的较差界面接触以及作为半导体材料的低电导率均不利于负极体系的构建。而Meng 等提出的界面钝化SEI和二维平面锂插层的可逆机理打破了人们对于硅基负极的固有看法，将促进适配于硫化物电解质全固态电池的硅基负极向前迈出一大步，加速其商业化发展的进程（图4.22）。

硅的超高比容量使其在一众负极材料中脱颖而出，受到越来越多的关注。在方便施加堆叠压力的固态电池体系中，硅负极的应用可行性将进一步提高。然而，硅负极在固态电池中的工作机理研究以及制备技术探索尚处于起步阶段，仍然有许多基础科学问题和关键技术需要探索和改进。

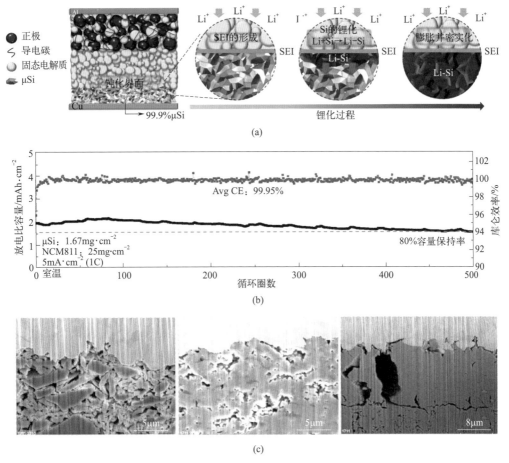

图4.22　全活性硅负极在固态电池中电化学行为：（a）锂化示意图；（b）全电池循环性能图；（c）循环过程硅的形貌变化[64]

　　微米级别的硅颗粒被认为是硅负极中最有应用前景的体系之一。在微米硅构成的固态电池中，施加外部堆叠压力是为了维持循环过程中硅与电解质界面的稳定接触，因此完全取消堆叠压力并不现实。通过将硅与其他质地较软的材料合金化或加入具有更好形变能力的材料改善其界面接触，有望降低维持其良好循环所需施加的堆叠压力。另外，采用微米硅制备的负极首圈库仑效率普遍不高，如何提高首圈库仑效率成为发展微米硅负极固态电池需要考虑的关键问题。

　　经过预锂化的硅负极，通常具有更高的电子电导和离子电导，同时其电极的柔韧性也会相应的提高，能够有效提升全电池的首效以及循环稳定性能。但是预锂化后的硅负极相比于纯硅负极更容易产生锂枝晶，存在较大的短路隐患。因此，如何合理优化预锂化程度，同时探究改性锂硅合金枝晶生长的解决方法，是下一步提升硅负极性能的重要研究方向，同时也对硅负极的发展起着重要的推动作用。

4.3.2.2　铟负极在固态电池领域的研究进展

　　铟是一种质地较软、可塑性强、延展性较好的金属，最早于1863年，由德国人赖希和李希特在用光谱法研究闪锌矿时被发现。其在地壳中的分布量较少，并且十分分散，仅在锌和其他金属矿中作为杂质存在，是稀有金属，提取工艺以萃取 - 电解法为主，过程比较烦琐，所以其价格也居高不下。

铟可与锂形成合金 $Li_{13}In_3$，其具有 $1012mAh \cdot g^{-1}$ 的质量比容量，并且在循环过程中其体积变化仅为 105%，在合金负极体系中已经非常低[97]。按照常理来讲，铟的价格十分高昂，看似并不是负极材料的理想选择，但实际上在固态电池中锂铟合金应用却比较多。原因就在于：锂铟合金制备过程简单，且锂铟合金具有十分优异的导电性，以及较好的柔韧性，使其在较低压力下也可以与固态电解质实现紧密的物理接触。此外，锂铟合金化过程均匀地发生在整个界面上，可以与电解质生成具有一定柔韧性的 SEI，降低了其与电解质之间的反应活性的同时也在一定程度上抑制了锂枝晶的生长。锂铟合金的嵌锂电位在 0.6V 左右，这对电池能量密度的影响是可以接受的，并且在循环过程中其电化学性能也表现得十分稳定[98]。

于是，从锂铟合金展现出优越性能的那一刻开始，其就成了各类研究报告中的辅助角色，在研究各种比例、各种不同类型添加剂的复合负极中，在各类包覆掺杂的三元正极的改性研究中，在各类新型电解质的研究或新制备方法的开发中，锂铟负极都发挥了重要的作用，在大多数锂硫电池相关的研究中都能看到锂铟负极的身影。

锂铟合金在负极体系中通常被制备成几种特殊的结构，比较常见的有分层结构、三维骨架结构等。为了进一步简化实验步骤、提高负极与固态电解质间界面的接触紧密性并降低界面阻抗，Tatsumisago 等[97]使用真空蒸发的方法在锂金属与固态电解质的界面间插入了一层金属铟薄膜。

为了降低局部电流密度，促进锂的均匀成核，研究人员制作了一系列 N 掺杂的碳骨架结构[99,100]，然而锂金属在碳材料上的成核过电势较大，表现出较差的浸润性，使锂金属难以完全填充进碳材料中。Yin 等[101]研究了锂沉积过程的形态学和动力学参数，发现 $Li_{13}In_3$ 具有十分优异的亲锂性，锂在此合金上的成核势垒非常小，所以相比于在锂基底上成核，锂更易在 $Li_{13}In_3$ 骨架上成核。于是他们使用简易的一步蒸发法制备了 $Li_{13}In_3$ 合金骨架，为锂的沉积提供了丰富的位点，不仅可以引导锂在合金骨架上均匀成核，还可以降低局部电流密度，相比起常见的锂铟合金负极，这种三维骨架的设计使其拥有更好的循环稳定性和更有效的锂枝晶生长抑制作用。

然而，作为实验室中最常使用的负极之一，研究人员缺少对其进一步的形态学稳定性的相关研究，对其在材料结构或电极制备方法上的改性研究也十分有限，同时大部分电池都是在较低负载和较小电流下运行的，在高负载和大电流下其是否仍能保持稳定尚无定论。直到 2021 年，Zhang 等[102]发现，在固态电池中广泛使用的锂铟负极中也存在枝晶生长的问题，尤其是在高负载、大电流以及长循环的条件下（图4.23）。通过实验现象与计算分析可以得知，锂铟枝晶的生长是电池在充放电过程中铟基体发生膨胀及较轻微的界面反应导致的。不同于垂直于负极界面纵向生长的锂枝晶，锂铟枝晶呈条纹状横向生长，比锂枝晶更加致密均匀。锂铟枝晶与电解质间的浸润性更好，不会像锂枝晶那样在生长过程中使电解质内部出现很多裂缝和空隙。在短路的电池中，锂铟枝晶均匀地填充满了电解质颗粒的间隙并与之紧密接触，电解质整体始终保持着相对紧密、完整的结构。由此可知，锂铟枝晶的生长应力较小，并未对电解质本身造成明显的结构损伤。

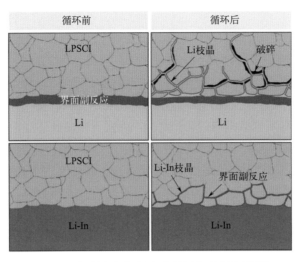

图 4.23 锂枝晶与锂铟合金枝晶生长示意图[102]

虽然 Zhang 等的研究显示锂铟合金负极并不是绝对安全的理想负极，但其综合性能仍要超过目前研究的其他合金负极，所以对其开展进一步研究和改进工作也是十分有意义的。通过对锂铟合金负极枝晶生长的机理与形态研究可以得知：

① 提高电解质或锂铟负极的电化学稳定性、降低固态电解质的孔隙率是抑制锂铟枝晶生长的有效方法；

② 建立更均匀细致的锂铟框架结构也有助于促进锂在其上均匀成核，细化电流密度，有效抑制枝晶生长，使电极的电化学性能得以提高。

4.3.2.3 铝负极在固态电池领域的研究进展

铝是一种银白色、具有一定延展性的轻金属，其密度仅有 $2.70g \cdot cm^{-3}$。铝元素在地壳中的含量仅次于氧和硅，位居第三，达到了 8.3%。铝金属具有非常高的电荷储存能力，每个铝离子在充放电的过程中可以最多释放三个电子，具有非常高的能量密度。铝电池的发展也有百年历史了，但至今仍难以达到锂离子电池的应用规模。目前来看，铝作为锂电池的负极材料是比较具备应用前景的。众所周知，理想的合金负极应具备以下几个特点：

① 材料具有较好的亲锂性，具体表现为锂在铝上的成核过电势要低；

② 材料要具备良好的导电性，使局部电流密度降低，促进锂的均匀沉积；

③ 材料应具备一定的机械稳定性和化学、电化学稳定性；

④ 质量尽可能轻，有利于能量密度的提高。

铝无疑是满足上述条件的理想合金负极的重要选择之一。铝可与锂形成 LiAl 合金，具有 $990mAh \cdot g^{-1}$ 的质量比容量，在循环过程中体积变化仅有 96%，比其他大多合金负极的体积变化率要小很多。铝的价格低廉并且资源分布广泛充足，并且其电导率达到了 $3.5 \times 10^7 S \cdot m^{-1}$，如此高的电子电导率可以避免导电碳的使用，这一优点对于将其应用到硫化物基固态电池上而言尤为关键。具备高延展性的铝可以很容易地被制成铝箔，不需要任何黏结剂，降低了负极中非活性物质的含量。锂铝合金对锂电势仅有 0.3V，比锂硅合金及锂铟合金都低[103]。

在锂离子电池中，锂铝合金通常被用作锂金属负极的保护层，也可被构建成三维导电网络促进锂均匀沉积。Chen等[104]在锂金属的表面原位生成了LiF和锂铝合金的保护层，调节了Li的均匀沉积，抑制了锂枝晶的生长，降低了界面阻抗，使电极的循环稳定性得到提高。Zhao等[105]用热注入法制备了Li-LiAl合金电极（与锂具有较好的亲和性），即用过量的锂与铝合金化，形成LiAl和Li的双相复合负极，同时调节电压，使富余的锂脱出后得到具有稳定三维结构的锂铝合金，为接下来的嵌锂过程提供丰富的成核位点，促进锂金属的均匀沉积。

锂铝合金负极在固态电池领域的研究相对较少，但考虑各类合金电极的综合性能，锂铝合金负极在未来将有较大的开发空间。Zhou等[103]使用了锂铝合金作为固态锂硫电池的负极，显著提高了电池的循环寿命。他们认为$Li_{10}GeP_2S_{12}$（LGPS）实际的电化学稳定窗口要比理论值宽很多，于是使用了工作电位在LGPS实际电化学稳定窗口内的锂铝合金代替价格高昂的锂铟合金，并对铝进行了定量锂化实验，确定了$Li_{0.8}Al$为最合适的负极组成。

4.3.2.4　金负极在固态电池领域的研究进展

金单质可以说是家喻户晓的贵重金属，多个世纪以来一直被用作货币而广泛流通，其具有高密度、柔软、抗腐蚀等特性，是延展性最好的金属。其电阻率仅有$2.05 \times 10^{-8}\Omega \cdot m$，与锂的亲和性非常强，可与锂形成$Li_{15}Au_4$合金，且锂在其上的成核过电势几乎为零，Cui等[122]就曾使用内壁嵌有纳米金颗粒的碳球壳促进了锂在负极内部的均匀沉积。然而高昂的价格使金成为固态电池负极的机会十分渺茫。

受制备技术水平的限制，金表面结构凹凸不平，导致金与固态电解质的接触界面处存在着大量的孔隙，使电荷密度分布不均，加剧了锂在界面处剥离或沉积的不均匀性。于是，Masahiro Tatsumisago和Akitoshi Hayashi等[37,106,107]均使用真空蒸发的方式将金薄膜镀在了电解质表面上，促进锂均匀沉积的同时细化了电流密度，降低了界面电阻，抑制了锂枝晶的生长。Hu等[123]依据相同的原理，使用了价格更低的锗薄层沉积在锂金属与电解质的界面间，同样达到了上述效果。

能够进行商业化的电池不仅需要保证优异的电池性能和较高的安全性，还应该具有广泛的原材料分布以及低廉的成本，所以，使用其他具备相似性能的合金代替金是下一步努力的方向。

4.3.2.5　磷负极在固态电池领域的研究进展

磷基材料在锂电池领域具备一定的优势。首先，磷在自然界的储量丰富，且中国的磷矿资源储量位居世界第二，不存在原材料"卡脖子"的问题。其次，磷负极的理论比容量高达$2596mAh \cdot g^{-1}$（形成Li_3P），并且具备$0.7V$（$vs.Li^+/Li$）的稳定放电平台[108]。

磷具有多种同素异形体，包括红磷、黑磷、白磷和紫磷。反应性强且又易挥发、升华的白磷显然不是电池负极材料的理想选择。价格低廉、稳定性又相对较好的红磷最早作为锂离子电池负极材料被研究。但红磷也存在诸多问题：电子电导率较低（约$10^{-12}S \cdot m^{-1}$）、离子扩散速率较差、充放电过程中体积变化巨大（约300%）。为解决红磷的上述问题，通常将红磷与碳制备成复合材料。L.Monconduit等[109]将红磷与多孔碳气相沉积复合，增强电极导电性的同时也抑制了体积膨胀。Wang等[62]研究了最佳的磷碳比，并且选用

30%的石墨烯做导电剂，使用球磨法制备了红磷-石墨烯复合材料。Yu等[110]将红磷通过加热转化为磷蒸气，从而将磷沉积在了CMK-3的介孔中，制备了RP-CMK-3复合电极，并且发现通过合理优化碳材料的结构与孔径大小，可以有效提升红磷复合电极的电化学性能。

黑磷是磷的各种同素异形体中反应活性最弱的，并且其热稳定性也是最好的，电子导电性比同属于半导体材料的硅要好（约 $10^2 S \cdot m^{-1}$）。黑磷属于类石墨烯二维材料，具有独特的层状褶皱结构[111]，同一层上的磷原子分别与相邻的三个磷原子相连，层与层之间则通过较弱的范德华力作用而相互堆叠，所以其易于剥离成类似石墨烯的单层黑磷结构，即磷烯[112]。磷烯除了具备导电性能好、应力缓冲等与石墨烯类似的性能外，还具有以下优势：锂离子在单层磷烯中的扩散呈现方向择优性，其中沿之字型路径扩散的速度为石墨烯的10000倍，磷烯本身具有 $432.79 mAh \cdot g^{-1}$ 的比容量，且循环过程中体积变化仅有0.2%。可用其代替石墨烯制备出复合硅负极用于硫化物固态电池，降低石墨烯对硫化物电解质的分解作用。同石墨烯最早的分离过程类似，Zhang等[112]使用胶带微裂解法首次从块体状黑磷中制备出了磷烯。黑磷的制备方法较多，目前常用的是高温高压法[113]、机械球磨法[114]以及湿化学法[115]。然而上述制备方法工艺复杂、条件苛刻，均难以实现工业化量产，所以探索一种简单、环保的黑磷制备方法是当务之急。

近年来，黑磷材料在能源储存、电子器件及催化转化领域展现出优异的性能。黑磷的理论比容量与红磷相同，因其具有特殊的二维褶皱孔道，故与锂合金化之前，需要像在石墨负极中那样进行插层储锂。相较于红磷负极，黑磷负极的优势如下：

① 作为半导体材料，黑磷本身的导电性相对较好，且在嵌入锂后会发生从半导体到金属的相变，其导电性会进一步提升；

② 黑磷具有比石墨更大的层间通道尺寸，使锂离子沿黑磷褶皱孔道方向的扩散势垒仅有0.08eV；

③ 黑磷具有更好的稳定性。

这些优势使得黑磷即使价格昂贵，仍具有很高的研究价值。黑磷和硅均具有较高的比容量与较大的体积膨胀，硅负极上存在的体积膨胀问题黑磷也同样存在。循环过程中300%的体积变化使得黑磷颗粒粉化破碎、颗粒间极易发生电接触失活，导致比容量迅速衰减。除此之外，黑磷与电解质的接触界面也并不稳定，会随着体积膨胀不断开裂，产生新的SEI并使锂源迅速损耗。黑磷负极在固态电池体系中的应用较少，但我们可以沿用硅负极的改性思路，比如将其与各种碳材料复合，构建良好的应力缓冲体系与导电网络，来解决黑磷负极的体积膨胀问题。Peng等[116]将石墨烯导电剂以及 $LiBH_4$ 电解质混合制备了质量分数为35%的复合负极，通过分析复合材料颗粒的残余应力表明石墨烯的加入有效缓解了循环过程中黑磷体积变化引起的巨大内应力。与硅基材料的处理方法相同，也可以通过制备二维的黑磷纳米片有效缩短离子的扩散路径，只是此方法尚未应用于固态电池体系。

总体来讲，金等稀有金属因为储量较低、具有保值能力，以及全球公认的货币属性，而导致其价格高居不下。而黑磷材料则完全不同，磷资源分布广泛。价格高昂的原因是其目前应用范围小、制备程序烦琐复杂、制备条件恶劣。当这些问题得以有效解决后，黑磷批量化生产将变得很容易，其价格自然也会大幅下降，所以作为固态电池的负极材料，黑磷十分具有研究潜力与应用价值。

4.3.2.6 锡负极在固态电池领域的研究进展

普通的白锡是一种银白色的低熔点金属（熔点为232℃），常温下比较稳定，不会被空气氧化；有一定的展性，但延性较差；在−13.2℃以下，白锡会转变成无定形的灰锡，这种现象被称为锡疫。

锡基材料具有较高的理论比容量（993mAh·g^{-1}），其嵌锂电位为0.6V(*vs.* Li$^+$/Li)，可以很好地避免充放电过程中锂金属析出等问题。锡是一种混合导体，其电子电导率高达9.17×10^{6}S·m^{-1}，锂离子在Li$_{4.4}$Sn中的扩散系数为5.9×10^{-7}cm^2·s^{-1}，所以锡的充放电速率快，可以在快充领域发挥重要作用。除此之外，锡还具有自然储量丰富、价格低廉、无毒、加工性能良好等一系列优点，使其有可能成为替代石墨负极的新一代高能量密度负极材料。然而，与其他合金型负极材料一样，锡负极在循环过程中会经历约260%的体积变化，使锡颗粒断裂、粉化、发生接触失活，活性材料从集流体上分离，导致电池比容量快速衰减、循环稳定性变差。

为了使锡负极能够维持稳定，研究人员已开展了大量的研究探索。目前主要有三种方法能够有效缓解由于Sn材料在循环过程中发生体积变化对锡结构和电池性能所造成的不利影响。

（1）锡材料的纳米化

纳米锡颗粒间的绝对空隙增加，有助于减小负极整体的绝对体积膨胀，并缩短带电粒子的扩散路径，进而提高其扩散动力学性能，有效提高了锂离子在电极材料中嵌入和脱出速率。然而，锡纳米化也带来了另一个必须考虑的问题：锡纳米颗粒比表面积非常大，会伴随诸多副反应的发生，进而对循环稳定性造成不利影响[117]。

（2）构建具有特殊结构的锡材料

具有空心结构的三维纳米锡材料可以很好地适应循环过程中所产生的体积膨胀，有效缓解电极内部的应力积累，显著提高电化学稳定性。Hou等[118]使用模板法制备了空心结构的单质纳米锡。Kim等[117]使用位相技术制备了具有多孔结构的锡负极。这种具有特殊结构的锡电极材料常见于液态电池体系，在固态电池领域鲜有报道，但不难推测具有该特殊空心结构的锡材料在固态电池领域必将有一番作为。

（3）组合形成二元或三元合金材料

锡可以与多种过渡金属形成非晶合金，这种非晶材料在宏观上会表现出各向同性，有利于循环过程中应力的释放。Wang等[119]认为Sn-Fe表面更容易生成高质量的SEI膜，使得其实际比容量要比Sn-Co负极高，其研究了球磨法、磁控溅射法制备的粉体及薄膜Sn-Fe负极和Sn-Fe-C负极在固态电池体系下的电化学性能，并通过改变导电剂与黏结剂使锡基合金负极的循环稳定性得到了进一步提升。

在固态电池中，锡合金负极的应用形式主要有两种：薄膜负极和复合负极。其中，薄膜负极通常在较低的载量下才能发挥出优异的循环稳定性能，而复合负极则能提供更高的载量，更适合目前高能量密度动力电池发展的需要。因此，结合上述两种负极的优势，取长补短，制备复合负极可以发挥不同组分的优势，提高锡负极的综合电化学性能。通常可以在锡负极中添加导电性良好的碳或石墨烯等，以提高复合电极的倍率性能，并且碳材料还具备一定的弹性，可以作为锡材料的保护基体，以达到有效缓解其充放电过程中体积膨胀的效果。

在制备复合电极时，往往需要加入大量的固态电解质以及导电剂来提高电极材料的综合性能，但由于锡材料自身具备较好的导电性，故锡基复合材料中锡组分的质量分数通常能达到50%。但是，由于锡材料本身的理论比容量不高，导致锡复合电极的实际比容量通常在500mAh·g^{-1}，相较于硅基复合材料稍显不足。Miyazaki等[120]测试了不含碳的锡复合负极以及锡薄膜负极在硫化物固态电解质（$80Li_2S\cdot20P_2S_5$）中的性能，发现锡复合负极在较高的倍率下比容量会迅速衰减，原因可能是锡粒径过大，不利于锂离子在其中的高速扩散。Maria Assunta 等[72]制备了含有5%碳纳米纤维的复合锡负极，但该复合体系在较高倍率下的表现仍然不甚理想。

不同于高机械强度的硅基材料[121]，锡材料一般较软，因此在高堆叠压力下循环时，锡颗粒的形状变化可能会对颗粒间的接触性产生较大影响，因此需要进一步探索和阐明锡基材料在循环过程中的应力演变过程，为下一步设计性能更加优异的锡基材料提供指导。

4.4　本章结语

上述各种负极材料均可适用于固态锂电池体系，其各自的优缺点也十分鲜明。其中，锂金属负极与硅负极被认为是实现高能量密度固态电池最具发展潜力的两个体系。对于锂金属而言，凭借其超高的比容量以及最低的电极电势可助力电池的能量密度达到极限，可适配锂金属负极也是固态电池的能量密度超过传统液态锂离子电池的关键。然而，金属锂负极枝晶生长的问题一直没能得到很有效的解决，尤其是在使用场景最普遍的室温条件下，锂金属负极超低的临界电流密度严重地制约了固态电池的充电速度，难以满足市场对于锂电池快充能力的需求。在高温下（＞50℃），锂金属的临界电流密度得到了一定的提高，再通过一定的界面保护修饰策略，可实现无负极锂金属电池以及超薄锂金属负极在固态电池体系下的稳定循环。由于肩负着实现高能量密度固态电池的重要使命，锂金属负极仍会是固态电池体系未来的研究热点，有效解决锂枝晶生长问题及严重的界面副反应也是未来锂金属负极得以迈向商业化生产的关键所在。

硅具有储量丰富、价格低廉、比容量高、电位适中等诸多优点，是权衡、考量了各种因素后综合性能较为均衡的负极材料。相较于有"圣杯"美誉的锂金属负极，其抑制枝晶生长的能力更为显著，可以使固态电池在更高的电流密度下运行，极大地降低了短路风险。为使硅负极更好地适用于固态电池体系，研究人员也对其进行了诸多改性工作，引入微米粒径硅做负极以及使用硬碳改性锂硅合金负极等研究均取得了良好的突破进展，让研究者们看到了硅负极应用于固态锂电池的希望。此外，固态电解质自身特殊的力学性能也使硅负极巨大的体积变化这一问题得到了有效的缓解，使硅负极与固态电解质成为极具潜力的热点组合。然而需要注意的是，硅负极循环过程中需要较高的外部压力，通常远超高电池模组施加的压力上限，因此如何有效降低硅负极循环过程中需要的机械外压将是硅负极研究的重点之一。

尽管锂金属与硅是目前固态电池体系中研究最广泛的负极材料，但二者均难以在高电流密度下稳定循环，并不能很好地满足未来固态电池快充的需求。铟、锡、铝、黑磷、铋等合金型负极以及多元合金组合有希望能够将固态锂电池的倍率性能提升到一个新的高度。如何能够使固态电池在保持较高能量密度的前提下有效提升其快速充放电的能力也是未来亟待解决的问题。除此之外，各种负极材料在循环过程中的相变与应力演化机制、具有不同力学性能的多组分复合及多元合金的构建、负极SEI的形成机理及组分性能之间的量化分析等问题，仍需更为深入的探索。道阻且长，仍需奋进；上下求索，未来可期。

参考文献

[1] Lee B S. A review of recent advancements in electrospun anode materials to improve rechargeable lithium battery performance[J]. Polymers, 2020, 12: 2035.

[2] Wu D X, Wu F. Toward better batteries: solid-state battery roadmap 2035+[J]. eTransportation, 2023, 16: 100224.

[3] Oh P, Yun J, Choi J H. Development of high-energy anodes for all-solid-state lithium batteries based on sulfide electrolytes[J]. Angewandte Chemie International Edition, 2022, 61: e202201249.

[4] Winter M, Barnett B, Xu K. Before Li ion batteries[J]. Chemical Reviews, 2018, 118: 11433-11456.

[5] Reddy M V, Mauger A, Julien C M. Brief history of early lithium-battery development[J]. Materials, 2020, 13: 1884.

[6] Lewis G N, Keyes F G. The potential of the lithium electrode[J]. Journal of the American Chemical Society, 1913, 35: 340-344.

[7] Yu Z A, Wang H S, Kong X. Molecular design for electrolyte solvents enabling energy-dense and long-cycling lithium metal batteries[J]. Nature Energy, 2020, 5: 526-533.

[8] Sun Y K. Promising all-solid-state batteries for future electric vehicles[J]. ACS Energy Letters, 2020, 5: 3221-3223.

[9] 庄全超, 武山. 锂离子电池有机电解液热稳定性研究[J]. 电池工业, 2004, 9: 315-319.

[10] Niu C J, Lee H Y, Chen S R. High-energy lithium metal pouch cells with limited anode swelling and long stable cycles[J]. Nature Energy, 2019, 4: 551-559.

[11] Liu D H, Bai Z, Li M. Developing high safety Li-metal anodes for future high-energy Li-metal batteries: strategies and perspectives[J]. Chemical Society Reviews, 2020, 49: 5407-5445.

[12] Liu J, Yuan H, Liu H. Unlocking the failure mechanism of solid state lithium metal batteries[J]. Advanced Energy Materials, 2021, 12: 2100748.

[13] Zhang H, Armand M. History of solid polymer electrolyte‐based solid‐state lithium metal batteries: a personal account[J]. Israel Journal of Chemistry, 2020, 61: 94-100.

[14] Chai J, Liu Z, Ma J. In situ generation of poly (vinylene carbonate) based solid electrolyte with interfacial stability for $LiCoO_2$ lithium batteries[J]. Advanced Science, 2017, 4: 1600377.

[15] Dong T T, Zhang J J, Xu G J. A multifunctional polymer electrolyte enables ultra-long cycle-life in a high-voltage lithium metal battery[J]. Energy & Environmental Science, 2018, 11: 1197-1203.

[16] Sun Z T, Liu M Y, Zhu Y. Issues concerning interfaces with inorganic solid electrolytes in all-solid-state lithium metal batteries[J]. Sustainability, 2022, 14: 9090.

[17] Wu B B, Wang S Y, Lochala J. The role of the solid electrolyte interphase layer in preventing Li dendrite growth in solid-state batteries[J]. Energy & Environmental Science, 2018, 11: 1803-1810.

[18] Zhu Y, He X, Mo Y. Origin of outstanding stability in the lithium solid electrolyte materials: insights from thermodynamic analyses based on first-principles calculations[J]. ACS Appl Mater Interfaces, 2015, 7: 23685-23693.

[19] Chung H B, Kang B W. Mechanical and thermal failure induced by contact between a $Li_{1.5}Al_{0.5}Ge_{1.5}(PO_4)_3$ solid electrolyte and Li metal in an all solid-state Li cell[J]. Chemistry of Materials, 2017, 29: 8611-8619.

[20] Tan D, Ren H S, Wu E A. Elucidating reversible electrochemical redox of Li_6PS_5Cl solid electrolyte[J]. ACS Energy Letters, 2019, 4: 2418-2427.

[21] Regina G M, Mizuno F, Zhang R G. Effect of processing conditions of $75Li_2S$-$25P_2S_5$ solid electrolyte on its DC electrochemical behavior[J]. Electrochimica Acta, 2017, 237: 144-151.

[22] Goodenough J B, Park K S. The Li-ion rechargeable battery: a perspective[J]. Journal of the American Chemical Society, 2013, 135: 1167-1176.

[23] Monroe C, Newman J. The impact of elastic deformation on deposition kinetics at lithium/polymer interfaces[J]. Journal of the

Electrochemical Society, 2005, 152: A396-A404.

[24] Sudo R, Nakata Y, Ishiguro K. Interface behavior between garnet-type lithium-conducting solid electrolyte and lithium metal[J]. Solid State Ionics, 2014, 262: 151-154.

[25] Hatzell K B, Chen X C, Cobb C L. Challenges in lithium metal anodes for solid-state batteries[J]. ACS Energy Letters, 2020, 5: 922-934.

[26] Lee Y G, Fujiki S S, Jung C H. High-energy long-cycling all-solid-state lithium metal batteries enabled by silver-carbon composite anodes[J]. Nature Energy, 2020, 5: 299-308.

[27] Cao D X, Sun X, Li Q. Lithium dendrite in all-solid-state batteries: growth mechanisms, suppression strategies, and characterizations[J]. Matter, 2020, 3: 57-94.

[28] Brissot C, Rosso M, Chazalviel J. Dendritic growth mechanisms in lithium/polymer cells[J]. Journal of Power Sources, 1999, 81: 925-929.

[29] Harry K J, Hallinan D T, Parkinson D Y. Detection of subsurface structures underneath dendrites formed on cycled lithium metal electrodes[J]. Nature Materials, 2014, 13: 69-73.

[30] Han F D, Westover A S, Yue J. High electronic conductivity as the origin of lithium dendrite formation within solid electrolytes[J]. Nature Energy, 2019, 4: 187-196.

[31] Yue J P, Guo Y G. The devil is in the electrons[J]. Nature Energy, 2019, 4: 174-175.

[32] Ji X, Hou S, Wang P. Solid-state electrolyte design for lithium dendrite suppression[J]. Advanced Materials. 2020, 32: e2002741.

[33] Ye L, Li X. A dynamic stability design strategy for lithium metal solid state batteries[J]. Nature, 2021, 593: 218-222.

[34] Park H, Kim J, Lee D. Epitaxial growth of nanostructured Li(2) Se on lithium metal for all solid-state batteries[J]. Advanced Science, 2021, 8: e2004204.

[35] Luo W, Gong Y, Zhu Y. Transition from superlithiophobicity to superlithiophilicity of garnet solid-state electrolyte[J].Journal of the American Chemical Society, 2016, 138: 12258-12262.

[36] Luo W, Gong Y, Zhu Y. Reducing interfacial resistance between garnet-structured solid-state electrolyte and Li-metal anode by a germanium layer[J]. Advanced Materials, 2017, 29: 1606042.

[37] Kato A, Hayashi A, Tatsumisago M. Enhancing utilization of lithium metal electrodes in all-solid-state batteries by interface modification with gold thin films[J]. Journal of Power Sources, 2016, 309: 27-32.

[38] Chen Y, He M H, Zhao N. Nanocomposite intermediate layers formed by conversion reaction of SnO_2 for Li/garnet/Li cycle stability[J]. Journal of Power Sources, 2019, 420: 15-21.

[39] Zhang Z, Chen S, Yang J. Interface re-engineering of Li(10)GeP(2)S(12) electrolyte and lithium anode for all-solid-state lithium batteries with ultralong cycle life[J]. ACS Appl Mater Interfaces, 2018, 10: 2556-2565.

[40] Zhao F P, Sun Q, Yu C. Ultrastable anode interface achieved by fluorinating electrolytes for all-solid-state Li metal batteries[J]. ACS Energy Letters, 2020, 5: 1035-1043.

[41] Jin C B, Sheng O W, Luo J M. 3D lithium metal embedded within lithiophilic porous matrix for stable lithium metal batteries[J]. Nano Energy, 2017, 37: 177-186.

[42] Li Y Z, Yan K, Lee H W. Growth of conformal graphene cages on micrometre-sized silicon particles as stable battery anodes[J]. Nature Energy, 2016, 1: 15029.

[43] Yang C, Zhang L, Liu B. Continuous plating/stripping behavior of solid-state lithium metal anode in a 3D ion-conductive framework[J]. The Proceedings of the National Academy of Sciences, 2018, 115: 3770-3775.

[44] Huo H Y, Liang J N, Zhao N. Dynamics of the garnet/Li interface for dendrite-free solid-state batteries[J]. ACS Energy Letters, 2020, 5: 2156-2164.

[45] Huang W Z, Zhao C Z, Wu P. Anode－free solid－state lithium batteries: a review[J]. Advanced Energy Materials, 2022, 12: 2201044.

[46] Suzuki N, Yashiro N, Fujiki S. Highly cyclable all－solid－state battery with deposition－type lithium metal anode based on thin carbon black layer[J]. Advanced Energy and Sustainability Research, 2021, 2: 2100066.

[47] Mabuchi A, Tokumitsu K, Fujimoto H，Kasuh T. Charge-discharge characteristics of the mesocarbon microbeads heat-treated at different temperatures[J]. Journal of the Electrochemical Society, 1995, 142: 1041-1046.

[48] Andersen H L, Djuandhi L, Mittal U N. Strategies for the analysis of graphite electrode function[J]. Advanced Energy Materials, 2021, 11: 2102693.

[49] Yang W, Xie H M, Shi B Q. In-situ experimental measurements of lithium concentration distribution and strain field of graphite electrodes during electrochemical process[J]. Journal of Power Sources, 2019, 423: 174-182.

[50] Takada K, Inada T, Kajiyama A. Solid-state lithium battery with graphite anode[J]. Solid State Ionics, 2003, 158: 269-274.

[51] Höltschi L, Jud F, Borca C. Study of graphite cycling in sulfide solid electrolytes[J]. Journal of the Electrochemical Society, 2020, 167: 110558.

[52] Otoyama M, Kowada H, Sakuda A, Tatsumisago M. Operando confocal microscopy for dynamic changes of Li(+) ion conduction path in graphite electrode layers of all-solid-state batteries[J]. Journal of Physical Chemistry Letters, 2020, 11: 900-904.

[53] Shin D O, Kim H, Jung S. Electrolyte-free graphite electrode with enhanced interfacial conduction using Li+-conductive binder for high-performance all-solid-state batteries[J]. Energy Storage Materials, 2022, 49: 481-492.

[54] Duan J, Wu W, Nolan A M. Lithium-graphite paste: an interface compatible anode for solid-state batteries[J]. Advance Materials, 2019, 31: e1807243.

[55] Sorensen E M, Barry S J, Jung H K. Three-dimensionally ordered macroporous $Li_4Ti_5O_{12}$: effect of wall structure on electrochemical properties[J]. Chemistry of Materials, 2006, 18: 482-489.

[56] Kato Y, Hori S, Saito T. High-power all-solid-state batteries using sulfide superionic conductors[J]. Nature Energy, 2016, 1: 16030.

[57] Pfenninger R, Afyon S, Garbayo I, Struzik M J. Lithium titanate anode thin films for Li-ion solid state battery based on garnets[J]. Advanced Functional Materials, 2018, 28: 1800879.

[58] Nitta N, Wu F X, Lee J T G. Li-ion battery materials: present and future[J]. Materials Today, 2015, 18: 252-264.

[59] Lu J, Chen Z W, Pan F. High-performance anode materials for rechargeable lithium-ion batteries[J]. Electrochemical Energy Reviews, 2018, 1: 35-53.

[60] Liu X H, Wang J W, Huang S. In situ atomic-scale imaging of electrochemical lithiation in silicon[J]. Nat Nanotechnol, 2012, 7: 749-756.

[61] Kim H, Han B, Choo J. Three-dimensional porous silicon particles for use in high-performance lithium secondary batteries[J]. Angewandte Chemie International Edition, 2008, 47: 10151-10154.

[62] Song J, Yu Z, Gordin M L. Chemically bonded phosphorus/graphene hybrid as a high performance anode for sodium-ion batteries[J]. ACS Nano Letters, 2014, 14: 6329-6335.

[63] Hu L, Wu H, Hong S S. Si nanoparticle-decorated Si nanowire networks for Li-ion battery anodes[J]. Chemical Communication, 2011, 47: 367-369.

[64] Chan C K, Peng H, Liu G. High-performance lithium battery anodes using silicon nanowires[J]. Nature Nanotechnology, 2008, 3: 31-35.

[65] Kasavajjula U, Wang C S, Appleby A. Nano- and bulk-silicon-based insertion anodes for lithium-ion secondary cells[J]. Journal of Power Sources, 2007, 163: 1003-1039.

[66] Magasinski A, Dixon P, Hertzberg B. High-performance lithium-ion anodes using a hierarchical bottom-up approach[J]. Nature Materials, 2010, 9: 353-358.

[67] Kim D H, Lee H A, Song Y B. Sheet-type Li_6PS_5Cl-infiltrated Si anodes fabricated by solution process for all-solid-state lithium-ion batteries[J]. Journal of Power Sources, 2019, 426: 143-150.

[68] Xun S D, Song X Y, Battaglia V G. Conductive polymer binder-enabled cycling of pure tin nanoparticle composite anode electrodes for a lithium-ion battery[J]. Journal of the Electrochemical Society, 2013, 160: A849-A855.

[69] Wilson A M, Way B M, Dahn J R. Nanodispersed silicon in pregraphitic carbons[J]. Journal of Applied Physics, 1995, 77: 2363-2369.

[70] Li H, et al. A high capacity nano-Si composite anode material for lithium rechargeable batteries[J]. Electrochemical and Solid-State Letters, 1999, 2: 547-549.

[71] Yu Y, Gu L, Zhu C. Reversible storage of lithium in silver-coated three-dimensional macroporous silicon[J]. Advanced Materials, 2010, 22: 2247-2250.

[72] Maresca G, Tsurumaki A, Suzuki N. Sn/C composite anodes for bulk-type all-solid-state batteries[J]. Electrochimica Acta, 2021, 395: 139104.

[73] Cangaz S, Hippauf F, Reuter F S. Enabling high‐energy solid‐state batteries with stable anode interphase by the use of columnar silicon anodes[J]. Advanced Energy Materials, 2020, 10: 2001320.

[74] Cervera R B, Suzuki N, Ohnishi T. High performance silicon-based anodes in solid-state lithium batteries[J]. Energy Environmental Science, 2014, 7: 662-666.

[75] Miyazaki R, Ohta N, Ohnishi T, Sakaguchi Isaotakada Kazunori. An amorphous Si film anode for all-solid-state lithium batteries[J]. Journal of Power Sources, 2014, 272: 541-545.

[76] Miyazaki R, Ohta N, Ohnishi T. Anode properties of silicon-rich amorphous silicon suboxide films in all-solid-state lithium batteries[J]. Journal of Power Sources, 2016, 329: 41-49.

[77] Sakuma M, Suzuki K, Hirayama M. Reactions at the electrode/electrolyte interface of all-solid-state lithium batteries incorporating Li-M (M = Sn, Si) alloy electrodes and sulfide-based solid electrolytes[J]. Solid State Ionics, 2016, 285: 101-105.

[78] Yamamoto M, Terauchi Y, Sakuda A. Effects of volume variations under different compressive pressures on the performance and microstructure of all-solid-state batteries[J]. Journal of Power Sources, 2020, 473: 228595.

[79] Huang S Q, Cui Z L, Qiao L X. An in-situ polymerized solid polymer electrolyte enables excellent interfacial compatibility in lithium batteries[J]. Electrochimica Acta, 2019, 299: 820-827.

[80] Wetjen M, Solchenbach S, Pritzl D. Morphological changes of silicon nanoparticles and the influence of cutoff potentials in silicon-graphite electrodes[J]. Journal of the Electrochemical Society, 2018, 165: A1503-A1514.

[81] Sun Y M, Liu N, Cui Y. Promises and challenges of nanomaterials for lithium-based rechargeable batteries[J]. Nature Energy, 2016, 1: 16071.

[82] Yoo J K, Kim J, Jung Y. Scalable fabrication of silicon nanotubes and their application to energy storage[J]. Advanced Materials, 2012, 24: 5452-5456.

[83] Okamoto H, Sugiyama Y, Nakano H. Synthesis and modification of silicon nanosheets and other silicon nanomaterials[J]. Chemistry, 2011, 17: 9864-9887.

[84] Song J X, Chen S R, Zhou M J. Micro-sized silicon-carbon composites composed of carbon-coated sub-10nm Si primary particles as high-performance anode materials for lithium-ion batteries[J]. Journal of Materials Chemistry A, 2014, 2: 1257-1262.

[85] Ping W W, Yang C P, Bao Y H. A silicon anode for garnet-based all-solid-state batteries: interfaces and nanomechanics[J]. Energy Storage Materials, 2019, 21: 246-252.

[86] Ferraresi G, El K M, Czornomaz L. Electrochemical performance of all-solid-state Li-ion batteries based on garnet electrolyte using silicon as a model electrode[J]. ACS Energy Letters, 2018, 3: 1006-1012.

[87] Yamamoto M, Terauchi Y, Sakuda A. Binder-free sheet-type all-solid-state batteries with enhanced rate capabilities and high energy densities[J]. Scientific Reports, 2018, 8: 1212.

[88] Dunlap N A, Kim J, Guthery H. Towards the commercialization of the all-solid-state Li-ion battery: local bonding structure and the reversibility of sheet-style Si-PAN anodes[J]. Journal of the Electrochemical Society, 2020, 167: 060522.

[89] Xu J, Liu L, Yao N. Liquid-involved synthesis and processing of sulfide-based solid electrolytes, electrodes, and all-solid-state batteries[J]. Materials Today Nano, 2019, 8: 100048.

[90] Trevey J, Jang J S, Jung Y S. Glass-ceramic Li_2S-P_2S_5 electrolytes prepared by a single step ball billing process and their application for all-solid-state lithium-ion batteries[J]. Electrochemistry Communications, 2009, 11: 1830-1833.

[91] Dunlap N A, Kim S, Jeong J J. Simple and inexpensive coal-tar-pitch derived Si-C anode composite for all-solid-state Li-ion batteries[J]. Solid State Ionics, 2018, 324: 207-217.

[92] Piper D M, Yersak T A, Lee S H. Effect of compressive stress on electrochemical performance of silicon anodes[J]. Journal of the Electrochemical Society, 2012, 160: A77-A81.

[93] Whiteley J M, Kim J W, Piper D M. High-capacity and highly reversible silicon-tin hybrid anode for solid-state lithium-ion batteries[J]. Journal of the Electrochemical Society, 2015, 163: A251-A254.

[94] Chen F, Han J, Kong D. 1000 Wh·L^{-1} lithium-ion batteries enabled by crosslink-shrunk tough carbon encapsulated silicon microparticle anodes[J]. National Science Review, 2021, 8: nwab012.

[95] Kato A, Yamamoto M, Sakuda A. Mechanical properties of Li_2S-P_2S_5 glasses with lithium halides and application in all-solid-state batteries[J]. ACS Applied Energy Materials, 2018, 1: 1002-1007.

[96] Tan D H, Chen Y T, Yang H D. Carbon-free high-loading silicon anodes enabled by sulfide solid electrolytes[J]. Science, 2021, 373: 1494-1499.

[97] Nagao M, Hayashi A, Tatsumisago M. Bulk-type lithium metal secondary battery with indium thin layer at interface between Li electrode and Li_2S-P_2S_5 solid electrolyte[J]. Electrochemistry, 2012, 80: 734-736.

[98] Santhosha A L, Medenbach L, Buchheim J R. The indium-lithium electrode in solid-state lithium-ion batteries: phase formation, redox potentials, and interface stability[J]. Batteries & Supercaps, 2019, 2: 497-497.

[99] Huang G, Han J, Zhang F. Lithiophilic 3D nanoporous nitrogen-doped graphene for dendrite-free and ultrahigh-rate lithium-metal anodes[J]. Advanced Materials, 2019, 31: e1805334.

[100] Liu L, Yin Y X, Li J Y. Uniform lithium nucleation/growth induced by lightweight nitrogen-doped graphitic carbon foams for high-performance lithium metal anodes[J]. Advanced Materials, 2018, 30: 1706216.

[101] Liu S S, Ma Y L, Zhou Z X. Inducing uniform lithium nucleation by integrated lithium-rich Li-in anode with lithiophilic 3D framework[J]. Energy Storage Materials, 2020, 33: 423-431.

[102] Luo S, Wang Z, Li X. Growth of lithium-indium dendrites in all-solid-state lithium-based batteries with sulfide electrolytes[J]. Nature Communications, 2021, 12: 6968.

[103] Pan H, Zhang M, Cheng Z. Carbon-free and binder-free Li-Al alloy anode enabling an all-solid-state Li-S battery with high energy and stability[J]. Science Advances, 2022, 8: eabn4372.

[104] Wang L L, Fu S Y, Zhao T. In situ formation of a LiF and Li-Al alloy anode protected layer on a Li metal anode with enhanced cycle life[J]. Journal of Materials Chemistry A, 2020, 8: 1247-1253.

[105] Zhuang H F, Zhao P, Li G D. Li-LiAl alloy composite with memory effect as high-performance lithium metal anode[J]. Journal of Power Sources, 2020, 455: 227977.

[106] Kato A, Kowada H, Deguchi M. XPS and SEM analysis between Li/Li_3PS_4 interface with Au thin film for all-solid-state lithium batteries[J]. Solid State Ionics, 2018, 322: 1-4.

[107] Kato A, Suyama M, Hotehama C. High-temperature performance of all-solid-state lithium-metal batteries having Li/Li_3PS_4 interfaces modified with Au thin films[J]. Journal of the Electrochemical Society, 2018, 165: A1950-A1954.

[108] Wu Y, Huang H B, Feng Y. The promise and challenge of phosphorus-based composites as anode materials for potassium-ion batteries[J]. Advanced Materials, 2019, 31: e1901414.

[109] Marino C, Debenedetti A, Fraisse B. Activated-phosphorus as new electrode material for Li-ion batteries[J]. Electrochemistry Communications, 2011, 13: 346-349.

[110] Li W, Yang Z, Li M. Amorphous red phosphorus embedded in highly ordered mesoporous carbon with superior lithium and sodium storage capacity[J]. ACS Nano Letters, 2016, 16: 1546-1553.

[111] Qiao J, Kong X, Hu Z X. High-mobility transport anisotropy and linear dichroism in few-layer black phosphorus[J]. Nature Communications, 2014, 5: 4475.

[112] Li L, Yu Y, Ye G J. Black phosphorus field-effect transistors[J]. Nature Nanotechnology, 2014, 9: 372-377.

[113] Jacobs R B. Phosphorus at high temperatures and pressures[J]. The Journal of Chemical Physics, 1937, 5: 945-953.

[114] Jin H, Xin S, Chuang C. Black phosphorus composites with engineered interfaces for high-rate high-capacity lithium storage[J]. Science, 2020, 370: 192-197.

[115] Zhang Y Y, Rui X H, Tang Y X. Wet-chemical processing of phosphorus composite nanosheets for high-rate and high-capacity lithium-ion batteries[J]. Advanced Energy Materials, 2016, 6: 1502409.

[116] Yang J, Mo F, Huang L. Building a C-P bond to unlock the reversible and fast lithium storage performance of black phosphorus in all-solid-state lithium-ion batteries[J]. Materials Today Energy, 2021, 20: 100662.

[117] Kim C, Lee K Y, Kim I. Long-term cycling stability of porous Sn anode for sodium-ion batteries[J]. Journal of Power Sources, 2016, 317: 153-158.

[118] Hou H S, Tang X N, Guo M Q. Facile preparation of Sn hollow nanospheres anodes for lithium-ion batteries by galvanic replacement[J]. Materials Letters, 2014, 128: 408-411.

[119] Wang X L, Han W Q, Chen J. Single-crystal intermetallic M-Sn (M = Fe, Cu, Co, Ni) nanospheres as negative electrodes for lithium-ion batteries[J]. ACS Applied Materials Interfaces, 2010, 2: 1548-1551.

[120] Miyazaki R, Hihara T. Charge-discharge performances of Sn powder as a high capacity anode for all-solid-state lithium batteries[J]. Journal of Power Sources, 2019, 427: 15-20.

[121] Chen C, Li Q, Li Y, et al. Sustainable interfaces between Si anodes and garnet electrolytes for room-temperature solid-state batteries[J]. ACS Applied Materials & Interfaces, 2018, 10: 2185-2190.

[122] Yan K, Lu Z, Lee H W. Selective deposition and stable encapsulation of lithium through heterogeneous seeded growth[J]. Nature Energy, 2016, 1: 1-8.

[123] Luo W, Gong Y, Zhu Y. Reducing interfacial resistance between garnet‐structured solid‐state electrolyte and Li‐metal anode by a germanium layer[J]. Advanced Materials, 2017, 29: 1606042.

第 5 章
固态锂电池用黏结剂

黏结剂是固态锂电池中的重要组成材料之一，对稳定电极或固态电解质膜的结构、提升电池电化学性能具有关键作用（图5.1）。从黏结力角度看，黏结剂可以通过化学键力（如共价键、离子键）、分子间作用力（如氢键、离子-偶极相互作用）以及机械应力（当被黏结颗粒表面存在空隙时显著）实现黏结功能。虽然黏结剂在电极中的含量很低，但对电池电化学性能的影响巨大。根据应用场景的不同，黏结剂可以分为正极黏结剂、负极黏结剂、固态电解质膜黏结剂。根据浆料分散介质的不同，黏结剂可以分为油系黏结剂、水系黏结剂和干法黏结剂。

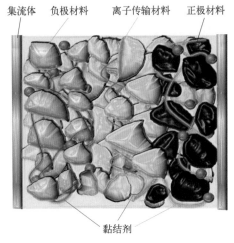

图5.1　固态电池组成

锂电池黏结剂随着锂电池技术的发展也在不断进步，图5.2总结了黏结剂的发展历程[1-60]。在早期，天然黏结剂得到广泛应用，C.Hollabaugh等较早认识到羧甲基纤维素（CMC）、阿拉伯胶（GA）等天然聚合物可以直接作为黏结剂使用[1]。固态锂电池的研究始于20世纪60年代，但当时的黏结剂技术相对简单，通常使用固态聚合物电解质与电极材料直接接触，以提供机械支撑。聚偏氟乙烯（PVDF）作为锂离子电池电极黏结剂应用起源于20世纪70年代末和80年代初，PVDF也是现在商用最广泛的正极黏

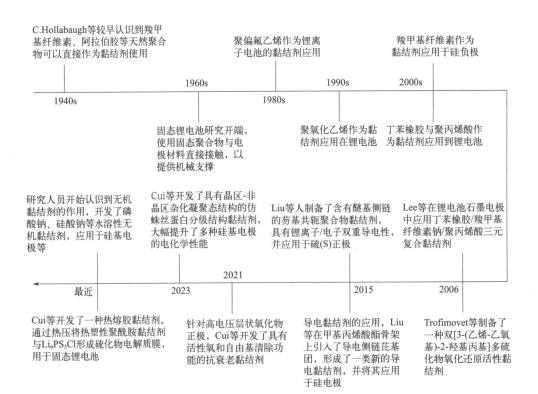

图5.2　黏结剂的发展历程

结剂，用于提供机械支持和界面稳定性[2]。聚氧化乙烯（PEO）是一种具有高的离子导电性和电化学稳定性的聚合物[3]，其作为锂电池电极黏结剂的应用起源可以追溯到 20 世纪 80 年代末和 90 年代初。CMC 作为锂电池电极黏结剂的应用可以大致追溯到 2000 年前后，它可以提供良好的黏结性和界面稳定性，特别适用于硅基负极材料[4]。在这期间，丁苯橡胶（SBR）和聚丙烯酸（PAA）也作为黏结剂被开发应用于锂电池[5]。之后，研究人员开始重视高性能黏结剂的开发，以帮助构筑更兼容的电极/电解质界面，降低电池阻抗，提高电池能量密度和循环寿命。Liu 等制备了含有醚基侧链的芴基共轭聚合物（PPFOMB），其具有锂离子/电子双重导电性，并应用于硫正极[6]。随着锂电池的发展，单一聚合物作为黏结剂不能满足电极要求，复合黏结剂成为黏结剂开发的主流方向。最常用的复合黏结剂是 Na-CMC/SBR，其中 SBR 是 Na-CMC 的弹性体添加剂，被广泛应用于不同的电极材料[7]。2006 年，Lee 等将 SBR/Na-CMC/PAA 三元复合材料作为黏结剂用于电极材料，其中 CMC 用作增稠剂，防止石墨颗粒在加工过程中团聚，SBR 用作弹性体为黏结剂提供弹性[8]。2006 年，Trofimovet 等开发了一种双 [3-(乙烯-乙氧基)-2-羟基丙基] 多硫化物（BVPS）氧化还原活性黏结剂，使得硫电极具有更高的容量和更好的循环稳定性[9]。2013 年，自修复黏结剂问世，Bao 等发展了具有自修复功能的羧甲基纤维素黏结剂，应用于微米硅颗粒（SiMP）负极，该聚合物黏结剂可以通过其丰富的氢键位点在硅颗粒粉碎后保持电极结构的完整性[10]。2015 年导电黏结剂的开发开始受到重视。例如，Liu 等在甲基丙烯酸酯骨架上引入了导电侧链芘基团，依靠芘结构 π-π 堆积形成的导电 π 通道发挥电子导电功能，并将其应用于硅电极[11]。近年来，由于市场对高比能锂电池的迫切需求，高电压正极黏结剂和硅碳负极黏结剂的开发迎来高潮。2021 年，针对高电压层状氧化物正极，Cui 等开发了具有活性氧和自由基清除功能的抗衰老黏结剂[40]。2023 年，Cui 等开发了具有晶区-非晶区杂化凝聚态结构的仿蛛丝蛋白分级结构黏结剂，大幅提升了多种硅基电极的电化学性能[57]。最近，研究人员开始认识到无机黏结剂的作用，开发了磷酸钠、硅酸钠等水溶性无机黏结剂，应用于硅基电极等[12]。另外，面向固态电池应用的无机固态电解质膜非氟聚合物黏结剂开始崭露头角，Cui 等开发了热熔胶黏结剂，利用热压法制备了硫化物电解质薄膜，应用于固态锂电池。

在固态锂电池中，根据固态电解质膜制备工艺的不同，电极黏结剂可以分为以下两类：

① 原位固态化策略构建的聚合物锂电池所用的电极黏结剂。由于聚合单体可以渗透到电极内部原位形成聚合物固态电解质，因此这类电池的电极黏结剂体系与传统液态锂电池无异[13, 14]。这类黏结剂的设计基本可以借鉴液态锂电池电极黏结剂的设计思想，但需注意的是，这类黏结剂一方面不能含有影响聚合单体转化率的官能团（如酚类结构），避免残留单体对电极/电解质界面的不利影响，另一方面与所用的原位固态化聚合物电解质具有亲和性和化学兼容性，利于在电极内部构筑高效的离子传输通道。

② 非原位制备工艺构建的固态锂电池所用的黏结剂。根据固态电解质类型和应用场景的不同，分为固态聚合物锂电池电极黏结剂、无机固态锂电池电极黏结剂、无机固态电解质膜黏结剂。

固态聚合物锂电池电极黏结剂需要使用离子导电性好的聚合物黏结剂。因此，这类电极黏结剂可以由聚合物电解质基质代替[15]，例如聚氧化乙烯及其衍生物，具有良好的离子传输性、与电极颗粒相容性好以及一定的黏结作用，可以构建电极内部良好的离子传输网络，因此常用作固态聚合物锂电池的电极黏结剂。在某些特殊应用需求下电极黏结剂也可由聚合物电解质基质与传统液态电解质的黏结剂共混而成。例如，高电压正极黏结剂通常采用聚醚类材料与传统PVDF的共混体系。负极黏结剂也常用聚醚类材料，或将其与羧甲基纤维素钠-丁苯橡胶（Na-CMC-SBR）、聚丙烯酸及其衍生物为代表的传统水系黏结剂共混体系。

无机固态锂电池中的黏结剂开发相比液态锂电池的电极黏结剂更具挑战性：

① 需考虑黏结剂与无机电解质颗粒和浆料制备工艺的兼容性。区别于常规电极制备条件，无机固态锂电池的电极通常需要加入无机电解质或者复合固态电解质组分来确保电极内部高效的离子传输[16]。因此，在湿法制备极片工艺中，需要考虑黏结剂在所用溶剂中的溶解性、黏结剂与无机电解质的兼容性以及所用溶剂与无机电解质的兼容性。例如，对水稳定性好且不溶于水的氧化物电解质，一般可以采用与传统液态锂电池相同的水系黏结剂体系和电极制备工艺，但需要确保黏结剂与碱性无机电解质的化学相容性以及对电极颗粒良好的分散性；硫化物电解质、卤化物电解质与强极性有机溶剂和水不兼容，易发生化学降解，因此通常用兼容性好的低极性有机溶剂制备电极浆料，可用的黏结剂和溶剂选择范围较小。类似地，无机固态电解质膜黏结剂的设计也需要考虑其与无机电解质颗粒和浆料制备工艺的兼容性。

② 在满足黏结功能的同时，需要设计离子传输功能。固态锂电极所用的黏结剂材料需具有离子传输性能，以满足其低运行温度的需求。这与液态锂电池电极黏结剂无需离子传输功能的设计思想存在明显不同（注：液态锂电池电极内部的离子传输主要依靠渗透进入的液态电解质来实现）。这种黏结剂功能设计对提高固态电解质膜的室温离子电导率尤为重要。由于具有强黏结功能的基团会提高黏结剂的玻璃化转变温度进而降低其离子传输性能，因此如何同时获得优异的黏结与离子传输性能，是这类黏结剂开发的重要挑战。

③ 需要优异的力学性能以应对固态电池内部剧烈的体积变化。为追求更高的能量密度，固态锂电池往往采用微米硅、锂或锂合金负极，在运行过程中会产生巨大的体积变化。而且，为实现电池高能量密度，黏结剂的用量需要严格控制。因此，固态锂电池中的黏结剂需具有优异的力学性能，以维持整体电极或电解质膜结构的稳定性，确保优异的电池电化学性能。

近几年，随着我国新能源汽车和"3C"电子产品的高速发展，锂电池的需求也随之日益增长，锂电池黏结剂市场规模呈快速增长态势，从2017年的21亿元急剧增长至2020年的42亿元，年均复合增长率约25%。保守估计，2025年电极黏结剂的中国市场规模将超过100亿元。随着锂电池黏结剂市场需求的不断攀升，市场竞争也日益激烈。

目前，国内正极黏结剂（即PVDF）市场主要由比利时索尔维（Solvay）、法国阿科玛（Arkema）和日本吴羽化学垄断，而国内东阳光（璞泰来持股55%）、中化蓝天氟材料和山东华夏神舟新材料有限公司等已经批量供应，但市场份额占比较低。最近，国内浙江研一新能源科技有限公司开发了一种新型非氟类聚酰亚胺正极黏结剂产品ZONE。

相对传统 PVDF 黏结剂，该类黏结剂具有环境友好、黏结强度高、成本低的优势，而且实现了电池首效的提升和内阻的降低，被公认为是一款具有颠覆性、独特性和唯一性的新产品，有望实现 PVDF 黏结剂的有效替代。

区别于正极油系黏结剂，水系黏结剂主要用于负极上。目前国外生产企业主要包括日本的瑞翁（Zeon）、NIPPON A&L、JSR 和双日株式会社等，国内企业有晶瑞股份、研一新材料、长兴材料（中国台湾）、茵地乐等。虽然目前负极黏结剂市场份额主要被日本企业占据，但国内企业近几年的市场份额快速增长，呈现本土化加速替代的发展趋势。随着固态锂电池技术的快速发展，尤其是硫化物固态锂电池技术的不断发展和日益成熟，黏结剂产品的种类和市场有望发生翻天覆地的变化。

本章根据固态电解质种类的不同，对原位固态化策略构建聚合物固态锂电池和非原位制备策略构建固态锂电池所用的黏结剂体系进行详细介绍，并对黏结剂存在的挑战和未来发展趋势做了深入分析与展望。

5.1　正极黏结剂

5.1.1　非原位制备工艺构建的固态锂电池正极黏结剂

非原位制备工艺构建的聚合物固态锂电池所用的正极黏结剂常采用离子传输性好的聚合物电解质基质材料（如 PEO 及其衍生物）[17-21]，或由聚合物电解质基质与传统 PVDF 类黏结剂混合而成[20]。例如，Xu 等[17]采用质量分数 20% 的 PEO 黏结剂制备了 $LiFePO_4$ 正极，与 PEO/Li_3PS_4（2%，体积分数）复合固态电解质匹配，在 60℃，0.2C 下实现了固态锂金属电池循环 100 圈后容量保持率达到 86.1%。另外，厦门大学 Yang 等[18]利用 PEO 黏结剂制备了硫正极，与 $PEO-1\%Li_{10}SnP_2S_{12}$ 复合电解质协同实现了固态半电池优异的循环性能（60℃，0.5C 下循环 150 圈，放电比容量为 $518mAh \cdot g^{-1}$，库仑效率接近 100%）。

目前非原位制备工艺构建的聚合物固态锂电池正极黏结剂主要是磷酸铁锂正极，高电压三元正极（NCM）或钴酸锂正极尚未应用。这主要是因为离子传输性好的聚合物电解质基质（如聚醚）易在高电压条件下发生氧化分解，导致高电压锂电池循环性能极差。因此，开发非原位制备工艺构建的固态聚合物电解质锂电池正极黏结剂的重中之重在于发展抗氧化性能更优异的高离子传输性聚合物材料。另外，平衡室温离子传输性和黏结强度是开发此类黏结剂应该注意的关键点。

无机固态电解质锂电池的正极常添加无机电解质颗粒。例如，硫化物固态电解质因其室温高离子电导率、较好的机械延展性以及与电极良好的电极界面接触等优点，被认为是最具商业化潜力的无机固态电解质。与硫化物固态电解质匹配的正极，往往需要添加硫化物颗粒确保电极内部良好的离子传输。然而，硫化物电解质材料在空气中的稳定性差，易与水发生反应产生 H_2S 气体。尤其是含 P 元素的硫化物电解质，其 P—S 键的键能远低于 P—O 键，从而使得 P—S 结构容易发生氧化或者脱硫。当硫化物固态电解质材料与空气中的氧气、水蒸气发生不可逆的化学反应后，硫化物结构会发生破坏，造成离子电导率降低。此外，在电极浆料的湿法制备工艺中，硫化物易与有机溶剂和黏结剂中的极性官能团发生亲核反应[22]。具体而言，高极性溶剂作为强路易斯碱，往往含有带孤对电子的电负性元素，如N和O，很容易与硫化物中的P^{5+}等亲电基团发生反应。而且，硫代磷酸盐中的S原子也可以攻击羰基中的亲电子C原子。这些副反应会破坏硫化物电解质的晶体结构，导致硫化物分解成含$P_2S_7^{4-}$、PS_4^{3-}和$P_2S_6^{4-}$的产物。因此，与硫化物固态电解质相匹配的正极在制备过程中，需选择合适的黏结剂，采用无水的非极性或低极性溶剂，且需要在干燥气氛（如低露点干燥间）下进行。

例如，Zhang等[23]将复合阴极（NCM：Li_6PS_5Cl：炭黑：乙基纤维素=75：15：9：1，质量比）在乙醇中分散搅拌6h，然后用玻璃棒将浆液涂在涂碳铝箔上，经60℃干燥24h制备得到。近期美国东北大学的Zhu等[24]也采用乙基纤维素为黏结剂，以无水甲苯为分散介质制备了含有Li_6PS_5Cl颗粒的固态三元正极。2020年，三星先进技术研究院[16]开发了一款高比能、长循环锂金属电池。其中，三元正极由LZO包覆的$LiNi_{0.9}Co_{0.05}Mn_{0.05}O_2$颗粒、$Li_6PS_5Cl$（<1μm）、碳纳米纤维和聚四氟乙烯（PTFE）黏结剂（按85：15：3：1.5质量比）在无水二甲苯中混合制成。基于该工艺制备的三元正极，面容量可达$6.8mAh\cdot cm^{-2}$，能保障制备的0.6Ah软包全电池稳定循环大于800圈。

Zhang等[25]开发了具有多孔结构的纤维素纳米晶接枝改性聚丙烯腈（CNC-PAN）黏结剂，并利用干法制膜方式制备了一种固态电解质。CNC-PAN中，丰富的磺酸基、氰基和其他含氧极性官能团（如羟基）可以与Li^+配位，形成快速离子传输通道，有助于提高固态电解质的离子导电性。

Zhang等[26]用3%NBR做黏结剂制备得到的$LPSCl_{1.5}$-3NBR固态电解质层具有卓越的柔韧性和高离子电导率（$1.1\times10^{-3}\sim1.4\times10^{-3}S\cdot cm^{-1}$），使制备的NCM811正极/Li固态锂电池实现了高初始放电容量、优异的循环稳定性和优越的倍率性能。

Jung等[27]开发了用于硫化物基固态电极制备的丁腈橡胶（NBR）黏结剂。NBR不与硫化物发生副反应，同时可以溶解于低极性溶剂中，因此可以用作固态电极的黏结剂。采用低极性二溴甲烷（DBM）和中等极性丁酸己酯（HB）组成的共溶剂作为分散介质，协同溶解NBR和三氟甲磺酰亚胺锂（LiTFSI）。使用不同体积比（1：0、8：2、5：5和2：8）的DBM/HB共溶剂，湿法制备了$LiNi_{0.70}Co_{0.15}Mn_{0.15}O_2$电极，其中，电极各组分的质量比：$LiNi_{0.70}Co_{0.15}Mn_{0.15}O_2$：$Li_6PS_5C_{1.0.5}Br_{0.5}$：NBR：SuperC65=70.0：27.5：1.5：1.0。结果表明，共溶剂的比例会影响聚合物黏结剂在复合电极中的分散程度，进而影响固态锂电池的电化学性能。具体而言，当从浆料中形成复合电极时，用较低HB体积分数导致的大的聚合物畴将占据较大的界面面积。相反，增加共溶剂中HB的体积分数后，较小的聚合物畴有利于减少聚合物黏结剂对界面接触的破坏。进一步使用DBM/HB（体积比为5：5和2：8）制备了两种$LiNi_{0.70}Co_{0.15}Mn_{0.15}O_2$正极，并评价了固态半电池的电化学性能。与DBM/HB比例为5：5的电极（$119mAh\cdot g^{-1}$）相比，DBM/HB比例为2：8的电极的比容量更高（室温，0.2C为$132mAh\cdot g^{-1}$）。

上述湿法工艺由于使用了无水溶剂作为分散介质，一方面提高了电极制备成本，另一方面电极中残留的微量溶剂会与电解液发生副反应，导致电池的比容量降低、寿命衰减、产气等。相对而言，干法成型工艺过程中不使用溶剂，黏结剂以纤维状态存在，活性炭颗粒之间以及与导电剂颗粒接触更为紧密，使电极压实密度更大、导电性更好、比容量更高。另外，制备的电极在高温下的黏聚力和附着力更好、韧性更优，碳粉不易脱落，循环性能有望大幅度提升。

在这方面，特斯拉研发的4680电池使用了可成纤化的PTFE为黏结剂的干法电极技术。具体步骤是，在不使用溶剂的情况下，直接将少量（5%～8%）细粉状PTFE黏结剂与正极/负极粉末混合，通过挤压机形成薄的电极材料带，再将电极材料带层压到金属箔集流体上形成电极。该技术的优势在于：

① 电极压实密度更高，有利于提高电池能量密度；

② 无需有机溶剂，成本更低，环境友好，适用于下一代固态电池体系。

另外，Yao等[28]近期采用微量PTFE黏结剂（0.97%，质量分数）制备了固态三元正极。虽然PTFE在高电压下具有优异的电化学稳定性，不与正极活性材料发生反应，但是对锂离子的传输能力有限，并且不能有效保证活性材料、固态电解质和导电碳之间有足够的界面附着力。因此，Kim等[29]开发了一种具有离子传输能力的离聚物黏结剂——聚［四氟乙烯-全氟（3-氧-4-戊磺酸）］锂盐应用于干法电极制备。将活性材料$LiNi_{0.7}Co_{0.1}Mn_{0.2}O_2$、固态电解质$Li_6PS_5Cl$、导电碳（碳纳米纤维）和离聚物黏结剂（质量比为70:25:3:2）在80℃的研钵中用研杵手工混合1h，然后在430MPa恒定压力下压制得到高面密度正极（16.9mg·cm^{-2}）。用该离聚物黏结剂制备的复合正极横截面扫描电镜图像表明NCM颗粒、固态电解质和导电碳之间呈现了良好的界面接触。而且，能谱仪（EDS）揭示了氟原子在整个正极中均匀分布。而正极截面SEM图像显示了PTFE黏结剂纤维的存在，归因于其高的结晶度。相比之下，离聚物黏结剂分布均匀，不形成纤维状结构，有利于正极各组分之间获得更强的附着力以及更紧密的界面接触。相比PTFE和无黏结剂的正极，采用离聚物的固态锂电池在0.1C下展现了比使用PTFE的固态电池更高的放电比容量（180.7mAh·g^{-1}，vs.176.7mAh·g^{-1}）、更优异的循环稳定性（0.5C循环300圈的容量保持率90%, vs. 24%）、更低的阻抗演变以及更优异的倍率性能（2C下放电比容量为123.4mAh·g^{-1}, vs. 76.2mAh·g^{-1}）。循环300圈后正极截面的扫描电镜图像表明，在采用PTFE黏结剂的正极内部，活性材料和电解质颗粒之间存在较大的空隙，而在离聚物制备的正极内部仍然保持着紧密的接触。PTFE制备的正极界面接触失效主要由活性材料在循环过程中的体积变化所引起的机械应力导致的。进一步的正极表面和界面切割分析系统（SAICAS）表征和纳米压痕实验表明，离聚物黏结剂具有更高的黏结强度和更大的弹性恢复率（0.66, vs. 0.47）。由此可知，相对于PTFE，离聚物黏结剂可以更好地耐受正极活性材料在循环过程中的体积形变并维持正极界面的紧密接触，因此更有利于实现优异的电池性能。

然而，PTFE传导锂离子的能力有限，并且由于其有限的黏弹性，不能保证活性材料、固态电解质颗粒和导电碳之间有足够的界面黏合力。这在活性材料的体积膨胀/收缩过程中会导致界面空隙进而降低电池容量/循环稳定性。此外，PTFE在低电压下不稳定，会通过电化学还原脱氟转化为卡宾型碳，随后生成导电的sp^{2}碳，形成混合导电界面，进而破坏界面钝层的稳定性。因此，迫切需要更好稳定性和更高导电性的下一代干法黏合剂代替PTFE。Wu等[30]利用基底调控法开发了丁苯橡胶（SBR）黏结剂，提高了活性材料和固态电解质颗粒之间的黏附性，使制备的硫化物 ASSB（全固态电池）具有出色的循环稳定性（600 圈循环后的容量保持率为 84.1%）。

5.1.2 原位固态化策略增强的聚合物锂电池正极黏结剂

锂离子电池正极极片的规模化生产绝大部分沿用以 PVDF 为黏结剂，N-甲基吡咯烷酮（NMP）作为浆料溶剂/分散剂的湿法制备工艺。这种黏结剂体系和电极制备工艺可以在原位固态化策略构建的聚合物锂电池中沿用。考虑到这类黏结剂的结构设计思路和构效关系可以为固态锂电池正极黏结剂的开发提供借鉴，因此，本节对液态锂电池的高电压正极黏结剂进行了简要介绍。

国家发展规划提出，到 2025 年，动力电池电芯的能量密度要达到 $400Wh \cdot kg^{-1}$。为了满足这一需求，高电压正极的使用是必由之路。然而，在高电压运行条件下，传统 PVDF 黏结剂存在诸多不足，导致电池比容量迅速衰减[31]：

① 以弱范德华力发挥黏结作用，黏结强度不足，存在掉料现象；

② 无法在活性颗粒表面形成有效包覆层，难以构筑正极与电解质的兼容性界面（CEI）；

③ 与过渡金属离子相互作用弱，无法抑制充放电过程中过渡金属离子溶出并穿梭到负极在负极还原，对电池性能产生有害影响；

④ 在较高电压下（$\geqslant 4.4V$，$vs.$ Li^+/Li）会发生结构退化；

⑤ 氟元素具有环境毒性（疑似致突变和致畸性）。

高电压正极黏结剂的性能与聚合物的官能团种类、链结构、凝聚态结构以及分子量等息息相关。理想的正极黏结剂应满足如下要求[31]：

① 制备的电极极片应具有高内聚力和高剥离强度，确保电极在循环过程中的结构完整性；

② 含有大量极性官能团，能够与过渡金属离子产生强相互作用进而抑制过渡金属离子穿梭到负极；

③ 具有高化学和电化学稳定性，与电解质、活性材料颗粒兼容性好，在循环过程中能够保持自身结构的稳定性和电极结构的完整性；

④ 可以包覆活性材料，发挥人工 CEI 保护层功能；

⑤ 具有优异的热稳定性和高熔点（$>150℃$），可以使电极在高温极端工况运行时保持良好的结构完整性；

⑥ 具有极好的电极颗粒分散能力，利于构筑电极内部高效的三维电子/离子传输网络；

⑦ 在常规溶剂中具有高溶解性，可以制备高黏度电极浆料（干法电极除外）；

⑧ 刚柔并济的力学性能，一方面可以适应电极在循环过程中的体积变化，同时抑制电极的体积膨胀。这种性质还可以使电极具有更高的压实密度，有利于提高固态电池的能量密度；

⑨ 具有阻燃性，有助于提高电池的安全性。

截至目前，高电压正极黏结剂的开发已经取得了很大的进展。已经报道的高电压黏结剂可以分为生物质及其衍生物黏结剂、人工合成黏结剂两大类[32]。

（1）生物质及其衍生物黏结剂

生物质来源广泛、成本低廉、黏结强度高，是一种绿色的环境友好型黏结剂体系。目前用作高电压正极材料的生物质黏结剂主要有CMC、海藻酸钠（SA）、瓜尔胶（GG）、壳聚糖衍生物、木质素、葡聚糖衍生物等。这类黏结剂结构上存在大量的羧酸（或羧酸钠）和羟基官能团，可以与活性物质表面上的羟基形成离子-偶极和氢键等相互作用，因此可以在电极内部发挥较强的黏结性。

CMC是由纤维素羧甲基化形成的一种链状高分子水性黏结剂。法国南特大学 Wang Zhongli 教授课题组[33]将CMC用作5V $LiNi_{0.4}Mn_{1.6}O_4$ 正极的黏结剂。研究表明，相比于PVDF黏结剂，CMC黏结剂可以很好地分散正极活性材料和导电炭黑，从而实现更快的电化学反应动力学。

SA又名褐藻酸钠、海带胶，是从褐藻类的海带或马尾藻中提取碘和甘露醇之后的副产物。SA的结构由 β-D-甘露糖醛酸和 α-L-古洛糖醛酸按照（1→4）方式键连而成。意大利博洛尼亚大学 Catia Arbizzani 教授[34]首次利用SA制备了 $LiNi_{0.5}Mn_{1.5}O_4$ 正极。研究发现，与PVDF相比，SA黏结剂会减少电解液对电极的渗透，且更有助于生成更薄的正极/电解界面层。Chen 等[35]采用SA为黏结剂制备了 $Li_{1.2}Co_{0.13}Ni_{0.13}Mn_{0.54}O_2$ 正极并研究其电化学性能。添加了10%（质量分数）SA的电极在50次循环后仍具有220.1mAh·g^{-1} 的高放电比容量，而PVDF的可逆比容量仅为190.9mAh·g^{-1}。通过比较两种电极的充放电曲线和相应的微分容量-放电电压（dQ/dV）曲线，可以发现SA黏结剂的电压衰减更小，表明更少的活性材料发生了层状→尖晶石相的结构变化。

壳聚糖又称脱乙酰甲壳素，是天然多糖甲壳素脱除部分乙酰基的产物。它是由D-葡糖胺（脱乙酰单元）和N-乙酰基-D-葡糖胺（乙酰基单元）通过 β-1,4糖苷键连接，随机排列组成的碱性线型多糖。乌尔姆亥姆霍兹研究所 Stefano Passerini 教授课题组[36]比较了三种不同脱乙酰度和链长度的壳聚糖对 $LiNi_{0.5}Mn_{1.5}O_4$ 正极电化学性能的影响。结果表明：更大分子量的壳聚糖具有更优异的循环稳定性；而乙酰度相对较低的天然壳聚糖循环性能优于合成壳聚糖，尤其是与柠檬酸交联后，放电比容量提高了10%左右。作者还进一步将瓜尔胶作为浆料增稠剂与壳聚糖共混，实现了1C下超过120mAh·g^{-1} 的稳定比容量。

木质素是由3种苯丙烷单元通过醚键和C—C键相互连接形成的具有三维网状结构的生物高分子。木质素作为植物界继纤维素之后第二大资源的生物质材料，廉价易得且产量巨大。Cui 等[37]采用木质素作为黏结剂用于5V高电压镍锰酸锂正极。实验结果表明，木质素含有的苯酚官能团具有自由基淬灭功能，有助于消除电解液中的自由基并终止自由基的链式反应，抑制电解液的氧化分解，从而构建高稳定性CEI。最终，在室温1C和电压范围3.5～5.0V下循环1000次后，木质素制备的 $LiNi_{0.5}Mn_{1.5}O_4$ 半电池容量保持率高达94.1%，显著优于PVDF电极（46.2%）。从电池充放电曲线分析，木质素黏结剂的半电池极化更小，这归因于更少的电解液分解抑制了界面阻抗的增长。该项工作对功能性高电压正极黏结剂的设计具有重要的指导意义。

葡聚糖是指以葡萄糖为单糖组成的同型多糖，葡萄糖单元之间以糖苷键连接。Lu

等[38]将葡聚糖和氯磺酸通过酯化反应合成了葡聚糖硫酸酯锂（DSL）黏结剂，用于提升 LiCoO$_2$ 正极在高电压下的循环性能。研究表明，由于与活性材料表面具有氢键作用，DSL 黏结剂在 LiCoO$_2$ 颗粒表面形成了均匀的涂层，有效抑制了电解质分解，构筑了薄而均匀的 CEI 层。而且，DSL 黏结剂通过提高 Co—O 键的稳定性，改善了 LiCoO$_2$ 在高电压运行下的结构稳定性，抑制了 4.55V 以上运行条件下 O3 相向 H1-3 相的有害相转变。最终，基于 DSL 的 LiCoO$_2$ 电极在 25℃，2.8 ～ 4.6V 电压范围和 0.5C 倍率下实现了优异的循环稳定性，循环 100 圈后容量保持率高达 93.4%。

除了糖类黏结剂，聚氨基酸由于丰富的酰胺、羧酸等官能团，也具有良好的黏结作用，适合用作高电压正极黏结剂。例如，Chen 等[39]首次开发了丝胶蛋白（sericin）作为 LiNi$_{0.5}$Mn$_{1.5}$O$_4$ 正极的黏结剂。研究发现，sericin 黏结剂能够有效减少电解液的氧化，稳定 CEI 层并抑制 LiNi$_{0.5}$Mn$_{1.5}$O$_4$ 的自放电行为。此外，sericin 黏结剂可以在活性颗粒表面构筑涂层，高机械模量 sericin 黏结剂可以在快速充电/放电过程中保持电极结构的完整性。得益于这些优点，制备的 LiNi$_{0.5}$Mn$_{1.5}$O$_4$ 正极锂离子扩散能垒（26.1kJ·mol^{-1}）比 PVDF 制备的正极（37.5kJ·mol^{-1}）更低，确保了更优异的倍率性能。在半电池性能评价中，采用 PVDF 的 LiNi$_{0.5}$Mn$_{1.5}$O$_4$ 正极在 1C 下循环 100 圈后展现了 90.2mAh·g^{-1} 的放电容量，平均库仑效率为 98.4%，而采用 sericin 黏结剂的正极发挥了更高的放电比容量（105.8mAh·g^{-1}），更高的平均库仑效率（99.0%）。此外，sericin 黏结剂赋予半电池更优异的倍率。这项工作提供了一种优化正极界面化学的方法，为解决 LNMO 商业化障碍开辟了一条新途径。

（2）人工合成黏结剂

鉴于 PVDF 黏结剂的诸多不足，对其进行结构修饰或与其他聚合物共混是一条相对简便的路线。例如，针对层状氧化物锂电池面临的电解液化学退化问题，Cui 等[40]基于仿生策略首次开发了抗衰老型聚合物黏结剂，即将具有活性氧清除功能的光稳定剂与 PVDF 复合而成，见图 5.3（a）。经实验分析和理论计算证明了该黏结剂中的 2, 2, 6, 6-四甲基哌啶和三嗪叔胺结构具有高效的活性氧清除能力，见图 5.3（b）～（d）。此外，该黏结剂还可以诱导形成相容性的正极/电解质界面，并在多种层状过渡金属氧化物（如钴酸锂、富锂和高镍氧化物）锂电池中展现出卓越的电化学性能。在此工作的基础上，该团队[41]将乙烯基苯酚接枝聚合到 PVDF 骨架上，制备了具有单线态氧淬灭功能的高电压正极黏结剂。该黏结剂在 4.5V 系列 LiNi$_{0.6}$Co$_{0.2}$Mn$_{0.2}$O$_2$/Li 和 LiNi$_{0.8}$Co$_{0.1}$Mn$_{0.1}$O$_2$（NCM811）/Li 半电池中同样展现出优异的循环性能。

近年来，在锂离子电池快速向电动汽车和固定储能发展过程中，科研人员对含氟黏结剂以及电极制造过程中挥发的有毒有机溶剂等所带来的环境污染问题日益关注。如前所述，PVDF 具有环境毒性（疑似致突变和致畸性），而且正极制备需要使用有毒和疑似致畸的 NMP 作为浆料溶剂/分散剂。因此，设计采用水系黏结剂取代 PVDF，以及开发水系正极制备工艺引起了广泛关注。然而，三元正极材料会与水反应形成氢氧化物，产生高 pH 值碱性浆料，会造成铝集流体的严重腐蚀。而且，随着三元正极材料镍含量的增加，这一现象会更加严重。在这种情况下，锂会从富镍正极材料中浸出，产生具有较高表面反应性的物质，进而与微量水分和二氧化碳自发反应生成 LiOH 和

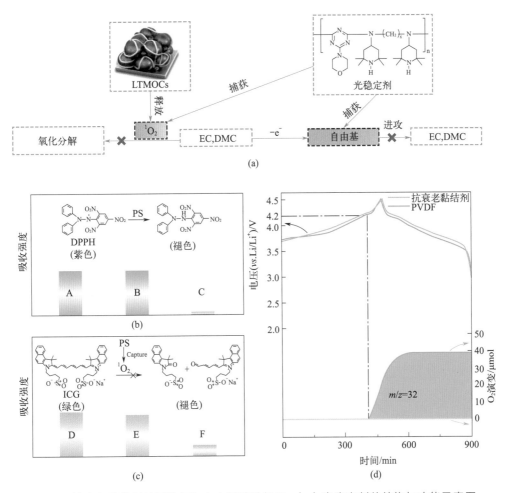

图 5.3　抗衰老黏结剂的活性氧与自由基清除机理：（a）光稳定剂的结构与功能示意图；抗衰老黏结剂（AA）的（b）自由基和（c）单线态氧淬灭验证实验；（d）PVDF 和 AA 黏结剂组装的 NCM532 半电池差示电化学质谱测试结果[37]

Li_2CO_3，导致浆液 pH 值通常＞12[42]。这些问题大幅度降低了三元正极的循环性能和倍率性能。

目前在三元正极的水系制备研究方面进展不多。值得一提的是，Passerini 等[43]采用商业来源的含氟丙烯酸聚合物 TRD202A 与 Na-CMC 混合黏结剂体系，辅以少量的磷酸（H_3PO_4）添加剂保护正极颗粒并避免铝集流体的腐蚀。最终，与传统油系制备的电极相比，水系制备的电极在 0.3C 下展现了与有机相制备的电极相近的循环稳定性，但在首圈库仑效率（91.6%）和首圈放电比容量（201mAh·g⁻¹）方面较低。同时，水系电极的一个缺陷就是清除电极内部残留的水需要一个高温或低露点以及更长的时间，增加了电极的生产成本。

总之，发展高性能黏结剂是优化高电压锂电池电化学性能的重要途径。因此，合理的黏结剂结构设计具有重要意义。Cui 等近期对高电压层状氧化物正极黏结剂的设计原则进行了归纳和总结[31]，重要的设计原则简述如下：

① 为了设计高电压黏结剂，可以采用聚合物的 HOMO 能级作为参考，进而更好地

认识高电压循环过程中黏结剂热力学或动力学稳定性的贡献；

② 黏结剂结构中引入羧酸盐、磺酸盐和磷酸盐等金属盐功能基团可以增强黏结强度以及清除HF等；

③ 非晶性聚合物黏结剂有利于实现对活性材料颗粒表面进行有效覆盖和高效钝化；

④ 具有丰富极性和低极性链段的聚合物黏结剂能更好地实现正极颗粒表面钝化，从而实现良好的循环性能；

⑤ 为了抑制过渡金属离子的溶出，黏结剂聚合物主链上含有丰富的极性基团；

⑥ 为了抑制电解液氧化分解并构筑相容性正极界面，发展具有活性氧和自由基清除功能的黏结剂也是一条可行途径。

这些设计原则对发展高性能正极黏结剂具有重要意义。无论黏结剂的结构设计如何，实现对活性组分表面的均匀覆盖和钝化是有效构建多尺度相容性正极界面和提升高电压电池循环稳定性的关键。

对于硫化物电解质锂电池的正极黏结剂来说，无论是湿法还是干法工艺，要优先考虑与硫化物电解质的化学相容性。在此基础上，兼顾黏结性、弹性和离子传输性也是这类黏结剂设计与开发需要考虑的重要因素。鉴于硫化物固态电解质广阔的应用前景，发展适配的黏结剂技术正成为本领域研究的热点。

未来高电压正极黏结剂的发展方向应该是开发低成本、环境友好的多功能黏结剂。乳胶型无氟黏结剂具有成本低、环境友好、电极颗粒分散好、黏弹性高、性能参数可灵活调配等优点，在不久的将来有望取得重要进展。另外，目前高电压正极黏结剂的研究对黏结剂化学/电化学演化机制尚缺乏深入的理解和认识。因此，接下来可以利用原位表征技术和理论计算来探索和阐明这些复杂的化学过程，全面揭示高电压正极黏结剂的界面演变化学，这对正极黏结剂的合理设计和开发具有重要的指导和借鉴意义。

5.2　负极黏结剂

要实现锂电池的高能量密度，除了匹配高电压正极外，开发高比容量的负极材料也同样重要。其中，发展高比容量硅基负极已成为研究热点。硅基负极材料的理论比容量（4200mAh·g^{-1}）高、嵌脱锂平台较适宜，是一种理想的高容量负极材料。但是在充放电过程中，硅颗粒的体积变化达到300%以上，这种剧烈的体积变化所产生的内应力容易导致电极粉化、剥落；而且，由于高反应性Li-Si合金和电解质之间的固态电解质界面相的不断破坏与再生，导致电解质和有限锂源的持续不可逆消耗。这些因素导致硅负极的循环稳定性较差，阻碍了其商业化进程。

由于固态电解质种类的不同，固态锂电池的硅负极黏结剂也可以分为原位固态化策略构建的聚合物固态锂电池所用的硅负极黏结剂和非原位制备工艺构建的固态锂电池所用的硅负极黏结剂。

理想的硅基负极黏结剂应满足如下要求：

① 制备的电极膜应具有高内聚力和高剥离强度，确保电极在循环过程中的结构完整性；

② 可以在活性颗粒表面形成均匀包覆层，稳定 SEI 并抑制活性颗粒过度膨胀；

③ 具有高化学和还原稳定性，不与电解质、活性材料发生严重化学反应，在循环过程中能保持自身结构的稳定性和电极结构的完整性；

④ 优异的热稳定性和高熔点（＞150℃），可以使电极在高温循环条件下保持结构稳定性；

⑤ 极好的活性颗粒（或无机电解质颗粒）和导电剂分散能力，有利于构筑电极内部高效的三维电子/离子传输网络；

⑥ 常规溶剂中具有高溶解性，可以制备高黏度电极浆料；

⑦ 刚柔并济的力学性能。通常，拉伸强度和硬度决定了硅基电极对体积变化的容忍程度，高弹性有利于进行较大的拉伸以适应这种体积变化并保持电极结构的完整性和电极界面的稳定。同时，这种性质可以使电极具有更优异的压实密度，有利于提高固态电池的体积能量密度和质量能量密度；

⑧ 具有阻燃性，有助于提高电池的安全性。

5.2.1 非原位制备工艺构建的固态锂电池硅负极黏结剂

固态聚合物锂电池所用的硅负极黏结剂往往采用聚合物电解质的基质材料或其与常规负极黏结剂的共混体系。由于无机固态锂电池的性能测试通常需要较高的外部压力，这有利于抑制硅负极的体积膨胀和稳定负极界面，因此在目前已经报道的无机固态锂电池中，硅负极通常采用无黏结剂的压制工艺，即将硅颗粒、导电剂等混合物直接压制到固态电解质片上。例如，Lee 等[44, 45]将纳米硅晶体（50nm，98%）、铜粉（20～40nm，99.9%）和固态电解质 $77.5Li_2S-22.5P_2S_5$ 按照质量比 1∶1∶5 混合后，通过施加一定的压力压制而成。因此，目前针对无机固态锂电池硅负极黏结剂的报道较少，一般采用 PVDF 类聚合物作为负极黏结剂。

众所周知，Si 电极稳定性问题主要来自 Si 与液态电解质界面失效。在无机固态锂电池中，因为固态电解质可以与硅负极形成稳定且钝化的固态电解质界面（SEI），因此使用无机固态电解质匹配硅负极是一种很有前景的电池体系。Meng 等[46]制备了高活性载量的微米 Si 负极，与 NCM811 正极构筑了硫化物全固态锂电池，以克服微米硅负极界面稳定性挑战和固态电池的电流密度限制。这种微米硅负极采用 99.9% 的微米硅颗粒、1%PVDF 黏结剂，以 NMP 为溶剂制成浆料，然后采用刮刀涂到铜箔上制备。在锂化过程中，微米硅和固态电解质之间首先形成钝化 SEI 层，然后界面附近的微米硅颗粒发生锂化。同时，高反应性的 Li-Si 与其附近的硅颗粒发生反应。得益于 Li-Si 和微米硅颗粒之间的直接离子和电子接触，在微米硅锂化过程中，合金化反应可以在整个电极中发生。组装的 NCM811/SSE/微米硅型全固态锂电池，在 1C 倍率下室温循环 500 圈后，容量保持率为 80%，平均库仑效率高达 99.9%，展现了巨大的应用潜力。进一步研究表明，该电池比容量衰减主要归因于正极-固态电解质接触失效和正极阻抗的不断增加。

尽管全固态硅负极黏结剂的研究尚处于起始阶段，但发展适配的新型黏结剂体系是必然的。这是因为：

① 合适的黏结剂有助于提高活性颗粒的分散问题，构筑高效三维离子/电子传输网

络，进而提升电极电化学反应动力学；

② 与液体电解液相比，固态电极内部的离子传输机制和界面化学存在显著区别。

值得一提的是，在无机全固态电池负极黏结剂开发方面，Choi等[47]针对无负极电池不均匀的锂沉积行为，开发了适配银-碳复合涂层的弹性纤维（spandex）黏结剂。无负极固态锂电池是新兴的一种不使用锂箔的电池体系。这种无负极锂电池体系在初始循环时不含过量的锂，可以提升电池的能量密度和简化制备工艺。然而，由于不存在过量的锂，循环过程中的锂损失会导致电池容量的迅速衰减。为了解决该问题，在负极集流体表面可以构筑银-碳复合保护层。这种保护层中的银颗粒可以与锂合金化降低锂成核能垒，进而实现均匀的锂沉积行为和抑制锂枝晶生长。然而，银-碳保护层在循环过程中存在因巨大体积变化（2700%，根据晶格参数计算而得）而产生的机械应力，机械稳定性亟待提高。传统PVDF虽然具有高介电常数和电化学稳定性的优点，但由于弱附着力和易塑性变形，不适用于大体积形变电极（如硅、银负极等）。因此，Choi等基于硬段-软段理念设计了高弹性的spandex黏结剂（图5.4）。该黏结剂膜可以被拉伸1000%，并具有高弹性恢复率（0.74），是PVDF的1.6倍；在剥离测试中，制备的保护层负极具有高达18gf·mm^{-1}（1gf=0.0098N）的剥离强度，而PVDF黏结剂制备的对照电极剥离强度很低。

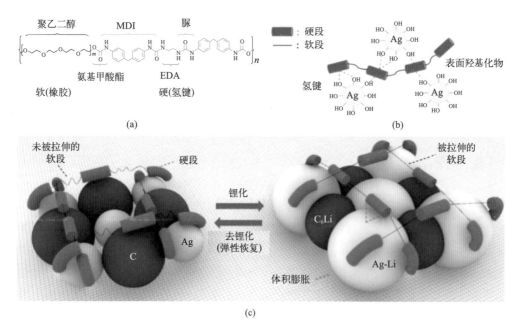

图5.4　spandex黏结剂的结构与弹性恢复行为：（a）spandex聚合物的化学结构；（b）spandex黏结剂和银颗粒之间氢键的示意图；（c）银粒子在锂化和脱锂过程中弹性恢复的3D图形[44]

在此基础上，作者进一步组装和对比了两种黏结剂制备的Ag-C/LPSCl/Li半电池的循环性能。结果表明，spandex黏结剂具有更高的初始库仑效率（90.2%）、累积库仑效率（86.0%）、较小的平均过电势和更低的电荷转移阻抗。该工作为发展适配于全固态锂电池负极的新型黏结剂提供了重要启示。

5.2.2　原位固态化策略增强的聚合物锂电池硅负极黏结剂

黏结剂的研发与应用是提高锂离子电池硅负极电化学性能的有效途径之一。目前高比容量硅负极多采用水系黏结剂。相比于油性黏结剂（如PVDF及其类似物），水性黏结剂环保、廉价且使用更安全。目前研究较多的硅负极黏结剂主要包括生物质多糖、聚丙烯酸（盐）类以及三维网络黏结剂等。

（1）生物质多糖

生物质多糖具有丰富的羟基、羧基等官能团，能与硅颗粒表面以及在聚合物链与链之间形成酯键或氢键，一定程度上可以维持电极在循环过程中的结构稳定性并抑制硅负极的体积膨胀。另外，生物质多糖与硅表面亲和性强，可以在硅活性颗粒表面形成保护层，起到类似人工界面层的功能，有助于提高电极循环性能。目前报道的生物质多糖黏结剂主要包括纤维素（cellulose）、CMC、Na-CMC、SA、GG、黄原胶（XG）、阿拉伯胶（arabic gum）、壳聚糖（chitosan）、直链淀粉（amylose）、支链淀粉（amylopectin）等。

Choi等[48]从静电荷和聚合物高级结构方面系统地研究了高容量纳米硅负极生物质多糖黏结剂。首先，根据有无静电荷，将生物质多糖黏结剂分为静电荷类和中性类；在此基础上，根据生物质多糖的高级结构进一步细化分类，见图5.5（a）。中性类多糖包括纤维素（线性）、直链淀粉（螺旋/双螺旋）和支链淀粉（支链螺旋）；静电荷类多糖包括Na-CMC（线型）、SA（线型）、Li/Na化黄原胶（螺旋状）和天然黄原胶（简称native-XG，双螺旋）。首先，电极剥离测试结果显示，与静电荷类多糖Na-CMC（约$1.6N\cdot cm^{-1}$）相比，中性的纤维素和支链淀粉表现出更弱的剥离强度（分别为$0.14N\cdot cm^{-1}$和$0.38N\cdot cm^{-1}$）。这表明，由于强的离子-偶极子相互作用，静电荷类多糖具有更强的黏结性。其次，native-XG表现出最强的剥离强度，这是由于其高级结构利于与纳米硅颗粒的充分接触。而且，从剥离后集流体残留的电极材料来看，使用native-XG的纳米硅电极材料残留最多，没有Cu集流体的裸露，说明该黏结剂与Cu集流体具有更好的黏结性。因此认为，native-XG的高级结构是其与纳米硅颗粒和Cu集流体强黏结性的根本原因。native-XG在实现强黏附方面类似于千足虫［图5.5（b）］：从结构上看，为了创建大量的接触点，native-XG的一系列三糖侧链从双螺旋主骨架中分支出来，类似于千足虫的主干和附着在其上的小腿；从增强黏附性的化学角度来看，native-XG每条侧链的超分子离子-偶极相互作用类似于千足虫每条小腿上的微米级吸附垫。通过扫描探针显微镜观察native-XG和复性黄原胶（renatured-XG）的纤维形态，显示renatured-XG的双螺旋结构消失，并出现了局部链团聚现象。该结果揭示了分子间氢键和离子偶极相互作用在双螺旋结构形成中的重要作用。

Si/C半电池的循环测试表明，虽然初始去锂化容量相似，但相比静电荷类多糖黏结剂，所有中性类多糖黏结剂的容量保持率都很低：使用纤维素、直链淀粉和支链淀粉黏结剂的纳米硅电极在1C（$3500mA\cdot g^{-1}$）下循环200圈容量保持率分别为14.2%、22.8%和34.6%。这些结果表明，黏结剂中的离子-偶极相互作用有利于提高硅基电极的循

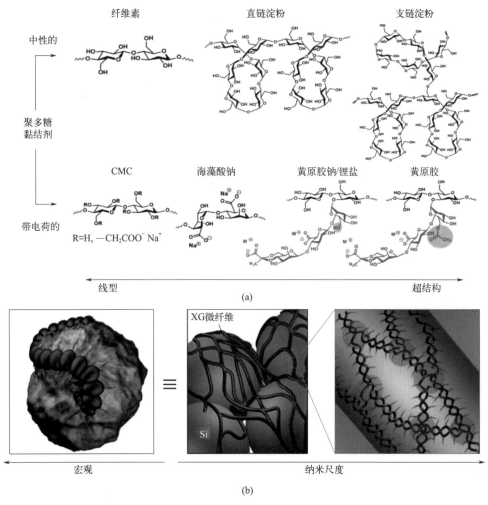

图5.5 生物质多糖黏结剂的结构分类及天然XG与千足虫的结构类似性：（a）根据静电荷和高级结构分类的生物质多糖黏结剂的化学结构；（b）从宏观世界向纳米世界的概念转移以及在强黏结性方面千足虫与天然XG的结构类似性。千足虫的一系列小腿对应天然XG中的多条短侧链（均用红色标注）[48]

环性能。另外，在1C下循环200次，native-XG、Na-CMC分别表现出2150mAh·g^{-1}和1484mAh·g^{-1}的比容量，分别对应72.2%和50.3%的容量保持率。而在相同循环条件下，renatured-XG、Na-XG、Li-XG的容量保持率仅为43.5%、34.9%和22.7%。静电荷类的native-XG显示出最好的循环性能，这与其带侧链的双螺旋结构增强了电极黏结作用息息相关。相对而言，renatured-XG、Na-XG和Li-XG较差的循环性能可能归因于链团聚（对renatured-XG而言）或乙酰基的水解破坏了native-XG的双螺旋结构。此外，Na-XG优于Li-XG的原因是Na-XG具有更好的电极颗粒的分散性能。表明native-XG可以赋予纳米硅电极在高倍率（6C）下优异的循环性能。

生物质多糖一般脆性大、柔顺性差，充放电时极片非常容易因体积膨胀而龟裂，而且电极性能受电极材料配比、pH值等的影响较大。因此，近年来生物质多糖类黏结剂的性能优化多采用与弹性聚合物共混或接枝的方法。

（2）聚丙烯酸（盐）类

聚丙烯酸（盐）类分子结构简单，具有价廉易得的优点，不仅可以与Si形成强氢键作用，而且能在Si表面形成比CMC更均一的包覆，从而抑制电解液分解，实现优于CMC的电极循环性能。Hong等[49]以次磷酸钠为催化剂，在PAA与Si表面羟基之间构筑了大量酯键。研究表明，该方法可以抑制黏结剂链段滑动并稳定SEI，使所制备的纳米硅电极展现了优异的循环性能，以$1000mA \cdot g^{-1}$的电流密度循环500圈后还有$1500mAh \cdot g^{-1}$的比容量。Roué等[50]研究发现，含有羧酸的聚合物黏结剂可以与铜集流体发生反应生成$Cu(OCO-R)_2$，提高极片的剥离强度。Yushin等[51]将聚丙烯酸（PAA）应用在Si负极中，以0.5C的倍率循环98圈后仍有$2400mAh \cdot g^{-1}$的比容量，库仑效率＞99%。

聚丙烯酸类黏结剂的线型链结构在电极循环过程中会随着Si颗粒的体积变化发生滑移，且由于黏结剂模量高，在循环过程中非常容易导致电极结构破坏和SEI膜碎裂，使电池容量快速衰减。为改善这一问题，与其它物质交联或共混是一种性能改善的有效方法。

（3）三维网络黏结剂

线型聚合物和支链型聚合物黏结剂与Si颗粒之间通过点-面或线-面接触，在Si电极循环过程中，这类黏结剂受应力作用会在硅颗粒表面发生滑移导致电极颗粒位置变化，造成电解质膜的龟裂和SEI的破坏。三维网络黏结剂可通过网络-面接触方式对电极颗粒实现三维固定，受到的应力可以均匀地分配到每个聚合物链，进而将其进一步分配给每个锚定点。因此，三维网络黏结剂可以承受更强的机械应力，从而有利于避免电极颗粒的滑移，实现更强的电极黏结性，更有利于抑制硅基电极的体积膨胀。根据交联类型，三维网络黏结剂可分为共价键交联网络黏结剂和动态交联网络黏结剂。

共价键交联网络黏结剂常采用原位交联的方式，即在电极制备过程中通过加热或光照的方法在电极内部形成共价键交联网络结构的热固性聚合物黏结剂。目前共价键交联网络黏结剂主要是通过形成酯键、亚胺键、酰胺键和双键聚合等来构建的[52]。相比非化学键的相互作用，共价键交联网络黏结剂具有更强的键能，更有利于抑制硅基电极的体积膨胀。其次，共价键交联网络黏结剂可以避免被电解液过度塑化，在电池高温循环过程中保持自身的机械强度。但这类共价键一旦断裂就不可修复，所以一般可通过氢键、离子-偶极相互作用、金属离子配位等动态超分子相互作用构建自修复的聚合物网络结构，而共价键交联网络可以促进超分子相互作用的自愈能力。一般来说，力学性能（包括拉伸强度和硬度）随着共价键交联度的增加而提高，而过多的共价键交联通常会导致弹性和拉伸强度下降。因此，适当的化学键交联有望平衡黏结剂的弹性和模量。化学键交联网络黏结剂通常需要精准的交联剂用量。

Wang等[53]通过PAA和聚(2-羟乙基丙烯酸酯-*co*-甲基丙烯酰基多巴胺)[简称为P(HEA-*co*-DMA)]的原位热缩合反应制备了橡胶弹性体黏结剂PAA-P，应用于微米硅负极。该黏结剂主体网络为PAA的羧基和P(HEA-*co*-DMA)的羟基通过酯化形成的共价交联网络结构，同时每个链段局部存在丰富的氢键。该黏结剂能承受400%的拉伸应变，具有高度的可逆弹性。相对PAA黏结剂，PAA-P展现了更优异的剥离强度（$0.83N \cdot cm^{-1}$）。在循环过程中，PAA-P黏结剂能明显减少微米硅电极的表面裂纹和硅颗粒的粉化，明显抑制硅电极膜的体积膨胀（循环10圈后电极膜厚度17.1μm）。最终，该黏结剂制备的微米硅半电池和全电池展现了比PAA黏结剂更优异的长循环性能和倍率性能。尤其是，制备的微米硅半电池（面载量为1mg·cm^{-2}）可以在3.2mAh·cm^{-2}面容量下稳定循环200圈，远优于PAA黏结剂。该黏结剂对稳定微米硅电极的作用可以用一个弹簧拉伸模型来说明。该模型能够承受反复拉伸和收缩而不会发生结构损伤，因此可以抑制微米硅颗粒粉化、电极膜裂纹形成以及抑制电极体积膨胀，最终实现了微米硅电极优异的电化学性能。

Saito等[54]利用醛与氨基的亚胺化反应，将戊二醛（GA）与邻苯二酚功能化的壳聚糖（CS-CG）进行共价键交联，制备了具有高机械强度和抗湿黏附能力的共价键交联网络黏结剂CS-CG+GA。研究发现，当邻苯二酚基团的接枝率从10%增加到25%时，与纳米硅颗粒的黏附能力显著增强。然而，使用具有较高邻苯二酚接枝率（25%）的CS-CG黏结剂的纳米硅负极显示出更快的比容量衰减。而且研究还发现，如果进一步提高邻苯二酚基团的接枝率则出现电极颗粒分散不好和掉料问题，无法制备合格的电极极片。此外，实验发现具有丰富极性基团的聚合物黏结剂（如CS中的—OH和—NH$_2$基团）制备的电极膜与铜箔的黏附强度较高。相比CS，邻苯二酚功能化的CS可以使电极具有更高的剥离强度。另外，6%GA交联可以进一步提高电极的剥离强度。最终，CS-CG10%+6%GA黏结剂制备的Si/C复合电极（活性材料质量负载为2.5mg·cm^{-2}，50%石墨和20%纳米硅）表现出最优异的循环性能，100圈循环后比容量为750mAh·g^{-1}（约90%容量保持率）。

动态交联网络黏结剂是利用主-客体相互作用、可逆离子键、金属离子配位键、多重氢键、π-π堆积等强相互作用构建具有自修复功能的动态交联网络聚合物。这种黏结剂的动态交联网络不仅可以耐受较大的应力而不断裂，而且可以在遭受更大应力情况下通过可逆的动态交联使网络结构在断裂点进行修复，因此该黏结剂可适应Si颗粒在循环过程中的反复的、巨大的体积变化，从而有效保持Si电极结构的完整性。目前，构筑动态交联网络黏结剂已成为高性能硅基负极黏结剂开发的重要手段。

Choi等[55]开发了一种"分子滑轮"高弹性黏结剂PR-PAA，有效提高了微米硅负极的循环稳定性。该黏结剂由少量多聚轮烷功能化的PAA与间二硝基苯封端的聚醚通过主-客体相互作用组成，其中间二硝基苯封端的聚醚链贯穿多聚轮烷环中，见图5.6（a）和（b）。"分子滑轮"黏结剂中的一部分多聚轮烷环具有较强的黏结性能，一部分多聚轮烷环具有独特的自由滑动性能。一般来说，聚合物膜的拉伸行为可分为三类：非线性软化（r型）、线性弹性（Hooke式）和非线性硬化（J型）。通过测试PR-PAA膜的力学性能，揭示了动态交联网络结构的作用。PAA薄膜的应力-应变曲线呈r型，类似现有的大多数聚合物黏结剂。应力-应变曲线测试表明，PAA薄膜在约37%的应变下断裂，归因于链间氢键的破坏。相比之下，PR-PAA薄膜呈r型和J型两种曲线。在r型区域，PAA链沿应力方向重排，部分氢键同时被破坏。在这种情况下，多聚轮烷的环滑移可以在一定程度上降低应力，使模量低于PAA薄膜的模量。当进入J型区，进一步增大应变时，多聚轮烷的环滑移起到应力释放作用，使PR-PAA膜直到390%应变才会发生断裂。PR-PAA的这一力学性能表明，多聚轮烷环可以沿着间二硝基苯封端之间的聚醚链段自由移动，使PR-PAA膜具有更高的黏弹性，从而有效地保持Si的颗粒形状，使其不会在连续的体积变化过程中崩解，有助于构筑稳定的电极界面，提高电极的电化学性能。新黏结剂的功能与线型PAA黏结剂形成鲜明对比。如图5.6（c）所示，PAA黏结剂

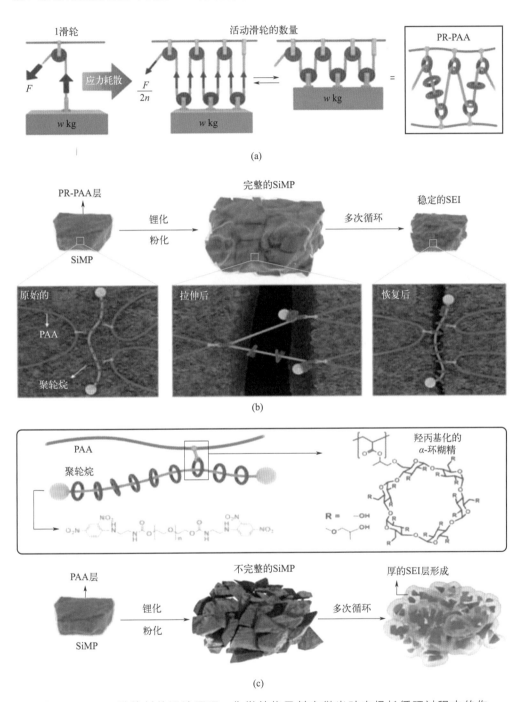

图5.6　PR-PAA黏结剂的设计原理、化学结构及其在微米硅电极长循环过程中的作用：（a）用于降低物体提升时力的滑轮原理与PR-PAA黏结剂的应力耗散机理示意图；（b）PR-PAA黏结剂在微米硅重复体积变化过程中耗散应力的作用图示以及多聚轮烷和PAA的化学结构；（c）PAA黏结剂制备的微米硅电极的活性颗粒粉化和电极界面的形成示意图[55]

弹性有限，因此不能牢固地保持颗粒形状，使粉碎的颗粒发生解体，导致硅电极容量大幅降低。最终，在由微米硅、黏结剂和 Super P（质量比为 8:1:1）组成的硅半电池中，相比 PAA 黏结剂，PR-PAA 黏结剂在 0.033C（100mA·g^{-1}）下展现了更高的初始比容量（2971mAh·g^{-1}，$vs.$ 2579mAh·g^{-1}）和初始库仑效率（91.22%，$vs.$81.61%），在 0.2C 下循环 50 圈具有明显更高的容量保持率（91%，$vs.$48%）。

Sottos 等[56]通过在活性纳米硅颗粒和聚合物黏结剂之间构筑酸-碱相互作用的动态可逆离子键，实现了纳米硅复合电极优异的循环稳定性。具体方法是，首先通过表面功能化将氨丙基硅醚共价键连在硅纳米颗粒上，然后将氨基修饰的硅纳米颗粒、PAA 黏结剂、导电剂按照 6:2:2 质量比制备硅复合电极。用 X 射线光电子能谱和拉曼能谱对 Si 粒子上的氨基与 PAA 黏结剂上的羧基形成的离子键进行了验证。最终，硅复合负极在 2.1A·g^{-1} 电流密度下，循环 400 圈容量保持率为 80%，明显优于 PAA 黏结剂制备的电极（约 35% 容量保持率）。进一步研究表明，这种动态离子键交联网络可以在循环过程中有效地抑制硅复合电极界面阻抗的增长。该研究表明，构筑动态交联离子键网络可以有效缓解锂化过程中硅电极的体积膨胀，稳定电极界面，提高硅电极的循环性能。

为解决硅基电极的失效问题，Cui 等利用氢键和离子键设计了一种双网络黏结剂，它含有高黏度的果胶（pectin）和由亲水性 PAA 和亲油性聚乙二醇二丙烯酸酯（PEGDA）组成的两亲共聚物 PAPEG[58]。此外，还进一步引入 Fe(NO$_3$)$_3$，在聚合物上羧酸单元之间建立离子配位键，以消除应力。这种黏结剂具有良好的黏结性能和自修复能力，能够抑制电极体积膨胀，使电极界面在循环过程中保持稳定。该黏结剂诱导形成了富含 Li$_3$N/LiF 的固态电解质界面层，抑制了电解液的连续分解。这些特性使得 Si/Li 半电池和 LiNi$_{0.8}$Co$_{0.1}$Mn$_{0.1}$O$_2$/Si 全电池可以获得优异的电化学性能。基于酸-碱相互作用，Cui 等[57]最近提出了一种仿蛛丝蛋白的分级结构黏结剂（AOB），见图 5.7（a）和（b）。该黏结剂是通过简单混合 PAA 水溶液和含聚丙烯腈（PAN）和聚乙二醇双叠氮化物（N$_3$-PEO-N$_3$）共聚物（PPB）的 NMP 溶液制备而成。如图 5.7（b）所示，疏水性 PPB 聚合物在混合溶液中凝聚形成亚微米大小的不规则球形畴（畴内含有晶体），作为分子链段的刚性节点，类似于蜘蛛蛋白的 β-纳米晶，而水溶性非晶态 PAA 模仿蜘蛛蛋白的 α-螺旋结构，通过离子键与 PPB 连接形成网络结构，类似于蜘蛛蛋白一级结构中链间相互作用。分层结构设计使所开发的黏结剂具有较高的拉伸强度和弹性，以及优异的自愈能力。PAA 与 PPB 之间存在动态可逆的强离子键 NH$^+$···$^-$O—C=O，有利于能量耗散，耐受巨大的电极体积变形，有效稳定电极界面，见图 5.7（c）和（d）。结果表明，采用 AOB 黏结剂的 Si 电极和 Si/C 复合电极 S600［含有 SiO$_x$（0＜x＜1）］，在 0.1C 下比容量为 600～650mAh·g^{-1}，表现出优于传统 PAA 黏结剂的长循环稳定性和倍率性能。尤其是，在用商用级 S600 负极和 NCM811 正极组装的 3.3Ah 软包电池中，700 圈循环后放电容量可保持在 2.92Ah，充分说明了 AOB 黏结剂的实用性。这种聚合物黏结剂分层结构设计为高性能硅基负极黏结剂的开发提供了新思路。最近，Cui 等基于软硬段协同增效以及硼酸酯交联化学分别设计了聚合物黏结剂 PCH-CR［图 5.8（a）］以及 P（SH-BA）［图 5.8（b）］，这两种黏结剂分别在商用硅碳 600 以及硅碳 450 电极中取得极其优异的循环性能。

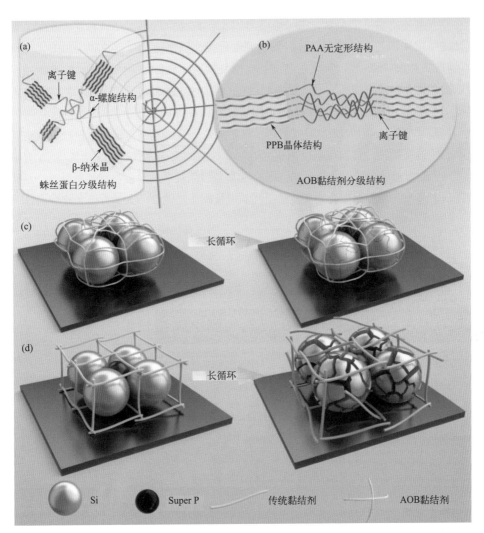

图5.7 AOB黏结剂的设计原理及其在硅电极长循环过程中的作用：（a）蛛丝蛋白的分级结构；（b）AOB黏结剂的分级结构，以及在长循环过程中使用（c）传统黏结剂和（d）AOB黏结剂的Si电极演化示意图[57]

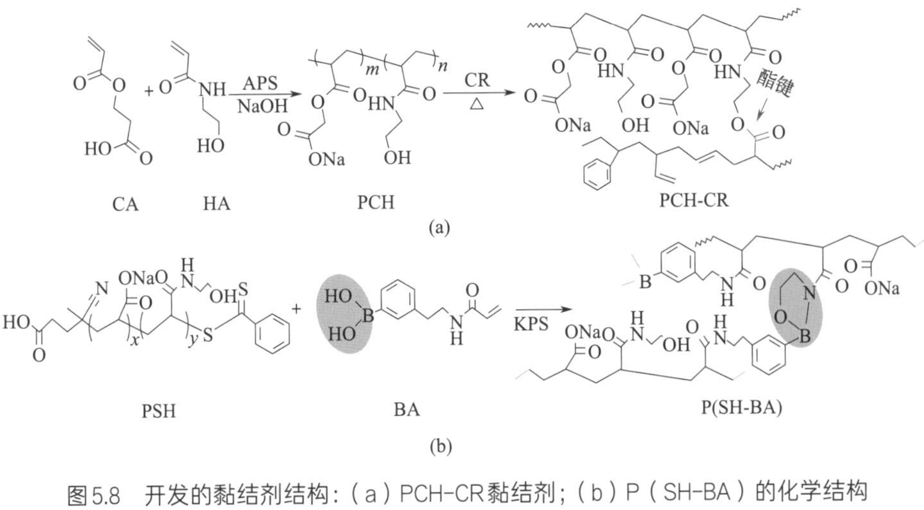

图5.8 开发的黏结剂结构：（a）PCH-CR黏结剂；（b）P（SH-BA）的化学结构

受贻贝足部角质层的启发，Choi等[59]开发了一种基于Fe^{3+}-（三）邻苯二酚配位键的动态交联网络黏结剂，见图5.9（a）。这种强配位键交联网络可以随着硅颗粒的大体积膨胀/收缩发生解离/再生成，实现黏结剂的自修复功能。另外，引入的丙烯酸丁酯结构单元可以提高聚合物链段的柔顺性，促进聚合物的自修复[图5.9（b）]。制备的纳米Si电极半电池（面载量$1.2mg \cdot cm^{-2}$）在循环350圈后容量保持率可达81.9%，远远优于常用的线型聚合物黏结剂PAA和PVDF。研究表明，这种配位键交联网络有助于维持硅电极在循环过程中的结构完整性，是实现硅电极优异电化学性能的关键因素之一。金属离子-有机配体动态可逆配位键的黏结剂设计为自愈合型硅基负极黏结剂的发展提供了新思路。需要指出的是，所开发的油溶性聚合物需要采用油系电极制浆工艺，不太适合商业化应用。

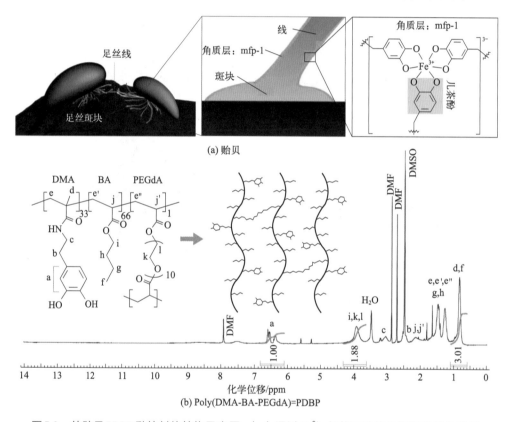

图5.9　仿贻贝PDBP黏结剂的结构示意图：（a）通过Fe^{3+}-邻苯二酚络合物湿黏附的贻贝足部角质层；（b）作为硅负极黏结剂的聚（甲基丙烯酰胺多巴胺-丙烯酸丁酯-聚乙二醇二丙烯酸酯）聚合物（PDBP）的分子结构（左）和^{1}H-NMR谱（右）[59]

Deng等[60]将脲基嘧啶酮（UPy）接枝到PAA上制备了具有脲基四重氢键结构的超分子黏结剂PAA-UPy。该黏结剂结构中的UPy通过四重氢键形成二聚体。这种二聚体可以随着硅颗粒的大体积膨胀/收缩发生断裂/重建，有助于维持硅电极的结构完整性。当充电电流密度为$2100mA \cdot g^{-1}$（0.5C），放电电流密度为$840mA \cdot g^{-1}$（0.2C），运行电压范围在0.01～1.0V之间，以PAA-UPy为黏结剂的纳米硅电极半电池初始放电比容量高达$4194mAh \cdot g^{-1}$，高于PAA（$3895mAh \cdot g^{-1}$）、CMC（$3445mAh \cdot g^{-1}$）和PVDF（$3545mAh \cdot g^{-1}$）黏结剂。经过110圈充放电循环后，以PAA-UPy为黏结剂的硅负极可逆比容量为2638mAh·g^{-1}，远高于PAA（1734mAh·g^{-1}）、CMC（1099mAh·g^{-1}）和PVDF（45mAh·g^{-1}）黏结剂。PAA-UPy更高的性能归因于其具有良好的自愈能力，可瞬间修复因纳米Si颗粒在反复锂化/去锂化过程中巨大体积变化造成的损伤或破坏。而采用CMC和PVDF黏结剂制备的纳米硅负极循环性能较差，这归因于其附着力差、自愈性差，不能适应锂化/去锂化过程中纳米硅颗粒的巨大体积变化。此外，PAA-UPy赋予纳米硅电极半电池最高的初始库仑效率（86.4%），明显优于PAA（80%）和CMC（69.5%）黏结剂，表明这种基于UPy基团之间强四重氢键相互作用形成的动态物理交联保证了纳米硅电极结构的完整性，同时形成了更稳定的SEI。

Liu等[61]开发了含有芘侧链的聚合物黏结剂，这类黏结剂可以利用芘的π-π堆积作用，构建具有强自修复能力的动态交联网络。按照纳米硅颗粒与黏结剂2:1质量比制备的硅电极半电池，展现了优异的倍率性能，而且PPyE可以在1000圈充放电循环中保持稳定循环。相比PPy，PPyE通过在侧链上引入环氧乙烷基团，可以增强黏结剂的附着力和提高电解液的溶胀率，最终提高了高负载纳米Si电极的电化学性能。

虽然硅基负极黏结剂的开发取得了很大的进步，但仍未满足高比容量硅基负极商业化应用的要求。而且，目前的实验室研究在硅基负极黏结剂的性能评价方面还存在一些问题。尤其是，目前文章报道的黏结剂性能评价往往采用较高的用量（约10%），远超商用电极黏结剂用量（<4%），很难反映黏结剂在实际应用场景中的有效性；另外，黏结剂性能常采用半电池的形式，难以正确评价黏结剂的真实性能。因此，黏结剂的性能评价应该建立在乏量黏结剂和全电池的基础上，并建立统一的测试标准，方便学术界和产业界借鉴应用和进一步优化。

对于未来高性能硅基负极黏结剂的开发，应注重以下几个方面：

① 结合动态可逆的离子键和共价键交联网络的优势开发具有良好的自愈能力和优异力学性能的黏结剂；

② 原则上，具有优异力学匹配性能的聚合物是硅基电极理想的黏结剂。将弹性聚合物作为交联剂用于新型黏结剂的制备有望获得优异力学匹配性能的黏结剂；

③ 电极膜的溶胀程度与它们的力学/电化学性能高度相关。因此，应深入研究电极膜的结构-溶胀特性关系，这可以为黏结剂的合理设计提供重要指导；

④ 鉴于电极内的电子导电网络对循环和速率性能至关重要，研究黏结剂对导电碳分布以及电极内部电子传输网络的影响规律，有助于开发具有大电流充放电能力的硅基负极；

⑤ 硅基负极由于黏结剂的用量较少，因此目前对黏结剂结构演变及其对界面化学的影响机制研究不够深入；

⑥ 目前的黏结剂开发主要注重黏结剂拓扑结构的设计与优化，忽略了黏结剂在电极内部的微观分布和凝聚态结构的调控。总之，随着黏结剂技术的不断进步，将助力更高能量密度锂电池的开发。

5.3　无机固态电解质膜黏结剂

无机固态电解质包括氧化物电解质、硫化物电解质、卤化物电解质以及其他电解质，如氢化物、氮化物等。其中，硫化物固态电解质凭借高的离子导电性，成为最具发展潜力的固态电解质之一。传统固态电池单体能量密度低于当前商业化的锂离子电池，其主要原因是使用了高厚度的固态电解质片（厚度$500 \sim 1000\mu m$）。例如，在正、负极负载相同的情况下，无机固态电解质层厚度为$300\mu m$的电池能量密度约为$100Wh \cdot kg^{-1}$，而无机固态电解质层厚度为$30\mu m$的电池能量密度约为$350Wh \cdot kg^{-1}$，相比之下能量密度提升了250%。开发固态电解质薄膜，是固态电池走向工业化应用必须解决的关键问题。无机固态电解质膜黏结剂一般指将无机电解质颗粒黏结成膜的聚合物材料，主要包括氧化物固态电解质膜黏结剂、硫化物固态电解质膜黏结剂和卤化物固态电解质膜黏结剂。

为了获得更高的离子电导率，固态电解质膜中的黏结剂用量应尽可能降低，通常黏结剂的质量分数小于10%。在黏结剂结构设计上，需考虑其与无机电解质颗粒和浆料制备工艺的兼容性。在湿法制备极片工艺中，需要考虑黏结剂在所用溶剂中的溶解性、黏结剂与无机电解质的兼容性以及所用溶剂与无机电解质的兼容性。对水稳定性好且不溶于水的氧化物电解质，一般可以采用与传统液态锂电池相似的水系黏结剂体系和电极制备工艺，但需要确保黏结剂与碱性无机电解质的化学相容性以及对电极颗粒良好的分散性。由于硫化物电解质、卤化物电解质与强极性有机溶剂和水不兼容，易发生化学降解，因此通常用兼容性好的低极性有机溶剂制备电极浆料，可用的黏结剂和溶剂选择范围较小；此外，在满足黏结功能的同时，需要设计离子传输功能以提高固态电解质膜的室温离子电导率；另外，黏结剂需要具备优异的力学性能以应对固态电池内部剧烈的体积变化。

5.3.1 氧化物固态电解质膜黏结剂

由于氧化物固态电解质可加工性较差，氧化物固态电解质薄膜的制备具有挑战性。通常方案是将氧化物固态电解质与有机固态电解质进行复合，利用聚合物电解质良好的加工性能制备固态电解质薄膜[62]。但受聚合物固态电解质材料本身电化学窗口限制以及固态电解质膜导离子性能影响尚未大规模应用。

5.3.2 硫化物固态电解质膜黏结剂

在传统的薄膜制备工艺中，借助于黏结剂的浆料湿法工艺可以低成本制备具有均匀厚度的薄膜。对于硫化物电解质，需要考虑黏结剂与硫化物颗粒的化学兼容性、与浆料制备工艺的匹配性。对硫化物固态电解质膜而言，寻找合适的黏结剂-溶剂体系是制备超薄电解质薄膜最首要的问题。

Zhu等[63]报道了一种醚化纤维素-甲苯黏结剂-溶剂体系，制备的硫化物固态电解质膜的厚度低至$47\mu m$，同时表现出超低的表面电阻（$4.32\Omega \cdot cm^{-2}$）和超高的离子电导（291mS）。醚化纤维素具有双亲性、高温稳定性、超强的黏结性，仅用2%便可制得自支撑的柔性电解质薄膜，制备的全固态电池展现了高能量密度（$175Wh \cdot kg^{-1}$和$675Wh \cdot L^{-1}$）。

传统湿法制备的电解质膜存在成本高、使用有毒有机溶剂、工艺影响电解质膜离子电导率、硫化物颗粒与有机溶剂反应严重等缺点。为克服这些挑战，干法制膜工艺是一种很有前景的替代方法，其具有无需使用有机溶剂，可抑制界面反应和改善电化学性能等优势。干法制膜的方法包括黏结剂原纤化法和静电喷涂法。其中，黏结剂原纤化是主流。静电喷涂法在后续的可加工性、粘连稳固性、电极柔韧和耐久性上不如黏结剂原纤化法。2019年特斯拉收购的Maxwell公司开发了黏结剂原纤化法制备固态电解质膜，在黏结剂原纤化方案上具有专利领先优势。另外，日本Toyota是静电喷涂法制备固态电解质膜的代表公司。

黏结剂原纤化法是将活性物质与导电剂混合后加入PTFE黏结剂，然后对干混合物施加外部的高剪切力，使PTFE原纤化后黏合电极膜粉末，最终挤压混合物形成自支撑膜。

静电喷涂法是用高压气体预混活性物质、导电剂以及黏结剂颗粒，在静电喷枪的作用下使粉末带负电荷并喷至带有正电荷的金属集流体上，然后对载有黏结剂的集流体进行热压。黏结剂融化后会粘连其他粉末并被挤压成自支撑膜。

干法常用的黏结剂是聚四氟乙烯（PTFE）及其衍生物系列，它在高电压下稳定，与高电压正极兼容性好。PTFE分子链间的范德华力小，因此在较小剪切力作用下易于发生纤维化，同时形成物理交联网络，确保电极极片的附着力和成膜性能。然而，PTFE传导锂离子的能力有限，并且由于其有限的黏弹性，导致在活性材料的体积膨胀/收缩过程中固态电解质膜与电极之间容易形成空隙，进而降低电池容量/循环稳定性。此外，PTFE容易被电化学还原脱氟，转化为卡宾型碳，随后生成导电的sp^2碳，构建了不利的混合导电界面。这种电化学还原行为增加了固态电解质膜的电子导电性，易破坏SEI层的稳定性。因此，迫切需要更高电化学稳定性、更高离子导电性的下一代干法黏结剂代替PTFE。

Wu等[30]利用基底调控法用丁苯橡胶（SBR）黏结剂制备了硫化物固态电解质膜，其具有极高的离子电导率（2.34mS·cm^{-1}），制备的硫化物全固态电池实现了较高的循环稳定性（0.3C下循环600次后容量保持率＞84%）。

Cui等[64]等利用熔融黏结技术，干法制备出具有出色柔韧性的超薄硫化物固态电解质膜（≤25μm），具有优异的力学性能、离子电导率（2.1mS·cm^{-1}）以及应力耗散特性，有效抑制电池内部应力不均导致的力学失效。该方法所制备的$LiNi_{0.83}Co_{0.11}Mn_{0.06}O_2$正极能够与该膜实现界面融合，匹配锂-铟合金负极制备出一体化全固态电池。该全固态电池具有高能量密度（390Wh·kg^{-1}，1020Wh·L^{-1}）和优异的循环稳定性（1400次循环9200h后容量仍大于2.5mAh·cm^{-2}）。这项工作为固态电解质膜用干法黏结剂的开发提供了新思路。

5.3.3 卤化物固态电解质膜黏结剂

与硫化物电解质类似，卤化物电解质膜的制备也需要考虑与溶剂、黏结剂的化学兼容性。Sun等[65]利用PTFE原纤化法制备了厚度仅为15～20μm的Li_3InCl_6固态电解质膜，室温离子电导率＞1mS·cm^{-1}，制备的铟/钴酸锂软包固态电池在0.1C下展现124.3mAh·g^{-1}的放电比容量和89.4%的初始库仑效率。Tucker等[66]考察了一系列有机溶剂和黏结剂，发现甲苯等低极性溶剂与卤化物电解质Li_3YBr_6兼容性好；在可溶于甲苯的黏结剂中，使用MSB1-13黏结剂的卤化物电解质膜离子电导率和力学性能最优。研究发现，使用2%MSB1-13黏结剂的卤化物电解质膜室温离子电导率可达$2×10^{-4}\text{S·cm}^{-1}$。综上可知，目前无机固态电解质膜黏结剂的开发尚处于起步阶段。鉴于无机固态电解质锂电池巨大的应用前景，高性能无机固态电解质膜黏结剂的开发愈发重要。未来，这类黏结剂的开发需要注重以下几个方面：

① 如何兼顾黏结剂优异离子导电性和高黏结强度是亟待解决的关键问题；

② 针对硅等大体积形变电极组装的固态锂电池，应发展具有应力自适应能力的黏结剂，确保与电极表面的牢固黏附；而且，为实现规模化应用，应发展可适应热转印、多层涂覆等不同工艺场景的黏结剂；

③ 鉴于PTFE类黏结剂高成本和高毒性，发展适合干法制膜工艺的非氟聚合物黏结剂极为重要。其中，发展热熔胶类聚合物黏结剂是一条可行路线；

④ 对于湿法制膜工艺，发展与硫化物固态电解质、卤化物固态电解质化学兼容的、可溶于低极性有机溶剂的高性能黏结剂将是近阶段研究的热点；

⑤ 在确保黏结功能和离子导电能力的同时，应考虑调控黏结剂结构，优化无机固态电解质膜与正、负极的兼容性。

5.4 锂电池电极黏结剂专利分析

5.4.1 锂电池电极黏结剂产业现状

从正极黏结剂PVDF的行业格局看，PVDF行业内早期仅阿科玛、苏威、吴羽掌握锂电池级PVDF的生产工艺，并且采取技术封锁，市场由上述企业所垄断。国内企业目前逐渐掌握生产工艺，产品质量逐渐提高，成功打入下游市场，国产锂电池级PVDF在低端领域用量较大。从2021年起国内多家PVDF企业纷纷投产，2021年国内主流企业已有产能4.65万吨，规划投产24.2万吨，三爱富和东岳化工拥有国内最多有效产能。

正极黏结剂占三元电池成本约1.4%～1.65%。三元电池型号不同，单GWh电池所耗材料数量不同，大约为1700～2000吨。三元电池进口级PVDF添加比例大约在1%，因此单GWh进口级三元电池PVDF使用量在17～20吨；国产级PVDF因性能稍逊，假设添加1.5%，用量25.5～30吨。假设进口级PVDF按照现价70万元/吨，国产级PVDF按照40万元/吨测算，单GWh电池使用进口材料后黏结剂电池成本大约1190万～1400万元。参照上市公司三元电池成本约0.85元/Wh，目前单GWh正极黏结剂成本占比1.4%～1.65%；使用国产级PVDF大约成本占比1.2%～1.41%；国产级综合成本稍低，但目前国产级的PVDF大多还未用在高端锂电产品上；锂电池PVDF的使用依旧以进口材料为主。

正极黏结剂占磷酸铁锂电池成本约2.2%～2.5%。单GWh磷酸铁锂电池耗用磷酸铁锂正极材料大约为2200～2500吨。目前，磷酸铁锂电池进口级PVDF添加量大约在1%，因此单GWh磷酸铁锂电池PVDF使用量在22～25吨，国产级PVDF的使用量（按1.5%添加）大约在33～37吨。进口级PVDF按照现价70万元/吨测算，单GWh电池正极黏结剂成本大约1540万～1750万元；若使用国产级PVDF，目前均价40万元/吨，成本大约1320万～1480万元。参照上市公司磷酸铁锂电池成本约0.7元/Wh，使用进口PVDF黏结剂的成本占比2.2%～2.5%，使用国产级PVDF的成本占比1.89%～2.11%；锂电池PVDF的使用依旧以进口材料为主；相较三元体系而言，磷酸铁锂正极黏结剂成本更高。

负极黏结剂占电池成本约1.07%～1.37%。负极黏结剂主要使用CMC与SBR组合；目前单GWh电池所耗人造石墨为950～1000吨。目前，在石墨负极中进口级CMC+SBR的添加比例为1.5%+1.5%；国产级CMC+SBR添加比例假设同样为1.5%+1.5%。价格方面，进口级CMC单价（粉体）为4万元/吨，进口级SBR单价为60万元/吨；国产CMC价格约2万元/吨，国产SBR价格为20万元/吨。使用进口材料情况下单GWh电池负极黏结剂成本约912万～960万元，使用国产黏结剂成本约313.5万～330万元。按照磷酸铁锂电池0.7元/Wh、三元电池0.85元/Wh的电池成本计算，进口CMC+SBR的成本占磷酸铁锂电池的1.3%～1.37%，占三元电池的1.07%～1.13%；使用国产CMC+SBR成本低廉，具备国产替代可能。

成本方面，黏结剂占三元电池成本2.47%～2.78%，磷酸铁锂电池3.5%～3.87%。当前主流电池厂依旧以进口黏结剂为主，因此当前材料体系下成本测算以进口材料为主。单GWh三元电池电极黏结剂测算总成本为2102万～2360万元，单GWh磷酸铁锂电池电极黏结剂总成本2452万～2710万元。

目前90%正极黏结剂使用油性黏结剂PVDF，而PVDF配套的溶剂NMP具有生殖毒性风险，欧盟已经出台相关政策限制使用NMP；同时因供需短缺，PVDF自2021年下半年价格一路上涨，目前国内产品价格45万～50万元/吨，进口产品价格高达70万～80万元/吨，应用于电池中成本上涨较多，因此材料企业、电池企业正在积极开发价格更为低廉、更为环保、性能同样优异的水性黏结剂替代油性PVDF。

新型黏结剂研发种类众多，例如SA、PVA（聚乙烯醇）、PMMA（聚甲基丙烯酸甲酯）、HNBR（氢化丁腈橡胶）、PTFE、PAA，以及天赐材料在新产品发布会中提出的P124、T126。这些黏结剂在产业中均有尝试替代PVDF应用于正极黏结剂。

水性黏结剂相较于油性黏结剂成本较低，替代可能性大。以PTFE/PAA为例，PTFE当前价格20万～30万元/吨，PAA价格15万～20万元/吨；在磷酸铁锂电池中，使用PTFE正极黏结剂单GWh成本为440万～750万元，使用PAA单GWh成本330万～500万元。相较于使用PVDF，使用水性黏结剂PTFE/PAA单GWh电池成本较低，目前电池厂采用新型黏结剂进行产品技术迭代的动力较强。

对于三元材料，因其对水敏感，水性浆料易造成三元活性材料产生碱性化合物，腐蚀极片，影响电池容量，目前仍没有较好的解决方案，故水性黏结剂不适用于三元电池。以PTFE及PAA为例，在磷酸铁锂中相较于PVDF，PTFE的优势在于充放电容量更高，离子传输速率高，阻抗低；PAA在于安全性、稳定性强，利于提高电池循环寿命；但PTFE只适合于中低电压环境，而使用PAA的电池初始容量低于PVDF；因此水性黏结剂更适用于普通磷酸铁锂动力电池。

水性正极黏结剂技术迭代下的2025年产值空间或达30亿元，下面以PTFE为例进行测算。因水性黏结剂并不适用于三元正极，假设PTFE等水性黏结剂添加比例至2025年上升至2%，PTFE价格至2025年达到20万元/吨，PTFE在磷酸铁锂正极黏结剂的渗透率至2025年达到40%。2023年和2025年PTFE在磷酸铁锂正极黏结剂中的使用量分别为0.15万吨和1.45万吨，黏结剂浆料产值空间分别为3.89亿元和29.78亿元。其他水性黏结剂产值空间可参考PTFE。

目前，国产黏结剂CMC/SBR已适用于EV锂电池，国产替代空间大。从各项性能指标对比来看，国产CMC在黏度、取代度上已接近日本大赛璐的产品，金邦电源、重庆力宏等企业的SBR产品性能接近于A&L等海外厂商，已能适用于高能量密度EV电池。CMC/SBR在2017年时国产化率不足5%（GGII数据），目前国产化率不足10%，国产替代空间大。假设至2025年CMC价格为1.8万元/吨，SBR价格为18万元/吨，国产材料渗透率达到50%；那么2023年和2025年石墨负极黏结剂浆料产值空间分别为7.75亿元和27.6亿元。

特斯拉4680电池中使用的黏结剂单GWh成本约2380万元。4680电池中PVDF添加量将大幅提高，考虑2%部分为正极黏结剂（其余为隔膜涂覆部分），单GWh电池正极黏结剂成本将为1900万元；4680电池将使用硅基负极，目前PAA黏结剂适配硅基负极，若硅基负极全部使用PAA，且假设添加比例为3%，单GWh电池负极黏结剂成本为480万元。预计单GWh电池黏结剂合计成本为2380万元。

表5.1 黏结剂产品物化性质对比

公司名称	产品	剥离强度/N·mm^{-1}	溶胀率/%	耐热稳定性/℃	黏度/mPa·s	pH值	应用电极
住友精化株式会社	A	0.9	0.4	180	100		正负极
深圳研一	B				24032	7.45	硅基负极
瑞翁株式会社	C		<10		3000	8	硅基负极
日本JSR	D				23	5.8	硅基负极

对各公司生产的一些黏结剂产品进行物化性质对比，从表5.1中可以看出，住友精化株式会社开发了一种同时适用于正负极的丙烯酸类树脂黏结剂A（型号：AG），兼具高黏度和增稠两项功能，与PVDF及CMC/SBR相比，其耐热稳定性、剥离强度、溶胀率及电化学稳定性都有了一定的提升；瑞翁株式会社开发的水溶性聚合物负极黏结剂以C（型号BM-1100H）具有机械强度高、与活性物质亲和力好等优点，能明显抑制硅基活性材料的容量衰减；日本JSR公司开发了一种改性SBR类黏结剂D（型号：TRD302A），适用于硅基负极材料，黏附性强，可有效抑制硅基颗粒体积膨胀，改善循环性能。深圳研一新材料有限公司自主研发的"三合一"硅基负极专用水性导电黏结剂B（型号：SONE）能明显抑制硅基负极体积膨胀，1000圈循环可让硅基电极体积膨胀减少3%～5%，循环寿命提升5%～10%。

5.4.2 固态锂电池电极黏结剂专利态势分析

由于固态锂电池中电极和固态电解质的黏结剂具有通用性，因此从电极黏结剂角度对固态锂电池的黏结剂进行了专利态势分析。

5.4.2.1 固态锂电池电极黏结剂专利申请总体情况

目前，固态锂电池的电极黏结剂作为当前全球热门的研究方向，共涉及专利195项，占整体锂电池黏结剂的6.38%，整体占比还较低，技术尚未成熟与普及。图5.10为固态电解质黏结剂相关专利的申请趋势，1987年至2001年，相关专利申请量呈现了小幅度上涨趋势，年申请量在十项以内。随后回落，出现持续十多年的低潮。2017年以后，随着锂离子电池热度增加，申请量开始出现明显增长，2019年专利量首次超过20项。

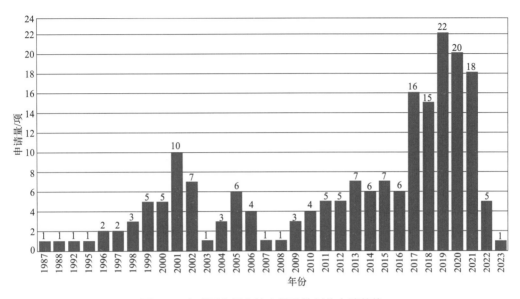

图5.10　全球固态锂电池电极黏结剂的申请趋势

5.4.2.2　固态锂电池电极黏结剂专利技术分布

对固态锂电池电极黏结剂的研究主要从材料的适用电极及材料设计原理出发。从适用性上出发，固态锂电池电极黏结剂主要针对无区分电极。从材料设计角度，明确存在主组分、多组分相当或多组分形成特定结构是申请人最常使用的手段。图5.11展示了全球固态锂电池电极黏结剂的材料设计及专利分布。在多组分相当或多组分形成特定结构中，共聚结构涉及的专利量最多，共计53项；共混也有42项相关专利，不饱和烯烃或改性不饱和烯烃46项，聚酯或聚酸及其他成分则分别涉及43项与33项。此外，腈类、聚醚、天然高分子类、通用、聚酰胺也有一定数量的专利申请。在明确存在主组分的分类中，涉及最多的结构是不饱和烯烃或改性不饱和烯烃，共计26项；通用结构专利数量较多，共计21项。化学改性以接枝反应为主。其他方法涉及黏结剂粒径控制、表面形貌控制和物理改性等。

图5.12为全球固态锂电池电极黏结剂各技术专利的申请趋势。主组分黏结剂最早出现，并受到了关注，其为黏结剂的发展奠定坚实基础。随后，有关组成体系的研究与探讨开始持续进行，在此期间不断有新体系被推出，在技术的推动下，性能也得以提升。伴随着性能要求的不断提升，技术发展的趋势是开始尝试多组分黏结剂。多组分黏结剂中共聚、共混结构均有较多专利，并主要针对不饱和烯烃或改性不饱和烯烃、聚酯或聚酸成分进行改进，2012年后天然高分子、聚酰胺等成分也逐渐被开发。而对于主组分技术发展来说，以不饱和烯烃和改性不饱和烯烃为研究起点，目前不饱和烯烃愈发具有多样性。此外，化学改性和其他方法也存在一些专利，但未得到大规模验证和发展。

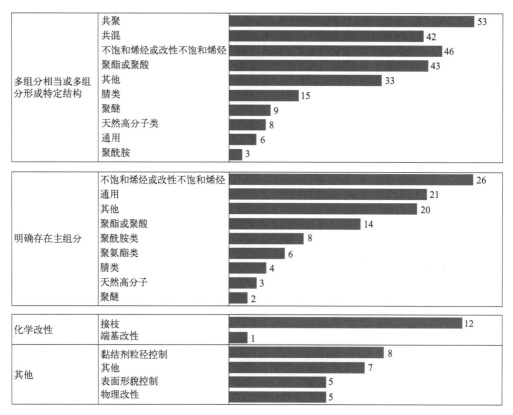

图5.11　全球固态锂电池电极黏结剂的材料设计及专利分布

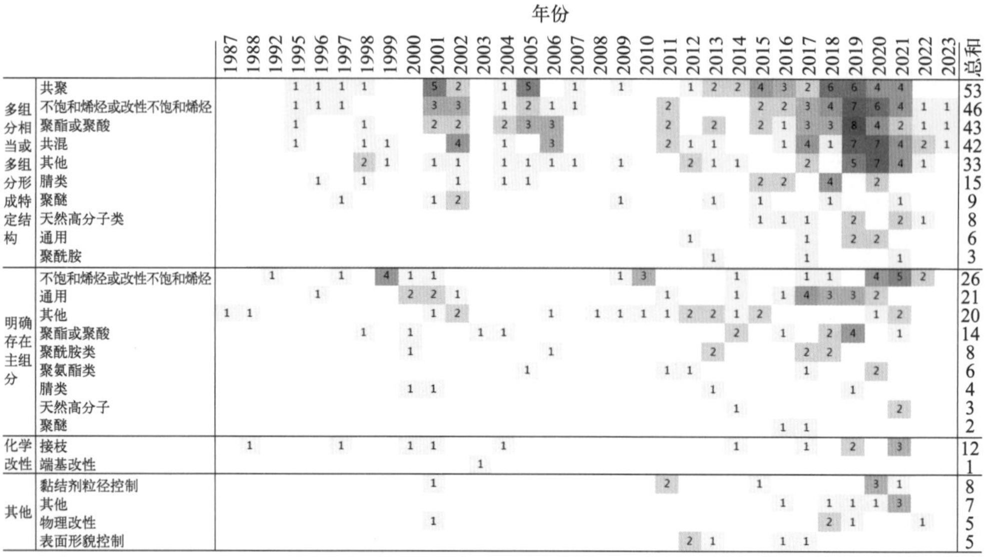

图5.12　全球固态锂电池电极黏结剂的技术专利申请趋势

5.4.2.3　专利区域分布分析

从全球固态锂电池电极黏结剂专利申请的来源地分布情况可以看出，专利申请技术来源地主要为日本，以91项相关专利位居第一，与其他国家/地区拉开了较大的差距。

其他国家/地区的技术产出量相对较少，韩国有31项相关专利，中国有27项相关专利，美国专利数量为25项。日本作为当前技术最主要的创新主体，在国际技术革新与发展中占据了重要的地位。

全球锂离子电池固态电解质黏结剂相关专利主要布局在中国、日本、韩国、美国、WIPO、欧专局。其中在中国数量最多，共95项；其次为日本，94项；另外韩国82项、美国81项、WIPO80项、欧专局51项，其他国家/地区专利数量较少。申请人对于锂电池黏结剂的布局思路十分清晰，囊括了世界上主要市场经济发达与活跃的国家或地区，并存在大量PCT国际申请，以便于同时在多个目标市场寻求保护或在时机成熟后进入目标地。

目前，各国均以本国作为最重要的技术目标地。归因于，锂电池商业化发展情况尚不明朗，各国申请人对海外市场的专利布局量均不多。日本在锂电池固态电解质黏结剂技术领域全球第一，广泛在世界主要经济体布局了专利，在主要目标国家/地区的专利均为最主要的技术来源，在技术上形成了较大的优势与保护网络。而中国虽然产业具有一定的优势，但本国相关技术来源占比小，且其向其他国家/地区布局的专利相对于其他产出国占比是最小的。可能存在两方面的原因：一方面反映了国内创新主体在海外知识产权保护意识和保护力度亟须加强；另一方面也反映了中国锂电池固态电解质黏结剂专利申请的质量不高，在核心技术研发、抢占技术制高点的道路上还有很长的路要走。

5.4.2.4　重点申请人分析

全球固态锂电池电极黏结剂的主要申请人包括日本瑞翁株式会社、引能仕材料、LG、富士胶片、日东电工株式会社、中国科学院青岛生物能源与过程研究所、大金工业、现代起亚、日清纺株式会社、三星、三洋与吴羽化学。日本申请人高达8位，还有2位韩国申请人，1位中国申请人；日本瑞翁以23项专利位居第一；引能仕材料以8项排名第二；LG、富士胶片、日东电工均申请了7项相关专利；中国科学院青岛生物能源与过程研究所申请6项相关专利，表明我国在该领域的技术开发与保护尚处于有利位置。但我国在该领域的申请人数量较少，相关专利申请仍需加强。

表5.2　聚合物黏结剂相关专利名称及其专利号

专利名称	专利号
一种耐高温型锂离子二次电池粘合剂及制备方法	CN103351448B
一种改性生物质类锂离子电池粘合剂	CN103337656B
一种仿贻贝蛋白环保型锂离子电池粘合剂	CN103342974B
一种耐高电位窗口锂离子二次电池粘合剂及其制备方法	CN103346328A
一种高剥离强度的聚合物黏结剂及其在二次锂电池中的应用	CN110504452B
一种硫化物复合固态电解质膜、制备方法及在全固态电池中的应用	CN112803064B

在国内，中国科学院青岛生物能源与过程研究所开发了一系列新型聚合物黏结剂（表5.2）。专利CN103351448B，开发了一种2-丙烯酰胺-2-甲基丙磺酸盐、衣康酸盐和衣康酸二甲酯等共聚的耐高温型黏结剂，适用于高功率密度和高能量密度锂电池；专利CN103337656B，通过将多种天然生物质高分子与聚丙烯酸或聚甲基丙烯酸进行酯化交

联制备了一系列适用于碳基和硅基材料的锂电池黏结剂；发明专利CN103342974B，通过模仿贻贝蛋白的分子结构和作用机制，将组氨酸和多巴胺连接到聚丙烯酸、海藻酸钠等天然或合成的带羧基的高分子上制得一系列水性黏结剂；发明专利CN103346328A，开发了一种含氟丙烯酸酯、丁二烯、苯乙烯和丙烯酸盐共聚的乳液状黏结剂，其具有机械和化学稳定性高，耐电化学稳定窗口高等优点，适用于高功率密度和高能量密度锂离子电池；发明专利CN110504452B，开发了一种由亲核试剂对聚碳酸亚乙烯酯进行开环反应制得的具有高剥离强度和高分解电压的聚合物黏结剂；发明专利CN112803064B，开发了一种由丁二烯、苯乙烯、丙烯腈、丙烯酰胺、丙烯酸、四氟乙烯、偏氟乙烯中的一种或多种共聚的低玻璃化转变温度黏结剂，其具有较高的机械柔性，简化了硫化物复合固态电解质膜的制备工艺，可实现硫化物固态锂电池优异的电化学性能。

5.4.2.5 重点技术分析

（1）专利引证与同族规模

在相同的技术领域中，专利被引用次数越多，表明该专利对其后的研究者影响越大，也反映出该专利技术的重要程度。

在五年内被引用次数超过20次的10项专利中，来自日本的专利占7项，来自美国的专利占3项，这也基本体现了各个国家在固态电解质领域的技术积累。可见日本和美国已经在该领域建立起一定的技术原创优势壁垒。与专利申请的区域布局情况不同的是，中国虽然专利布局数量较多，但没有引用次数超过20次的专利。

同族专利数虽然不如引证次数更能反映一项专利在某一个领域的影响力与价值，但是，同族专利数却反映出申请人对这项专利的重视程度。如果某项专利的同族专利数大，那么说明该专利在多个国家进行了申请。同族专利数越大，该专利对申请人来说越重要，表明其希望获得更广泛的专利权。

在固态锂电池电极黏结剂领域同族专利数量排名前15位的专利中，技术来源被美国和日本包揽，美国达到7项，日本拥有8项，以日本瑞翁公司为典型代表，而锂电池黏结剂相关技术正是这家公司的撒手锏。在固态锂电池黏结剂领域同族专利数量排名前15位的专利中没有来源于中国的专利技术。

（2）重点专利技术演进

将专利申请时间限定在2000年后，被引次数为5以上和同族数量在5以上的专利视为重点技术专利，筛选出固态锂电池电极黏结剂领域重点专利共计13项，如表5.3所示。

表5.3 氧化物固态电解质基固态电池电极黏结剂重点专利列表

序号	公开号	电极类别	技术来源国	申请日	申请人
1	US6387570B1	负极	日本	2000-02-22	大金工业株式会社
2	CN1304429A	电极无区分	日本	2000-03-22	日清纺绩株式会社
3	CN105580186A	电极无区分	日本	2014-09-25	富士胶片株式会社
4	US20080283415A1	电极无区分	美国	2006-05-17	EIC LAB
5	CN103999274A	负极	美国	2012-10-24	卢伯利索先进材料有限公司
6	CN104871272A	负极	德国	2013-11-19	弗朗霍夫应用研究促进学会

序号	公开号	电极类别	技术来源国	申请日	申请人
7	US20110318646A1	电极无区分	美国	2010-02-10	陶氏环球技术公司
8	US20180226681A1	电极无区分	日本	2018-01-17	松下知识产权经营株式会社
9	CN102694175A	正极	日本	2011-12-30	JSR株式会社
10	CN103229339A	电极无区分	日本	2011-11-11	JSR株式会社
11	US20180083303A1	电极无区分	美国	2016-04-08	索利得动力公司
12	CN101107282A	电极无区分	日本	2006-01-18	日本曹达株式会社
13	CN104603980A	负极	美国	2013-06-21	分子钢筋设计有限责任公司

从重点专利来源看，日本7项、美国5项、德国1项，可见固态锂电池电极黏结剂的核心技术在日本、美国均有分布，并未呈现出日本一家独大的态势。中国虽然专利申请起步较晚，但所申请专利的同族数量、引用次数整体较多，这也侧面体现了中国近几年的专利申请活跃度较高。

在技术层面上，核心专利主要涉及无区分电极，共有8项；涉及负极的专利4项，涉及正极的仅1项。可见，对于固态电解质黏结剂的适用范围进行区分并不是目前的主流技术路线。电极普遍适用的黏结剂研发主体多，技术积累快，专利技术输出多且持续，在固态电解质黏结剂领域占有重要的一席之地。

5.5 本章结语

锂电池黏结剂严重影响固态锂电池的电化学性能。根据固态电解质种类的不同，固态锂电池用电极黏结剂可以分为使用聚合物电解质体系的电极黏结剂和添加无机电解质颗粒的全固态锂电池电极黏结剂。需要注意的是，原位固态化构建的聚合物电解质或复合固态电解质可以通过单体渗透到电极内部原位形成聚合物电解质，因此这类电池的电极黏结剂体系与传统液态锂电池差别不大。

区别于常规液态电解液使用的电极制备过程，无机固态锂电池的电极通常需要加入无机电解质或复合固态电解质组分来确保电极内部形成高效的离子传输通道。因此，这种电极制备过程需要充分考虑无机固态电解质与溶剂、黏结剂的兼容性和匹配性。由于硫化物电解质与高极性有机溶剂和水不兼容，易发生化学降解，因此笔者认为需要开发电化学/化学兼容的高效黏结剂体系。就目前研究进展来看，匹配非原位聚合的固态聚合物电解质和硫化物电解质的正极/硅基负极黏结剂的研究较少，值得进一步深入研究。另外，从环境保护和降低能耗角度来讲，发展干法电极工艺以及适配的无氟黏结剂技术将是未来固态锂电池绿色可持续发展的重要方向之一。

开发固态电解质薄膜，是固态锂电池走向工业化应用必须解决的关键问题。为了获得更高的离子电导率，固态电解质膜中的黏结剂用量应＜10%（质量分数）。在黏结剂结构设计上，需考虑其与无机电解质颗粒和浆料制备工艺的兼容性。尤其是在湿法制备极片工艺中，需要考虑黏结剂在所用溶剂中的溶解性、黏结剂与无机电解质的兼容性以及所用溶剂与无机电解质的兼容性。由于硫化物电解质、卤化物电解质与强极性有机溶剂和水不兼容，易发生化学降解，因此通常用兼容性好的低极性有机溶剂制备电极浆料，可用的黏结剂和溶剂选择范围较小。目前无机固态电解质黏结剂的开发尚处于起步阶段，笔者认为，未来黏结剂的结构设计在满足黏结功能的同时，需要设计离子传输功能以提高固态电解质膜的室温离子电导率；另外，黏结剂需要具备优异的力学性能以应对固态电池内部剧烈的体积变化；鉴于PTFE类黏结剂高成本和高毒性，发展适合干法制膜工艺的非氟聚合物黏结剂将是固态锂电池领域未来研究的热点。

固态锂电池电极黏结剂共涉及专利195项，占整体锂电池黏结剂总数量的6.38%，整体占比还比较低，技术尚未成熟与普及。

目前固态锂电池电极黏结剂的专利应用大多不区分电极。明确存在主组分、多组分相当或多组分形成特定结构是申请人最常使用的手段。不饱和烯烃或改性不饱和烯烃、聚酯或聚酸是多组分黏结剂中最常见的成分，且以共聚为主要结构。主成分黏结剂以饱和烯烃或改性不饱和烯烃为核心展开研究。

从专利来源地来看，主要为日本，以91项相关专利位居第一，与其他国家/地区拉开了较大的差距。全球相关专利主要布局在中国、日本、韩国、美国、WIPO、欧专局。主要申请人包括日本瑞翁株式会社、引能仕材料、LG、富士胶片、日东电工株式会社、中国科学院青岛生物能源与过程研究所、大金工业、现代起亚、日清纺株式会社、三星、三洋与吴羽化学。鉴于我国在该领域的申请人数量方面较少，相关研究工作和专利申请需要加强。

参考文献

[1] Hollabaugh C, Burt, L H, Walsh A P, Carboxymethylcellulose. Uses and applications[J]. Industrial Engineering Chemistry, 1945, 37: 943-947.

[2] Appetecchi G B, Croce F, De Paolis A, Scrosati B. A poly(vinylidene fluoride)-based gel electrolyte membrane for lithium batteries[J]. Journal of Electroanalytical Chemistry, 1999, 463: 248-252.

[3] Nakazawa T, Ikoma A, Kido R, Ueno K, Dokko K, Watanabe M. Effects of compatibility of polymer binders with solvate ionic liquid electrolytes on discharge and charge reactions of lithium-sulfur batteries[J]. Journal of Power Sources, 2016, 307: 746-752.

[4] Lestriez B, Bahri S, Sandu I, Roue L, Guyomard D. On the binding mechanism of CMC in Si negative electrodes for Li-ion batteries[J]. Electrochemistry Communications, 2007, 9: 2801-2806.

[5] Chen H, Ling M, Hencz L, Ling H Y, Li G, Lin Z, Liu G, Zhang S. Exploring chemical, mechanical, and electrical functionalities of binders for advanced energy-storage devices[J]. Chemical Reviews, 2018, 118: 8936-8982.

[6] Wu M, Xiao X, Vukmirovic N, Xun S, Das P K, Song X, Olalde-Velasco P, Wang D, Weber A Z, Wang L W, Battaglia V S, Yang W, Liu G. Toward an ideal polymer binder design for high-capacity battery anodes[J]. Journal of the American Chemical Society, 2013, 135: 12048-12056.

[7] He M, Yuan L X, Zhang W X, Hu X L, Huang Y H. Enhanced cyclability for sulfur cathode achieved by a water-soluble binder[J]. The Journal of Physical Chemistry C, 2011, 115: 15703-15709.

[8] Lee J H, Paik U, Hackley V A, Choi Y M. Effect of poly(acrylic acid) on adhesion strength and electrochemical performance of natural graphite negative electrode for lithium-ion batteries[J]. Journal of Power Sources, 2006, 161: 612-616.

[9] Trofimov B A, Morozova L V, Markova M V, Mikhaleva A I, Myachina G F, Tatarinova I V, Skotheim T A. Vinyl ethers with polysulfide and hydroxyl functions and polymers therefrom as binders for lithium–sulfur batteries[J]. Journal of Applied Polymer Science, 2006, 101: 4051-4055.

[10] Wang C, Wu H, Chen Z, Mcdowell M T, Cui Y, Bao Z. Self-healing chemistry enables the stable operation of silicon microparticle anodes for high-energy lithium-ion batteries[J]. Nature Chemistry, 2013, 5: 1042-8.

[11] Park S J, Zhao H, Ai G, Wang C, Song X, Yuca N, Battaglia V S, Yang W, Liu G. Side-chain conducting and phase-separated polymeric binders for high-performance silicon anodes in lithium-ion batteries[J]. Journal of the American Chemical Society, 2015, 137: 2565-71.

[12] Trivedi S, Pamidi V, Bautista S P, Shamsudin F N A, Weil M, Barpanda P, Bresser D, Fichtner M. Water-soluble inorganic binders

for lithium-ion and sodium-ion batteries. Advanced Energy Materials 2023, 10.1002/aenm.202303338.

[13] Zhang H, Zhang J, Ma J, Xu G, Dong T, Cui G. Polymer electrolytes for high energy density ternary cathode materialbased lithium batteries[J]. Electrochemical Energy Reviews, 2019, 2: 128–148.

[14] Wang Y, Ju J, Dong S, Yan Y, Jiang F, Cui, L, Wang Q, Han X, Cui G. Facile design of sulfide-based all solid-state lithium metal battery: in situ polymerization within self-supported porous argyrodite skeleton[J]. Advanced Functional Materials, 2021, 31: 2101523.

[15] Zhou W, Wang S, Li Y, Xin S, Manthiram A, Goodenough J B. Plating a dendrite-free lithium anode with a polymer/ceramic/polymer sandwich electrolyte[J]. Journal of the American Chemical Society, 2016, 138: 9385-9388.

[16] Lee Y G, Fujiki S, Jung C, Suzuki N, Yashiro N, Omoda R, Ko D S, Shiratsuchi T, Sugimoto T, Ryu S, Ku J H, Watanabe T, Park Y, Aihara Y, Im D, Han I T. High-energy long-cycling all-solid-state lithium metal batteries enabled by silver–carbon composite anodes[J]. Nature Energy, 2020, 5: 299-308.

[17] Chen S, Wang J, Zhang Z, Wu L, Yao L, Wei Z, Deng Y, Xie D, Yao X, Xu X. In-situ preparation of poly(ethylene oxide)/Li$_3$PS$_4$ hybrid polymer electrolyte with good nanofiller distribution for rechargeable solid-state lithium batteries[J]. Journal of Power Sources, 2018, 387: 72-80.

[18] Li X, Wang D, Wang H, Yan H, Gong Z, Yang Y. Poly(ethylene oxide)–Li$_{10}$SnP$_2$S$_{12}$ composite polymer electrolyte enables high-performance all-solid-state lithium sulfur battery[J]. ACS Applied Materials & Interfaces, 2019, 11: 22745-22753.

[19] Wan Z, Lei D, Yang W, Liu C, Shi K, Hao X, Shen L, Lv W, Li B, Yang Q H, Kang F, He Y B. Low resistance-integrated all-solid-state battery achieved by Li$_7$La$_3$Zr$_2$O$_{12}$ nanowire upgrading polyethylene oxide (PEO) composite electrolyte and PEO cathode binder[J]. Advanced Functional Materials, 2019, 29: 1805301.

[20] Liang J Y, Zeng X X, Zhang X D, Zuo T T, Yan M, Yin Y X, Shi J L, Wu X W, Guo Y G, Wan L J. Engineering janus interfaces of ceramic electrolyte via distinct functional polymers for stable high-voltage Li-metal batteries[J]. Journal of the American Chemical Society, 2019, 141: 9165-9169.

[21] Dong T, Zhang H, Hu R, Mu P, Liu Z, Du X, Lu C, Lu G, Liu W, Cui G. A rigid-flexible coupling poly(vinylene carbonate) based cross-linked network: A versatile polymer platform for solid-state polymer lithium batteries[J]. Energy Storage Materials, 2022, 50: 525-532.

[22] Nikodimos Y, Huang C J, Taklu B W, Su W N, Hwang B J. Chemical stability of sulfide solid-state electrolytes: stability toward humid air and compatibility with solvents and binders[J]. Energy & Environmental Science, 2022, 15: 991-1033.

[23] Zhang J, Zheng C, Lou J, Xia Y, Liang C, Huang H, Gan Y, Tao X, Zhang W. Poly(ethylene oxide) reinforced Li$_6$PS$_5$Cl composite solid electrolyte for all-solid-state lithium battery: enhanced electrochemical performance, mechanical property and interfacial stability[J]. Journal of Power Sources, 2019, 412: 78-85.

[24] Cao D, Sun X, Wang Y, Zhu H. Bipolar stackings high voltage and high cell level energy density sulfide based all-solid-state batteries[J]. Energy Storage Materials, 2022, 48: 458-465.

[25] Yang J Y, Cao Z, Chen Y W, Liu X Q, Xiang Y Z, Yuan Y, Xin C, Xia Y M, Huang S H, Qiang Z, Fu K K, Zhang J M. Dry-processable polymer electrolytes for solid manufactured batteries[J]. ACS Nano, 2023, 17: 19903–19913.

[26] Xia Y, Li J J, Xiao Z, Zhou X Z, Zhang J, Huang H, Gan Y P, He X P, Zhang W K. Argyrodite solid electrolyte-integrated Ni-rich oxide cathode with enhanced interfacial compatibility for all-solid-state lithium batteries[J]. ACS Applied Materials & Interfaces, 2022, 14: 33361-33369.

[27] Kim K T, Oh D Y, Jun S, Song Y B, Kwon T Y, Han Y, Jung Y S. Tailoring slurries using cosolvents and Li salt targeting practical all-solid-state batteries employing sulfide solid electrolytes[J]. Advanced Energy Materials, 2021, 11: 2003766.

[28] Zhang Z, Wu L, Zhou D, Weng W, Yao X. Flexible sulfide electrolyte thin membrane with ultrahigh ionic conductivity for all-solid-state lithium batteries[J]. Nano Letters, 2021, 21: 5233-5239.

[29] Hong S B, Lee Y J, Kim U H, Bak C, Lee Y M, Cho W, Hah H J, Sun Y K, Kim D W. All-solid-state lithium batteries: Li$^+$-conducting ionomer binder for dry-processed composite cathodes[J]. ACS Energy Letters, 2022, 7: 1092-1100.

[30] Li Y, Wu Y, Ma T, Wang Z, Gao Q, Xu J, Chen L, Li H, Wu F. Long-life sulfide all-solid-state battery enabled by substrate-modulated dry-process binder[J]. Advanced Energy. Materials, 2022, 12: 2201732.

[31] Dong T, Mu P, Zhang S, Zhang H, Liu W，Cui G. How do polymer binders assist transition metal oxide cathodes to address the challenge of high-vltage lithium battery applications?[J]. Electrochemical Energy Reviews, 2021, 4: 545-565.

[32] Liu Z, Dong T, Zhang H, Liu W, Cui G. Advances of high-voltage cathode binders for lithium ion batteries[J]. Acta Polymerica Sinica, 2021, 52: 235-252.

[33] Wang Z, Duprén, Gaillot A C, Lestriez B, Martin J F, Daniel L, Patoux S, Guyomard D. CMC as a binder in LiNi$_{0.4}$Mn$_{1.6}$O$_4$ 5V cathodes and their electrochemical performance for Li-ion batteries[J]. Electrochimica Acta, 2012, 62: 77-83.

[34] Bigoni F, De Giorgio F, Soavi F, Arbizzani C. Sodium alginate: a water-processable binder in high-voltage cathode formulations[J]. Journal of the Electrochemical Society, 2017, 164: A6171-A6177.

[35] Zhao T, Meng Y, Ji R, Wu F, Li L, Chen R. Maintaining structure and voltage stability of Li-rich cathode materials by green water-soluble binders containing Na$^+$ ions[J]. Journal of Alloys and Compounds, 2019, 811: 152060.

[36] Kuenzel M, Porhiel R, Bresser D, Asenbauer J, Axmann P, Wohlfahrt‐Mehrens M, Passerini S. Deriving structure- performance

relations of chemically modified chitosan binders for sustainable high-voltage LiNi$_{0.5}$Mn$_{1.5}$O$_4$ cathodes[J]. Batteries & Supercaps, 2019, 3: 155-164.

[37] Ma Y, Chen K, Ma J, Xu G, Dong S, Chen B, Li J, Chen Z, Zhou X, Cui G. A biomass based free radical scavenger binder endowing a compatible cathode interface for 5 V lithium-ion batteries[J]. Energy & Environmental Science, 2019, 12: 273-280.

[38] Huang H, Li Z, Gu S, Bian J, Li Y, Chen J, Liao K, Gan Q, Wang Y, Wu S, Wang Z, Luo W, Hao R, Wang Z, Wang G, Lu Z. Dextran sulfate lithium as versatile binder to stabilize high-voltage LiCoO$_2$ to 4.6 V[J]. Advanced Energy Materials, 2021, 11: 2101864.

[39] Tang Y, Deng J, Li W, Malyi O I, Zhang Y, Zhou X, Pan S, Wei J, Cai Y, Chen Z, Chen X. Water-soluble sericin protein enabling stable solid-electrolyte interphase for fast charging high voltage battery electrode[J]. Advanced Materials, 2017, 29: 1701828.

[40] Mu P, Zhang H, Jiang H, Dong T, Zhang S, Wang C, Li J, Ma Y, Dong S, Cui G. Bioinspired antiaging binder additive addressing the challenge of chemical degradation of electrolyte at cathode/electrolyte interphase[J]. Journal of the American Chemical Society, 2021, 143: 18041-18051.

[41] Liu Z, Dong T, Mu P, Zhang H, Liu W, Cui G. Interfacial chemistry of vinylphenol-grafted PVDF binder ensuring compatible cathode interphase for lithium batteries[J]. Chemical Engineering Journal, 2022, 446: 136798.

[42] Li J, Fleetwood J, Hawley W B, Kays W. From materials to cell: state-of-the-art and prospective technologies for lithium-ion battery electrode processing[J]. Chemical Reviews, 2021, 122: 903-956.

[43] Wu F L, Kuenzel M, Diemant T, Mullaliu A, Fang S, Kim J K, Kim H W, Kim G T, Passerini S. Enabling high-stability of aqueous-processed nickel-rich positive electrodes in lithium metal batteries[J]. Small, 2022, 18: 2203874.

[44] Daniela Molina Piper, T A Y, Se Hee Lee. Effect of compressive stress on electrochemical performance of silicon anodes[J]. Journal of the Electrochemical Society, 2013, 160: A77-A81.

[45] Ohta N, Kimura S, Sakabe J, Mitsuishi K, Ohnishi T, Takada K. Anode properties of Si nanoparticles in all-solid-state Li batteries[J]. ACS Applied Energy Materials, 2019, 2: 7005-7008.

[46] Tan D H S, Chen Y T, Yang H, Bao W, Sreenarayanan B, Doux J M, Li W, Lu B, Ham S Y, Sayahpour B, Scharf J, Wu E A, Deysher G, Han H E, Hah H J, Jeong H, Lee J B, Chen Z, Meng Y S. Carbon-free high-loading silicon anodes enabled by sulfide solid electrolytes[J]. Science, 2021, 373: 1494.

[47] Oh J, Choi S H, Chang B, Lee J, Lee T, Lee N, Kim H, Kim Y, Im G, Lee S, Choi J W. Elastic binder for high-performance sulfide-based all-solid-state batteries[J]. ACS Energy Letters, 2022, 7: 1374-1382.

[48] Jeong Y K, Kwon T W, Lee I, Kim T S, Coskun A, Choi J W. Millipede-inspired structural design principle for high performance polysaccharide binders in silicon anodes[J]. Energy & Environmental Science, 2015, 8: 1224-1230.

[49] Jung C H, Kim K H, Hong S H. Stable silicon anode for lithium-ion batteries through covalent bond formation with a binder via esterification[J]. ACS Applied Materials & Interfaces, 2019, 11: 26753-26763.

[50] Hernandez C R, Etiemble A, Douillard T, Mazouzi D, Karkar Z, Maire E, Guyomard D, Lestriez B, Roué L. A facile and very effective method to enhance the mechanical strength and the cyclability of Si-based electrodes for Li-ion batteries[J]. Advanced Energy Materials, 2018, 8: 1701787.

[51] Magasinski A, Zdyrko B, Kovalenko I, Hertzberg B, Burtovyy R, Huebner C F, Fuller T F, Luzinov I, Yushin G. Toward efficient binders for Li-ion battery Si-based anodes: polyacrylic acid[J]. ACS Applied Materials & Interfaces, 2010, 2: 3004-3010.

[52] Chen Z, Zhang H, Dong T, Mu P, Rong X, Li Z. Uncovering the chemistry of cross-linked polymer binders via chemical bonds for silicon-based electrodes[J]. ACS Applied Materials & Interfaces, 2020, 12: 47164-47180.

[53] Xu Z, Yang J, Zhang T, Nuli Y, Wang J, Hirano S I. Silicon microparticle anodes with self-healing multiple network binder[J]. Joule, 2018, 2: 950-961.

[54] Cao P F, Yang G, Li B, Zhang Y, Zhao S, Zhang S, Erwin A, Zhang Z, Sokolov A P, Nanda J, Saito T. Rational design of a multifunctional binder for high-capacity silicon-based anodes[J]. ACS Energy Letters, 2019, 4: 1171-1180.

[55] Choi S, Kwon T W, Coskun A, Choi J W. Highly elastic binders integrating polyrotaxanes for silicon microparticle anodes in lithium ion batteries[J]. Science, 2017, 357: 279-283.

[56] Kang S, Yang K, White S R, Sottos N R. Silicon composite electrodes with dynamic ionic bonding[J]. Advanced Energy Materials, 2017, 7: 1700045.

[57] Mu P, Zhang S, Zhang H, Li J, Liu Z, Dong S, Cui G. Spidroin-inspired hierarchical structure binder achieves highly integrated silicon-based electrodes[J]. Advanced Materials, 2023, e2303312.

[58] Jiang M, Mu P, Zhang H, Dong T, Tang B, Qiu H, Chen Z, Cui G. An endotenon sheath-inspired double-network binder enables superior cycling performance of silicon electrodes[J]. Nano-Micro Letters, 2022, 14: 87.

[59] Jeong Y K, Choi J W. Mussel-inspired self-healing metallopolymers for silicon nanoparticle anodes[J]. ACS Nano, 2019, 13: 8364-8373.

[60] Zhang G Z, Yang Y, Chen Y H, Huang J, Zhang T, Zeng H B, Wang C Y, Liu G, Deng Y H. A quadruple-hydrogen-bonded supramolecular binder for high-performance silicon anodes in lithium-ion batteries[J]. Small, 2018, 14: 1801189.

[61] Park S J, Zhao H, Ai G, Wang C, Song X, Yuca N, Battaglia V S, Yang W, Liu G. Side-chain conducting and phase-separated polymeric binders for high-performance silicon anodes in lithium-ion batteries[J]. Journal of the American Chemical Society,

2015, 137: 2565-2571.

[62] Liang J, Chen D, Adair K, Sun Q, Holmes N G, Zhao Y, Sun Y, Luo J, Li R, Zhang L, Zhao S, Lu S, Huang H, Zhang X, Singh C V, Sun X. Insight into prolonged cycling life of 4 V all-solid-state polymer batteries by a high-voltage stable binder[J]. Advanced Energy Materials, 2021, 11: 2002455.

[63] Cao D, Li Q, Sun X, Wang Y, Zhao X, Cakmak E, Liang W, Anderson A, Ozcan S, Zhu H. Amphipathic binder integrating ultrathin and highly ion-conductive sulfide membrane for cell-level high-energy-density all-solid-state batteries[J]. Advanced Materials, 2021, 33: 2105505.

[64] Hu L, Ren Y, Wang C, Li J, Wang Z, Sun F, Ju J, Ma J, Han P, Dong S,Cui G.Fusion bonding technique for solvent-free fabrication of all-solid-state battery with ultra-thin sulfide electrolyte[J].Advanced Materials, 2024, 2401909.

[65] Wang C, Yu R, Duan H, et al. Solvent-free approach for interweaving freestanding and ultrathin inorganic solid electrolyte membranes[J]. ACS Energy Lett, 2022, 7: 41.

[66] Park K H, Kaup K, Assoud A, et al. High-voltage superionic halide solid electrolytes for all-solid-state Li-on batteries[J]. Journal of the Electrochemical Society, 2023,170: 100505.

第6章
固态锂电池电芯制备相关
工艺和配套设备

自1991年锂离子电池问世以来，历经30多年的发展，传统液态锂电池生产工艺已相对成熟，各厂家的核心工艺大致相同，所采用的配套设备也基本标准化。固态锂电池作为下一代电池发展的主要目标，已是全球业界的共识，近年来得到了迅猛的发展，与此同时，对固态锂电池的生产工艺和配套设备，也出现了不同于传统液态锂电池的新的需求。

一般主要的固态电解质分为聚合物固态电解质、氧化物固态电解质、硫化物固态电解质和卤化物固态电解质。聚合物固态电解质一般由聚合物基质和锂盐构成，成模性优异，但是室温离子电导率偏低；氧化物固态电解质离子电导率有所提升，能达到 $10^{-5} \sim 10^{-4} \mathrm{S \cdot cm^{-1}}$，但是颗粒模量很大，颗粒间晶界电阻很大，因此需要成片后烧结来消除晶界；卤化物固态电解质模量适中，可通过冷压成型来消除晶界，降低颗粒间阻抗，其本身离子电导率较氧化物虽然有所提升，能达到 $10^{-3} \mathrm{S \cdot cm^{-1}}$，但是对负极稳定性较差；硫化物固态电解质具有最低的模量，其离子电导率可以达到 $10^{-2} \mathrm{S \cdot cm^{-1}}$，因此最具产业化前景。不过上述氧化物、卤化物和硫化物等无机固态电解质自身成膜性较差，需要引入聚合物黏结剂辅助成膜，因此，其制备工艺和传统液态电池、聚合物固态电池存在一定差别。

根据目前已经公开的材料体系和工程化进展，以及中国科学院青岛生物能源与过程研究所在固态电池各体系所积累的研究和产业化经验，总结出聚合物、氧化物、硫化物、卤化物固态软包电池的生产工艺路线及流程，如图6.1所示。聚合物电解质既有出色的柔韧性又成本低廉，且与现有生产线高度兼容，基于聚合物的半固态电池已经在GWh规模上商业化应用，因此聚合物固态锂电池生产工艺路线，包括湿法正、负极涂覆，可以兼容传统液态电池生产方式[1,2]。由于聚合物本身成膜性较好，可以使用工业上已经成熟的成膜工艺进行生产。而近年来由中国科学院青岛生物能源与过程研究所开发的原位固态化技术，也可以使用传统液态电池的工艺，即先注入液态聚合单体，然后引发原位聚合固态化，受到广泛关注[3]。

氧化物电解质固态电池的生产工艺与现有的液态电池有所不同。由于氧化物较高的化学稳定性和溶剂兼容性，其固态电池在电极生产工序上与传统液态电池相似，不同的是需要在电极中加入氧化物固态电解质，构建固态离子传输网络。但是在中后期工序中，固态电池需要进行额外的加压或烧结步骤，但是省去了注液的操作环节。目前半固态的凝胶固态电池被视为主要过渡技术，一般采用氧化物与聚合物结合的电解质，保留了部分液体成分，但是将其锚定无法流动，以此增加界面浸润性，缓解氧化物颗粒之间较大的阻抗，免除了烧结步骤。另外，氧化物固态电解质常常作为聚合物固态电解质的添加剂或填料使用，降低聚合物结晶度，增强离子传输，更柔的聚合物同样能浸润氧化物颗粒，增加界面离子传输。同时，现阶段氧化物固态电解质还同时应用在隔膜涂覆、正负极包覆等技术工艺上。另外，如图6.1所示，由于部分氧化物固态电解质、聚合物固态电解质和金属锂的兼容性，许多研究团队或OEM厂商开始尝试使用锂金属负极，针对锂负极目前的一些瓶颈问题，开发出诸如超薄锂带技术、锂金属界面保护层技术和锂合金技术等。

硫化物固态电解质具备合适的模量，较高的离子电导率，被认为是下一代固态电池

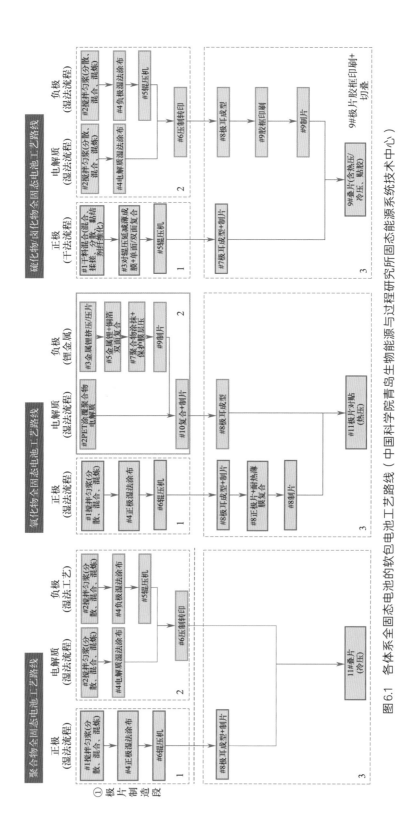

图 6.1　各体系全固态电池的软包电池工艺路线（中国科学院青岛生物能源与过程研究所固态能源系统技术中心）

的合适电解质材料。由于对湿气和空气的敏感性，硫化物固态电解质的应用应首先考虑环境控制问题，需要营造干燥环境对硫化物进行加工、生产、成膜等。考虑到硫化物分解会产生H_2S有害气体，因此除对干燥间内露点和温度进行严格控制，还需对粉尘、H_2S气体进行监控，并带有有机溶剂、H_2S气体回收过滤装置、空气净化装置等。硫化物固态电解质需要聚合物作为黏结剂辅助成膜，图6.1所示为中国科学院青岛生物能源与过程研究所开发的双螺杆挤出工艺，选用具有强黏结性和辅助分散的嵌段聚合物，使用非极性溶剂连续挤出固含量超过70%的硫化物固态电解质浆料，实现不间断连续化涂布收卷，达到200m/h的涂布速度（宽度30cm，厚度30μm）。为便于制备出厚电极，正极采用熔融黏结干法工艺[4]；负极为硅基材料，包括纯硅、硅/碳等材料，采用传统液态电池的涂布工艺。将涂覆在高分子基膜上的硫化物固态电解质热转印到正极上，经过极耳焊接、涂胶边、叠片、压制（等静压）等工艺，制备出硫化物全固态软包电池。由此可见，硫化物全固态软包电池的制备有部分工艺和装备可以与目前已有的电池制备工艺兼容，部分需要重新开发。目前亟须新的材料体系、新的工艺、新的设备去进一步优化，以加速其商业化。

卤化物固态电解质的模量、硬度比硫化物稍高，也可简单冷压成片，大幅降低颗粒界面离子阻抗，满足实验级的研究需要。卤化物在空气中有较强吸湿性，形成水合物并进一步分解，因此也需较严格的环境控制。卤化物固态电解质离子电导率一般低于硫化物，能达到$10^{-3}mS \cdot cm^{-1}$，理论上能达到$10^{-2}mS \cdot cm^{-1}$。但是卤化物固态电解质在提升正极电压窗口、改善抗氧化性上具有独特优势，对层状正极氧化物、钴酸锂均表现出优异的界面稳定性。例如Li_3YCl_6电解质与Li_xCoO_2(x=0.5 ～ 1)的界面反应能（＜45meV/atom）比硫化物固态电解质普遍小一到两个数量级[5]。但是卤化物固态电解质的抗还原性较弱，与锂金属或锂合金直接接触时不稳定，不适合作为电池中唯一电解质使用。因此卤化物固态电解质一般被认为适合作为正极导离子剂、正极添加剂或正极活性材料包覆层来使用。例如美国西北大学祝红丽教授团队将卤化物Li_3InCl_6、钴酸锂和VGCF混匀作为复合正极，适配硫化物固态电解质和锂铟合金负极，所组装电池首圈库仑效率达到98.3%[6]；中国一汽和吉林大学使用卤化物Li_3InCl_6、多晶NCM9064和导电炭黑作为复合正极，同样使用硫化物固态电解质和锂铟合金负极组装电池，首圈库仑效率达到91.6%[7]。将卤化物和硫化物固态电解质混合，与NCM88、炭黑混合制备复合正极，相比于单一硫化物固态电解质，表现出更好的首圈库仑效率和循环稳定性[8]。同时，卤化物还是NCM很好的包覆材料，包覆在卤化物中的NCM和硫化物固态电解质组成复合正极，也表现出优异的正极稳定性[9]。总而言之，卤化物固态电解质的优势在于具有高氧化稳定性和宽电化学窗口的同时兼顾了离子电导，因此有望应用于固态电池中正极改善策略。其软包电池制备工艺可以参考硫化物固态电解质。

与此同时，固态锂电池的生产工艺仍在持续创新中。一些更契合于固态锂电池制备工艺需求的技术体现出极大的发展潜力，例如使用螺杆机挤出制备高比能合金箔材负极技术、基于有机/无机复合固态电解质或电极的干法混炼技术、干法喷涂技术等。结合这些有潜力的工艺技术，下面对固态锂电池电芯制备相关工艺和配套设备进行系统的论述。

6.1 干法成型技术

传统的电极或固态电解质的湿法成型技术，是将原材料混匀分散在溶剂中，然后再进行湿法涂覆和干燥。干法成型技术指的是不使用溶剂的电极或固态电解质的加工成型技术。目前该技术主要包括三大类：基于聚四氟乙烯（PTFE）成纤化的干法成型技术、基于挤出或热压的干法成型技术、干法喷涂成型技术。

6.1.1 基于聚四氟乙烯（PTFE）成纤化的干法成型技术

基于TFE成纤化的干法成型技术，最早是由麦斯韦尔技术有限公司（Maxwell Technologies, Inc.）开发，是目前最常用、适配性最广的干法工艺，尤其适合将粉末状的材料黏合成膜，所成膜具有较好的蠕变性，能够通过压延实现薄层化。该公司是一家超级电容器制造商，在其2005年前后申请的专利中，对该干法成型技术有详细阐述[17, 18]。内容主要涉及制造自支撑电极膜，其核心是PTFE在剪切力下的成纤化，达到将粉料黏合成膜的目的。主要包括如下步骤：

（1）干粉混合

将合适粒径的导电剂、导离子剂、活性材料和PTFE按照一定配比，在配备强力搅拌棒的V形混合器中混合形成较均匀的干混合物，如图6.2（a）所示。

（2）剪切成纤化

使用强剪切力剪切上述混合粉末，如喷射研磨机等，促进PTFE的成纤化，形成纳米级纤维网络，缠绕、黏附和支撑其它干粉颗粒。

（3）压延成膜

将上述含有成纤化PTFE的混合物通过辊压机进行压延、成膜、摊薄，形成连续的自支撑薄膜，并以卷筒形式卷绕，如图6.2（b）所示。通过改变加工条件可以控制材料负载重量和活性层厚度，进而可以生产各种规格、种类的电极或电解质。

（4）将干膜层压到集流体上

制备得到目标规格的自支撑干膜后，将其压制到集流体箔上，如图6.2（c）所示。根据实际需求和压制效果可以在集流体和干膜之间使用中间层黏结剂，如一些具有导电性的聚合物或碳层；或使用具有更大比表面积的三维集流体（如微孔金属箔）。

2018年，麦斯韦尔技术有限公司公布了该技术用于电池电极制造的技术进展，并命名为无溶剂干法电池电极（dry battery electrode，DBE）技术[19]，为推动该技术实现在锂离子电池中的大规模应用提供了初步验证。该公司还研究试用了多种商品化市售的负极材料（如硅基材料、钛酸锂等）以及正极材料（如镍钴锰三元正极、镍钴铝三元正极、磷酸铁锂、硫等），充分证明了DBE工艺完全可以适用于各种锂电池电极材料并可以实现连续稳定化生产。但应注意的是，由于正极材料密度和PTFE、导电炭黑密度相差很大，所以选择合适粒径的正极材料也非常关键。

DBE技术所制备的电极呈现出独特的微结构，其聚合物黏结剂网络允许导离子剂、导电剂和活性材料实现直接且紧密的接触。由PTFE纤维与材料颗粒表面建立点接触，而由粉体材料自身形成互连网络结构（而非黏结剂被溶解后形成的面接触），中间无绝

(a) (b)

(c)

图6.2 （a）由活性材料、导电碳和聚合物黏结剂组成的干粉混合物；（b）由中试规模的卷对卷设备制造的自支撑的干法电极膜；（c）干膜NCM卷（左）和石墨卷（右）双面层压到集流体上[19]

缘黏结剂阻隔。这种结合方式有利于离子、电子的传输，对于电极实现倍率性能提升非常关键。

DBE技术适用于商品化市售的各类电极材料，生产厚度范围从约50μm到约1mm的电极，并实现卷对卷生产。与传统的湿法电极制备技术不同，DBE技术有利于制备超高负载的厚电极，并避免湿法厚电极在干燥过程中的开裂等问题。

2019年，特斯拉收购了麦斯韦尔技术有限公司，宣布将在其后续电池制造过程中采用DBE技术。作为全球最顶尖的电动汽车生产商，这一决定充分表明DBE技术代表了未来电极制造技术的最新方向和趋势。

弗劳恩霍夫研究所的Stefan Kaskel研究团队，提出了一种基于PTFE的干法电极优化工艺[20]。该工艺允许直接从预混合的干粉末直接制备电极，通过辊压过程同时实现PTFE的成纤化、薄层化过程。第一辊的旋转圆周速度与第二辊的旋转圆周速度之比为2∶1，由此对处于两个辊间隙中的粉末施加剪切力，沿行进方向产生PTFE成纤化；同时，辊压装置亦具有加热和压延功能，通过辊加热，能够促进成纤化结构的进一步形成，实现干膜的进一步压实。

该团队将该工艺应用于固态电池的复合正极制备[21]，并将其中PTFE的用量减少至0.1%（质量分数），这是迄今为止报道的最低值，对于开发高能量密度的厚电极技术意义重大。实验室的制备过程为，将活性材料NCM、导电炭黑和硫化物固态电解质（Li_6PS_5Cl）以85∶2∶13的质量比混合30min；为了制备独立且柔韧的干膜，将上述制备的电极材料混合粉末与0.1%～1%PTFE在加热的研钵中研磨1min后，形成单个薄片；随后将薄片放在热板上并轧制成所需的厚度。

弗劳恩霍夫研究所在2022年获得德国联邦教育和研究部（BMBF）370万欧元的资助，以支持把干膜技术发展成为涵盖整个工艺链的可扩大化的（工业化规模）技术。目前，中试规模的原型机系统已经建立，卷对卷系统可以实现在一个步骤内对集流体两侧同时进行干法电极涂层，涂布宽度25cm，速度达10m/min。

近日，基于PTFE成纤化的干法制备技术，同样被应用到无机固态电解质膜的制备中。Sun等[22]利用PTFE的成纤化，将无机固态电解质（SE）交织成超薄和自支撑的固体电解质膜。通过该方法制膜的代表性固态电解质有Li_6PS_5Cl、Li_3InCl_6和$Li_{6.5}La_3Zr_{1.5}Ta_{0.5}O_{12}$，膜厚度可以做到$15 \sim 20\mu m$，并且均具有优异的电化学性能。这种基于PTFE成纤化的固态电解质膜干法制备技术，将极大推动固态锂电池从实验室制备到产业化规模制备的进程。

同样的，Nan等[23]采用不含任何溶剂的简单研磨方法制备了由聚四氟乙烯（PTFE）互连的三维$Li_{6.75}La_3Zr_{1.75}Ta_{0.25}O_{12}$（LLZTO）骨架。如图6.3所示，尼龙网作为PTFE-LLZTO骨架的支撑，以确保骨架具有良好的柔韧性。随后，通过用丁二腈固体电解质填充柔性三维LLZTO框架，获得了石榴石基复合电解质。

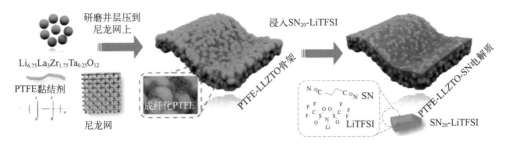

图6.3 固态电解质膜制备示意图[22]

研究表明，这种复合电解质膜表现出优异的电化学性能，特别适用于高安全性、高能量密度、大容量的固态锂电池。此外，独特的三维框架结构也同样适用于其他陶瓷电解质体系，在高性能无机固态电池中展现了广阔的应用前景。

总体来讲，该种干法电极技术的关键是PTFE的成纤化。在工业化规模制备中，成纤化与提供剪切力的方式、剪切的工艺参数、活性材料和导电剂的物性密切相关。因此如何实现质量稳定的、连续化的工业化规模制备，仍然是干法电极必须解决的关键问题。与此同时，在干法制备技术产业化进程中，非常有必要依据"工艺-结构-性能"的逻辑关系，通过大量数据的积累与分析，实现对工程化技术的持续优化和不断升级，为下一步动力电池主流技术-固态电池技术增砖添瓦。

6.1.2　基于挤出或热压的干法成型技术

6.1.2.1　聚合物固态电池的挤出工艺

Bolloré公司于1993年参与了一项开发聚合物固态锂电池的计划，该计划的首要目标是制造出40Ah单体电芯。基于成本效益和易于大规模生产等多方面因素考虑，该计划[10]最终选择了基于聚合物挤出的制造工艺，建立中试线并生产出了40Ah的单体电芯。

Bolloré公司在1997年授权的专利中[11]，详细介绍了使用挤出工艺制造包含电极和聚合物电解质膜的多层电化学器件的方法。该方案与传统的高分子生产中的挤出工艺类似，需要将聚合物熔融作为流动相，以此溶解或混匀锂盐、电极材料和各种添加剂等。与此同时，该专利还详细介绍了实现双层或三层共挤出叠片所需要的模具结构。用这种工艺制造的正极膜的配方为（质量分数）：MnO_2 72%～78%、PEO 6%～9%和$LiCF_3SO_3$ 3%～5%，另外还包括碳5%～7%以及聚乙二醇6%。

Bolloré公司在设备、材料等方面持续聚焦工程化开发，致力于解决采用挤出法工业化规模制备固态锂电池正极膜片和聚合物固态电解质膜片所面临的诸多挑战：

① 与传统挤出工艺不同，正极膜片的挤出加工存在可熔融聚合物含量低的问题，导致在挤出过程中，流动性不足，粉体聚集严重，各组分难以混合均匀，挤出难度急剧增加。

② 聚合物固态电解质（如聚醚基系列聚合物）仅能选择可熔融的热塑性聚合物，并且在熔融挤出过程中，熔体溶解锂盐导致黏度提升，挤出困难。且在高温下容易诱导聚合物的降解或爆聚，加工条件不易控制，显著降低了最终聚合物固态电解质膜的综合性能。

通过挤出工艺优化[12]，以及制造设备及测量装置的精心设计和改进[13]等策略，Bolloré公司有效解决了上述问题。

该技术的优势在于：

① 避免了使用溶剂和干燥步骤，有利于环境保护，且降低了制造成本。

② 使用更少的步骤制造多层电化学组件，显著降低制造成本，增加可靠性。

③ 生产线直接设置在挤出机出口，在短的生产线上即可组装完整电化学组件，显著降低固定资产投入成本。

④ 容易调整组件宽度，使其符合特定要求。

⑤ 可以显著改善电化学组件各层之间的界面。

⑥ 可以精确地控制各层的厚度及其均匀性等，有利于实现产业化。

2012年，Bolloré公司建立了第一条工业化规模的聚合物固态锂金属电池生产线，具备1.5GWh的生产能力，在电动巴士和固定式储能等方面已得到广泛应用和验证。特别是在电动巴士中的应用，截至目前累计行驶里程已经超过3亿公里。

基于以上经验，德国Arno Kwade教授的研究团队[14]也公布了用于聚合物全固态电池的复合正极生产的改进工艺。如图6.4所示。

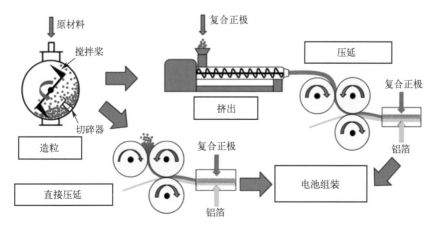

图6.4 复合正极制造工艺路线[14]

复合正极所采用的配方为：聚环氧乙烷（M_w=600000）与 LiTFSI 按照 O/Li 为 14:1（摩尔比）混配；活性材料 LFP 的含量为 72.32%；导电剂的含量为 3.7%。配方设计充分考虑到了加工性能和使用性能，为了易于加工成膜，采用了 PEO 的嵌段共聚物；为了电极的最优电化学性能，采用了粒径为 0.49μm 的 LFP。所采用的物料表如表 6.1 所示。

表6.1　复合正极物料表[14]

材料	供应商	松散密度/g·cm^{-3}	粒径/μm
PEO	Dow	1.2554	93.72
LiTFSI	Clariant	2.2689	—
炭黑	Imerys	3.5753	2.57
LFP	Johnson Matthey	1.7083	0.49

在聚合物固态电解质膜的制备方面，德国 Arno Kwade 教授的研究团队[15]也提出了改进型干法挤出工艺，如图 6.5 所示。工艺路线为造粒 - 挤出 - 压延路线：首先在搅拌设备中熔融造粒，然后颗粒由称量装置进入挤出机进料口，挤出机螺杆包含 28 个输送元件和 5 个捏合元件，挤出过程以 120r·min^{-1} 的转速和 0.5kg·h^{-1} 的质量速率进行，将挤出物送入压延机，压延成目标厚度的复合正极膜片，随后将复合正极膜片层压粘在涂碳集流体上；第二种工艺路线为造粒 - 直接压延路线：首先在搅拌设备中熔融造粒，然后将颗粒直接送入压延机中压延成目标厚度的复合正极膜片，随后将复合正极膜片层压粘在涂碳集流体上。该方案有效地提升了复合正极的均匀度。

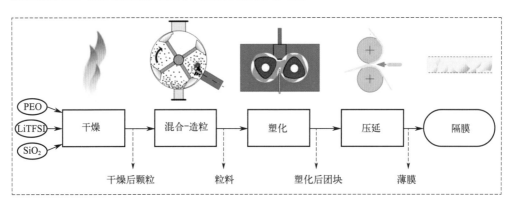

图6.5　聚合物固态电解质膜的干法制造工艺链[15]

干法工艺主要包括干燥、混合造粒、塑化和压延等几个工艺环节，无需额外加入任何溶剂，而且其中的工艺环节还可根据需要进行增减或者部分替代。基于上述干法工艺，他们进一步研究了不同工艺参数（如特定能量输入、生产温度和填充度等）、材料和配方参数对聚合物固态电解质膜性能的影响。所采用的聚合物固态电解质由 PEO、LiTFSI 和 SiO$_2$ 组成，Li 与 O 的摩尔比作为实验变量，SiO$_2$ 的含量为 3%。通过研究积累了聚合物分子量、锂盐比例等参数与离子电导率和力学性能关联的相关数据。

聚合物挤出压延加工，已有百年历史。因此，基于聚合物电解质的正极膜片的加工，从配方设计、加工工艺参数、物理机械性能等角度，可以视为传统聚合物加工的一个小分支，有成熟高分子工业加工技术为其提供强力思路借鉴与加持。如 Bolloré 公司就是一个非常好的例子，Bolloré公司在涉足锂离子电池领域之前，在电容器的聚丙烯薄膜加工制造方面一直处于世界领先地位，聚合物片材的挤出加工工艺经验丰富，使其成功实现了锂金属聚合物电池中正极极片和聚合物电解质膜的工业化。

随着聚合物电解质研究的方兴未艾，加之除了传统的PEO基聚合物之外，其他各种新型聚合物电解质基体不断涌现（如聚碳酸丙烯酯基固态聚合物电解质等[16]），这为基于聚合物电解质挤出或热压的干法电极成型技术提供了更多材料选择。

6.1.2.2 无机固态电池的热压工艺

前已述及，氧化物固态电解质化学性质稳定，适合作为聚合物固态或半固态电解质的填料使用，与聚合物分子链发生相互作用，抑制其结晶，增强其链运动，强化离子传输。其本身界面被聚合物浸润，能够发挥出其本征离子电导率，进一步提升离子传输性。氧化物/聚合物复合固态电解质也适合上节中所述的挤出工艺，例如Arno Kwade教授团队所提出的工艺路线中，只需将SiO_2替换成氧化物固态电解质即可。

虽然硫化物/卤化物固态电解质也适合上述工艺，但是考虑到化学敏感性，对聚合物的极性官能团可能不稳定，因此多采用以无机固态电解质为主的成膜策略，少量聚合物只充当黏结剂。因此，缺乏熔融聚合物作为流动相，很难适配上述挤出工艺。

硫化物/卤化物固态电解质或复合电极多采用热压成型。如经过提前预混合Li_6PS_5Cl与聚酰亚胺粉末，Whiteley等使用高温高压，将聚酰亚胺（20%）和硫化物（80%）热压成膜（60μm厚）[24]；Bieker等将PEO、LiTFSI和$Li_{3.25}Ge_{0.25}P_{0.75}S_4$（88%）预混合后直接热压，室温离子电导率为$0.42mS\cdot cm^{-1}$[25]。

无机固态电解质的干法工艺，难点在于聚合物与无机固态电解质的均匀混合，以及对聚合物、无机固态电解质的聚集态结构调控，实现力-电-化多场的协同耦合增益。如图6.6所示，中科院青岛生物能源与过程研究所使用熔融黏结干法技术，仅使用3%的热熔型聚酰胺，热压制备出厚度25μm以内的柔性固态电解质膜（$2.1mS\cdot cm^{-1}$）和厚正极，并调控聚集态结构实现内嵌式聚合物逾渗网络，开发出具有紧密黏合界面的一体化固态电池。该电池具有出色的内应力耗散能力，能有效延长电池寿命，在高面容量下连续充放电超过10000h。

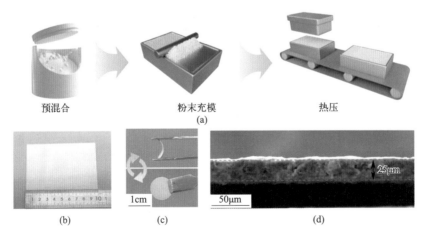

图6.6 熔融黏结干法成膜技术：（a）工艺流程；（b）10cm级Li_6PS_5Cl薄膜展示；（c）柔韧性展示；（d）膜厚度的SEM照片[4]

综上所述，基于聚合物固态电解质热压或挤出的干法路线，在宏量制备方面，有工业化的基础可以借鉴和加持，且有丰富的聚合物电解质材料可选择，因此是一种非常有应用前途的规模化、连续化制备技术。聚合物固态电池的制备技术也必然是全固态电池产业化发展最快的技术路线。而硫化物/卤化物由于与聚合物极性官能团的兼容性问题，多采用使用较少量聚合物作为黏结剂的成膜工艺，缺少大量熔融聚合物作为流动相，因此不适合挤出工艺。不过，通过材料结构的精心设计，以及对聚集态结构的精心调控，热压法也能获得性能优异的固态电解质膜和复合正极极片，并且适配多种热塑性聚合物，具备较大潜力。

6.1.3　干法喷涂成型技术

干涂是将完全干燥的电极材料混合物直接喷涂并沉积到集流体上的制备工艺，使用的黏结剂多为PVDF。该方法的基本过程：将完全干燥的活性材料混合物均匀沉积到集流体上，随后通过热辊压、热压或在对流烘箱中加热后在室温下进行压延，从而获得机械稳定性高的电极极片。

自2016年开始，美国密苏里科技大学的Heng Pan和伍斯特理工学院Yan Wang研究团队，对干涂技术进行了较深入研究。Brandon Ludwig等[26]通过静电喷涂方法将正极材料沉积到集流体上，然后采用热辊压的方式获得电极极片。正极材料的典型配方为：钴酸锂（90%）、炭黑（5%）和PVDF（5%）。热压双辊的下辊温度要保持高于190℃，确保高于PVDF的熔点。制备过程如图6.7所示。

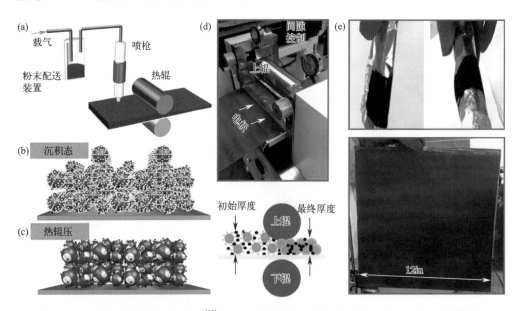

图6.7　干涂技术制备过程示意图[26]：（a）干粉喷涂工艺电极制造系统；（b）热激活前干涂电极的3D示意图；（c）热辊压后干涂电极的3D示意图；（d）热辊压过程；（e）成型后的极片

采用该工艺制备的电极，其机械黏合强度达到148.8kPa，远大于采用传统湿法工艺制备的电极黏合强度（84.3kPa）。干涂电极比湿法电极具有更高的比容量和循环稳定性，表现出更优的电化学性能。

关于机械黏合强度提高的原因，扫描电镜（SEM）显示由于干涂工艺中使用机械压制，促进集流体贴合电极表面，沿电极表面纹理形成三维结构，提供了额外的接触面积，并提供额外的黏附强度。

干涂电极的电化学性能优于传统电极，可能是由不同制造方法所引起的黏结剂聚集态结构不同导致的。在传统湿法电极制备方法中，PVDF溶解在NMP溶剂中，溶剂蒸发后，溶解的黏结剂形成薄的碳/黏结剂层，广泛覆盖在钴酸锂颗粒表面［图6.8（a）］。相反，在干涂工艺中，黏结剂和碳混合在一起，在钴酸锂颗粒周围形成"导电黏结剂团块"。由于碳的存在，极大地阻碍了黏结剂在钴酸锂表面上的润湿和铺展，仅在相邻钴酸锂颗粒之间实现点对点黏结［图6.8（b）］。因此，扫描电镜（SEM）显示干涂电极中的钴酸锂颗粒有更多表面未被覆盖［图6.8（c）］，而传统电极中的钴酸锂颗粒表面大部分被覆盖［图6.8（d）］。因此，干涂工艺会使得钴酸锂颗粒表面上覆盖的绝缘聚合物层较少，锂离子很容易扩散进/出钴酸锂颗粒。另外，"导电黏结剂团块"很大程度上填充了钴酸锂颗粒之间的空间，在钴酸锂颗粒之间的间隙处形成了完整的电极导电通路。

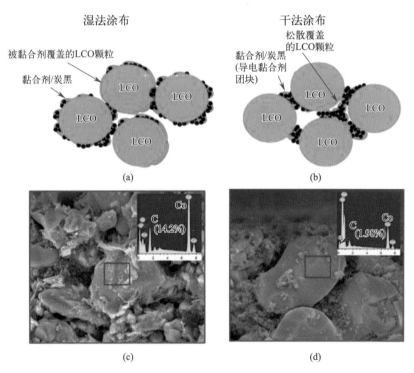

图6.8　干涂工艺和传统湿法工艺所制备LCO正极形貌对比，电极横截面扫描电镜表征[26]。常规湿法工艺制备的电极（a）和干涂电极（b）中特征黏结剂/碳分布的示意图。扫描电镜照片显示常规电极（c）和干涂电极（d）横截面中的钴酸锂颗粒

Liu等[27]使用连续塑模代替喷枪，从而以更高的速率沉积材料，实现干法连续厚电极的快速制备，称之为干模塑方法。图6.9（a）和（b）为静电喷涂沉积方法示意图；图6.9（c）为升级后的干模塑方法示意图。在该方法中，由于干燥的混合物不可流动，

沉积在集流体表面的粉料分散分布［图6.9（c）左图］，随后分散的粉料会在热辊压作用下相互扩展和交叠，最终成膜［图6.9（c）右图］。图6.9（d）详细说明了干模塑方法的粉料衍变过程：①中的模具被加工成期望的尺寸以加载目标厚度的混合物，②为脱模，③为热压，④为热压之后的延展示意。

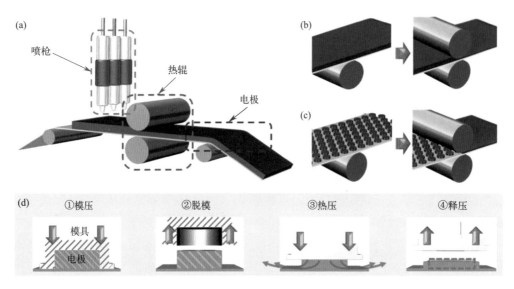

图6.9 "无溶剂"干涂电极制造流程图[27]

Liu等[28]尝试采用干涂工艺来解决电极材料和集流体黏附强度的问题，具体过程如图6.10所示。首先将一层纯PVDF粉末（定义为黏合增强剂）喷涂到作为集流体的铜箔上，如图6.10（a）和（b）中的喷涂方案所示。随后将负极涂层喷到PVDF层上［图6.10（c）］并一起压延［图6.10（d）］以达到所需的厚度和孔隙率。

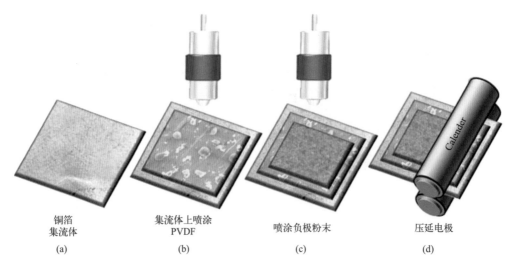

图6.10 石墨负极干喷制备具体方案示意图：（a）裸铜箔；（b）将附着力增强层喷涂到铜箔上；（c）将涂层喷涂到铜箔上；（d）压延[28]

通过在集流体和电极涂层之间干喷涂"界面附着力增强剂"层，机械强度（从

0.5kPa到超过83.0kPa）和电化学循环性能（100圈循环后的容量保持率从24.2%提升到92.4%）均得到显著改善。

Al-Shroofy等[29]在实验室规模采用静电喷涂沉积的方法制备了镍钴锰三元正极（NCM）正极极片，具体的制备方法如图6.11所示。

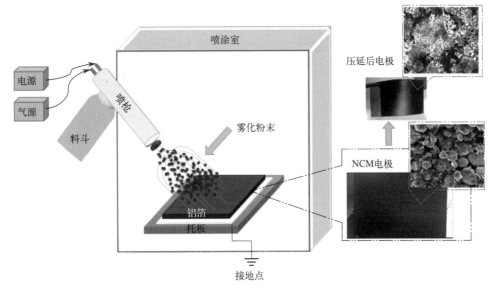

图6.11 镍钴锰三元正极（NCM）、炭黑和PVDF的正极静电喷涂沉积工艺示意图[29]

正极混合物的配比为：NCM:CB:PVDF质量比为19:1:1；通过静电喷涂将正极混合物沉积到铝箔上，制备得到的电极层尺寸约为18mm宽和25mm长；然后将涂有干粉的电极转移到烘箱中并在空气氛围中于170℃下加热1h；然后通过小型电动辊压机在室温下以固定的辊间距对电极进行压延。

干喷涂技术在电极制造中的应用，仍处于实验室阶段，多是侧重于机理分析和应用可能性的探讨，还未见有中试规模的制备装置。单从目前的研究基础来看，干涂技术具有扩大规模并使用卷对卷生产系统的可能性，如果借鉴涂料行业中粉末静电喷涂技术的经验与成套设备，将具有很好的工业化潜力。

总而言之，干法成型技术因为不使用溶剂，所以不需要传统湿法工艺必需的干燥、溶剂回收等工序，在降低设备投资、工厂占地面积和成本方面有着天生优势。特斯拉于2020年率先宣布了在4680电池中采用干法电极技术，根据其预估，与湿法工艺相比，干法成型技术生产设备占地面积减少10倍，能耗减少10倍，成本降低10%～20%。从这些数据看来，干法成型技术对于商业化竞争的重要性不言而喻。

另外，干法成型技术在制备厚电极、提升压实密度等方面更具潜力，更能满足固态锂电池对电极成型技术的需求，已经成为支撑固态锂电池发展的关键技术之一。当然，干法成型技术的工程化还面临一些障碍，但也并非难以逾越。特斯拉2023年在干法电极制造工艺方面又获4项美国专利，在大规模量产方面持续突进；大众汽车在2023年6月也宣布在欧美电池工厂采用干法电极技术。干法成型技术一旦成功实施产业化，必将彻底改变电池制造行业的游戏规则，引发电池生产技术的历史性变革。

6.2 固态锂电池制备工艺

传统液态锂离子电池包括正极、负极、电解液、隔膜四大组成部分。其制备工艺流程主要包括混料、涂布、辊压、叠片/卷绕、装配、烘烤、注液、化成、老化、分容等过程，如图6.12所示（以铝塑软包电池为例）。

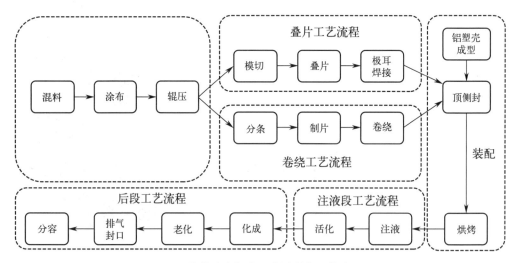

图6.12　传统液态锂离子电池制备工艺流程图

不同于传统液态锂离子电池，固态锂电池基本构成为正极（正极集流体+正极材料）、固态电解质、负极（负极集流体+负极材料）及外包装，固态电解质可以起到隔离正极、负极和传导锂离子的作用。固态电解质可以是单一材料，如硫化物固态电解质Li_6PS_5Cl、卤化物固态电解质Li_3InCl_6等，而聚合物固态电解质通常是多组分，由聚合物基体和锂盐构成，或还含有增塑剂等添加剂。

固态锂电池的生产过程一般大致分为三道程序：正负电极极片生产、固态电解质膜生产、电池组装。其中，正负电极极片生产和电解质膜类似，工艺主要包括组分混合、膜形成和膜压实，区别在于除去锂金属或一些合金负极之外，正负电极极片在生产过程中需要粘贴上相应集流体。从生产方法上讲，可分为湿法工艺（需要溶剂分散，例如，浆料涂覆/流延成型和溶液灌注）和干法工艺（例如干法辊压、干法喷涂、熔融挤出等）两种。图6.13列举出了生产工艺体系与固态锂电池材料体系的兼容性关系[30]。

湿法工艺中的浆料涂覆/流延成型是一种应用广泛、高通量的工艺，可实现高度自动化以支持大规模固态锂电池制造，适用于固态锂电池中的大多数材料。然而，硫化物固态电解质由于对水氧的敏感性，需要干燥的生产环境并且适用的溶剂和黏结剂有限，氧化物固态电解质需要高温烧结，导致无法完全兼容现有浆料工艺。另外，该方法还需要额外的溶剂回收和干燥过程，生产成本高，环境代价大。近年来，中国科学院青岛生物能源与过程研究所发展了三相渗流复合固态电解质膜制备工艺，是传统湿法工艺的一种改进，如超高固含量浆料（≥70%）和熔融黏结干法工艺，可有效降低溶剂使用量，用于制备超薄有机-无机复合固态电解质膜[31]。除此之外，还发展了原位聚合-界面融合

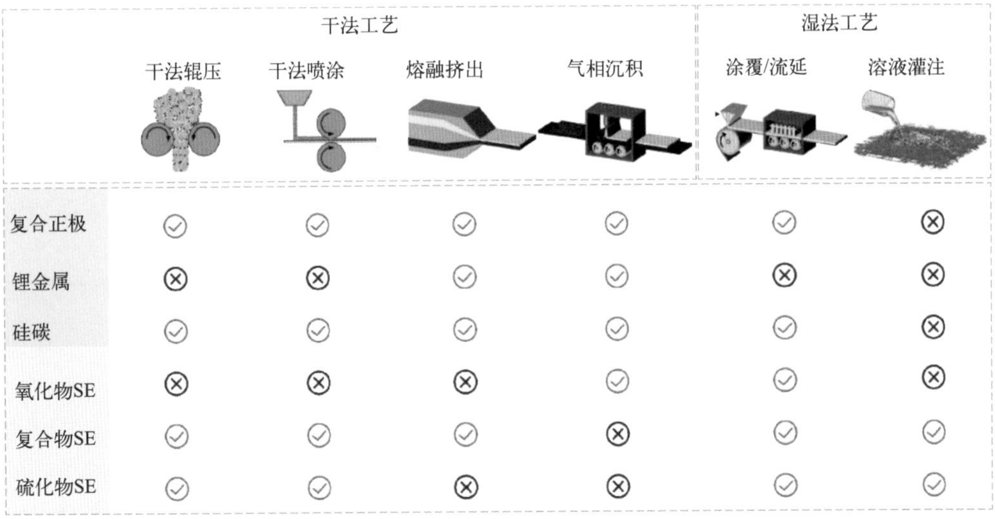

	干法工艺				湿法工艺	
	干法辊压	干法喷涂	熔融挤出	气相沉积	涂覆/流延	溶液灌注
复合正极	✓	✓	✓	✓	✓	✗
锂金属	✗	✗	✓	✓	✗	✗
硅碳	✓	✓	✓	✓	✓	✗
氧化物SE	✗	✗	✗	✓	✓	✗
复合物SE	✓	✓	✓	✗	✓	✓
硫化物SE	✓	✓	✗	✗	✓	✓

图6.13 不同生产工艺与各种固态锂电池组分的兼容性[30]

固态化技术,该技术在固态锂电池生产过程中,采用了复合隔膜用于隔离正负极,电芯组装好之后,注入含有锂盐、有机小分子、溶剂、引发剂等的液态前驱体,经过一段时间充分浸润后,在一定压力、温度下使液态前驱体充分聚合固态化,使正极、固态电解质膜、负极形成一个有机整体,构筑兼容性良好的电极/电解质固/固界面,有利于固态锂电池全生命周期的循环稳定性[32, 33]。

干法工艺在生产中可以避免干燥/溶剂回收等过程,环境友好,能耗低,生产成本低,且与固态锂电池有独特的兼容性[34]。特别对硫化物、卤化物等对极性溶剂敏感的固态电解质,避免有机溶剂接触能最大限度保持其离子电导率。

相比于湿法工艺,干法工艺在固态锂电池领域发表的相关论文及申请的专利相对少很多,电解质和黏结剂的分散、固态电解质膜的薄层化仍面临较大挑战,需要开发新的精密设备进行扩大生产,同时需要开发性能更好的新型黏结剂[35, 36]。

熔融挤出干法工艺已经成熟,并用于聚合物电解质和超薄锂箔的商业化制备。然而,对于无机固态电解质,由于其高硬度和低延展性,使用熔融挤出工艺制造出适用于固态锂电池要求的电解质膜(如厚度、宽幅等)仍然存在技术挑战[37, 38]。

与传统液态锂离子电池相比,固态锂电池的前段工序基本与液态锂离子电池相同,但锂金属负极的应用、固体电解质混料与包覆处理需要额外的工艺流程。中、后段工序上,固态锂离子电池需要加热、加压或者烧结,不需要注液化成(原位聚合固态化工艺除外,下文将介绍)。目前较为先进的液态电池生产工艺有60% ~ 80%可用于固态锂电池的生产当中(具体则根据电解质的类型有所差异)。但由于固态电解质体系不同,且随着金属锂负极、高镍及超高镍、富锂锰等电极材料应用于高比能固态锂电池,在电极生产、电解质膜制备、组装及封装技术等方面仍需要进一步的努力,少溶剂或无溶剂的干法电极制备工艺越来越受到重视。本节将重点详细介绍正负电极极片制造工艺、固态电解质膜制造工艺、固态锂电池组装工艺,常规锂电池生产工艺及设备不再赘述。

6.2.1 电极极片制造工艺

6.2.1.1 正极极片制造工艺

固态电池正极极片的制备，特别是高载量正极极片的制备，不同于传统液态电池，需要加入固态电解质充当导离子剂。为适应固态电解质的理化性质，湿法工艺需重新选择溶剂并调整相关工艺；而干法工艺虽有报道，但还处于工艺成熟验证阶段。下面列出几种适用于固态电池正极极片的工艺特征。

（1）湿法工艺特征

固态锂电池所用正极极片的湿法制造工艺与现有液态锂电池所采取的工艺大体相当，部分区别在于：首先是溶剂的变化，由于正极混料过程中可能添加固态电解质，而传统正极浆料中常用的NMP等极性溶剂可能与固态电解质（如硫化物）不稳定，因此常需要替换成非极性或弱极性溶剂；其次许多常用黏结剂，如PVDF等，极难溶于非极性溶剂，需要切换为相匹配的黏结剂。总体来讲，采用湿法工艺流程确定，效率高，但仍面临溶剂回收、极片干燥等问题，且需要使用与固态电解质不发生反应的溶剂和黏结剂等。近年来发展出的一些新型匀浆工艺，如使用螺杆机混料然后挤出浆料的方式，也同样适用于固态电解质正极，具有匀浆效率高、连续性等优势。新型涂覆工艺如丝网印刷、3D打印等，也同样适用于固态电池正极极片的制备。

（2）干法工艺特征

正极极片的干法工艺主要分为以下几类：

① 挤出工艺：如图6.14所示，将经过双螺杆挤出机返混均匀的正极活性物质、固态电解质、导电剂、黏结剂形成的干混物，通过口字型挤出口覆于集流体上，需紧跟压延工艺，进一步挤压成片并黏附集流体。

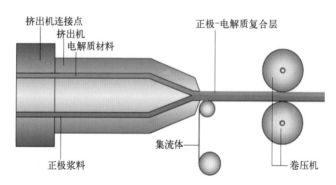

图6.14 集流体-正极-电解质卷压工艺图

② 压延工艺：干法压延是直接将正极活性物质、固态电解质、导电剂、黏结剂形成的干混物压延成型，其形成干混物的方式包括螺杆机干法挤出、气吹研磨或球磨。

③ 喷涂工艺：干法喷涂是将干混物料粉体喷涂于集流体上后立即压延成卷。该工艺目前已达到中试生产规模。

前已述及，干法工艺的优点是不使用溶剂或使用很少量溶剂，能耗低、成本低，但缺点是各物料均匀度、薄膜均匀性难以控制，且目前工艺尚不成熟，亟需开发新技术推动其发展。

6.2.1.2　负极极片制造工艺

固态锂电池负极极片中的活性材料可以沿用常规锂离子电池中的石墨、软碳、硬碳、硅碳复合材料等，且固态锂电池负极极片的制造方法与常规液态锂离子电池负极极片所采用的制造方法类似，这里就不再赘述。需要特别指出的是，在新型高比能固态电池中，可使用金属锂或合金负极。锂金属的高活性（与水/氧气/氮气反应）和高蠕变性使其在加工/处理时对环境/设备/安全等方面要求较高，而无负极工艺则能避免锂的直接处理，但工艺复杂，均匀性不好控制，效率低。下面以锂金属的制备方法为例，列出制作金属箔材负极的不同方法和工艺特征。

（1）挤出工艺

如图6.15所示，将金属锂灌入挤出机腔体中，通过压力挤出，形成柱状单质锂，再将柱状单质锂通过辊压机，形成薄片状锂箔。挤压工艺生产薄锂箔最为成熟，挤出后通过调整辊压机压力、转速等，保证锂箔厚度均匀性。挤出工艺制备锂箔的挑战在于：为避免辊筒的粘接，造成锂损失，需要对辊进行聚合物的涂覆修饰；另外，只有少数企业能够做到50μm以下，而制备30μm以下厚度且低缺陷的锂箔难度较大。

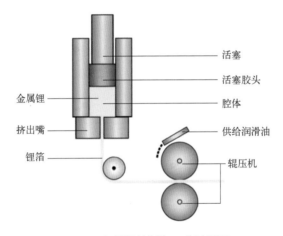

图6.15　负极锂箔制备工艺过程图

（2）熔融工艺

首先将金属锂在180℃下液化，之后沉积在非多孔电解质或集流体上，或渗透到多孔负极支架或多孔电解质中。熔融工艺适合多孔结构，并且能够生产非常薄的箔。但是需要真空或惰性气体气氛，而且由于液化锂的反应性，还需要很高的安全防范措施。

（3）蒸镀工艺

蒸镀工艺可制备超薄且高质量的锂箔。真空蒸发技术已经应用于薄膜固态电池，但该技术需要真空环境，且沉积速率低，导致产量有限且昂贵，未来是否能适用于大规模生产大容量固态锂电池，还有待商榷。

（4）无负极工艺

无负极工艺最近几年才发展起来，其方法是在第一次充电循环将储存在正极中的锂离子镀到负极集流体上，从而原位形成锂金属负极。该工艺避免了锂金属的直接处理，锂层很薄，能够实现高能量密度，且负极生产步骤可以完全省略。但该工艺锂沉积均匀性很难控制，锂会损失，需要补锂或采用特殊结构的负极集流体以实现高效的锂沉积/溶出。

挤压工艺/熔融工艺/蒸镀工艺都需要在加工过程中处理锂，且需要干燥和惰性气氛，生产过程中还需要采取具体的安全措施，因此上述三项技术挑战性比较大。无负极工艺虽然避免了锂的直接处理，但工艺复杂，均匀性不好控制，容易造成锂损失，需要额外补锂，效率相对低下。

6.2.2　固态电解质膜制造工艺

固态电解质膜为固态电池独有结构，取代了液态电池的隔膜和电解液。固态电解质的成膜工艺是固态锂电池制造的核心，不同的工艺会影响固态电解质膜的厚度和离子电导率，固态电解质膜过厚会降低全固态电池的质量能量密度和体积能量密度，同时也会提高电池的内阻；固态电解质膜过薄力学性能会变差，有可能引起短路，引发电池热失控。

6.2.2.1　湿法工艺

湿法工艺按照所用支撑材料不同可分为模具支撑成膜、正极支撑成膜以及骨架支撑成膜。

① 基材支撑成膜需要将固态电解质膜涂覆于支撑基材上，如PET等，然后卷绕成卷。组装电池时，常使用热转印的方式将其热转印到极片上。避免了力学性能较差的膜，在叠片过程中发生断带、破损等意外，如图6.16（a）所示。

② 电极支撑成膜常用于无机电解质膜或复合电解质膜的制备，也称为多层涂覆技术。将硫化物无机电解质溶液直接涂覆在电极表面，蒸发掉溶剂后，以电极集流体作为支撑，在电极表面形成固态电解质膜。与模具支撑相比，正极支撑可以获得更薄的固态电解质膜和更好的界面接触，如图6.16（b）所示。

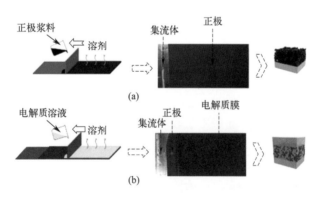

图6.16　正极支撑成膜工艺示意[39, 40]

6.2.2.2　干法工艺

前已述及，干法工艺是将固态电解质（如硫化物固态电解质）与聚合物黏结剂分散成干混物，然后对其施加足够剪切力使其成膜。干法工艺优点：不采用溶剂，成膜无溶剂残留；直接将固态电解质和黏结剂混合成膜，不需要烘干，成本低；不接触溶剂，电解质结构完整，离子电导率高。但干法工艺也存在一些缺点：由于干混物延展性不足，固态电解质薄层化困难，会降低固态电池的能量密度。所以使用促进蠕变性的PTFE黏结剂，便于膜压延摊薄，成为目前干法制膜的主流。

6.2.2.3　气相沉积工艺

采用化学气相沉积、物理气相沉积、电化学气相沉积和磁控溅射沉积等气相沉积法可以在电极上形成超薄固态电解质膜。气相方法的成本较高，只适用于薄膜型全固态电池。20世纪90年代美国科研人员在橡树岭国家实验室用磁控溅射的方法制备了锂磷氧氮（LiPON）电解质薄膜，LiPON薄膜全固态电池安全性好、循环寿命长。但是LiPON薄膜本质上也是玻璃态的金属氧化物，材料很容易脆裂，无法做成多层电芯，且单体电芯容量较小，制备工艺复杂，成本较高，没有很好的量产前景。

6.2.3　固态锂电池组装工艺

与液态电池相比，固态锂电池最大的特点在于引入了固态电解质，以取代现有的电解液+隔膜的电池构成。按照固态锂电池本身的结构特点，最合适的电池形状是平面（方形或软包电池），这样可以保留固态电解质的结构完整性。典型的方法是通过叠片工艺，将正极、固态电解质和负极堆叠在一起，组装成软包全固态电池。另外，按照裁片与叠片的先后顺序将叠片工艺分为分段叠片和一体化叠片[40]。对于多层电池，可以采用双极结构，实现更小的封装电阻和更高的能量密度。

如图6.17（a）所示，分段叠片沿用了液态锂电池叠片工艺，将正极、固态电解质层和负极裁切成指定尺寸后按顺序依次叠片后进行包装。

如图6.17（b）所示，一体化叠片是在裁切前将正极、固态电解质膜和负极压延成"三明治"夹层结构，之后按照极片尺寸设计要求，将该夹层结构裁切成多个"正极-固体电解质膜-负极"单元片，并将其堆叠在一起后进行包装。

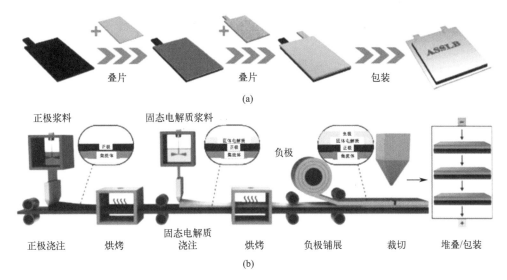

图6.17　不同叠片工艺示意图[40]

对于全固态电池而言，堆叠工艺势必会存在各种各样的电极/电解质固固界面问题。一般来说，聚合物全固态电池可以通过加热解决聚合物电解质膜同正负极间的界面电阻;对于采用氧化物和硫化物电解质膜的固态锂电池,则需要进行加压处理改善固体电解质与电极之间的机械接触,最大程度降低充放电循环过程中界面失效、内阻增大等问题。

中国科学院青岛生物能源与过程研究所通过总结已有工艺的特点,开发出连续化螺杆匀浆挤出工艺,通过合成具有高黏结性、高分散性的聚合物黏结剂,在非极性溶剂中实现超高固含量硫化物浆料(>70%)的制备。基于上述工艺的软包电池工艺流程如图6.18所示,顺利制备出具有稳定循环性能、高面载的硫化物全固态软包电池,对于硫化物固态电池的商业化工艺探索具有重要意义。

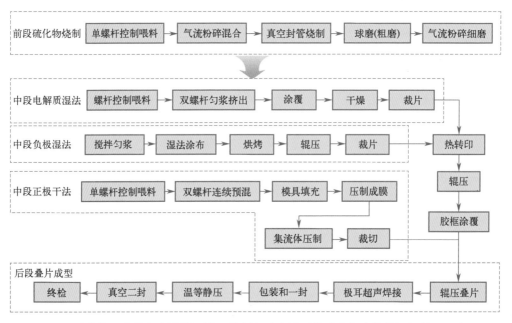

图6.18 硫化物固态软包电池的湿法工艺制备(中国科学院青岛生物能源与过程研究所固态能源系统技术中心)

6.2.3.1 聚合物固态锂电池工艺

聚合物电解质层可通过干法或湿法制备,电芯组装通过电极和电解质间的卷对卷复合实现;干法和湿法都非常成熟,易于制造大电芯;易于制备出双极内串电芯,从而提升单体电池电压。但也有以下缺点:成膜均一性难以控制;难以兼容高电压正极材料,导致能量密度不高;电池只能在高温下工作。

传统的基于聚合物固态电解质的固态锂电池生产工艺中,电极极片生产基本沿用了现有锂离子电池装备,挤出法制备工艺的具体过程为将混合均匀的正极浆料涂覆于正极集流体,经烘箱烘干后,挤出的聚合物固态电解质覆于正极上,再将负极极片贴合于聚合物电解质一侧,经辊压后,裁切形成固态锂电池单元片,再经传统堆叠或卷绕方式,形成固态锂电池。

较为典型的是亚琛工业大学研究机构的聚合物固态电池制备工艺[41]。如图6.19所示,其具体过程为:

① 正极和固态电池电解质材料的制备平行进行,通过高温熔化和返混挤出过程形

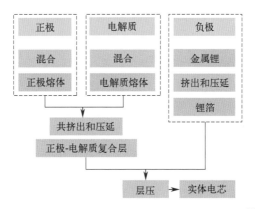

图6.19　亚琛工业大学PEM聚合物固态电池制备工艺[41]

成正极和电解质浆料。

② 两种浆料通过一起挤出的方式，分别叠加在正极集流体材料上。

③ 将金属锂压制成浆料后涂布在电解质材料的表面，形成集流体-正极材料-固态电解质-锂负极的混合多层单元片，如图6.20所示。

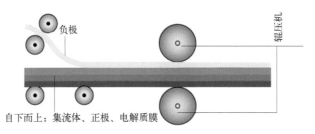

图6.20　集流体-正极材料-固态电解质-锂负极的混合多层单元片辊压过程[41]

④ 将制备好的多层单元片按照设计尺寸进行裁剪，依照不同需求，将单元片依照串并联的方式叠放在一起。

⑤ 最后将对叠放好的电芯进行压实拼接和封装，如图6.21所示。

⑥ 将封装好的电芯进行化成、老化。

图6.21　单体电芯堆叠、拼接过程[41]

6.2.3.2　"刚柔并济"有机/无机复合固态锂电池工艺

目前，室温锂离子电导率 $> 10^{-3}\mathrm{S\cdot cm^{-1}}$ 的固态电解质几乎都是无机固态电解质，但是，无机电解质或多或少存在空气和水敏感（如硫化物）、成本高（如硫化物）、硬度大

（如氧化物），与电极材料的界面阻抗大（如氧化物）、制备工艺复杂、难以大规模生产，且与现有电池生产技术兼容性差等问题。其中硫化物电解质制备困难，且知识产权主要掌握在日韩企业，导致我国在硫化物基固态电池领域先发优势不足。聚合物电解质通常是在聚合物基体中加入易解离的锂盐后通过溶液浇注法制得，具有较好的柔性和加工性能、良好的力学性能和成膜性，且与电极材料相容性较好，在全固态锂电池产业化方面应用前景广阔。然而，聚合物电解质的室温锂离子电导率普遍 $< 10^{-6} S \cdot cm^{-1}$，与新能源汽车对固态电解质的性能需求存在较大差距，尚难以满足实际需求。由此可见，任何单一固态电解质均无法取得令人满意的综合性能。基于复合材料的设计理念，将无机固态电解质和聚合物固态电解质进行复合，取长补短，产生协同效应，有望获得综合性能优异的聚合物-无机复合固态电解质。因此，开发有机聚合物-无机固态电解质复合的固态电解质及固态锂电池制备技术意义重大。

中国科学院青岛生物能源与过程研究所针对传统聚环氧乙烷基聚合物固态电解质力学性能差、电化学窗口窄、室温离子电导率低等技术难题，采用尺寸热稳定性好的"刚"性高分子骨架材料为支撑，辅以无机快离子导体提升室温离子电导率，解决了传统聚合物电解质尺寸热稳定性差、离子电导率低的瓶颈问题，辅以电化学窗口宽/室温离子传输性能优异的"柔"性聚合物材料和高离子迁移数锂盐，创建离子传输渗流通道，进而制备出"刚柔并济"聚合物固态电解质[42]，电化学稳定窗口 $> 4.6V$，离子电导率 $> 10^{-4} S \cdot cm^{-1}$，耐温 $> 200℃$，力学性能良好，实现了超薄聚合物复合固态电解质膜宏量制备，大幅度提升了固态锂电池的安全性能和能量密度（图6.22）。

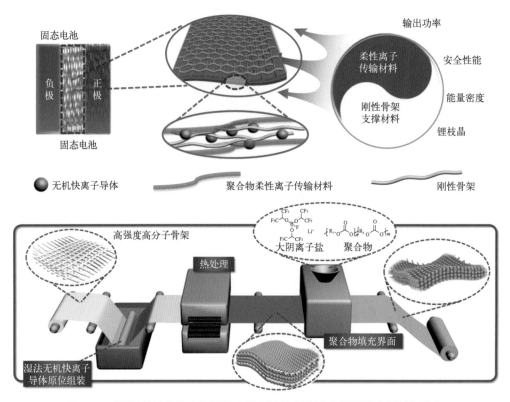

图6.22 "刚柔并济"聚合物固体电解质设计理念及电解质膜宏量制备技术

6.2.3.3 "三相渗流"有机/无机复合固态锂电池工艺

传统聚合物/无机复合电解质中无机快离子导体相和聚合物/无机界面相被聚合物相孤立，无法形成连续而快速的锂离子传输通道，即无法有效利用无机快离子导体高离子电导率这一优势。中国科学院青岛生物能源与过程研究所首次提出"三相渗流"复合固态电解质设计理念[31]，即在复合电解质中同时实现无机相、有机相及界面相的三相快速离子传输。该复合固态电解质首先构建了高离子导电相（如无机硫化物）的连续化骨架，不仅可以提供Li$^+$沿硫化物相的快速传输通道，同时可以避免硫化物颗粒的团聚。在有机相中引入塑性晶体，增加聚合物相的链段运动能力，可以提升有机相的离子传输能力。同时利用硫化物与聚合物相之间的路易斯酸碱相互作用，创造界面离子传输新通道，形成无机相-有机相-界面相三相连续，即"三相渗流"复合固态电解质，同时实现硫化物/聚合物复合固态电解质膜机械强韧性及离子传输性能的大幅提升。如图6.23所示，根据前驱体的不同，设计开发了基于干法和湿法两种工艺的"三相渗流"复合固态电解质膜制备工艺。

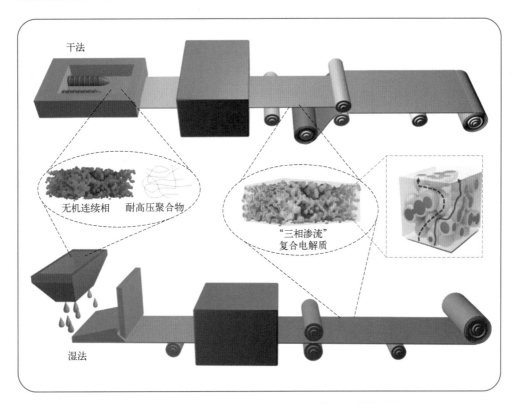

图6.23　"三相渗流"有机/无机复合固态电解质膜制备过程

将制备出的"三相渗流"固态电解质膜与正极、负极采用叠片工艺技术，堆叠成软包电池，注入原位聚合前驱体等材料，通过在一定压力、温度下的高温融合原位聚合固态化工艺技术，构建出兼容性优异的电极/电解质界面，有利于实现固态锂电池的优异循环性能（图6.24）。

另外，在此基础之上，中国科学院青岛生物能源与过程研究所针对硫化物固态电解

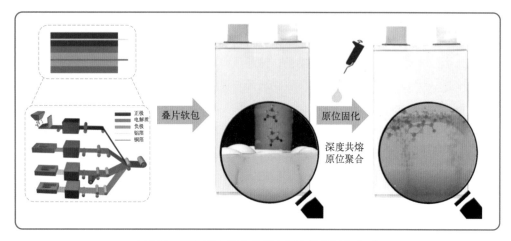

图6.24　原位聚合固态化固态锂电池组装和化成

质化学结构不稳定、不兼容极性溶剂等痛点问题，通过精确高分子设计，制备出同时带有非极性和极性链段的嵌段聚合物，使其能够溶解于非极性溶剂，兼容硫化物，又具有提供强黏结性、强分散性的极性官能团，并以此开发出硫化物固态电解质高固含量浆料（甲苯占比小于30%）。并依赖双螺杆挤出工艺，实现浆料的连续化挤出。可将硫化物固态电解质涂覆于PET基材上，烘干后收卷；采用热辊压的转印工艺，可将硫化物固态电解质膜黏附于电极极片上，实现软包电池的叠片。其制备全固态硫化物软包的电池的流程如图6.25所示。

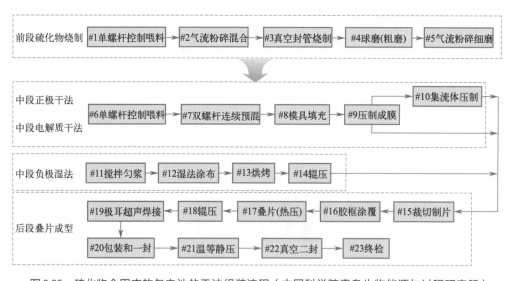

图6.25　硫化物全固态软包电池的干法组装流程（中国科学院青岛生物能源与过程研究所）

6.3　固态锂电池制备所用配套设备

近年来，随着固态锂电池的快速发展，国内外设备生产厂商纷纷在固态锂电池专有装备的研发和生产方面投入了大量人力和财力，取得了长足进展。本节着重介绍固态锂电池生产过程中所涉及的关键装备，传统设备不再赘述。

6.3.1　匀浆系统－双螺杆挤出机

固态锂电池极片制备的好坏直接影响电池性能，因此对极片浆料制备的设备和工艺提出了极高的要求。正、负极浆料的制备都包括了液体与液体、液体与固体物料之间的相互混合、溶解、分散等一系列工艺过程，而且在这个过程中都伴随着温度、黏度、环境等变化。在正、负极浆料中，颗粒状活性物质的分散性和均匀性直接影响锂离子在电池两极间的运动，因此在电池生产中各极片材料的浆料混合分散至关重要。浆料分散质量的好坏，直接影响后续锂离子电池生产的质量及其产品的性能。在此情况下，锂电池企业对正负极浆料制备在批次稳定性、均匀性等方面提出了更高的要求。

提升固态锂电池能量密度的首要途径是提高浆料在集流体上的负载量，由此需要开发厚极片技术。常规的匀浆设备（如双行星搅拌机等），需要使用大量溶剂调节浆料的黏度和流变性，因此浆料在集流体上的负载量有限，使得面密度很难达到电池高能量密度的要求。另外，大量有机溶剂的使用，既带来环境污染问题，也需要增加烘箱长度，同时还需要配备溶剂回收系统，导致能耗大、成本高、效率低。因此少溶剂或无溶剂技术成为生产高能量密度固态锂电池用极片的首选。双螺杆连续挤出机便可以实现少溶剂或无溶剂制备厚极片。

用于固态锂电池连续制浆的双螺杆连续挤出机主要由两大部分组成：供料计量系统（用于粉料和溶剂的连续计量称重）和主机系统（双螺杆连续挤出机，用于各组分的分散与捏合）。传统制浆工艺将所有的粉料一次性投入所有液体成分中，经过4～10h才能分散成均匀的浆料。而连续混合工艺基于双螺杆挤出机，将连续式原料喂料、预混合、捏合、精细分散和脱气等基本操作集中于单个设备。图6.26为布勒中国开发的双螺杆挤出机匀浆系统。

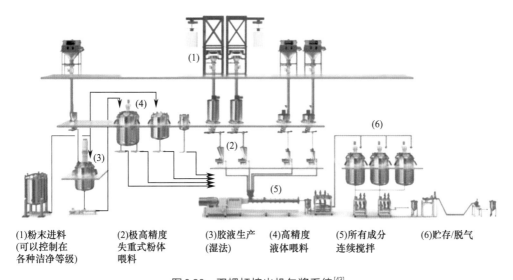

| (1)粉末进料
(可以控制在
各种洁净等级) | (2)极高精度
失重式粉体
喂料 | (3)胶液生产
(湿法) | (4)高精度
液体喂料 | (5)所有成分
连续搅拌 | (6)贮存/脱气 |

图6.26　双螺杆挤出机匀浆系统[43]

双螺杆挤出机不仅可以用于固态锂电池正负极匀浆，也可以用于固态电解质膜的匀浆。固态电解质膜包括聚合物固态电解质膜、无机固态电解质膜和有机-无机复合固态电解质膜。双螺杆挤出机可以用于聚合物固态电解质膜和有机-无机复合固态电解质膜制备，基本工艺过程与正负极匀浆相同，但一般不使用液态有机溶剂，因此可以称作是真正意义的干法工艺。其工艺过程是将聚合物、无机电解质、锂盐、添加剂等喂料于挤出机（聚合物固态电解质膜无需添加无机电解质），再进行预混合、捏合等。聚合物固态电解质在一定温度下熔融，形成流动性物质，可以在双螺杆挤出机中与其他物质充分均匀混合。双螺杆挤出机的温控系统还可以对有机小分子电解质前驱体进行加热，使其发生聚合反应，达到原位聚合的目的。无机固态电解质的成膜浆料也同样适用于双螺杆挤出匀浆，中国科学院青岛生物能源与过程研究所开发的超高固含量硫化物固态电解质浆料，固含量超过70%，使用适合双螺杆挤出的快速分散浆料体系，挤出涂膜的硫化物固态电解质离子电导率不低于$2mS \cdot cm^{-1}$，制备速度不低于$200m \cdot h^{-1}$（宽度30cm）。

双螺杆连续挤出制浆机的重要结构单元为双螺杆结构配置，双螺杆由多个正向、反向传送元件和多个正向、反向分散元件，以及正、反向元件之间的间隔垫圈和支撑轴组成（如图6.27所示）。

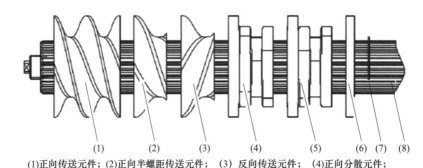

(1)正向传送元件；(2)正向半螺距传送元件；(3) 反向传送元件； (4)正向分散元件；
(5)反向分散元件；(6)多边形垫片；(7)间隔垫圈；(8)反支撑轴

图6.27　螺杆元器件及作用[44]

相比于传统工艺，双螺杆连续挤出制浆具有如下显著优点：

① 制浆效率和制浆均匀性方面明显优于传统工艺。由于搅拌工作的很大一部分是连续的原料喂料，在连续混浆机中的停留时间通常不超过1min；同时，活性材料和导电剂的分散受控，均匀分散，无团聚颗粒，由此使得极片乃至电池产品一致性和质量大幅度提升。

② 大规模生产装置所需的投资低。借助高生产率（高达$2500L \cdot h^{-1}$），连续混浆工艺可用于一条全连续运行生产线，进而取代多台批次搅拌机。

③ 运营成本低。与批次搅拌机相比，双螺杆挤出工艺只需要三分之一单位能耗即可实现相同的产能和产品性能；此外，占用空间更小，所需干燥车间空间可大幅缩小，因此，维持干燥室环境所需能耗远低于传统批次搅拌系统；另外自动化程度高，可减少50%工厂操作所需人力。

④ 大幅度降低有机溶剂使用量或不使用。相比于传统双行星搅拌工艺，双螺杆挤出机匀浆系统可将有机溶剂使用量降低至20%以下，甚至不使用有机溶剂，实现真正意义的干法匀浆工艺，实现环境成本和生产成本双收益。

因此，从生产商角度讲，上述工艺可大幅度节约成本，提升生产效率，提高电池品质，减少环境污染，从而大幅度提升产品的市场竞争力。从产品用户角度讲，电池价格降低，可提升其购买力，为其带来了实实在在的利润空间。然而从设备本身讲，电池浆料的特殊性使其对双螺杆挤出机要求更为严格，甚至电池正负两极的生产都对挤出机提出不同的要求：负极需要耐磨性能更好，而正极则更看重耐腐蚀性。

6.3.2　成膜系统－热压成膜复合设备

固态锂电池正负极材料或固态电解质材料经匀浆后，必须经过成膜后才能使用。图6.28所示为嘉拓智能公司干法（半干法）成膜工艺流程图。浆料从双螺杆挤出机经口字型出口挤出后辊压成型，再经一次压延、二次压延后，经修边再与集流体复合，最终收卷，得到正负极极片。如果制备固态电解质膜，则不需要集流体复合工艺步骤。

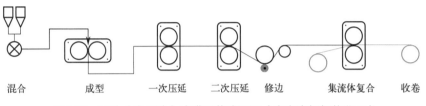

混合　　　成型　　　一次压延　　二次压延　　修边　　　集流体复合　　收卷

图6.28　干法（半干法）成膜工艺流程图（来自嘉拓智能公司）

图6.29和图6.30为热压成膜复合机的机械结构图及三维立体示意图。该设备用于固态锂电池正负极膜片热压减薄成膜后与集流体进行上下面复合，也可以用于有机-无机复合固态电解质膜热压成型生产（除纯无机电解质外）。该设备可将正负极膜片从3～4mm厚膜两次依次热压减薄成膜，且张力可控，解决减薄及复合过程中放置膜受力不稳定所产生的膜偏位、断裂等工艺问题。设备主要包括正负极膜材放卷机构、一二级辊压机构、张力控制与除皱机构、复合机构、极流体收放卷机构等。

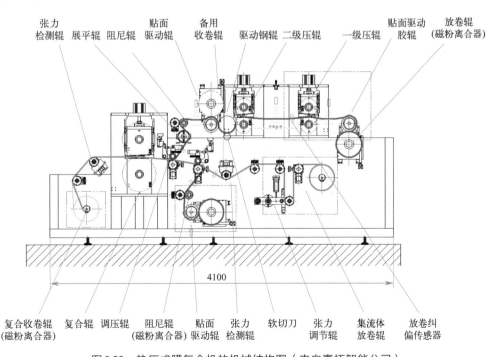

图6.29　热压成膜复合机的机械结构图（来自嘉拓智能公司）

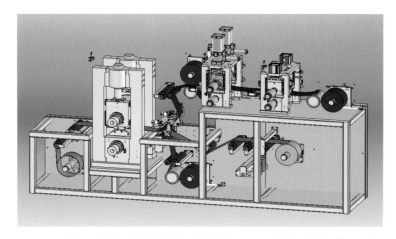

图6.30　热压成膜复合机的机械三维立体示意图（来自嘉拓智能公司）

6.3.3　原位聚合－压力化成设备

近年来，科研人员提出了原位聚合构建固态电解质和固态锂电池的设计理念，即将碱金属盐、可聚合小分子单体、引发剂等混合溶液注入电池中，通过加热或其他外部条件，即可在电池内部原位聚合生成聚合物固态电解质或有机/无机复合电解质。这种工艺方案既可以有效地降低电极/电解质界面电阻，还可以兼容现有电池生产装置和生产环境条件，大幅度降低了生产成本，适用于批量化制备，已经成为固态锂电池制备的主流技术。

加入液态前驱体的固态锂电池电芯，需要进一步的加压化成。图6.31为压力化成设备的高温加压机械单元结构示意图，该单元采用卧式结构，每个单元由若干个层板组件、伺服电机以及固定支架组成，每层可放置一个电池，每个单元放置若干个电池。每个电池层板组件包括铝板、加热板、温度传感器等。铝板在伺服电机的控制下实现对电池的加压；加热板可快速将电池加热到设定温度；温度传感器固定在铝板上，用来实时检测电池加热温度。

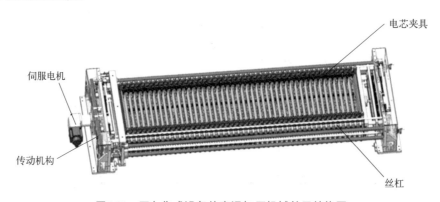

图6.31　压力化成设备的高温加压机械单元结构图

图6.32为压力化成设备的高温加压机械单元照片，将注入液态前驱体的软包装电池置于铝制层板组件之间，启动伺服电机加压，并预热（低于前驱体聚合温度），使液态前驱体充分浸渍到电极中，这有利于聚合后固态电解质与电极之间形成良好的交联接触界面。之后进一步加压，温度升至聚合温度，待一定反应时间使得液态前驱体充分反

应，形成固态电解质。最后，将电池
与外电路连接，进行首次充电化成，
在化成过程中，也有助于残存的部分
液态前驱体完全聚合固态化。值得说
明的是，根据原位聚合前驱体和电极
设计方案不同，既可以先进行原位聚
合再化成，也可以先化成再进行原位
聚合，也可以化成和原位聚合同时进
行。采用铝塑膜包装的电池，在现有
的市售压力化成设备上就可以进行原
位聚合。

图6.32　压力化成设备的高温加压机械单元照片

上述设备适用于固态电池外包装为铝塑材料的加压化成，而当采用钢壳或铝壳等外包装材料时，由于金属类外包装材料属于刚性壳体，当将可聚合小分子单体和引发剂等前驱体溶液注入其中后，压力很难通过刚性壳体直接传导给电芯，导致电极与电解质之间难以形成有效、稳定的界面接触；另外，温度也不能迅速地由外向内迅速传导，导致电芯外层的液态电解液已经形成固态电解质，而内层依然还是液态或者准固态，从而达不到均匀原位聚合的效果，对电池性能也会造成不利影响。

为此，人们发明了一种针对外包装为钢壳或铝壳的固态锂电池原位聚合装置以及采用该装置的一种固态电池原位聚合固态化工艺[43]。图6.33（a）为该装置的结构示意图，图6.33（b）为三维立体示意图。该装置包括第一模体（1）、第二模体（2）及第三模体（3），其中第二模体（2）与第一模体（1）密封连接，第三模体（3）可滑动地容置于第二模体（2）上开设的通孔内，并与第二模体（2）上开设的通孔内壁密封抵接；第一模体（1）背向第二模体（2）的一面设有加热板A（101），第一模体（1）朝向第二模体（2）的另一面开设有凹槽B（104），凹槽B（104）内容置有绝缘板A（102），凹槽B（104）的槽壁上开设有注液/抽真空口（106），注液/抽真空口（106）贯穿于第一模体（1）；第三模体（3）朝向第一模体（1）的一面设有绝缘板B（305），第三模体（3）背向第一模体（1）的另一面设有加热板B（301），固态锂电池卷芯置于所述绝缘板A（102）与绝缘板B（305）之间；第二模体（2）上安装有电极组件（204），电极组件（204）与固态锂电池卷芯的正极极耳、负极极耳抵接。使用时：

第一步，将绝缘板A（102）置于第一模体的凹槽B（104）处，将方形的固态锂电池卷芯置于绝缘板A（102）上面，方形的固态锂电池卷芯的正极极耳和负极极耳分别固定置于凹槽B（104）上方的极耳放置区A（107），固态锂电池卷芯底部放置绝缘垫块（108）；

第二步，将绝缘板B（305）置于第三模体的凸起（306）处，将密封圈B（304）置于密封槽B（303）处，之后将第三模体的正面（即朝向第一模体的一面）对准第一模体背面（即朝向第二模体的另一面）的凹槽B（104），整体覆盖于第一模体；

第三步，将密封圈置于第二模体的密封槽处，将设置于第一模体背面的螺杆（105）对准第二模体的穿孔（203），将第二模体经过第三模体覆盖于第一模体，用螺母将螺杆（105）拧紧；

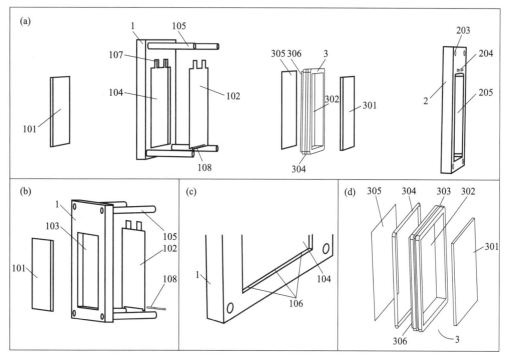

图6.33 固态电池原位固态化、化成一体化装置：（a）整体示意图；（b）第一模体正面的结构示意图；（c）第一模体底部注液/抽真空口处的局部放大图；（d）第三模体的爆炸图[45]

第四步，将加热板A（101）置于第一模体上的凹槽A（103）处，将加热板B（301）置于第三模体上的凹槽C（302）处；

第五步，通过注液/抽真空口（106）注入电解液，之后进行抽真空，使电解液充分与固态锂电池卷芯浸润；

第六步，通过外接电源，将加热板A（101）和加热板B（301）预热至设定温度，并施加设定的压力于第三模体，同时将温度提升至设定的原位聚合温度，将压力提升，对固态锂电池卷芯进行加热、加压，使液态前驱体溶液充分原位聚合并固化；

第七步，将电化学充放电设备通过导线与电极组件（204）连接，改变充电电流，对固态锂电池进行化成；

第八步，化成结束后，将固化后的固态锂电池取出，置于金属外包装壳体中，焊接、密封，形成固态锂电池产品。

该装置结构简单、拆装方便，可以有效解决采用金属类外包装材料的固态电池在原位固态化过程中压力难以传导、温度不能迅速均匀地传导至电池卷芯内部的问题，大幅度提升了原位聚合效果。鉴于这些优点，该装置不仅可以应用于采用金属外包装的固态锂电池，还可以推广应用到固态锂硫电池、固态钠电池、固态镁电池、固态超级电容器等电化学储能器件的研发和生产。

6.3.4 预锂化-补锂设备

锂离子电池在首次充放电阶段，会在电极材料表面形成一层具有保护功能的固态电解质界面层（SEI）。形成 SEI 膜是一个不可逆的过程，活性锂永久损失造成电池首次循环的库仑效率（ICE）降低。因此，向锂电池中掺入牺牲性添加剂等预锂化（也就是"补锂"）技术路线应运而生。绝大部分锂离子电池都面临 SEI 膜形成的问题，但程度不同。

过去提升锂电池能量密度的研究方向主要集中于正极材料，但正极材料尤其是高镍三元正极使用后电池能量密度大幅提升，为进一步提升能量密度，科研人员将研究的重点转向了高比能负极材料，如比容量超过石墨10倍的硅负极材料被认为是最具有应用前景的负极材料。

高比能固态锂电池选用高镍三元正极配硅碳负极的动力电池，由于其首次充放电库仑效率较低，补锂为必然。对于石墨负极，约有7%～20%的活性锂在首次充电过程中形成不可逆产物附着在石墨负极表面；而对于硅基负极，约有高达30%的活性锂不可逆地存在于硅中。因此如果不对硅材料进行补锂，那么将在首次充电过程中消耗正极中大量锂离子，原本可以作为活性锂用于电能存储，却由于首次充电变成不可逆的"死"锂，电池的能量密度大幅度降低。因此对负极进行预先补锂，抵消首次充电不可逆容量损失成为必然，相应的补锂设备也应运而生。

补锂设备主要是通过辊压+复合原理对锂电池负极极片双面进行连续补充或（间歇补充）压延后的锂箔，形成负极极片正反两面实现补锂的设备。间歇补充功能是实现铜箔区不补充锂箔的功能。图6.34为宁德时代新能源科技股份有限公司公开的一种压延机构及极片补锂装置[46]，该装置由锂片压延机构以及极片补锂机构组成。为保证向极片的正反两面同时补锂，设置两个锂带放卷机构，功能相同。操作过程中，为防止锂带粘辊，锂片压延之前在其正反两面覆盖隔膜材料，压延后，其中一层隔膜收卷，另外一层隔膜随锂片进入到极片补锂辊压机构。没有隔膜的一侧方向冲极片，经辊压，极片实现

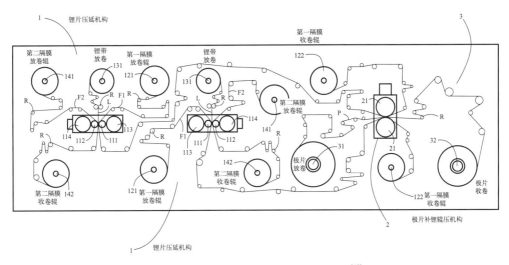

图6.34 一种压延机构及极片补锂装置[46]

1—压延机构；111—第一压延辊；112—第二压延辊；113—第一辅助辊；114—第二辅助辊；121—第一隔膜放卷辊；122—第一隔膜收卷辊；131—锂带放卷辊；141—第二隔膜放卷辊；142—第二隔膜收卷辊；2—辊压机构；21—压辊；3—极片收放卷机构；31—极片放卷辊；32—极片收卷辊；L—锂带；F1—第一隔膜；F2—第二隔膜；R—导向辊；P—极片

了正反两面覆盖有锂带，另外一层隔膜则最终收卷。该装置的补锂量由压延机构控制压延后锂带厚度，由此实现定量补锂。若要实现极片单面补锂，则只需要采用单侧锂带压延机构。

采用上述方式将锂带压延到转移隔膜上，然后再将转移到隔膜上的锂带覆合到极片两面的技术方案，转移隔膜通常只能单次使用，耗费的成本极高；同时，转移隔膜需要牵引、转接到覆合设备，占用较大的空间，且导致补锂工艺复杂。为了解决该问题，该公司又发明了一种极片补锂装置[47]，如图6.35所示。该装置包括辊压机构、锂带输送机构、极片输送机构以及涂布机构。其中，辊压机构包括依次布置的第一辊轮、第二辊轮和第三辊轮；锂带输送机构用于将锂带送入第一辊轮和第二辊轮之间；涂布机构至少能够在锂带与第二辊轮相对的表面涂布浆料，该浆料由润滑固体、润滑剂、导电剂和黏结剂构成；极片输送机构用于将极片送入第二辊轮和第三辊轮之间。第一辊轮和第二辊轮用于对涂布有浆料的锂带进行辊压并使辊压后的锂带附着在第二辊轮；第二辊轮和第三辊轮用于对附着于第二辊轮的锂带和极片进行辊压。该极片补锂装置中，在锂带输送机构输送锂带的过程中，涂布机构会在锂带与第二辊轮相对的表面上涂布浆料；在锂带输送机构将锂带送入第一辊轮和第二辊轮之间后，锂带受到第一辊轮和第二辊轮的辊压并附着在第二辊轮上；随着第二辊轮的转动，附着在第二辊轮上的锂带与极片接触，并在第二辊轮和第三辊轮的辊压下附着在极片上；当极片从第二辊轮和第三辊轮之间的间隙穿出时，锂带会从第二辊轮上剥离并附着在极片上，从而实现极片的补锂。由于本发明的极片补锂装置直接将压延后的锂带附着在第二辊轮，并利用第二辊轮直接将锂带覆合到极片上，无需现有技术中的转移膜，从而降低生产成本，简化补锂工艺。

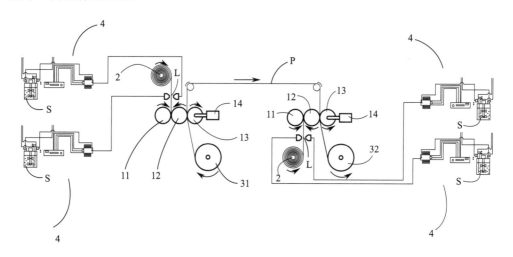

图6.35 一种极片补锂装置[47]

11—第一辊轮；12—第二辊轮；13—第三辊轮；14—驱动；2—锂带输送结构；31—极片放卷；32—极片收卷；4—涂布机构；S—浆料；L—锂带；P—极片

负极补锂过程复杂，程序烦琐，生产成本高。近年来，人们尝试正极补锂化技术，具体过程是：在正极预先加入活性锂，可以向负极释放锂离子，补充负极首次充电过程中的不可逆比容量。正极补锂操作简便、成本较低，且可以直接在正极浆料的匀浆过程中添加补锂材料（如镍酸锂、铁酸锂等），无需做额外工艺改进。

6.4 固态双极电池

目前，单一电芯很难提供5V以上电压和大电池放电的需求。因此，一般需要多个电池通过串、并联的方式成组，以满足大规模储能中功率密度和能量密度的要求。例如，特斯拉Model 3电动轿车使用超过8000个21700锂离子电池进行串、并联[48]。目前锂离子电池最常用的成组方式为单极连接，如图6.36（a）所示，首先将电芯逐一封装，有序排列后分别引出正、负端子，然后通过导线连通后排列成组。每个电池含有独立正极和负极（单极极片），在放电过程中，电子从负极出发，沿负极极片平面方向向端子移动，通过外接导线流向下一个电池的正极端子。对于传统锂离子电池，单极成组连接的工艺较为成熟，且该方式能有效抑制电解液在不同电芯间的串扰和不均匀分布，安全性较高，并且单一电芯故障波及整个电池组的概率会被大大降低。但是单极成组的架构中电子只能沿极片平面方向流通，传输路径较长，且额外的连接结构会产生额外电阻[49]。与此同时，较多的封装件占据较大空间，甚至超过电池组体积的50%，极大降低了电池的体积能量密度。并且这种成组架构对金属集流体利用率低，不利于电池组的能量密度提升和成本控制。通过在集流体两侧分别涂覆正、负极活性材料，得到双极电池集流体（BP），并与隔膜或电解质按次序叠片[图6.36(b)和(c)]，能够实现电芯单元的内部串联，即双极电池。双极架构省去了大量封装材料和连接器件，大幅度降低成本，并进一步实现了极片间电流的垂直导通，能够缩短电子传输路径，解决电流分布不均等问题[50]。据估算，相比传统连接方式，锂离子双极电池组的功率密度和能量密度的提升能够超过40%。

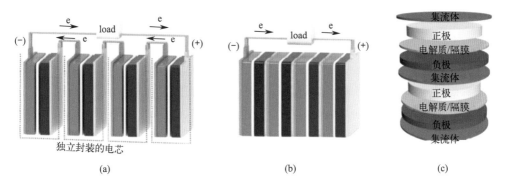

图6.36 单极串联和双极电池结构对比示意图：（a）传统串联电芯；（b）双极电池架构；（c）双极固态电池叠片示意图[49]

固态锂电池为典型的薄膜叠层结构，由复合正极、固态电解质和负极三层顺序叠加构成。由于采用的是固态电解质，在双极架构中避免了电解液流动所引起的离子串扰。因此固态电池更适合使用双极架构，双极固态锂电池也将是下一代高能量密度、高安全性锂电池的必然选择。下面将分别从集流体、固态电解质膜和组装工艺等三方面，对目前双极固态电池的研究进展进行详细论述。

6.4.1 双极电池集流体

双极电池集流体是双极固态电池的核心。双极电池集流体的两侧分别涂覆正极和负极材料，这就要求集流体不仅具有优异的导电性、机械强度、附着力和柔韧性，还要求集流体对正、负极材料保持化学/电化学稳定性。因此，双极电池对集流体的要求比普通电池更为严苛[51]。

铝是目前应用最广泛的正极集流体，具有价廉、电子导电性高的优点，并且可以很容易就被加工成高纯铝箔，且铝箔表面通常覆盖有氧化膜，具有一定保护作用。在各种锂电池电解液体系中，铝箔表现出较高的高电压稳定性（约5.0V，$vs.$ Li/Li$^+$）。铝也可作为负极集流体使用，然而铝和锂容易在较低电位下发生合金化（0.5V，$vs.$ Li/Li$^+$），因此铝常常只能用作高电位负极集流体，如钛酸锂（1.5V，$vs.$ Li/Li$^+$）和2,6-萘二甲酸二锂（0.8V，$vs.$ Li/Li$^+$）等[52]。

镍也是常用的集流体之一，具有良好的电子导电性，且在酸、碱性溶液中比较稳定。镍既可匹配正极活性材料，如磷酸铁锂、硫等，也可匹配许多负极活性材料，如石墨、氧化亚硅及碳/硅等。与铝相比，镍的高压稳定性较差，不适合作为高电压正极（如高镍三元材料、高电压钴酸锂等）的集流体。与此同时，镍还可用于具有强腐蚀性电池体系，如SO$_2$/LiAlCl$_4$电解液中。

不锈钢（SS）是含有镍、钼、钛、铌、铜等元素的铁合金，作为集流体得到了广泛应用。其表面常覆有钝化层，能够提升其化学稳定性，且能抵抗高湿、高盐、强酸和强碱等严苛环境的腐蚀。由于不锈钢具有极为优异的机械加工性能，可以加工到比其金属材料更薄的程度，有利于实现成本控制。不锈钢既可作正极集流体也可以作负极集流体，与大多数电极材料保持化学稳定，并且抗高电压氧化性较强，具有很高的通用性，也是目前被报道应用最多的双极电池集流体[53]。

碳布是目前关注度较高的新型集流体，具有来源广泛、成本低、加工工艺成熟等优点[53]。碳布的导电性甚至优于金属集流体，并且密度更低，抗腐蚀性更好[54]。碳布因其较高的比表面积，通常与电极材料的亲和力比金属集流体更好，对活性物质的黏结力更强[55-58]。同时碳布弹性模量远远低于金属集流体，能够提供必要的缓冲作用，抵消电池充放电过程中电极膨胀/收缩引起的内部应力，有利于实现电池的长循环稳定性[59]。此外，碳布可以适配不同的正、负极材料，因此在双极固态电池中也极具应用前景[60]。

上述集流体各有优缺点，为实现集流体更好的性能，多层集流体应运而生。多层集流体由多种集流体依次叠加，能够扬长避短，凸显不同集流体的综合优势，实现协同增益，或者针对特殊要求开发出相应的特定功能，因此多层集流体在双极电池中已经越来越受到关注。例如，铝/铜双层集流体已成功应用于固态高电压三元材料（LiNi$_{0.6}$Co$_{0.2}$Mn$_{0.2}$O$_2$）/金属锂的双极电池。为了降低厚度，各类先进的薄膜/涂层制造技术均已被用于多层集流体的制造，如电镀、溅射和气相沉积等技术。此外，近年来蓬勃发展的碳材料（如碳纤维、碳纳米管、石墨烯等）和聚合物材料，也被应用于双极电池集流体。如合肥国轩高科动力能源有限公司就申请了一项轻量化多层双极电池集流体的专利，包括聚合物支撑层、第一导电层和第二导电层，其中支撑层在厚度方向上开设多个空洞，通过填充碳来连通分布在两侧的导电层。

6.4.2　薄且强韧的固态电解质

双极电池的工业化应用需要先进的超薄超韧固态电解质膜和柔性厚固态电极的制备技术，以适应卷对卷叠片工艺的要求。在众多报道中，所制备的超薄固态电解质通常包括全固态电解质和准固态电解质。固态电解质一般分为聚合物固态电解质、无机固态电解质或上述二者的复合固态电解质。每种固态电解质在Li⁺传输、聚集态结构、电化学性能等方面均各有优劣。准固态电解质也被称为凝胶电解质，是固态基质内部包含少量液体成分的电解质。被固定的液体成分一般不可流动，且具有低可燃性和宽温域下的低蒸气压，因此具有较好的安全性。被固定的液体成分本征离子电导率较高，并具有较好浸润性，有利于实现固态电池中电极/电解质的固-固界面接触，是对固态电解质体系的关键补充[61]。

6.4.2.1　聚合物固态电解质双极电池

聚合物固态电解质质量轻、柔韧性高、易成膜，能为固态锂电池提供高安全性和高能量密度，并已率先实现产业化。聚合物固态电解质，一般由锂盐和聚合物构成，其中聚合物拥有与Li⁺配位的官能团，溶解并解离锂盐，Li⁺沿配位官能团跳跃移动，实现Li⁺传输。由于主体为柔韧的高分子材料骨架，聚合物固态电解质普遍具有力学性能优异、成膜性好等优势，可以满足双极电池的叠片要求。

近年来关于聚合物固态双极电池的研究颇多，如Jung等[62]将聚合单体、锂盐灌注到多孔电极中聚合，得到具有薄顶层固态电解质（PCPE）的电极［图6.37（a）］，直接堆叠该电极能组装得到多电芯平稳运行的双极电池。Wu等[63]将碳酸乙烯酯和聚乙二醇二丙烯酸酯共聚后加入锂盐得到固态电解质，并以磷酸铁锂（LFP）为正极、锂金属为负极叠片制备了24V双极电池软包电池。不过聚合物固态电解质普遍存在室温离子电导率（$<10^{-5}\text{S·cm}^{-1}$）和离子迁移数（$t_{\text{Li}^+} \approx 0.2 \sim 0.5$）较低的不足，要实现锂电池的稳定运行，需要较高的工作温度。虽然高温能够提升聚合物固态电解质的离子电导率，但同样也会引起聚合物蠕变，甚至熔融流动［图6.37（b）］，这无疑增加了在双极架构中离子串扰和短路的安全风险。因此许多聚合物固态电解质需要涂覆于尺寸热稳定优异的刚

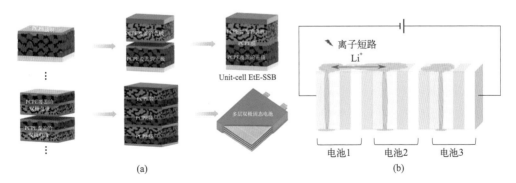

图6.37　双极电池的薄顶层设计和内部渗流离子短路示意图：（a）具有薄顶层固态电解质（PCPE）的电极组装双极电池示意图；（b）高温下聚合固态电解质的熔融流动引起的离子短路[61]

性骨架支撑材料（如尼龙网等）。除升温可以实现聚合物固态电解质的离子传输外，通过聚集态结构设计或必要的高分子化学改性手段等，也可以提升其常温下离子电导率或高温下的结构稳定性，如引入共价与非共价键交联、互穿网络或添加非活性填料（如 Al_2O_3、MgO 或 SiO_2 等）。

6.4.2.2 无机固态电解质双极电池

氧化物固态电解质可在高温条件下保持结构形态的稳定，不会出现蠕变和熔融流动，因此在双极架构下离子串扰风险大大降低。常用氧化物固态电解质包括 LISICON 型、钙钛矿型、石榴石型等。LISICON 型的化学公式一般是 $LiM_2(PO_4)_3$，其中一个 M 位点被 Ti、Ge、Zr 占据。LISICON 型固态电解质具有较高的离子电导率、化学稳定性（可在空气中完成制备和组装），且原料成本较低。钙钛矿型固态电解质的晶型和 $CaTiO_3$ 类似，在已知的钙钛矿型电解质中，Li^+ 传导速度最快的为镧钛酸锂，分子式为 $La_{2/3-x}Li_{3x}TiO_3$（LLTO）。LLTO 固态电解质及其衍生物一般具有优异的电化学稳定窗口（约 8V，*vs.* Li/Li^+）。但是 LLTO 中 Ti^{4+} 对锂金属不稳定，在 1.5V 左右会快速插入 Li^+ 生成 Ti^{3+}。石榴石型固态电解质具有较高的离子电导率（$10^{-6} \sim 10^{-5}S \cdot cm^{-1}$）和较宽的电化学稳定窗口，石榴石型固态电解质的典型结构为 $Li_5La_3M_2O_{12}$（M 为 Ta、Nb 或 Zr）。

总体来讲，氧化物固态电解质自身成膜性不佳，颗粒间晶界阻抗较大，轧制成片后必须高温烧结以消除晶界来提高离子电导率，实际应用中工序复杂。并且氧化物固态电解质刚性很大，即便烧结成块依然容易脆裂，并造成电解质之间的固-固界面物理接触不佳等问题。因此氧化物一般需配合聚合物固态电解质使用，以提高其成膜性和保持优异的界面接触。

氧化物固态电解质可作为聚合物固态电解质活性填料使用，不仅能提供 Li^+ 传输通道，还能抑制聚合物结晶，促进聚合物相的离子传输，形成有机-无机多相离子传输通道。作为力学增强相，氧化物固态电解质的加入还显著降低了复合固态电解质的刚度和自持力[64-66]。力学性能优异的自支撑膜更方便叠片，更能适应双极电池所需的高精度叠片。

通过聚合物电解质来增强氧化物固态电解质颗粒间的物理接触，能够发挥出氧化物固态电解质晶格内离子电导率高、离子迁移数高的优势。Lee 等以 $Li_{0.29}La_{0.57}TiO_3$ 和 PEO 为复合固态电解质，采用双极叠片架构，在三个电池串联的情况下，双极全固态电池在不同温度下均表现出 7.6V 的稳定输出电压，表明没有短路和优异的热稳定性[67]。

硫化物固态电解质离子传输性能十分优异，可媲美电解液。其强大的离子传输性能主要归因于 S^{2-} 半径较大，电场作用强，容易吸引阳离子导致其电子云形变，构建出更高效的锂离子传输路径；同时 S 原子电负性较小，与邻近离子之间相互作用力较小，有利于提升游离 Li^+ 的浓度。不同于氧化物，硫化物固态电解质杨氏模量低，大多数硫化物固态电解质粉末仅通过简单碾轧，即可获得离子电导率较高的硫化物固态电解质片。硫化物固态电解质一般分为二元系、三元系和四元系。二元系已发展为 Li_2S-MS_2 体系，其中 M 为 Ge、Si、Sn 等[68]，将二元体系组合，即可获得三元系，如 $Li_2S-P_2S_5-LiX$（X=F、Cl、Br、I），目前最常用的三元硫化物固态电解质是 $Li_{10}GeP_2S_{12}$ 和 Li_6PS_5Cl，二者室温离子电导率分别达到 $10mS \cdot cm^{-1}$ 和 $8.1mS \cdot cm^{-1}$。四元系一般为 $Li_2S-P_2S_5-MS_2-LiX$（M=Ge、Sn、Si、Al 等；X=F、Cl、Br、I），也有基于 $Li_{10}GeP_2S_{12}$ 和 Li_6PS_5Cl 及其类似物掺杂后的四元系，如 $Li_{6.6}M_{0.6}Sb_{0.4}I$（M=Ge、Sn、Si）等。硫化物固态电解质成膜性较差，也需要聚合物辅助成膜来适应叠片要求。但是硫化物固态电解质本身适宜的软硬度和高离子电导率，可利用硫化物固态电解质自身形成的 Li^+ 渗流网络，获得高效离子传输。如 Zhu 等[69]以乙基纤维素（约5%）为 Li_6PS_5Cl 的黏结剂、弱极性甲苯为溶剂，抽滤得到厚度约 $50\mu m$ 的自支撑柔性膜[图6.38（a）]，室温离子电导率超过 $10^{-3}S\cdot cm^{-1}$。利用该电解质组装的 NCM/Si 全固态双极电池可充电至8.2V[图6.38(b)]，能量密度达到204Wh·kg^{-1}，高于单层同条件下的单层电芯的189Wh·kg^{-1}。Yao 等[70]以 PTFE 作为黏结剂（0.5%），通过球磨剪切 PTFE 使其成纤化，干法制备出超薄（$30\mu m$）且柔软的 Li_6PS_5Cl 固态电解质膜，其离子电导率达到 $8\times10^{-3}S\cdot cm^{-1}$，能够适应双极电池的叠片需求。干法制膜具有成本低、污染小的优势，同时由于避免使用有机溶剂，能避免溶剂对敏感的硫化物固态电解质化学结构的破坏，使其成膜后能够保留其原有的高离子电导率，在双极电池实用化过程中极具实践潜力。

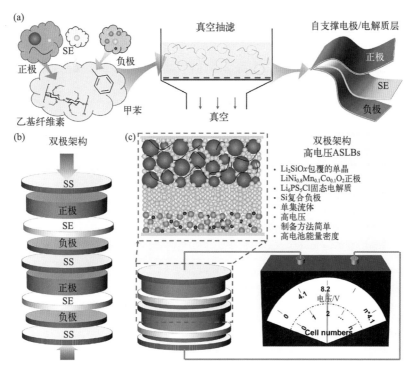

图6.38　硫化物固态电解质薄膜的制备及其双极电池的组装示意图：（a）真空抽滤得到自支撑的正极、超薄电解质膜和负极示意图；（b）堆叠制备双极电池示意图；（c）高电压双极电池的优势[66, 67]

6.4.2.3　凝胶准固态电解质双极电池

将液态增塑剂加入全固态电解质中，得到凝胶准固态电解质。该电解质能够极大提升固-固界面接触，显著降低界面阻抗，是液态锂离子电池向全固态锂电池过渡的中间阶段。凝胶准固态电解质具有和传统电解液相当的离子电导率和较好的界面接触，但是由于其液态部分不可流动，安全性得到极大提升。增塑剂除了液态电解液，还可以是深共晶电解质和离子液体等。如 Peng 等[71]将 PEO 聚合物固态电解质与丁二腈/LiTFSI 深共晶电解质相结合，涂覆在尼龙支撑网上，获得了强韧且离子传输性能优异的凝胶准固态电解质膜。该膜具有出色的自支撑性，所组装的 $LiFePO_4/Li_4Ti_5O_{12}$ 双极电池性能优异，体积能量密度达到 $328Wh \cdot m^{-3}$。Kim 等[65]以聚偏氟二乙烯-三氟乙烯（PVDF-TrFE）作为聚合物基体，和氧化物固态电解质 $Li_{1.3}Al_{0.3}Ti_{1.7}(PO_4)_3$（LATP）、离子液体（ILE）N-甲基-N-丁基吡咯烷双(三氟甲基磺酰)亚胺盐复合，制备出极佳柔韧性的自支撑准固态电解质膜（图6.39）。该电解质中 LATP 含量较高（92%），因此具有较为出色的高温形状和结构稳定性。但考虑到 LATP 对锂金属负极稳定性不佳，在电解质和锂金属负极之间设置了一层超薄有机相缓冲保护层（PTNB），组装出电压为12.9V的 NCM811/Li 双极电池。

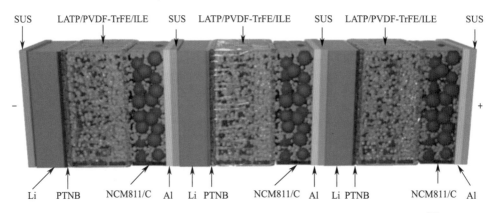

图6.39　PVDF-TrFE/LATP/ILE复合凝胶电解质膜所组装双极电池组示意图[65]

双极固态电池属于特殊的固态电池，固态电池所面临的技术难题，在双极固态电池中同样也会存在。此外，固态双极电池还面临着自身特有的技术难题：

① 双极电池内部的电子、离子短路是其面临的最大问题。需要在设计双极电池时，对材料结构、物性的设计更加严格。

② 对双极电池集流体的选择和设计要求更加严苛。双极电池集流体的设计和制造是双极电池的核心所在，也是双极电池与普通固态电池的最大区别。尤其对集流体的要求更高，需要集流体具有更高的抗氧化性和抗还原性。

③ 固态双极电池需要更加精准和复杂的叠片工艺，这也是避免双极电池内部电子、离子短路的关键所在。

④ 固态双极电池对复合电极的涂覆要求更高，需要复合正极中电解质、活性材料、导电填料等在浆料预混阶段更加均匀，涂膜厚薄更加均匀，以防止内部离子传输不均匀导致的不均匀膨胀/收缩，从而达到进一步防止极片移位、破裂所导致的内部短路的目的。

总体来讲，双极固态电池的研究还停留在实验室阶段。未来如何更好地开展研究，以期尽早实现固态双极电池的产业化。应重点关注以下几点：

① 高性能双极电池集流体的开发：双极电池集流体作为双极电池的核心，需要兼具高抗氧化性、抗还原性和低成本，这对于集流体材料的选择、结构设计和生产工艺等方面均提出了较高要求。

② 高性能固态电解质膜材料的开发：复合固态电解质膜是实现双极固态电池设计的另一个重要影响因素，除要求固态电解质膜超薄、超轻、高离子电导率、高机械强度

和电极/电解质优异界面稳定性外，还需要保证电解质膜具有较好的结构稳定性、抗高温蠕变性，甚至一定的热转印性能。

③ 电极制备新工艺的开发：为适应未来低能耗、低碳排放的要求，少溶剂甚至无溶剂的电极涂覆工艺会受到更多关注和研究，因此需要开发更加高效的混料与匀浆设备及工艺，如使用密炼机、螺杆挤出等。除此之外，新型涂覆工艺如3D打印、静电喷涂等也会在异形双极电池、可穿戴双极电池等特殊领域占有重要地位。

毫无疑问，双极固态电池将会在大规模储能系统、动力电池体系中发挥关键作用。本节通过对双极固态电池的材料、工艺和设计要点的深入分析，希望能为相关领域研究人员在设计开发高电压、高能量密度、高安全、高成组效率的双极固态电池时提供思路启发和理论支撑。

6.5　压力对循环稳定性的影响

二次电池技术是实现"碳中和，碳达峰"双碳目标的重要支撑，是实现社会高质量发展、优化能源结构的重要举措。太阳能、风能和潮汐能等是目前最有效的绿色能源获取方式，但是受时空分布不匀限制较大。二次电池是最重要的能量转化储存器件，将在未来能源领域占据重要地位。作为使用最为广泛的二次电池，锂电池凭借其高能量密度和稳步下降的制造成本，在动力电池、3C产品等领域占据主导地位。未来的高性能电池应具有彻底解决电动汽车"里程焦虑"、安全隐患和充电速度过慢等不利问题，并能进一步带动物流和飞行工具的电动化[72,73]。例如，为达到1000km的续航里程，对于中级家用小轿车而言，理论需要150kWh的电量，电池能量密度需要达到400Wh·kg^{-1}以上，且能够稳定充放电500次，实现10～20年的使用寿命。

然而现有的锂离子电池技术无法满足上述设想，目前商品化锂离子电池大多为磷酸铁锂（LFP）/石墨（Gr）体系，能量密度150Wh·kg^{-1}，且含有大量液态电解液，存在重大安全隐患[74]。固态电池采用不可燃的固态电解质取代易燃、易挥发的有机液态电解液，有望实现高能量密度、高安全和长循环稳定性，这也是未来锂电池发展目标（图6.40）[75]。而具有优异力学性能、高电化学稳定性、高安全性的固态电解质有望从根本上改变电池体系中的传质、界面电化学、应力演变等物理、化学、电化学与力学过程。因此，本节着重从机械应力对离子传输、界面稳定性等多场耦合对失效的影响机制等角度，重点分析目前固态电池长循环稳定性所面临的问题和挑战，并以此明确固态电池未来研究和发展的方向。与具有流动性和浸润性的电解液不同，固态电池只能依靠固-固接触进行界面间离子传输，因此需要额外施加压力，以保证接触良好[75, 76]。外部施加压力可分为两种，一种是在电芯制备和电芯压延/辊压过程中所施加的数十兆帕到GPa级的压力，称为制备压力[77]。而在电池运行过程中所施加的压力，称为堆叠压力或运行压力[78]。制备压力直接影响电极和电解质的孔隙率、电导率和离子电导率等，而适当的运行压力对于电池运行期间电极和固态电解质之间的接触至关重要[79-81]。Nan等[82]通过引入两个固-固接触基本模型[83, 84]，揭示了固态电池制备压力对固态界面行为的重要影响，指出颗粒压实分为三个步骤，即聚集态结构破坏、颗粒重排和塑性形变引起的颗粒聚集。Sakka 等[85]通过原位电池内部压力变化、电化学变化以及 X 射线断层扫描（CT）表征了全固态电池中复合电极的三维结构，揭示了在垂直于压力方向平面上，电池内部活性材料和固态电解质之间接触缺陷与运行压力之间的关系，并指出不能通过简单的加压来完全消除界面接触不良。

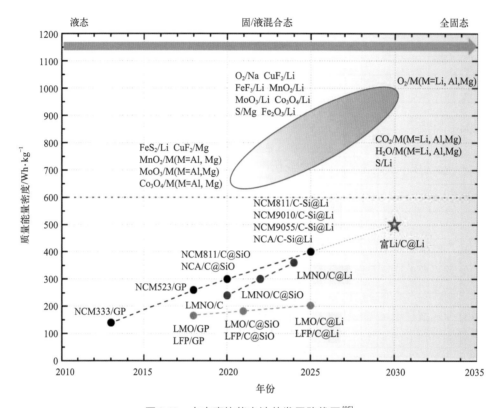

图6.40　未来高比能电池的发展路线图[85]

制备压力和运行压力的选择取决于固态电解质和电极的物化性质。固态电解质和电极活性材料均具有不同的刚度、柔性、韧性以及蠕变特性，因此制备压力和运行压力能够对电池循环稳定性产生重大影响[78, 86-89]。Koever 等[90]总结了目前常用的正极、负极活性材料以及固态电解质的杨氏模量、剪切模量及其块材的压缩模量等理化参数，提出在运行压力的作用下，固态电解质的弹性可以抵消充放电过程中部分电极材料的体积变化。这种抵消机制可以减少裂纹和缺陷的产生，避免了由于缺陷阻隔所引起的剧烈阻抗上升甚至材料失活。此外，除能够提升界面接触外，适当的运行压力还能抑制锂金属及其合金负极内部在剥离/沉积过程中因形变而产生的孔隙，确保负极侧锂的剥离/沉积的均匀性[91]。不过运行压力并非越大越好，过大的压力也可能导致电极材料内部断裂、聚集态结构损坏甚至产生电池短路问题，因此需要依据材料特性，施加适当的运行压力[92-94]。另外，不均匀的外部压力会对固态电池固-固界面稳定性产生不利影响，进而对循环稳定性造成危害。在固态电池中实现均匀的外部压力是一项挑战，工艺均一性和精密的机械模具设计将是实现均匀外压的重要途径。

外部压力的引入一定程度上解决了固-固接触的问题，但同时也对电极材料及其界面产生了不可忽视的重要影响。合适的压力与固态电解质、电极材料锂化性质密切相关，对提高固态电池的比容量和循环稳定性至关重要。本节按不同种类固态电解质和正、负极活性材料分类，系统总结了目前外压对固态电池电极和界面行为的影响，以期为固态电池的制备、组装和运行过程中选择合适的压力提供强有力的参考。

6.5.1　压力对硫化物固态电解质的影响

硫化物固体电解质较氧化物柔软，杨氏模量较低（18～25GPa），在室温下即可通过冷压致密化（图6.41），获得较高离子电导率的电解质块材，无需任何退火工艺[95-97]。然而，大多数硫化物对环境空气不稳定，必须在干燥环境中处理[98]。

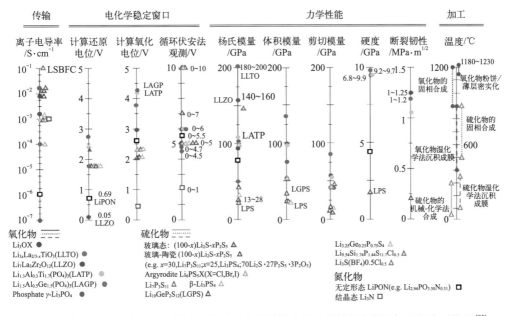

图6.41　常见无机固态电解质的离子传输、电化学稳定性、机械稳定性和加工温度对比图[96]

制备时所采用的压力会显著影响硫化物固态电解质的性能。Meng等[99]制备出在50MPa和370MPa不同压力下冷压成型的Li_6PS_5Cl片材，实验结果表明：在50MPa压制成的Li_6PS_5Cl片材具有较高的孔隙率和较大的晶界电阻；而在较高制备压力（370MPa）下成型的Li_6PS_5Cl片材压实密度、离子电导率显著提升，并且其组装的电池在容量保持率和倍率性能方面也显著提高。Cronau等[100]指出即便同种材料，不同文献中报道的离子电导率也会差异很大。这种差异不仅是由制备环境条件差异造成的，也是由测量离子电导率的压力不同造成的，置于高压力下的固态电解质片材具有更高的离子电导率。该作者进一步系统地研究了压力对非晶硫化物固态电解质（AM-SSE）、含纳米晶体的玻璃-陶瓷硫化物固态电解液（GC-SSE）和高结晶微晶硫化物固态电解质（μC-SSE）的离子电导率的影响，发现制备压力和运行压力分别对离子电导率存在显著但差异化的影响。在较低运行压力下，由于测试电极与硫化物固态电解质存在不良接触，上述三类材料的离子电导率都较低。而对于AM-SSE和GC-SSE而言，利用同等制备压力压制成片后，离子电导率随着测试压力的增加而显著增加，并在50MPa左右达到稳定值。另外，改变制备压力，AM-SSE和GC-

SSE片材的离子电导率的稳定值也随着制备压力的增加而增加。这表明制备压力的增加使电解质片材进一步致密化，降低固态电解质内的孔隙率和晶界离子传导壁垒。在400～500MPa的极高制备压力下，离子电导率对运行压力的依赖性变弱，表明随着制备压力的增加，已无法进一步致密化。相反，μC-SSE需要在250MPa的高运行压力下才显示出离子电导率的平台区[图6.42（a）]。这是因为随着制备压力的增加，AM-SSE和GC-SSE颗粒间发生了压力诱导的类似于"烧结"的晶界消失行为。这种行为是不可逆的，因此在保证与测试电极接触良好的前提下，只要运行压力不超过制备压力，离子电导率就与运行压力无关。然而对于结晶度较好、粒径较大的μC-SSE，制备压力很难产生上述不可逆"烧结"效应[图6.42（b）]。Kodama等[101]使用原位X射线断层扫描成功可视化了这种室温压力诱导"烧结"效应。结果表明，制备压力的增加会进一步压碎固态电解质颗粒，细小的颗粒相互填充间隙，逐渐融为一体，导致室温压力"烧结"效应和离子电导率的增加。

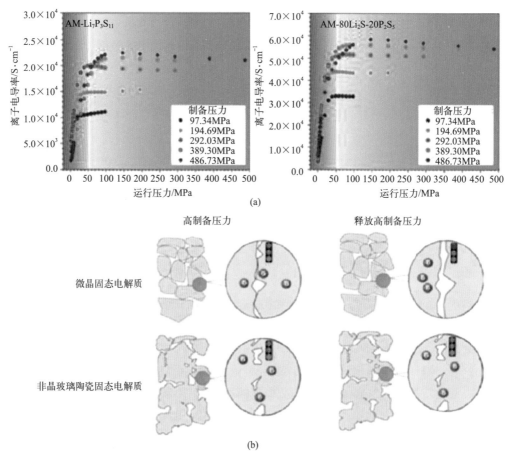

图6.42 （a）AM-SSE、GC-SSE和μC-SSE在不同制备压力下离子电导率的运行压力依赖性；（b）非晶玻璃固态电解质和微晶固态电解质在制备压力下的结构演变[99]

6.5.2 压力对氧化物固态电解质的影响

氧化物固态电解质的杨氏模量高达150GPa，并在一定压力下弹性变形有限，具有很高的脆性[102, 103]。因此，增加运行压力对提升氧化物本身的离子电导率和接触性均效果有限。而在氧化物烧结成块过程中，增加烧结时的压力，则对于提升氧化物固态电解质的体相密度和离子电导率具有明显的促进作用。例如，在LLZO烧结过程中，增大压力能明显提升堆积密度，消除晶界的产生，提升离子电导率。但是在LLZO的制备过程中，较高的温度和压力都会加速锂源的损失，降低离子电导率。因此，需要合适的温度和制备压力来获得具有较高致密度和较高传锂晶相（立方相）的LLZO。Zhang等[104]通过精确控制比表面积和烧结压力，系统研究了LLZO相组成和微观结构的演变。结果表明，纯立方相只能在$0 \sim 10$MPa下得到，而$15 \sim 20$MPa的较高压力下会加速锂的损失，导致$La_2Zr_2O_7$和La_2O_3混合相的形成。

6.5.3　压力对聚合物固态电解质的影响

外压有利于无机固态电解质与电极实现更好的界面接触，而对于聚合物固态电解质，稍大的外压则会阻碍锂离子的传输。中国科学院青岛生物能源与过程研究所[97]选择PEO/LiTFSI固态电解质作为计算模型，以分子动力学计算离子电导率与压力的构效关系，首次阐释了聚合物固态电解质中电池运行压力与锂盐解离度的关系。如图6.43所示，在0MPa、50MPa、100MPa和150MPa的压力下，PEO聚合物链的旋转半径随着压力的增加而逐渐减小。此外，从其微观构象看，压力的增加会导致PEO链的扭曲和折叠，不利于Li^+的传输，并且PEO/LiTFSI中Li^+的总均方位移（MSD）逐渐减小，这也不利于Li^+的传导。另外，压力对离子传输的反作用与LiTFSI浓度无关，这是因为压力的增加会导致Li^+与$TFSI^-$之间的结合能增强。这一成果阐明了压力、锂盐浓度与聚合物

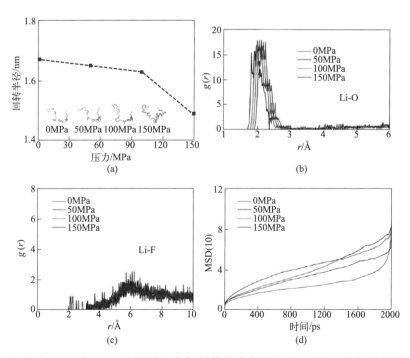

图6.43　（a）393K时PEO聚合物的压力与链旋转半径的关系。PEO聚合物链的径向分布与LITFSI中离子的关系：（b）压力下Li-O的径向分布；（c）压力下Li-F的径向分布；（d）压力与体系中Li^+总均方位移（MSD）的关系[105]

固态电解质离子电导率的构效关系，为聚合物固态电解质在高压力环境中的应用提供了强有力的理论依据和参考。考虑到聚合物固态电解质的低模量和优异的柔韧性，合适的外压相比硫化物固态电池要小许多。即聚合物固态锂电池的稳定运行只需要保持最基本的运行压力便可以保证聚合物固态电解质与电极的完全接触。

6.5.4 压力对负极材料的影响

锂金属负极机械强度较低，通常包括弹性形变、塑性形变和蠕变[106]。锂金属蠕变性很强，即使室温条件下也极易发生蠕变。因此在固态电池中，过大的运行压力，容易使锂金属产生蠕变进入无机固态电解质孔隙、裂纹和晶界等缺陷，甚至穿透电解质，最终导致固态电池在较短的沉积时间内发生短路[107]。

Meng等[107]研究了不同运行压力（5MPa、25MPa和75MPa）对锂金属和硫化物固态电解质组成的对称电池的性能影响。实验结果表明：施加75MPa压力的对称电池，锂金属会迅速进入孔隙和裂纹中，并很快贯穿电解质层，发生短路。而施加25MPa压力的对称电池虽初始阶段有部分锂金属进入电解质缝隙，但不足以立即引起短路，不过随着循环的进行，锂金属电池在沉积/剥离过程中的体积膨胀以及枝晶的生长最终导致短路。在5MPa的压力下，由于压力不足以让锂金属进入孔隙，锂的电镀只在颗粒表面进行，因此这是允许锂电池长期稳定循环的最佳压力（图6.44）。

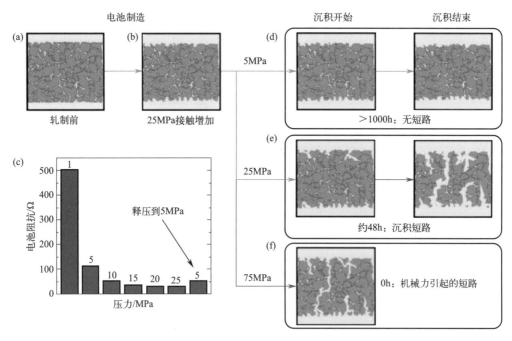

图6.44 压力对锂金属固态电池短路行为的影响：（a）逐渐加压，锂金属与固态电解质贴合性变好；（b）在25MPa的压力下，固态电解质和锂金属界面贴合良好；（c）将25MPa压力释放到5MPa，固态电解质和锂金属界面仍然贴合良好，界面阻抗较低；（d）在5MPa运行压力下进行对称电池循环，未观察到锂在固态电解质颗粒缝隙中内蠕变，因此循环周期超过1000h；（e）在25MPa的运行压力下，锂在固态电解质颗粒之间缓慢蠕变，在枝晶末端发生锂沉积，最终在48h后电池短路；（f）当运行压力过高（75MPa）时，锂金属直接蠕变进入电解质颗粒缝隙形成树突，机械缩短电池循环寿命[107]

锂可以与许多金属或非金属形成合金，如Mg、Al、Sn和Si等，通常具有较高的比容量。但是伴随锂的沉积/剥离，锂合金负极一般会产生较大的体积形变，容易发生开裂、破碎，甚至粉化，严重影响电池的循环稳定性[108-112]。近期研究表明，固态电池的内压是影响合金负极性能和电池循环稳定性的重要因素。

作为目前最热门的负极材料之一，硅的理论比容量高达4200mAh·g^{-1}，但是脱/嵌锂的体积变化达到约300%，体积膨胀导致的破裂和粉化是目前硅负极容量衰减的主要原因。一般认为通过施加外部压力能够抑制体积膨胀所引起的破裂和粉化等问题，但是过大的压力可能会影响Li$^+$在负极的沉积。Piper等[112]研究发现，电池内压（3MPa、150MPa、230MPa）越大，越能有效抑制硅颗粒的破裂和粉碎，延长电池的循环寿命。但是硅负极的放电比容量同时也随着电池内压的增加而降低，表明过大的压力限制了体积膨胀，阻碍了硅的锂化。

不少研究者对硅负极进行了结构设计以抑制其粉化。Wang等[113]通过在硅颗粒聚集体上覆盖腺嘌呤硅涂层来制造耐压硅结构，每个硅聚集体由许多硅纳米颗粒组成。该策略显著提升了硅负极的机械稳定性，而内部多孔结构则有效地缓冲了体积膨胀，提升初始库仑效率和比容量。在传统液态电池中，硅负极的纳米化会显著抑制硅颗粒的粉化，抑制SEI的持续生长。但是Meng等[114]最近的研究发现，微米级的硅负极（2～5μm）能够在硫化物固态电池中适配NCM811稳定运行500圈，1C倍率下容量保持率超过80%。目前对微米硅负极的研究还远远不够，其形貌特征、粒径等因素是否会影响化学稳定性和电化学性能尚不可知。因此深入阐明其影响规律和作用机理可能会对其他合金负极研发起到积极的借鉴和指导作用。

6.5.5　压力对正极材料的影响

三元层状正极材料，如LiNi$_x$Mn$_y$Co$_{1-x-y}$O$_2$(NCM)，由于其高比容量和高工作电压而受到广泛关注。NCM材料在压力下几乎不变形，但是超过其模量（约200GPa）极易破裂[115, 116]。从材料形貌、结构上划分，NCM包括两种类型，单晶材料（SC-NCM）和多晶材料（PC-NCM）。多晶NCM是由约100nm的初级颗粒聚集形成的二级颗粒，而单晶NCM是几微米的单分散初级颗粒。在固态电池的组装过程中，NCM常与硫化物固态电解质组成复合电极。电极内部的粒子只能通过"固体-固体"接触来实现Li$^+$的传输，硫化物复合正极可以通过高压力降低颗粒之间的界面电阻。

与多晶相比，单晶NCM在循环前后表现出更好的结构完整性。Liu等[116]尝试在510MPa和1020MPa压力下冷压NCM，大颗粒多晶NCM(LP-NCM811)在冷压压力（510MPa）下完全变形，并在二级颗粒上产生许多裂纹。相反，小颗粒单晶NCM（SP-NCM811），即使在1020MPa的压力下，也保持了近乎完整的颗粒形态，这表明单晶NCM更适合组装全固态电池[图6.45（a）]。另外，Doerrer等[117]发现，小颗粒尺寸的Li$_6$PS$_5$Cl的离子电导率低于大尺寸颗粒［图6.45（b）和（c）］。这表明活性正极材料颗粒和无机固态电解质颗粒大小对于电极性能均具有很大影响。当无机固态电解质颗粒直径≤活性正极材料颗粒直径时，有助于形成良好的离子通路，利于正极材料容量的发挥。Peter Bruce团队[118]提出正极容量主要取决于复合正极中固态电解质的离子传输性。

该团队进一步利用Li₃InCl₆作为高离子导电性的固态电解质，实现了固态电池在室温下低运行压力（2MPa）的稳定运行。

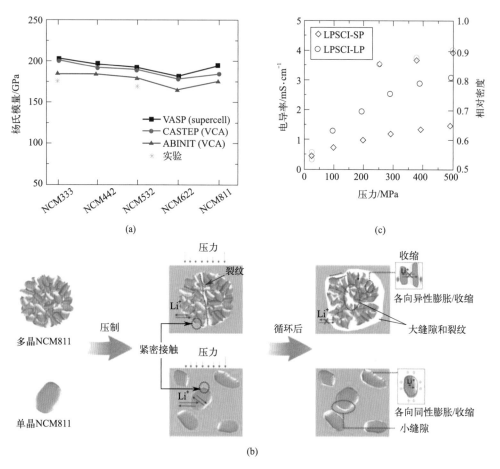

(a)

(c)

(b)

图6.45 （a）由单体模型（VASP）和晶体近似模型（CASTEP和ASINIT）计算的五种NCM组分的杨氏模量与实验测量值对比；（b）单晶和多晶NCM811复合正极在电极压制过程和电化学循环过程中的截面形态变化；（c）Li₆PS₅Cl粉末的离子电导率随压力变化的曲线[117]

6.6 本章结语

近年来，我国与美国、日韩、欧盟等全球电池技术领先的国家和地区都明确提出了固态电池发展目标，制定了相关产业和技术规划，并将2030年作为全固态电池商业化的时间节点。LG化学、SK、斯坦福大学、IBM、特斯拉、通用汽车、巴斯夫、福特、大众等全球知名电池技术研究机构、企业不同程度参与了各国设立的研究计划。

尽管目前各国、各企业机构已相当重视，并调配相当大比重资源去推进固态电池发展，但是固态电池的商业化仍然存在许多瓶颈问题。不仅是固态电池材料科学与技术，工程化制备技术、工程化设备技术同样亟须提高，并逐渐成为制约固态电池商业化的主要因素之一。固态电池目前成本相比于液态电池更高，制备工艺更加复杂和多样，在批量扩大化生产过程中存在更大的挑战：

① 发展路线不清晰。近年来固态电池的相关概念和技术层出不穷，几种主要的固态电解质，聚合物、氧化物、硫化物、卤化物等各具优势；各种新型工艺制备技术和设备层出不穷。加上全固态电池的研发耗时长、制造工艺相对复杂、成本较高等问题，需要调配更多的人力和财政资源，导致国内部分新能源企业在固态电池研发方面存在徘徊不前。

② 必须高压力运行和空气稳定性较差。固态电池产业化相比于液态电池，最大的不同是不使用电解液，导致界面缺少液体浸润，只能通过"固-固"实现硬接触，因此一般固态电池都需要施加很大的运行压力，这也成为设计全固态电池外壳的难点；固态电解质如硫化物、卤化物等空气稳定性差，对于制备环境要求更高。

③ 工程化制备技术亟待突破。固态电池成本较高、制备工艺更加复杂，在工程化制造和量产方面面临诸多挑战。各种新技术，如干法电极、干法薄层固态电解质、新型匀浆工艺、超薄金属箔、双极电池架构等，需要论证明确，集中力量突破和匹配相关材料特性。

对此，我们在本章对固态电池生产工艺、设备以及运行压力等问题做了总结和优势分析，尽管潜力巨大，但是固态电池的商业化之路仍然任重道远，对此我们认为应该在如下几个方面重点突破：

① 理清思路，选好路线。目前在评估聚合物、氧化物、硫化物和卤化物固态电解质之后，科研界和产业界都认为没有哪一种固态电解质是十全十美的，不过硫化物固态电解质有望率先突破量产，潜力巨大。

② 解决固态电池界面问题。解决目前高压运行这一核心问题，不仅需要相关材料科学的进步，尽管已经有诸多科学研究初步探究和揭示了压力对固态电池的影响和演化规律，但该领域还没有形成系统的科学体系，认识层次还比较低，科学理解范围还比较窄，深刻领会程度还比较浅。因此，接下来亟待科研人员进行更加系统的深入研究和阐明，进而为固态电池基础研究和产业化打下坚实基础，更需要工程化技术的辅助优化和突破。

③ 新工艺、新设备的应用。目前全固态电池材料和制造成本均远远高于液态电池，使用新技术，如干法电极技术、电解质薄层化技术、双螺杆连续化匀浆工艺等，能够降低材料成本、提升生产效率，实现可持续绿色发展。

本章着重在固态电池的大规模制备工艺、设备、电池架构以及运行压力等重要方面进行了总结和展望。预计2030年，全球量产固态电池商业化产能会初见规模，届时固态电池对应的续航里程或可达液态电池的2～3倍，追平燃油车续航里程，并会带动其他新型产业和新质生产力的崛起。自2024年以来，国内加快了eVTOL（电动垂直起降飞行器）的商业化落地，对高能量密度、高功率、高安全性电池的需求紧迫，固态电池完美契合该市场需求，产业化进程有望提前。

参考文献

[1] Schmaltz T, Wicke T, Weymann L, et al. Solid-State Battery Roadmap 2035+ [M]. Karlsruhe, Germany:Fraunhofer Institute for Systems and Innovation Research ISI, 2022:55.

[2] Deschamps M. Battery manufacturing: the challenge towards polymer battery [C]. Webinar:solid-state batteries,manufacturing the future(online), 2021.

[3] Zhang S H, Xie B, Zhuang X C, et al. Great challenges and new paradigm of the in situ polymerization technology inside lithium batteries[J]. Advanced Functional Materials, 2024, 34: 2314063.

[4] Hu L, Ren Y L, Wang C W, et al. Fusion bonding technique for solvent-free fabrication of all-solid-state battery with ultrathin sulfide electrolyte[J]. Advanced Materials, 2024, 2401909.

[5] Wang S, Bai Q, Nolan A M, et al. Lithium chlorides and bromides as promising solid-state chemistries for fast ion conductors with good electrochemical stability[J]. Angewandte Chemie International Edition, 2019, 58: 8039-8043.

[6] Cao D X, Li Q, Sun X, et al. Amphipathic binder integrating ultrathin and highly ion-conductive sulfide membrane for cell-level high-energy-density all-solid-state batteries[J]. Advanced Materials, 2021, 33: 2105505.

[7] Zhang Z, Jia W, Feng Y, et al. An ultraconformal chemo-mechanical stable cathode interface for high-performance all-solid-state batteries at wide temperatures[J]. Energy & Environmental Science, 2023, 16: 4453-4463.

[8] Han Y, Jung S H, Kwak H, et al. Single- or poly-crystalline Ni-rich layered cathode, sulfide or halide solid electrolyte: which will be the winners for all-solid-state batteries?[J]. Advanced Energy Materials, 2021, 11: 2100126.

[9] Wang C, Liang J, Jiang M, et al. Interface-assisted in-situ growth of halide electrolytes eliminating interfacial challenges of all-inorganic solid-state batteries[J]. Nano Energy, 2020, 76: 105015.

[10] Baudry P, Lascaud S, Majastre H, et al. Lithium polymer battery development for electric vehicle application[J]. Power Sources, 1997, 68: 432-435.

[11] Gueguen M, Billion M, Majastre H. Method of manufacturing a multilayer electrochemical assembly comprising an electrolyte between two electrodes, and an assembly made thereby: US5593462A[P]. 1997-09-10.

[12] Lavoie P A, Laliberte R, Besner S, et al. Positive electrode films for alkali metal polymer batteries and method for making same: US7700018B2 [P]. 2010-04-20.

[13] Lavoie P A, Laliberte R, Dubé J, et al. Co-extrusion manufacturing process of thin film electrochemical cell for lithium polymer batteries and apparatus therefor: US7700019B2 [P]. 2010-04-20.

[14] Helmers L, Froböse L, Friedrich K, et al. Sustainable solvent-free production and resulting performance of polymer electrolyte-based all-solid-state battery electrodes[J]. Energy Technology, 2021, 9: 2000923.

[15] Froboese L, Groffmann L, Monsees F, et al. Enhancing the lithium ion conductivity of an all solid-state electrolyte via dry and solvent-free scalable series production processes[J]. Journal of the Electrochemical Society, 2020, 167: 020558.

[16] 崔光磊. 动力锂电池中聚合物关键材料[M]. 北京：科学出版社，2018: 99.

[17] Mitchell P, Xi X M, Zhong L D, et al. Dry particle based electro-chemical device and methods of making same: US2005/0266298A1 [P]. 2005-12-01.

[18] Zhong L D, Xi X Mi, Mitchell P, et al. Dry particle based capacitor and methods of making same: US2006/0133012A1 [P]. 2006-06-22.

[19] Duong H, Shin J, Y Y. Dry electrode coating technology[J]. Materials Science, 2018, Corpus ID: 201928996.

[20] Tschoecke S, Althues H, Schumm B, et al. Method for producing a dry film, rolling device, dry film, and substrate coated with the dry film: DE 102017208220A1 [P]. 2018-11-22.

[21] Hippauf F, Schumm B, Doerfler S, et al. Overcoming binder limitations of sheet-type solid-state cathodes using a solvent-free dry-film approach[J]. Energy Storage Materials, 2019, 21: 390-398.

[22] Wang C H, Yu R Z, Duan H, et al. Solvent-free approach for interweaving freestanding and ultrathin inorganic solid electrolyte membranes[J]. ACS Energy Lett, 2022, 7: 410-416.

[23] Jiang T L, He P,Wang G X, et al. Solvent-free synthesis of thin, flexible, nonflammable garnet-based composite solid electrolyte for all-solid-state lithium batteries[J]. Advanced Energy Materials, 2020, 10: 1903376.

[24] Whiteley J M, Taynton P, Zhang W, et al. Ultra-thin solid-state Li-ion electrolyte membrane facilitated by a self-healing polymer matrix[J]. Advanced Materials, 2015, 27: 6922-6927.

[25] Li M, Frerichs J E, Kolek M, et al. Solid-state lithium-sulfur battery enabled by thio-lisicon/polymer composite electrolyte and sulfurized polyacrylonitrile cathode[J]. Advanced Functional Materials, 2020, 30: 1910123.

[26] Ludwig B, Zheng Z F, Shou W, et al. Solvent-free manufacturing of electrodes for lithium-ion batteries[J]. Scientific Reports, 2016, 6: 23150.

[27] Liu J , Ludwig B, Liu Y T, et al. Scalable dry printing manufacturing to enable long-life and high energy lithium-ion batteries[J]. Advanced Materials Technologies, 2017, 2: 1700106.

[28] Liu J, Ludwig B, Liu Y T, et al. Strengthening the electrodes for Li-Ion batteries with a porous adhesive interlayer through dry-spraying manufacturing[J]. ACS Applied Materials & Interfaces, 2019, 11: 25081-25089.

[29] Al-Shroofy M, Zhang Q L, Xu J G, et al. Solvent-free dry powder coating process for low-cost manufacturing of $LiNi_{1/3}Mn_{1/3}Co_{1/3}O_2$ cathodes in lithium-ion batteries[J]. Journal of Power Sources, 2017, 352: 187-193.

[30] Wu D, Wu F. Toward better batteries: Solid-state battery roadmap 2035+[J]. eTransportation, 2023, 16: 100224.

[31] Cui G. Reasonable design of high-energy-density solid-state lithium-metal batteries[J]. Matter, 2020, 2: 805-815.

[32] 崔光磊，柴敬超，刘志宏，等. 一种包含界面稳定聚合物材料的锂电池电极制备方法及在固态锂电池中的应用 [P]. 201610208378.X, 2016.04.06.

[33] 崔光磊，柴敬超，刘志宏，等. 一种聚碳酸亚乙烯酯基锂离子电池聚合物电解质及其制备方法和应用 [P]. 201610208379.4, 2016.04.06.

[34] Verdier N, Foran G, Lepage D, et al. Challenges in solvent-free methods for manufacturing electrodes and electrolytes for lithium-based batteries[J]. Polymers, 2021, 13: 323.

[35] Li Y, Wu Y, Wang Z, et al. Progress in solvent-free dry-film technology for batteries and supercapacitors[J]. Materials Today, 2022, 55: 92-109.

[36] Ludwig B, Zheng Z, Shou W, et al. Solvent-free manufacturing of electrodes for lithium-ion batteries[J]. Scientific Reports, 2016, 6: 23150.

[37] Lee J, Lee T, Char K, et al. Issues and advances in scaling up sulfide-based all-solid-state batteries[J]. Accounts of Chemical Research, 2021, 54: 3390-3402.

[38] Schnell J, Tietz F, Singer C, et al. Prospects of production technologies and manufacturing costs of oxide-based all-solid-state lithium batteries[J]. Energy & Environmental Science, 2019, 12(6): 1818-1833.

[39] Chen X, He W, Ding L X, et al. Enhancing interfacial contact in all solid state batteries with a cathode-supported solid electrolyte membrane framework[J]. Energy & Environmental Science, 2019, 12(3): 938-944.

[40] 翟喜民，孙笑寒，姜涛，等. 全固态电池生产工艺浅析 [J]. 汽车文摘，2022, 2: 31-35.

[41] Heimes H H, Achim K, Ansgarvom H, et al. Production of all-solid-state battery cells [M]. Aachen: PEM of RWTH Aachen and VDMA, 2019, 7: 1-24.

[42] Zhang J, Yue L, Hu P, et al. Taichi-inspired rigid-flexible coupling cellulose-supported solid polymer electrolyte for high-performance lithium batteries[J]. Scientific Reports, 2014, 4: 6272.

[43] 布勒中国. 高效连续式电极浆料生产 [A]. [2023-09-19]https://www.buhlergroup.cn/global/zh/industries/batteries/Continuous-electrode-slurry-production.html.

[44] 杨庆岩. 基于DOE的锂离子电池浆料连续制浆关键技术研究 [D]. 天津：天津大学工程硕士学位论文，2017.

[45] 青岛中科赛锂达新能源技术合伙企业（有限合伙）. 一种固态电池原位固态化、化成一体化装置[P]. 202222666304.4, 2022.10.11.

[46] 李克强，吴祖钰，徐永强，等. 压延机构及极片补锂装置[P]. 201710567187.7, 2017.07.12.

[47] 李克强，沈超强，吴祖钰，等. 极片补锂装置[P]. 201710567630.0, 2017.07.12.

[48] Shin H S,Ryu W G, Park M S, et al. Multilayered, bipolar, all-solid-state battery enabled by a perovskite-based biphasic solid electrolyte[J]. Chemsuschem, 2018, 11 (18): 3184-3190.

[49] Kim J H, Hwang I, Kim S H, et al. Voltage-tunable portable power supplies based on tailored integration of modularized silicon photovoltaics and printed bipolar lithium-ion batteries[J]. Journal of Materials Chemistry A, 2020, 8 (32): 16291-16301.

[50] Liu T, Yuan Y, Tao X, Et al. Bipolar electrodes for next-generation rechargeable batteries[J]. Advanced Science, 2020, 7 (17): 2001207.

[51] Pang M C,Wei Y, Wang H, et al. Large-format bipolar and parallel solid-state lithium-metal cell stacks: a thermally coupled model-based comparative study[J]. Journal of the Electrochemical Society, 2020, 167 (16): 16055.

[52] Piao N, Wang L, Anwar T, et al. Corrosion resistance mechanism of chromate conversion coated aluminum current collector in lithium-ion batteries[J]. Corrosion Science, 2019, 158: 108100.

[53] Wang Y, Zhao Z, Zhong J, et al. Hierarchically micro/nanostructured current collectors induced by ultrafast femtosecond laser strategy for high-performance lithium-ion batteries[J]. Energy & Environmental Materials, 2022, 5 (3): 969-976.

[54] Zhou Z, Li N, Yang Y, et al. Ultra-lightweight 3D carbon current collectors: constructing all-carbon electrodes for stable and high energy density dual-ion batteries[J]. Advanced Energy Materials, 2018, 8 (26): 1801439.

[55] Tong X F, Zhang F, Chen G H, et al. Core-shell aluminum@carbon nanospheres for dual-ion batteries with excellent cycling performance under high rates[J]. Advanced Energy Materials, 2018, 8 (6): 1701967.

[56] Tong X F,Zhang F, Ji B F, et al. Carbon-coated porous aluminum foil anode for high-rate, long-term cycling stability, and high energy density dual-ion batteries[J]. Advanced Materials, 2016, 28 (45): 9979-9985.

[57] Zhang S Q, Wang M, Zhou Z M, et al. Multifunctional electrode design consisting of 3D porous separator modulated with patterned anode for high-performance dual-ion batteries[J]. Advanced Functional Materials, 2017, 27 (39): 1703035.

[58] Wang P, Gong Z,Ye K, et al. Design and construction of a three-dimensional electrode with biomass-derived carbon current collector and water-soluble binder for high-sulfur-loading lithium-sulfur batteries[J]. Carbon Energy, 2020, 2 (4): 635-645.

[59] Gupta T, Kim A, Phadke S, et al. Improving the cycle life of a high-rate, high-potential aqueous dual ion battery using hyper-dendritic zinc and copper hexacyanoferrate[J]. Journal of Power Sources, 2016, 305: 22-29.

[60] 任明秀，牛亚如，曹勇，等. 一种轻量化双极性集流体及双极性电池 [P]. CN202011002596.0, 2021, 1, 29.

[61] Kriegler J, Jaimez F E, Scheller M, et al. Design, production, and characterization of three-dimensionally-structured oxide-polymer composite cathodes for all-solid-state batteries[J]. Energy Storage Materials, 2023, 57: 607-617.

[62] Shin H S, Jeong W, Ryu M H, et al. Electrode-to-electrode monolithic integration for high-voltage bipolar solid-state batteries

based on plastic-crystal polymer electrolyte[J]. Chemical Engineering Journal, 2022, 433: 133753.

[63] Chen X, Sun C, Wang K, et al. An ultra-thin crosslinked carbonate ester electrolyte for 24 V bipolar lithium-metal batteries[J]. Journal of the Electrochemical Society, 2022, 169 (9): 090509.

[64] Li Z, Lu Y, Su Q, et al. High-power bipolar solid-state batteries enabled by in-situ-formed ionogels for vehicle applications[J]. ACS Applied Materials & Interfaces, 2022, 14 (4): 5402-5413.

[65] Chen Z,Kim G T, Kim J K, et al. Highly stable quasi-solid-state lithium metal batteries: reinforced $Li_{1.3}Al_{0.3}Ti_{1.7}(PO_4)_3$/Li interface by a protection interlayer[J]. Advanced Energy Materials, 2021, 11 (30): 2101339.

[66] Wu Y, Li X, Yan G, et al. Incorporating multifunctional $LiAlSiO_4$ into polyethylene oxide for high-performance solid-state lithium batteries[J]. Journal of Energy Chemistry, 2021, 53: 116-123.

[67] Zheng J, Tang M, Hu Y Y, et al. Lithium ion pathway within $Li_7La_3Zr_2O_{12}$-polyethylene oxide composite electrolytes[J]. Angewandte Chemie International Edition, 2016, 55 (40): 12538-12542.

[68] Huang W, Matsui N, Hori S, et al. Anomalously high ionic conductivity of Li_2SiS_3-type conductors[J]. Journal of the American Chemical Society, 2022, 144 (11): 4989-4994.

[69] Cao D X, Li Q, Sun X, et al. Amphipathic binder integrating ultrathin and highly ion-conductive sulfide membrane for cell-Level high-energy-density all-solid-state batteries[J]. Advanced Materials, 2021, 33 (52): 2101339.

[70] Zhang Z H, Wu L P, Zhou D, et al. Flexible sulfide electrolyte thin membrane with ultrahigh ionic conductivity for all-solid-state lithium batteries[J]. Nano Letters, 2021, 21: 5233-5239.

[71] Xu C, Jiang Y J, Xu K, et al. Actualizing a high-energy bipolar-stacked solid-state battery with low-cost mechanically robust nylon mesh-reinforced composite polymer electrolyte membranes[J]. Acs Applied Materials & Interfaces, 2022, 14: 2805-2816.

[72] Viswanathan V, Epstein A H, Chiang Y M, et al. The challenges and opportunities of battery-powered flight[J]. Nature, 2022, 601: 519-525.

[73] Cao W Z, Zhang J N, Li H. Batteries with high theoretical energy densities[J]. Energy Storage Materials, 2020, 26: 46-55.

[74] Kim T, Kim K, Lee S, et al. Thermal runaway behavior of Li_6PS_5Cl solid electrolytes for $LiNi_{0.8}Co_{0.1}Mn_{0.1}O_2$ and $LiFePO_4$ in all-solid-state batteries[J]. Chemistry of Materials, 2022, 34: 9159-9171.

[75] Berckmans G, Sutter L D, Marinaro M, et al. Analysis of the effect of applying external mechanical pressure on next generation silicon alloy lithium-ion cells[J]. Electrochimica Acta, 2019, 306: 387-395.

[76] Lim H D, Park J H, Shin H J, et al. A review of challenges and issues concerning interfaces for all-solid-state batteries[J]. Energy Storage Materials, 2020, 25: 224-250.

[77] Mgandjong A C, Lombardo T, Primo E N, et al. Investigating electrode calendering and its impact on electrochemical performance by means of a new discrete element method model: towards a digital twin of Li-ion battery manufacturing[J]. Journal of Power Sources, 2021, 485: 229320.

[78] Wan H L, Cai L T Han F D, et al. Construction of 3D electronic/ionic conduction networks for all-solid-state lithium batteries[J]. Small, 2019, 15: 1905849.

[79] Fathiannasab H, Kashkooli A G, Li T Y, et al. Three-dimensional modeling of all-solid-state lithium-ion batteries using synchrotron transmission X-ray microscopy tomography[J]. Journal of the Electrochemical Society, 2020, 167: 100558.

[80] Fathiannasab H, Zhu L K, Chen Z W. Chemo-mechanical modeling of stress evolution in all-solid-state lithium-ion batteries using synchrotron transmission X-ray microscopy tomography[J]. Journal of Power Sources, 2021, 483: 229028.

[81] Dunham J, Frisone D, Amiriyan M, Et Al. Effect of pressure and temperature on the performance of argyrodite $Li_6PS_5Cl_{0.5}Br_{0.5}$ electrolyte for all-solid-state lithium battery[J]. ASME International Mechanical Engineering Congress and Exposition, 2022, 8A: Energy.

[82] Nan H X, Zhao C Z, Yuan J, et al. Recent advances in solid-state lithium metal batteries: the role of external pressure and internal stress[J]. CIESC Journal, 2021, 72: 61-70.

[83] Perssom B N J. Contact mechanics for randomly rough surfaces[J]. Surface Science Reports, 2006, 61: 201-227.

[84] Wang P, Qu W J, Song W L, et al. Electro-chemo-mechanical issues at the interfaces in solid-state lithium metal batteries[J]. Advanced Functional Materials, 2019, 29: 1900950.

[85] Sakka Y, Yamashige H, Watanabe A, et al. Stack pressure dependence on the three-dimensional structure of a composite electrode in an all-solid-state battery[J]. Journal of Materials Chemistry A, 2022, 10: 166602-166609.

[86] Famprikis T, Canepa P, Dawson J A, et al. Fundamentals of inorganic solid-state electrolytes for batteries[J]. Nature Materials, 2019, 18: 1278-1291.

[87] Suzuki N, Yashrio N, Fujiki S, et al. Highly cyclable all-solid-state battery with deposition-type lithium metal anode based on thin carbon black layer[J]. Advanced Energy and Sustainability Research, 2021, 2: 2100066.

[88] Liu H B, Sun Q, Zhang H Q, et al. The application road of silicon-based anode in lithium-ion batteries: From liquid electrolyte to solid-state electrolyte[J]. Energy Storage Materials, 2023, 55: 244-263.

[89] Liu G Z, Weng W, Zhang Z H, et al. Densified Li_6PS_5Cl nanorods with high ionic conductivity and improved critical current density for all-solid-state lithium batteries[J]. Nano Letters, 2020, 20: 6660-6665.

[90] Koerver R, Zhang W B, Biaso L D, et al. Chemo-mechanical expansion of lithium electrode materials - on the route to

mechanically optimized all-solid-state batteries[J]. Energy & Environmental Science, 2018, 11: 2142-2158.

[91] Hatzell K B, Chen X C, Cobb C L, et al. Challenges in lithium metal anodes for solid-state batteries[J]. ACS Energy Letters, 2020, 5: 922-934.

[92] Yuan C H, Lu W Q, Xu J. Unlocking the electrochemical-mechanical coupling behaviors of dendrite growth and crack propagation in all-solid-state batteries[J]. Advanced Energy Materials, 2021, 11: 2101807.

[93] Kim S H, Kim K, Choi H, et al. In situ observation of lithium metal plating in a sulfur-based solid electrolyte for all-solid-state batteries[J]. Journal of Materials Chemistry A, 2019, 7: 13650-13657.

[94] Yuan C H, Xu J. Electrochemical-mechanical coupled crack propagation and dendrite growth in all-solid-state battery[J]. ECS Meeting Abstracts, 2021, MA2021-02: 155.

[95] Sakuda A, Hayashi A, Tatsumisago M. Sulfide solid electrolyte with favorable mechanical property for all-solid-state lithium battery[J]. Scientific Reports, 2013, 3: 2261.

[96] Agostini M, Aihara Y, Yamada T, et al. A lithium-sulfur battery using a solid, glass-type P_2S_5-Li_2S electrolyte[J]. Solid State Ionics, 2013, 244: 48-51.

[97] Chen Y, Marple M A T, et al. Investigating dry room compatibility of sulfide solid-state electrolytes for scalable manufacturing[J]. Journal of Materials Chemistry A, 2022, 10 (13): 7155-7164.

[98] Chen S, Xie D, Liu G, et al. Sulfide solid electrolytes for all-solid-state lithium batteries: structure, conductivity, stability and application[J]. Energy Storage Materials, 2018, 14: 58-74.

[99] Doux J, Yang Y, Tan D, et al. Pressure effects on sulfide electrolytes for all solid-state batteries[J]. Journal of Materials Chemistry A, 2020, 8 (10): 5049-5055.

[100] Cronau M, Szabo M, Konig C, et al. How to measure a reliable ionic conductivity? The stack pressure dilemma of microcrystalline sulfide-based solid electrolytes[[J]. ACS Energy Letters, 2021, 6 (9): 3072-3077.

[101] Kodama M, Komiyama S, Ohashi A, et al. High-pressure in situ X-ray computed tomography and numerical simulation of sulfide solid electrolyte[J]. Journal of Power Sources, 2020, 462: 228160.

[102] Ni J, Case E, Sakamoto J, et al. Room temperature elastic moduli and Vickers hardness of hot-pressed LLZO cubic garnet[J]. Journal of Materials Science, 2012, 47 (23): 7978-7985.

[103] Wolfenstine J, Jo H, Cho Y., et al. A preliminary investigation of fracture toughness of $Li_7La_3Zr_2O_{12}$ and its comparison to other solid Li-ion conductors[J]. Materials Letters, 2013, 96: 117-120.

[104] Zhang Y, Luo D, Luo W, et al. High-purity and high-density cubic phase of Li7La3Zr2O12 solid electrolytes by controlling surface/volume ratio and sintering pressure[J]. Electrochimica Acta, 2020, 359: 136965.

[105] Chen Y, Wan, Z, Li X, et al. Li metal deposition and stripping in a solid-state battery via Coble creep[J]. Nature, 2020, 578 (7794): 251-255.

[106] Harrison K, Merrill L, Long D, et al. Cryogenic electron microscopy reveals that applied pressure promotes short circuits in Li batteries[J]. iScience, 2021, 24 (12): 103394.

[107] Doux, J, Han N, Tan D, et al. Stack pressure considerations for room-temperature all-solid-state lithium metal batteries[J]. Advanced Energy Materials, 2020, 10 (1): 1903253.

[108] Park C, Kim J, Kim H, et al. Li-alloy based anode materials for Li secondary batteries[J]. Chemical Society Reviews, 2010, 39 (8): 3115-3141.

[109] Yi, Z, Wang Z, Cheng Y, et al. Sn-based intermetallic compounds for Li-ion batteries: structures, lithiation mechanism, and electrochemical performances[J]. Energy & Environmental Materials, 2018, 1 (3): 132-147.

[110] Ying H, Han W Q. Metallic Sn-based anode materials: application in high-performance lithium-ion and sodium-ion batteries[J]. Advanced Science, 2017, 4 (11): 1700298.

[111] Krauskopf T, Mogwitz B, Rosenbach C, et al. Diffusion limitation of lithium metal and Li-Mg alloy anodes on LLZO type solid electrolytes as a function of temperature and pressure[J]. Advanced Energy Materials, 2019, 9 (44): 1902568.

[112] Piper D, Yersak T, Lee S. Effect of compressive stress on electrochemical performance of silicon anodes[J]. Journal of the Electrochemical Society, 2013, 160 (1): A77-A81.

[113] Wang J, Liao L, Li Y, et al. Shell-protective secondary silicon nanostructures as pressure-resistant high-volumetric-capacity anodes for lithium-ion batteries[J]. Nano Letters, 2018, 18(11): 7060-7065.

[114] Tan D, Chen Y, Yang H, et al. Carbon-free high-loading silicon anodes enabled by sulfide solid electrolytes[J]. Science, 2021, 373 (6562): 1494-1499.

[115] Cheng E J, Hong, K, Taylor N J, et al. Mechanical and physical properties of $LiNi_{0.33}Mn_{0.33}Co_{0.33}O_2$ (NMC)[J]. Journal of the European Ceramic Society, 2017, 37 (9): 3213-3217.

[116] Liu X, Zheng B, Zhao J, et al. Electrochemo-mechanical effects on structural integrity of Ni-rich cathodes with different microstructures in all solid-state batteries[J]. Advanced Energy Materials, 2021, 11 (8): 2003583.

[117] Doerrer C, Capone I, Narayanan S, et al. High energy density single-crystal NMC/Li_6PS_5Cl cathodes for all-solid-state lithium-metal batteries[J]. ACS Applied Materials & Interfaces, 2021, 13 (31): 37809-37815.

[118] Gao X, Liu B, Hu B, et al. Solid-state lithium battery cathodes operating at low pressures[J]. Joule, 2022, 6 (3): 636-646.

第 7 章
固态锂电池界面问题

7.1　固态锂电池界面研究概述

界面问题与固态锂电池的首周库仑效率低、容量衰减快、内短路、比容量低等行为密切相关，被认为是制约固态锂电池实用化进程的主要瓶颈[1]。在固态锂电池中，界面不仅是载流子传输的必经通道，也是副反应发生的主要位置，同时还是应力集中和裂纹生长的重要位置。因此，界面的电子/离子导电性、（电）化学稳定性和连通性是保证固态锂电池中锂离子可逆脱出/嵌入和电化学反应顺利进行的前提和必要条件。图7.1为液态锂电池与固态锂电池的界面对比示意图，与使用液态电解质的锂电池中的液/固界面不同，固态锂电池中固/固界面为点接触方式，接触面积小，界面阻抗高，难以形成高通量载流子均匀、连续、快速的传输通道，导致电池极化较大，严重制约了固态锂电池的比容量、循环寿命和倍率性能。更重要的是，在电池运行过程中，一方面电极材料因脱嵌锂产生的体积变化会改变电池内部应力分布，当应力分布不均匀时电极材料容易形成裂纹，导致界面接触和载流子传输通道失效。另一方面，电池在充电时正极侧会出现固态电解质的氧化分解反应，在低电压放电时负极侧会发生固态电解质的还原分解反应，这不仅会破坏电极和电解质材料的界面结构，而且还可能形成不利于电荷传输的反应产物，进一步降低了电池的可逆比容量和循环稳定性。因此，固态锂电池的界面问题涉及微观-介观-宏观多个尺度下的固/固接触、（电）化学反应、力学行为等多个方面。

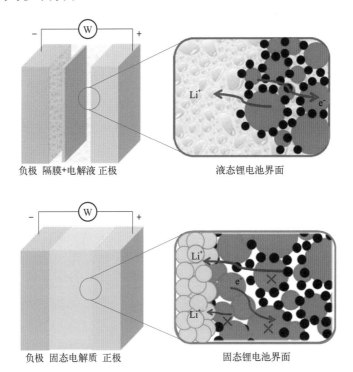

图7.1　液态锂电池与固态锂电池的界面对比示意图

近年来，随着多尺度多物理场界面表征手段的发展，特别是原位表征手段的进步，科研人员对固态锂电池界面问题及失效分析的研究工作越来越深入。借助先进的表征技术不仅可以从多尺度上开展界面电-化-力-热失效分析的研究，而且有助于发现界面失效的新机制，为全面认识固态锂电池的界面问题提供了重要的技术支持和研究经验。

7.2　固态锂电池界面类型

固态锂电池的界面类型目前还没有统一的分类标准。一般是按照材料体系进行区分，如正极材料与固态电解质材料的界面、负极材料与固态电解质材料的界面、导电剂与固态电解质材料的界面、导电剂与电极活性材料的界面、集流体与正极材料的界面等，如图7.2所示。此外，对于有机-无机复合固态电解质或者非晶-晶态复合固态电解质来说，不同电解质材料之间也存在界面，这类界面的归属尚无定论。

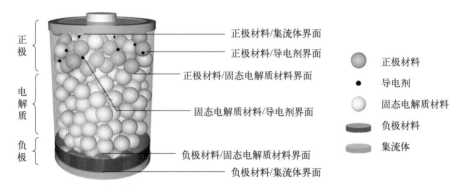

图7.2　按照材料体系进行分类的固态锂电池界面类型

按照界面在三明治结构固态锂电池中的位置，还可以将固态锂电池的界面分为正极/电解质界面和负极/电解质界面。其中正、负极指的是整个电极层，电解质指的是整个电解质层。因此这里所说的电极层与电解质层之间的界面在空间尺度上可能比电极材料与固态电解质材料之间的微观界面更大。

按照界面的结构，可以将固态锂电池的界面分为晶界、孪晶界和相界，其中晶界为结构相同但取向不同的晶粒之间的界面，如构成三元正极材料二次颗粒的一次颗粒之间的界面即为晶界，固态电解质不同晶粒之间的界面也属于晶界。根据晶粒之间的位向差 θ 可将晶界分为大角度晶界（$\theta > 10°$）和小角度晶界（$\theta < 10°$）两类[2]。孪晶是指两个晶体（或一个晶体的两部分）沿一个公共晶面（即特定取向关系）构成镜面对称的位向关系，这两个晶体就称孪晶，此公共晶面就称孪晶界。孪晶界分为共格孪晶界和非共格孪晶界。相界是具有不同结构的两相之间的分界面，根据其结构特点，可分为共格相界、半共格相界和非共格相界。图7.3为相界的结构示意图，其中共格相界的界面原子完全为两个晶体所共有，半共格相界是部分原子处于相界共格位置，非共格相界由几个原子层厚的原子排列混乱区组成，两相原子在界面上完全不匹配。在固态锂电池中，电极材料和电解质材料之间的相界，本体材料与表面修饰材料之间的相界，以及本体材料与界面副反应产物之间的相界，都会影响电池综合性能。

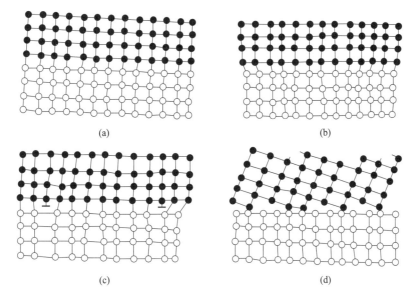

图7.3 相界示意图:(a)具有完整的共格关系的相界;(b)具有弹性畸变的共格相界;(c)半共格相界;(d)非共格相界[2]

7.3 固态锂电池的界面问题和界面优化策略

7.3.1 正极材料的晶界和相界

正极材料一般具有单晶或者多晶结构。其中,具有微米球结构的三元正极材料是典型的多晶结构正极材料,通常是由纳米级的一次颗粒以随机或者定向方式堆积形成的具有微米尺寸的二次微球。在电池充放电过程中,由于一次颗粒之间的体积变化呈现各向异性,易引发晶间裂纹,从而破坏一次颗粒之间的接触,甚至切断离子和电子的传输路径,使正极颗粒失去电化学活性,导致电池阻抗增加和容量衰减。Jung等[3]发现在常规随机取向的$LiNi_{0.80}Co_{0.16}Al_{0.04}O_2/Li_6PS_5Cl$复合正极中,随着锂离子在$LiNi_{0.80}Co_{0.16}Al_{0.04}O_2$正极材料中的脱嵌,一次颗粒之间各向异性的收缩/膨胀会导致晶间裂纹的出现,而且持续的体积变化引起机械应力的累积,最终导致裂纹扩展。而在全浓度梯度$LiNi_{0.75}Co_{0.10}Mn_{0.15}O_2/Li_6PS_5Cl$复合正极中,径向取向的棒状晶粒具有较好的体积变化适应性和力学性能,从而保持结构完整性。常规随机取向和全浓度梯度径向取向高镍正极材料在充电和放电过程中的界面演变如图7.4所示。

Besli等[4]采用二维和三维纳米尺度全场透射X射线显微镜(TXM)和聚焦/宽离子束扫描电子显微镜(FIB/BIB-SEM)等先进的可视化表征技术观察$LiNi_{0.8}Co_{0.15}Al_{0.05}O_2$正极二次颗粒中晶间裂纹产生与演变过程,发现$LiNi_{0.8}Co_{0.15}Al_{0.05}O_2$二次颗粒的晶间裂纹起源于颗粒的核心区域,并逐渐向颗粒表面扩展。X射线吸收近边结构(XANES)光谱成像结果表明,裂纹的三维演化对镍氧化状态的分布造成了影响,导致颗粒中充放电状态的不均匀分布。虽然$LiNi_{0.8}Co_{0.15}Al_{0.05}O_2$二次颗粒的次表面或多或少保持完整,可继续用于锂离子的嵌入或脱出反应,但大量二次颗粒的核心失去了活性,导致电池比容量和倍率性能的衰减。Liu等[5]通过原位电化学阻抗谱,聚焦离子束-扫描电子显微镜和固态核

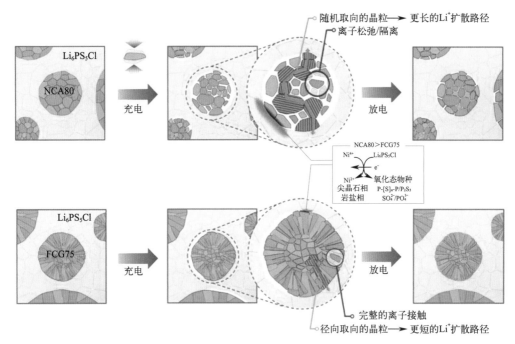

图7.4　全固态电池中具有不同微结构的高镍正极材料的界面演化示意图[3]

磁共振技术比较了常规多晶$LiNi_{0.8}Co_{0.1}Mn_{0.1}O_2$（NCM811，$D_{50}$=14.914μm）、小尺寸多晶NCM811（$D_{50}$=2.785μm）和单晶NCM811（$D_{50}$=2.824μm）材料在$Li_{10}SnP_2S_{12}$硫化物电解质基全固态电池中的长循环稳定性能和电化学-力学行为。实验结果表明，常规多晶和小尺寸多晶NCM811的性能恶化源于其在电压大于4.15V时固有的结构不稳定性，这种结构不稳定性是由电极片辊压过程中以及循环过程中严重的各向异性体积变化所导致的一次颗粒之间的可见空洞和微裂纹所引起的。相比之下，具有良好微观结构完整性的单晶NCM811在固态电池中表现出极高的比容量、优异的循环稳定性以及出色的倍率性能。因此，三元正极材料的梯度化和单晶化成为解决电化学-力学失效问题的主要发展方向。

目前，正极材料中晶界的力学失效问题已经得到较多关注和研究，但是正极材料中的晶界如何影响锂离子传输？晶界与正极/固态电解质界面相比，谁对离子传输的阻碍作用更大？这些亟待阐明的问题直接关系到正极材料的倍率性能，因此还需继续深入研究正极材料的晶界与电化学性能之间的构效关系。

正极材料中的相界对锂离子传输具有不容忽视的影响。Cui等[6]采用高角环形暗场（HAADF）扫描透射电子显微镜（STEM）观察了富锂正极材料$Li_{1.2}Ni_{0.13}Co_{0.13}Mn_{0.54}O_2$的原子尺度晶体结构，如图7.5所示。他们发现$Li_{1.2}Ni_{0.13}Co_{0.13}Mn_{0.54}O_2$中有纳米尺度$Li_2MnO_3$相和$LiNi_{1/3}Co_{1/3}Mn_{1/3}O_2$相的共存。由于$Li_2MnO_3$相的电子和离子电导率都远低于$LiNi_{1/3}Co_{1/3}Mn_{1/3}O_2$相，因此推测$Li_2MnO_3$和$LiNi_{1/3}Co_{1/3}Mn_{1/3}O_2$的相界面可能阻碍电荷传输，导致电池阻抗较大且反应不均匀，特别是Li_2MnO_3相难以发生电化学反应。同时，还使用原位差分相位对比成像扫描透射电子显微镜（DPC-STEM）进一步研究了$Li_{1.2}Ni_{0.13}Co_{0.13}Mn_{0.54}O_2$在硫化物全固态锂电池中的首圈充电过程，发现在$Li_{1.2}Ni_{0.13}Co_{0.13}Mn_{0.54}O_2$晶粒中和$Li_{1.2}Ni_{0.13}Co_{0.13}Mn_{0.54}O_2/Li_6PS_5Cl$界面上确实存在电荷密度的不均匀分布现象。该结果表明锂离子在$Li_{1.2}Ni_{0.13}Co_{0.13}Mn_{0.54}O_2$晶粒内和$Li_{1.2}Ni_{0.13}Co_{0.13}Mn_{0.54}O_2/Li_6PS_5Cl$界面间的传输过程受到了不同程度的阻碍作用，证明了相界造成锂离子传输的不均匀性。电池充放电曲线和电化学阻抗谱的结果也进一步验证了$Li_{1.2}Ni_{0.13}Co_{0.13}Mn_{0.54}O_2$在第一圈充电期间极低的比容量可归因于$Li_{1.2}Ni_{0.13}Co_{0.13}Mn_{0.54}O_2$中的纳米级两相分离导致的$Li_2MnO_3$相活化受阻。这项研究从富锂正极材料的内在结构和非均相锂离子传输动力学出发，为解决富锂硫化物固态电池中的"活化"问题，提出了"内外兼修"（内：掺杂或原子尺度结构设计改善非均相锂离子传输；外：相界面设计保护正极/电解质界面）的解决新思路。

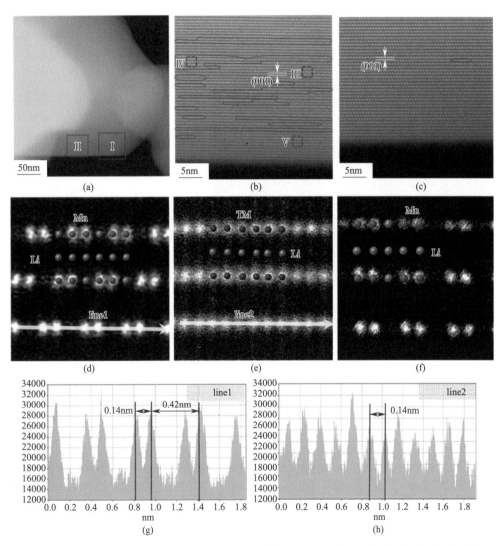

图7.5　富锂正极材料$Li_{1.2}Ni_{0.13}Co_{0.13}Mn_{0.54}O_2$的原子尺度晶体结构：（a）原始$Li_{1.2}Ni_{0.13}Co_{0.13}Mn_{0.54}O_2$的HAADF-STEM图像；（b）和（c）区域Ⅰ和Ⅱ的HAADF-STEM图像；（d）~（f）处理后区域Ⅲ、Ⅳ、Ⅴ的HAADF-STEM放大图像；（g）和（h）分别为沿图（d）和图（e）中所示一排原子的线强度分布图。图（d）、图（e）和图（f）中上区域的插图分别表示菱方结构$LiNi_{1/3}Co_{1/3}Mn_{1/3}O_2$和单斜结构$Li_2MnO_3$。[6]

7.3.2 固态电解质的晶界和相界

晶态无机固态电解质中存在大量晶界，而晶界处的缺陷和杂质会降低锂离子传输速率，导致晶界电阻通常高于晶粒电阻，所以晶界电阻的大小决定了材料总的离子电导率。因此，如何有效减少晶界数量并显著降低晶界电阻，成为提高晶态无机固态电解质离子电导率的重要研究方向。

Chi等[7]采用多种先进的电子显微镜技术研究发现$Li_7La_3Zr_2O_{12}$固态电解质的晶界和晶粒内部具有不同的带隙。图7.6（a）为$Li_7La_3Zr_2O_{12}$固态电解质晶界的高分辨透射电子显微镜图像，图7.6（b）为晶粒和三处晶界的带隙测试结果，其中大部分晶界带隙（1～3eV）远小于晶粒内部的带隙（约6eV），同时他们还发现锂枝晶大多沿着晶界生长，如图7.6（c）

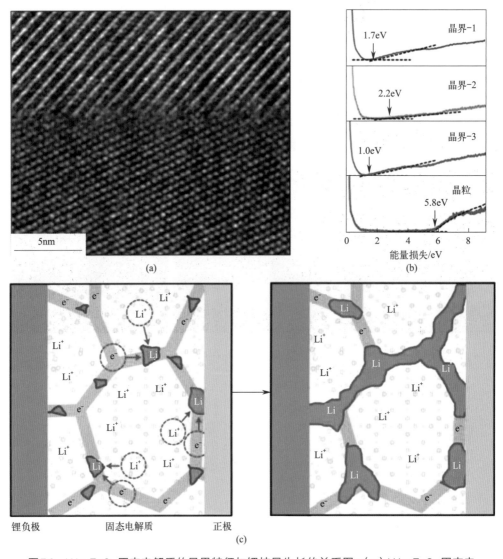

图7.6 $Li_7La_3Zr_2O_{12}$固态电解质的晶界特征与锂枝晶生长的关系图：（a）$Li_7La_3Zr_2O_{12}$固态电解质晶界的高分辨透射电子显微镜图像；（b）晶粒和三处晶界的带隙测试结果；（c）锂枝晶在固态电池的多晶固态电解质中开始沉积和穿透的示意图[7]

所示。他们认为当电流密度足够大时，窄带隙的晶界将更容易提供电子，使电子和锂离子在晶界处结合形成锂枝晶；随着电流密度的增加，锂枝晶逐渐长大，进而引发短路。因此，在固态锂电池中，锂枝晶不仅存在于金属锂负极与固态电解质的界面上，还存在于远离金属锂/电解质界面的任何带隙足够窄的固态电解质晶界中。

Biao 等[8]采用冷冻透射电子显微镜技术证实了 $Li_7La_3Zr_2O_{12}$ 的晶界上存在 Li_2CO_3。在循环过程中，Li_2CO_3 在 $Li_7La_3Zr_2O_{12}$ 的晶界上被还原为高电子导电性的 LiC_x。LiC_x 之间相互连通形成导电网络，加速了锂离子的还原和锂枝晶生长，导致 $Li_7La_3Zr_2O_{12}$ 的锂穿透。使用烧结助剂 Li_3AlF_6 后，与晶界处注入的 $LiAlO_2$ 以及 F 掺杂，显著降低了 Li_2CO_3 的含量，拓宽了 $Li_7La_3Zr_2O_{12}$ 的带隙，从而降低了 $Li_7La_3Zr_2O_{12}$ 的电子导电性。此外，晶界处注入的 $LiAlO_2$ 形成了连续的三维离子传输网络，显著提高了固态电解质的总离子电导率。

Gao 等[9]利用第一性原理系统地研究了离子在 $Li_7La_3Zr_2O_{12}$ 晶界处的扩散和缺陷稳定性，揭示了锂离子传输的晶界依赖性。研究发现，Σ3（112）晶界由于具有类似于体相结构的锂离子迁移网络，表现出与体相几乎相当的离子电导率，而 Σ1（110）晶界 Li-Li 原子间距离较大导致较高的 Li 空位形成能，从而产生完全不同的扩散路径，表现出明显较低的离子电导率。此外，研究还发现晶界处由于粗糙晶界和微孔的存在，容易发生锂离子的聚集，而电子在晶界的优先局域则提高了晶界的电子电导，这为锂枝晶在晶界的生长提供了条件。

硫化物固态电解质具有与氧化物固态电解质相似的晶界问题。例如，Sun 等[10]对 Li_3PS_4 内部的锂沉积过程进行原位显微观察时，发现锂在 Li_3PS_4 内部直接成核和扩展，导致 Li_3PS_4 结构开裂。

由此可见，解决固态电解质中的锂枝晶生长问题，除了需要通过优化固态电解质的力学性能抑制锂枝晶从负极界面生长刺穿固态电解质，还需要通过调控固态电解质晶界处的带隙结构、晶界组分、晶界取向和晶界数量来抑制固态电解质内部的锂枝晶生长。

除了晶界，单壁锂阱（single-atom-layer trap, SALT）是影响固态电解质导电性能的另一种缺陷。Ma 等[11]通过 HAADF-STEM 技术发现氧化物固态电解质 $Li_{0.33}La_{0.56}TiO_3$ 中存在大量单原子层二维缺陷相互连接形成的闭合回路，并将这种独特的非周期性结构命名为单壁锂阱。图7.7所示为 $Li_{0.33}La_{0.56}TiO_3$ 的 HAADF-STEM 照片，暗色线条代表典型的单壁锂阱结构。其中，蓝色三角形的实箭头和空箭头分别表示 $Li_{0.33}La_{0.56}TiO_3$ 中一个富 La 的 A 位层和一个贫 La 的 A 位层。红色圆圈表示三个 A 位原子柱，它们位于 $Li_{0.33}La_{0.56}TiO_3$ 的贫 La 层，但由于相邻的二维缺陷层而成为富 La 的结构。单壁锂阱封闭体积中的锂离子无法迁移出来，而封闭回路外部的锂离子也无法进入，使得这部分材料实质上无法参与

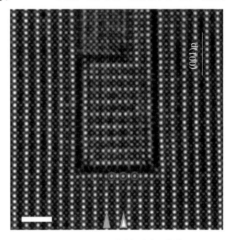

图7.7　$Li_{0.33}La_{0.56}TiO_3$ 中单壁锂阱的 HAADF-STEM 图。图中标出的晶面为与单壁锂阱二维缺陷平行的 $Li_{0.33}La_{0.56}TiO_3$ 的晶面。图中标尺为 2nm[11]

离子传输，从而导致 $Li_{0.33}La_{0.56}TiO_3$ 的离子电导率下降约 $1 \sim 2$ 个数量级。如果能减少甚至避免固态电解质中单壁锂阱的形成，将有利于大幅提升其离子电导率。

在复合固态电解质中，不同固态电解质材料界面处，例如 $LiSiO_3$-$Li_{1.3}Al_{0.3}Ti_{1.7}(PO_4)_3$、聚环氧乙烯（PEO）-钽掺杂锂镧锆氧（LLZTO），都存在空间电荷层，对锂离子传输产生影响[12]。在有机-无机复合固态电解质中，虽然聚合物电解质与无机固态电解质之间的界面是锂离子传输的路径之一，但是界面的离子电导率一般都低于具有较高离子电导率的无机固态电解质，导致界面仍然是制约固态电解质总离子电导率的短板之一。在现有的固态电解质材料体系基础上，如果能将有机-无机复合固态电解质中的界面离子电导率提升至高于无机固态电解质本体离子电导率的水平，将实现有机-无机复合固态电解质离子电导率的大幅提升，这也为构建三相渗流的复合电解质提供重要思路[13-15]。

7.3.3 固态电解质/正极界面

7.3.3.1 固/固接触

如何实现界面充分的固/固接触是固态锂电池面临的首要问题。在传统液态锂离子电池中，电解液具有良好的流动性和浸润性，不仅能够浸润电极颗粒的表面，还能渗入电极材料颗粒之间的孔隙以及二次颗粒内部的晶界中，使电解液和电极之间保持充分的、连续的界面接触。即使电极材料在充放电过程中反复发生体积变化，液体电解液也能保证颗粒之间具有贯通的离子导电网络。然而，在固态锂电池中，固体材料之间缺乏流动态连接，彼此之间以点对点的方式进行表面接触，难以产生充分接触，导致界面阻抗过大，影响电池比容量发挥。而且，固态材料之间的"硬"接触，以及不同材料之间较差的应力应变匹配性，导致"硬"接触界面难以在应力周期性变化过程中始终维持良好接触状态，容易在电极与电解质颗粒之间出现脱离失效现象。

氧化物正极材料晶粒之间刚性的固/固接触使得界面对应力变化比较敏感。以高镍三元正极材料为例，由于高镍三元正极材料在脱锂态下会产生 $2\% \sim 10\%$ 的体积收缩，局部应力过大会直接导致多晶颗粒产生不可逆裂纹并且与固态电解质发生界面分层，这将直接造成界面电阻的快速增加，严重降低了界面离子传输的效率和均匀性。由此可见，电极和固态电解质的形貌改变极易引发界面接触失效，导致电极与固态电解质之间的界面很难维持稳定的紧密接触，从而阻断或者阻碍有效离子扩散。需要注意的是，尽管单晶正极材料没有晶界问题且颗粒尺寸与二次微球相比粒径较小，在一定程度上可以避免晶粒之间压力过大产生的开裂问题，但在固态锂电池的长期循环过程中，在周期性应力作用下单晶正极颗粒也无法完全避免结构开裂。

固态锂电池的接触问题不仅体现在电极/固态电解质界面处，还体现在电极或电解质的内部。良好的接触是保证电子和锂离子顺利传输的前提条件。孔洞、团聚、活性颗粒孤岛等都不利于电子或锂离子的传输。粒径、形貌、比例、孔隙率、分散均匀性等是影响固态锂电池电极或电解质微结构的重要因素，也是解决固态锂电池接触问题时必须考察的关键因素。

尽管硫化物电解质比氧化物等固态电解质具有更软的质地，但也无法完全填充于电极颗粒之间的空隙中。如果复合正极中的空隙数量较多，这些空隙将使离子导电通路变得狭窄和扭曲，降低离子电导率。Ito 等[16]发现在制备 33Li₄GeS₄·67Li₃PS₄（摩尔分数）包覆 LiCoO₂ 和 Li₂S-P₂S₅ 构成的复合正极时，LiCoO₂ 颗粒之间发生部分接触，电子通过 LiCoO₂ 颗粒的接触区域进行传输，离子则通过 LiCoO₂ 和 Li₂S-P₂S₅ 的接触区域进行传输。SEM 照片显示，与未经热处理的正极材料相比，33Li₄GeS₄·67Li₃PS₄（摩尔分数）包覆 LiCoO₂ 颗粒经热处理后，采用冷压方法制备的复合正极中空隙数量减少了大约一半，从而缩短了锂离子的传输路径。采用经过热处理的 33Li₄GeS₄·67Li₃PS₄（摩尔分数）包覆 LiCoO₂ 颗粒制备的复合正极，表观堆积密度估计为90%左右，远高于采用常规 LiCoO₂ 和固态电解质粉末颗粒混合（70/30，质量比）制备的复合正极的表观堆积密度（70%）。Choi 等[17]通过三维重建方法对硫化物固态锂电池中复合正极的微观结构和界面进行了定量分析。孔隙结构、孔隙形成和粉体特性的综合分析结果证实刚性正极活性材料比硫化物电解质具有更多的孔隙。此外，由于界面微孔的存在和导电添加剂的团聚，复合正极中的有效反应面积（即正极活性材料与固态电解质之间的两相界面）仅为总体积的23%。

Bielefeld 等[18]通过三维微观结构建模研究了以球形活性物质颗粒和凸多面体为固态电解质构成的复合电极中的渗流特征。结果发现在复合电极的组分保持不变的前提下，孔隙率会影响复合电极的渗流特性。当孔隙率超过34%时，正极中出现离子和电子隔离区域。当孔隙率低于30%时活性界面增加。当孔隙率降低到21%时，电子限制作用仍然存在。但是孔隙率低于21%时，正极的导电性将表现良好。由于较小的孔隙率伴随着较大的填充密度和负载量，因此孔隙率为5%时，活性界面明显高于孔隙率为10%或20%时的复合电极。此外，孔隙率还会影响复合电极的最佳组分。当孔隙率为5%、10%和20%时，对应的复合电极中活性材料和电解质的最佳比例（体积比）分别为62/38、66/34和72/28。

Jiang 等[19]通过研究 LiNi₀.₅Co₀.₂Mn₀.₃O₂（NCM）和 Li₉.₅₄Si₁.₇₄P₁.₄₄S₁₁.₇Cl₀.₃(LSPSC) 构成的复合正极的粒径分布和组分对电化学性能的影响，揭示了活性材料颗粒尺寸与活性材料质量分数之间的正相关性。在不同粒径活性材料（NCM-1，D_{50}=3.0μm；NCM-3，D_{50}=6.2μm；NCM-5，D_{50}=10.3μm）构成的复合正极中，严重的离子扩散受限分别发生在活性材料质量分数大于60%、70%、80%时。在 NCM-5/LSPSC 复合正极中，活性材料的质量分数达到70%时可建立有效的电子传输通道。在 NCM-1/LSPSC 和 NCM-3/LSPSC 复合正极中，活性材料质量分数降低到50%和40%时出现电子传输受限。复合正极 NCM-1/LSPSC、NCM-3/LSPSC 和 NCM-5/LSPSC 实现离子导电性和电子导电性平衡的活性材料质量分数分别为50%、60%、70%。该研究表明，当使用小尺寸的正极材料时，较高的固态电解质质量分数对于构建有效的离子扩散路径至关重要。随着正极活性材料粒径的增大，需要更多的正极活性材料才能获得良好的电子传输通道。复合正极中离子电导率与电子电导率之间的竞争关系将直接影响固态锂电池的整体电化学性能，特别是比容量和倍率性能。

Shi 等[20]以 Li₂O-ZrO₂ 包覆的 LiNi₀.₅Mn₀.₃Co₀.₂O₂ 为正极活性材料，以无定形 75Li₂S·25P₂S₅ 为固态电解质，研究了正极与固态电解质粒径比对冷压固态锂电池正极利用率和负载耐受性的影响。发现当正极材料的粒径和负载量分别为5μm和60%时，与粒径为8μm和5μm的固态电解质复合后，放电比容量分别为75mAh·g⁻¹和

$125\text{mAh}\cdot\text{g}^{-1}$，显著低于与小粒径的固态电解质（$3\mu\text{m}$ 和 $1.5\mu\text{m}$）复合后的放电比容量（＞$150\text{mAh}\cdot\text{g}^{-1}$）。该研究表明，复合正极中的正极利用率是受渗流通道控制的，并且正极与固态电解质的粒径比越大，正极负载就越高。在正极高体积负载的情况下，正极利用率强烈地依赖于正极与固态电解质的粒径比。通过使用大粒径的正极颗粒（约 $12\mu\text{m}$）和小粒径的固态电解质颗粒(约 $1.5\mu\text{m}$)，可在不牺牲比容量的情况下，将正极负载量显著提高到商业可行的水平。

7.3.3.2 空间电荷层

当电极和固态电解质之间存在锂离子化学势差时，锂离子会通过界面从化学势高的材料向化学势低的材料迁移，导致界面处形成贫锂的负电荷区和富锂的正电荷区，从而形成空间电荷层，如图7.8所示。在不同材料体系构成的界面中，锂离子在化学势驱动下迁移的方向不同，空间电荷层的厚度和导电性也不同。空间电荷层在正极与氧化物固态电解质界面、正极与硫化物固态电解质界面都有报道。

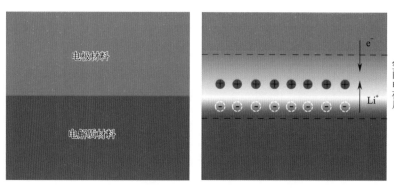

图7.8　电极和固态电解质界面形成空间电荷层的示意图

Fingerle等[21]利用X射线光电子能谱研究了 $LiCoO_2$-LiPON界面在退火过程中的形成和演化情况，发现LiPON溅射沉积在 $LiCoO_2$ 上后会在 $LiCoO_2$ 表面形成二次相，如 $LiNO_2$，二次相在低温退火后消失。在高温下，$LiCoO_2$ 与LiPON发生化学反应，形成 Co_3O_4。在界面形成过程中，$LiCoO_2$ 中形成静电势梯度并且在退火后仍保留。这种静电势梯度可归因于锂离子在界面上的电化学势的平衡，并可能驱动氧空位的形成和迁移，从而在相对较低的温度下获得较高的反应活性。

当硫化物固态电解质和氧化物正极接触时，由于两者之间存在较大的锂离子化学势差，导致锂离子会从硫化物固态电解质侧向氧化物正极侧移动，从而在界面上形成由电解质侧贫锂的负电荷区和正极侧富锂的正电荷区构成的空间电荷层。由于界面处电解质侧贫锂的负电荷区缺少可移动的锂离子，导致正极/硫化物电解质界面具有较大的阻抗。Haruyama等[22]首次基于密度泛函理论（DFT）计算了 $LiCoO_2$ 和 Li_3PS_4 之间的空间电荷层。在电解质和正极之间化学势的作用下，锂离子将会向 $LiCoO_2$ 侧迁移。然而，当正极材料具有离子和电子传导性能时，锂离子的浓度梯度将会被电子补偿，从而导致来自硫化物锂离子连续的传输。锂离子的重新分布会导致硫化物侧锂离子的耗尽，从而阻碍充放电过程中锂离子的传输。

空间电荷层是固态锂电池界面研究中的一个难点，首要原因是难以获得空间电荷层的直接实验证据，另一个原因是缺乏合适的测试技术直观表征空间电荷层的动态变化及其对电池性能的影响。扫描透射电子显微镜结合电子全息[23]、空间分辨电子能量损失谱[24]、开尔文探针原子力显微镜[25]、X射线光电子能谱[21]等技术已用于研究空间电荷层。但是，由于难以直接监测电极/固态电解质界面电荷空间分布和积累的动态变化，导致空间电荷层对固态锂电池电化学性能的影响机制仍然不清晰。此外，部分测试技术对材料具有严格的要求，不能适用于所有的固态锂电池关键材料。Yamamoto等[26]在透射电子显微镜（TEM）中用电子全息（EH）技术研究观测到在正极/电解质界面处存在电势的急剧下降，证实了空间电荷层的存在。尽管空间电荷层被用来理解这种较大的界面阻抗，但是空间电荷层的化学本质目前还不清楚。此外，这种界面行为在施加外部电势的时候可能会变得更加复杂。

Wang等[27,28]采用原子层沉积的方法对原位固态电池进行非晶氧化铝（Al₂O₃）沉积包覆，既解决了硫化物电解质在电镜观察中的电子辐照损伤严重问题，又可避免原位通电过程中载流子沿原位固态电池表面的迁移。具体原位器件加工过程如图7.9所示，首先用聚焦离子束-电子束双束（FIB）设备将固态电池的复合正极界面进行切割和减薄，然后放在原位加热微机电系统（MEMS）芯片上，将正极和电解质的两端分别用Pt电极连接到芯片的Mo电极上。最后，将MEMS芯片通过惰性气氛保护的转移装置转移到原子层沉积设备中进行Al₂O₃沉积包覆。

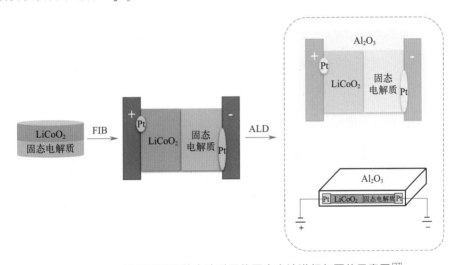

图7.9 采用原子层沉积的方法对原位固态电池进行包覆的示意图[27]

在氧化铝保护层提高固态电池电子辐照损伤耐受能力的基础上，Wang等[27,28]首次采用带有分段探测器的差分相位对比扫描透射电子显微镜技术，实现了LiCoO₂(LCO)/Li₆PS₅Cl(LPSCl)界面空间电荷层的可视化观察，并且原位观测了空间电荷层在充电过程中对锂离子传输的影响。如图7.10（a）～（c）为LCO/LPSCl界面的HAADF-STEM图及相应的Co和S的元素分布图，图7.10（d）为未施加偏压的条件下（偏压为0V）LCO/LPSCl界面的电荷分布图，可以发现当LCO正极和LPSCl固态电解质接触时，界面处LPSCl侧的锂离子浓度将会减少以匹配两个接触材料之间锂离子的电化学势从而使界面锂离子电化学势达到平衡。因此，在LCO/LPSCl界面上形成了贫锂层（电解质侧）和富锂层（正极侧）分离的空间电荷层。图7.10（e）~（i）展示了逐渐增加电池偏压的过程中净电荷分布的变化情况。需要注意，在原位电池上所施加的偏压是正负极之间的电压差，非相对值；而且，偏压下的净电荷分布结果是通过减去0V下相应的结果得到的，目的是排除平均内电势、可能的动态衍射效应等对电场的影响。在1.0V偏压下界面处LCO侧负的净电荷区意味着当少量锂离子从LCO晶格中脱出后进入LPSCl固态电解质间隙位时正电荷积累减少。由于来自空间电荷层贫锂层的阻力，只有部分脱出的锂离子可以迁移到负极侧形成电流，而其他锂离子则滞留在界面处LPSCl侧。来自滞留锂离子的正电荷积累导致1.0V偏压下界面处LPSCl侧略微正的净电荷积累。随着偏压的增加，更多的锂离子将从LCO晶格中脱出，引起界面处LCO侧更加明显的负电荷积累。另一方面，由于更多的锂离子被阻滞，界面处LPSCl侧正电荷的积累更加显著。

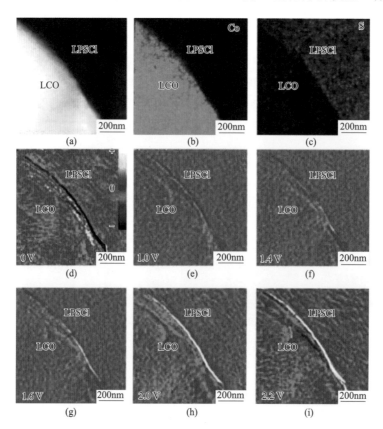

图7.10　LCO/LPSCI界面的原位电荷分布测试图：（a）~（c）LCO/LPSCI界面的HAADF-STEM图及相应的Co和S的元素分布图；（d）DPC-STEM观测未施加偏压下的LCO/LPSCI界面的电荷分布情况；（e）~（i）原位DPC-STEM观测在1.0V、1.4V、1.6V、2.0V和2.2V偏压下LCO/LPSCI界面的净电荷积累情况[27]

为了抑制空间电荷层的产生，Cui等[29]在$LiCoO_2$正极表面引入了高氯酸胍（$[C(NH_2)_3]ClO_4$，GClO₄）铁电包覆层。图7.11（a）所示为高氯酸胍包覆前后$LiCoO_2$全固态电池的首圈充放电结果对比图，在较少的包覆量（2%）下，$LiCoO_2$/LPSCl/InLi全固态电池的放电比容量从原来的114.6mAh·g^{-1}提升至了154.4mAh·g^{-1}（室温、0.5C倍率、2~3.7V，vs. InLi）。当将电压窗口上限提升至4V后，电池的放电比容量提升至

$210.6mAh \cdot g^{-1}$，接近相同条件下液态电池的比容量，对应的放电曲线如图7.11（b）所示。相比于无机铁电材料和有机铁电聚合物，以高氯酸胍为代表的有机-无机杂化铁电材料不仅制备条件更加温和环保，而且材料更倾向于形成单畴结构。图7.11（c）为挠曲电效应作用下，高氯酸胍内部偶极子排列状态的有限元计算。结合压电力显微镜和有限元计算发现，高氯酸胍正极包覆层具有单畴结构和垂直于正极颗粒表面向上的极化状态。图7.11（d）为包覆高氯酸胍铁电体前后，正极和电解质界面处锂离子浓度变化的理论计算结果，可以发现高氯酸胍正极包覆层的单畴结构和垂直于正极颗粒表面向上的极化状态使得高氯酸胍产生了有效且均匀的铁电内建电场，极大抵消了空间电荷层的作用，从而加速了锂离子在正极和固态电解质之间的传输。

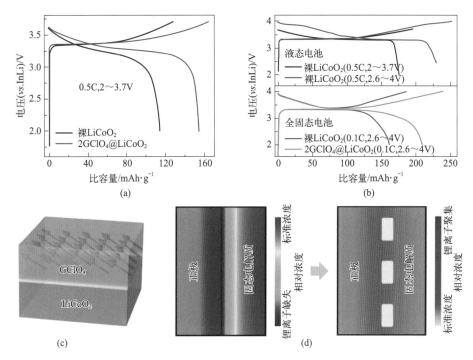

图7.11 高氯酸胍对空间电荷层的影响：（a）高氯酸胍包覆前后，$LiCoO_2$全固态电池的首圈充放电结果对比；（b）提高电压上限至4V后，固态和液态的$LiCoO_2$电池充放电比容量对比；（c）挠曲电效应作用下，高氯酸胍内部偶极子排列状态的理论计算结果；（d）包覆高氯酸胍铁电体前后，正极和电解质界面处锂离子浓度变化的理论计算结果[29]

Lu等[30]对化学计量控制的Li_xCoO_2和$Li_{10}GeP_2S_{12}$所构成的全固态锂电池的电化学性能进行了系统研究，发现锂过量的$Li_{1.042}CoO_2$在第一次循环时容量较大，过电位最小，但容量逐渐降低，这归因于弱的空间电荷层效应和强的界面副反应。然而，缺锂的$Li_{0.945}CoO_2$以极低的容量获得了最佳的循环稳定性，并伴有最强的空间电荷效应和弱的界面副反应。该研究表明，空间电荷与界面副反应之间存在耦合效应，共同影响电池的循环寿命。

7.3.3.3 界面化学稳定性

电极/固态电解质的界面化学稳定性可分为三类[31]。

① 热力学稳定的界面，即两者化学势相同，不存在自发反应，无中间层生成的理想界面，如图7.12（a）所示。

② 热力学与动力学均不稳定界面。热力学不稳定性存在三种情况：电解质本身的电化学反应；电解质与电极的化学反应；电解质和电极在特定电压下的电化学反应。动力学不稳定是指界面反应副产物为电子和离子混合导体，导致电解质体相通过界面反应产物不断得失电子，分解反应持续发生，如图7.12（b）所示。

③ 热力学不稳定而动力学稳定界面。其主要特征是界面反应副产物为具有锂离子电导率但电子绝缘的钝化层，如固态电解质界面相（SEI）和正极电解质界面相（CEI），如图7.12（c）所示。值得注意的是，SEI和CEI对电池性能并非总是有害的，尽管会消耗一部分活性Li^+，但是薄而稳定的SEI和CEI能够阻止电极和电解质直接接触，阻止界面副反应，有利于维持界面的稳定。但是，若SEI或CEI仍为电子和离子的混合良导体，则界面反应会持续进行，界面阻抗急剧上升，危害电池长循环稳定性，甚至引发固态电池的短路或失控。

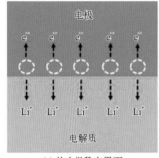
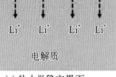
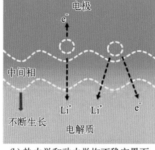
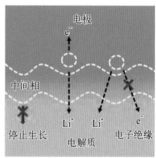

| (a) 热力学稳定界面 | (b) 热力学和动力学均不稳定界面 | (c) 热力学不稳定而动力学稳定界面 |

图7.12　电解质/电极界面化学稳定性示意图[31]

符合热力学稳定界面的材料体系比较少，大部分电极/固态电解质界面是热力学与动力学不稳定界面，通过界面修饰可改性为热力学不稳定而动力学稳定界面。

（1）化学反应

正极材料与固态电解质之间的化学反应一般分为两种情况：一种是物理混合过程中自发的化学反应，另一种是高温处理过程中发生的元素互扩散。Banerjee等[32]采用X射线衍射（XRD）技术发现$LiNi_{0.85}Co_{0.1}Al_{0.05}O_2$与硫化物电解质$Li_6PS_5Cl$在混合过程中产生了$Li_3PO_4$与$Ni_3S_4$，而$Ni_3S_4$具有电子导电性，这虽然促进了后续电化学反应过程中的界面电荷转移，但是也同时加剧了硫化物电解质Li_6PS_5Cl的氧化分解，产生阻碍界面锂离子传输的高阻抗界面层，严重损害了固态电池的循环稳定性。Auvergniot等[33]借助X射线光电子能谱（XPS）与扫描俄歇电子显微镜（SAM）技术发现Li_6PS_5Cl与$LiMn_2O_4$的界面反应性最强，$LiNi_{1/3}Co_{1/3}Mn_{1/3}O_2$次之，$LiCoO_2$最弱，结果对应于界面处$Li_6PS_5Cl$因化学反应产生的氧化物种（S、$Li_2S_n$、$P_2S_x$和$PO_4$）的依次减少。由此我们推断，界面化学反应可能与正极材料的表面离子种类、价态等密切相关。

为了改善无机固态电解质与正极材料的接触效果，通常会将它们的复合材料进行高温处理，但是高温会加剧原子之间的热运动与互扩散，导致界面处形成纳米级的元素互扩散层，而元素互扩散层中产物的离子导电性可能较差，进而增加了界面阻抗。Kim等[34]发现热处理后在$Li_7La_3Zr_2O_{12}$和$LiCoO_2$界面处形成了中间相La_2CoO_4，但是在简单混合过程中并未观察到这一分解产物，这说明当接触不够充分或者在室温条件下，正极和固态电解质的界面化学反应在动力学上是缓慢的，只有长时间循环才能体现出来。

（2）电化学反应

电化学反应是电解质和电极在特定电压下发生的界面反应。电解质的电化学稳定性经常用电化学稳定窗口进行描述，当电极材料工作电压范围超出电解质电化学窗口时，将形成热力学不稳定的电极/电解质相间界面层。由于不同电极材料的工作电压不同，不同电解质的电化学窗口也不相同，而且电极材料在特定电压下会发生电荷转移、价态变化甚至结构变化，导致电极/电解质相间界面层的组成、结构以及物理化学性质发生改变，使得电化学反应的机制更加复杂。一方面，如果形成的相间界面层是电子绝缘相，将有利于钝化电解质，抑制界面副反应的持续进行。另一方面，如果形成的相间界面层是离子和电子混合导体相，将引发电解质的持续分解，形成不稳定的界面相，最终导致电池界面阻抗增大和性能持续劣化。目前关注较多的电化学反应是高电压正极与固态电解质的界面电化学反应，尤其是氧化物正极与硫化物电解质、聚合物电解质以及氧化物电解质的界面电化学反应。表7.1总结了典型固态电解质与电极材料在高电压下的界面反应情况[28]。

表7.1　典型固态电解质与电极材料在高电压下的界面反应情况[28]

固态电解质	电压（vs. Li⁺/Li）/V	界面行为
PEO/LiDFOB	4.45	DFOB⁻阴离子的开环反应
Li_3PS_4	2.31	形成S和P_2S_5
$Li_7P_3S_{11}$	CoO_2的电势（充电态的$LiCoO_2$）	形成CoS_2、P_2S_5和Li_3PO_4
Li_6PS_5Cl	4.9	形成S、磷酸盐和LiCl
Li_6PS_5Cl	4.6	形成S、Li_2S_n、P_2S_x和LiCl
Li_6PS_5Cl	4.0	可逆形成元素S和多硫化物
$Li_{10}GeP_2S_{12}$	2.14	形成Li_3PS_4、GeS_2和S
$Li_7La_3Zr_2O_{12}$	2.91	形成Li_2O_2、La_2O_3和$Li_6Zr_2O_7$
$Li_{1.5}Al_{0.5}Ge_{1.5}(PO_4)_3$	4.27	形成$Ge_5O(PO_4)_6$、O_2、$Li_4P_2O_7$和$AlPO_4$
$Li_{1.3}Al_{0.3}Ge_{1.7}(PO_4)_3$	4.21	形成$Ti_5P_4O_{20}$、$AlPO_4$、TiP_2O_7和O_2
$Li_{0.33}La_{0.56}TiO_3$	3.71	形成TiO_2、O_2和$La_2Ti_2O_7$

硫化物电解质虽然具有优异的离子导电性能，但其电化学稳定窗口较窄，与电极接触时十分不稳定。因此，硫化物电解质在较宽工作电压范围内，尤其是高电压下（≥4.0V，vs. Li⁺/Li）极易自发氧化分解，在正极/电解质界面处生成并积累非氧物种（S、P_2S_5和多硫化物）[35,36]，导致界面阻抗增大和电池容量受限。两者之间的界面反应还会在电化学循环过程中加剧。氧化物正极材料中高度氧化的过渡金属离子和氧离子往往会诱导并加速硫化物电解质的氧化分解，生成SO_4^{2-}和PO_4^{3-}等含氧物种，这使得界面相的组成更加复杂。Banerjee等[32]分析了$LiNi_{0.85}Co_{0.1}Al_{0.05}O_2/Li_6PS_5Cl$的自发界面反应和$Li_6PS_5Cl$在循环过程中的固有电化学分解，并对初始状态和带电状态的反应产物进行对比。结果表明带电状态下动力学过程加快，导致形成较厚且不稳定的CEI层。此外，碳导电剂通常被掺入和分散到复合正极中，以提供电子导电通路。然而，大量研究表明碳

导电剂会在外加电压下促进硫化物电解质的分解，导致氧化物正极与硫化物电解质的界面电化学反应变得更加严重[37,38]。为了抑制正极与硫化物电解质之间的界面反应，获得稳定的正极/电解质界面，常用的解决方法是对正极材料进行表面改性以改变正极/电解质界面的化学状态，如包覆[39]和表面硫化[40]等。理想的表面改性材料应具有电化学稳定性、离子导电性和电子绝缘性等特征，并抑制界面副反应的持续发生。构建人工界面保护层是应对（电）化学界面问题最行之有效的策略之一。目前，一系列表面改性材料如快（超）离子导体（$LiNbO_3$[39]、$Li_4Ti_5O_{12}$[41]、Li_2SiO_3[42]、Li_2ZrO_3[43]）、聚阴离子盐（硼酸盐[44]和磷酸盐[45]）已经应用于正极材料，以抑制正极/电解质界面反应，改善正极/电解质界面稳定性。例如，利用$LiNbO_3$对三元正极材料进行包覆已成为常见策略。Xie等[46]研究发现，未包覆的三元正极材料组装的电池在充放电2圈后，阻抗明显增加。而$LiNbO_3$包覆后，阻抗基本不变，这表明$LiNbO_3$包覆层可以抑制硫化物固态电解质和三元正极材料之间的副反应。与此同时，由于$LiNbO_3$具有较好的离子传输性能，有利于提升正极材料的倍率性能。Wang等[47]提出一种双向兼容缓冲层设计策略，理论计算与实验结果显示NASICON结构快离子导体磷酸锆锂$Li_xZr_2(PO_4)_3$与高脱锂态的正极材料和硫化物电解质材料都具有良好界面化学稳定性，而且锂离子从正极材料经过磷酸锆锂到硫化物电解质的迁移势垒远低于直接从正极材料迁移至硫化物电解质的势垒，电化学性能测试结果也证实磷酸锆锂缓冲层有效抑制了界面电化学反应，提高了电池比容量和循环稳定性。

Kwak等[48]对循环后的复合正极极片进行FIB切割并得到极片横切面STEM图像，结合电子能量损失谱（EELS）以及能量色散X射线光谱（EDS）发现Co、P和S在循环后的$LiNi_{0.8}Co_{0.15}Al_{0.05}O_2$/$75Li_2S$-$22P_2S_5$-$3Li_2SO_4$界面处存在着元素互扩散现象。Sun等[49]通过多种谱学技术对循环后复合正极极片内的$LiNi_{0.8}Mn_{0.1}Co_{0.1}O_2$/$Li_{10}GeP_2S_{12}$界面成分进行了探究。结果表明，在$LiNi_{0.8}Mn_{0.1}Co_{0.1}O_2$颗粒内部也检测到了大量S信号，这意味着硫元素极易扩散到NCM811颗粒内部形成不稳定界面相，并且间接导致正极颗粒的结构恶化。而将$LiNbO_x$这种包覆材料作为缓冲层置于$LiNi_{0.8}Mn_{0.1}Co_{0.1}O_2$和$Li_{10}GeP_2S_{12}$之间时，发现Ni和S元素界限分明，没有相互扩散的现象。由此可见，无论是在电极制备过程还是电池循环过程中，正极材料和硫化物电解质之间的化学或电化学不稳定性均会触发界面反应，对全固态电池的综合性能造成严重破坏。

常规聚合物电解质的电化学窗口通常较低，容易因过渡金属离子或碳导电剂的催化作用与高电压的氧化物正极材料发生电化学反应。充电过程中聚合物的C—H键将被削弱并生成强酸，从而加剧了正极/聚合物电解质界面的副反应。T.Kobayashi等[50]采用非原位傅里叶变换红外光谱（FTIR）、核磁共振（NMR）和凝胶渗透色谱（GPC）技术研究了一种主链和支链均带有醚基的聚合物电解质P(EO/MEEGE)与$LiNi_{1/3}Co_{1/3}Mn_{1/3}O_2$的界面电化学反应，^{1}H NMR结果显示，当电池经历1500次循环后，聚合物电解质中出现一种含醛基的未知化合物。他们认为含醛基化合物来自P(EO/MEEGE)聚合物的主链分解，而不是侧链分解或者是锂盐分解。这是因为MEEGE的侧链会吸引电子，导致MEEGE主链中醚键的电子云密度降低，使得MEEGE中主链的醚键在充电过程中比EO部分更容易受到电子的攻击。然而，该工作界面电化学反应过程的直接证据还有待挖掘，界面电化学反应与电池性能衰退的内在联系也尚未阐明。Ma等[51]结合DFT计算和实验表征结果，发现在 $LiCoO_2$/PEO-二氟草酸硼酸锂（LiDFOB）电池中，在高脱锂态时，Co^{3+}/Co^{4+} 和 $DFOB^-$ 之间的相互作用是锂盐在正极界面氧化分解的主要原因；在正极表面引入带有强吸电子基团–CN的聚 α-氰基丙烯酸乙酯（PECA）后，$LiCoO_2$ 的导带部分明显向高能量方向移动，价带部分向低能量方向移动，从而降低了 $LiCoO_2$ 表面的氧化能力，这间接说明PECA涂层可以提高 $LiCoO_2$ 与PEO的电化学稳定性。此外，有机-无机复合[52]、原位生成界面相[53]、设计多层电解质[54]等，也是改善正极/聚合物固态电解质界面电化学稳定性的有效方法。

氧化物电解质通常表现出比硫化物更好的氧化稳定性，大多数氧化物的氧化电位高于3.0V，但部分氧化物电解质在高工作电压下也会发生界面电化学反应。钴酸锂正极与石榴石固态电解质在充电到大约3.0V时发生不可逆的电化学分解，形成高阻抗的分解产物[55]。在5V级镍锰酸锂（$LiNi_{0.5}Mn_{1.5}O_4$）电池中，充电至3.8V以上时电池出现电压急剧下降的现象。经过分析发现石榴石固态电解质与镍锰酸锂的界面处形成了 Li_2MnO_3、$(Li_{0.35}Ni_{0.05})NiO_2$ 等产物，这表明界面处发生了明显的电化学反应[56]。尽管如此，大多数氧化物的氧化分解产物是贫锂电子绝缘的，有助于形成钝化层，抑制电解质的进一步分解。因此，对于氧化物电解质的界面改性，通常是在保证正极/电解质界面紧密接触的同时促进锂离子传输。Han等[57]在钴酸锂（LCO）和LLZO固态电解质界面处加入低熔点的 $Li_{2.3}C_{0.7}B_{0.3}O_3$（LCBO）离子导体。在烧结而成的复合正极内部，LCBO均匀分布在正极/电解质界面，不仅提高了正极/电解质界面间的接触，还可以提高界面的离子导电性。

7.3.3.4　电化学-力学失效

力学性能是固体材料的重要物理性能，对固态锂电池的机械稳定性和电化学性能具有重要影响。固态锂电池中的应力主要来自外部压力和内部应力两个方面。为了保证固态锂电池各组分的充分接触，在电极制备和电池组装过程中会对电极材料和电解质材料施加较大的外力。另外，在电池工作过程中，电极材料的体积一般会随着锂离子的嵌入或脱出而发生动态变化，由此产生内应力的变化。表7.2总结了典型电极材料在电池循环过程中的体积变化情况[58]。在外部压力和内部应力的共同作用下，特别是当应力传递不均匀时，电池内部容易产生应力集中，导致电极材料和固态电解质材料出现破裂、粉化和剥离等力学失效行为，破坏固态锂电池的界面接触效果和电化学反应均匀性，使电池性能降低。

表7.2　典型电极材料在电池循环过程中的体积变化对照表[58]

电极材料	嵌锂/锂化产物	体积变化/%
$LiCoO_2$	$Li_{0.5}CoO_2$	2
$LiNiO_2$	$Li_{0.5}NiO_2$	2.8
$LiMnO_2$	$Li_{0.5}MnO_2$	5.6
$LiNi_{1/3}Co_{1/3}Mn_{1/3}O_2$	$Li_{0.04}Ni_{1/3}Co_{1/3}Mn_{1/3}O_2$	7.2
$LiFePO_4$	$FePO_4$	7
S	Li_2S	76
Si	$Li_{15}Si_4$	310
石墨	LiC_6	13
$Li_4Ti_5O_{12}$	$Li_2(Li_{1/3}Ti_{5/3})O_4$	0.2

固态锂电池的力学性能很大程度上取决于固态电解质的力学性能。表7.3总结了部分固态电解质材料和电极材料的力学性能。相比于传统的液态锂电池，固态锂电池的显著优势是固态电解质的力学性能较高，可以抑制锂枝晶的生长，提高锂金属电池的安全性。金属锂的剪切模量为4.25GPa，固态电解质的剪切模量理论上大于8.5GPa才可以抑制锂枝晶。而且，在电池加压制备和电极材料体积变化时，高硬度的固态电解质能够抵抗内外应力，避免断裂而导致短路现象发生。然而，固态电解质的力学性能并不是越强越好。为了确保固态电解质与体积动态变化的正极之间始终保持紧密接触，要求固态电解质具有低硬度、低模量和低断裂韧性等特点，以容纳正极的体积变化。如果固态电解质的硬度太高，容易导致正极因内应力过大而开裂和破碎。选择弹性高的固态电解质才有助于吸收正极体积形变带来的应力，从而保证正极和电解质保持紧密接触。综上所述，固态锂电池要获得优异的力学性能，不仅要综合考虑固态电解质的力学性能，还要平衡固态电解质与正极材料之间的力学匹配性。

表7.3　固态电解质材料和电极材料的力学性能对照表[58]

材料	杨氏模量/GPa	剪切模量/GPa	硬度/GPa	泊松比（B/G）	K_c/MPa·m$^{1/2}$
$Li_{0.33}La_{0.57}TiO_3$	200	80	9.2	1.66	～1
$Li_7La_3Zr_2O_{12}$	150	59.6	9.1	1.72	0.92～2.73
$Li_{1.3}Al_{0.3}Ti_{1.7}(PO_4)_3$	115		7.1		1.10
$Li_{6.5}La_3Zr_{1.5}Ta_{0.5}O_{12}$	153.8±2.7	61.2±1.1		1.59	
$L_2S-P_2S_5$	18.5	7.1±0.3	1.9		0.23±0.04
$Li_{10}GeP_2S_{12}$	21.7	7.9		3.44	
$Li_{10}SnP_2S_{12}$	29.1	11.2		2.09	
Li_6PS_5Cl	22.1	8.1		3.57	
PEO+LiTFSI	～10^{-6}				
PEO+LiClO$_4$	$1.45×10^{-3}$				
PVDF+LiBF$_4$	$0.3×10^{-3}$				
$LiCoO_2$	178～191		8.3		0.94
$LiNi_{1-x-y}Co_xMn_yO_2$	198		11		
$LiFePO_4$	125.9	48.9		2.02	
石墨	32	12		2.34	
Si	113		16.6		
Li	5	4.25	10^{-3}		

固态电解质和正极材料的力学性能主要与材料种类有关。无机固态电解质机械强度较高，聚合物电解质的柔韧性较好，因此复合固态电解质是平衡固态电解质力学性能的有效手段。Cui等[59]率先提出"刚柔并济"的复合固态电解质设计理念，开发了一系列刚性骨架支撑的固态聚合物电解质材料，在提升固态电解质的综合力学性能方面效果显著，原因在于聚合物电解质具有低硬度、低模量和低断裂韧性等特点，可以容纳正极的体积变化，确保电解质与体积动态变化的正极之间保持紧密接触。正极材料的杨氏模量

较高，在固态锂电池加压制备过程中通常能够承受外界压力。但是，由于正极材料的体积变化在不同晶粒之间呈现各向异性，使得正极极片易因内应力分布不均匀而产生应力集中，导致部分晶粒开裂。典型的正极材料是镍钴锰三元材料，它们在充电（脱锂）过程中体积逐渐收缩，特别是当三元材料为二次颗粒时，由于每个一次晶粒的体积收缩程度和取向各不相同，导致二次颗粒在反复脱嵌锂后出现明显的裂纹，破坏了电荷传输通路的连续性，电池容量迅速衰减。Nakayama等[60]发现$LiFePO_4/PEO/Li$电池在高电流密度（1C）和高测试温度（60℃）下的加速老化试验过程中，随着电化学循环时间的延长，容量突然衰减，并伴有电化学极化的增加。通过原位核磁共振（NMR）成像、电池总厚度实时监测和交流阻抗等电化学测量的综合分析，他们认为造成容量突然衰减的首要因素是$LiFePO_4$-$FePO_4$两相反应的反复体积变化造成了正极极片或复合正极的结构降解。这种结构降解导致正极/电解质界面电接触不均匀，从而加剧局部电化学极化。

固态电解质与正极界面的力学性能除了与材料种类密切相关，还受到晶体结构、晶粒尺寸、形貌、孔隙率、复合结构组成、接触方式、制备工艺、界面反应、电化学过程等因素的影响[31,58-62]。有研究表明[63,64]，晶格氧损失会导致层状氧化物正极出现应力应变畸，进而诱发孔洞和裂纹，而且正极材料的体积变化和界面反应会导致正极/电解质的力学失效。Koerver等[65]发现在$LiNi_{0.8}Co_{0.1}Mn_{0.1}O_2/Li_3PS_4/InLi$固态电池的充电过程中，固态电解质$Li_3PS_4$会被附近的$LiNi_{0.8}Co_{0.1}Mn_{0.1}O_2$正极颗粒氧化，使电解质表面发生分解形成低离子电导率的中间层。在脱锂过程中，$LiNi_{0.8}Co_{0.1}Mn_{0.1}O_2$颗粒的收缩容易与低柔韧性的中间层脱开造成两相间的分离，导致界面阻抗增大和循环容量损失。

由此可见，固态锂电池正极界面的电化学-力学问题是一个受到多种因素影响且错综复杂的问题。目前，针对固态锂电池电化学-力学问题的诱因、失效机制、多物理场耦合效应及解决策略的研究工作还相对较少，而且对电化学-力学失效机制缺乏系统性的评价与分析方法，在研究手段方面尚未掌握成熟的表征技术和理论计算模型。力学问题是固态锂电池面临的严峻挑战，并且力学问题的存在同时受到电化学反应和界面反应的共同影响，导致电化学-力学失效问题成为制约固态锂电池应用的重要瓶颈。因此，深入研究并解决电化学-力学问题对于实用化固态锂电池的发展具有深远意义。

7.3.4 固态电解质/负极界面

7.3.4.1 固/固接触

负极与固态电解质之间的固/固接触失效也是制约固态锂电池容量发挥和长循环稳定性的关键因素之一。固/固接触失效通常是指充放电过程中由于负极体积变化、粉化或裂解等造成的其与固态电解质之间的相互分离。其结果是导致电池内部导电通路减少、极化增强、界面阻抗增大、电池容量快速衰减。然而不同的负极材料所面临的接触失效机理不尽相同。

以金属锂负极为例，由于其具有超高的理论比容量（3860mAh·g^{-1}）、最低的氧化还原电位（-3.04V, vs. 标准氢电极）以及高离子/电子电导率，因而被认为是最具前景的固态锂电池负极材料[66]。金属锂负极的固/固接触失效主要是由充放电过程中剧烈的体积变化所引起的。Mo等[67]通过大规模原子模型计算证实，金属锂负极在其与固态电解质的界面处形成了纳米尺度的无序锂界面缺陷层。这种界面缺陷层会导致脱锂后在负极与固态电解质之间产生空隙，造成电极与电解质之间的接触损失。宏观上，锂离子在剥离/沉积的过程中将造成明显的体积变化，这无疑将加剧负极/电解质刚性界面的分离，并最终产生更大的空洞和死锂，直至电池失效[66,68]。目前，研究人员常采用涂覆保护层、电极表面改性、增大电池内部压力以及合金化等方法来调控电极的化学活性和内部应力，以减缓金属锂负极与固态电解质之间的固/固接触失效[69,70]。例如，使用液相法在LLZTO的表面包覆了纳米Al_2O_3，能极大增强电解质与锂金属负极的界面浸润性，界面阻抗显著下降（只有原有的0.8%）。阻抗显著降低的原因在于：原始的LLZTO刚性很大且表面存在超疏锂的污染层，而包覆的纳米Al_2O_3可以与锂金属反应形成$LiAlO_2$、Li_2O和Li-Al合金等物质，显著改善了电解质对锂金属负极的浸润性[71]。一体化电池策略，也是近几年较为热门且有效地促进界面接触的方法。例如，Guo等[72]通过逐层法将不同LLZTO含量的PEO聚合物电解质前驱溶液刮涂在干燥的电极材料涂层上进行渗透，制备了复合正极结构。电极材料和双层电解质实现一体化，很好地贴合在一起，没有出现分层结构。由于复合电解质与电极接触面积的增加，使用复合正极电池的初始电阻仅为718$\Omega\cdot cm^2$，小于使用独立电解质的电池（923$\Omega\cdot cm^2$）。复合$LiFePO_4$/10%LLZTO+40%LLZTO/Li电池显示出理想的循环性能，0.1C下循环150周容量保持率为80.6%。

硅负极在近年的电池研究中同样备受瞩目。硅负极的优势主要体现在其超高的理论比容量（4200$mAh\cdot g^{-1}$）、低工作电压（0.4V，$vs.$ Li^+/Li）、高自然储量、低使用成本和环保无毒等方面[66]。但是硅负极中存在的固/固接触失效问题更加复杂。在电池循环过程中，硅负极常发生剧烈的体积变化、颗粒粉化、裂纹拓展以及内部应力集中等结构和力学性质变化，严重破坏了负极自身的结构完整性。同时，硅颗粒的不断粉化破裂将使得更多新的晶面裸露出来与电解质反应形成新的SEI膜。随着电池的循环工作，该反应将持续发生并不断消耗锂源，造成电池容量衰减。而界面的应力集中会导致负极与集流体发生分离，破坏电池内部的导电网络[73-75]。提高硅负极稳定性的方法主要有调控颗粒尺寸、调控表面或微观形貌、合金化、增大应力和复合导电材料等[73-75]。

除此之外，锂合金负极、碳/石墨负极等常见的负极材料均面临着相似的困境。对比研究发现，在相同的电池制备条件下，石墨负极在充放电过程中所产生的形变量＜130%，硅负极的形变量最高＞300%，而金属锂负极的形变量＞320%[66]。由此可见，有效制约充放电过程中负极的体积变化和消除固/固接触失效是实现固态锂电池的商业化发展亟待解决的重点问题。

7.3.4.2 界面化学稳定性

由于金属锂的锂电化学势非常高，几乎所有的固态电解质都会被金属锂还原。当还原产物中具有可导电子的成分时，电解质的还原反应持续发生。基于理论计算结果，Ceder等[76]指出在热力学上固态电解质对金属锂是不稳定的，这归因于大多数快离子导体的还原电位比金属锂负极的电位高。同时，他们也指出，由于二元含锂化合物Li_nX（n=1、2、3；X=F、Cl、Br、I、S、H、P、N）的阴离子处于最大还原态，因此在与金属锂负极接触时表现出独特的化学稳定性。此外，Zhang等[77]也总结出了固态电池中金属锂界面化学失效和电化学失效机制：

① 金属锂负极与固态电解质之间的界面化学失效受二者之间的热力学界面反应控制。当与不含高价金属离子的固态电解质接触时，二者之间易于自发形成电子导电和离子导电都差的界面相，严重制约界面的离子传输，固态电池的容量发挥受到限制；而与含高价金属离子的固态电解质接触时，金属锂表面倾向于产生具有电子和离子混合导电特性的界面相，这种界面相会诱导加速跨界面的电子转移，导致固态电解质的持续性还原分解，最终造成固态电池失效。

② 在充放电过程中，金属锂与固态电解质之间的电化学失效是持续发生的，电解质的持续还原造成界面副产物的累积，锂沉积不均匀造成界面锂浓度的失衡，导致界面极化和界面电阻的持续增加，最终造成固态电池的容量失效。为解决固态电池锂金属负极这种界面不稳定问题，研究人员提出包括构筑中间缓冲层、锂金属和固态电解质骨架调控等在内的策略，旨在提高金属锂与固态电解质之间的反应能垒。

通过人工引入SEI膜修饰金属锂可有效抑制界面反应，这是因为以LiF、Li_3N和Li_2O为代表的SEI膜主要成分对金属锂热力学稳定，且电子导电性差。Cui等[78]采用新型大阴离子结构全氟叔丁氧基三氟硼酸锂（LiTFPFB）在金属锂负极原位形成一层人工SEI保护膜，抑制了金属锂与电解质的化学反应。他们[79]还指出通过筛选合适能级的锂盐和聚合物材料，可以使锂盐和聚合物材料先于固态电解质还原分解成有机-无机复合SEI膜，进而起到改善金属锂与固态电解质界面化学稳定性的作用。Wen等[80]报道了一种非原位修饰层的制备方法，该方法首先将固态电解质暴露于空气中，利用Li^+/H^+离子交换作用形成Li_2CO_3钝化层，然后与特制的酸盐共处理溶液进行表面化学反应，形成三维交联结构的LiF-LiCl修饰层。该修饰层的电子导电性较差，从而提升了与金属锂的界面稳定性。界面原位合金化是另一种修饰金属锂的方法，如ZnF_2在原位锂化过程中会形成LiF和Li-Zn合金组成的修饰层，该修饰层具有高电子绝缘性和高离子导电性，显著降低了固态电解质与金属锂之间的界面形成能[81]。除表面修饰外，金属锂和固态电解质的骨架调控也是实现二者界面稳定的重要策略。例如，Huang等[82]向熔融金属锂中添加电绝缘的六方氮化硼（BN）纳米片获得Li-BN复合负极材料，在降低金属锂负极导电性的同时，实现金属锂与石榴石型固态电解质的无缝界面接触，显示出极低的界面阻抗和优异的循环稳定性。

在聚合物电解质固态电池中，由于固态电解质具有足够的弹性和韧性，能够有效抑制由于体积形变、破裂和粉化引起的界面接触问题。聚合物固态电解质体系更多的是聚合物本身与电极的（电）化学不稳定性问题。通过引入添加剂或接枝基团等原位形成界面保护层也是防止界面副反应的有效方法。例如Goodenough等[83]添加高氯酸镁（MC）作为环氧乙烷（PEO）基聚合物固态电解质的添加剂，可以促进Li^+-$TFSI^-$离子对的解离，增加可移动Li^+的浓度，提升电解质的离子电导率，还会在Li/固态电解质界面处分解生成均匀的、具有高Li^+电导率和电子绝缘的均匀Li_2MgCl_4/LiF的SEI层，有效抑制了锂枝晶的成核和生长，使全固态电池的临界电流密度和循环性能都得到了极大的提升。对聚合物固态电解质的分子链结构进行修饰、改性，也是提升其（电）化学稳定性的有效手段，如将磷酸苯基锂基团接枝到聚偏二氟乙烯（PVDF）上，制备PVDF-LPPO固态聚合物电解质[84]。含磷官能团LPPO大大提高了聚合物电解质的离子电导率和阻燃性，并可以在正极侧界面分解产生LiPO$_x$和多磷酸盐，形成SEI保护层，显著抑制副反应。此外，从固态电解质骨架调控入手，Cui等[85]使用纤维素作为聚合物固态电解质的支架，减少聚合物电解质与金属锂的接触面积，成功抑制了二者之间的界面副反应，所组装的对称电池能够在稳定循环300h后仍保持低于0.1V的极化电压，而基于不加纤维素的聚合物电解质的对称电池极化电压则高达0.3V，循环寿命极短。

与金属锂相比，嵌锂电位较高（0.4V，$vs.$ Li$^+$/Li）的硅导电性较差，因而纯硅负极与固态电解质之间的界面副反应相对较弱。但是，实际使用的硅负极几乎都含有导电添加剂碳来促进电荷转移，实现硅高容量；而碳的加入则显著加剧了硅负极与固态电解质的界面副反应，导致持续的容量衰减。基于此，Meng等[86]首次提出将硫化物电解质Li$_6$PS$_5$Cl与不含碳的纯微米硅负极组合，消除了导电添加剂碳引发的硅负极与电解质之间的副反应，所组装的全固态电池在循环500次后容量保持率高达80%，是目前所报道微米硅固态电池的最优性能。然而，碳引发硅负极/电解质副反应这个观点有争议，Zhu等[87]基于原位XANES测试发现，虽然碳的添加加速了硫化物电解质在纳米硅负极中的电化学分解，但是这一分解只发生在硅负极的首次锂化过程中，并且产生的分解产物在后续循环过程中是稳定存在的，并不会对电池性能产生显著影响；基于X射线纳米断层扫描（XnT）和SEM的测试结果，他们还发现纳米硅负极中的导电添加剂碳和固态电解质不仅提高了硅负极的结构稳定性，还抑制了孔洞和空隙的产生以及体积膨胀引起的应力。此外，硅负极锂化过程中形成的不可逆Li-Si合金积累和SEI膜的持续生长进一步加剧循环过程中的容量损失，这一缺点目前主要通过预锂化技术来缓解[86,88]。

7.3.4.3 锂枝晶

锂枝晶问题是固态锂金属电池实用化过程中最重要的问题，也是最难解决的瓶颈问题。固态锂电池安全性高的认识很大程度上来源于人们对高力学性能固态电解质解决锂枝晶问题的美好愿景，然而现实情况并非如此。现有的固态电解质并不能彻底解决锂金属电池中的枝晶生长问题。根据晶体生长理论可知，晶体的成核和长大由晶体生长热力学决定，晶体生长的微观过程和界面结构遵循晶体生长动力学规律，而晶体生长系统中的传输过程则受到热传输、质量传输等因素的共同影响。在固态锂电池这样一个集合了电场、力场、热场、化学反应等多重场的复杂体系中，锂枝晶的生长机理受到界面接触状态、电化学反应、导电性、电流密度、力学性能等的综合影响。因此，仅仅依靠提高固态电解质的力学性能，不可能完全解决锂枝晶问题。

虽然Monroe和Newman[89]从材料力学的角度提出，高剪切模量电解质可以显著降低树枝状枝晶尖端的长度。但是这一原则仅适用于聚合物电解质和没有任何缺陷的固态电解质。当采用具有晶界、孔洞等缺陷的无机固态电解质时，锂枝晶不但可能会在无机固态电解质/金属锂负极界面进行生长，而且还会在晶界、空隙等缺陷位置进行沉积成核和生长，造成固态锂电池短路。所以，锂枝晶的生长机理在不同的固态电解质体系中并不相同，需要采取针对性的措施来解决枝晶生长问题。

不同于聚合物电解质/金属锂负极间面对面的界面接触方式，固态锂电池中无机固态电解质与锂负极的界面接触，通常被认为是点对点的固/固接触，其有效接触面积小、界面空隙大，锂离子在界面处的传输阻力大，常常导致无机固态电解质/金属锂负极界面上的锂离子传输与电流密度分布极不均匀，导致固态电池在低电流密度下便发生锂离子在界面局部位置的沉积成核和锂枝晶生长。Sharafi 等[90]研究了温度和电流密度对 $Li/Li_7La_3Zr_2O_{12}$ 界面稳定性和动力学的影响。电化学阻抗谱的结果显示，在30℃时，$Li/Li_7La_3Zr_2O_{12}/Li$ 对称电池的电荷转移电阻为 $5822\Omega\cdot cm^2$；当温度升高到175℃时，$Li/Li_7La_3Zr_2O_{12}/Li$ 电池的电荷转移电阻降低到 $2.7\Omega\cdot cm^2$；当 $Li/Li_7La_3Zr_2O_{12}/Li$ 电池的工作温度从30℃升高到175℃然后再降到30℃时，电荷转移电阻为 $514\Omega\cdot cm^2$。Sharafi 等认为这是由于在恒压（350kPa）下加热可以改善 Li 和 $Li_7La_3Zr_2O_{12}$ 之间的接触，从而降低界面阻抗。恒电流循环测试结果进一步显示，$Li/Li_7La_3Zr_2O_{12}/Li$ 电池在30℃循环时，发生电池短路的临界电流密度为 $50\mu A\cdot cm^{-2}$；当测试温度提高到160℃时，临界电流密度升高到 $20mA\cdot cm^{-2}$。Sharafi 等提出降低界面电荷转移电阻可能导致更均匀的电流密度，从而增加临界电流密度。Cheng 等[91]同样报道了室温下当 $Li/Li_{6.25}Al_{0.25}La_3Zr_2O_{12}/Li$ 固态电池的电流密度超过 $0.1mA\cdot cm^{-2}$ 时，固态电池出现了短路现象并在 $Li_{6.25}Al_{0.25}La_3Zr_2O_{12}$ 电解质表面检测到锂枝晶。针对固态电解质与金属锂负极的浸润性差、界面孔隙率高、界面不稳定、离子传输受限等问题，Hu 等[92]采用原子层沉积技术，对石榴石型固态电解质 $Li_7La_{2.75}Ca_{0.25}Zr_{1.75}Nb_{0.25}O_{12}$（LLCZN）进行了纳米级的 Al_2O_3 包覆处理，并从实验和理论计算的角度分别证实了 Al_2O_3 包覆处理对提高 LLCZN 与锂负极界面兼容性、降低界面空隙、改善锂离子传输性能以及抑制锂枝晶生长等方面的促进作用。

值得注意的是，无机电解质内部的晶界也是锂离子沉积成核和锂枝晶生长的常见位点。Siegel 等[93]通过计算模拟证实了无机固态电解质的晶界往往具有比电解质体相更大的锂离子传输阻抗，易引起锂离子在晶界的积累和沉积成核。Siegel 等[94]通过理论计算也发现无机固态电解质在晶界的杨氏模量普遍低于体相内部，这种无机固态电解质在体相和晶界的杨氏模量异质特性导致了锂离子在晶界更易发生锂离子的沉积成核和锂枝晶的生长。虽然通过对固态电解质进行异质原子的掺杂可以改善固态电解质的结构稳定性与电化学性能，但研究人员发现异质原子的掺杂也会对固态电解质内部的锂离子沉积成核产生影响。例如 Aguadero 等[95]利用 Al、Ga 元素分别对 $Li_7La_3Zr_2O_{12}$（LLZO）进行了掺杂改性，其中 Ga 元素能够均匀分布于 LLZO 的体相和晶界处，而 Al 元素则倾向于在晶界掺杂。他们发现 LLZO-Ga 锂枝晶生成的临界电流密度远高于 LLZO-Al，并且 LLZO-Ga 中的锂枝晶成分仅包括 Li 元素，而 LLZO-Al 中的锂枝晶成分则包括 Li 和 Al 元素。这是由于掺杂剂的种类和分布会对无机固态电解质中晶界的化学环境和电子结构产生重要影响，进而影响锂沉积的临界电流密度和锂枝晶成分，最终导致固态电解质晶界的锂沉积行为截然不同。

另外，无机固态电解质内部的孔隙同样能够发生锂的沉积成核和锂枝晶生长。Nan 等[96]借助 SEM 表征技术直接观察到 $Li/Li_{6.75}La_3Zr_{1.75}Ta_{0.25}O_{12}/Li$ 固态电池发生短路时，固态电解质孔隙内部存在锂枝晶。这是由于对固态电池施加大的电流密度时，锂离子易在孔隙处积累并沉积成核生长。当无机固态电解质具有较高的电子电导率并且内部存在被束缚的剩余电荷时，也常常会发生锂离子在孔隙位置的沉积成核和锂枝晶生长。例如 Wang 等[97]分别以电子电导率不同的 $Li_7La_3Zr_2O_{12}$（$10^{-8}\sim10^{-7}S\cdot cm^{-1}$）、$Li_3PS_4$（$10^{-9}\sim10^{-7}S\cdot cm^{-1}$）和 LiPON（$10^{-15}\sim10^{-12}S\cdot cm^{-1}$）为固态电解质，对锂离子在电解质孔隙位置沉积成核行为进行了研究，证实了具有高电子电导率的固态电解质 $Li_7La_3Zr_2O_{12}$、Li_3PS_4 更易发生孔隙的锂沉积成核和锂枝晶生长。针对硫化物固态电解质，Kasemchainan 等 [98] 也发现 Li_6PS_5Cl 与金属锂间的界面在经历持续的锂沉积和剥离后出现了持续的界面孔隙积累并促进了锂枝晶的生长。此外，Li_6PS_5Cl 高的电子电导率（$5.79 \times 10^{-8} S \cdot cm^{-1}$）也使得 Li/Li_6PS_5Cl 界面具有很高的电子导电性，难以阻止电子从 Li 金属通过晶界迁移到 Li_6PS_5Cl 内部，导致锂枝晶在 Li_6PS_5Cl 中生长直至电池短路 [99]。Qi 等 [100] 通过 DFT 计算，从理论上同样验证了无机固态电解质内部因孔结构、裂纹等缺陷会束缚锂离子发生锂沉积成核反应在热力学上的可行性。

Li 等 [101] 系统总结并深入分析了锂沉积前、沉积过程中以及沉积后三个阶段的主要影响因素和解决策略，提出控制锂枝晶需要遵循以下几个基本原则：

① 提高固态电解质的机械强度，以防止锂枝晶形成后刺穿固态电解质到达正极；

② 增大并改善固态电解质和负极的界面接触，减小接触阻抗，降低局域电流密度；

③ 减少固态电解质内部及表面的缺陷、杂质和孔隙；

④ 限制固态电解质内部阴离子的运动，提高锂离子迁移数，减少空间电荷效应诱导形成锂枝晶；

⑤ 诱导锂的均匀沉积；

⑥ 修复不均匀沉积形成的锂枝晶。

在锂枝晶问题的研究基础上，科研人员更深入地思考并研究了实现金属锂负极商业化应用面临的关键技术挑战。Sun 等 [102] 指出仅仅依靠电化学表征来验证金属锂负极的循环性能具有一定的局限性，使用更广泛、更全面的基础研究测试方法有助于增强科研人员对金属锂负极工作原理的理解。他们还强调，只是通过抑制枝晶状锂的产生并不能推动锂金属电池从实验室走向市场应用，还应关注其他形貌沉积锂的化学、电化学本质以及它们的产生机制。崔光磊 [103] 和崔屹 [104] 两个研究团队先后在各自工作中指出的"死锂"问题也值得关注。"死锂"是指跟周围导电网络失去接触的孤立金属锂，在电池工作过程中呈现电化学惰性。"死锂"的形成和积累是电池容量衰减的主要原因，在固态锂电池中如何避免"死锂"的形成以及原位回收"死锂"，将是金属锂负极的另一个重要研究方向。

7.3.5 正极和负极界面串扰的失效机制

迄今为止，已经有大量的科研工作围绕着固态锂金属电池的结构失效与性能恶化的潜在关联机制进行了深入探索。在正极界面的研究中，Koerver 等 [105] 通过实验证明了正极活性材料在锂脱出/嵌入过程中所发生的显著体积变化。Lee 等 [106] 进一步研究发现，正极活性物质的体积变化会导致多晶正极颗粒的大范围开裂，不可逆的结构破坏导致固态电池发生快速的容量衰减。对于负极界面的研究，Krauskopf 等 [107] 深入探究了负极锂电镀沉积的动态过程，并总结出锂枝晶穿透固态电解质的主导因素为界面处的电流汇聚和电解质突增的电子电导率。此外，Lewis 等 [108] 发现电解质与锂负极界面处会在循环过程中生成界面有害副产物，并主导了界面电-化学-力学失效。除了正极和负极的电-化学-力学恶化对固态锂金属电池造成的负面影响，固态电解质也对全固态锂金属电池的失效发挥着不可忽视的作用。例如硫化物电解质具有有限的电化学稳定性窗口 [109]，容易造成其与电极的界面电化学不稳定，在电池循环期间产生的孔隙和变形还会导致与电极界面的脱离[110,111]。

然而，上述大多数研究主要集中在正极侧、负极侧或电解质中，而正极和负极之间相互影响的界面失效机制还是亟待填补的空白。考虑到固体材料独特的力学性质，在电池运行过程中，无论是正极还是负极因体积变化或界面反应产物而产生的不均匀的机械应力都有可能通过固态电解质传递到另一侧电极，使另一侧电极因受力不均匀而发生不均匀的电化学反应，进而产生不均匀的体积变化。更进一步讲，固态锂电池顺利工作的前提是电子和锂离子在电场的驱动下沿着载流子传输通道在正极和负极之间进行均匀、快速和可逆的迁移。然而，当正极或负极界面失效导致电化学反应不均匀或者锂离子传输通道不均匀时，就有可能将不均匀的锂离子通量从一个电极传递到另一个电极，进而引发另一个电极的界面失效行为，如图7.13（a）所示。随着电池循环过程的进行，电极之间相互影响的界面失效逐渐加剧，直至电池失效，如图7.13（c）所示。这种电极之间相互关联的界面失效行为，可以定义为两个电极之间的串扰失效。可见，不同界面之间的失效行为以锂离子通量为媒介存在密切的关联作用。因此，Cui等[112]率先提出应该从电池整体的角度去认识电化学-力学失效机制，而不是孤立地看待正极、负极或固态电解质的失效行为。

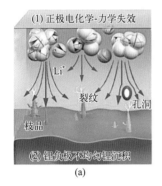
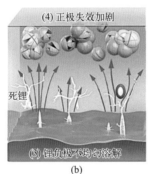
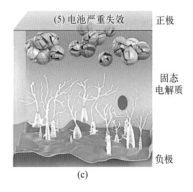

图7.13　固态锂电池正极和负极界面串扰失效示意图：（a）充电时正极界面失效对负极的影响；（b）放电时负极界面失效对正极的影响；（c）长循环后电池的界面失效加剧[112]

固态锂电池中的正极和负极之间的电化学-力学串扰尚未得到充分关注。2022年，Mukherjee等[113]建立了一种能够识别正极-电解质微观结构的模型，用于模拟正极微结构异质性导致的不均匀锂离子通量经过固态电解质传播到负极后，对负极反应异质性和稳定性的影响。通过理论模拟，他们首次提出正极/固态电解质的界面结构对电池反应异质性和负极稳定性起到决定作用，从理论上证明了固态锂电池中存在正极微观结构诱导的串扰行为。图7.14所示为正极结构特征对负极影响的理论模拟结果图，其中图7.14（a）和图7.14（b）分别为随机分布正极和结构化正极的材料分布图、正极/固态电解质界面电流密度分布图和负极/固态电解质界面电流密度分布图。结果显示，金属锂负极/固态电解质界面的反应均匀性遵循正极/固态电解质界面反应均匀性的随机性特征；当对正极进行结构化设计而改善正极/固态电解质的反应均匀性后，金属锂负极/固态电解质界面的反应均匀性也得到显著改善。但是，在固态锂电池工作过程中，正极界面反应和力学行为的动态变化对负极锂沉积溶解行为和界面反应的影响尚未见报道。

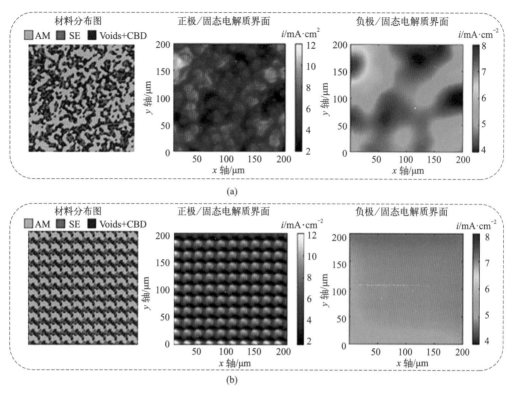

图7.14 正极结构特征对负极影响的理论模拟结果：（a）随机分布正极和（b）结构化正极的材料分布图、正极/固态电解质界面电流密度分布图和负极/固态电解质界面电流密度分布图。施加的电流密度为5mA·cm^{-2}[113]

2023年，Cui等[114]通过联用无损三维同步辐射X射线计算机断层扫描技术（SXCT）和其它非原位测试技术及有限元模拟，研究了LiNi$_{0.8}$Co$_{0.1}$Mn$_{0.1}$O$_2$/Li$_6$PS$_5$Cl/Li全固态电池循环过程中的性能衰退机制，首次证实正极和负极之间的电化学-力学串扰行为。通过分析如图7.15（a）所示的LiNi$_{0.8}$Co$_{0.1}$Mn$_{0.1}$O$_2$/Li$_6$PS$_5$Cl/Li全固态电池的SXCT测试结果，他们发现正极电化学-力学失效与金属锂负极的不均匀沉积、溶解、死锂及固态电解质的裂纹、孔洞和严重变形相伴而生。更确切地说，正极颗粒锂损失严重且裂纹较多的区域对应着负极锂剥离程度较严重的区域，而且正极侧越靠近集流体，锂损失的程度越小，越靠近固态电解质，锂损失的程度越大。这一研究结果表明，硫化物固态锂电池中存在电化学反应不均匀的现象，而且正极电化学-力学失效严重的区域与金属锂负极枝晶生长严重的区域之间具有空间对应关系。因此，可以推测正极和负极之间存在相互影响的串扰失效行为。为了进一步验证这一推断，Cui等设计了对比实验，SXCT测试结果如图7.15（b）所示。在对比实验中，当采用NASICON结构快离子导体材料磷酸锆锂Li$_x$Zr$_2$(PO$_4$)$_3$（LZP）对正极进行表面电化学-力学性能改性后[47,64]，不仅有效抑制了正极的电化学-力学失效，而且显著提高了负极锂沉积-溶解均匀性和电解质的结构完整性，这一"负电正调"的结果引人深思。进一步的分析表明，LiNi$_{0.8}$Co$_{0.1}$Mn$_{0.1}$O$_2$正极电化学-力学失效诱导的反应异质性所产生的不均匀锂离子通量传输到负极，导致了金属锂负极的不均匀沉积、溶解和固态电解质的严重变形。当正极的电化学-力学失效被LZP涂层抑制后，锂离子通量不均匀的问题得到解决，相应地电池整体的结构稳定性得到显著改善。该研究首次证实了硫化物固态锂电池正极和负极之间以锂离子通量为介导的相互依赖、相互关联的电化学 - 力学串扰失效行为，证明了采用"负电正调"策略解决电池电化学 - 力学失效问题的可行性。但是，正极界面改性抑制负极锂枝晶生长的微观机制还需要进一步阐明。负极界面改性在改善正极界面电化学 - 力学失效方面的积极作用也尚未得到证实。而且，固态电解质作为连接正极和负极的重要桥梁，在正极和负极界面串扰过程中的作用也有待考察。为了解决上述问题，需要厘清正极、负极、固态电解质三因素对电池电化学 - 力学失效的交互作用，并且揭示颗粒 - 界面 - 电极 - 电池多尺度结构和多物理场使役条件（电流密度、工作电压、压力、温度等）对电化学 - 力学串扰的影响。

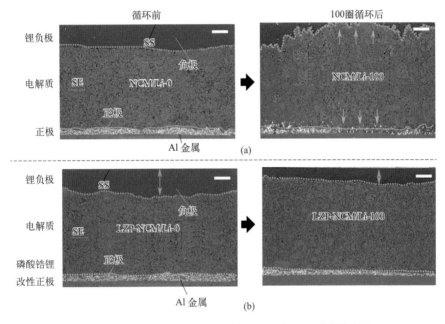

图 7.15　非原位 SXCT 技术表征固态锂电池循环前和 100 圈循环后的结构演化：
（a）$LiNi_{0.8}Co_{0.1}Mn_{0.1}O_2/Li_6PS_5Cl/Li$；（b）$LZP-LiNi_{0.8}Co_{0.1}Mn_{0.1}O_2/Li_6PS_5Cl/Li$。图中标尺为 200μm[114]

除了电化学 - 力学串扰，固态锂电池中还存在热串扰和气体串扰。Cui 等[115]从宏观 - 微观层面系统研究了基于无机固态电解质（Li_6PS_5Cl）的 Li-S 软包电池的热失控行为，发现正极/固态电解质界面表现出优异的热稳定性，在高达 250℃的测试范围内没有明显的持续自热状态。负极/固态电解质界面也表现出较高的热相容性。但是，固态 Li-S 电池在 90℃的温度下开始自放热直至热失控，整个电池呈现出比正极或负极界面更差的热稳定性。进一步的研究表明，固态 Li-S 电池在高温下工作时，封装材料铝塑膜不可避免地会出现一定程度的松动，这为硫物质升华并迁移到另一侧与金属锂负极反应创造了路线。同时，反应热量的积累和持续的自放热进一步提高了电池温度，从而导致正极硫的熔化和流动，加速自放热反应。最后，当温度超过负极熔点时，正极和负极剧烈反应，引起灾难性的热失控。这表明正极和负极之间的穿梭反应对热失控的作用不可忽略。

Brezesinski 等[116,117]利用原位微分电化学质谱（DEMS）技术对过充电状态下（2.9 ~ 5.0V，*vs.* Li^+/Li）的 $LiNi_{0.6}Co_{0.2}Mn_{0.2}O_2/Li_3PS_4/Li$ 固态电池进行了研究，并检测到

O_2、CO_2 和 SO_2 气体的信号。其中 O_2 来源于过充电状态下 $LiNi_{0.6}Co_{0.2}Mn_{0.2}O_2$ 中 O^{2-} 的氧化，CO_2 来源于正极材料表面碳酸盐的分解，SO_2 则来源于 O_2 对 Li_3PS_4 的氧化分解。Wu 等[118] 发现脱锂态的 $LiCoO_2$ 在高温时分解产生的 O_2 能够扩散至电解质层，引起硫化物电解质的氧化分解，导致固态电池热稳定性变差甚至引发热失控。

用不易燃的固态电解质取代易燃的有机电解液被认为有望从根本上解决锂电池的热稳定性问题。然而，已有报道指出固态锂电池同样存在产热、产气和热失控的安全问题[119,120]。Wu 等[121] 总结了代表性固态电解质材料的热稳定性。他们指出，虽然固态电解质材料在测试温度范围内具有优于电解液的本征热稳定性，但是当固态电解质与电极材料形成界面时，热稳定性却受到挑战。高氧化电位的正极材料比低氧化电位的正极材料更易降低聚合物和氧化物固态电解质的起始热分解温度。正极材料释放氧气会进一步氧化固态电解质。聚合物电解质对金属锂的界面稳定性相对较高，氧化物电解质与金属锂接触时容易发生剧烈反应，引发热失控。以上研究表明，固态锂电池的界面具有不同于材料本征热稳定性的热分解行为。本征热稳定性高的电解质材料与某种电极材料接触时，热稳定性有时反而降低的更剧烈。因此，提高界面热稳定性才是从根本上解决固态锂电池热稳定性问题的关键所在。

目前，科研人员通过界面设计获得了热稳定性显著提升的固态锂电池[122,123]，并且提出无氢固态电解质的设计思想用于解决固态锂电池的安全性问题。但是，固态锂电池的产热机理尚不完善，热分解过程尚不清晰，与热稳定性研究相关的表征技术和电池制备工艺亟待发展，热稳定性的评价标准还比较模糊，热管理技术还不成熟。固态锂电池的热稳定性研究尚处于起步阶段，距离实现真正安全的固态锂电池还有很长的路要走。

7.4 多尺度多物理场的界面表征技术

电极/固态电解质的界面性质决定了全固态电池的电化学性能。深刻认识控制界面离子传输和电化学反应动力学的内在机制对于获得理想的高性能全固态锂电池至关重要。锂离子在全固态电池中的传输和电化学反应涉及从原子尺度到宏观尺度的多尺度过程。而且锂离子的传输和电化学反应不仅受到电、力、热的影响，还会产生电、力、热，反作用于锂离子的传输和电化学反应。为了全面探测全固态锂电池的界面行为，通常需要组合不同的表征技术。具有高空间分辨率的电极/固态电解质界面先进表征技术可以准确地揭示潜在的界面现象。但由于锂的高电化学反应活性，全面表征电极/固态电解质的界面性质仍然具有挑战性。因此，现阶段迫切需要多尺度与多物理场相结合的全固态锂电池界面表征技术。

固态界面的直观、清晰、准确表征是固态锂电池界面研究中面临的一个主要困难。固态锂电池中存在大量"包埋"界面，常规的表征技术难以穿透各种固体材料对界面结构、组分、反应和电荷迁移能力进行原位测试。通过对"包埋"界面进行解剖处理充分暴露后再进行非原位测试，则不可避免地因操作不当而破坏原本的界面结构特征和组成，难以如实获得界面的真实信息。而且，目前的电极和固态电解质材料体系多种多样，导致在一种材料体系中高度适用的表征技术难以推广至其他材料体系。比如，透射电子显微镜技术在原位表征基于氧化物固态电解质的固态锂电池的界面结构、成分及电势分布方面具有独特的先进性和优越性。但是该技术却鲜少用于聚合物固态锂电池或者硫化物固态锂电池的研究。这是因为聚合物电解质和硫化物电解质材料的耐电子辐照能力较差。虽然采用减少电子量的传统方法能够减轻电子损伤，但是像锂、氧等低原子序数的元素会散射电子，导致信噪比变差。尤其是固态锂金属电池中金属锂负极界面的相关表征面临的挑战更加严峻。

因此，如何克服现有表征技术的不足，探索新的原位表征技术，以及发展合适的界面制备方法，成为界面问题这一关键科学问题研究过程中首先要解决的一个重要技术难点。目前，科研人员已经发展了多种适用于固态锂电池界面研究的原位表征技术[124-131]。

7.4.1　原位显微技术

7.4.1.1　原位光学显微镜

原位光学显微镜（OM）常用于对金属锂在循环过程中锂枝晶的生长等形貌变化、电极的膨胀与收缩以及电池内部应力变化的研究。Brissot等[132,133]通过安装在OM上的电荷耦合器件相机原位观测了Li/PEO-LiTFSI/Li电池中枝晶生长和短路过程，发现枝晶形状与电流密度密切相关。

7.4.1.2　原位扫描电子显微镜

原位SEM以超短波长的电子束光源可以获得30万倍的放大倍率，具有数百倍于光学显微镜的景深，可以用于实时观测固态电池材料在充放电过程中形貌的微细变化，结合EDS还能对指定区域进行元素区域分析成像。Sagane等[134]通过在铜集流体上设置一个孔，实现了对金属锂在Cu/LiPON界面上的电化学沉积和溶出过程的原位SEM观测。图7.16（a）展示了SEM原位电池的示意图其结构为Li/LiPON/LATP/LiPON/Cu，原位监测区域为LiPON/Cu界面。图7.16（b）和图7.16（c）分别为锂沉积和溶出过程中锂枝晶形貌变化图。实验结果显示，在$50\mu A\cdot cm^{-2}$电流密度下进行锂沉积时，锂沉积物的生长

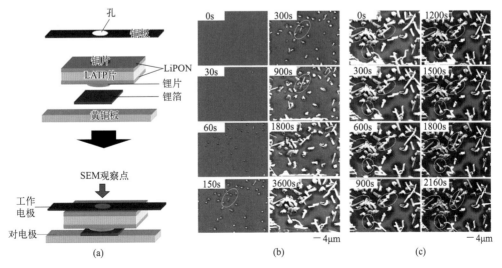

图7.16　原位扫描电子显微镜观察锂枝晶生长图：（a）扫描电子显微镜原位电池示意图；（b）锂沉积和（c）溶出过程中在不同时间拍摄的形貌变化图（电流密度为$50\mu A\cdot cm^{-2}$）[134]

位点分布稀疏。当在$50\mu A \cdot cm^{-2}$电流密度下进行锂剥离反应时，大部分锂沉积物的核心区域都发生了锂剥离，但是剥离程度与沉积物的长度相关。

Dolle等[135]采用原位SEM清晰地观察到锂枝晶在固态聚合物基锂电池中的三维结构，还观察到锂枝晶导致的电极/电解质界面完全分层。Golozar等[136]设计了适用于原位SEM的固态聚合物锂电池样品台，原位监测了LiFePO$_4$/PEO/Li电池的枝晶生长过程，并借助FIB、纳米机械手和EDS进一步发现锂枝晶的中空结构，并将其归因于循环过程中聚合物的产气。Hovington等[137]采用原位SEM表征了Li$_{1.2}$V$_3$O$_8$/Li固态锂电池在循环过程中厚度的变化情况。结果表明正极和电解质的厚度在反复充放电过程中基本保持不变，但金属锂负极在首次放电和充电后厚度分别为33μm和42μm，这说明金属锂在沉积时形成了疏松多孔的结构，这导致了电池性能的逐渐恶化。

Zheng等[138]构建了微型全固态锂氧电池系统，利用原位SEM实时观测了全固态锂氧电池充放电过程中放电产物Li$_2$O$_2$的形成和分解。但是，原位SEM的空间分辨率仅可达到10nm左右，实际分辨率受限于样品的导电性和电镜腔体的环境，很难获得纳米材料在充放电过程中的内部结构、化学态、表界面处的原子级结构和成分变化等方面的信息。

7.4.1.3 原位透射电子显微镜

原位TEM可以通过不同的模式如HRTEM、STEM、SED、EELS等实现从纳米甚至原子尺度上实时、动态监测电极、固态电解质及其界面在工况下的微观结构演化、反应动力学、相变、化学变化、机械应力以及表界面处的结构、形貌、物相以及电子结构等关键信息。其中，EELS是一种通过检测透射电子在穿过样品过程中，产生非弹性散射而损失能量的特征光谱，研究相关物质的元素组成、化学键和电子结构的一种先进分析技术。EELS的主要功能与X射线色散能谱分析类似，不同之处在于轻元素电离截面大，因此电子能量损失谱对轻元素的灵敏度更高，比如用来直接检测纳米尺度的锂信号，此外还可分析出样品中相关元素的价态、近邻原子数目和键合信息，是研究材料界面的有力工具[127]。冷冻电镜（Cryo-EM）在表征辐照敏感材料上发挥着重要的作用，如研究金属锂从非晶到结晶的形核过程[139]，研究SEI膜在工况条件下的组分分布和结构演变[140-144]，表征固态电解质热分解过程中的结构变化[145]等。

Gong等[146]采用原位TEM在原子尺度上观察了LiCoO$_2$/Li$_{6.75}$La$_{2.84}$Y$_{0.16}$Zr$_{1.75}$Ta$_{0.25}$O$_{12}$/Au固态锂电池脱锂过程中LiCoO$_2$正极的结构演变过程。结果显示经过高压脱锂后，初始LiCoO$_2$单晶演变为由相干孪晶边界和反相畴边界相连的纳米尺度多晶体，这与液态锂电池中LiCoO$_2$的相转变机制有所不同。Wang等[147]通过STEM和EELS研究了LiCoO$_2$/LiPON/Si薄膜电池的界面结构和电荷转移情况，发现电池在循环前LiCoO$_2$/LiPON界面已经存在结构无序的界面层，并且在原位充电的过程中，该界面层形成了高度氧化的钴离子物种以及氧化锂和过氧化锂物种。由于轻元素的电离截面大，EELS对轻元素的灵敏度更高，在直接检测纳米尺度的锂信号方面发挥着显著作用。Nomura等[148]借助STEM的EELS并利用稀疏编码重构技术提高时间分辨率，探究了LiCoO$_2$正极和Li$_{1+x+y}$(Ti,Ge)$_{2-x}$Si$_y$P$_{3-y}$O$_{12}$（LASGTP）电解质之间锂浓度分布的动态变化。发现在电化学反应过程中，锂离子不仅沿垂直方向向电极/固态电解质界面移动，而且也沿平行方向移动，从而导致锂离子浓度在纳米尺度上发生空间变化。球差校正技术提高了TEM的分辨率，大大降低了对比度的去局部化，避免了由于对比度离域造成的结构伪成像，可以准确解析界面的化学和结构信息及其对锂离子传输的影响。Li等[149]通过球差校正STEM发现富锂正极材料与$Li_{0.33}La_{0.56}TiO_3$电解质之间形成了外延生长的原子尺度紧密固/固接触界面。尽管原位电子显微技术，尤其是原位TEM，可以以极高的空间和时间分辨率对固态电池进行实时观测，然而，在实验过程中高能电子束的持续照射和轰击将不可避免地给电池样品带来不利影响，这在STEM模式下聚焦纳米级直径的电子束下更为显著。例如，Lu等[150]发现富锂正极材料$Li_{1.2}Ni_{0.2}Mn_{0.6}O_2$的表面结构层在200kV的STEM电子束下发生层状-尖晶石-岩盐相的结构相变。

电子全息技术突破了电子显微镜的分辨极限，能够直观地给出穿过样品的入射电子波的相位变化，同时携带电磁场的信息。由于零损耗能量滤波、线性波捕获和全息重建过程中相干像差的校正，电子全息技术已经达到了横向分辨率和信号分辨率的水平，能在原子尺度上分析离子导体内部的静电势和离子运动，以及材料界面处的空间电荷层和电位分布。Nomura等[151]通过电子全息技术直接观察到全固态锂电池中铜电极和$Li_{1+x+y}Al_x(Ti,Ge)_{2-x}Si_yP_{3-y}O_{12}$电解质界面的空间电荷层。结果显示由于固/固界面处费米能级的不同导致界面锂离子的重新分布和带隙弯曲，并在界面处形成了厚度为10nm的空间电荷层。Yamamoto等[26]将原位透射电子显微镜和电子全息技术相结合，观察到电池充放电过程中$LiCoO_2$正极和$Li_{1+x+y}Al_yTi_{2y}Si_xP_3O_{12}$电解质界面由于锂离子重新分布而产生的电势变化。

7.4.2 原位X射线和中子技术

基于X射线与中子的原位表征技术具有无损、实时等优势，在材料学、生物医学、地质学、航空航天等领域发挥着重要作用。伴随着同步辐射X射线源和中子源等大科学装置的快速发展，利用同步辐射X射线与中子源反应堆或散裂中子源中子的原位表征技术越来越多地被应用于电极/电解质材料退化与电池性能衰退失效方面的研究。图7.17是X射线和中子与物质间的作用原理示意图：X射线主要与核外电子发生相互作用，与

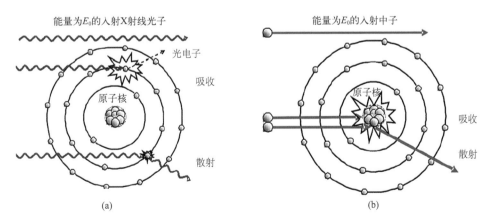

图7.17 物质与X射线和中子的作用机制示意图：（a）X射线与核外电子相互作用；（b）中子与原子核相互作用[152]

电子云密度有关；中子则主要与原子核发生相互作用[152]。这种不同的作用方式使得X射线与中子表征技术互为补充。例如，对于低原子序数的锂金属，由于核外电子数少，导致其不易被X射线表征方法所研究，然而中子表征方法直接与锂原子核相互作用，易被中子表征方法所观测。Owejan等[153]采用中子表征方法成功揭示出石墨负极中锂的传输过程，Sun等[154]利用同步辐射X射线与中子表征方法提供的互补、全面信息，深入阐明了锂金属负极的形貌演化过程。接下来将分别介绍X射线表征技术和中子表征技术在固态电池中的应用。

根据X射线与物质不同的作用机制，同步辐射X射线的实验表征方法包括透射式X射线衍射（XRD）、X射线吸收谱（XAS）、共振非弹性X射线散射（RIXS）技术以及X射线成像技术。在这一部分，我们将首先介绍同步辐射X射线技术在固态锂电池中的应用，然后简单介绍在固态锂电池界面研究中使用比较广泛的X射线光电子能谱（XPS）技术，最后介绍中子技术在固态锂电池中的应用。

7.4.2.1 原位X射线衍射

与常规实验室XRD相比，同步辐射X射线的高能量、高通量、波长连续可调等优点使同步辐射XRD的测试速度更快、分辨率更高，更适合对电池的结构演变过程进行原位监测。原位XRD测试装置主要有反射式与透射式两种。采用反射式装置时，入射X射线到达样品表面后反射到信号采集器中，因此获取的信号主要来源于暴露在X射线的样品表面，但是对于远离X射线暴露面的样品信号难以采集到，这不利于研究电极与电解质的界面结构演变。采用透射式装置时，入射X射线可以直接穿透整个电池，从而获得样品的整体信息。因此，基于同步辐射光源的原位透射式XRD，可以实时监测电极或电极/电解质界面中物相及其晶格参数在不同充放电状态的变化过程，以及随着充放电循环的持续进行而产生的变化，为深入研究电池的运行和失效机理提供重要视角与数据支持。Xu等[155]利用原位同步辐射XRD技术研究了$LiNi_{0.8}Co_{0.1}Mn_{0.1}O_2$正极性能衰退的机理。当电池的充电状态（SOC）超过约75%时，$LiNi_{0.8}Co_{0.1}Mn_{0.1}O_2$层状结构的晶胞在$c$轴和$a/b$轴方向都出现显著收缩，导致在$LiNi_{0.8}Co_{0.1}Mn_{0.1}O_2$初级颗粒上外延生长的岩盐相与本体层状结构之间的晶格失配显著增加，从而在界面处形成较高的晶格应变，引发结构驱动的性能退化。同步辐射原位XRD还可以与加热装置联用，监测正极材料与电解质加热过程中的界面稳定性，用于评价正极材料与电解质的热稳定性。例如，采用同步辐射原位XRD可检测到高镍正极材料$LiNi_{0.83}Co_{0.12}Mn_{0.05}O_2$与碳酸酯类电解液加热到275℃以上时，出现了典型的界面反应产物Li_2CO_3和TM_3O_4（TM为过渡金属元素）型尖晶石相[156]。如果将原位加热的同步辐射XRD技术应用于全固态锂电池，将有助于获得不同SOC状态下电极材料与固态电解质的界面反应信息，这对于从结构演化的角度认识电极材料与固态电解质的界面热稳定性将非常有意义。

7.4.2.2 原位X射线吸收

X射线吸收光谱（XAS）是一种测量样品的X射线吸收系数的技术。X射线透过样品后，由于样品对X射线的吸收和散射，使得透过的X射线强度发生衰减，其衰减程度与样品的结构、组成密切相关。这种利用同步辐射X射线入射样品前后的信号变化来分析材料的元素组成、电子态及微观结构等信息的光谱技术被称为X射线吸收光谱。由于X射线的透射光强与样品的原子序数、化合价等有关，对固体（晶体或非晶）、液体、气体等各类样品都可以进行元素的定性与定量分析。X射线吸收光谱按被吸收边的相对能量范围分为两个区域：

① X射线近边吸收光谱（XANES），覆盖从吸收边以下的几个eV到大约50eV以上能量范围；XANES可以定量和定性地分析元素氧化态的变化和共价键的强度；

② 扩展X射线吸收精细结构（EXAFS），覆盖从吸收边上约50eV延伸到1000eV的能量范围；EXAFS可用于研究短程局部结构，并通过数据拟合获得邻近的配位数和键长等原子周围的局部化学环境信息。

根据探测X射线源的能量范围（波长），XAS可分为软XAS（sXAS）（＜1keV）、柔软XAS（1～5keV）和硬XAS（＞5keV）。图7.18展示了元素周期表中元素的X射线K边和L边吸收能量，可以指导我们选择合适的能量范围对目标元素进行测试。

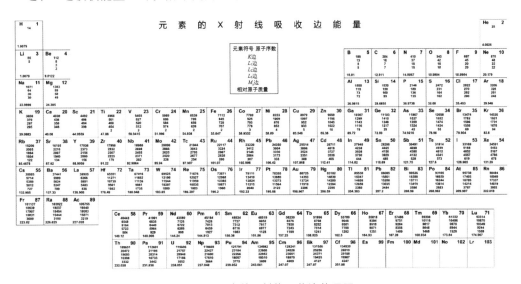

图7.18　元素的X射线吸收边能量图

在全固态锂电池中，由于正极材料的材料体系与液体锂离子电池几乎相同，大部分过渡金属元素，如Mn、Fe、Co、Ni的XAS测试技术可以借鉴液态锂电池的经验，目前发展的已经比较成熟。相比于采用硬XAS测试材料体相的元素价态变化，全固态锂电池对过渡金属元素表界面XAS测试的需求变得越来越迫切，特别是对固态电解质的分解问题关注度较高，比如O、P、S、Cl、Ge等元素的价态和电子结构变化。与硬X射线等技术相比，sXAS是一种对费米能级附近电子态更直接、更有效的实验探测技术，可直接探测决定电极材料电化学过程中氧化还原反应的过渡金属3d态以及氧2p态等电子态。在电池材料中，费米能级附近的这些关键电子态从根本上调节着与电池性能有关的特性，如电子电导率、离子扩散、开路电压、安全性、结构稳定性和相变。特别是对于过渡金属氧化物基正极材料，可以使用sXAS通过偶极子允许的跃迁直接检测TM 3d和阴离子p态。基于上述原因，sXAS和适用于P、S、Cl等元素的柔软XAS技术在全固态锂电池中的应用越来越多，尤其在分析固态电解质与电极的界面反应、SEI膜的演化、界面电荷转移等方面，这些技术发挥了重要的作用。

sXAS 是通过使用能量连续可调的 X 光将样品芯能级电子激发至费米能级附近的未占据态，此时整个系统处于激发态，空穴处于芯能级，被激发电子处于未占据态，随后在退激发过程中，上述激发态通过释放电子或发射荧光光子两种形式释放能量[157]。根据探测深度的不同，sXAS 的测试模式主要分为总电子产额（TEY，探测深度为 10nm，探测样品表面电子态）和总荧光产额（TFY，探测深度为 $100 \sim 200nm$，探测样品体相电子态）两种模式。两种模式结合使用在研究电极/电解质界面反应和表界面结构演化方面起到了重要作用。

在光谱测试中需要满足电偶极跃迁规则，sXAS 可以通过 2p-3d 跃迁探测过渡金属的 3d 态，而过渡金属的 3d 直接对应其价态信息；sXAS 也可以通过 1s-2p 跃迁测量氧的 2p 态。应该指出的是，在 sXAS 实际测试过程中，光谱谱形会受自吸收效应的影响而发生畸变。如 Mn L 边 sXAS TFY 信号中含有来源于 O 激发得到的出射光子，这主要是由于在锰氧化合物 sXAS 测量过程中，Mn 的出射光子能量正好位于 O 的吸收边之上，出射光子可以继续激发 O 的芯能级电子形成发射光谱，这种现象被称为自吸收效应[158]。由于 Mn 和 O 对出射光子数量的贡献完全相反，自吸收效应会使 Mn L 边 sXAS TFY 光谱谱形严重扭曲。基于此，为避免 Mn L 边 sXAS TFY 谱形的扭曲问题，研究人员通常采用没有自吸收效应的反转部分荧光产额（iPFY）的吸收谱探测体相中 TM 3d 态[159]。由于受到多重态效应的影响，过渡金属 L 边 sXAS 光谱特征峰尖锐且区分明显。因此，通过对 sXAS 光谱多重态特征峰的谱形分析，可以对电池材料中不同电化学阶段的过渡金属氧化态做定量化的表征。

基于同步辐射光源的原位 XAS 具有高的时间分辨率，可用于研究电极材料与固态电解质材料在充放电过程中的界面反应机理和电荷转移动力学。Li 等[49] 对 $LiNi_{0.8}Co_{0.1}Mn_{0.1}O_2$ 正极和 $Li_{10}GeP_2S_{12}$ 固态电解质组成的电池系统进行了 S、Ni、Co 和 Mn 元素 K 边的原位 XANES 表征。他们发现电池首次充电超过 3.5V 后，$Li_{10}GeP_2S_{12}$ 出现亚稳中间相，并且在放电过程中，$Li_{10}GeP_2S_{12}$ 的亚稳中间相不能完全可逆地回到原来的状态。因此，部分 $Li_{10}GeP_2S_{12}$ 首先分解形成 Li_2S，该副反应同时加剧了正极从表面到体相的结构演变。随着循环的进行，固态电解质和正极侧的副反应逐渐积累，阻碍了界面的离子传输，使电池性能大幅下降。Liu 等[160] 利用原位 sXAS 技术研究了 $LiCo_{1/3}Ni_{1/3}Mn_{1/3}O_2$ 和 $LiFePO_4$ 在聚合物基固态锂电池中不同的电荷转移动力学行为。为了克服 sXAS 穿透深度浅、真空度要求高的技术难题，他们在电池制造初期采用激光打孔技术对集流体进行了改进，所制备的固态电池原位软 XAS 测试装置示意图如图 7.19 所示。如果能在现有技术的基础上进行改进，将电极与固态电解质的界面直接暴露于 X 射线的照射之下，将为认识界面反应提供更直接和全面的信息。

RIXS 过程可以分成两步：与 sXAS 过程类似，利用能量连续可调的光子将芯能级电子激发到未占据态，此时整个系统处于激发态，在 RIXS 过程中又被称为中间态，其中有空穴处于芯能级，被激发电子处于未占据态；激发态退激发过程释放能量放出光子，通过光谱仪得到出射光子的能量分布[157]。与 sXAS 相比，RIXS 光谱通过探测不同激发能量下的出射光子能量分布，可以提供新的电子态信息，从而用于探测过渡金属的异常氧化态（如 Mn^+、Fe^{4+}）。RIXS 可以将 O K 边 sXAS 光谱中的单个数据点进一步分解为出

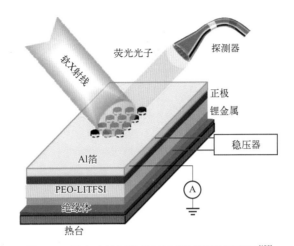

图7.19　固态电池原位软XAS测试装置示意图[160]

射光子能量分布曲线，进而提供一个沿着发射能量方向的新维度的信息，为区分sXAS中特定化学状态提供了条件。RIXS可以用来区分阴离子氧化还原反应的特征峰以及过渡金属与氧的杂化峰[161]。RIXS特征峰的变化直接对应于正极充放电过程中氧离子电子态的定性定量演化，这表明RIXS是探测电极材料中体相晶格氧参与阴离子氧化还原的理想工具。

7.4.2.3　原位X射线成像

　　基于同步辐射的X射线成像技术包括X射线计算机断层扫描技术（SXCT）、使用聚焦X射线的透射X射线成像技术（TXM）、全场透射X射线显微镜（Full-field TXM）、扫描透射X射线显微镜（STXM）、Zernike相衬显微成像、相干X射线衍射成像（CXDI）、X射线全息成像（X-ray holography）、X射线荧光显微术（XFM）、X射线光谱显微术（X-ray spectromicroscopy）、X射线光电发射电子显微镜（XPEEM）等[162,163]。各种X射线成像技术的工作原理在此不做赘述，此处只简单介绍几种代表性技术的特征及其在全固态电池原位研究中的应用案例。

　　图7.20所示为同步辐射X射线成像示意图，其中图7.20（a）为平行光X射线计算机断层扫描（SXCT）技术示意图，图7.20（b）为透射X射线成像（TXM）技术示意图，图7.20（c）为扫描透射X射线成像（STXM）技术示意图[163]。SXCT与TXM使用面探测器进行全场成像，即单次曝光即可完成样品的二维透射图像采集，因此相比于扫描成像方法具有成像速度快的优势。STXM使用点探测器进行扫描成像，在此过程中，聚焦到几十纳米的X射线光斑对样品在水平与垂直方向进行逐点扫描，单次曝光只采集单个像素点的信息。因此STXM扫描时间偏长，但其空间分辨率最高（可达12nm）[164]。从图7.20中还可以看到，采用平行X射线的SXCT技术，其视窗（FOV）大，可表征毫米量级的样品，成像空间分辨率为微米尺度。而采用聚焦X射线的TXM和STXM技术，其FOV小，一般用来表征微米量级的样品，但其空间分辨率较高，为纳米尺度。需要指出的是，以上三种成像方式在单次曝光时得到的是包含X射线衰减衬度的二维透射投影图像，采用计算机将不同角度的二维透射投影图像按照特定的反向投影算法进行重建，即可得到样品的三维断层数据[165]。

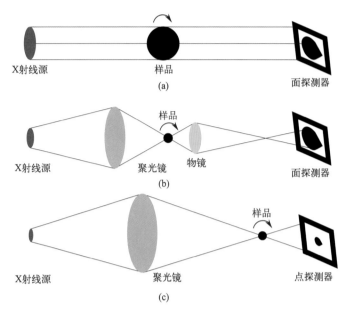

图7.20　同步辐射X射线成像示意图：（a）平行光X射线计算机断层扫描（SXCT）技术；（b）透射X射线成像（TXM）技术；（c）扫描透射X射线成像（STXM）技术[163]

多尺度同步辐射成像技术可用于分析不同尺度下的电池失效机制。采用微米尺度的同步辐射X射线成像技术还可对电极材料及电极/电解质界面失效过程进行深入分析。原位电子计算机断层扫描（CT）技术可以对固态锂电池进行穿透扫描投影成像，实时跟踪电池内部组分的形貌、晶体结构与化学组分等信息在电池运行过程中的动态变化，获得各角度下的对比度衰减图像，最终通过计算机软件重构为三维结构，对研究固态电池界面性能、界面变化以及电池失效机理具有重要意义。Madsen等[166]利用原位CT对$Li_{10}GeP_2S_{12}$/Li界面在电池循环过程中的形貌进行实时三维监测。结果显示充放电过程中，由于$Li_{10}GeP_2S_{12}$与锂负极的不均匀接触，$Li_{10}GeP_2S_{12}$表面的部分区域不可逆地向金属锂突出，伴随着副反应产物的生成。Sun等[167]利用原位CT发现持续的充放电循环导致负极与$Li_{10}GeP_2S_{12}$之间的固/固接触逐渐减弱，甚至产生越来越明显的孔隙，揭示了界面形变对于电池性能衰减的贡献。Lewis等[168]也利用原位CT比较了不同镀锂电流下$Li_{10}SnP_2S_{12}$/Li界面的动态变化，并提出了孔隙演化的三种方式，即脱锂时局部电流过大导致孔隙出现、锂化过程中孔隙被填充以及锂消耗导致负极也出现孔隙。Devaux等[169]借助CT发现原本紧密接触的聚合物电解质/锂负极界面在多次循环后出现了分层和孔洞，这可能是电池容量快速衰减的直接原因。

最近，Ning等[170]采用实时原位CT监测了对称电池Li/Li_6PS_5Cl/Li在锂沉积过程中裂纹的演化过程。研究结果表明，裂纹前沿在裂纹中的传播速度远快于金属锂枝晶的生长速度，裂纹前沿在锂枝晶前面扩展，而不是沉积的锂枝晶导致裂纹扩展。这解释了即使有裂纹穿过整个固态电解质连接两个电极但也不会发生短路的现象。进一步，Ning等[171]基于全固态电池的CT表征结果，提出将全固态电池中枝晶短路过程分为枝晶形核与枝晶生长两个不同的阶段，并根据实验结果提出抑制全固态电池的内短路可以通过控制枝晶的形核过程，也可以通过减缓枝晶生长过程实现。这些工作为锂枝晶的生长和固态电解质的开裂，以及全固态电池的失效过程提供了重要的见解。

采用纳米尺度的同步辐射成像技术可分析单个电极颗粒及纳米尺度的固/固界面随电化学过程的失效过程。Lou 等[172]采用纳米 TXM 技术对循环后的固态电池多晶正极颗粒 $LiNi_{0.6}Co_{0.2}Mn_{0.2}O_2$ 进行了三维成像分析，结果表明循环后的多晶 $LiNi_{0.6}Co_{0.2}Mn_{0.2}O_2$ 颗粒内部产生了很多的微裂纹，这些微裂纹一方面阻止锂离子的传输，提高了电池内阻，另一方面恶化多晶颗粒内部一次颗粒之间的固/固接触，降低了电池的可用容量。Hao 等[173]使用纳米 CT 技术在三维空间内深入分析了 LLZTO 固态电解质晶粒间隙形状与锂沉积形貌间的关系，结果表明，呈曲折平面状的锂沉积形貌与 LLZTO 晶粒间隙相吻合。他们据此推断，固态电解质 LLZTO 内的锂沉积行为为大多沿晶界进行，而非穿晶生长。Otoyama 等[174]采用纳米 CT 技术可视化地研究了硫化物基全固态电池内短路问题，他们发现在电池循环过程中，Li_3PS_4 固态电解质/锂负极固/固界面处发生体积膨胀的副反应，同时产生了微裂纹。随后锂枝晶优先在产生的微裂纹内部沉积，进一步引发固态电解质与锂的副反应和裂纹的增大。在裂纹内部不断沉积和生长的锂枝晶最终连接了正负极，造成了电池短路。

此外，将 XANES 与同步辐射 X 射线成像技术相结合，可同时获得电极材料中元素和价态的二维或三维分布信息。Kimura 等[175]将 CT 与 XANES 技术结合研究了复合正极中活性材料的含量对全固态电池电化学性能的影响，确定了低离子迁移阻抗的复合正极中最佳的活性物质含量，对构建高性能全固态锂电池电极材料具有重要指导意义。Sun 等[176]采用 XANES-TXM 技术揭示出 FeS_2 电极颗粒的不均匀相转变造成了 $FeS_2/Li_7P_3S_{11}/$ Li 全固态电池循环性能较差，同时他们也发现 FeS_2 较大的体积缩胀引起了电极/电解质固/固接触恶化，导致电池容量的损失。Wang 等[177]利用 XANES-TXM 实时观测了 $LiFePO_4$ 正极在充电脱锂过程中的物相变化，结果显示相变反应从 $LiFePO_4$ 外表面以一种核-壳结构的模式逐渐向 $LiFePO_4$ 颗粒内部推进。另外，同步 X 射线成像技术也可以用来研究全固态电池的热安全行为。Charbonnel 等[178]将原位同步辐射 X 射线成像技术与外部加热装置结合，首次实现同时研究使用 LLZO 固态电解质的固态电池的热变化和电池形态变化，将热失控过程与电池内部的颗粒疏散、气体喷出、电极变形等行为建立实时联系，并证明了固态电池的热安全性仍然受到挑战。

7.4.2.4 原位X射线光电子能谱

X射线光电子能谱（XPS）是一种超高真空下的表面分析手段。XPS 可以进行元素定性分析、固体表面状态分析、结构分析和定量分析。XPS 定性分析元素组成的基本原理为光电离作用，利用 XPS 可以得到电子的结合能。由于每一种元素的原子结构不同，原子内层能级上电子的结合能是元素特性的反映，具有标识性，可以作为元素分析的"指纹"。因此，原则上讲，除了 H 与 He 以外，XPS 可以检测元素周期表中的所有元素。XPS 的信息深度为 $0.5 \sim 5nm$，是进行表面分析的有用工具。当原子处于不同的化学态或化学环境时，会影响光电子的能量，导致 XPS 谱图上出峰的位置发生移动，这就是化学位移。根据化学位移可鉴别原子的氧化态和化合物的结构等。一般来说，氧化反应使结合能升高，失电子越多，偏移越大。还原反应使结合能降低，得电子越多，偏移越大。在定量分析方面，根据谱峰强度（峰面积或峰高）与元素的含量成正比，可以采用元素灵敏度因子法进行定量分析。

原位XPS技术应用于固态电池界面研究时，面临的困难是XPS的信号检测深度通常在样品表面10nm的范围之内，在常规的固态电池结构中难以实时监测到正极界面的信号。因此，非原位XPS在分析正极/固态电解质界面反应和负极/固态电解质界面反应方面的应用更为广泛。目前，通过巧妙的设计，已经实现对金属电极与固态电解质界面反应的原位XPS研究。原位XPS实验装置的示意图如图7.21所示。首先，对固态电解质进行XPS测试，记录固态电解质与金属反应之前的信号。然后，将样品台移动到溅射位置，用氩离子束在固态电解质的样品表面溅射锂金属，通过"自下而上"的方法原位形成锂和固态电解质的界面。之后，再次对固态电解质样品进行XPS测试。

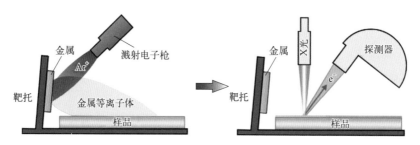

图7.21　原位XPS实验装置示意图[179]

利用原位XPS技术，研究人员发现$Li_{0.35}La_{0.55}TiO_3$与锂金属界面反应会导致Ti离子被还原，甚至生成Ti金属[179]；$Li_{10}GeP_2S_{12}$与锂金属难以形成稳定的界面，会不断发生界面反应，并生成Li_2S、Li_3P以及Li-Ge合金[180]；$Li_7P_3S_{11}$与锂金属界面也不稳定，会持续反应生成Li_2S与Li_3P[181]。需要指出的是，目前使用原位XPS测试的界面反应与电池实际工作状态下的界面电化学反应可能有所不同，未来需要继续开发新型原位XPS测试装置。

7.4.2.5　原位中子技术

与基于电子间相互作用的X射线相比，中子不带电，主要与原子核相互作用，这使得中子具有更强的穿透能力，对于Li等轻元素具有高灵敏度，有利于研究固态电池中电极及电解质中的锂离子活性位点及其分布。基于中子的测试技术主要包括中子深度剖面分析技术（NDP）、中子成像技术、中子衍射技术、小角中子散射、中子反射技术等[182]。下面将重点介绍NDP与中子成像技术在固态电池失效机制研究方面的应用。

中子深度剖面分析技术（NDP）主要通过中子俘获反应以确定特定元素的空间分布[183]。NDP测试锂分布的原理是：当中子束穿过含锂样品时，中子（4meV）与^{6}Li同位素会发生以下反应：$^6Li+n \rightarrow ^4He$ (2055keV)$+^3H$ (2727keV)。反应后，生成的粒子以一定的速率向基体损失能量，可用于确定中子与锂核反应的初始位置，计数表示相应深度处的锂丰度，锂的密度[184]。

Li等[185]利用原位NDP技术对Li/LLZTO/Ti全固态电池的锂沉积过程进行了深入研究，观测到大部分锂直接沉积在三维结构Ti电极的孔隙中，这有利于提高电池界面的稳定性，并减少锂枝晶的生长。Wang等[186]利用原位NDP研究了循环过程中石榴石基固态电池的Li分布和传输。SEM形貌和原位NDP结果显示，碳纳米管/石榴石固态电解质界面附近的金属锂消耗，使得金属锂与电解质的接触变少，从而导致显著的锂沉积/剥离不可逆性。由于导电性差和颗粒刚性,含锂正极活性材料与石榴石固态电解质颗粒表面的接触更差。根据NDP结果,Li离子只能在正极和石榴石固态电解质界面附近的一个小范围内可逆迁移。此外,该研究还提出了原位NDP技术在电池短路预测方面的诊断能力。作者发现,当Li/石榴石/Li对称电池进行反复充电和放电时,在电池短路导致电压曲线急剧下降之前的几个小时,NDP计数就已经出现净增加,这意味着锂枝晶开始形成并导致锂的沉积溶解过程出现轻微的不可逆性。然而,电压信号的变化不能及时反映锂枝晶何时开始形成,只有当电池已经开始短路时才能通过电压下降加以判断。因此,NDP技术在短路预测方面比传统的电化学测量技术更有优势。

中子成像的基本原理是利用不同材料对中子束的吸收系数不同,来获取样品内部材料的空间分布、密度变化、结构信息等,这与透射X射线成像类似[187]。同时与透射X射线成像类似的是,根据成像方法的不同,中子成像可分为二维透射投影成像和三维计算机断层扫描成像。但与X射线成像不同,中子成像对较轻元素十分敏感,能够分辨高密度材料中的低原子序数物质。Bradbury等[188]首次采用三维中子CT成像技术对全固态Li-S电池的反应机制进行了研究,实验中所用到的电池模型、表征电池的二维中子投影图及不同电极的中子吸收系数如图7.22所示。通过在三维空间内实时探究全固态Li-S电池循环过程中锂元素的分布情况,表征到了正极侧反应界面的移动,该反应界面的移动从固态电解质侧指向集流体侧。据此推测,复合正极内较慢的锂离子传输过程是影响电池倍率性能的限速步骤。为了更加明确地揭示全固态电池充放电过程中锂的传输行为,Bradbury等[189]采用了对中子吸收更高的富含锂^{6}Li同位素的InLi负极、Li_6PS_5Cl电解质(^{6}Li自然丰度7.59%,^{7}Li自然丰度92.41%)组成全固态Li-S电池。结合实时原位二维中子成像与三维CT成像技术,成功地将在电化学过程中传输的锂与在固态电解质中的锂区分开来,这为深入研究电化学过程中锂的动态传输路径、实时传输行为奠定了实验基础。

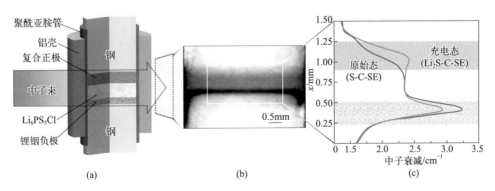

图7.22 中子成像技术表征全固态Li-S电池示意图:(a)使用的原位电池模型示意图;(b)测试电池的中子二维透射图;(c)图(b)中白框区域内处于不同位置(纵坐标)的物质的中子吸收率(横坐标)[188]

7.4.3 原位波谱技术

7.4.3.1 原位核磁共振

通过同位素标记跟踪等,NMR可以用来定性分析材料的化学成分和结构。由于无法将电路中正在运行的全固态电池放入NMR探头中，原位NMR实验目前只能在静态下进行。Romanenko等[190]首次对固态锂电池实现了原位磁共振成像（MRI）研究，以锂线或涂覆有锂的铜片作为电极，以掺有锂盐的有机离子塑晶作为电解质。Kitada等[191]通过^{7}Li原位固态NMR对SiO负极在半电池的锂化和去锂化过程进行了深入研究。他们发现无定形a-SiO负极在锂化后会形成一种具有金属特性、含高浓度Li的Li_xSi，其形成与脱锂均通过无定形相的连续固溶反应进行，而不是类似于纯硅通过结晶态c-$Li_{15}Si_4$的两相反应进行生成或分解，揭示了a-SiO具有比纯硅更优异的循环性能的机理。Nakayama等[60]采用^{19}F NMR成像技术研究了LiFePO$_4$/PEO-LiTFSI/Li电池中F元素在PEO电解质中的分布，首次发现电池循环后F元素在LiFePO$_4$附近的不均匀分布，这意味着锂盐阴离子在界面处发生了不均匀分解。NMR成像技术为认识界面反应的空间分布提供了关键信息，在解析局部结构演变与界面反应的相关性方面发挥了重要作用。

7.4.3.2　原位微分电化学质谱

原位微分电化学质谱（DEMS）技术将电化学与质谱分析技术结合，可以实时监测全固态电池在运行中产生的气体种类以及生成速率，进而分析探索固态电池在不同电压区间可能的副反应机制。Bartsch等[117]结合同位素标记、碳酸盐定量测定的滴定法和原位DEMS气体分析，首次证明在由LiNi$_{0.6}$Co$_{0.2}$Al$_{0.2}$O$_2$和β-Li$_3$PS$_4$制成的全固态电池中，也会产生CO$_2$和O$_2$气体。其中，CO$_2$源于正极材料表面碳酸盐物种的分解，O$_2$来自正极材料的体相。当工作电压高于4.5V（$vs.$ Li$^+$/Li）时，正极材料体相的氧以气体的形式逸出。图7.23展示了原位DEMS用固态电池的结构示意图，图中红色和玫红色箭头表示可能的气体扩散途径。

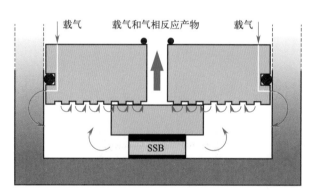

图7.23　原位DEMS示意图[117]

7.4.3.3　原位飞行时间二次离子质谱

飞行时间二次离子质谱（ToF-SIMS）基于离子束对电极表面或界面进行轰击产生的二次离子，可以用来确定电极表面元素、官能团或离子碎片的构成及分布，对深入研究全固态锂电池的运行及失效机理具有重要意义。Yamagishi等[192]设计了适用于原位ToF-SIMS测试的全固态电池装置，其工作原理示意图如图7.24所示。在改变全固态电池的工作电压和电流密度时，对复合电极的横截面进行ToF-SIMS测试，可以在电池循环过程中实现对Li和离子碎片分布情况的可视化测试。

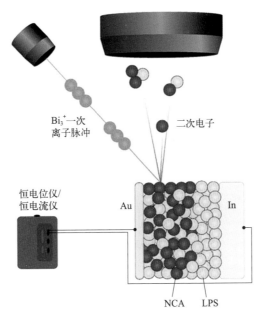

图 7.24 原位 ToF-SIMS 示意图[192]

7.4.4 原位压力监测技术

固态锂电池的原位压力监测技术可分为外部压力传感器和内部压力传感器。其中外部压力传感器的主要优点是操作简单，可以直接跟踪并测量电池中的应力变化，缺点是仅能测量电池轴向方向的压力变化[193,194]。内置压力传感器最大的特点是可以在电极纵向方向获得局部应力的变化情况，但是缺点是需要在电池系统中引入光纤，操作复杂，电池结构将不可避免地受到影响或损坏[195,196]。

Yang 等[197]指出，压力（或应力）测量技术的精度和分辨率有待进一步提高。例如，在研究体积变化较小的活性电极材料时，力感测电阻（FSR）压力传感器的力分辨率期望优于满量程 0.01%。在采用外置压力传感器的压力测量实验中，由于机械部件松弛引起的压力变化干扰是不可忽略的。因此，需要合理的设计来消除机械噪声，并保持压力基线尽可能稳定。在许多使用外置压力传感器的压力测量实验中，实际测量的压力是正极和负极应力变化总合力的叠加，而这两个电极对应力变化的贡献往往不一致。因此，有必要分别解耦正极和负极的应力贡献。他们还指出，在电池循环过程中，电极内部的电化学反应不均匀，引发电池局部应力分布不均匀，导致电池严重的电化学-力学退化。显然，局部应力不能仅通过一个外部压力传感器来测量。因此，电极局部应力的系统性测量应得到重视。使用光纤光栅传感器被认为能够在一定程度上获得局部应力信息。

Tarascon 等[198]报道了一种光纤布拉格光栅传感器（FBG）嵌入扣式电池和 Swagelok 固态电池的技术，该技术可监测电池运行期间发生在正极、负极以及电极/电解质界面上的化学-机械应力。图 7.25 所示为嵌入式压力传感器的装置与工作原理示意图，将 FBG 传感器放置在固态电池的 $InLi_x/Li_3PS_4$ 界面，当外部施加足够大的轴向应力时，由于双折射现象，FBG 传感器的单个共振峰会分裂成两个峰，从而显示出 Li 驱动应力场的局部各向异性。最后，他们发现，在对称的 $InLi_x/Li_3PS_4/InLi_x$ 电池中，位于框架内的外置应力传感器记录的力在循环过程中几乎没有变化，而内置在InLi$_x$电极和固态电解质之间的FBG传感器成功地跟踪了电极在循环过程中的应力变化，有效证明了内置应力监测技术在全固态电池研究中的重要作用。

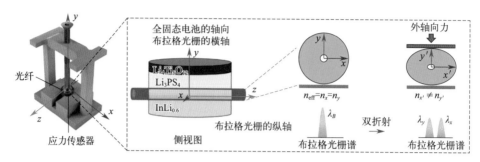

图7.25 嵌入式压力传感器示意图[198]

7.4.5 其它新型原位表征技术

在固态锂电池界面研究中，除了发展结构、组分、形貌、电势、应力、热量等某一种或几种性质敏感的表征技术，还需要加强多物理场耦合表征技术的研究。固态锂电池是一个具有电-化-力-热多物理场耦合行为的复杂多相体系，单一表征技术难以精准、全面地反映界面状态，从而限制了对界面问题的清晰认识。因此，在实验表征方面，多种谱学、结构、电学、力学和热学表征技术互补配合，相辅相成，可以在很大程度上解决单一测试技术难以对电-化-力-热多物理场行为进行全面研究的问题。Zhu等[199]利用原位TEM，结合NMR和XRD探究了Li$_{1.3}$Al$_{0.3}$Ti$_{1.7}$(PO$_4$)$_3$/Li界面的化学-力学失效机制。Li$_{1.3}$Al$_{0.3}$Ti$_{1.7}$(PO$_4$)$_3$对锂的化学不稳定性导致界面副反应发生，副反应产物的高电子导电性诱导锂枝晶的生长以及在电解质内部的沉积，并且伴随着巨大内应力的产生，导致了Li$_{1.3}$Al$_{0.3}$Ti$_{1.7}$(PO$_4$)$_3$的破坏，使离子传输受阻。另外，使用X射线衍射信号的计算机断层扫描（XRD-CT）技术在研究电池内部SOC分布、对电池内部温度分布进行成像等方面也展示了独特的优势，目前该技术主要用于对液态电池进行无损表征，预计将来在固态电池中也将发挥重要作用[200,201]。

另外，在液态锂电池研究中发展起来的其他有创造力的表征技术，也值得在固态锂电池研究中进行借鉴学习。Cui等[103,202]在金属锂负极的表征方面取得了一系列具有国际影响力的研究成果。他们将在线差分电化学质谱系统进行巧妙升级，实现在线滴定气体分析功能，在国际上首次发现金属锂失效粉化后出现大量导电性差的氢化锂，并且进一步揭示了氢化锂的生成和分解是由一个温度敏感的化学平衡（Li$^+$+1/2H$_2 \rightarrow$ LiH）决定的。他们还发展了基于荧光分子与金属锂的淬灭反应原理的荧光探针技术，在直接揭示循环过程中金属锂形貌、活性演化与固态锂电池失效机制方面发挥了巨大作用。以上研究不仅为实用型锂金属电池的开发提供了新思路，也为固态锂金属电池的界面研究提供了借鉴。

7.5 本章结语

界面问题是制约固态锂电池性能提升的重要瓶颈，然而目前科研人员对固态锂电池界面问题的认识还不够充分。笔者认为，固态锂电池从根本上讲是一个由多种固体材料按照一定规则复合而成的复合材料体系，该复合材料体系在外加电场或者内部电化学势差的作用下发生电化学反应，同时伴随应力、应变、热量、气体等的产生与演化，进而导致固态锂电池的界面受到交互作用、动态变化的多物理场的复杂影响。目前，关于固态锂电池界面的研究工作，大多集中在电池工作过程中的界面电化学-力学失效对电池性能的影响，忽视了对固态锂电池制备过程中初始界面的形成过程和形成机制的认识。而且，现有研究以揭示界面对固态锂电池的性能恶化作用为主，阐释界面增强电-化-力效应的研究相对较少，导致人们谈"界面"而色变。如果能从复合材料的角度系统性研究固态锂电池中的界面形成与演化、界面功能和独特界面效应，将有助于我们完善对固态锂电池界面问题及失效行为的认识，为指导优化界面设计和提升界面性能提供理论依据。

另外，现有固态锂电池界面问题及失效行为的研究，一般仅局限于电池局部或孤立的某一个电极，存在片面性，忽略了电池正极和负极之间以及微观界面与宏观界面之间的相互影响。这一研究现状导致现有的解决策略主要解决单一界面的问题，使得多个界面的性能提升效果还有待提高。因此，笔者建议从电池整体出发，通过研究不同位置、不同尺度界面之间的相互影响，阐明多个界面交互作用下的界面失效机制，明确各个界面失效的主要影响因素，为解决电池失效问题提供更加可靠的理论基础和探索思路。

参考文献

[1] Ma J, Chen B B, Wang L L, et al. Progress and prospect on failure mechanisms of solid-state lithium batteries[J]. Journal of Power Sources, 2018, 392: 94-115.

[2] 胡赓祥, 蔡洵. 材料科学基础[M]. 上海: 上海交通大学出版社, 2000: 110.

[3] Jung S H, Kim U H, Kim J H, et al. Ni-rich layered cathode materials with electrochemo-mechanically compliant microstructures for all-solid-state Li batteries[J]. Advanced Energy Materials, 2020, 10(6): 1903360.

[4] Besli M M, Xia S H, Kuppan S, et al. Mesoscale chemomechanical interplay of the $LiNi_{0.8}Co_{0.15}Al_{0.05}O_2$ cathode in solid-state polymer batteries[J]. Chemistry of Materials, 2019, 31(2): 491-501.

[5] Liu X S, Zheng B Z, Zhao J, et al. Electrochemo-mechanical effects on structural integrity of Ni-rich cathodes with different microstructures in all solid-state batteries[J]. Advanced Energy Materials, 2021, 11(8): 2003583.

[6] Liu B W, Hu N F, Li C, et al. Direct observation of Li-ion transport heterogeneity induced by nanoscale phase separation in Li-rich cathodes of solid-state batteries[J]. Angewandte Chemie International Edition, 2022, 61(40): e202209626.

[7] Liu X M, Garcia-Mendez R, Lupini A R, et al. Local electronic structure variation resulting in Li 'filament' formation within solid electrolytes[J]. Nature Materials, 2021, 20: 1485-1490.

[8] Biao J, Han B, Cao Y D, et al. Inhibiting formation and reduction of Li_2CO_3 to LiC_x at grain boundaries in garnet electrolytes to prevent Li penetration[J]. Advanced Materials, 2023, 35(12): 2208951.

[9] Gao B, Jalem R, Tian H K, et al. Revealing atomic-scale ionic stability and transport around grain boundaries of garnet $Li_7La_3Zr_2O_{12}$ solid electrolyte[J]. Advanced Energy Materials, 2022, 12(3): 2102151.

[10] Sun M H, Liu T F, Yuan Y F, et al. Visualizing lithium dendrite formation within solid-state electrolytes[J]. ACS Energy Letters, 2021, 6(2): 451-458.

[11] Zhu F, Islam M S, Zhou L, et al. Single-atom-layer traps in a solid electrolyte for lithium batteries[J]. Nature Communications, 2020, 11: 1828.

[12] 陈骋, 凌仕刚, 郭向欣, 等. 固态锂二次电池关键材料中的空间电荷效应: 原理与展望[J]. 储能科学与技术, 2016, 5(5): 668-677.

[13] Cui G L. Reasonable design of high-energy-density solid-state lithium-metal batteries[J]. Matter, 2020, 2(4): 805-815.

[14] Yan Y Y, Ju J W, Dong S M, et al. In situ polymerization permeated three-dimensional Li^+-percolated porous oxide ceramic framework boosting all solid-state lithium metal battery[J]. Advanced Science, 2021, 8(9): 2003887.

[15] Wang Y T, Ju J W, Dong S M, et al. Facile design of sulfide-based all solid-state lithium metal battery: in situ polymerization within self-supported porous argyrodite skeleton[J]. Advanced Functional Materials, 2021, 31(28): 2101523.

[16] Ito Y, Otoyama M, Hayashi A, et al. Electrochemical and structural evaluation for bulk-type all-solid-state batteries using Li_4GeS_4-

Li$_3$PS$_4$ electrolyte coating on LiCoO$_2$ particles[J]. Journal of Power Sources, 2017, 360: 328-335.

[17] Choi S, Jeon M, Ahn J, et al. Quantitative analysis of microstructures and reaction interfaces on composite cathodes in all-solid-state batteries using a three-dimensional reconstruction technique[J]. ACS Applied Materials & Interfaces, 2018, 10: 23740-23747.

[18] Bielefeld A, Weber D A, Janek J. Microstructural modeling of composite cathodes for all-solid-state batteries[J]. The Journal of Physical Chemistry C, 2019, 123(3): 1626-1634.

[19] Jiang W, Zhu X X, Huang R Z, et al. Revealing the design principles of Ni-rich cathodes for all-solid-state batteries[J]. Advanced Energy Materials, 2022, 12(13): 2103473.

[20] Shi T, Tu Q S, Tian Y S, et al. High active material loading in all-solid-state battery electrode via particle size optimization[J]. Advanced Energy Materials, 2020, 10(1): 1902881.

[21] Fingerle M, Buchheit R, Sicolo S, et al. Reaction and space charge layer formation at the LiCoO$_2$-LiPON interface: insights on defect formation and ion energy level alignment by a combined surface science simulation approach[J]. Chemistry of Materials, 2017, 29(18): 7675-7685.

[22] Haruyama J, Sodeyama K, Han L Y, et al. Space-charge layer effect at interface between oxide cathode and sulfide electrolyte in all-solid-state lithium-ion battery[J]. Chemistry of Materials, 2014, 26(14): 4248-4255.

[23] Yamamoto K, Iriyama Y, Asaka T, et al. Direct observation of lithium-ion movement around an in-situ-formed-negative-electrode/solid-state-electrolyte interface during initial charge-discharge reaction[J]. Electrochemistry Communications, 2012, 20: 113-116.

[24] Yamamoto K, Yoshida R, Sato T, et al. Nano-scale simultaneous observation of Li-concentration profile and Ti-, O electronic structure changes in an all-solid-state Li-ion battery by spatially-resolved electron energy-loss spectroscopy[J]. Journal of Power Sources, 2014, 266: 414-421.

[25] Masuda H, Ishida N, Ogata Y, et al. Internal potential mapping of charged solid-state-lithium ion batteries using in situ Kelvin probe force microscopy[J]. Nanoscale, 2017, 9: 893-898.

[26] Yamamoto K, Iriyama Y, Asaka T, et al. Dynamic visualization of the electric potential in an all-solid-state rechargeable lithium battery[J]. Angewandte Chemie International Edition, 2010, 49(26): 4414-4417.

[27] Wang L L, Xie R C, Chen B B, et al. In-situ visualization of the space-charge-layer effect on interfacial lithium-ion transport in all-solid-state batteries[J]. Nature Communications, 2020, 11: 5889.

[28] 王龙龙. 高比能钴酸锂二次电池的正极界面研究[D]. 青岛: 中国科学院青岛生物能源与过程研究所, 2020.

[29] Li W R, Zhang S, Zheng W J, et al. Self-polarized organic-inorganic hybrid ferroelectric cathode coatings assisted high performance all-solid-state lithium battery[J]. Advanced Functional Materials, 2023, 33(27): 2300791.

[30] Lu G, Geng F, Gu S, et al. Distinguishing the effects of the space-charge layer and interfacial side reactions on Li$_{10}$GeP$_2$S$_{12}$-based all-solid-state batteries with stoichiometric-controlled LiCoO$_2$[J]. ACS Applied Materials & Interfaces, 2022, 14: 25556-25565.

[31] 冯昊亮, 王飞, 周星, 等. 固态电解质与电极界面的稳定性[J]. 物理学报, 2020, 69(22): 228206.

[32] Banerjee A, Tang H, Wang X, et al. Revealing nanoscale solid-solid interfacial phenomena for long-life and high-energy all-solid-state batteries[J]. ACS Applied Materials & Interfaces, 2019, 11: 43138-43145.

[33] Auvergniot J, Cassel A, Ledeuil J B, et al. Interface stability of argyrodite Li$_6$PS$_5$Cl toward LiCoO$_2$, LiNi$_{1/3}$Co$_{1/3}$Mn$_{1/3}$O$_2$, and LiMn$_2$O$_4$ in bulk all-solid-state batteries[J]. Chemistry of Materials, 2017, 29(9): 3883-3890.

[34] Kim K H, Iriyama Y, Yamamoto K, et al. Characterization of the interface between LiCoO$_2$ and Li$_7$La$_3$Zr$_2$O$_{12}$ in an all-solid-state rechargeable lithium battery[J]. Journal of Power Sources, 2011, 196: 764-767.

[35] Wang C H, Hwang S, Jiang M, et al. Deciphering interfacial chemical and electrochemical reactions of sulfide-based all-solid-state batteries[J]. Advanced Energy Materials, 2021, 11(24): 2100210.

[36] Zhu Y Z, He X F, Mo Y F. First principles study on electrochemical and chemical stability of solid electrolyte-electrode interfaces in all-solid-state Li-ion batteries[J]. Journal of Materials Chemistry A, 2016, 4: 3253-3266.

[37] Zhang W B, Leichtweiss T, Culver S P, et al. The detrimental effects of carbon additives in Li$_{10}$GeP$_2$S$_{12}$-based solid-state batteries[J]. ACS Applied Materials & Interfaces, 2017, 9: 35888-35896.

[38] Tan D H S, Wu E A, Nguyen H, et al. Elucidating reversible electrochemical redox of Li$_6$PS$_5$Cl solid electrolyte[J]. ACS Energy Letters, 2019, 4(10): 2418-2427.

[39] Ohta N, Takada K, Sakaguchi I, et al. LiNbO$_3$-coated LiCoO$_2$ as cathode material for all solid-state lithium secondary batteries[J]. Electrochemistry Communications, 2007, 9: 1486-1490.

[40] Wang Y, Lv Y, Su Y, et al. 5V-class sulfurized spinel cathode stable in sulfide all-solid-state batteries[J]. Nano Energy, 2021, 90: 106589.

[41] Ohta N, Takada K, Zhang L Q, et al. Enhancement of the high-rate capability of solid-state lithium batteries by nanoscale interfacial modification[J]. Advanced Materials, 2006, 18(17): 2226-2229.

[42] Sakuda A, Hayashi A, Tatsumisago M. Interfacial observation between LiCoO$_2$ electrode and Li$_2$S-P$_2$S$_5$ solid electrolytes of all-solid-state lithium secondary batteries using transmission electron microscopy[J]. Chemistry of Materials, 2009, 22(3): 949-956.

[43] Ito S, Fujiki S, Yamada T, et al. A rocking chair type all-solid-state lithium ion battery adopting Li$_2$O-ZrO$_2$ coated LiNi$_{0.8}$Co$_{0.15}$Al$_{0.05}$O$_2$ and a sulfide based electrolyte[J]. Journal of Power Sources, 2014, 248: 943-950.

[44] Zhang Y Q, Tian Y S, Xiao Y H, et al. Direct visualization of the interfacial degradation of cathode coatings in solid state batteries:

a combined experimental and computational study[J]. Advanced Energy Materials, 2020, 10(27): 1903778.

[45] Nolan A M, Liu Y S, Mo Y F. Solid-state chemistries stable with high-energy cathodes for lithium-ion batteries[J]. ACS Energy Letters, 2019, 4(10): 2444-2451.

[46] Peng L F, Ren H T, Zhang J Z, et al. LiNbO$_3$-coated LiNi$_{0.7}$Co$_{0.1}$Mn$_{0.2}$O$_2$ and chlorine-rich argyrodite enabling high-performance solid-state batteries under different temperatures[J]. Energy Storage Materials, 2021, 43: 53-61.

[47] Wang L L, Sun X W, Ma J, et al. Bidirectionally compatible buffering layer enables highly stable and conductive interface for 4.5 V sulfide‐based all‐solid‐state lithium batteries[J]. Advanced Energy Materials, 2021, 11(32): 2100881.

[48] Kwak H W, Park Y J. Cathode coating using LiInO$_2$-LiI composite for stable sulfide-based all-solid-state batteries[J]. Scientific Reports, 2019, 9: 8099.

[49] Li X, Ren Z H, Banis M N, et al. Unravelling the chemistry and microstructure evolution of a cathodic interface in sulfide-based all-solid-state Li-ion batteries[J]. ACS Energy Letters, 2019, 4(10): 2480-2488.

[50] Kobayashi T, Kobayashi Y, Tabuchi M, et al. Oxidation reaction of polyether-based material and its suppression in lithium rechargeable battery using 4 V class cathode, LiNi$_{1/3}$Mn$_{1/3}$Co$_{1/3}$O$_2$[J]. ACS Applied Materials & Interfaces, 2013, 5: 12387-12393.

[51] Ma J, Liu Z L, Chen B B, et al. A strategy to make high voltage LiCoO$_2$ compatible with polyethylene oxide electrolyte in all-solid-state lithium ion batteries[J]. Journal of the Electrochemical Society, 2017, 164(14): A3454-A3461.

[52] Chen R J, Zhang Y B, Liu T, et al. Addressing the interfaceissues in all-solid-state bulk-type lithium ion battery via an all-composite approach[J]. ACS Applied Materials & Interfaces, 2017, 9: 9654-9661.

[53] Yu X R, Wang L L, Ma J, et al. Selectively wetted rigid-flexible coupling polymer electrolyte enabling superior stability and compatibility of high‐voltage lithium metal batteries[J]. Advanced Energy Materials, 2020, 10(18): 1903939.

[54] Zhou W D, Wang Z X, Pu Y, et al. Double-layer polymer electrolyte for high-voltage all-solid-state rechargeable batteries[J]. Advanced Materials, 2018, 31(4): 1805574.

[55] Park K, Yu B C, Jung J W, et al. Electrochemical nature of the cathode interface for a solid-state lithium-ion battery: interface between LiCoO$_2$ and garnet-Li$_7$La$_3$Zr$_2$O$_{12}$[J]. Chemistry of Materials, 2016, 28(21): 8051-8059.

[56] Hansel C, Afyon S, Rupp J L. Investigating the all-solid-state batteries based on lithium garnets and a high potential cathode-LiMn$_{1.5}$Ni$_{0.5}$O$_4$[J]. Nanoscale, 2016, 8: 18412-18420.

[57] Han F D, Yue J, Chen C, et al. Interphase engineering enabled all-ceramic lithium battery[J]. Joule, 2018, 2(3): 497-508.

[58] 梁宇皓, 范丽珍. 固态锂电池中的机械力学失效及解决策略[J]. 物理学报, 2020, 69(22): 226201.

[59] Zhang J J, Zang X, Wen H J, et al. High-voltage and free-standing poly(propylene carbonate)/Li$_{6.75}$La$_3$Zr$_{1.75}$Ta$_{0.25}$O$_{12}$ composite solid electrolyte for wide temperature range and flexible solid lithium ion battery[J]. Journal of Materials Chemistry A, 2017, 5: 4940-4948.

[60] Nakayama M, Wada S, Kuroki S, et al. Factors affecting cyclic durability of all-solid-state lithium polymer batteries using poly(ethylene oxide)-based solid polymer electrolytes[J]. Energy & Environmental Science, 2010, 3: 1995-2002.

[61] 赵宁, 穆爽, 郭向欣. 石榴石型固态锂电池中的物理问题[J]. 物理学报, 2020, 69(22): 228804.

[62] 张桥保, 龚正良, 杨勇. 硫化物固态电解质材料界面及其表征的研究进展[J]. 物理学报, 2020, 69(22): 228803.

[63] Zhou T, Yu X R, Li F, et al. Bulk oxygen release inducing cyclic strain domains in Ni-rich ternary cathode materials[J]. Energy Storage Materials, 2022, 55: 691-697.

[64] Sun X W, Wang L L, Ma J, et al. A bifunctional chemomechanics strategy to suppress electrochemo-mechanical failure of Ni-rich cathodes for all-solid-state lithium batteries[J]. ACS Applied Materials & Interfaces, 2022, 14: 17674-17681.

[65] Koerver R, Aygun I, Leichtweiss T, et al. Capacity fade in solid-state batteries: interphase formation and chemomechanical processes in nickel-rich layered oxide cathodes and lithium thiophosphate solid electrolytes[J]. Chemistry of Materials, 2017, 29(13): 5574-5582.

[66] Oh P, Yun J, Choi J H, et al. Development of high-energy anodes for all-solid-state lithium batteries based on sulfide electrolytes[J]. Angewandte Chemie International Edition, 2022, 61(25): e202201249.

[67] Yang M H, Mo Y F. Interfacial defect of lithium metal in solid-state batteries[J]. Angewandte Chemie International Edition, 2021, 60(39): 21494-21501.

[68] Jiang W, Yan L J, Zeng X M, et al. Adhesive sulfide solid electrolyte interface for lithium metal batteries[J]. ACS Applied Materials & Interfaces, 2020, 12: 54876-54883.

[69] Umeshbabu E, Zheng B Z, Zhu J P, et al. Stable cycling lithium-sulfur solid batteries with enhanced Li/Li$_{10}$GeP$_2$S$_{12}$ solid electrolyte interface stability[J]. ACS Applied Materials & Interfaces, 2019, 11: 18436-18447.

[70] Park H, Kim J, Lee D, et al. Epitaxial growth of nanostructured Li$_2$Se on lithium metal for all solid-state batteries[J]. Advanced Science, 2021, 8(11): 2004204.

[71] Guo S J, Li Y T, Li B, et al. Coordination-assisted precise construction of metal oxide nanofilms for high-performance solid-state batteries[J]. Journal of the American Chemical Society, 2022, 144(5): 2179-2188.

[72] Bi Z J, Mu S, Zhao N, et al.Cathode supported solid lithium batteries enabling high energy density and stable cyclability[J]. Energy Storage Materials，2021, 35: 512-519.

[73] Hatzell K B, Chen X C, Cobb C L, et al. Challenges in lithium metal anodes for solid-state batteries[J]. ACS Energy Letters, 2020,

5(3): 922-934.

[74] Kuratani K, Sakuda A, Takeuchi T, et al. Elucidation of capacity degradation for graphite in sulfide-based all-solid-state lithium batteries: a void formation mechanism[J]. ACS Applied Energy Materials, 2020, 3: 5472-5478.

[75] Liang J W, Li X N, Zhao Y, et al. An air-stable and dendrite-free Li anode for highly stable all-solid-state sulfide-based Li batteries[J]. Advanced Energy Materials, 2019, 9(38): 1902125.

[76] Richards W D, Miara L J, Wang Y, et al. Interface stability in solid-state batteries[J]. Chemistry of Materials, 2016, 28: 266-273.

[77] Liu J, Yuan H, Liu H, et al. Unlocking the failure mechanism of solid state lithium metal batteries[J]. Advanced Energy Materials, 2022, 12(4): 2100748.

[78] Qiao L X, Cui Z L, Chen B B, et al. A promising bulky anion based lithium borate salt for lithium metal batteries[J]. Chemical Science, 2018, 9: 3451-3458.

[79] Zhou Q, Ma J, Dong S M, et al. Intermolecular chemistry in solid polymer electrolytes for high-energy-density lithium batteries[J]. Advanced Materials, 2019, 31(50): 1902029.

[80] Ruan Y D, Lu Y, Li Y P, et al. A 3D cross‐linking lithiophilic and electronically insulating interfacial engineering for garnet‐type solid‐state lithium batteries[J]. Advanced Functional Materials, 2020, 31(5): 2007815.

[81] Yu J H, Liu Q, Hu X, et al. Smart construction of multifunctional $Li_{1.5}Al_{0.5}Ge_{1.5}(PO_4)_3$|Li intermediate interfaces for solid-state batteries[J]. Energy Storage Materials, 2022, 46: 68-75.

[82] Wen J Y, Huang Y, Duan J, et al. Highly adhesive Li-BN nanosheet composite anode with excellent interfacial compatibility for solid-state Li metal batteries[J]. ACS Nano, 2019, 13(12): 14549-14556.

[83] Xu B Y, Li X Y, Yang C, et al. Interfacial chemistry enables stable cycling of all-solid-state Li metal batteries at high current densities[J]. Journal of the American Chemical Society, 2021, 143(17): 6542-6550.

[84] Mi J S, Ma J B, Chen L K, et al. Topology crafting of polyvinylidene difluoride electrolyte creates ultra-long cycling high-voltage lithium metal solid-state batteries[J]. Energy Storage Materials, 2022, 48: 375-383.

[85] Wang C, Zhang H R, Li J D, et al. The interfacial evolution between polycarbonate-based polymer electrolyte and Li-metal anode[J]. Journal of Power Sources, 2018, 397: 157-161.

[86] Tan D H S, Chen Y T, Yang H D, et al. Carbon-free high-loading silicon anodes enabled by sulfide solid electrolytes[J]. Science, 2021, 373: 1494-1499.

[87] Cao D X, Ji T T, Singh A, et al. Unveiling the mechanical and electrochemical evolution of nanosilicon composite anodes in sulfide-based all-solid-state batteries[J]. Advanced Energy Materials, 2023, 13(14): 2203969.

[88] Yang Y, Yuan W, Kang W Q, et al. A review on silicon nanowire-based anodes for next-generation high-performance lithium-ion batteries from a material-based perspective[J]. Sustainable Energy Fuels, 2020, 4: 1577-1594.

[89] Monroe C, Newman J. Dendrite growth in lithium/polymer systems: a propagation model for liquid electrolytes under galvanostatic conditions[J]. Journal of the Electrochemical Society, 2003, 150(10): A1377-A1384.

[90] Sharafi A, Meyer H M, Nanda J, et al. Characterizing the Li-$Li_7La_3Zr_2O_{12}$ interface stability and kinetics as a function of temperature and current density[J]. Journal of Power Sources, 2016, 302: 135-139.

[91] Cheng E J, Sharafi A, Sakamoto J. Intergranular Li metal propagation through polycrystalline $Li_{6.25}Al_{0.25}La_3Zr_2O_{12}$ ceramic electrolyte[J]. Electrochimica Acta, 2017, 223: 85-91.

[92] Han X G, Gong Y H, Fu K, et al. Negating interfacial impedance in garnet-based solid-state Li metal batteries[J]. Nature Materials, 2017, 16: 572-579.

[93] Yu S, Siegel D J. Grain boundary contributions to li-ion transport in the solid electrolyte $Li_7La_3Zr_2O_{12}$ (LLZO)[J]. Chemistry of Materials, 2017, 29(22): 9639-9647.

[94] Yu S, Siegel D J. Grain boundary softening: a potential mechanism for lithium metal penetration through stiff solid electrolytes[J]. ACS Applied Materials & Interfaces, 2018, 10: 38151-38158.

[95] Pesci F M, Brugge R H, Hekselman A K O, et al. Elucidating the role of dopants in the critical current density for dendrite formation in garnet electrolytes[J]. Journal of Materials Chemistry A, 2018, 6: 19817-19827.

[96] Ren Y Y, Shen Y, Lin Y H, et al. Direct observation of lithium dendrites inside garnet-type lithium-ion solid electrolyte[J]. Electrochemistry Communications, 2015, 57: 27-30.

[97] Han F D, Westover A S, Yue J, et al. High electronic conductivity as the origin of lithium dendrite formation within solid electrolytes[J]. Nature Energy, 2019, 4: 187-196.

[98] Kasemchainan J, Zekoll S, Jolly D S, et al. Critical stripping current leads to dendrite formation on plating in lithium anode solid electrolyte cells[J]. Nature Materials, 2019, 18: 1105-1111.

[99] Yang X F, Gao X J, Jiang M, et al. Grain boundary electronic insulation for high-performance all-solid-state lithium batteries[J]. Angewandte Chemie International Edition, 2022, 62(5): e202215680.

[100] Tian H K, Xu B, Qi Y. Computational study of lithium nucleation tendency in $Li_7La_3Zr_2O_{12}$ (LLZO) and rational design of interlayer materials to prevent lithium dendrites[J]. Journal of Power Sources, 2018, 392: 79-86.

[101] 曹文卓, 李泉, 王胜彬, 等. 金属锂在固态电池中的沉积机理、策略及表征[J]. 物理学报, 2020, 69(22): 228204.

[102] Sun F, Yang C, Manke I, et al. Li-based anode: is dendrite-free sufficient? [J]Materials Today, 2020, 38: 7-9.

[103] Cheng X Y, Xian F, Hu Z L, et al. Fluorescence probing of active lithium distribution in lithium metal anodes[J]. Angewandte Chemie International Edition, 2019, 58(18): 5936-5940.

[104] Liu F, Xu R, Wu Y C, et al. Dynamic spatial progression of isolated lithium during battery operations[J]. Nature, 2021, 600: 659-663.

[105] Koerver R, Zhang W B, De Biasi L, et al. Chemo-mechanical expansion of lithium electrode materials-on the route to mechanically optimized all-solid-state batteries[J]. Energy & Environmental Science, 2018, 11: 2142-2158.

[106] Lee Y G, Fujiki S, Jung C, et al. High-energy long-cycling all-solid-state lithium metal batteries enabled by silver-carbon composite anodes[J]. Nature Energy, 2020, 5: 299-308.

[107] Krauskopf T, Richter F H, Zeier W G, et al. Physicochemical concepts of the lithium metal anode in solid-state batteries[J]. Chemical Reviews, 2020, 120(15): 7745-7794.

[108] Lewis J A, Cortes F J Q, Boebinger M G, et al. Interphase morphology between a solid-state electrolyte and lithium controls cell failure[J]. ACS Energy Letters, 2019, 4(2): 591-599.

[109] Zhu Y Z, He X F, Mo Y F. Origin of outstanding stability in the lithium solid electrolyte materials: insights from thermodynamic analyses based on first-principles calculations[J]. ACS Applied Materials & Interfaces, 2015, 7: 23685-23693.

[110] Shen F Y, Dixit M B, Xiao X H, et al. Effect of pore connectivity on Li dendrite propagation within LLZO electrolytes observed with synchrotron X-ray tomography[J]. ACS Energy Letters, 2018, 3(4): 1056-1061.

[111] Wu C S, Lou J T, Zhang J, et al. Current status and future directions of all-solid-state batteries with lithium metal anodes, sulfide electrolytes, and layered transition metal oxide cathodes[J]. Nano Energy, 2021, 87: 106081.

[112] Ma J, Zhang S, Zheng Y, et al. Interelectrode talk in solid-state lithium-metal batteries[J]. Advanced Materials, 2023, 35(38): 2301892.

[113] Naik K G, Chatterjee D, Mukherjee P P. Solid electrolyte-cathode interface dictates reaction heterogeneity and anode stability[J]. ACS Applied Materials & Interfaces, 2022, 14: 45308-45319.

[114] Zheng Y, Zhang S, Ma J, et al. Codependent failure mechanisms between cathode and anode in solid state lithium metal batteries: mediated by uneven ion flux[J]. Science Bulletin, 2023, 68(8): 813-825.

[115] Huang L, Lu T, Xu G J, et al. Thermal runaway routes of large-format lithium-sulfur pouch cell batteries[J]. Joule, 2022, 6(4): 906-922.

[116] Kim A Y, Strauss F, Bartsch T, et al. Stabilizing effect of a hybrid surface coating on a Ni-rich NCM cathode material in all-solid-state batteries[J]. Chemistry of Materials, 2019, 31(23): 9664-9672.

[117] Bartsch T, Strauss F, Hatsukade T, et al. Gas evolution in all-solid-state battery cells[J]. ACS Energy Letters, 2018, 3(10): 2539-2543.

[118] Wang S, Wu Y J, Ma T H, et al. Thermal stability between sulfide solid electrolytes and oxide cathode[J]. ACS Nano, 2022, 16(10): 16158-16176.

[119] Xia Y Y, Fujieda T, Tatsumi K, et al. Thermal and electrochemical stability of cathode materials in solid polymer electrolyte[J]. Journal of Poweg Sources, 2001, 92: 234-243.

[120] Chen R S, Nolan A M, Lu J Z, et al. The thermal stability of lithium solid electrolytes with metallic lithium[J]. Joule, 2020, 4(4): 812-821.

[121] Wu Y J, Wang S, Li H, et al. Progress in thermal stability of all‐solid‐state‐Li‐ion‐batteries[J]. InfoMat, 2021, 3(8): 827-853.

[122] Lu J Z, Zhou J H, Chen R S, et al. 4.2 V poly(ethylene oxide)-based all-solid-state lithium batteries with superior cycle and safety performance[J]. Energy Storage Materials, 2020, 32: 191-198.

[123] Chen R S, Yao C X, Yang Q, et al. Enhancing the thermal stability of NASICON solid electrolyte pellets against metallic lithium by defect modification[J]. ACS Applied Materials & Interfaces, 2021, 13: 18743-18749.

[124] Xiang Y X, Li X, Cheng Y Q, et al. Advanced characterization techniques for solid state lithium battery research[J]. Materials Today, 2020, 36: 139-157.

[125] 陆敬予, 柯承志, 龚正良, 等. 原位表征技术在全固态锂电池中的应用[J]. 物理学报, 2021, 70(19): 198102.

[126] Sang L Z, Kissoon N, Wen F W. Characterizations of dynamic interfaces in all-solid lithium batteries[J]. Journal of Power Sources, 2021, 506: 229871.

[127] 姜丰, 王龙龙, 孙兴伟, 等. 透射电子显微镜技术在固态锂电池界面研究中的应用[J]. 分析科学学报, 2019, 35(6): 775-782.

[128] Lou S F, Yu Z J, Liu Q S, et al. Multi-scale imaging of solid-state battery interfaces: from atomic scale to macroscopic scale[J]. Chem, 2020, 6(9): 2199-2218.

[129] Chen R S, Li Q H, Yu X Q, et al. Approaching practically accessible solid-state batteries: stability issues related to solid electrolytes and interfaces[J]. Chemical Reviews, 2020, 120(14): 6820-6877.

[130] Pang M C, Yang K, Brugge R, et al. Interactions are important: linking multi-physics mechanisms to the performance and degradation of solid-state batteries[J]. Materials Today, 2021, 49: 145-183.

[131] Banerjee A, Wang X F, Fang C C, et al. Interfaces and interphases in all-solid-state batteries with inorganic solid electrolytes[J].

Chemical Reviews, 2020, 120(14): 6878-6933.

[132] Brissot C, Rosso M, Chazalviel J N, et al. In situ study of dendritic growth in lihtium/PEO-salt/lithium cells[J]. Electrochimica Acta, 1998, 43(10-11): 1569-1574.

[133] Brissot C, Rosso M, Chazalviel J N, et al. Dendritic growth mechanisms in lihtium/polymer cells[J]. Journal of Power Sources, 1999, 81-82: 925-929.

[134] Sagane F, Shimokawa R, Sano H, et al. In-situ scanning electron microscopy observations of Li plating and stripping reactions at the lithium phosphorus oxynitride glass electrolyte/Cu interface[J]. Journal of Power Sources, 2013, 225: 245-250.

[135] Dolle M, Sannier L, Beaudoin B, et al. Live scanning electron microscope observations of dendritic growth in lithium/polymer cells[J]. Electrochemical and Solid-State Letters, 2002, 5(12): A286-A289.

[136] Golozar M, Hovington P, Paolella A, et al. In situ scanning electron microscopy detection of carbide nature of dendrites in li-polymer batteries[J]. Nano Letters, 2018, 18(12): 7583-7589.

[137] Hovington P, Lagace M, Guerfi A, et al. New lithium metal polymer solid state battery for an ultrahigh energy: nano C-LiFePO$_4$ versus nano Li$_{1.2}$V$_3$O$_8$[J]. Nano Letters, 2015, 15(4): 2671-2678.

[138] Zheng H, Xiao D D, Li X, et al. New insight in understanding oxygen reduction and evolution in solid-state lithium-oxygen batteries using an in situ environmental scanning electron microscope[J]. Nano Letters, 2014, 14(8): 4245-4249.

[139] Fang C C, Li J X, Zhang M H, et al. Quantifying inactive lithium in lithium metal batteries[J]. Nature, 2019, 572: 511-515.

[140] Lin R Q, He Y B, Wang C Y, et al. Characterization of the structure and chemistry of the solid-electrolyte interface by cryo-EM leads to high-performance solid-state Li-metal batteries[J]. Nature Nanotechnology, 2022, 17: 768-776.

[141] Wang S T, Li Y J, Wang X F. Cryo-EM for battery materials and interfaces: workflow, achievements, and perspectives[J]. iScience, 2021, 24(12): 103402.

[142] Sheng Q W, Zhegn J H, Ju Z J, et al. In situ construction of LiF-enriched interface for stable all-solid-state batteries and its origin revealed by cryo-TEM[J]. Advanced Materials, 2020, 32(34): 2000223.

[143] Cheng D Y, Wynn T A, Wang X F, et al. Unveiling the stable nature of the solid electrolyte interphase between lithium metal and LiPON via cryogenic electron microscopy[J]. Joule, 2020, 4(11): 2484-2500.

[144] Li Z, Yu R, Weng S T, et al. Tailoring polymer electrolyte ionic conductivity for production of low-temperature operating quasi-all-solid-state lithium metal batteries[J]. Nature Communications, 2023, 14: 482.

[145] Yan J T, Zhu D D, Ye H J, et al. Atomic-scale cryo-TEM studies of the thermal runaway mechanism of Li$_{1.3}$Al$_{0.3}$Ti$_{1.7}$P$_3$O$_{12}$ solid electrolyte[J]. ACS Energy Letters, 2022, 7(11): 3855-3863.

[146] Gong Y, Zhang J N, Jiang L W, et al. In situ atomic-scale observation of electrochemical delithiation induced structure evolution of LiCoO$_2$ cathode in a working all-solid-state battery[J]. Journal of the American Chemical Society, 2017, 139(12): 4274-4277.

[147] Wang Z Y, Santhanagopalan D, Zhang W, et al. In situ STEM-EELS observation of nanoscale interfacial phenomena in all-solid-state batteries[J]. Nano Letters, 2016, 16(6): 3760-3767.

[148] Nomura Y, Yamamoto K, Fujii M, et al. Dynamic imaging of lithium in solid-state batteries by operando electron energy-loss spectroscopy with sparse coding[J]. Nature Communications, 2020, 11: 2824.

[149] Li F Z, Li J X, Zhu F, et al. Atomically intimate contact between solid electrolytes and electrodes for Li batteries[J]. Matter, 2019, 1(4): 1001-1016.

[150] Lu P, Yan P F, Romero E, et al. Observation of electron-beam-induced phase evolution mimicking the effect of the charge-discharge cycle in Li-rich layered cathode materials used for Li ion batteries[J]. Chemistry of Materials, 2015, 27(4): 1375-1380.

[151] Nomura Y, Yamamoto K, Hirayama T, et al. Direct observation of a Li-ionic space-charge layer formed at an electrode/solid-electrolyte interface[J]. Angewandte Chemie International Edition, 2019, 58(16): 5292-5296.

[152] Strobl M, Manke I, Kardjilov N, et al. Advances in neutron radiography and tomography[J]. Journal of Physics D: Applied Physics, 2009, 42(24): 243001.

[153] Owejan J P, Gagliardoa J J, Harris S J, et al. Direct measurement of lithium transport in graphite electrodes using neutrons[J]. Electrochimica Acta, 2012, 66: 94-99.

[154] Sun F, Gao R, Zhou D, et al. Revealing hidden facts of Li anode in cycled lithium oxygen batteries through X-ray and neutron tomography[J]. ACS Energy Letters, 2019, 4(1): 306-316.

[155] Xu C, Marker K, Lee J, et al. Bulk fatigue induced by surface reconstruction in layered Ni-rich cathodes for Li-ion batteries[J]. Nature Materials, 2021, 20: 84-92.

[156] Chen H, Chen Y C, Liu H W, et al. A boron-nitride based dispersive composite coating on nickel-rich layered cathodes for enhanced cycle stability and safety[J]. Journal of Materials Chemistry A, 2023, 11: 13309-13319.

[157] 卓增庆. 软 X 射线光谱对锂离子电池中阴离子氧化还原反应的研究 [D]. 北京：北京大学，2019.

[158] Eisebitt S, Böske T, Rubensson J E, et al. Determination of absorption coefficients for concentrated samples by fluorescence detection[J]. Physical Review B, 1993, 47: 14103-14109.

[159] 杨璐. 高容量氧变价正极材料的空位调控及表面改性 [D]. 北京：中国科学院物理研究所，2022.

[160] Liu X S, Wang D D, Liu G, et al. Distinct charge dynamics in battery electrodes revealed by in situ and operando soft X-ray spectroscopy[J]. Nature Communications, 2013, 4: 2568.

[161] Dai K H, Wu J P, Zhuo Z Q, et al. High reversibility of lattice oxygen redox quantified by direct bulk probes of both anionic and cationic redox reactions[J]. Joule, 2019, 3(2): 518-541.

[162] 陈健. 同步辐射 X 射线显微成像的新方法和新技术[D]. 合肥：中国科学技术大学，2015.

[163] Tang F C, Wu Z B, Yang C, et al. Synchrotron X-ray tomography for rechargeable battery research: fundamentals, setups and applications[J]. Small Methods, 2021, 5(9): 2100557.

[164] Weker J N, Toney M F. Emerging in situ and operando nanoscale X-ray imaging techniques for energy storage materials[J]. Advanced Functional Materials, 2015, 25(11): 1622-1637.

[165] Heenan T M M, Tan C, Hack J, et al. Developments in X-ray tomography characterization for electrochemical devices[J]. Materials Today, 2019, 31: 69-85.

[166] Madsen K E, Bassett K L, Ta K, et al. Direct observation of interfacial mechanical failure in thiophosphate solid electrolytes with operando X-ray tomography[J]. Advanced Materials Interfaces, 2020, 7(19): 2000751.

[167] Sun F, Dong K, Osenberg M, et al. Visualizing the morphological and compositional evolution of the interface of InLi-anode|thio-LISION electrolyte in an all-solid-state Li-S cell by in operando synchrotron X-ray tomography and energy dispersive diffraction[J]. Journal of Materials Chemistry A, 2018, 6: 22489-22496.

[168] Lewis J A, Cortes F J Q, Liu Y, et al. Linking void and interphase evolution to electrochemistry in solid-state batteries using operando X-ray tomography[J]. Nature Materials, 2021, 20: 503-510.

[169] Devaux D, Harry K J, Parkinson D Y, et al. Failure mode of lithium metal batteries with a block copolymer electrolyte analyzed by X-ray microtomography[J]. Journal of the Electrochemical Society, 2015, 162(7): A1301-A1309.

[170] Ning Z Y, Jolly D S, Li G S, et al. Visualizing plating-induced cracking in lithium-anode solid-electrolyte cells[J]. Nature Materials, 2021, 20: 1121-1129.

[171] Ning Z Y, Li G S, Melvin D L R, et al. Dendrite initiation and propagation in lithium metal solid-state batteries[J]. Nature, 2023, 618: 287-293.

[172] Lou S F, Liu Q W, Zhang F, et al. Insights into interfacial effect and local lithium-ion transport in polycrystalline cathodes of solid-state batteries[J]. Nature Communications, 2020, 11: 5700.

[173] Hao S, Bailey J J, Iacoviello F. 3D imaging of lithium protrusions in solid-state lithium batteries using X-ray computed tomography[J]. Advanced Functional Materials, 2021, 31(10): 2007564.

[174] Otoyama M, Suyama M, Hotehama C, et al. Visualization and control of chemically induced crack formation in all-solid-state lithium-metal batteries with sulfide electrolyte[J]. ACS Applied Materials & Interfaces, 2021, 13(4): 5000-5007.

[175] Kimura Y, Fakkao M, Nakamura T, et al. Influence of active material loading on electrochemical reactions in composite solid-state battery electrodes revealed by operando 3D CT-XANES imaging[J]. ACS Applied Energy Materials, 2020, 3(8): 7782-7793.

[176] Sun N, Liu Q S, Cao Y, et al. Anisotropically electrochemical-mechanical evolution in solid-state batteries and interfacial tailored strategy[J].Angewandte Chemie International Edition, 2019, 58(51): 18647-18653.

[177] Wang J J, Karen Chen-Wiegart Y C, Eng C, et al. Visualization of anisotropic-isotropic phase transformation dynamics in battery electrode particles[J]. Nature Communications, 2016, 7: 12372.

[178] Charbonnel J, Darmet N, Deilhes C, et al. Safety evaluation of all-solid-state batteries: an innovative methodology using in situ synchrotron X-ray radiography[J]. ACS Applied Energy Materials, 2022, 5, 10862-10871.

[179] Wenzel S, Leichtweiss T, Krüger D, et al. Interphase formation on lithium solid electrolytes-an in situ approach to study interfacial reactions by photoelectron spectroscopy[J]. Solid State Ionics, 2015, 278: 98-105.

[180] Wenzel S, Randau S, Leichtwei T, et al. Direct observation of the interfacial instability of the fast ionic conductor $Li_{10}GeP_2S_{12}$ at the lithium metal anode[J]. Chemistry of Materials, 2016, 28(7): 2400-2407.

[181] Wenzel S, Weber D A, Leichtweiss T, et al. Interphase formation and degradation of charge transfer kinetics between a lithium metal anode and highly crystalline $Li_7P_3S_{11}$ solid electrolyte[J]. Solid State Ionics, 2016, 286: 24-33.

[182] Wang H, Downing R G, Dura J A, et al. In situ neutron techniques for studying lithium ion batteries[M]. Washington: Americal Chemical Society, 2012: 92.

[183] 赵梁, 肖才锦, 姚永刚, 等. 中子深度剖析技术研究可充锂金属负极[J]. 核技术，2023, 46(7): 070001.

[184] Oudenhoven J F M, Labohm F, Mulder M, et al. In situ neutron depth profiling: a powerful method to probe lithium transport in micro-batteries[J]. Advanced Materials, 2011, 23(35): 4103-4106.

[185] Li Q, Yi T, Wang X, et al. In-situ visualization of lithium plating in all-solid-state lithium-metal battery[J]. Nano Energy, 2019, 63: 103895.

[186] Wang C W, Gong Y H, Dai J Q, et al. In situ neutron depth profiling of lithium metal-garnet interfaces for solid state batteries[J]. Journal of the American Chemical Society, 2017, 139(40): 14257-14264.

[187] 贡志锋, 张书彦, 马艳玲, 等. 中子成像技术应用[J]. 中国科技信息，2021, 8: 84-86.

[188] Bradbury R, Dewald G F, Kraft M A, et al. Visualizing reaction fronts and transport limitations in solid-state Li-S batteries via operando neutron imaging[J]. Advanced Energy Materials, 2023, 13(17): 2203426.

[189] Bradbury R, Kardjilov N, Dewald G F, et al. Visualizing lithium ion transport in solid-state Li–S batteries using ^{6}Li contrast enhanced neutron imaging[J]. Advanced Functional Materials, 2023, 33(38): 2302619.

[190] Romanenko K, Jin L, Howlett P, et al. In situ MRI of operating solid-state lithium metal cells based on ionic plastic crystal electrolytes[J]. Chemistry of Materials, 2016, 28(8): 2844-2851.

[191] Kitada K, Pecher O, Magusin P, et al. Unraveling the reaction mechanisms of SiO anodes for Li-ion batteries by combining in situ ^{7}Li and ex situ ^{7}Li/^{29}Si solid-state NMR spectroscopy[J]. Journal of the American Chemical Society, 2019, 141(17): 7014-7027.

[192] Yamagishi Y, Morita H, Nomura Y, et al. Visualizing lithium distribution and degradation of composite electrodes in sulfide-based all-solid-state batteries using operando time-of-flight secondary ion mass spectrometry[J]. ACS Applied Materials & Interfaces, 2021, 13: 580-586.

[193] Lee C, Han S Y, Lewis J A, et al. Stack pressure measurements to probe the evolution of the lithium-solid-state electrolyte interface[J]. ACS Energy Letters, 2021, 6(9): 3261-3269.

[194] Han S Y, Lee C, Lewis J A, et al. Stress evolution during cycling of alloy-anode solid-state batteries[J]. Joule, 2021, 5: 2450-2465.

[195] Miao Z Y, Li Y P, Xiao X P, et al. Direct optical fiber monitor on stress evolution of the sulfur-based cathodes for lithium-sulfur batteries[J]. Energy & Environmental Science, 2022, 15: 2029-2038.

[196] Peng J, Zhou X, Jia S H, et al. High precision strain monitoring for lithium ion batteries based on fiber Bragg grating sensors[J]. Journal of Power Sources, 2019, 433: 226692.

[197] Gu J B, Liang Z T, Shi J W, et al. Electrochemo‐mechanical stresses and their measurements in sulfide-based all-solid-state batteries: a review[J]. Advanced Energy Materials, 2023, 13(2): 2203153.

[198] Albero Blanquer L, Marchini F, Seitz J R, et al. Optical sensors for operando stress monitoring in lithium-based batteries containing solid-state or liquid electrolytes[J]. Nature Communications, 2022, 13: 1153.

[199] Zhu J P, Zhao J, Xiang Y X, et al. Chemomechanical failure mechanism study in NASICON-type $Li_{1.3}Al_{0.3}Ti_{1.7}(PO_4)_3$ solid-state lithium batteries[J]. Chemistry of Materials, 2020, 32(12): 4998-5008.

[200] Petz D, Mühlbauer M J, Baran V, et al. Lithium distribution and transfer in high-power 18650-type Li-ion cells at multiple length scales[J]. Energy Storage Materials, 2021, 41: 546-553.

[201] Heenan T M M, Mombrini I, Llewellyn1 A, et al. Mapping internal temperatures during high-rate battery applications.[J]. Nature, 2023, 617: 507-512.

[202] Xu G J, Li J D, Wang C, et al. The formation decomposition equilibrium of LiH and its contribution on anode[J]. Angewandte Chemie International Edition, 2021, 60(14): 7770-7776.

第 8 章
固态锂电池理论模拟与机器学习

8.1 电极材料理论计算

8.1.1 电极材料概述

目前，最为常用的电化学储能设备是锂离子电池（LIBs）。然而，商业化液态LIBs无论是能量密度和功率密度、还是安全性和循环寿命已经难以满足社会快速发展对于电化学储能器件的苛刻要求[1, 2]；除此之外，应用于大规模储能领域的LIBs生产成本也相对较高。因此，近年来研究人员致力于高性能锂电池新材料的设计与开发（如成本较低和理论比容量较高的电极材料，高安全电解质材料、尺寸热稳定性好的超薄隔膜材料等）[3]。作为一种颠覆性锂电池技术，采用锂金属负极的固态锂电池具有高能量密度和高安全性。电池的能量密度与正极材料的比容量、工作电压以及环境温度密切相关。为了开发具有超高比容量的新型锂电池电极材料，科研人员在阐明阳离子/阴离子氧化还原的潜在机制和优化材料等方面做了大量的工作[4, 5]，但是这些新的电池材料体系要实现商业化仍存在较大的技术屏障；与此同时，即使表征技术已经迅速发展，但是仍很难在原子/分子水平上对电池体系的反应机制进行更深入的阐明，这就需要其它更尖端手段或先进理论仿真等技术为解决上述这些问题来提供信息。

密度泛函理论（DFT）是基于量子力学和波恩-奥本海默绝热近似来研究多电子体系的一种新途径[6, 7]。近几十年来，DFT被广泛应用于模拟储能材料的结构、阐明储能材料的活性等方面。DFT计算的准确性主要取决于交换关联泛函，在电池材料科学中应用最为广泛的泛函是广义梯度近似泛函（GGA）。DFT可以计算电池材料在原子尺度上的特性和行为，为理解其晶体结构、相变、电子相互作用和离子扩散率等性质提供了基础，从而极大促进了电池材料的设计和研发[8, 9]（图8.1）。通过结合精确的实验表征，构

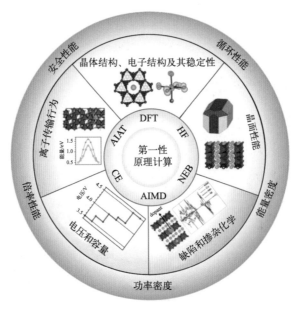

图8.1 基于第一性原理计算的锂电池电极材料关键参数与电池特性图

HF—Hartree-Fock；NEB—微推弹性带法；AIMD—从头算分子动力学；CE—团簇扩张；AIAT—从头算原子热力学[17,18]

建更接近实际模型的计算模型，可以大大提高模拟和仿真的可靠性和准确性[10, 11]。与实验相比，DFT计算在探索原子级别的反应机理等方面具有优势，因此可用于快速筛选新型电池材料，降低开发成本[12-16]。

8.1.2　电极材料计算方法

（1）电极材料计算方法概述

电极材料理论计算研究方法主要分为量子力学（电子结构方法）和经典力学方法等。

① 量子力学方法　物质的电子结构对电极材料的物理和化学性质具有至关重要的影响，因此电极材料建模时必须选择合适的理论框架。量子力学通过Schrödinger的波动方程或者DFT理论提供了必要的数学框架[19, 20]。计算所采用的泛函主要分为以下几类：局部密度近似（LDA，依赖于电子密度）[19]、广义梯度近似（GGA，依赖于电子密度梯度）[21]、meta-GGA（依赖于动能密度）[22]、杂化泛函（依赖于HF的比例）[23]和双杂化泛函（依赖于虚轨道）[24]。

GGA类泛函是电极材料计算中最常用的泛函，尤其是PBE（perdew-burke-ernzerhof）已被广泛使用[25]。GGA-PBE泛函已经被证明在结构和能量计算方面具有较好的稳定性。然而这类泛函受到电子自相互作用的影响，没有充分考虑非局域的交换-关联相互作用，导致不能很好地描述强关联体系，因此这种缺陷需要使用更高精度的杂化泛函才能解决，然而采用杂化泛函的计算成本较高，因此，在处理自交互作用时采取的另一个策略是使用Hubbard U参数[26]。DFT+U比标准的局部和半局部DFT泛函能够更加准确地预测强相关联体系的性质。通常的做法是选择一个恒定的U值，产生与实验观察相匹配的性质。例如，可以使用约束随机相位近似（cRPA）、动态平均场理论（DMFT）和线性响应来获得特定体系的U值[20, 27]。理想情况下，U值取决于晶格中所有原子的位置，这种DFT+U（R）方法可以更好地预测结合能、频率和平衡键长等性质。

许多DFT方法不能正确地解释色散相互作用，通常需要添加经验值进行修正，添加色散修正在正极材料的计算过程中十分重要，最近在meta-GGA泛函中采用SCAN（strongly constrained and appropriately normed）半局部密度泛函方法，对锂电池正极材料的计算表现出较好的效果[28, 29]。

当电极材料中含有过渡族元素如Ni、Co、Mn时，该类材料通常具有磁性，因此确定自旋极化体系的最低能量结构至关重要。此时，在进行DFT计算之前需要选择合理的初始磁矩，以便于快速进行求解。通过计算得到的每个原子磁矩和分布态密度可以估计过渡金属的电子结构和最终氧化态[30, 31]。原子周围的局域电子环境采用Bader电荷进行量化；另一个重要的工具是晶体轨道哈密顿分布（COHP），可以推断出共价键和离子键的比例[32]。

② 经典力学方法　DFT计算的计算时间取决于基函数（N）的个数，GGA泛函的计算时间约为N^3，这限制了DFT计算所选用模型体系的大小。由于计算预测的可靠性在很大程度上取决于精确原子模型的选择，因此，构建一个足够大的体系来预测电极材料的性质至关重要。在很多情况下，DFT计算难以应用到几百个原子的体系中[33, 34]，由

此，寻找能够模拟大型体系且计算成本相对低廉的方法十分必要（图8.2）[35]。经典力学模拟方法通过使用预定义的内核势，忽略了对电子的精确处理，且电子的自由度采用平均的方式，系统的总能量仅是原子核坐标的函数，是一种快速的计算方法[36]，其中原子的总势能包括成键部分和非成键部分。成键部分包含键拉伸、角度扭转和扭转分量，非成键部分包含静电（E_{ele}）和范德华力（E_{vdw}）对于势能的贡献。通常 Lennard-Jones 或者 Buckingham 势函数被用于描述 E_{vdw}，Coulombic 势函数被用于描述 E_{ele}，电荷极化通过点原子模型和核壳模型来描述[37]。经典力学模拟的软件包主要包含 GULP[38] 和 DL_POLY[39]。

值得注意的是，分子动力学（MD）模拟技术是这类研究中最为流行的研究方法之一，运用数值方法求解牛顿运动方程，可以生成研究体系在有限的温度和压力条件下一段时间内的运动轨迹，从而获得与时间相关的平衡性质。对于几百个原子的研究体系，采用从头算分子动力学（AIMD）的时间尺度通常被限制在几皮秒内，而 MD 模拟利用预定义的经验势函数可以达到纳秒或者皮秒的时间尺度，甚至对于几十万个原子的研究体系同样适用（图8.2）。

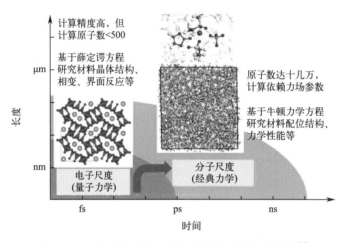

图8.2　量子力学和经典力学计算方法的比较示意图[35]

（2）电极材料的计算性质

① 电极材料结构稳定性计算　电极材料的结构稳定性是影响其循环寿命的关键因素。电极材料的稳定性可以通过计算内聚能、形成能、吉布斯自由能和声子色散谱等方法来评估。内聚能是孤立的自由原子形成化合物时所释放的能量，采用以下公式进行计算：

$$E_{CO} = \frac{mE(A) + nE(B) - E(A_m B_n)}{m+n}$$

式中，$E(A_m B_n)$，$E(A)$ 和 $E(B)$ 分别是化合物 $A_m B_n$、孤立 A 原子和孤立 B 原子的能量；E_{CO} 为计算的内聚能。一般认为，内聚能越高，结构越稳定。

形成能是固体或者化合物由其组成元素在标准状态下形成时的能量变化，计算公式如下：

$$E_f = -\frac{mE(A') + nE(B') - E(A_m B_n)}{m+n}$$

吉布斯自由能主要用来比较异构体或多晶体在不同温度或者不同压力条件下的稳定性，其计算公式如下：

$$G = H - TS$$

声子色散谱反映了一个结构中所有原子的集体振动模式，声学分支表示原始晶胞的振动，光学分支描述晶胞中原子的相对振动。计算的声子谱曲线中是否含有虚频是结构稳定性的判据。

② 开路电压（OCV）　OCV 主要取决于正极材料和负极材料的化学势的差值[40]，可表示为：

$$V(x) = -\frac{\mu_A^{cathode}(x) - \mu_A^{anode}(x)}{zF}$$

式中，$\mu^{cathode}$ 和 μ^{anode} 分别为正极和负极的化学势；z 为转移的电荷数；x 为化学组分；F 为法拉第常数。

在锂电池中 z 的数值为 1，电极材料的电势与锂电池中 Li 浓度改变引起的自由能变化密切相关，锂离子的化学势越低则电极电势越高，平均电压定义如下：

$$V = -\frac{\Delta G_r}{\Delta xF} \approx -\frac{\Delta E_r}{\Delta xF}$$

式中，ΔG_r 是完全锂化状态和完全脱锂状态的自由能的差值；Δx 是转移的锂离子的数量。

对于固态材料，在室温状态下，ΔG_r 中熵的贡献几乎可以忽略不计，自由能的差值可以近似等于势能差值。按照此种方法，Ceder 等[41]计算出了一系列锂的过渡金属氧化物的嵌锂电位，与实验值基本一致。

然而使用不同交换关联函数会影响计算得到的平均电压，当采用 LDA 和 GGA 泛函时，无法准确预测出跃迁氧化电极材料的插层电压，这主要是因为正极材料中往往含有 3d 过渡金属，属于强关联电子体系，氧化还原电子在不同环境之间转移时，电子的自相互作用不完全消除[42]。而使用 GGA+U 和 HSE 泛函才能给出合理的电压计算值[42, 43]，图 8.3 展示了使用 GGA+U 和 HSE 泛函后电压和带隙计算准确度的提升。

③ 电极材料离子传输行为计算　除了相应的能量密度外，正极材料还需要考虑充放电速率，它涉及反应动力学。相比于电子，离子的质量较大，意味着离子的传输将成为动力学过程中的速度限制环节，同时离子的迁移遵循经典统计力学规律且可以把离子运动和电子运动状态解耦。正极材料的离子扩散是电池中的一个重要的可控参数，首先需要确定扩散能垒，以便预测正极材料的嵌入与脱出通道以及其它相关参数。

科研人员提出了很多种离子传输的模型，如点阵-气体模型和渗流模型等。这些模型中均涉及离子的一次跳跃，离子的跳跃可以是一个离子的单独跳跃也可以是多个离子的协同跳跃。跳跃的过程是系统从一个平衡状态转变到另一个平衡状态的过程，根据过渡态的理论，转变过程会通过一个能量最高的过渡态，过渡态和平衡态之间的能量差即为扩散能垒。

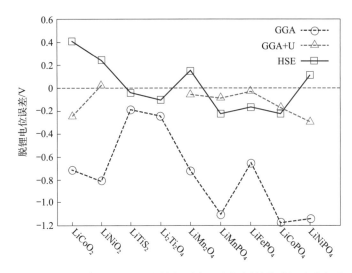

图8.3 采用GGA、GGA+U和HSE泛函计算得到常见电极材料的脱锂电位与实验测量值的差值对照图[42]

（a）分子动力学模拟 分子动力学模拟的基础是牛顿第二定律，质量为m_i的原子i在力F_i的作用下感受到的原子加速度a_i之间的关系为$F_i=m_ia_i$。这是一个二阶微分方程，可以采用Verlet算法求解[44]。电子结构计算方法的进步使得利用第一性原理计算来评估原子核上的力成为可能，被称为AIMD的计算方法。虽然基于DFT的电子结构计算具有很高的精度，但是此类方法的计算成本相对较高。

采用AIMD研究电极材料中离子扩散的第一步是将系统平衡到特定的热力学状态，一旦达到平衡，随后的模拟是为了积累足够的信息，认保障所需获得相关性能的准确性。在模拟的过程中，守恒量作为动力学过程中的约束，如微正则系综保持粒子数（N）、体积（V）和能量（E）守恒；正则系综保持粒子数（N）、体积（V）和温度（T）守恒。在AIMD中，离子的扩散系数通过计算均方差位置（MSD）得到。一般AIMD模拟的时间约为皮秒或者纳秒范围，而在电极材料中锂离子的扩散不在这些时间尺度内。解决这一问题的方法是计算高温状态下的MSD，使用阿累尼乌斯定律外推确定低温下的扩散系数。

（b）过渡态理论 过渡态理论（TST）是离子扩散计算的另一重要工具[45]。对于离子扩散具有高扩散能垒的化合物，需要较长的模拟时间才能观察到一些罕见事件的发生，这在AIMD计算中较难以实现。根据TST方法，X从平衡位置A到平衡位置B跃迁过程的扩散系数与发现处于过渡态的粒子的概率乘以粒子穿过过渡态的速率成正比。最终扩散系数可以被推导为$D=d^2k^{TST}$，其中D为扩散的距离。轻推弹性带（NEB）是求解过渡态最有效的方法之一，主要的目标是找到反应的最小能量路径（MEP）[46]。

8.1.3 正极材料理论计算

锂电池正极材料主要分为层状氧化物、尖晶石类氧化物以及聚阴离子型氧化物等，晶体结构见图8.4。

（1）层状氧化物

层状氧化物的分子式一般是$LiMO_2$(M是一种三维过渡金属，如Ni、Co、Mn和Al，

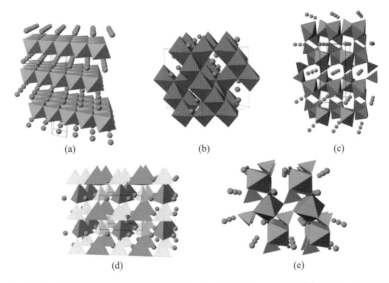

图8.4　锂电池正极材料的代表性晶体结构：（a）层状 α-LiCoO$_2$[51]；（b）立方 LiMn$_2$O$_4$尖晶石[69]；（c）橄榄石结构 LiFePO$_4$[79]；（d）β-Li$_2$FeSiO$_4$[89]；（e）LiFeSO$_4$F[97]

也可以是过渡金属的混合物），具有α-NaFeO$_2$晶体结构，属于 $R\bar{3}m$ 空间群[47]。在该结构中，Li 和 M 交替排列，Li 和 M 被四面体或八面体氧环境包围，氧离子按照立方密排的方式堆积。α-NaFeO$_2$晶体结构中3层MO$_2$原子层按照ABC的方式堆积，锂离子位于层间的八面体位置，按照Delmas等[48]提出的命名规则这种结构称为O3结构。

　　LiCoO$_2$是应用最为广泛的正极材料，具有二维锂离子扩散通道和良好的电子导电性。随着Li$_x$CoO$_2$中Li$^+$浓度的变化，在Li的平面上空位产生或者消除。C. Wolverton和A. Zunger结合第一性原理计算、团簇展开和蒙特卡罗（MC）模拟研究了LiCoO$_2$中Li/Co排列和锂-空位/Co排列[49]。他们发现，能量最低的基态是CuPt型阳离子排列，其沿＜111＞方向的晶面呈现双周期性。有限温度模拟预测LiCoO$_2$中的有序阳离子排列是稳定的，因为在约5100K时发生了有序-无序转变，远高于其熔点。由于LiCoO$_2$的层状结构，Li$^+$可以于4.2V的高电位下在Li$_{0.5}$CoO$_2$和LiCoO$_2$之间可逆地嵌入和脱出[50]。Ceder等[51]在x取值范围为0～1时，采用聚类展开方法给出了Li$_x$CoO$_2$相图。当Li$^+$浓度x大于0.3时，预测菱方Li$_x$CoO$_2$［图8.4（a）］是最稳定的相。当x=0.5时，一系列的Li$^+$被分成若干行，这些行与空位行交替进行，当x=1/3时，Li$^+$的序列间距尽可能远。

　　由于镍比钴便宜，LiNiO$_2$也是一种典型的层状氧化物正极材料，其空间群为$R\bar{3}m$。LiNiO$_2$的理论可充电比容量为275mAh·g^{-1}，但实际比容量仅为150mAh·g^{-1}，电压窗口在2.5～4.2V之间。由于Li$^+$和Ni^{2+}的尺寸相似，Ni可以迁移到Li位点（即阳离子混合），阻碍了Li$^+$扩散[52]。此外，在充放电过程中也存在结构变化，恶化了循环性能。LiMnO$_2$也是成本较低的层状氧化物正极材料，其空间群为$Pmmn$，Li-O层呈波纹状。LiMnO$_2$的理论比容量为285mAh·g^{-1}，实际比容量为200mAh·g^{-1}，电压范围为2.5～4.3V。但是，LiMnO$_2$的循环性能不理想，容量衰减较快，其主要原因在于Li$^+$脱出过程中层状结构可能会转变成尖晶石结构[53]。同时，在约4V和3V处观察到了两个电压平台，使其理论容量实际只有120mAh·g^{-1}。在电化学充放电过程中，Mn^{3+}在高自旋态和低自旋态之间变化，引起了 Jahn-Teller 结构畸变，这种结构的不连续变化导致结构退化[54]。LiMnO$_2$ 正极的另一个问题是 Mn^{3+} 易发生歧化反应生成 Mn^{2+} 和 Mn^{4+}，Mn^{2+} 可以溶解到电解液中，扩散到负极，对 SEI 产生不利影响。

混合 Ni、Co 和 Mn 的基本原理是基于每种元素所贡献的重要物理特征：Ni 保证正极容量；Co 保证充电 - 放电动力学；Mn 保证材料在循环中的结构稳定性。在 NCM 材料中，Mn 在整个循环过程中保持在 +4 的氧化态，Co 可以减少阳离子的混合，而 Ni 是 NCM 中关键的氧化还原活性元素，因为它在 +2、+3 和 +4 氧化态之间循环[55, 56]。在 NCA 材料中，Al 可以提高过渡金属氧化物的热稳定性，Al^{3+} 在四面体位置的稳定性抑制了阳离子迁移，从而避免了高温下的相变[57]。Guilmard 等[58] 对 Li$_x$Ni$_{0.89}$Al$_{0.16}$O$_2$ 和 Li$_x$Ni$_{0.7}$Co$_{0.15}$Al$_{0.15}$O$_2$ 进行了详细的研究，并提出 Al^{3+} 向四面体晶格位置的迁移抑制了层状到尖晶石的转变。

改善正极材料固有特性的最成功的策略之一是利用阳离子或阴离子进行晶格掺杂[59]。研究发现掺杂剂可以部分抑制阳离子混合和较差的界面反应。此外，无论是否参与氧化还原过程，通过增强掺杂剂与氧的键合作用都可以稳定过渡金属氧化物的结构[60]，掺杂剂也可以减少正极材料和电解质之间的副反应。多种单价和多价掺杂离子如 Ag$^+$、Mg^{2+}、Cu^{2+}、Al^{3+}、Cr^{3+}、Fe^{3+}、Ti^{4+}、Zr^{4+}、W^{6+}、Mo^{6+} 等可用于制备锂电池正极材料[59, 61-64]。采用 DFT 计算确定了在 NCM523 材料中 Ni 的最佳掺杂位点，结果表明，由于 Al(s)-O(p) 重叠，以及 Al^{3+} 明显的电荷转移能力，Al^{3+} 掺杂剂可以通过较强的 Al-O 离子共价键稳定层状结构[31]。实验和计算相结合进一步研究了高电荷态 Zr^{4+} 阳离子掺杂富镍 LiNi$_{0.6}$Co$_{0.2}$Mn$_{0.2}$O$_2$ 正极材料的作用，Zr 掺杂的电极表现出更高的稳定性、更高的倍率性能和更低的电荷转移电阻[65]。结果表明，在循环过程中，Zr 掺杂剂在抑制层状到尖晶石结构转变中起着双重作用：破坏 Ni 四面体位点的稳定性和减少 Jahn-Teller 活性 Ni^{3+} 的数量。DFT 计算发现 Mo^{6+} 较好地结合在 Ni 位点上，并且由于电荷补偿，Mo^{6+} 掺杂增加了 Ni^{2+} 的数量，而减少了 Ni^{3+} 的数量[13]。

（2）尖晶石类氧化物

另一类正极材料是尖晶石结构的锂过渡金属氧化物，包括 LiCo$_2$O$_4$[66] 和 LiMn$_2$O$_4$（LMO）[67]。尖晶石结构的一个主要优点是由四面体和八面体间隙位组成的三维网络，这使得 Li 的迁移变得异常容易。因此，尖晶石结构氧化物得到广泛的研究。由于具有价格便宜、原料丰富、能量密度较高等优点，LMO 是研究最多的尖晶石氧化物之一。尖晶石结构 LiMn$_2$O$_4$ 的计算研究表明，锂离子在四面体（8a）位点之间通过八面体（16c）位点进行迁移[68, 69]，MnO$_6$ 八面体通过共享八面体棱的方式连接成三维骨架，而氧离子依然按照岩盐结构中立方密排的方式堆积。该类材料电压较高的原因之一在于四面体位置的 Li$^+$ 具有更低的电化学势，更加稳定。锯齿状路径在尖晶石结构的三个方向上均匀发生，因此 LiMn$_2$O$_4$ 基正极表现出 3D 锂离子扩散行为。但材料内过多的锰元素会引入有 Jahn-Teller 活性的 Mn^{3+}，扭曲 MnO$_6$ 八面体，造成循环过程中的结构不稳定，导致容量的严重衰减，此外 Mn^{3+} 还易发生歧化反应生成可溶于电解液的 Mn^{2+}，造成容量的进一步衰减，特别是在高温状态[70, 71]。Mn 的部分位置被其他金属取代形成的尖晶石 LiM$_y$Mn$_{2y}$O$_4$（M=Al、Cr、Ga、Ti、Ge、Fe、Co、Zn、Ni、Mg）在电化学性能，尤其是循环性能方面得到明显改善。此外，电化学滴定测试表明，用 Co^{3+} 和 Cr^{3+} 代替 Mn^{3+} 增强了Li的扩散[72,73]。因此，尖晶石结构氧化物中通过对过渡金属进行掺杂可以获得更好的电化学性能。

利用键价方法评估了过渡金属离子在$LiMn_2O_4$结构中的迁移路径，结果表明Al^{3+}掺杂能明显缩小过渡金属的迁移通道，增加迁移活化能。能量计算结果表明Al^{3+}存在于八面体位时，过渡金属离子在四面体过渡位置的能量明显增高，Al^{3+}有抑制过渡金属迁移的作用，可以从动力学上抑制材料表面过渡金属的迁移和溶解[74]。对一系列掺杂尖晶石$LiM_{1/2}Mn_{3/2}O_4$(M=Ti、V、Cr、Fe、Co、Ni和Cu)的DFT研究表明，与掺杂Ni相比，掺杂Co或Cu可以降低Li扩散势垒[75]。最近对$LiMn_2O_4$和$LiCo_{1/16}Mn_{15/16}O_4$尖晶石的DFT计算也表明，在共掺杂体系中，电荷歧化导致了较低的迁移能[16]。Tateishi等[76]使用改进的经典分子动力学（MD）技术证明了$LiMn_2O_4$中Mn^{3+}和Mn^{4+}之间的电子交换在Li跃迁中起重要作用，结果表明，混合价（Mn^{3+}/Mn^{4+}）体系和混合导电（离子/电子）体系的电子结构影响了Li在$LiMn_2O_4$中的传输。最近，Xu等[77]利用第一性原理密度泛函理论（DFT）+U方法和轻推弹性带（NEB）方法研究了Li离子跃迁的轨迹和能量分布，证明了晶格中Li离子跃迁的能量势垒受到$LiMn_2O_4$中Mn^{3+}/Mn^{4+}排列的强烈影响。

（3）聚阴离子型氧化物

随着对正极材料的不断探索，一类聚阴离子化合物开始得到关注，如$Li_xM_y(XO_4)_z$（M=Fe、Mn、Co等；X=P、Si、S、Mo等）。在晶格中加入较大的聚阴离子$(XO_4)^{3-}$增加了氧化还原电位并改善了结构稳定性[78]。由于聚阴离子结构框架更加稳定，基于这些正极材料的电池通常具有较长的循环寿命，但是这种化合物的瓶颈问题是聚阴离子基团的质量损失，导致电池比容量下降。为解决这一问题，可以对聚阴离子基团进行设计。

具有橄榄石结构的$LiFePO_4$（LFP）是这类材料的代表，它价格低廉、无毒，还可为电解质提供兼容的工作电压。正交晶体结构的LFP具有 *Pnma* 或 *Pnmb* 空间群。FeO_6八面体是角共享的，形成了一个由PO_4四面体连接的之字形链，构成了一个强键的框架，Li^+位于形成LiO_6共享边的八面体位置，为Li^+的迁移提供了一维通道[79]。这种材料在锂化和去锂化阶段表现出优异的结构热稳定性，确保了高温操作下的工作条件。此外，在Li^+脱嵌后，LFP体积变化为6.81%，这主要归因于该材料具有很强的共价键，使得电池具有良好的循环可逆性。然而，它的低电子电导率（约$10^{-9}S\cdot cm^{-1}$）和离子电导率（约$10^{-13}\sim$$10^{-16}S\cdot cm^{-1}$），通常被认为是限制该系列化合物实际应用的主要瓶颈之一[80, 81]。因此大量的研究致力于提高LFP中的电子和离子电导率[82,83]，进而提升LFP的倍率性能[80]。

研究人员从电子导电性增强机制出发，寻找提高LFP电导率的措施。欧阳等[84]利用DFT方法和蒙特卡罗模拟研究了Cr取代对电化学性能的影响，并解释了Li位掺杂增强的电子导电性并不会改善LFP的电化学性能。由于具有较高迁移势垒（约2.1eV），Cr离子的取代会阻塞Li^+迁移的一维扩散通道，导致容量损失。此外，Islam等建立了原子尺度模拟，并报道了LFP在Li或Fe位点上等价掺杂，因为它们在能量上都是不利的，而Fe位点上的二价取代（如Mg、Mn、Mo）被认为是更好的，有助于提高LFP的电子导电性[82, 85, 86]。此外，有报道称，阴离子掺杂（如在氧位上进行N和F取代）可以改善LFP的电化学性能，延长其循环寿命[87, 88]。

由于资源丰富，正硅酸盐已被关注，成为极有前途的正极材料的替代品，其结构式为 Li_2MSiO_4（M=Fe、Mn、Co）。正交结构 Li_2FeSiO_4 的空间群为 $Pmn2_1$，由 SiO_4 四面体角共享 O 原子和四面体填充的过渡金属 Fe 组成，而 Li^+ 则占据 FeO_4 和 SiO_4 之间的四面体位置，其充电比容量为 165mAh·g^{-1}[89]。Larsson 等首先推导出了 Li_2FeSiO_4 的比能，并计算出了平均嵌入脱出电压，研究了 Mn 元素掺杂 Li_2FeSiO_4 形成 $Li_2Fe_{0.875}Mn_{0.125}SiO_4$[90]。Araujo 等[91,92]利用 DFT 结合 CINEB 方法计算了 Li^+ 在扩散过程中的迁移能垒，Li^+ 的扩散途径根据 Li_2FeSiO_4 多态性而改变，总的来说，Li_2FeSiO_4 势垒可以在 0.8 ～ 0.9eV 之间变化。进一步对 Li_2FeSiO_4 的组分进行优化发现，Fe 和 Mn 混合，形成 $Li_2Mn_xFe_{1-x}SiO_4$ 化合物[93]，每个单元去除 1.5 个锂，可以提高化合物的比容量。Yang 等[94]利用 DFT 计算揭示了 Ti 掺杂可以缩短相邻两个占位 Li 的距离，降低 Li 离子的迁移能垒，且由于 Ti 和 O 之间较强的杂化作用可增强 Li_2FeSiO_4 的稳定性，获得约 317mAh·g^{-1} 的比容量。Billaud 等[95]提出了富含锂的硅酸盐形态 $Li_{2+2x}Fe_{1-x}SiO_4$，MD 计算表明该结构中形成了三维离子传输网络，离子传输性能得到了有效的改善。

与其他聚阴离子不同，最近引起关注的硫酸盐基聚阴离子正极材料及其类似物的合成非常棘手。原因在于：硫酸根单元固有的不稳定性导致其在 350 ～ 400℃分解为 SO_2 气体；硫酸盐的吸湿特性[96]。因此，在非水介质中进行低温热处理的可持续合成通常用于合成硫酸盐基正极。此外，尽管 SO_4 阴离子基团质量较大，但其具有较高的工作电压，与其他 XO_4 基正极相比具有良好的能量密度，使其成为具有可持续发展潜力的聚阴离子正极材料。

研究发现氟硫酸盐 $LiMSO_4F$ 为单斜结构（$C2/c$ 空间群，M=Fe、Co、Ni、Cu、Zn、Mn）。采用原子尺度模拟，Tripathi 等研究了 $LiFeSO_4F$ 的缺陷形成能和锂离子的迁移机制，迁移活化能由每条迁移路径上的最高势能决定。Li^+ 沿 [100]、[010] 和 [111] 方向在三维通道内迁移，迁移能垒分别为 0.46eV、0.44eV 和 0.36eV，表明 $LiFeSO_4F$ 具有较高的 Li^+ 迁移速率[97]。

本节主要综述了电极材料的理论计算方法，并以三种典型的正极材料为例阐述了理论计算的应用。对电极材料的理论研究主要分为量子力学和经典力学方法，其中，GGA-PBE 泛函是量子力学中最常用的泛函，但其未考虑在非局域的交换 - 关联相互作用，因此在对含有过渡金属的电极材料进行计算时，需要添加 Hubbard U 参数。电极材料的结构稳定性主要通过计算内聚能、形成能、吉布斯自由能和声子色散谱来评估；电极材料 OCV 主要取决于正极材料和负极材料锂化学势的差值；电极材料离子传输行为主要通过基于牛顿第二定律的分子动力学模拟和过渡态理论来实现。锂电池正极材料根据结构主要分为层状氧化物、尖晶石类氧化物以及聚阴离子型氧化物，并以这三种典型的正极材料为例详细阐述了理论计算在该方面的应用。

8.2 固态电解质理论计算与模拟

理论模拟在固态电解质中的应用主要分为两部分：从微观尺度解释宏观尺度观测到的实验现象背后的物理化学机理，例如离子传输机制、热力学、电化学稳定性等；寻找和设计新型固态电解质。

8.2.1　离子传输机制理论模拟

电解质材料的离子电导率是影响电解质实用化的重要因素之一。离子传输对电池极化、放电容量、充放电速率以及循环稳定性能都有着决定性的影响。通过理论模拟从原子尺度获得离子传输性质的信息对于理解传输机制及后续电解质的设计、改性与开发非常重要。在这里我们分别讨论锂离子在电解质体相和晶界附近的传输行为。

8.2.1.1　锂离子在体相中的传输

固体材料中离子的跳跃取决于点缺陷，如空位或间隙位。没有相关性的单个离子的跳跃可以用随机行走模型来描述[98]。随机扩散系数 D_r 可以用 Einstein-Smoluchowski 方程表示：

$$D_r = \frac{R_n^2}{bt_n} = \frac{a^2 v}{b}$$

式中，R_n 为传输离子在 n 步中的总位移；t_n 为完成 n 步跳跃的时间；a 为两个相邻位置或自由路径之间跳跃的距离；v 为成功跳跃的跳跃频率；b 为几何因子，分别为 2,4,6 对应的一维、二维、三维扩散。跳跃频率 v 可以描述为：

$$v = v_0 \exp\left(-\frac{\Delta G}{k_B T}\right) = v_0 \exp\left(\frac{\Delta S}{k_B}\right) \exp\left(-\frac{\Delta H}{k_B T}\right)$$

式中，v_0 为尝试频率；ΔG 为活化吉布斯自由能；k_B 为玻尔兹曼常数；T 为温度；ΔS 为活化熵；ΔH 为活化焓（也称活化能或活化势垒 E_a）。因此，

$$D_r = \frac{1}{b} a^2 v_0 \exp\left(\frac{\Delta S}{k_B}\right) \exp\left(-\frac{\Delta H}{k_B T}\right)$$

活化焓 ΔH 明显取决于缺陷的性质，包括本征缺陷和非本征缺陷。本征缺陷是热激活的，因此涉及这些缺陷的离子传输过程的活化能包含缺陷形成能和迁移能。非本征缺陷通常是通过掺杂不同价态的元素引入的。

AIMD 模拟可以计算离子在固态电解质中的扩散系数、离子电导率和活化能[99]。扩散系数可以通过 AIMD 模拟的离子运动轨迹计算得到。离子的均方位移为：

$$\text{MSD} = \frac{1}{N} \sum_{i=1}^{N} |r_i(t+\Delta t) - r_i(t)|^2$$

式中，N 为体系内锂离子数目，$r_i(t)$ 代表第 m 个锂离子在 t 时刻的位置。

一般来说，如果在 AIMD 模拟过程中捕捉到足够的扩散位移，MSD 与时间间隔 Δt 呈线性关系。对数据进行线性拟合，得到的斜率除以 $2d$（d 为锂离子扩散路径的维度）即可得到锂离子的扩散系数 D。然后通过 Nernst-Einstein 方程得到锂离子的电导率：

$$\sigma = \frac{Nq^2}{Vk_B T} D$$

式中，V 为体系的体积；q 为锂离子的电荷。

不同温度下的 AIMD 模拟计算得到的 D 或 σT 遵循 Arrhenius 关系：

$$D = D_0 \exp\left(-\frac{E_a}{k_B T}\right)$$

从该拟合中可以获得反映所有离子迁移时间统计平均值的指前因子和活化能 E_a。由于锂的扩散系数较小，室温下 AIMD 模拟较难取得满意的结果，因此可以在高温（500～1500K）下进行不同温度的多次 AIMD 模拟，对 $\ln D$-$1/T$ 进行拟合，外推即可得到室温下的锂离子扩散系数、离子电导率和锂离子迁移活化能。

无机固态电解质，例如，$Li_7La_3Zr_2O_{12}$(LLZO)、$Li_{10}GeP_2S_{12}$(LGPS) 和 Li_3YCl_6 等材料，通过 AIMD 模拟计算得到的扩散系数、离子电导率和锂离子迁移活化能与实验结果吻合较好。理论计算和实验结果之间的差异可能源自以下两个方面：

① 实验结果在很大程度上取决于制备方法和条件，例如相的纯度和电解质材料的致密度对离子电导率的测试结果均会产生很大影响；

② 电解质材料在不同温度下发生了相变，这就不能简单地从高温数据外推到低温数据。

表 8.1 比较了从 AIMD 模拟计算得到的和从实验测试得到的常见固态电解质材料的离子电导率和活化能（300K）。

表 8.1 通过 AIMD 模拟计算得到的和通过实验测试得到的 300K 下固态电解质的离子电导率和活化能 E_a 数值比较

组成	$\sigma(300K)/mS \cdot cm^{-1}$		E_a/eV	
	实验	AIMD	实验	AIMD
$Li_{0.33}La_{0.55}TiO_3$	0.06[100]	35[101]	0.28[100]	0.22[101]
$Li_{1.5}Al_{0.5}Ge_{1.5}P_3O_{12}$	0.40[102]	0.28[103]	0.35[102]	0.34[104]
$Li_7La_3Zr_2O_{12}$	0.50[105]	1.1[99]	0.30[105]	0.26[99]
Li_3OCl	0.85[106]	0.12[107]	0.26[106]	0.30[107]
$Li_{10}GeP_2S_{12}$	12[108]	14[109]	0.24[108]	0.21[109]
$Li_7P_3S_{11}$	11.6[110]	57[110]	0.18[110]	0.187[110]
Li_3YBr_6	1.7[111]	2.2[112]	0.37[111]	0.28[112]

AIMD 模拟展示了所有离子迁移时间的统计平均数值，但无法获得指定离子的迁移行为细节。作为补充，轻推弹性带（NEB）方法可以获得移动离子从一个平衡点迁移到附近另一个平衡点在特定迁移路径上的能量势垒和过渡态[113]。NEB 方法要求迁移的初始和最终状态作为输入，输出最小能量路径（MEP）、过渡状态和能量势垒。在 NEB 方法中，许多具有特定原子构型的中间"图像"被构造为 MEP 和扩散事件的初始猜测。然后进行约束优化，在保持相邻图像间距的同时，为图像找到尽可能低的能量。这是通过在图像之间沿"带"添加"弹簧"力，并投影出垂直于"带"的势产生的力分量来实现的。具有最高能量的图像对应于过渡状态，沿 MEP 的最高和最低能量点之间的能量差决定了迁移势垒。AIMD 模拟的实时离子动力学能够对离子迁移路径实现可视化，可以作为 NEB 方法的输入。

Mo 等[109]采用 AIMD 模拟证实了 $Li_{10}GeP_2S_{12}$(LGPS) 固态电解质中 Li 离子沿 c 轴方向

快速扩散的通道，同时也揭示了 ab 平面中额外的扩散通道，如图8.5（a）～（c）所示。通过MSD计算了锂离子的扩散系数，图8.5（d）和（e）展示了600～1500K下扩散系数的Arrhenius曲线，计算得到活化能为0.21eV，这与实验值0.24eV吻合良好[108]。他们还提出了Li沿 c 轴方向的协同迁移机制，涉及4个占据Li1和Li3位置的锂离子沿 c 轴通道同时跃迁到其最近邻的位置[图8.5（g）]。协同迁移机制得到的迁移势垒约0.2eV，与实验和AIMD模拟的结果一致。但是如果是单离子迁移，NEB计算得到的迁移势垒约0.4eV[图8.5（f）]。这些结果表明协同迁移是LGPS固态电解质中锂离子迁移的主要方式。AIMD和NEB方法从原子尺度揭示了固态电解质中锂离子的迁移机制，并给出了扩散系数、离子电导率和势垒等相关参数。

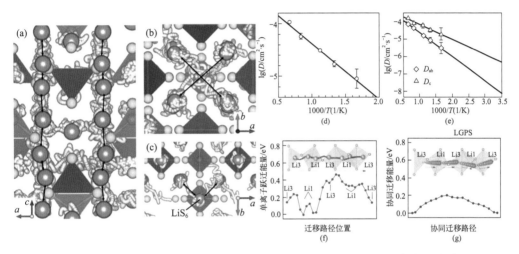

图8.5　900K下AIMD模拟中Li离子的轨迹（白色）：（a）为沿 c 轴方向；（b）、（c）为 ab 平面内[109]；总扩散系数（d）和 ab 平面内及 c 轴方向的扩散系数（e）的 $\lg D$-$1/T$ Arrhenius曲线[109]；NEB计算得到的单离子跃迁能量景观图（f）和协同扩散跃迁能量景观图（g）[114]

如上所述，固体中离子的跳跃取决于点缺陷，因此缺陷的类型和浓度对离子电导率有重要的影响。带电缺陷的形成能定义为[115]：

$$E_f(i,q) = E_{tot}(i,q) - E_{tot}(bulk) - n_{Li}\mu_{Li} + q(\varepsilon_F + E_v)$$

式中，$E_{tot}(i,q)$ 和 $E_{tot}(bulk)$ 分别是具有一个缺陷i和完美晶体的总能量；n_{Li} 为产生缺陷时添加（$n_{Li} > 0$）或从完美晶体中移除（$n_{Li} < 0$）的Li原子（离子）个数；μ_{Li} 为材料中锂的化学势；ε_F 为费米能级高于价带顶 E_v 的值，受材料中缺陷种类和浓度的影响而变化。可以通过以下电中性的条件计算得到平衡态时的费米能级：

$$\sum_i q(i)S(i,q) = n_e - n_h$$

式中，$q(i)$ 和 $S(i,q)$ 分别为每种缺陷所带的电荷和浓度；n_e 和 n_h 分别为自由电子和空穴的浓度。热力学平衡时，每种缺陷的浓度为：

$$S(i,q) = N_s(i)e^{-E_f(i,q)/k_BT}$$

式中，$E_f(i,q)$ 为缺陷 i 的形成能；$N_s(i)$ 为单位体积可以产生缺陷 i 的位点数目；k_B 为玻尔兹曼常数；T 为温度。

对于缺陷体系，载流子浓度依赖于 ε_F：

$$n_e = N_c e^{-(E_g-\varepsilon_F)/k_BT}, n_h = N_v e^{-\varepsilon_F/k_BT}$$

式中，N_c、N_v 和 E_g 分别为导带和价带的态密度以及带隙。

材料是电中性的，因此，可以通过求解以下方程得到费米能级 ε_F 与 μ_{Li} 的关系：

$$\sum_i q(i)N_s(i)\exp^{-E_f(i,q)/k_BT} = N_c\exp^{-(E_g-\varepsilon_F)/k_BT} - N_v\exp^{-\varepsilon_f/k_BT}$$

注意，如果将锂金属的电压设为零，可以将电池中的电压与 μ_{Li} 联系起来：

$$V = -(\mu_{Li} - \mu_{Li}^{metal}/e)$$

Shi 等[116, 117]计算了存在电压的情况下 Li_2CO_3 中的缺陷形成能和浓度等数据。在负极侧低于 SEI 形成电压下，Li_2CO_3 中主要的载流子为间隙 Li^+，而在正极侧电压高于 4V 时，主要载流子为 Li^+ 空位。图 8.6（a）和（b）展示了缺陷的形成能和浓度随电压变化的关系。图 8.6（c）和（d）为间隙 Li^+ 沿 [010] 方向的迁移路径及势垒，图 8.6（c）为 knock-off 机制，图 8.6（d）为直接跃迁机制。在电解质材料中，外加电压对载流子类型和浓

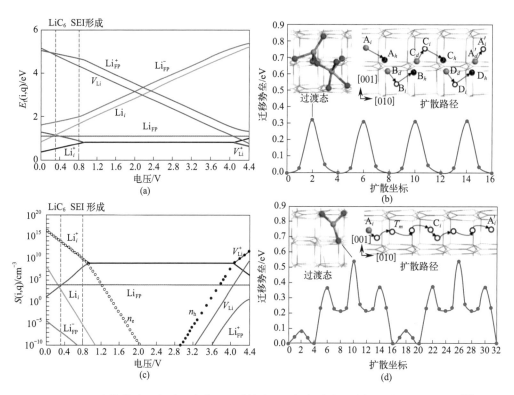

图 8.6　Li_2CO_3 中的载流子类型、浓度和迁移势垒图：（a）缺陷形成能和（b）缺陷浓度[117]；间隙 Li^+ 沿 [010] 方向迁移的路径及迁移势垒；（c）knock-off 机制；（d）直接跃迁机制[116]；S（i,q）为缺陷浓度；E（i,q）为缺陷形成能

度有很大影响，并且不同类型的载流子具有不同的迁移机制，从而影响最终的离子电导率。因此，在进行电解质离子迁移的理论计算时，载流子的类型、扩散路径和迁移机制要同时进行详细的研究。

8.2.1.2 离子在晶界附近的迁移

我们在计算固态电解质的离子迁移路径及势垒时往往把材料看作单晶，但实际上电解质材料是具有多晶界的多晶材料。晶界有可能会带来不一样的迁移机制及势垒，因此在原子尺度分析晶界附近离子传输行为有助于我们深入理解真实固态电解质中离子的长程传输。

Yu等[118]计算了$Li_7La_3Zr_2O_{12}$(LLZO)中三种对称倾转晶界的能量、组分及离子传输性质，如图8.7（a）所示。蒙特卡罗模拟揭示晶界处是富锂和富氧的，分子动力学模拟证明晶界处离子扩散系数会降低。但是，晶界带来的影响与温度和晶界的结构有很大关系。Dawson等[119]利用分子动力学模拟分析了Li_3OCl晶界附近的离子传输，发现穿过晶界的离子传输活化能高于体相晶体的活化能，证实了高晶界阻抗。他们建立了一个模型合理解释了晶界对多晶材料整体离子电导率的影响，同时还描述了多晶固态电解质中离子传输的两个竞争路径："晶粒"传输路径［图8.7（b）左半部分］，锂离子在晶粒内及穿过晶界传输；"晶界"传输路径［图8.7（b）右半部分］，锂离子沿着晶界传输。图8.7（c）给出了多晶Li_3OCl的总离子电导率与晶粒尺寸的关系。可以发现，锂离子总电导率随着晶粒尺寸的增加而增加，正如考虑到晶界的显著阻抗所预期的那样。在＜100nm的非常小的晶粒尺寸下，晶界阻抗的影响最强，总离子电导率由晶界主导。Chen等[120]利用第一性原理计算详细研究了Li_3OCl晶界附近的力学性能、电子结构和锂离子传输机制。利用NEB方法计算了锂离子沿晶界方向和穿过晶界方向的跃迁势垒，证明锂离子沿晶界方向传输势垒要低于穿过晶界方向。这表明锂离子沿晶界方向的传输比跨越晶界更容易，并且在具有晶界结构的Li_3OCl中，主要的传输路径是沿晶界（GB）方向的［图8.7（d）～（f）］。AIMD模拟得到的扩散系数也证实了晶界处自扩散系数比体相中要低。

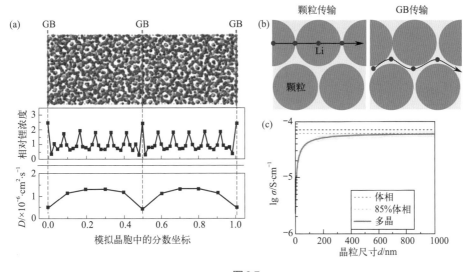

图8.7

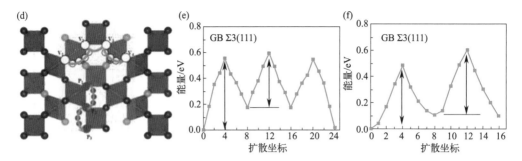

图8.7 晶界处离子的迁移机制和势垒图：(a) LLZO对称倾转晶界Σ3 (112) 的结构，计算了含有晶界的超胞在1000K时的相对锂离子浓度以及扩散系数随位置的变化[118]；(b) 多晶材料中离子传输路径的两种竞争机制示意图；(c) 总离子电导率随晶粒尺寸的变化[119]；(d) 具有Σ3 (111) 晶界结构的Li_3OCl多晶材料中锂离子的传输路径示意图；锂离子沿晶界 (e) 和垂直于晶界 (f) 迁移的能量曲线[120]

科研人员普遍认为，氧化物中的晶界电阻高于硫化物，但其根本原因尚不完全清楚。因此，Dawson等[121]使用一种新的微尺度模拟方法来识别和解释晶界对Na_3PS_4和Na_3PO_4中离子传输的影响。Na_3PO_4具有较高的晶界阻抗而Na_3PS_4具有较低的晶界阻抗。分子动力学模拟发现Na_3PS_4的晶界局部结构和离子传输机制与体相相比变化不大，而Na_3PS_4的晶界结构与体相相比变化很大，说明局部结构的变化导致了离子传输的变化。

晶界结构的模拟还存在一些问题：晶界计算的建模总是采用孪晶，但实际上晶界可以存在多种形式，并且还存在各种缺陷；晶界处的原子排列是不规则的，不同的晶界结构导致不同的原子排列和不同的锂离子传输行为。因此，需要更精确的基于实验结果的晶界结构来模拟晶界周围的离子传输行为，从而指导更合理的晶界设计。

8.2.2 相稳定性理论模拟

从现有的数据库中，我们很容易获得各种材料的能量和性质，还可以得到任何材料之间的反应能，并构建任何组成系统的相图。利用数据库采用热力学计算的方法可以评估材料的相稳定性、化学和电化学稳定性以及不同材料界面的平衡。

利用Pymatgen软件包或从数据库中得到的数据构建相图，通过凸包能评估给定组分的固态电解质的热力学相平衡[122]。凸包能定义为相图中该材料与周边稳定平衡态线性组合的能量差（能量归一化为体系内每个原子的平均能量）。以二元体系为例，如图8.8所示，假如材料只含有A和B两种元素，通过第一性原理计算或者从数据库中得到不同比例的材料（一种比例可能会有多种构型）的形成能，得到凸包能图。只有实线上的点即E_{hull}=0代表在0K是处于热力学稳定的相。E_{hull} > 0是热力学亚稳态，E_{hull}的值越大说明越不稳定，越趋向于分解，并且在实验中难以合成。

计算E_{hull}需要构建所研究体系的含所有元素对应化学环境的相图，相图内涉及的材料能量可以从MP网站数据库中获得。Ceder等[123]计算了$Li_{10\pm1}MP_2X_{12}$（M=Ge、Si、Sn、Al、P，X=O、S、Se）的相稳定性以及分解能量。分解能量（E_{decomp}）是材料稳定性的度量，其定义是$Li_{10\pm1}MP_2X_{12}$分解成预测的热力学稳定相时的反应能的负值。结果如表8.2所示。

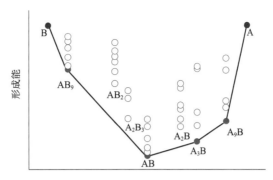

图8.8 二元体系的形成能示意图

表8.2 $Li_{10\pm1}MP_2X_{12}$ 平衡相以及分解能量[123]

阳离子（M）	阴离子（X）	$Li_{10\pm1}MP_2X_{12}$平衡相	E_{decomp}/meV
Si	O	$Li_4SiO_4+2Li_3PO_4$	92
Ge	O	$Li_4GeO_4+2Li_3PO_4$	96
Sn	O	$0.33Li_8SnO_6+0.67Li_2SnO_3+2Li_3PO_4$	97
Si	S	$Li_4SiS_4+2Li_3PS_4$	19
Ge	S	$Li_4GeS_4+2Li_3PS_4$	25
Sn	S	$Li_4SnS_4+2Li_3PS_4$	25
Al	S	$Li_5AlS_4+2Li_3PS_4$	60
P	S	$3Li_3PS_4$	22
Si	Se	$Li_4SiSe_4+Li_4P_2Se_6+Li_2Se+Se$	16
Ge	Se	$Li_4GeSe_4+Li_4P_2Se_6+Li_2Se+Se$	16
Sn	Se	$Li_4SnSe_4+Li_4P_2Se_6+Li_2Se+Se$	19

　　相稳定性分析将有助于新固态电解质材料的设计，同时还可以对新材料制备可行性与难易程度进行评估，因为稳定性差的材料一般也难以通过实验制备。需要注意的是，由于DFT计算是基于0K下的静态能量，这忽略了吉布斯自由能（$G=E+PV-TS$，其中G、E、P、V、T和S分别为体系的吉布斯自由能、内能、压强、体积、温度和熵）中的熵S和PV项，因此DFT计算在预测相稳定性方面存在局限性。对于大多数固体材料这种近似是合理的，因为在标准条件下，固相之间的TS和PV项的差异很小。然而在快离子导体材料中，高度无序移动的离子晶格可能表现出比其它固相高得多的构型熵。LGPS和LLZO在较高的合成温度下具有熵稳定性[109, 124]。此外，通过相图也不能获得热力学不稳定的材料实际分解的动力学速率，但是可以通过材料声子谱的计算判断动力学稳定性[125]，这在一定程度上使对材料稳定性的判断结果更加完善，但是声子谱的计算耗时巨大。

8.2.3 电化学稳定性理论模拟

　　无机固态电解质并没有像大家期待的那样具有足够宽的电化学稳定窗口，尤其是硫化物电解质。DFT可以用热力学计算解释固态电解质的电化学稳定性。常用的方法有三种[126]：带隙法；相稳定法（巨势相图法）；化学计量稳定性法。

带隙法是导带底和价带顶的位置决定了材料的电化学稳定窗口[109, 127, 128]。在这种方法中，只考虑电子的转移。这种方法使用材料的带隙对电化学窗口进行简单快速的估计，但是由于电极/电解质界面处的偶极子会改变电子态的相对位置，因此它相对于参比电极的绝对位置很难用这种方法确定。此外，由于电极被假定为是化学惰性，因此带隙法得到的电化学稳定窗口被认为是电化学稳定窗口的上限[109, 129]。

相稳定法是通过构建巨势相图来评估与外部环境（如外加电压 V）平衡时的稳定性：

$$\phi[c, \mu_{Li}] = E[c] - n_{Li}[c]\mu_{Li}$$

式中，μ_{Li} 为体系所处环境的锂化学势；$\phi[c, \mu_{Li}]$ 为组分 c 在外部环境为 μ_{Li} 下的巨势；E 为体系内能；n_{Li} 为体系内锂原子的数目。体系锂化学势与电压的关系：$\mu_{Li} = \mu_{Li}^0 - eV$，其中 μ_{Li}^0 为锂金属单质中的锂化学势。改变外部环境锂化学势可以获得固态电解质材料在不同环境下（对应不同电压）的巨势相图，分析材料在每张巨势相图内的稳定性与分解产物，可以得到其开始脱出和嵌入锂时的电压，即分别为最低氧化电压与最高还原电压，两者之间即为既不发生氧化也不发生还原的电化学稳定窗口。巨势相图确定了给定相的相平衡 $c_{eq}(c, \mu_{Li})$，在电化学窗口之外由于锂的嵌入和脱出会导致平衡相与原始材料中锂数目的改变 Δn_{Li}。分解反应能计算如下：

$$\Delta E_D[c, \mu_{Li}] = E[c_{eq}(c, \mu_{Li})] - E[c] - \Delta n_{Li}\mu_{Li}$$

从而得到固态电解质发生反应的电位：

$$\phi_{eq} = -\frac{\Delta E_D}{e\Delta n_{Li}} = -\frac{1}{e}\left(\frac{E[c_{eq}(c, \mu_{Li})] - E[c]}{\Delta n_{Li}} - \mu_{Li}^0 \right)$$

当 $\Delta n_{Li} > 0$ 时，发生还原反应，发生条件为与固态电解质接触的电极电势 $\phi < \phi_{eq}$；当 $\Delta n_{Li} < 0$ 时，发生氧化反应，发生条件为与固态电解质接触的电极电势 $\phi > \phi_{eq}$。所有可能的反应会产生一系列的还原电位和氧化电位，固态电解质的还原电位是所有 $\Delta n_{Li} > 0$ 的反应中的最大值，氧化电位是所有 $\Delta n_{Li} < 0$ 的反应中的最小值，两者之间的电位范围即为固态电解质的电化学稳定窗口。相稳定法给出了固态电解质电化学窗口的下限。

Ceder 等计算了一系列常见的固态电解质的电化学稳定性，如图 8.9 所示。

可以发现，固态电解质的还原稳定性主要由相关的二元材料的稳定性窗口决定，或者在混合阴离子材料中，由最不稳定的相关二元材料的稳定性窗口决定。电解质还原稳定性随着阴离子电负性的增加而增加。电解质的还原稳定性还取决于非碱金属阳离子骨架，尤其是阳离子可达到的低氧化态及其热力学还原电位。固态电解质的氧化稳定性遵循卤化物＞氧化物＞硫化物＞氮化物（Li_3YCl ＞ LLZO ＞ LPS ＞ LiPON），这与电负性吻合（$Cl^- > O^{2-} > S^{2-} > N^{3-}$）。氧化物电解质的稳定性取决于 O_2^-/O_2，其与氧原子同相邻原子的键合环境有关。$Li_{1.3}Al_{0.3}Ti_{1.7}(PO_4)_3$ 的高氧化稳定性源自 P 和 O 能量轨道的重叠

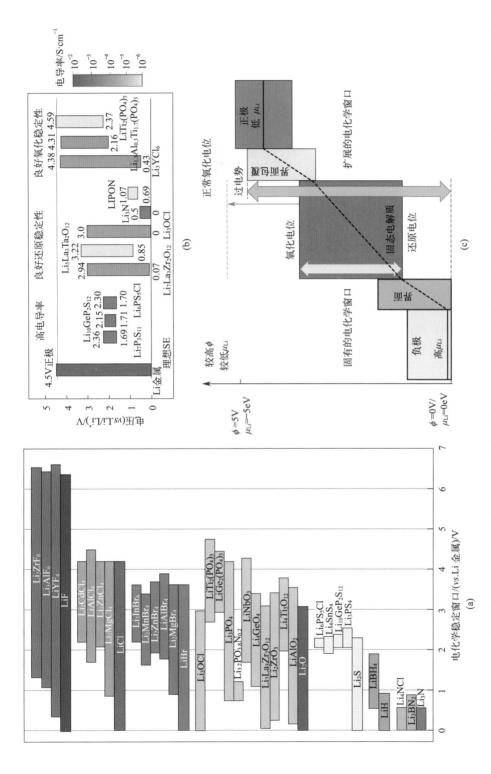

图 8.9　固态电解质的电化学窗口对比图：（a）各种固态电解质的电化学窗口[130]；（b）常用的固态电解质的离子电导率和电化学窗口[131]；（c）全固态锂离子电池中电化学窗口和锂化学势分布的示意图[132]

形成的强共价键[133]。硫化物电解质的氧化稳定性较差，这主要由于S^{2-}的氧化性较差。Zeier[134]发现从Li_6PS_5Cl到$Li_{6+x}P_{1-x}M_xS_5I$(M=Si^{4+}、Ge^{4+})，掺杂并不会影响电解质的氧化稳定性，只要S是固态电解质的一部分，无论其余化学成分如何，其氧化稳定性都是有限的。DFT计算的常用固态电解质的氧化还原稳定窗口都不能满足实际电池需求［图8.9（b）］[131]。但是我们发现DFT计算的电化学窗口比实验测试得到的电化学窗口要窄。如图8.9（c）所示，绿色部分代表固态电解质本征电化学窗口，可通过DFT计算得到[132]。粉色箭头代表在实验中测得的扩展电化学窗口。两者之间的差异主要源于电解质分解或电极/电解质界面。界面将缓解电极与电解质之间的锂化学势差，如果界面与电极和电解质稳定，则界面提供的额外的电化学窗口将拓宽电解质的电化学窗口。后面我们会详细讨论电极与电解质界面稳定性。

第三种方法是化学计量稳定性法，主要考虑在Δn_{Li}非常小的情况下的反应，其中唯一的产物是与固态电解质相同的相，但锂的化学计量发生了变化。因此，我们将这种方法称为"化学计量稳定性法"。这种过程类似于活性电极材料中的锂嵌入或脱出反应。此方法已被用来计算各种固态电解质的电化学窗口[135, 136]。

Schwietert等[137]采用"化学计量稳定性法"计算了Li_6PS_5Cl、$Li_7La_3Zr_2O_{12}$和$Li_{1.5}Al_{0.5}Ge_{1.5}(PO_4)_3$的电化学窗口，计算结果与实验测量十分吻合。他们认为在这些电解质分解成稳定产物之前会发生Li的脱嵌（对应着非Li阳离子的还原和阴离子的氧化）。图8.10对比了化学计量稳定性法、相稳定法以及实验测量的固态电解质的电化学窗口。与直接分解为稳定产物相比，这种动力学上有利的间接分解途径有效地拓宽了电化学稳定窗口，与精确的电化学测量结果非常吻合。因此设计和开发稳定的固态电解质时应注意其脱锂嵌锂氧化还原电位，而不是最稳定分解产物的稳定性，这项工作为我们设计具有宽电化学稳定窗口的固态电解质提供了新思路。

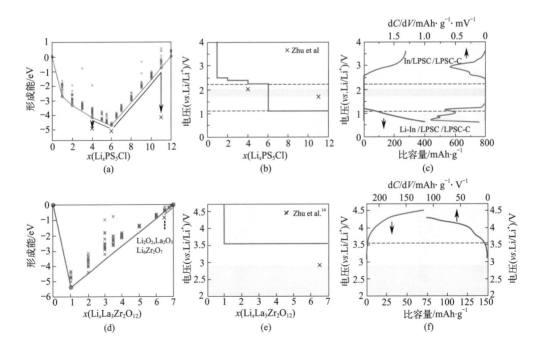

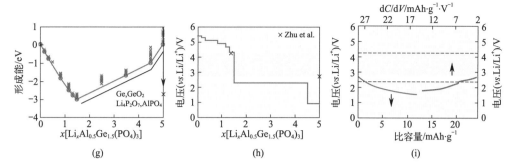

图8.10 化学计量稳定性法、相稳定法以及实验测量得到的固态电解质Li_6PS_5Cl [（a）~（c）]、$Li_7La_3Zr_2O_{12}$ [（d）~（f）] 和$Li_{1.5}Al_{0.5}Ge_{1.5}(PO_4)_3$ [（g）~（i）] 的电化学窗口对照图[137]

8.2.4 力学性能理论模拟

固态电解质的力学性能对全固态电池的性能有显著影响，因为它们有望抑制锂枝晶生长，并适应电池组装和循环过程中产生的应力。固态电解质的力学性能主要包括体积模量（B）、剪切模量（G）、杨氏模量（E）和泊松比（v），都可以通过DFT计算得出。体积模量（B）描述固态化合物的压缩性。剪切模量（G）是抗横向内力下变形的刚度，G值较大表示材料为刚性材料。杨氏模量（E）是系统刚度的度量，为沿轴的应力应变比，杨氏模量越大，发生变形的可能性越小。泊松比（v）是材料从横向膨胀到压缩方向的塑性度量。它们之间的关系为：$2G(1+v)=E$。通过DFT计算得出的常见固态电解质力学性能参数如表8.3所示[138]。

表8.3 通过DFT计算得出的常见固态电解质的体积模量（B）、剪切模量（G）、杨氏模量（E）、泊松比（v）和Pugh比（G/B）值对比[138]

材料	B/GPa	G/GPa	E/GPa	v	G/B
t-$Li_7La_3Zr_2O_{12}$	127.4	68.9	175.1	0.27	0.54
$Li_5La_3Nb_2O_{12}$	111.3	54.8	141.1	0.29	0.49
$Li_5La_3Ta_2O_{12}$	112.0	56.1	144.2	0.29	0.50
$Li_{1/2}La_{1/2}TiO_3$	183.5	104.0	262.4	0.26	0.57
$Li_{1/8}La_{5/8}TiO_3$	179.0	91.2	233.9	0.28	0.51
$LiTi_2(PO_4)_3$	95.0	57.6	143.7	0.25	0.61
Li_3PO_4	72.5	40.9	103.4	0.26	0.56
Li_3OCl	55.7	41.5	99.7	0.20	0.75
Li_3OBr	52.3	38.5	92.8	0.20	0.74
Li_3PS_4	23.3	11.4	29.5	0.29	0.49
$Li_{10}GeP_2S_{12}$	27.3	7.9	21.7	0.37	0.29
$Li_{10}SiP_2S_{12}$	27.8	9.2	24.8	0.35	0.33
$Li_{10}SnP_2S_{12}$	23.5	11.2	29.1	0.29	0.48
$Li_7P_3S_{11}$	23.9	8.1	21.9	0.35	0.34
Li_6PS_5Cl	28.7	8.1	22.1	0.37	0.28
Li_6PS_5Br	29.0	9.3	25.3	0.35	0.32
Li_6PS_5I	29.9	11.3	30.0	0.33	0.38

根据Monroe和Newman提出的模型，抑制枝晶的临界剪切模量约为9GPa。硫化物固态电解质的剪切模量接近临界值，可以抑制锂枝晶的生长。氧化物固态电解质的剪切模量比临界值大几倍，足以抑制锂枝晶生长。然而，在固态电池中仍观察到锂枝晶生长及其导致的电池短路。这是因为锂枝晶的生长不仅取决于理想固态电解质块体的力学性能，还与固态电解质块体中的晶界和孔洞有关[139, 140]。锂枝晶倾向于沿晶界和孔洞生长。高电子电导率也是固态电解质中枝晶形成的主要因素，如LLZO和Li_3PS_4[141]。此外，电解质和电极接触不足也是锂枝晶生长的原因[142]。一般来说，固态电解质的剪切模量是决定锂枝晶是否生长的重要因素，但不是唯一因素。

Pugh比（G/B）是衡量材料脆性的指标。当G/B的值大于0.5时材料表现出脆性，当G/B小于0.5时材料表现出延展性。硫化物电解质的G/B值一般小于氧化物电解质，表现出比氧化物电解质更好的延展性。因此，硫化物电解质被认为是柔软的材料，在固态电池组装过程中可在室温下通过加压获得与电极材料的紧密接触，而氧化物固态电解质则需要高温烧结。固态电解质材料的脆性对全固态电池非常致命，固态电解质在电池循环过程中要承受电极材料体积变化产生的应力。应力会导致电解质材料和电极/电解质界面出现裂纹，增加阻抗以及锂枝晶生长的风险。

值得注意的是，仅考虑固态电解质固有的力学性能不足以解决全固态电池中的力学失效问题，我们需要更多关注电池循环条件下电解质材料和电极/电解质界面应力演变。电解质与电极材料之间力学性能的匹配性是解决全固态电池中裂纹的形成、枝晶生长和接触失效等问题的关键。然而，在这些研究领域还没有成熟的模型或方法，因此在未来亟需开发新的理论计算方法或模型，以深入理解全固态电池的力学失效机理。此外，还应关注应力下固态电解质内以及电极/电解质界面处锂离子的传输行为。

8.2.5 利用理论计算设计新型固态电解质

为了开发适用于固态锂电池的高性能固态电解质，必须深刻理解固态电解质中的快离子迁移机制，从而制定适当的设计原则来设计新型固态电解质。正如我们前面提到的，低迁移势垒和高载流子浓度对于固态电解质的高离子电导率是必须的（如能斯特-爱因斯坦方程所示）。此外，与阴离子极化率、晶格柔性、载流子浓度以及迁移离子亚晶格有序性有关的指前因子对于实现高离子电导率也同样重要[143-146]。

掺杂是增强固态电解质离子电导率的一种有效方法。掺杂剂对电导率的影响主要是锂离子浓度的变化，从而导致载流子浓度的变化。Ceder等[124]采用第一性原理计算研究了Rb和Ta掺杂石榴石型固态电解质$Li_{7+2x-y}(La_{3-x}Rb_x)(Zr_{2-y}Ta_y)O_{12}$（$0 \leqslant x \leqslant 0.375$，$0 \leqslant y \leqslant 1$）的稳定性和离子电导率。理论计算表明，掺杂不会改变锂离子迁移路径的拓扑结构，而是主要改变了锂离子的浓度。Al掺杂$Li_7La_3Zr_2O_{12}$通过稳定高离子电导的高温相，显著提高了室温离子电导率。这归因于Al取代Li后由于电荷补偿形成Li空位，这种化学计量的变化有助于稳定高离子电导的立方相[147]。

确定具有最佳离子电导率的化学组分仍然是一个挑战，这需要了解晶格离子取代和锂化学计量，以及这些组分参数如何共同影响锂离子的传输。为了实现对锂化学计量的定量控制，有必要了解材料的天然缺陷化学及其如何随合成条件而变化的，以及缺陷对外界掺杂的响应。Squires 等[148]采用第一性原理计算分析了 LLZO 中的缺陷化学，作为组分化学势函数的自洽缺陷浓度反映了合成条件和掺杂剂浓度对缺陷化学（如 O 空位、Li 空位和 Li 间隙位）的影响。结果表明，使用掺杂来调节 LLZO 中 Li 的化学计量的方法可能无法通过 Li 空位进行直接补偿，因为主要的补偿受体缺陷可以随合成条件而变化。该工作将第一性原理缺陷计算和巨正则热力学模型相结合，提供了固态电解质化学计量、缺陷化学和掺杂反应等信息，有助于开发高性能固态电解质。

Ceder 等[149]提出了一种设计超离子导体的原则，即具有面共享锂 - 阴离子四面体结构的体心立方阴离子晶格的材料具有低的锂离子迁移势垒［图8.11（a）和（b）］。利用这一设计原则以及从头算计算方法，Ceder 等[150]对新的固态电解质 $Li_{1+2x}Zn_{1-x}PS_4$（$0 \leqslant x$ < 0.5）进行了预测。理论估算该材料的离子电导率约 $10^{-2} S \cdot cm^{-1}$。实验合成了这些材料，并测试室温下离子电导率约为 $10^{-4} \sim 10^{-3} S \cdot cm^{-1}$[151]。离子电导率的差异主要是由于实验未达成目标锂缺陷浓度（动力学和热力学的限制），以及合成过程中产生非晶相和离子电导较差的杂相。

Mo 等[114]提出另外一种设计策略，即将迁移离子插入高能量位点，以激活具有较低迁移势垒的协同离子传输［图8.11（c）和（d）］。通过采用低价非锂阳离子取代在 $LiTaSiO_5$ 和 $LiAlSiO_4$ 中的高能量位点插入锂离子。AIMD 模拟结果显示掺杂材料存在锂离子协同传输，室温离子电导率为 $1 \sim 4 mS \cdot cm^{-1}$，迁移势垒显著降低至 $0.23 \sim 0.28eV$。

根据 Meyer-Neldel 经验规则，高的指前因子通常与高能量势垒有关[152]。在碱金属快离子导体中，高指前因子和低迁移势垒的同时存在是罕见的。Hautier 等[153]提出 $LiTi_2(PS_4)_3$ 晶体结构没有规则的四面体或八面体位点供 Li 占据，这创造了一个平滑的锂离子 - 阴离子相互作用势能面，不仅有利于形成低能量势垒，而且有利于获得更高的指前因子。其中，较高的指前因子与较长的跳跃距离和过渡态的较高熵有关。这项工作为通过晶体结构分析来搜索这些特殊的晶体框架开辟了通道，启发我们可以通过高通量理论计算来搜索数据库中具有类似结构的快离子导体。

在三元、四元甚至更多元素的碱金属化合物中，阴离子通常受到非碱金属元素电负性的影响[154,155]。非碱金属元素的原子半径和价电子构型决定了其配位环境和晶体体积，期望能够通过调整非碱金属元素而不改变晶体结构来实现碱金属离子迁移的低势垒。Zhu 等[156]提出了设计具有面心立方阴离子亚晶格结构的三元 ABC 新型快离子导体的新规则，如图8.11（f）所示。对于具有稳定 A 离子八面体占据位点的结构，阴离子 C 和非移动离子 B 之间大的电负性差有利于实现 A 离子的快速迁移。并且 B 元素优先选择位于元素周期表左下方的具有小电负性的元素。对于具有稳定 A 离子四面体占据位点的结构，B 元素应优先选择元素周期表右上方电负性大的元素，B 元素的电负性要与 C 元素接近但要小于 C 元素的电负性。

通过对上述工作的讨论，我们发现有许多因素影响固态电解质的离子电导率。但由于现有研究方法的局限性，很难确定主要因素。如果有一种方法或公式可以量化这些因素，将对高离子电导率固态电解质的精确设计具有重要意义。

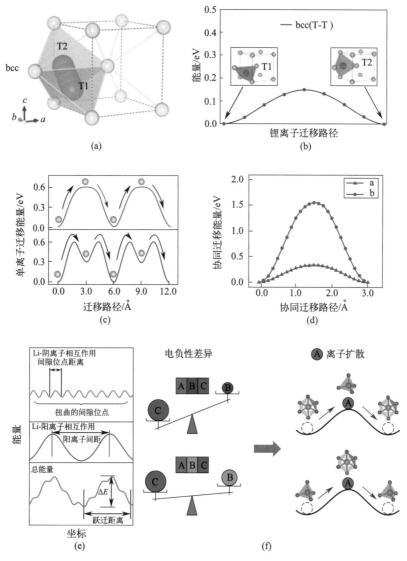

图8.11　新型快离子导体的设计策略示意图：锂离子在bbc（体心立方）硫晶格中的（a）迁移路径与（b）势垒[149]；（c）具有低（上图）和高（下图）迁移势垒的原子能量景观图及（d）势垒[114]；（e）一维模型中锂的能量景观图[153]；（f）非迁移阳离子B与阴离子C之间电负性差异对A离子迁移的影响示意图[156]

8.2.6　高通量计算筛选新型固态电解质

除了对现有固态电解质进行掺杂改性外，探索新的晶体结构对于发现新的固态电解质同样具有重要意义。然而，在实验中采用试错法进行新材料的开发耗时耗力且准确度低。在实验合成材料之前先采用理论计算筛选可能的材料已成为材料领域的一种先进研发手段。高通量计算是指利用超级计算平台与多尺度集成化、高通量并发式材料计算方法和软件，实现大体系材料的模拟和快速计算。目前，针对材料的高通量计算主要是基于密度泛函理论的高通量计算，通过设计一系列运算流程，实现对材料原子尺度本征性质的大批量自动化计算。高通量计算具有高效能、可并行、可扩展等优点，可有效提高新材料筛选效率和设计开发水平。在固态锂电池方面，高通量计算主要被用于筛选、指导和加速无机固态电解质、正极等无机材料的研发。高通量计算的结构选择、输入文件和参数准备、性质模拟、输出和数据分析等任务能够在较少人为干预下自动执行[157]。

国内外一些科研团队开发了实现高通量模拟的自动计算流程软件，还提供了由这些高通量模拟生成的数据库。例如，Pymatgen和Fireworks软件包[158, 159]，Materials Project[160]，Automatic-Flow for Materials Discovery（AFLOW）[161]，Open Quantum Materials Database（OQMD）[162]，Automated Interactive Infrastructure and Database for Computational Science（AiiDA）[163]，Novel Materials Discovery（NOMAD）Laboratory[164]，Computational Electronic Structure Database（CompES-X）[165]，以及集成的高通量计算平台MatCloud[166]。

高通量计算结合数据挖掘和机器学习，以帮助理解高通量计算得到的大数据，为进一步探索电池材料的结构-性能关系和发现新材料提供了非常好的机会[167]。此外，理论计算的结果与实验数据进行对比反过来也有助于科研人员建立更好的理论模型或进行实验测量。图8.12给出了通过高通量模拟和数据科学手段研发锂电池材料的模型[167]。

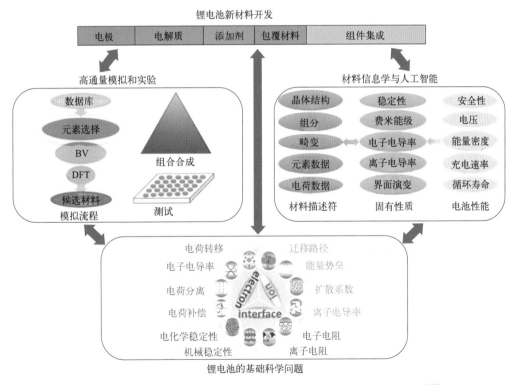

图8.12　采用高通量技术和数据科学手段研发锂离子电池材料示意图[167]

高通量的最重要步骤是确定模型的预测目标。固态电解质的筛选标准，如电子电导率、离子传输性质、热稳定性、电化学窗口和力学性能等，可以通过具有不同基础和精度的各种计算方法来实现，如热力学、键价、第一性原理计算、分子动力学、蒙特卡罗模拟等。

　　高离子电导率是筛选固态电解质的必要条件。DFT 计算可以通过 AIMD 和 NEB 提供离子迁移路径和能量势垒，然而由于较高的计算成本，单纯用 DFT 计算来处理数万种化合物的高通量筛选离子传输特性是不可行的。研究者们提出了两种不同的思路来解决这个问题[168]。一种是建立整体筛选方法，首先用高热稳定性和化学稳定性、低电子电导率和良好的力学性能来筛掉 90% 以上的候选材料，然后再采用 DFT 方法对满足以上条件的材料进行离子传输特性的模拟。这套筛选流程使用较多的约束来减少候选材料的数量并避免对传输性质的直接模拟，但可能会筛掉许多可能在现实中存在的亚稳态结构。另一种是坚持将传输特性作为筛选标准，但使用不同的计算方法按从低到高的计算精度逐步筛选。例如，采用计算精度较低但速度较快的键价方法作为预筛选，然后采用计算精度高但耗时长的 DFT 方法仅对上一步筛选出的有希望的候选材料进行更精确的离子传输模拟[169-172]。

　　Sendek 等以高结构和化学稳定性、低电子电导和低成本为标准筛选了 12831 种含锂的材料，然后使用逻辑回归开发了数据驱动的离子电导率分类模型，以识别哪些结构可能表现出快速的锂离子传输，流程如图 8.13（a）所示[173]。但在 12831 种初始材料中，只有 21 种满足所有这些要求。其中，Li_3InCl_6 通过实验证实其具有高离子导电性，并与氧化物正极有良好的界面稳定性[174,175]。Kahle 等[176]提出了一种筛选固态电解质的流程，如图 8.13（b）所示，通过电子结构的模拟来确定材料的电子绝缘性质，采用分子动力学模拟预测锂离子的扩散系数。他们发现了 5 种快离子导体：Li_5Cl_3O、Li_2CsI_3、$LiGaI_4$、$LiGaBr_3$、Li_7TaO_6，并对 Li_7TaO_6 进行了详细的研究，其在 300K 具有 $5.7 \times 10^{-4} S \cdot cm^{-1}$ 的离子电导率。

　　Gao 等使用键价方法（BV）计算了 1380 个候选固态电解质材料的锂离子传输路径[169]。键价理论模拟传输路径基于四个原则[177]：最大对称性、电中性、局部电荷中性和等价原则。键价和可以根据经验拟合：

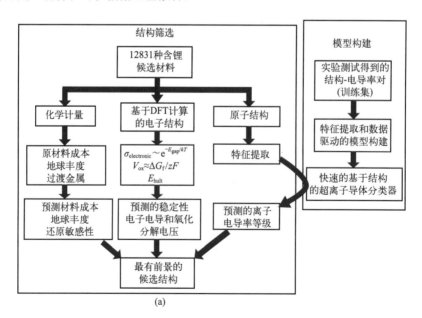

(a)

(b)

图8.13　固态电解质筛选流程图[173, 176]

$$\sum_{X} s_{A-X} = V_A, s_{A-X} = \exp[(r_0 - r_{A-X})/b]$$

式中，A是阳离子，X是阴离子，s_{A-X}代表阴、阳离子之间的键价，V_A代表键价和。如果A处于相对于X的平衡位置，V_A键价和将接近阳离子A的理想价态。r_{A-X}是A和X之间实际键长，r_0和b是经验参数。通过将BV方法计算的固态电解质的传输路径与实验或第一性原理计算的传输路径进行比较，其合理性已得到认可。Xiao等[178]结合BV和DFT计算，筛选出1000多种化合物作为固态电解质的候选材料。BV技术虽然计算精度低但速度快，是高通量预筛选的有力工具，可以预测迁移路径和能量势垒趋势。在BV筛选的基础上再通过DFT进行更精确的计算。Shi等[171]开发了基于BV方法的键价位能（BVSE）计算。BVSE模型通过考虑阳离子-阳离子对的Morse势以及移动离子和具有正电荷的离子之前的库仑排斥作用，扩展了键价和方法：

$$BVSE(M) = \frac{D_0}{2}\sum_{i}\{\exp[\alpha(R_{min} - R)] - 1\} + \sum_{i-1}^{N} E_{Coulomb}(M - M_i)$$

式中，D_0、α、R_{min}是Morse势经验参数；$E_{Coulomb}$（$M-M_i$）表示两种不同的阳离子和阴离子之间的库仑斥力。然后基于Voronoi分解结构几何（CVAD）和BVSE计算来构建离子传输网络，并获得迁移路径上的能量分布，解析离子的传输性质。筛选流程及结果如图8.14所示，通过这些计算方法，他们提供了一个约29000种含Li、Na、K、Ag、Cu、Mg、Zn、Ca、Al、O和F的无机化合物的晶体结构信息、离子迁移通道信息和3D通道图的数据库，这为机器学习积累了描述符，为无机材料中离子迁移的大规模研究奠定了基础。

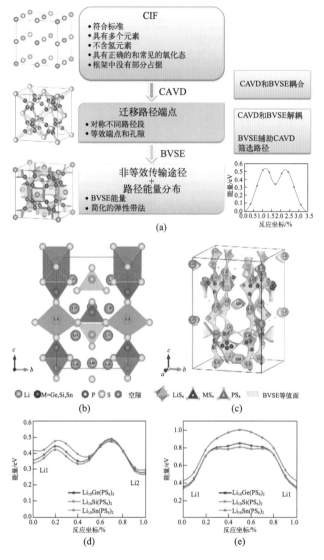

图8.14　BVSE方法筛选固态电解质的流程和结果图：（a）几何分析（CAVD）和BVSE方法结合的流程图；（b）LMPS(M=Ge,Si,Sn)的晶体结构；（c）CAVD和BVSE结合计算得到的Li在LMPS中的迁移路径（黄色等值面）；（d）Li1–Li2和（e）Li1–Li1路径的迁移势垒[171]

8.3　理论模拟在电极/电解质界面的应用

固态电解质的性质对固态电池的性能有很大影响，除此之外，电极与固态电解质界面的性质对电池性能的影响也同样不容忽视。电池的性能不仅跟各个部件的性能有关，而且还受各部件彼此之间相互作用的强烈影响，除了固态电解质的固有性质外，电极-电解质界面相的产生和演变在稳定循环性能和延长循环寿命方面发挥着关键作用。尽管固态电解质的离子电导率已得到显著提升，但固态电池整体的阻抗由于电极-电解质界面高阻抗而难以降低，从而增加过电位，导致电池能量密度降低和容量的衰减。电极-电解质界面高阻抗源自如下几个方面。

① 电极和电解质之间的固-固物理接触。尽管在固态电池制造过程中可以施加高压或高温烧结，但是固-固接触仍然存在一些空隙和孔洞，而且在电池循环过程中由于电极颗粒脱嵌锂导致的体积膨胀和收缩而产生的机械应力进一步恶化界面的物理接触。

② 电极和电解质的锂化学势差。硫化物固态电解质中的锂化学势往往高于氧化物正极，因此锂离子从电解质向电极移动，在界面处形成空间电荷层，这样导致正极侧锂离子的富集和电解质侧锂离子的耗尽，阻碍了锂离子在界面处的传输。

③ 电极和电解质之间的化学反应。由于化学反应生成了离子电导率低的界面相。

④ 电极和电解质之间的电化学反应。由于电解质的电化学稳定窗口窄，导致在充放电过程中发生分解，或与电极发生了电化学副反应，进一步恶化了界面，阻碍了锂离子的传输。

固态电池中电极-电解质界面根据其稳定性可以分为三种类型[179]，见图8.15。

① 热力学稳定的界面，电极与电解质不发生反应。

② 界面发生反应，生成具有离子电导但电子电导可以忽略的界面层，可以阻止进一步的界面副反应发生。

③ 界面发生反应，生成具有离子电导和电子电导的混合导体界面层，无法阻止反应的进行。

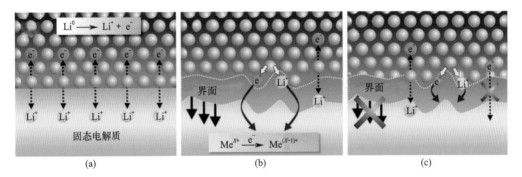

图8.15　三种类型的电解-电解质界面示意图：（a）热力学稳定的界面；（b）离子电子混合导体界面；（c）离子导电但电子绝缘的界面[179]

我们期望电池中存在前两种界面，这样的界面对电池整体的阻抗形成至关重要。由于界面的位置不易精确探测，以及热力学和动力学之间的复杂相互作用，实验检测界面处的反应仍然具有挑战性。然而理论计算则具有巨大优势，已经成功预测了界面产物，解释了界面反应趋势，并指导设计和优化界面。

8.3.1　固/固接触问题理论模拟

在液态锂电池中，由于液态电解质的流动性，可以在多孔电极中扩散并浸润电极表面，而固态电解质与电极的固-固物理接触不足，界面通常是点接触和空隙混合。Hertz接触理论简单地描述了两个半径为 R_1 和 R_2 的弹性球体在挤压力 F 作用下的接触[180]：

$$r_0 = \left(\frac{R_1 R_2}{R_1 + R_2} \right)^{1/3} \frac{3}{4} F \left(\frac{1-\nu_1^2}{E_1} + \frac{1-\nu_2^2}{E_2} \right)$$

式中，r_0 为圆形接触区域的半径；E_1 和 E_2 分别是两个球体的杨氏模量；v_1 和 v_2 是泊松比。

在这种情况下，固态电解质和电极颗粒之间的接触面积很小，形成很大的阻抗。而且，在形成界面时，由于两侧材料晶体参数的不匹配会产生应力应变，应变可以改变局部材料的性质（如相稳定性、载流子迁移性以及电位）。大多数电极材料在充放电过程中由于脱嵌锂经历相变以及晶格膨胀/收缩，反复的体积变化会进一步恶化电极-电解质界面接触[181-183]。Qi 等[184]基于 1D Nerman 电池模型和泊松接触力学理论，模拟了循环过程中电极-电解质的接触面积变化。研究发现，由于接触面积的损失，放电电压和比容量的损失很快。通过测量电解质和电极的表面粗糙度和弹性性质，计算了薄膜型电池 $Li/Li_3PO_4/LiCoO_2$ 和 $Li/LGPS/TiS_2$ 固态电池的接触面积随施加压力的变化，证明了施加外部压力有助于恢复由于循环而造成的接触面积和比容量损失。

电极材料在循环过程中经历体积的膨胀和收缩，将在固态电解质上引起机械应力，这需要固态电解质具有低杨氏模量以缓冲该应力，否则将在界面处形成裂纹或缝隙，减少界面接触。Bucci 等[185]提出了一种基于断裂内聚理论的一维径向对称分析模型，以分析电极和电解质分层的临界条件以及裂纹扩展的条件。当电极在脱嵌锂期间经历约 7.5% 体积变化时会引起电极和电解质分层，并且较软的固态电解质（$E < 25GPa$）可以适应高达 25% 的颗粒体积变化，并推迟分层的发生。该模型通过控制颗粒尺寸、材料力学性能及黏合强度等参数为电极-电解质界面接触性质的提高提供了指导。

对于质地坚硬的氧化物固态电解质，与正极材料的共烧结可以改善两者物理接触，但会促进界面的元素互扩散和化学反应，而且电极材料在循环过程中的体积变化会进一步加剧接触损失，在界面形成裂纹和空隙。硫化物电解质由于其柔软性而与正极材料接触较好，因此以硫化物为电解质装配固态电池时只需施加外压。但是压力的选择需要谨慎，压力较低则不足以保持良好接触，而压力过高会导致电极和电解质颗粒破裂[186, 187]。

根据 DFT 计算，LLZO 与金属 Li 的热力学反应可以忽略不计，说明两者的界面是十分稳定的。然而，Li/LLZO 界面仍然具有较大的阻抗，这与 Li/LLZO 界面的物理接触不良有关。已有文献报道[188-190]金属锂和固态电解质界面处的孔隙形成，特别是在高电流密度条件下。有实验和理论计算表明，LLZO 与空气反应生成的杂质会显著影响 Li/LLZO 的界面阻抗。Sharafi 等[191]通过 DFT 计算了 LLZO 与空气反应生成 Li_2CO_3 和 LiOH 的热力学驱动力，发现 LLZO 易于潮湿空气中反应，最有利的反应途径涉及 LLZO 的质子化及 Li_2CO_3 的形成。Gao 等[192]通过理论计算证明了实际电池中 Li/LLZO 界面的高阻抗源自 LLZO 表面的杂质 Li_2CO_3。Zheng 等[193]对此有不同的看法，他们认为金属锂表面的氧化物层比 LLZO 表面的杂质更能影响界面的性质。他们采用 DFT 计算比较了 $Li_7La_3Zr_2O_{12}/Li$、$Li_{6.4}La_3Zr_{1.4}Ta_{0.6}O_{12}/Li$、$Li_2CO_3/Li$ 和 Li_2O/Li 四种界面的性质，发现金属锂表面的 Li_2O 比 LLZO 表面的 Li_2CO_3 对 LLZO 的亲锂性影响更大。除去金属锂表面的杂质后 LLZO 表现出良好的亲锂性。因此，除了材料的本征性质外，电解质材料与电极材料表面杂质也是影响界面接触的重要因素。

8.3.2　空间电荷层理论模拟

空间电荷层（SCL）源自电极和电解质之间存在的锂化学势差。理论上，所有电极 - 电解质界面都存在空间电荷层，然而目前关于电解质与金属锂负极之间的空间电荷层研究非常少，主要集中在固态电解质与正极之间。与硫化物电解质相比，氧化物电解质与正极的空间电荷效应可能不那么严重。当硫化物电解质与氧化物正极接触时，由于硫化物电解质中锂化学势高，锂离子会向正极材料迁移，而电子则留在电解质一侧，这样就形成了由正极指向电解质的空间电场。当氧化物正极材料同时具有离子和电子电导时，正极侧累积的 Li 离子正电荷将会被电子补偿，这导致锂离子持续从硫化物电解质向氧化物正极移动，直至界面空间电场强度足够阻止锂离子的迁移。当达到平衡时，正极侧锂离子富集而电解质侧锂离子耗尽，这严重阻碍了锂离子在界面处的传输，造成非常大的界面阻抗[194, 195]。

Yoshitaka 等[194]计算了 $LiCoO_2$ 和 Li_3PS_4 的界面，如图 8.16 所示，$LiNbO_3$ 作为正极包覆材料插入 $LiCoO_2$ 和 Li_3PS_4 中间，由于其具有电子绝缘性抑制了空间电荷层的生成以及锂离子的再分布，从而降低了界面阻抗。

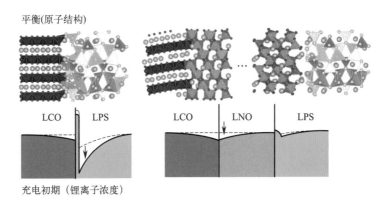

图 8.16　充电初期 LCO/LPS 界面原子结构和锂的浓度分布示意图[194]

由于多种效应作用在电极 - 电解质界面，所以实验上对空间电荷层的研究依然具有挑战性[196]。在理论计算方面，研究者已尝试通过晶格模型、原子模型、热力学模型预测具有异质界面的空间电荷层[197-201]。然而，预测固态电解质与电极界面处的空间电荷层更具挑战，因为锂离子的再分布以及电解质与电极材料的反应改变了界面处能带的排列[202]。研究者对界面处锂浓度和电势的分布进行模拟，理论结果表明空间电荷层的厚度为纳米级别，并且界面处锂浓度与体相相比会发生巨大的变化，但是这些模型忽略了由于锂离子的迁移导致的带电锂缺陷之间的库仑相互作用[203, 204]。

Wagemaker 等[200]假设只有离子是可以移动的，电极和电解质界面是化学稳定的，通过使用固溶体模型，从离子浓度确定了作为界面距离函数的化学势分布。计算结果表明厚度在纳米尺度的空间电荷层在界面处产生的电阻低于 $1\Omega\cdot cm^2$，其对固态电池的性能影响可以忽略不计。仅当固态电解质侧空间电荷层中的锂离子完全耗尽时预计界面阻抗会显著增加。该模型考虑了缺陷之间的库仑相互作用，但没有考虑正极 - 固态电解质界面处通过能带弯曲的电子（空穴）的转移，这可能会对空间电荷的形成产生很大影响，正如 Qi 等[205] 对 LiPON-Li$_x$CoO$_2$ 界面的预测。Qi 等建立了一个从头算的框架计算开路平衡条件下的全固态电池模型中的界面热力学驱动力以及由此产生的界面净电势降。模型中的空间电荷层来自 Li$^+$ 的转移（由缺陷形成能预测）和电子转移（由于界面能带弯曲）。电势降和空间电荷层共同决定了界面锂传输势垒。最近，Wagemaker 等[206] 通过核磁共振 2D 交换实验和界面上的空间电荷层模型计算，定量揭示了空间电荷层对锂离子传输的影响。结果表明，空间电荷层导致 Li 离子扩散的势垒更高，交换电流密度更小，从而导致正极-固态电解质界面处的界面电阻显著提高。这项工作指出了缓解空间电荷层效应的策略的重要性，例如减少正极-固态电解质界面处的局部化学电势差。

8.3.3　化学和电化学稳定性理论模拟

电极和电解质的化学稳定性可以通过计算两者的化学反应来预测。我们将界面考虑成电解质和电极材料的赝二元相，它具有如下组分[207]：

$$C_{interface}(C_{SE}, C_{electrode}, x) = xC_{SE} + (1-x)C_{electrode}$$

式中，C_{SE} 和 $C_{electrode}$ 分别为电解质和电极的组分；x 为固态电解质的摩尔分数，从 0 到 1 变化。

界面赝二元相的能量可以认为是电解质和电极能量的线性组合：

$$E_{interface}(SE, electrode, x) = xE_{SE} + (1-x)E_{electrode}$$

界面赝二元相的分解能：

$$\Delta E_D[SE, electrode, x] = E_{eq}[C_{interface}(C_{SE}, C_{electrode}, x)] - E_{interface}[SE, electrode, x]$$

界面的电化学稳定性通过使用巨势相图来评价。在施加电压 ϕ 下的分解反应能：

$$\Delta E_D[SE, electrode, x, f] = E_{eq}[C_{eq}(C_{interface}(C_{SE}, C_{electrode}, x), \mu_M)] - E_{interface}(SE, electrode, x) - \Delta n_{Li}\mu_{Li}(f)$$

Ceder 等[130] 通过 DFT 计算研究了各种正极材料与固态电解质的界面稳定性、界面反应能，如图 8.17（a）所示。通常，界面反应能越低（接近零）两者的稳定性越高。硫代磷酸盐与各种正极材料都表现出较高的反应能，主要由于电解质中的 PS$_4$ 基团与氧化物正极反应形成 PO$_4$ 基团以及过渡金属硫化物。总体来说，氧化物固态电解质与正极材料的稳定性更高。Mo 等[208] 计算了一系列的固态电解质与四种正极材料在充电态和放电态的热力学稳定性，结果如图 8.17（b）和（c）所示。他们发现，脱锂正极材料与含锂量高的固态电解质材料的稳定性差，因为贫锂正极材料有从电解质中夺取锂的倾向。而放电态正极材料一般比充电态正极和电解质材料具有更高稳定性。从固态电解质角度看，与锂三元氧化物相比，聚阴离子材料与充电态正极材料稳定性更高。尤其是磷酸锂与高电压充电态正极 LiNi$_{0.5}$Mn$_{1.5}$O$_4$ 和 LiCoPO$_4$ 具有最高的稳定性。硼酸盐和硅酸盐与层状氧化物正极更稳定。

常见的固态电解质材料的电化学稳定窗口和分解能如图 8.18 所示[207]。由于金属锂的强还原性，与金属锂负极稳定的固态电解质很少，通常是锂的二元化合物，如Li₂S。由于很小的热力学驱动力以及动力学稳定，LLZO与金属锂的界面可以看作是稳定的。Li/LiPON和Li/Li₃PS₄界面是第二种类型的界面，形成了具有离子电导和电子绝缘的钝化层。Li/LGPS、Li/LLTO和Li/LATP界面是第三种类型的界面，界面形成混合离子导体，电解质不断地被还原导致界面恶化，阻抗不断增大。图8.18（c）和（d）给出了LLZO和LGPS锂化和脱锂的电压范围以及相平衡分布[209]。

Mo等[210]计算了M-X二元化合物和Li-M-X三元化合物（X=N、O、S、F）的还原电势，如图8.19所示。大多数的氧化物、硫化物和氟化物相对金属锂不稳定，其中的金属或类金属阳离子在低电位下被还原，形成第三种类型的界面并造成电解质的持续分解。因此，在设计用于金属锂的固态电解质时应避免这些金属离子。氮化物与金属锂的稳定性相对高很多，所以氮化物可以作为其他电解质材料与金属锂之间的缓冲层。

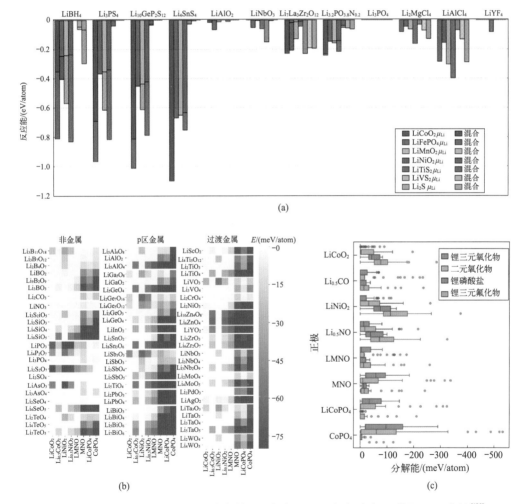

图8.17　正极和固态电解质界面稳定性图：（a）不同正极与电解质的界面反应能[130]；（b）锂的三元氧化物与正极在脱嵌锂状态下的反应能，热图中每个方块的颜色对应于两者最小反应能；（c）正极材料与三元锂氧化物、二元锂氧化物、锂磷酸盐以及锂三元氟化物的分解能[208]

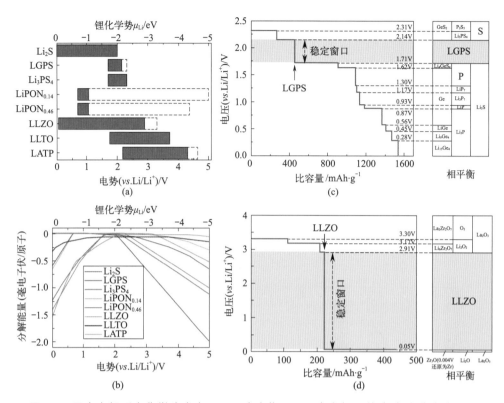

图8.18　固态电解质电化学稳定窗口及反应产物图：固态电解质的（a）电化学窗口和（b）分解能[207]。第一性原理计算得到的（c）LGPS和（d）LLZO的电化学窗口及分解产物[209]

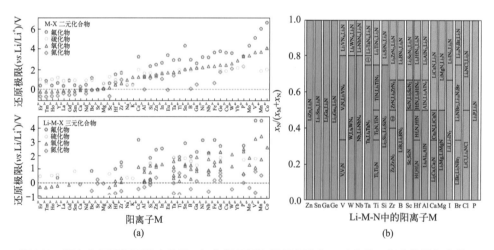

图8.19　固态电解质还原稳定性图：（a）锂二元和三元氟化物、硫化物、氧化物及氮化物的还原电位（$vs.$ Li$^+$/Li），只考虑阳离子M处于最高价态的情况；（b）Li-M-N化合物与金属锂处于平衡时的分解产物组分[210]

而且，界面处高氮含量的掺杂或者氮元素的富集可以在金属锂负极表面自发形成稳定的钝化层，将不稳定的界面转化为稳定界面。许多阳离子，如Mg、B、V、Ti及Ta等可以在N含量足够高的氮化物中得到保护，而另外一些阳离子如Ge、Sn、Ga及Zn总是被金属锂还原，而与阴离子和化学组成无关。

从理论计算的结果来看，大多数的固态电解质与电极材料热力学不稳定。在电池充放电时，电极和电解质之间的化学/电化学反应形成低离子电导的界面相。如果界面层具有电子电导会导致界面反应无法钝化，反应持续进行。这两种类型的界面相都会阻碍界面离子传输，显著增加界面阻抗。同时，非均匀界面相的形成伴随着体积变化，形成应力应变，导致空隙及裂纹的产生[211]。而且，不均匀的界面会导致不均匀的锂沉积并加速锂枝晶的生长。我们期望的理想的界面是稳定的没有反应的界面，或者反应形成的界面层足够薄、离子电导率高、电子绝缘、电化学稳定性高以及机械稳定性高。

虽然从热力学计算中我们可以看出有些固态电解质具有较窄的电化学稳定窗口，且与电极材料发生反应，但使用这些电解质的固态电池仍然可以正常工作。例如，LiPON（Li_2PO_2N）显示出$0.69V$（$vs.\ Li^+/Li$）的还原电势，与金属锂反应最终产物为Li_3N、Li_2O和Li_3P，钝化了界面，抑制了副反应的持续进行。Mo等[132]提出了钝化机制，即分解的界面相降低了施加在固态电解质上的高锂化学势，并桥接了金属锂与固态电解质之间的锂化学势间隙。该钝化机制解释了实验上观察到的LiPON、Li_3PS_4和$Li_7P_2S_8I$与金属锂负极的相容性。钝化机制依赖于界面相的电子绝缘性质，如果界面相是电子导电的那么就不起作用了。例如，LGPS和LAGP与金属锂反应形成电子导电的Li-Ge合金，则不会形成钝化的界面。

8.3.4　锂枝晶理论模拟

锂金属由于极高的理论比容量以及低的还原电势成为固态锂电池极具潜力的负极材料。相对于有机电解液，采用固态电解质的金属锂电池表现出更高的安全性。然而高的界面阻抗和不可控的枝晶生长限制了金属锂负极在固态电池中的应用。正如我们之前所提到的，固态电解质高的力学性能是决定锂枝晶生长的重要因素但不是唯一因素，而且锂枝晶的力学性能与尺寸有很大关系，因此具有较高模量的固态电解质仍然无法完全抑制锂枝晶的生长。

在早年的研究中，研究者认为固态电解质的高剪切模量以及接近1.0的高离子迁移数会有效抑制锂枝晶的生长。然而，越来越多的实验和计算证明了固态电解质中存在锂枝晶[141, 212-215]。与金属锂具有高稳定性的固态电解质反而更容易促进锂枝晶的形成，这是由于高稳定性减少了锂的消耗，枝晶尖端曲率更大，增强了电沉积驱动力[213]。固态电解质中锂枝晶的生长机制有以下几种[216]：

① 固态电解质存在晶界，其低的剪切模量和低的离子电导率有利于枝晶的生长。

② 电解质中存在的缺陷（如空隙和裂纹）容易被沉积的锂穿透形成枝晶。

③ 固态电解质不可忽略的电子电导，使金属锂在电解质内部点状沉积，时间足够长之后这些金属锂在电解质内部连接成网状。

④ 材料表面的污染物导致固态电解质与金属锂的不良接触，界面电流在某些位点聚集，促进锂枝晶的形成。

⑤ 电池充放电期间，电解质与金属锂界面处形成的空隙也会促进锂枝晶的生长。

固态电解质中的晶界除了对阻抗有贡献外，也是影响锂枝晶生长的重要因素。金属锂质地柔软，预期力学性能较高的固态电解质可以阻挡锂枝晶的生长，但事实却相反。

实验观察到LLZO和$Li_2S-P_2S_5$电解质中都存在锂枝晶[140,215,217]。固态电解质的微观结构（如晶界、空隙和表面缺陷等）对锂枝晶的生长起着关键作用。Yu等[218]证明了在晶界附近纳米尺度的区域内力学性能发生了显著的变化。对倾侧和扭转晶界进行分子动力学模拟，发现晶界区域的剪切模量比体相低了50%，微观结构变化引起的性能的不均匀性导致金属锂可以穿透看似坚硬的固态电解质，如图8.20（a）所示。低模量导致电流聚焦在较软的晶界区域，锂枝晶优先在晶界处生长和蔓延[219]。

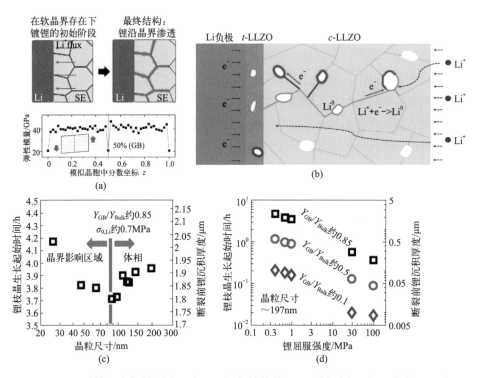

图8.20　晶界对枝晶生长的影响示意图：（a）较软的晶界区域对金属锂不均匀沉积的贡献[219]；（b）c-LLZO内部孔洞表面形成金属锂的示意图[220]；（c）模型预测的LLZO晶粒尺寸对断裂起始时间的影响；（d）锂枝晶生长的起始时间与力学性能的关系[221]

LLZO表面的污染物不仅增加了界面阻抗，而且由于这些污染物具有非常低的离子电导率，锂离子被迫远离这些区域，并集中在界面处有限的接触点上，导致界面处聚焦电流的不均匀分布，最终导致枝晶的形成和生长。

DFT计算发现LLZO表面可以捕获额外的电子，这为金属锂在电解质内部沉积提供了可能的电子路径，如图8.20（b）所示。由于锂原子的部分摩尔体积高于锂离子，金属锂的形成会导致固态电解质内产生应力，引发裂纹[220]。Barai等[222]开发了一个多尺度的模型框架用以预测陶瓷固态电解质体相和晶界的性质。与体相材料相比，晶界区域由于较高的锂浓度和较低的弹性模量，观察到了较高的电流密度。即使在极低的电流密度下（约$1A \cdot m^{-2}$），LLZO也可能出现锂枝晶的生长。在室温下金属锂也表现出显著的黏塑性和蠕变变形，与LLZO固态电解质的体相和晶界微结构相比，金属锂的屈服强度对锂枝晶的形成和生长具有更重要的作用，如图8.20（c）和（d）所示。为了改善晶界的性质，提高固态电解质的临界电流密度，研究者们提出了多种方案，烧结[221]、热压[223]、元素掺杂[224]以及对晶界直接改性，如Li$_2$CO$_3$/LiOH[225]、Al$_2$O$_3$[226]、Li$_3$BO$_3$[227]、LiF[227]、Co^{2+}[227]、Cu^{2+}[227]以及过量的Li[228]。

由于涉及离子传输、氧化还原反应和枝晶形态的变化等复杂过程，在原子尺度和介观尺度直接模拟锂沉积是一项很大的挑战[229]。仅从原子尺度很难模拟锂枝晶的生长过程，需要从原子尺度到宏观尺度模型的配合。相场模型是一种基于热力学描述材料微观结构演化的计算模型，它在微观和宏观模型之间架起了桥梁。Monroe和Newman等[230]首先开发了一种电化学模型模拟锂枝晶在聚合物电池中的生长。发现降低电流密度总是可以减缓枝晶的生长速度。但是该模型比较理想化，没有考虑反应的电势、锂浓度和动力学因素，无法准确预测锂枝晶的生长。Guyer等[231,232]开发了一个一维模型来模拟电化学平衡和动力学行为。这些模型假设线性动力学，并不适用于远离平衡状态的系统。后来许多非线性相场模型被用来描述电化学反应动力学[233-235]。

研究者们已利用相场模型研究了锂离子浓度、SEI、各向异性强度、噪声微扰、应力场、电流密度和内部热效应等因素对液态锂电池中锂枝晶生长行为的影响[234, 236-245]。然而固态锂电池中锂枝晶的成核和生长机制与液态锂电池有很大不同，需要更进一步的研究。Qi等[246]将DFT计算与相场模型相结合，研究了LLZO内部缺陷，如空隙和裂纹对枝晶生长的影响，如图8.21所示。该模型成功地解释了实验上观察到的枝晶在晶粒间生长，并说明了LLZO表面捕获的电子可能会产生孤立的锂金属成核，最终导致锂枝晶的穿透。

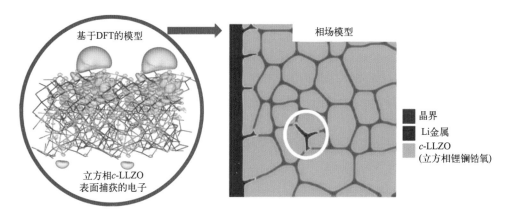

图8.21　DFT计算结合相场模型揭示固态电解质表面的电子性质及其对锂枝晶生长的影响示意图[246]

Cao等[247]开发了一种新的相场模型以描述由聚合物基质和纳米填料组成的非均相复合固态电解质中的锂枝晶生长。该模型展示了影响锂枝晶生长的两个关键因素：弹性模量和纳米通道宽度，如图8.22所示。较高的杨氏模量可以抑制锂枝晶的生长，只是由于额外的机械驱动力可以抵消一部分枝晶生长的电化学驱动力。在聚合物电解质中引入一维Al$_2$O$_3$纳米纤维阵列限制了锂离子的无规传输，有利于锂离子沿着垂直方向快速传输，从而达到抑制锂枝晶生长的目的。

固态电池是一个复杂的系统，它涉及非均匀相、化学反应和各物理场（热、力、电）的变化。更深入的研究需要结合原子尺度的DFT和MD模拟，开发多尺度模型联用对锂枝晶的成核和生长机制进行更深入的研究。

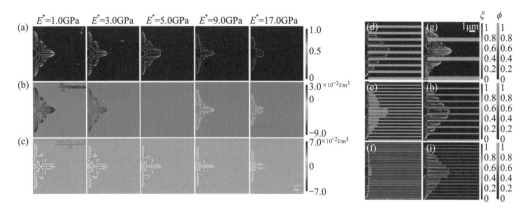

图8.22　相场模型模拟锂枝晶在杨氏模量为1.0～17.0GPa的聚合物电解质中的生长示意图：（a）10s后的相场变量；（b）电极-电解质界面处的机械应变驱动力；（c）来自化学能、静电能和梯度能的驱动力；（d）～（i）不同尺寸和体积分数的纳米纤维嵌入聚合物之后锂枝晶生长的模拟结果[247]

8.3.5　界面缓冲层理论模拟

缓解界面接触和（电）化学反应问题的一种有效的策略是在电极和电解质之间引入缓冲层。缓冲层可以隔绝电极和电解质直接接触，阻碍了界面反应，同时可以改善界面的物理接触。理想的缓冲层材料应具有以下性质：

① 与电极材料和电解质材料都具有化学稳定性。

② 具有宽的电化学窗口（电化学稳定）。

③ 高的离子电导率和低的电子电导率。

④ 良好的力学性能以承受循环期间电极体积变化产生的应力，并能与电极和电解质保持良好的接触。

一些氧化物的快离子导体，如$LiNbO_3$[248]、Li_2SiO_3[249]、Li_2ZrO_3[250]、Li_3PO_4[251]、$LiAlO_2$[252]、$Li_4Ti_5O_{12}$[253]、$LiTaO_3$[254]、$Li_3B_{11}O_{18}$[255]、$Li_{3-x}B_{1-x}C_xO_3$[256]、$Li_{2.3-x}C_{0.7+x}B_{0.3-x}O_3$[257]、$LiNb_{0.5}Ta_{0.5}O_3$[258]和$Li_{0.35}La_{0.5}Sr_{0.05}TiO_3$[259]，已被证明可以有效缓解空间电荷层的形成以及电极与硫化物电解质之间的反应。Cao等[259]采用$Li_{0.35}La_{0.5}Sr_{0.05}TiO_3$(LLSTO)作为$LiNi_{1/3}Mn_{1/3}Co_{1/3}O$和$Li_6PS_5Cl$的界面缓冲层，界面稳定机制如图8.23所示。DFT计算界面反应能证实了缓冲层确实可以降低界面的反应。

我们也可以通过理论计算从材料库中筛选合适的缓冲层材料。Shi等[260]对用作锂离子电池正极材料包覆层的三元含锂氟化物（Li-M-F）进行了高通量筛选，重点关注其相稳定性、（电）化学稳定性和离子电导率。Ceder等[261]使用高通量筛选了适用于固态锂电池的界面缓冲层材料。在系统地考虑了缓冲层材料的性质后，发现聚阴离子氧化物可以提供优异（电）化学稳定性而且不牺牲离子导电性。一些聚阴离子氧化物在完全锂化的正极表面仍表现出优异的稳定性，界面反应能如图8.24（a）所示。这是由于在MO_x多面体中M和O之间共价性降低了氧轨道的能量，从而保护它们免受氧化。此外，聚阴离子氧化物如磷酸盐与正极材料具有共同的阴离子O^{2-}，与硫化物电解质具有相同的阳离子P^{5+}，从而避免了离子交换的驱动力。

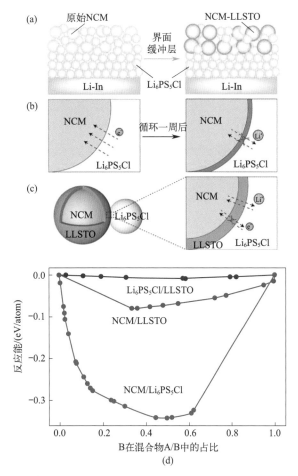

图8.23　界面缓冲层对正极-硫化物电解质界面稳定性的影响示意图：（a）～（c）NCM
表面包覆LLSTO对界面离子传输的影响；（d）DFT计算的NCM-Li$_6$PS$_5$Cl、NCM-LLSTO及
LLSTO-Li$_6$PS$_5$Cl界面反应能[259]

　　从材料库中筛选出了三种聚阴离子氧化物作为界面缓冲层：LiH$_2$PO$_4$、
LiTi$_2$(PO$_4$)$_3$和LiPO$_3$。实验也证明了LiTi$_2$(PO$_4$)$_3$作为缓冲层可有效提高电池容量和循
环性能[262]。Ceder等[263]总结了聚阴离子氧化物、氧化物电解质和硫化物电解质化学
成分之间的兼容性问题，如图8.24（b）所示。聚阴离子氧化物与氧化物电解质和硫
化物电解质都具有良好的化学稳定性，但当磷酸盐与锂源接触时，仍有形成Li$_3$PO$_4$
的趋势。

　　在固态电解质的表面引入包覆层同样可以改善固态电解质与金属锂负极界面。各种
表面涂层如ZnO[264]、Al$_2$O$_3$[265]、C[266]、Si[267]、Al[268]、Ge[269]、Ag[270]、Au[142]、Nb[271]和
Mg[272]等可以有效地将疏锂界面转变为亲锂界面。Hu等[267]采用等离子体增强化学气相
沉积（PECVD）在LLZO表面沉积非晶Si来改善LLZO与金属锂的界面。由于金属锂与
Si的反应，LLZO的润湿性变为亲锂性。利用DFT计算研究了LLZO和新形成的锂化硅
之间的界面稳定性。结果表明，锂化硅和LLZO之间的界面表现出良好的稳定性和润湿
性，增强了界面接触并降低了界面阻抗。

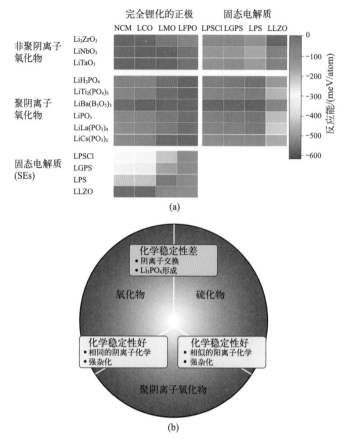

图8.24　正极与固态电解质兼容性示意图:（a）完全锂化的正极与固态电解质、完全锂化的正极与包覆材料以及包覆材料与固态电解质界面反应能[261];（b）氧化物、硫化物与聚阴离子氧化物之间的化学兼容性[263]

8.4　固态锂电池的多物理场研究

8.4.1　多物理场概述

在可持续能源存储领域，采用固态电解质（SEs）构建的固态电池（SSBs）因其在安全性、能量密度和循环寿命等方面的独特优势脱颖而出[273, 274]。当使用SEs和金属Li负极、高电压高比能正极材料匹配时，SSBs理论上可以获得高安全性、高能量密度、长循环寿命[275]。然而现实情况是SSBs表现出来的性能与理论预期大相径庭[276, 277]。原因在于以下几个方面：

① 在SSBs中，由于SEs具有较高的机械强度，基于简单的力学论证，原理上可以抑制锂枝晶的生长；然而实际上，由于不同的物理化学场之间的相互耦合，情况并非如此[278, 279]，金属锂沉积不均匀会在无机固态电解质中引发裂纹，反过来，这些裂纹可以作为锂的优先沉积位点，增加了电池短路的风险[280]。

② 在SSBs中，气体析出特别是正极的氧损失可能导致热失控[281]，进而带来严重的安全问题。

③ 除了常见的电极不可逆反应以及电极与电解质之间的不可逆反应外，裂纹也是导致容量衰减的主要原因[282, 283]。与传统液态电池不同，固态电池中的电极裂纹会产生与电子或离子传输路径隔离的无效正极颗粒，导致循环寿命衰减。除电极外，固态电解质本身也会发生破裂，从而导致进一步的电极-电解质界面副反应和离子电导率降低[284]。

上述困境的症结主要源于电、化学、应力和温度在固态电池中是强耦合的，使得固态电池体系具有高度复杂性，导致许多科学问题的研究和阐明很困难。如电化学性能与内部关键物理状态及动态变化之间的关系、寿命衰减内因的电化学微观机理解释、工况条件下的温度分布、电池发热产生的热失控问题、过充或过放、机械滥用以及温度与电化学性能的相互影响等[285]。为了深入全面阐明上述问题，就必须从多物理场耦合角度重新考量电化学过程[286, 287]。

基于有限元法的多物理场耦合理论对电池的界面电场、浓度场、温度场、力场可进行微观与宏观的数值迭代耦合计算，综合观测并立体呈现出电池充放电过程中遇到的界面缺陷以及安全问题，大幅度缩短了实验开发周期，有助于电池体系的快速设计和应用[288, 289]。

固态电池内部常见的物理场主要有电化学场、应力场以及热场等。下面分别来介绍这三个场的具体表现形式。

（1）电化学场

在外部电流的作用下，电池中的电极以及电极与电解质之间的界面会发生一系列的离子扩散、传输等现象，导致锂浓度的变化、电荷的转移和电势的变化等。这些变化主要涉及电化学动力学，由于电池中电能和化学能的转换并非理想的平衡状态，内阻的存在使得电池充电过程中部分电能被转化成了热能，使能量发生不可逆的转化[290]。除此之外，电流所引起的极化也会使电池偏离平衡状态。在这期间，产生了欧姆极化（欧姆内阻引起）、电荷转移极化（也称活化极化）和浓差极化（传质过程中的锂浓度梯度）。

（2）应力场

锂电池内部的应力主要表现在以下两方面，一是扩散-诱导应力[291]，二是热应力[292]。扩散-诱导应力主要是指锂离子在正负极之间不断脱出和嵌入过程中引起了电极材料颗粒的收缩和膨胀，在颗粒内部和颗粒之间产生应力，进而导致颗粒产生裂纹断裂并不断扩大，进一步加剧了颗粒从电极材料中剥离，最终电池表现为机械衰退和容量衰减[293]。相比于扩散-诱导应力，热应力的数值较小，其主要是由电池内部存在的温度梯度所引起的。扩散-诱导应力与电化学场密切相关，热应力与温度场密切相关。

（3）温度（热）场

锂电池的温度场主要归因于电池的温度变化，这种温度的变化主要表现在两方面：一方面是包含可逆热和不可逆热的电池内部产热；另一方面是由于外部滥用或者内部损耗所引起的电池外部的散热。可逆热表现为电池在充放电过程中的热量变化，主要与电极材料的熵变密切相关[294]；不可逆热表现为欧姆内阻和极化内阻引起的热量损失，与电化学作用相对应。

8.4.2 锂电池的电化学－热－力耦合模型

（1）电化学模型

电化学模型是锂电池模型的基础，应用最为广泛的电化学模型是P2D电化学模型，也称为伪二维模型。电极厚度方向用一条线来表示，其中一个维度是沿着电极厚度，而伪维度是指粒子中的r轴。P2D模型结合了多孔电极理论和浓溶液理论来描述锂电池的电极过程，主要针对电池内部的电化学特征进行分析，如基于P2D模型可以研究锂离子的扩散、弛豫和极化[295]，充放电过程中局部SOC的变化[296]，双电层电容解析电化学阻抗[297]等。

目前P2D模型的应用十分广泛，主要集中在以下几方面：

① 由于P2D模型的高度非线性，可对模型进行简化。如Haran等提出了单粒子模型（SPM）[298]、多项式逼近的电化学模型[299]和平均电化学模型[300]等，这些模型主要用于电池状态评估和电池管理系统（BMS）。

② 由于P2D模型具有50多个参数，且随着SOC和温度的变化，部分参数会随之发生改变，因此需要从电化学参数精确测试[301]和参数辨识[302]方面考虑提高P2D模型的精度。根据完整的电池测试参数可建立高精度的P2D模型，较为准确地验证不同实验条件下的电化学特征。如研究发现高倍率和高电压均能够引起电压偏差的增加[301]。

③ 以P2D模型为基础，与锂电池中的其它物理场进行耦合（图8.25）[284]。例如，与应力耦合，可以获得电池颗粒中的扩散-诱导应力；与热场进行耦合可以获得电池的温度状态和产热情况。除此之外，还可以考虑SEI生长和金属Li析出的副反应，构建电池副反应模型，以及对热失控模型进行研究等。

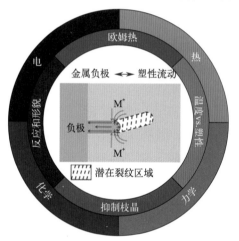

图8.25 固态电池中电－化学－热－力学耦合过程示意图[284]

（2）电化学-力学耦合模型

鉴于固态电解质的高模量和锂负极充放电过程中存在相对较大的体积变化，对于大多数固态锂电池而言，体积变化所引起的弹性能不可忽视。弹性位移产生的弹性应变能可以通过相场变量与位移梯度之间的耦合项直接引入[303,304]。剥离和电镀过程总是会引起电池系统的弹性应变和位移。这些弹性场过程可以用拉普拉斯方程来描述，这表明所有的弹性变化和变形都是稳态过程。结合泊松方程，可以同时考虑电导率和应力场。在相场模型中，材料的刚度可以采用线性假设，化学反应与应力之间存在耦合关系[305]。因此，耦合电化学场和力学场建模对于研究应力产生和评估其对电池性能的影响至关重要。

锂离子电池容量衰减主要来自机械退化等问题[306]，因为在锂离子嵌入和脱出过程中，电极活性物质颗粒会发生机械变形，从而在颗粒内部和颗粒之间产生应力。这些应力会导致颗粒产生裂缝以及电极的断裂。如颗粒内部或颗粒之间的裂纹，会导致活性物质的隔离、导电颗粒网络的破坏和新表面的暴露，从而使界面稳定性下降，导致比容量快速衰减[307]。前期研究中建立了粒子水平模型，该模型主要集中在单个孤立粒子上[308]，将嵌入诱发应力类比为热应力，建立了一个电化学和力学耦合模型来研究颗粒内部的应力和浓度场[309]。这些模型使得团聚体颗粒内部的应力[293]和应力产生与相变耦合[310]等问题得以解决，但是由于其忽略了粒子之间的相互作用，导致粒子间的断裂等问题无法解决。机械应力可以改变固体的电化学电位，进而影响固体中的扩散行为，许多模型采用热应力类比方法来耦合层间应力[307,311]。目前大部分的模型没有考虑机械应力对电化学反应速率的影响，对于孤立的粒子来讲，虽然机械应力对电化学反应速率的影响可以忽略不计，但是在模拟粒子相互作用时，这种影响是不可忽略的，因为电极中粒子的相互作用可以产生应力，其与浓度产生的应力水平相当，这种应力梯度分布会导致粒子之间不同位置产生高度不均匀的相互作用和脱嵌电流。从这个角度讲，需要对不同应力状态下粒子的不均匀嵌入/脱嵌时的电流进行考虑。

在粒子水平上，固体扩散是用广义化学势来模拟的，以捕捉机械应力和相变的影响。在电极水平上，由粒子相互作用产生的应力被纳入连续介质模型。Lu等[312]耦合了粒子水平和连续电极水平的电化学和力学行为，并结合粒子相互作用建立了力学-电化学模型。并利用该模型模拟了$LiMn_2O_4$半电池，揭示了粒子相互作用和电化学、力学耦合后所产生的影响，以及电化学和力学之间的相互作用如何在两个层面上表现和相互联系，该模型为解决颗粒间断裂等问题提供了强有力的方法。

（3）电化学-热学耦合模型

目前，电池体系中应用最为广泛的模型是电化学-热学耦合模型。该模型将电池内锂浓度、电流/电势分布、电化学反应过程和能量守恒等一系列的参数添加到模型中，可以获得电池内的电化学过程和温度分布等有效信息。电化学和热行为的数值模拟和模拟的准确性取决于模型的构建和模拟过程中所使用的参数[313]。最为实用的锂离子电池模型是多孔电极模型[314]，该模型基于多孔电极理论，包含了反应位点、物质和电荷守恒的电荷转移动力学。

热管理是表征锂电池充放电过程中热量产生的一个重要因素。Doyle等[315,316]在电化学模型的基础上建立了一些热-电化学耦合模型。热-电化学耦合模型是将电化学反应和产热结合，通常假设电池内部电流密度均匀。Kumaresan等[317]建立了耦合质量平衡、电荷平衡、反应动力学、能量平衡和传热方程的热电化学模型，并考虑了传输和动力学参数的温度依赖性。在实际应用中，电化学-热学耦合分析可以得到最佳的操作条件，如包装温度等。Liao等[318]建立了一个考虑质量平衡、电荷平衡、反应动力学和能量平衡的热-电化学耦合模型框架，以评估由串联和并联组合的商用磷酸铁锂电池组电池间的热驱动不平衡等信息。

当开发新电池组时，为使电池在安全工作温度范围内可靠运行，科研人员提出了各种冷却策略以达到更均匀的温度分布。Xu等[319]基于电化学-热耦合模型计算了可逆热、极化热和欧姆热的比例，并且在21700型电池组中验证了其应用，从而实现了基于液冷策略的热管理系统的建立。Wang等[320]研究了各种冷却方法，以保证电池在最佳温度范围内工作，并为冷却系统提供有效的解决方案。Yang 等[321]研究了电池组的热性能，为高效冷却系统提供了合适的圆柱形电池配置方案。Lan 等[322]开发了一种基于铝微通道管的新型冷却系统，应用于电池模块，并进一步研究了其缓解热失控的效果。

（4）电化学-热学-力学多物理场耦合模型

实际上，锂电池的充放电过程是一个电化学-力-热多物理场耦合过程，热场和应力场都对电化学反应有重要影响。电化学-力-热耦合模型可以分为两种类型：一种模型是与内部应力产生相关的电化学-热行为，该模型主要关注电池的内部扩散-诱导应力和热应力等应力场对电池衰退行为的影响；另一种模型是由于外部机械加载等因素引起的热失控等对电化学-热过程的影响。

Yang 等[323]提出了一种用于锂电池容量衰减研究的电化学-热-力学耦合模型，该模型包括负极副反应和正极活性物质的损失，并用于研究不同倍率和环境温度下电池的衰减行为。仿真结果表明，在不同工况下，电池的老化受各种老化因素的支配。较高的环境温度会加速 SEI 形成反应，而较低的环境温度则会导致严重的锂沉积。在极高的倍率下，循环电流对活性物质损耗的影响较大，成为主要的衰减因素。Kim 等[324]开发了包含耦合电化学-力学-热学因素的计算模型，揭示电化学充电过程中实验观察到的容量损失与预测的机械应力之间的关系。研究表明，电极中的多孔微结构可以减轻电解质的反应活性，从而提高电池的寿命和安全性。Liu 等[325]考虑了压缩加载过程中的情况，包括变形、短路和热失控。提出了五个子模型（1D电池模型、力学模型、热模型、热失控模型和短路模型），通过耦合来描述整个过程，对于实际电池具有很好的预测效果。

8.4.3 固态锂电池中多物理场模型的应用

某些化学和机械稳定性等关键问题，会显著影响固态锂电池的性能，要想阐明这些问题就必须依赖精确建模的能力，如确定合适的材料体系选择、微观结构设计和操作参数确定等。固态电池材料中一些化学、力学关键问题主要包括：穿透 SEs 的枝晶生长、负极/SEs 界面相形成、固态复合正极中不同相的损伤/脱粘。这些过程反过来又会引起电池比容量衰减、阻抗增加和电池短路，最终危及电池稳定性和安全性。

（1）固态电池中的锂枝晶生长模型

当从液态电池相场模型转变为固态电池模型时，会出现诸多变量和问题，如前面所提到的界面接触、晶界效应、电子电导率等。本部分将重点讨论固态电池系统中新变量的研究策略和相应的建模策略。

模拟固态电池中的枝晶生长需要对力学和电沉积动力学的相互作用有全面了解。该领域的第一个模型主要利用力学在界面动力学中的作用，Monroe 和 Newman[286]在这一领域具有开创性贡献，他们提出了一种结合外部压力、弹性变形和黏性应力影响的扩展电沉积框架。为了更好地描述界面，引入了热力学相。从动量平衡开始，考虑到电极-电解质界面上的平衡条件，建立了局部变形与电化学电位差（$\Delta \mu_e$）的关系，主要包括表面张力（γ）、压力（Δp）、偏差（$\Delta \tau_d$）和黏滞（$\Delta \tau_v$）等。Ganser 等[54]开发了一个更通用的 Butler-Volmer 动力学耦合力学框架，发现影响界面应力的不是静水应力，而是在界面生长方向上的分解应力，这为进一步模拟 SSBs 中枝晶生长创造了新的计算途径。

Monroe和Newman[326]采用线性弹性理论来评估锂/聚合物固态电解质界面的稳定性，在界面处施加小振幅周期位移，然后通过求解具有适当边界条件的稳态运动方程，计算出界面处的压应力、偏应力和表面张力，并评估了每个分量对界面稳定性的贡献[278]。研究发现存在一个防止枝晶生长的稳定区域，该区域内聚合物固态电解质的剪切模量至少是锂金属的两倍。Porz等[327]在研究了四种不同表面缺陷密度和内部微观结构的SEs后，提出了枝晶通过SEs产生和扩展的另一种机制，他们认为Li通过SEs的渗透和生长与电解质的剪切模量无关，而是与表面形貌特别是缺陷尺寸和密度存在主要关系，然后通过SEs驱动裂纹扩展和枝晶生长。

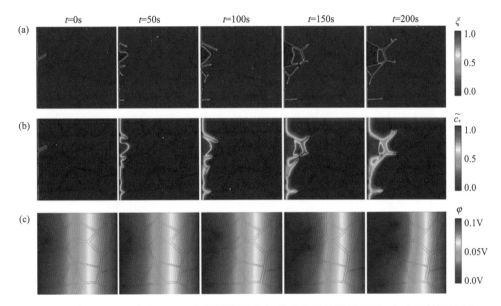

图8.26　在50MPa压力下，θ=30° 矩形预缺陷的典型模拟结果演化图：（a）Li枝晶生长；（b）Li$^+$浓度演变；（c）势场演变[328]

另外，一些开创性的模型研究也为我们理解Li枝晶生长提供了全新的视角。通过移动网格法可以模拟锂枝晶与SEI同时生长的过程。结果表明，电流密度和SEI对锂枝晶生长具有重要的影响[329]。Tian等利用多尺度耦合密度泛函理论计算和相场模型研究了过量表面电子对晶间枝晶生长形态的影响[246]。Xu等[328]提出了晶粒裂纹扩展和锂枝晶生长的电化学-力学耦合相场模型。如图8.26所示，随着应变能密度的增加，边缘和角度（$\theta \geqslant 45°$）越长，裂纹扩展越严重，枝晶生长面积越大。当堆积压力大于10MPa时，由于机械驱动力的存在，裂纹扩展速度和枝晶生长速度显著加快。当堆积压力超过20MPa时，机械应力诱发的应变能对枝晶生长总量的贡献大于15%，而当堆积压力低于10MPa时，机械应力诱发的应变能对枝晶生长总量的贡献微不足道。

（2）固态电解质及其界面的研究

固态电解质在电极界面处形成的界面相在热力学上的不稳定性使其易在充放电过程中发生氧化还原反应，从而形成新的界面相，这些界面相的力学效应反过来会对固态电池性能产生重要的影响。由于电子导电的界面相会使固态电解质发生严重的界面反应，因此为了使固态电池能够无故障地可靠运行，要求界面相必须是离子导体和电子绝缘体。除此之外，还有一些关键的力学问题会伴随着它的形成，特别是与导致新相反应相关的体积膨胀。这种体积膨胀发生在受限的固态电池中，会引入内应力，可能会导致界面的断裂和分解[330]。

为了研究SEs块体的力学行为，Ganser等[331]基于热力学第二定律，采用亥姆霍兹能量公式，将物质传输、弹性变形和静电进行综合考虑。通过求解耦合问题，评价了变形和机械应力对反应动力学和离子传输的影响，阐明了界面形态变化对浓度分布的作用及其与枝晶形成的内在联系。Bucci等[332]提出了一种处理非线性弹性变形、晶格约束和电化学势的综合效应的模型，推导了离子种类受晶格约束的特殊情况。通过结合能量平衡和局部熵产生，该模型可处理在晶格中具有非弹性变形的带电物质。Grazioli等[333]研究了聚合物固态电解质中产生的机械应力对固态电池电化学性能的影响，其模型为模拟固态电解质中的离子传输提供了理论基础。但是，上述这些工作忽视了界面相的形成和生长的基本规律，即反应引起的结构相变以及与机械变形和应力相关的耦合。

除了SEs中界面形成引起的应力及其对扩散和反应驱动力的影响外，SEs破坏的关键机制是裂纹的形成和扩展。尽管控制SEs中裂纹形成的物理机制可能与控制扩散和反应诱导应力的活性颗粒不同，但针对活性颗粒开发的方法应该作为模拟SEs中裂纹形成的基础。Miehe等[283]提出了有限应变化学弹性理论与相场建模相结合来研究锂离子电极颗粒的断裂。该正则化裂纹模型使用破坏面主应力准则和退化函数来"破坏"存储的能量和物质在裂纹面上的迁移率。与此同时，他们还进一步规范了断裂表面的反应动力学，将其替换为守恒方程中的源项。图8.27为在化学-力学耦合框架下具有代表性的三维断裂扩展相场模型。

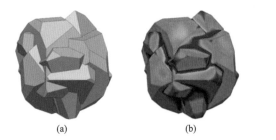 

(a)　　　　　　　　(b)　　　　　　　　(c)

图8.27　$LiMn_2O_4$颗粒断裂扩展相场模型[283]：(a)模型几何形状；(b)应力分布（红色部分表示应力集中区域）；(c)裂纹形态（红色部分表示裂纹网状结构）

上面主要综述了电池内部多物理场的表现形式，以及多物理场模型在固态电池中的应用。电池内部常见的物理场主要是电化学场、应力场以及热场等。在外部电流作用下，锂浓度的变化、电荷转移和电势的变化主要涉及电化学动力学；应力主要表现在扩散-诱导应力和热应力；温度场主要归因于电池的温度变化。另外，基于有限元法的多物理场耦合理论可以对电池的界面电场、浓度场、温度场、力场进行微观与宏观的数值迭代耦合计算，综合观测并立体呈现电池充放电过程中遇到的界面缺陷以及安全问题。多物理场在固态电池中的主要应用是模拟锂枝晶的生长模型，以及模拟固态电解质及其界面。但是，目前的模型并未将枝晶生长动力学与应力完全耦合，也极少考虑固态电解质的缺陷、裂纹和晶界对于锂枝晶形核生长的影响。

8.5　机器学习及相关技术

近年来，随着实验、理论和计算数据的大量积累以及高效、准确的人工智能技术的迅速发展，材料科学研究进入了第四科学范式，即数据驱动的材料科学研究。如图8.28所示，数据驱动的材料科学利用传统实验、理论和计算模拟方法积累的大量数据，借助数据驱动的人工智能方法对电化学储能材料的性能驱动机制进行建模和分析，以加速新型高性能电化学储能材料的研发与设计。目前，作为数据驱动的人工智能方法的典型代表之一，机器学习已经被广泛应用于材料的性能预测和新材料发现。机器学习在电池领域的应用可以追溯到1999年Salkind等[334]使用模糊逻辑方法来确定电池的充电状态和健康状态。随后，Ceder等[335,336]利用机器学习技术预测材料晶体结构并用于汽车电池锂基材料的发现。2011年，美国政府提出了"材料基因组计划"，其目标之一便是通过机器学习方法将"实验""计算"和"数据"相结合，以快速开发出清洁能源系统的相关材料。自此，以数据驱动的机器学习方法助力电化学储能材料研发的工作不断涌现出来。

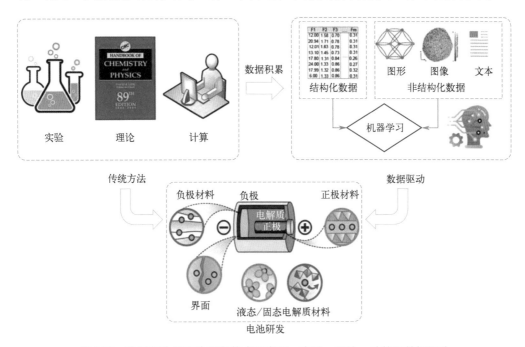

图8.28　数据驱动的电池研发范式示意图：实验、理论、计算和数据驱动

8.5.1　机器学习

机器学习模型的选择在人工智能模型训练预测结果中起着关键作用。一个合适的机器学习模型不仅可以保证最终输出结果的可靠性，也能够显著减少训练所需要花费的时间。

机器学习总体可分为监督学习、无监督学习两大类（图8.29）。监督学习在电池设计研究中应用最为广泛，它需要的数据包括输入数据和相应的目标输出数据。监督学习可以从训练数据中建立学习模型，然后根据模型推断出新的样本，目的是通过机器学习建立一个从输入数据到目标输出数据的映射。根据目标输出数据的不同，监督学习又可以分成回归和分类两种。无监督学习则是对输入的数据进行自动分类，没有目标输出数据的存在，即它不需要配套的输入与输出。无监督学习的优势在于能够自主解释数据并有可能挖掘出数据中的隐藏信息。下面将对典型的机器学习模型进行逐一介绍。

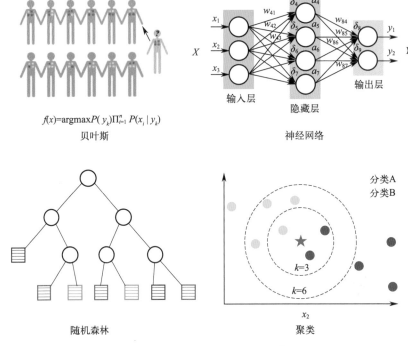

$$f(x)=\mathrm{argmax}P(y_k)\Pi_{i=1}^{n}P(x_i\,|\,y_k)$$

贝叶斯　　　　　　　　　　　神经网络

随机森林　　　　　　　　　　聚类

图8.29　典型的机器学习算法模型

（1）线性模型

线性模型是监督学习中最简单的模型之一。其目的是建立输入数据x到输出数据y之间的线性映射。线性模型简单、计算成本低、可解释性强，在机理解释、电池性能影响因素等研究中应用较多。但是，线性模型无法解决复杂度过高的问题。其中，套索回归模型和弹性网络模型是在电池领域应用较多的线性模型。

套索回归模型和弹性网络模型均是在普通线性模型的基础上引入了正则化，目的是减小模型过拟合的风险。正则化是通过在目标函数中添加惩罚项，以达到稀疏化权重参数的目的（即不重要的数据权重降低，重要的数据权重上升）。正则化之后，只有少数更重要的参数决定最终的学习结果，抗噪能力强。同时，由于正则化之后可以分析出哪些参数的权重更多，因此这两种模型有着更优秀的可解释性，能够解释输入向量中不同维度数据的重要性。

$LiNiO_2$具有高的比能量，是高电压正极材料的优良选择，但是其稳定性差，严重局限了电池的循环寿命。为此，Yoshida等[337]利用套索回归模型研究了不同元素掺杂对$LiNiO_2$稳定性的影响。他们以$LiNiO_2$的层间距函数$\Delta d_{\mathrm{ave(calc.)}}=\sum_i(d_i^d-d_i^c)/3$作为正极稳定性参数。以掺杂元素的原子序数、共价半径、电负性、电离能、原子质量、热膨胀系数、Co的取代位置（Co作为$LiNiO_2$的另一掺杂元素）和密度等作为回归模型的描述符。首先，利用现有的训练数据得到了套索回归模型的方程式。然后，再利用DFT计算得到的计算数据对回归模型进行了检验，发现套索回归模型预测的$\Delta d_{\mathrm{ave(pred.)}}$与DFT计

算得到的 $\Delta d_{ave (calc.)}$ 之间的均方根误差仅为 8.3×10^{-3}Å（图8.30）。基于此套索回归模型，他们发现正极材料层之间的电荷密度是影响晶体收缩及正极稳定性的关键因素。

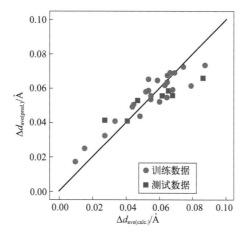

图8.30 利用套索回归模型预测 $LiNiO_2$ 的层间距 Δd_{ave}，$\Delta d_{ave (calc.)}$ 是采用DFT计算得到的计算数据，$\Delta d_{ave (pred.)}$ 是利用套索回归模型得到的预测数据，两者的均方根误差仅为 8.3×10^{-3}Å[337]

相对于套索回归模型，弹性网络模型最大的优点是能够更有效地处理多特征相互关联的问题。Severson等[338]利用弹性网络模型成功预测了商业化磷酸铁锂/石墨电池的循环寿命。首先，他们利用72种快速充电条件获得了124个具有不同循环寿命的电池组数据作为数据集。然后，将电池第100圈和第10圈放电电压曲线中容量的差值视为电压的函数 $Q_{100\text{-}10}(V)$，并将电池第二圈的放电容量、第二圈放电容量与最高放电容量的差值等参数一并作为描述符，经过线性、非线性转换生成"弹性网络"模型。最终，利用该模型基于早期循环的放电电压曲线，分别实现了使用电池前100圈的循环数据进行电池寿命的回归预测和前5圈循环数据进行电池寿命的分类预测。

（2）贝叶斯学习

贝叶斯学习是通过概率规则来实现学习和推理过程。以朴素贝叶斯为例，其基本原理是通过训练数据集学习从输入数据到目标输出数据的联合概率。对于待分类的输入数据，由学习到的联合概率公式结合条件概率公式计算出每个类别的概率分布。也即贝叶斯学习的最终目的是计算出某个类别在特定输入条件下的概率，最后该条件下最大概率的类别将会被其认定为最终输出。贝叶斯学习在小样本数据分析中表现优异，因此其被广泛应用于电池健康状态评估等方面。

Jiang等[339]利用分层贝叶斯模型（HBM）方法开发了一种可以在不同充电协议下评估电池寿命的预测模型。如图8.31所示，分层贝叶斯的目标是对数据集中的层次结构进行建模，并使用贝叶斯方法进行推理。在该模型中，训练数据是在不同充电协议下的电池寿命（用 y^i 来表示，i 为第 i 个循环协议）。研究人员想要预测的是在第 n 个新充电协议下的电池寿命的周期分布（即 θ^n）。为了进行此预测推理，分层贝叶斯需要利用训练数据在两个层级中进行学习。如图8.31所示，第一层级是关于每个充电协议的生命周期分布，也就是 θ^n。第二层级是抽象知识，用来描述不同充电协议之间的生命周期变异性以

及这些协议的总体生命周期分布，可以用 α 和 β 两个参数来表示。其中，α 是每种充电协议中电池寿命趋于均匀的程度，β 表示所有充电协议中的平均电池寿命分布。基于此模型，研究人员以不同充电协议下的电池寿命作为训练数据，获取了关于 α 和 β 以及关于生命周期分布 θ^n 的后验分布函数 $p(\alpha, \beta, \{\theta^n\}|y)$。最终，利用所得到的后验分布函数，仅基于电池 3 个循环周期的充放电数据便精确预测了电池的循环寿命。

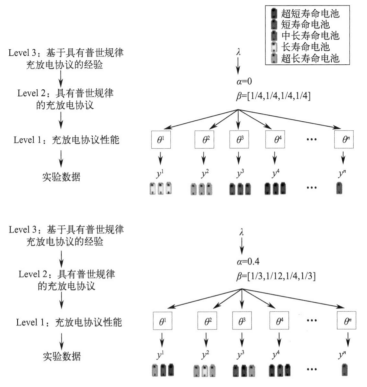

图 8.31　基于不同充电协议的电池寿命的分层贝叶斯模型，α 代表每种充电协议中电池寿命趋于均匀的程度，β 代表所有充电协议中的平均电池寿命分布，θ^n 代表第 n 个充电协议下的电池寿命的周期分布[339]

（3）神经网络

作为一种极受欢迎的非线性模型，神经网络算法能够胜任监督学习、无监督学习等不同的机器学习方式。神经网络的基本原理是在每一个网络层中学习每个神经元的权重并结合激活函数得到该层的输出，最终得到输入层到输出层的映射。神经网络模型自适应能力强，能够处理不确定性较高的问题，适合开发端到端的预测模型，具有很高的鲁棒性和容错性，对复杂问题的解决能力强，且能够充分地逼近复杂问题的潜在映射。由于神经网络具有优秀的函数逼近能力，它在电池健康状态评估及新材料设计中都得到了广泛应用。但是，神经网络属于典型的黑盒模型，解释性差，无法进行材料机制、特征重要性等的解释。在电池设计领域具有代表性的神经网络算法有人工神经网络、卷积神经网络、图神经网络。

人工神经网络是通过对损失函数的优化，学习层间任意两个神经元之间的权重系数，并通过与激活函数结合去逼近从输入到输出的目标映射。人工神经网络进行全连接结构训练时每个神经元之间的参数都是独立不共享的，适合训练数据之间相互独立问题的解决。He等[340]建立了一种基于人工神经网络和无迹卡尔曼滤波的电池SOC模型。在该模型中，以电池的工作电流、电压和温度作为神经网络的输入，将电池的SOC用作神经网络输出。同时，利用无迹卡尔曼滤波滤除神经网络估计中的异常值，以减小神经网络的估计误差。基于此，他们利用美国先进电池联盟的开源电池数据，使电池SOC的预测误差控制在3.5%以内。

卷积神经网络的名字源于在训练过程中的卷积过程。与人工神经网络相比，卷积神经网络多了网格搜索（卷积）和池化的过程，输入层的数据一般是具有网格拓扑的一类数据，通过卷积核的搜索，每一个隐藏层的输入都是上一层数据的特征提取，也就是隐藏层的数据是一个包含上一层数据特征的全新网格数据。之后经过池化层数据被进一步提取特征，得到了下一层的输入数据。在隐藏层训练结束后，卷积神经网络会将最终的网格数据向量化，得到一个维度更高的特征数据。这个特征数据在后面会作为全连接层的神经网络结构的输入数据，用以学习最终的目标映射函数。卷积神经网络擅长处理具有网格状拓扑结构（比如图像、衍射结构或者晶体结构）的数据，可实现大型数据集的像素级分类。在电池领域，卷积神经网络对高分辨率透射电子显微镜图像的特征分割、基于X射线衍射图像的缺陷分析以及粉末X射线衍射的定量分析等方面具有明显的应用优势。

锂金属在所有负极材料中具有最高的理论容量，但由于其会形成锂枝晶，不仅严重影响电池的循环寿命，还会造成安全隐患。然而，由于锂属于低原子序数元素，与实验探针的相互作用较弱，导致常规表征技术难以对锂的沉积形貌进行高分辨成像。为此，Dixit等[341]采用同步辐射X射线断层扫描结合深度卷积神经网络技术，定量跟踪了锂沉积过程中锂金属电极和LLZO固态电解质界面的形态变化。如图8.32所示，与传统的二值化过程相比，深度卷积神经网络处理的是锂金属的单个横截面图像，产生的分割图像具有更高的置信度，可以对X射线断层扫描低对比度图像中的锂金属和孔隙进行更有效的分割。科研人员利用在单个电化学循环中产生的800张锂金属负极图像对神经网络进行分割训练，并在来自同一电极的另外200张额外图像上进行置信度的验证。研究发现，利用该方法大约需要0.3s就能进行单个切片分割，其分割时间比手动标记这些图像需要的时间可缩短一个数量级，且置信度超过80%，与最先进神经网络的分割置信度相当。如图8.32所示，基于该研究他们还发现锂金属负极表面热点的形成与固态电解质中各向异性微观结构有关。

与人工神经网络和卷积神经网络相比，图神经网络是一种基于图形结构的机器学习算法。对于一般神经网络算法，数据必须是结构化的数据，即序列化或者网格化的数据，如文本、图像等。而图神经网络擅长解决非结构化的输入数据，例如社交网络、知识图谱等。

谢天等[342]提出晶体图卷积神经网络，每个晶体由一个晶体图形表示，并且满足原子索引置换不变性和晶胞选择不变性，以该晶体图形作为图神经网络的输入数据，准确地预测了晶体结构的形成能、带隙、费米能和弹性特性等性能。针对聚合物电解质分子动力学模拟耗时长、准确度低的缺点，Xie等[343]利用多任务图神经网络并基于大量嘈杂、未收敛的短分子动力学数据和少量收敛的长分子动力学数据，改进了对聚合物电解质离

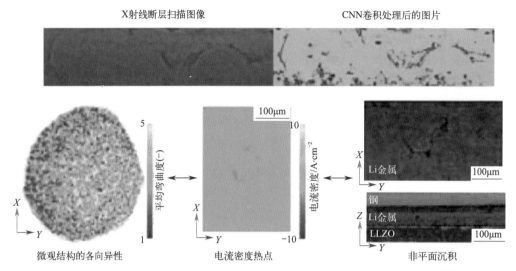

图8.32　Li/LLZO界面的X射线断层扫描图片及CNN卷积处理后的对照图像[341]

子传输性能的分子动力学模拟。在该模型中，作者将单体结构编码为图形，将其形成的整个聚合物空间作为图神经网络的输入数据，以离子电导率作为目标输出数据，并使用神经网络的鲁棒性来对抗训练数据中的随机噪声。最终，他们实现了4种不同收敛特性的准确预测，筛选了6247种聚合物的空间，比之前常规的动力学模拟研究大了几个数量级。

（4）高斯过程回归

高斯过程回归是一种数据驱动的非参数机器学习模型，具有超参数自适应特性，易于实现，不涉及参数的预设。高斯回归的数据驱动属性和非参数性使得其能够有效地适应复杂的输入条件。与线性模型、非线性模型不同的是，高斯过程回归是非预设性的机器学习算法，即高斯回归在训练之前不预设问题是线性还是非线性。在核函数形式不受限制的情况下，高斯回归理论上能够实现任意不同函数曲线的任意逼近。

Ha等[344]将稀疏高斯过程回归与DFT结合，研究了高能量密度$Li_{1.22}Ru_{0.61}Ni_{0.11}Al_{0.06}O_2$（Al-LRNO）正极材料中铝掺杂对容量的影响。由于该稀疏高斯过程回归中涉及了化合物局部化学环境等相关因素，因而分子间相互作用可以被考虑到。同时，由于Al-LRNO和LRNO的局部化学环境非常相似，仅需要简单几步就能完成能量预测，这使得该模型的计算速度比常规DFT计算快上百倍。作者利用该模型研究了Al掺杂的正极材料结构及其在充放电过程中X射线吸收近边缘结构光谱及锂离子的扩散。他们发现在含有4d轨道元素的正极中，铝元素的掺杂能够有效地抑制电池的电压/容量衰减。

（5）集成学习

集成学习方法是多个机器学习算法的集成，即通过多个弱的基学习器的结合来完成最终学习任务。集成学习方法的类型也取决于不同基学习器的选取，可以分为自助法、提升法和堆叠法3种不同的类型。集成学习首先以并行的或者顺序的方法构建基学习器，然后通过某种组合算法（如：多数投票、权重平均等）将基学习器组合起来。集成学习通过联合不同的模型，具有更高的预测性能且更容易实现，而且基学习器一般比较简单，所以能够有效地避免出现过拟合问题。但是，由于集成学习是一种多模型混合结构，所以集成学习模型的预测结果往往也是难以理解的，即解释性相对较低。其中，随机森林和极限梯度提升树是锂电池领域应用较多的两种集成学习算法。

随机森林是一种以决策树模型为基学习器的自助集成学习方法。随机森林的模型预测步骤如下：首先，数据集的数据被有放回地随机选取并随机选出部分特征作为训练的输入，得到 N 个子数据集；然后，基于子数据集进行训练得到最终的 N 个基学习器；预测时每个基学习器都会输出自己的预测产生一个 N 维的向量；最后，求向量中数据的平均值或者进行投票产生最终的预测结果。由于随机划分数据集，随机森林对类别不平衡的数据适应力很强，可以处理大量的数据输入。目前随机森林算法应用主要集中在电池容量预测、电池健康状态（SOH）评估等方面。

极限梯度提升树是在梯度提升树的基础上做了很多改良，例如在损失函数里增加了正则化项，训练基学习器的时候使用列采样，可以有效防止学习器的过度拟合及补充缺失数据。对于缺失数据，极限梯度提升树会将其分配到不同子树并进行信息增益的计算，最后将信息增益最高的子树作为该缺失值的分类。针对过拟合，极限梯度提升树采用学习率收缩、提前停止优化、选区建树等方法避免模型的过拟合，拥有比其它传统模型更高的预测精度。Chen 等[345]针对金属/半导体异质结之间的界面电阻问题，基于元素周期表建立了一个样本容量为1092的异质结全集，并结合第一性原理计算和极限梯度提升树模型预测了这些异质结之间的肖特基势垒。最终，他们筛选出了6种具有欧姆接触以及高隧穿概率的二维范德华金属/半导体异质结。这一研究启发我们，极限梯度提升树应该非常适用于研究固态电池的界面问题。

（6）聚类（群分析）

聚类又称为群分析，是指根据"物以类聚"原理，将本身没有类别的样本聚集成不同的组，这样的一组数据对象的集合叫作簇，并且对每一个这样的簇进行描述的过程。它的目的是将数据分成若干组，使得每组数据之间相似度尽量大，不同组之间相似度尽量小。作为典型的无监督学习算法，它可以将数据自动分组，而不需要事先知道数据的标签，通常用于对数据进行探索性分析，发现数据中的隐藏模式。常见的聚类模型算法包括K-means、层次聚类、密度聚类等算法。

开发具有高离子传输性能的无机快离子导体是促进全固态电池快速发展的重要途径。目前，具有高离子传输性能的无机快离子导体主要集中在硫化物、氧化物、卤化物等几类无机化合物中，绝大多数的无机化合物都缺少电导率的数据。然而，常规的监督学习模型需要大量的数据对模型进行训练，才能达到较好的性能预测效果。聚类作为一种典型的无监督学习方法，不需要利用大量的电导率数据，可以减轻数据稀缺带来的挑战。基于此，北美丰田研究所和马里兰大学的研究人员[346]采用聚类方法，利用ICSD无机晶体结构数据库中XRD图谱作为特征参量，利用层次聚类方法对具有相似mXRD表示的含锂材料进行筛选和分类，以筛选具有高离子传输性能的新型无机快离子导体。如图8.33所示，利用该聚类方法可以将具有高锂离子电导率和低锂离子电导率的含锂材料成功分组，并从分组中筛选出具有高离子传输性能的新材料体系。最后，他们利用第一性原理计算了这些新材料体系的离子电导率，发现了多种离子电导率大于 $10^{-3}\text{S}\cdot\text{cm}^{-1}$ 的新型固态电解质（如 Li_8N_2Se、Li_6KBiO_6 和 $Li_5P_2N_5$ 等）。

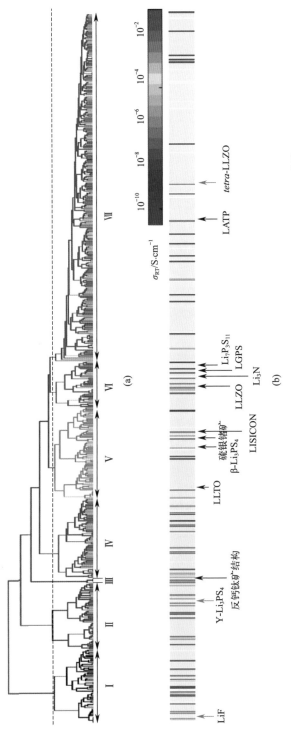

图 8.33　利用聚类方法将含锂化合物分组，并筛选出快离子导体新材料示意图[346]

8.5.2　数据库

电池材料数据库的建立可为机器学习、数据挖掘等人工智能技术在电池中的应用奠定坚实基础。目前材料数据库的数据来源包括实验数据和计算数据，除文献和已有资料中可收集的大量数据外，高通量实验和高通量计算同样也提供了越来越可观的数据。对于收集的数据通常需要根据其获得方式、精确程度和所关联的物性等进行归类，为数据匹配相应的标签，以实现数据库的建立（图8.34）。之后，可以根据应用需求直接筛选符合条件的材料，也可借助机器学习算法来挖掘材料宏观性质与微观结构之间的关联。

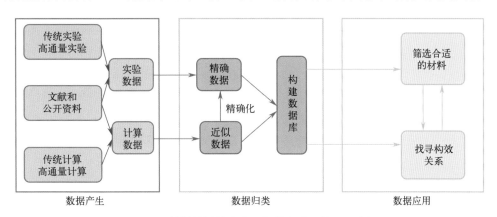

图8.34　材料数据的产生、归类和应用流程示意图

电池材料的数据主要来源于实验和计算两个方面。其中，在电池材料的诸多性质中，锂脱/嵌电位、热力学稳定性和化学稳定性等均可从密度泛函计算得到的能量、电子结构等信息中获得，因此包含高通量密度泛函计算结果的通用型材料数据库都可为电池材料数据库提供大量的数据集。目前，全球已推出了包含体系能量、能带结构、力学模量和热力学相图等理论计算信息的材料数据库，其材料结构的来源既包括无机晶体数据库中已有物质，也包括大量由已有物质衍生出的虚拟结构。表8.4列出了几种公开的通用型材料数据库及用于构建该数据库的高通量计算软件。

表8.4　主要材料数据库及其数据特点

数据库名称	数据库特点	数据来源	网址
CSD	小分子有机物和金属有机化合物晶体结构数据	实验测量	https://www.ccdc.cam.ac.uk/
ICSD	无机晶体结构数据	实验测量	https://icsd.products.fiz-karlsruhe.de/
Pauling File	无机晶体材料、相图和物理性能	实验测量	https://www.paulingfile.com/
Materials Project	无机晶体材料、分子、纳米孔隙材料、嵌入型电极材料和转化型电极材料以及材料性能	ICSD/计算模拟	https://materialsproject.org/
AFLOWlib	无机晶体材料、二元合金、多元合金以及材料性能	ICSD/计算模拟	http://aflowlib.org/
OQMD	无机晶体材料以及热力学和结构特性	ICSD/计算模拟	http://www.oqmd.org/

数据库名称	数据库特点	数据来源	网址
材料学科领域基础科学数据库	金属材料和无机非金属材料	实验测量	http://www.matsci.csdb.cn/
Atomly	无机晶体结构以及材料性能	ICSD/计算模拟	https://atomly.net/#/matdata
电池材料离子传输数据库	无机晶体材料以及离子传输性能	ICSD/计算模拟	http://e01.iphy.ac.cn/bmd/
电化学储能材料高通量计算平台	无机晶体材料以及离子传输性能和机器学习描述符	ICSD/计算模拟	https://matgen.nscc-gz.cn/solidElectrolyte/

　　除了从通用型材料数据库中获取电池材料数据外，还有为电池材料某一特定性质构建的数据库，其中以几何和半经验方法计算得到的锂离子传输动力学数据库为主，包括中科院物理所推出的电池材料离子传输数据库和上海大学的离子传输特征数据库。

　　实验数据的收集和整理主要来源于已发表的各类文献。在电池材料数据库发展的初期阶段，Ghadbeigi 等[347]从科技文献中手工收集了大量电池材料数据并构建了数据库。随着计算机技术的发展，Huang 和 Cole 等[348]采用自行编写的 Chem Data Extractor 建立了从文献中自动收集电池数据的方案，构建了总条目 29 万余条，包含容量、内阻、库仑效率、能量密度和电压共五种性质的数据库。

　　在数据的获取过程中，需要关注数据产生的条件和数据的误差。对于实验数据，测量环境（如温度、压力等）和测量方法常常会影响数值的大小，那么后续的数据挖掘则需要对数据进行归类，在相同条件下测量的数据可以进行更为科学的比较。对于理论模拟数据，设定相同模拟参数则较为容易，例如在基于密度泛函的高通量计算中，通过设定相同的关联函数、积分密度和收敛条件等参数，可以将数据准确度控制在相同范围。数据类型的全面和准确是对电池材料数据进行大规模分析和挖掘的基础，因此，实验数据与计算数据相结合的数据库是未来数据库发展的重要方向。

8.6　本章结语

　　在本章中，我们详细讨论了理论模拟和多物理场研究在固态电池方向（包括电极材料、固态电解质、固态电解质与电极之间的界面、固态锂电池）应用的最新进展，主要作为实验表征的补充，理论模拟有助于深入理解固态电池中基础物理化学科学问题，如固态电解质中离子迁移机制、固态电解质的化学、电化学稳定性以及固态电解质与电极材料之间的界面兼容性等问题。通过理论模拟理解固态电解质在原子水平的特性，将十分有利于开发具有高离子电导率和宽电化学窗口的新型固态电解质。截至目前，虽然固态电解质的综合性能有了很大提升，尤其是室温离子电导率已经可以与液态电解质相媲美，然而固态电解质与电极材料的界面稳定性及其对固态电池长循环性能的提升仍然存在很大挑战。因此在原子水平充分阐明界面结构如何演化及其对界面电子和离子传输以及电化学反应过程的影响，对于提高固态电池性能是十分必要的。除此之外，理论模拟还可以根据热力学和动力学预测界面稳定性和反应产物，以及筛选合适的涂层材料作为界面缓冲层。由于受到多种因素的影响，固态电池中十分受关注的锂枝晶生长问题仍然迫切需要多尺度模型和模拟方法来解释枝晶生长机制。

尽管理论模拟已经在固态电池中得到了广泛的应用，但仍然存在一些不足。固态电池是一个复杂的多相系统，涉及电-化-力-热多物理场行为。然而，由于各种计算方法的局限性，目前还没有理想的方法实现多空间尺度、多时间尺度和多物理场领域的研究。因此，在未来，更加合理地结合不同的计算方法和理论模拟，实现固态电池中多尺度、多物理场的模拟，必将极大推动固态电解质设计及其界面问题的深入研究。

另外，最新研究表明，机器学习技术的应用有望极大地促进电化学储能材料的设计和发现。但是，目前仍存在以下问题：首先，目前可用于材料及新能源领域的数据规模仍然很小。而且，从每种机器学习算法模型的应用经验来看，数据集的规模仍然是模型预测准确性的主要因素，伴随数据集规模而来的还有数据收集的高成本问题。其次，大部分实验得来的数据难以得到有效利用，而且高质量数据的筛选也是一大难题。另外，较为复杂的机器学习模型通常是连接输入和输出的"黑匣子"，很难从机器学习模型中提取知识。

基于此，目前来看，理论计算与机器学习在开发固态电池方面的发展可能集中于以下几个方向。

① 开发从原子、分子、介观到器件的跨尺度模拟方法。对于新能源材料体系的理论计算，材料体系的周期性边界条件和原子局域环境的复杂性，使得跨尺度模拟精度非常难以控制。因此，发展高通量、跨尺度、高并发、自动纠错及数据耦合方法，通过机器学习数据挖掘等算法进一步提升跨尺度模拟精度是未来的研究难点和热点之一。

② 建立更为专业、全面、开源的数据库平台。虽然材料基因组计划极大促进了数据库的发展，但是针对新能源领域的开源数据库并不多。将来研究人员可以结合高通量计算与高通量实验进一步发展/丰富数据库平台，构建包含材料计算和实验元数据及中间数据的高效数据库；发展数据规模更大、种类更丰富的共享数据平台；完善更加通用兼容的数据标准和共享标识。

③ 完善更为快捷的学习模型与算法。针对锂电池及新能源领域数据量相对较少的问题，在保证精度以及普适性的前提下，建立和发展精确的小数据分析模型（如迁移学习、元学习、贝叶斯等模型）是目前亟待解决的问题。

④ 实现分子和材料的反向设计。利用理论计算结合机器学习，深度理解材料的组成-结构-性质三者关系，由特定的物理化学性能可以反推到材料中原子空间构型排布，进而设计合成一些特殊材料（如高稳定性、高容量电极材料，室温高离子电导率固态电解质材料等），也将是未来热门研究方向。

参考文献

[1] Zhang X, Li L, Fan E, et al. Toward sustainable and systematic recycling of spent rechargeable batteries[J]. Chemical Society Reviews, 2018, 47: 7239-7302.

[2] Miao Y, Hynan P, Von Jouanne A, et al. Current Li-ion battery technologies in electric vehicles and opportunities for advancements[J]. Energies, 2019, 12: 1074.

[3] Schipper F, Erickson E M, Erk C, et al. Review-recent advances and remaining challenges for lithium ion battery cathodes[J].

Journal of the Electrochemical Society, 2016, 164: A6220-A6228.

[4] Yang C, Fu K, Zhang Y, et al. Protected lithium-metal anodes in batteries: from liquid to solid[J]. Advanced Materials, 2017, 29: 1701169.

[5] Li J, Ma C, Chi M, et al. Solid electrolyte: the key for high-voltage lithium batteries[J]. Advanced Energy Materials, 2015, 5: 1401408.

[6] Bubin S, Stanke M, Adamowicz L. Accurate non-Born-Oppenheimer calculations of the complete pure vibrational spectrum of D2 with including relativistic corrections[J]. Journal of Chemical Physics, 2011, 135: 074110.

[7] Rahinov I, Cooper R, Matsiev D, et al. Quantifying the breakdown of the Born-Oppenheimer approximation in surface chemistry[J]. Physical Chemistry Chemical Physics, 2011, 13: 12680-12692.

[8] Fan Y C, Chen X, Legut D, et al. Modeling and theoretical design of next-generation lithium metal batteries[J]. Energy Storage Materials, 2019, 16: 169-193.

[9] Ceder G. Opportunities and challenges for first-principles materials design and applications to Li battery materials[J]. MRS Bulletin, 2010, 35: 693-701.

[10] Seong H W, Lee M S, Ryu H J. First-principles study for discovery of novel synthesizable 2D high-entropy transition metal carbides (MXenes)[J]. Journal of Materials Chemistry A, 2023, 11: 5681-5695.

[11] Meng Y S, Arroyo-De Dompablo M E. Recent advances in first principles computational research of cathode materials for lithium-ion batteries[J]. Accounts of Chemical Research, 2013, 46: 1171-1180.

[12] Chen A, Zhang X, Zhou Z. Machine learning: accelerating materials development for energy storage and conversion[J]. InfoMat, 2020, 2: 553-576.

[13] Breuer O, Chakraborty A, Liu J, et al. Understanding the role of minor molybdenum doping in $LiNi_{0.5}Co_{0.2}Mn_{0.3}O_2$ electrodes: from structural and surface analyses and theoretical modeling to practical electrochemical cells[J]. ACS Applied Materials & Interfaces, 2018, 10: 29608-29621.

[14] Bian Y, Zeng W, He M, et al. Boosting charge transfer via molybdenum doping and electric-field effect in bismuth tungstate: density function theory calculation and potential applications[J]. Journal of Colloid and Interface Science, 2019, 534: 20-30.

[15] Velásquez E A, Silva D P B, Falqueto J B, et al. Understanding the loss of electrochemical activity of nanosized $LiMn_2O_4$ particles: a combined experimental and ab initio DFT study[J]. Journal of Materials Chemistry A, 2018, 6: 14967-14974.

[16] Nakayama M, Kaneko M, Wakihara M. First-principles study of lithium ion migration in lithium transition metal oxides with spinel structure[J]. Physical Chemistry Chemical Physics, 2012, 14: 13963-13970.

[17] Yu H, So Y G, Kuwabara A, et al. Crystalline grain interior configuration affects lithium migration kinetics in Li-rich layered oxide[J]. Nano Letters, 2016, 16: 2907-2915.

[18] Hoang K. First-principles theory of doping in layered oxide electrode materials[J]. Physical Review Materials, 2017, 1: 075403.

[19] Kohn W, Sham L J. Self-consistent equations including exchange and correlation effects[J]. Physical Review, 1965, 140: A1133-A1138.

[20] Himmetoglu B, Floris A, De Gironcoli S, et al. Hubbard-corrected DFT energy functionals: the LDA+U description of correlated systems[J]. International Journal of Quantum Chemistry, 2014, 114: 14-49.

[21] Perdew J P, Chevary J A, Vosko S H, et al. Atoms, molecules, solids, and surfaces: applications of the generalized gradient approximation for exchange and correlation[J]. Physical Reviews B: Condensed Matter and Materials Physics, 1992, 46: 6671-6687.

[22] Hao P, Sun J, Xiao B, et al. Performance of meta-GGA functionals on general main group thermochemistry, kinetics, and noncovalent interactions[J]. Journal of Chemical Theory and Computation, 2013, 9: 355-363.

[23] Becke A D. A new mixing of Hartree–Fock and local density-functional theories[J]. The Journal of Chemical Physics, 1993, 98: 1372-1377.

[24] Grimme S. Semiempirical hybrid density functional with perturbative second-order correlation[J]. Journal of Chemical Physics, 2006, 124: 034108.

[25] Perdew J P, Burke K, Ernzerhof M. Generalized gradient approximation made simple[J]. Physical Review Letters, 1996, 77: 3865-3868.

[26] Liechtenstein A I, Anisimov V V, Zaanen J. Density-functional theory and strong interactions: orbital ordering in Mott-Hubbard insulators[J]. Physical Reviews B: Condensed Matter and Materials Physics, 1995, 52: R5467-R5470.

[27] Kulik H J, Marzari N. A self-consistent Hubbard U density-functional theory approach to the addition-elimination reactions of hydrocarbons on bare FeO^+[J]. Journal of Chemical Physics, 2008, 129: 134314.

[28] Chakraborty A, Dixit M, Aurbach D, et al. Predicting accurate cathode properties of layered oxide materials using the SCAN meta-GGA density functional[J]. npj Computational Materials, 2018, 4: 57-66.

[29] Sun J, Remsing R C, Zhang Y, et al. Accurate first-principles structures and energies of diversely bonded systems from an efficient density functional[J]. Nature Chemistry, 2016, 8: 831-836.

[30] Dixit M, Markovsky B, Schipper F, et al. Origin of structural degradation during cycling and low thermal stability of Ni-rich layered transition metal-based electrode materials[J]. The Journal of Physical Chemistry C, 2017, 121: 22628-22636.

[31] Dixit M, Markovsky B, Aurbach D, et al. Unraveling the effects of Al doping on the electrochemical properties of

$LiNi_{0.5}Co_{0.2}Mn_{0.3}O_2$ using first principles[J]. Journal of the Electrochemical Society, 2017, 164: A6359-A6365.

[32] Deringer V L, Tchougreeff A L, Dronskowski R. Crystal orbital Hamilton population (COHP) analysis as projected from plane-wave basis sets[J]. Journal of Physical Chemistry A, 2011, 115: 5461-6.

[33] Ratcliff L E, Mohr S, Huhs G, et al. Challenges in large scale quantum mechanical calculations[J]. WIREs Computational Molecular Science, 2016, 7: e1290.

[34] Zhang X, Lu G. Coupled quantum mechanics/molecular mechanics modeling of metallic materials: theory and applications[J]. Journal of Materials Research, 2018, 33: 796-812.

[35] Shi S, Gao J, Liu Y, et al. Multi-scale computation methods: their applications in lithium-ion battery research and development[J]. Chinese Physics B, 2016, 25: 018212.

[36] Lifson S, Warshel A. Consistent force field for calculations of conformations, vibrational spectra, and enthalpies of cycloalkane and nAlkane molecules[J]. The Journal of Chemical Physics, 1968, 49: 5116-5129.

[37] Applequist J. A multipole interaction theory of electric polarization of atomic and molecular assemblies[J]. The Journal of Chemical Physics, 1985, 83: 809-826.

[38] Gale J D, Rohl A L. The general utility lattice program (GULP)[J]. Molecular Simulation, 2003, 29: 291-341.

[39] Smith W, Yong C W, Rodger P M. DL_POLY: application to molecular simulation[J]. Molecular Simulation, 2002, 28: 385-471.

[40] Aydinol M K, Kohan A F, Ceder G, et al. Ab initio study of lithium intercalation in metal oxides and metal dichalcogenides[J]. Physical Review B, 1997, 56: 1354-1365.

[41] Aydinol M K, Kohan A F, Ceder G. Ab initio calculation of the intercalation voltage of lithium transition metal oxide electrodes for rechargeable batteries[J]. Journal of Power Sources, 1997, 68: 664-668.

[42] Chevrier V L, Ong S P, Armiento R, et al. Hybrid density functional calculations of redox potentials and formation energies of transition metal compounds[J]. Physical Review B, 2010, 82: 075122.

[43] Zhou F, Cococcioni M, Kang K, et al. The Li intercalation potential of $LiMPO_4$ and $LiMSiO_4$ olivines with M=Fe, Mn, Co, Ni[J]. Electrochemistry Communications, 2004, 6: 1144-1148.

[44] Frenkel D, Smit B, Tobochnik J, et al. Understanding molecular simulation[J]. Computers in Physics, 1997, 11: 351.

[45] Truhlar D G, Garrett B C, Klippenstein S J. Current status of transition-state theory[J]. Journal of Physical Chemistry, 1996, 100: 12771-12800.

[46] Henkelman G, Uberuaga B P, Jonsson H. A climbing image nudged elastic band method for finding saddle points and minimum energy paths[J]. Journal of Chemical Physics, 2000, 113: 9901-9904.

[47] Radin M D, Hy S, Sina M, et al. Narrowing the gap between theoretical and practical capacities in Li-ion layered oxide cathode materials[J]. Advanced Energy Materials, 2017, 7: 1602888(1-33).

[48] Mendiboure A, Claude D, Hagenmuller P. New layered structure obtained by electrochemical deintercalation of the metastable $LiCoO_2$ (O2) variety[J]. Materials Research Bulletin, 1984, 19: 1383-1392.

[49] Wolverton C, Zunger A. Cation and vacancy ordering in Li_xCoO_2[J]. Physical Review B, 1998, 57: 2242-2252.

[50] Qian D, Hinuma Y, Chen H, et al. Electronic spin transition in nanosize stoichiometric lithium cobalt oxide[J]. Journal of the American Chemical Society, 2012, 134: 6096-9.

[51] Van Der Ven A, Aydinol M K, Ceder G, et al. First-principles investigation of phase stability in Li_xCoO_2[J]. Physical Review B, 1998, 58: 2975-2987.

[52] Cho E, Seo S W, Min K. Theoretical prediction of surface stability and morphology of $LiNiO_2$ cathode for Li ion batteries[J]. ACS Applied Materials & Interfaces, 2017, 9: 33257-33266.

[53] Ammundsen B, Paulsen J. Novel lithium-ion cathode materials based on layered manganese oxides[J]. Advanced Materials, 2001, 13: 943-956.

[54] Huang Z F, Meng X, Wang C Z, et al. First-principles calculations on the Jahn–Teller distortion in layered $LiMnO_2$[J]. Journal of Power Sources, 2006, 158: 1394-1400.

[55] Erickson E M, Schipper F, Penki T R, et al. Review-recent advances and remaining challenges for lithium ion battery cathodes[J]. Journal of the Electrochemical Society, 2017, 164: A6341-A6348.

[56] Dixit M, Kosa M, Lavi O S, et al. Thermodynamic and kinetic studies of $LiNi_{0.5}Co_{0.2}Mn_{0.3}O_2$ as a positive electrode material for Li-ion batteries using first principles[J]. Physical Chemistry Chemical Physics, 2016, 18: 6799-812.

[57] Xu J, Lin F, Doeff M M, et al. A review of Ni-based layered oxides for rechargeable Li-ion batteries[J]. Journal of Materials Chemistry A, 2017, 5: 874-901.

[58] Guilmard M, Croguennec L, Delmas C. Thermal stability of lithium nickel oxide derivatives. Part II: $Li_xNi_{0.70}Co_{0.15}Al_{0.15}O_2$ and $Li_xNi_{0.90}Mn_{0.10}O_2$ (x = 0.50 and 0.30). Comparison with $Li_xNi_{1.02}O_2$ and $Li_xNi_{0.89}Al_{0.16}O_2$[J]. Chemistry of Materials, 2003, 15: 4484-4493.

[59] Fergus J W. Recent developments in cathode materials for lithium ion batteries[J]. Journal of Power Sources, 2010, 195: 939-954.

[60] Myung S T, Maglia F, Park K J, et al. Nickel-rich layered cathode materials for automotive lithium-ion batteries: achievements and perspectives[J]. ACS Energy Letters, 2017, 2: 196-223.

[61] Pouillerie C, Perton F, Biensan P, et al. Effect of magnesium substitution on the cycling behavior of lithium nickel cobalt oxide[J].

Journal of Power Sources, 2001, 96: 293-302.

[62] Huang B, Li X, Wang Z, et al. Synthesis of Mg-doped $LiNi_{0.8}Co_{0.15}Al_{0.05}O_2$ oxide and its electrochemical behavior in high-voltage lithium-ion batteries[J]. Ceramics International, 2014, 40: 13223-13230.

[63] Du R, Bi Y, Yang W, et al. Improved cyclic stability of $LiNi_{0.8}Co_{0.1}Mn_{0.1}O_2$ via Ti substitution with a cut-off potential of 4.5V[J]. Ceramics International, 2015, 41: 7133-7139.

[64] Hu G, Zhang M, Liang L, et al. Mg-Al-B co-substitution $LiNi_{0.5}Co_{0.2}Mn_{0.3}O_2$ cathode materials with improved cycling performance for lithium-ion battery under high cutoff voltage[J]. Electrochimica Acta, 2016, 190: 264-275.

[65] Schipper F, Dixit M, Kovacheva D, et al. Stabilizing nickel-rich layered cathode materials by a high-charge cation doping strategy: zirconium-doped $LiNi_{0.6}Co_{0.2}Mn_{0.2}O_2$[J]. Journal of Materials Chemistry A, 2016, 4: 16073-16084.

[66] Choi S, Manthiram A. Synthesis and electrochemical properties of $LiCo_2O_4$ spinel cathodes[J]. Journal of the Electrochemical Society, 2002, 149: A162-A166.

[67] Ammundsen B, Roziere J, Islam M S. Atomistic simulation studies of lithium and proton insertion in spinel lithium manganates[J]. Journal of Physical Chemistry B, 1997, 101: 8156-8163.

[68] Atanasov M, Barras J L, Benco L, et al. Electronic structure, chemical bonding, and vibronic coupling in Mn-IV/Mn-III mixed valent $Li_xMn_2O_4$ spinels and their effect on the dynamics of intercalated Li: a cluster study using DFT[J]. Journal of the American Chemical Society, 2000, 122: 4718-4728.

[69] Koyama Y, Tanaka I, Adachi H, et al. First principles calculations of formation energies and electronic structures of defects in oxygen-deficient $LiMn_2O_4$[J]. Journal of the Electrochemical Society, 2003, 150: A63-A67.

[70] Thackeray M M, Shao-Horn Y, Kahaian A J, et al. Structural fatigue in spinel electrodes in high voltage (4V) $Li/Li_xMn_2O_4$ cells[J]. Electrochemical and Solid State Letters, 1998, 1: 7-9.

[71] Jang D H, Shin Y J, Oh S M. Dissolution of spinel oxides and capacity losses in 4V $Li/Li_xMn_2O_4$ coils[J]. Journal of the Electrochemical Society, 1996, 143: 2204-2211.

[72] Wakihara M, Li G H, Ikuta H, et al. Chemical diffusion coefficients of lithium in $LiM_yMn_{2-y}O_4$ (M=Co and Cr)[J]. Solid State Ionics, 1996, 86-8: 907-909.

[73] Molenda J. The effect of 3d substitutions in the manganese sublattice on the electrical and electrochemical properties of manganese spinel[J]. Solid State Ionics, 2004, 175: 297-304.

[74] Hu E, Wang X, Yu X, et al. Probing the complexities of structural changes in layered oxide cathode materials for Li-ion batteries during fast charge-discharge cycling and heating[J]. Accounts of Chemical Research, 2018, 51: 290-298.

[75] Yang M C, Xu B, Cheng J H, et al. Electronic, structural, and electrochemical properties of $LiNi_xCu_yMn_{2-x-y}O_4$ ($0 < x < 0.5, 0 < y < 0.5$) high-voltage spinel materials[J]. Chemistry of Materials, 2011, 23: 2832-2841.

[76] Tateishi K, Suda K, Du Boulay D, et al. $LiMn_2O_4$: a spinel-related low-temperature modification[J]. Acta Crystallographica Section E Structure Reports Online, 2004, 60: i18-i21.

[77] Xu B, Meng S. Factors affecting Li mobility in spinel $LiMn_2O_4$—a first-principles study by GGA and GGA+U methods[J]. Journal of Power Sources, 2010, 195: 4971-4976.

[78] Nanjundaswamy K S, Padhi A K, Goodenough J B, et al. Synthesis, redox potential evaluation and electrochemical characteristics of NASICON-related-3D framework compounds[J]. Solid State Ionics, 1996, 92: 1-10.

[79] Padhi A K, Nanjundaswamy K S, Goodenough J B. Phospho-olivines as positive-electrode materials for rechargeable lithium batteries[J]. Journal of the Electrochemical Society, 1997, 144: 1188-1194.

[80] Chung S Y, Bloking J T, Chiang Y M. Electronically conductive phospho-olivines as lithium storage electrodes[J]. Nature Materials, 2002, 1: 123-8.

[81] Tarascon J M, Armand M. Issues and challenges facing rechargeable lithium batteries[J]. Nature, 2001, 414: 359-367.

[82] Islam M S, Driscoll D J, Fisher C A J, et al. Atomic-scale investigation of defects, dopants, and lithium transport in the $LiFePO_4$ olivine-type battery material[J]. Chemistry of Materials, 2005, 17: 5085-5092.

[83] Li J, Yao W, Martin S, et al. Lithium ion conductivity in single crystal $LiFePO_4$[J]. Solid State Ionics, 2008, 179: 2016-2019.

[84] Ouyang C Y, Shi S Q, Wang Z X, et al. The effect of Cr doping on Li ion diffusion in $LiFePO_4$ from first principles investigations and Monte Carlo simulations[J]. Journal of Physics: Condensed Matter, 2004, 16: 2265-2272.

[85] Zhang H, Tang Y, Shen J, et al. Antisite defects and Mg doping in $LiFePO_4$: a first-principles investigation[J]. Applied Physics A, 2011, 104: 529-537.

[86] Gupta R, Saha S, Tomar M, et al. Effect of manganese doping on conduction in olivine $LiFePO_4$[J]. Journal of Materials Science: Materials in Electronics, 2016, 28: 5192-5199.

[87] Xu G, Zhong K, Zhang J M, et al. First-principles study of structural, electronic and Li-ion diffusion properties of N-doped $LiFePO_4$ (010) surface[J]. Solid State Ionics, 2015, 281: 1-5.

[88] Milović M, Jugović D, Cvjetićanin N, et al. Crystal structure analysis and first principle investigation of F doping in $LiFePO_4$[J]. Journal of Power Sources, 2013, 241: 70-79.

[89] Nytén A, Abouimrane A, Armand M, et al. Electrochemical performance of Li_2FeSiO_4 as a new Li-battery cathode material[J]. Electrochemistry Communications, 2005, 7: 156-160.

[90] Larsson P, Ahuja R, Nyten A, et al. An ab initio study of the Li-ion battery cathode material Li_2FeSiO_4[J]. Electrochemistry Communications, 2006, 8: 797-800.

[91] Araujo R B, Scheicher R H, De Almeida J S, et al. Lithium transport investigation in Li_xFeSiO_4: a promising cathode material[J]. Solid State Communications, 2013, 173: 9-13.

[92] Araujo R B, Scheicher R H, De Almeida J S, et al. First-principles investigation of Li ion diffusion in Li_2FeSiO_4[J]. Solid State Ionics, 2013, 247-248: 8-14.

[93] Chen R, Heinzmann R, Mangold S, et al. Structural evolution of $Li_2Fe_{1-y}Mn_ySiO_4$ (y = 0, 0.2, 0.5, 1) cathode materials for Li-ion batteries upon electrochemical cycling[J]. The Journal of Physical Chemistry C, 2013, 117: 884-893.

[94] Yang J, Zheng J, Kang X, et al. Tuning structural stability and lithium-storage properties by d-orbital hybridization substitution in full tetrahedron Li_2FeSiO_4 nanocrystal[J]. Nano Energy, 2016, 20: 117-125.

[95] Billaud J, Eames C, Tapia‐Ruiz N, et al. Evidence of enhanced ion transport in Li-rich silicate intercalation materials[J]. Advanced Energy Materials, 2017, 7: 1601043.

[96] Barpanda P. Sulfate chemistry for high-voltage insertion materials: synthetic, structural and electrochemical insights[J]. Israel Journal of Chemistry, 2015, 55: 537-557.

[97] Reynaud M, Barpanda P, Rousse G, et al. Synthesis and crystal chemistry of the $NaMSO_4F$ family (M=Mg, Fe, Co, Cu, Zn)[J]. Solid State Sciences, 2012, 14: 15-20.

[98] Mehrer H. Diffusion in solids: fundamentals, methods, materials, diffusion-controlled processes [M]. Berlin New York: Springer 2007: 155.

[99] He X, Zhu Y, Epstein A, et al. Statistical variances of diffusional properties from ab initio molecular dynamics simulations[J]. npj Computational Materials, 2018, 4: 65-73.

[100] Huang Y, Jiang Y, Zhou Y, et al. One-step low-temperature synthesis of $Li_{0.33}La_{0.55}TiO_3$ solid electrolytes by tape casting method[J]. Ionics, 2020, 27: 145-155.

[101] Chen C H, Du J, Chen L Q. Lithium ion diffusion mechanism in lithium lanthanum titanate solid-state electrolytes from atomistic simulations[J]. Journal of the American Ceramic Society, 2015, 98: 534-542.

[102] Safanama D, Adams S. High efficiency aqueous and hybrid lithium-air batteries enabled by $Li_{1.5}Al_{0.5}Ge_{1.5}(PO_4)_3$ ceramic anode-protecting membranes[J]. Journal of Power Sources, 2017, 340: 294-301.

[103] Kang J, Chung H, Doh C, et al. Integrated study of first principles calculations and experimental measurements for Li-ionic conductivity in Al-doped solid-state $LiGe_2(PO_4)_3$ electrolyte[J]. Journal of Power Sources, 2015, 293: 11-16.

[104] Kuo P H, Du J. Lithium ion diffusion mechanism and associated defect behaviors in crystalline $Li_{1+x}Al_xGe_{2-x}(PO_4)_3$ solid-state electrolytes[J]. The Journal of Physical Chemistry C, 2019, 123: 27385-27398.

[105] Murugan R, Thangadurai V, Weppner W. Fast lithium ion conduction in garnet-type $Li_7La_3Zr_2O_{12}$[J]. Angewandte Chemie International Edition, 2007, 46: 7778-7781.

[106] Zhao Y, Daemen L L. Superionic conductivity in lithium-rich anti-perovskites[J]. Journal of the American Chemical Society, 2012, 134: 15042-15047.

[107] Zhang Y, Zhao Y, Chen C. Ab initio study of the stabilities of and mechanism of superionic transport in lithium-rich antiperovskites[J]. Physical Review B, 2013, 87: 134303(1-9).

[108] Kamaya N, Homma K, Yamakawa Y, et al. A lithium superionic conductor[J]. Nature Materials, 2011, 10: 682-686.

[109] Mo Y, Ong S P, Ceder G. First principles study of the $Li_{10}GeP_2S_{12}$ lithium super ionic conductor material[J]. Chemistry of Materials, 2012, 24: 15-17.

[110] Chu I H, Nguyen H, Hy S, et al. Insights into the performance limits of the $Li_7P_3S_{11}$ superionic conductor: a combined first-principles and experimental study[J]. ACS Applied Materials & Interfaces, 2016, 8: 7843-53.

[111] Asano T, Sakai A, Ouchi S, et al. Solid halide electrolytes with high lithium-ion conductivity for application in 4 V class bulk-type all-solid-state batteries[J]. Advanced Materials, 2018, 30: 1803075(1-7).

[112] Wang S, Bai Q, Nolan A M, et al. Lithium chlorides and bromides as promising solid-state chemistries for fast ion conductors with good electrochemical stability[J]. Angewandte Chemie International Edition, 2019, 58: 8039-8043.

[113] Urban A, Seo D H, Ceder G. Computational understanding of Li-ion batteries[J]. npj Computational Materials, 2016, 2: 16002(1-13).

[114] He X, Zhu Y, Mo Y. Origin of fast ion diffusion in super-ionic conductors[J]. Nature Communications, 2017, 8: 15893(1-7).

[115] Zhang S B, Northrup J E. Chemical potential dependence of defect formation energies in GaAs: application to Ga self-diffusion[J]. Physical Review Letters, 1991, 67: 2339-2342.

[116] Shi S Q, Lu P, Liu Z, et al. Direct calculation of Li-ion transport in the solid electrolyte interphase[J]. Journal of the American Chemical Society, 2012, 134: 15476-15487.

[117] Shi S, Qi Y, Li H, et al. Defect thermodynamics and diffusion mechanisms in Li_2CO_3 and implications for the solid electrolyte interphase in Li-ion batteries[J]. The Journal of Physical Chemistry C, 2013, 117: 8579-8593.

[118] Yu S, Siegel D J. Grain boundary contributions to Li-ion transport in the solid electrolyte $Li_7La_3Zr_2O_{12}$ (LLZO)[J]. Chemistry of Materials, 2017, 29: 9639-9647.

[119] Dawson J A, Canepa P, Famprikis T, et al. Atomic-scale influence of grain boundaries on Li-ion conduction in solid electrolytes for all-solid-state batteries[J]. Journal of the American Chemical Society, 2018, 140: 362-368.

[120] Chen B, Xu C, Zhou J. Insights into grain boundary in lithium-rich anti-perovskite as solid electrolytes[J]. Journal of the Electrochemical Society, 2018, 165: A3946-A3951.

[121] Dawson J A, Canepa P, Clarke M J, et al. Toward understanding the different influences of grain boundaries on ion transport in sulfide and oxide solid electrolytes[J]. Chemistry of Materials, 2019, 31: 5296-5304.

[122] Ong S P, Wang L, Kang B, et al. Li-Fe-P-O_2 phase diagram from first principles calculations[J]. Chemistry of Materials, 2008, 20: 1798-1807.

[123] Ong S P, Mo Y, Richards W D, et al. Phase stability, electrochemical stability and ionic conductivity of the $Li_{10\pm1}MP_2X_{12}$(M = Ge, Si, Sn, Al or P, and X = O, S or Se) family of superionic conductors[J]. Energy & Environmental Science, 2013, 6: 148-156.

[124] Miara L J, Ong S P, Mo Y, et al. Effect of Rb and Ta doping on the ionic conductivity and stability of the garnet $Li_{7+2x-y}(La_{3-x}Rb_x)$ $(Zr_{2-y}Ta_y)O_{12}$ ($0 \leqslant x \leqslant 0.375$, $0 \leqslant y \leqslant 1$) superionic conductor: a first principles investigation[J]. Chemistry of Materials, 2013, 25: 3048-3055.

[125] 赵旭东, 范丽珍. 第一性原理计算在固态电解质研究中的应用[J]. 硅酸盐学报, 2019, 47: 1396-1403.

[126] Binninger T, Marcolongo A, Mottet M, et al. Comparison of computational methods for the electrochemical stability window of solid-state electrolyte materials[J]. Journal of Materials Chemistry A, 2020, 8: 1347-1359.

[127] Goodenough J B, Kim Y. Challenges for rechargeable Li batteries[J]. Chemistry of Materials, 2010, 22: 587-603.

[128] Ong S P, Andreussi O, Wu Y, et al. Electrochemical windows of room-temperature ionic liquids from molecular dynamics and density functional theory calculations[J]. Chemistry of Materials, 2011, 23: 2979-2986.

[129] Lu Z, Ciucci F. Metal borohydrides as electrolytes for solid-state Li, Na, Mg, and Ca batteries: a first-principles study[J]. Chemistry of Materials, 2017, 29: 9308-9319.

[130] Richards W D, Miara L J, Wang Y, et al. Interface stability in solid-state batteries[J]. Chemistry of Materials, 2016, 28: 266-273.

[131] Tian Y, Zeng G, Rutt A, et al. Promises and challenges of next-generation "beyond Li-ion" batteries for electric vehicles and grid decarbonization[J]. Chemical Reviews, 2021, 121: 1623-1669.

[132] Zhu Y, He X, Mo Y. Origin of outstanding stability in the lithium solid electrolyte materials: insights from thermodynamic analyses based on first-principles calculations[J]. ACS Applied Materials & Interfaces, 2015, 7: 23685-93.

[133] Banerjee A, Wang X, Fang C, et al. Interfaces and interphases in all-solid-state batteries with inorganic solid electrolytes[J]. Chemical Reviews, 2020, 120: 6878-6933.

[134] Banik A, Liu Y, Ohno S, et al. Can substitutions affect the oxidative stability of lithium argyrodite solid electrolytes?[J]. ACS Applied Energy Materials, 2022, 5: 2045-2053.

[135] Nakayama M, Kotobuki M, Munakata H, et al. First-principles density functional calculation of electrochemical stability of fast Li ion conducting garnet-type oxides[J]. Physical Chemistry Chemical Physics, 2012, 14: 10008-10014.

[136] Tian Y, Shi T, Richards W D, et al. Compatibility issues between electrodes and electrolytes in solid-state batteries[J]. Energy & Environmental Science, 2017, 10: 1150-1166.

[137] Schwietert T K, Arszelewska V A, Wang C, et al. Clarifying the relationship between redox activity and electrochemical stability in solid electrolytes[J]. Nature Materials, 2020, 19: 428-435.

[138] Deng Z, Wang Z, Chu I H, et al. Elastic properties of alkali superionic conductor electrolytes from first principles calculations[J]. Journal of the Electrochemical Society, 2015, 163: A67-A74.

[139] Cheng E J, Sharafi A, Sakamoto J. Intergranular Li metal propagation through polycrystalline $Li_{6.25}Al_{0.25}La_3Zr_2O_{12}$ ceramic electrolyte[J]. Elctrochimica Acta, 2016, 223: 85-91.

[140] Nagao M, Hayashi A, Tatsumisago M, et al. In situ SEM study of a lithium deposition and dissolution mechanism in a bulk-type solid-state cell with a Li_2S-P_2S_5 solid electrolyte[J]. Physical Chemistry Chemical Physics, 2013, 15: 18600-18606.

[141] Han F, Westover A S, Yue J, et al. High electronic conductivity as the origin of lithium dendrite formation within solid electrolytes[J]. Nature Energy, 2019, 4: 187-196.

[142] Tsai C L, Roddatis V, Chandran C V, et al. $Li_7La_3Zr_2O_{12}$ interface modification for Li dendrite prevention[J]. ACS Applied Materials & Interfaces, 2016, 8: 10617-10626.

[143] Kraft M A, Culver S P, Calderon M, et al. Influence of lattice polarizability on the ionic conductivity in the lithium superionic argyrodites Li_6PS_5X (X = Cl, Br, I)[J]. Journal of the American Chemical Society, 2017, 139: 10909-10918.

[144] Culver S P, Koerver R, Krauskopf T, et al. Designing ionic conductors: the interplay between structural phenomena and interfaces in thiophosphate-based solid-state batteries[J]. Chemistry of Materials, 2018, 30: 4179-4192.

[145] Krauskopf T, Pompe C, Kraft M A, et al. Influence of lattice dynamics on Na^+ transport in the solid electrolyte $Na_3PS_{4-x}Se_x$[J]. Chemistry of Materials, 2017, 29: 8859-8869.

[146] Muy S, Bachman J C, Giordano L, et al. Tuning mobility and stability of lithium ion conductors based on lattice dynamics[J]. Energy & Environmental Science, 2018, 11: 850-859.

[147] Rettenwander D, Blaha P, Laskowski R, et al. DFT Study of the role of Al^{3+} in the fast ion-conductor $Li_{7-3x}Al_{3+x}La_3Zr_2O_{12}$ garnet[J]. Chemistry of Materials, 2014, 26: 2617-2623.

[148] Squires A G, Scanlon D O, Morgan B J. Native defects and their doping response in the lithium solid electrolyte $Li_7La_3Zr_2O_{12}$[J]. Chemistry of Materials, 2019, 32: 1876-1886.

[149] Wang Y, Richards W D, Ong S P, et al. Design principles for solid-state lithium superionic conductors[J]. Nature Materials, 2015, 14: 1026-31.

[150] Richards W D, Wang Y, Miara L J, et al. Design of $Li_{1+2x}Zn_{1-x}PS_4$, a new lithium ion conductor[J]. Energy & Environmental Science, 2016, 9: 3272-3278.

[151] Kaup K, Lalère F, Huq A, et al. Correlation of structure and fast ion conductivity in the solid solution series $Li_{1+2x}Zn_{1-x}PS_4$[J]. Chemistry of Materials, 2018, 30: 592-596.

[152] Ngai K L. Meyer–Neldel rule and anti Meyer–Neldel rule of ionic conductivity[J]. Solid State Ionics, 1998, 105: 231-235.

[153] Di Stefano D, Miglio A, Robeyns K, et al. Superionic diffusion through frustrated energy landscape[J]. Chem, 2019, 5: 2450-2460.

[154] Krauskopf T, Culver S P, Zeier W G. Bottleneck of diffusion and inductive effects in $Li_{10}Ge_{1-x}Sn_xP_2S_{12}$[J]. Chemistry of Materials, 2018, 30: 1791-1798.

[155] Xu Z M, Bo S H, Zhu H. $LiCrS_2$ and $LiMnS_2$ cathodes with extraordinary mixed electron-ion conductivities and favorable interfacial compatibilities with sulfide electrolyte[J]. ACS Applied Materials & Interfaces, 2018, 10: 36941-36953.

[156] Xu Z, Chen X, Chen R, et al. Anion charge and lattice volume dependent lithium ion migration in compounds with fcc anion sublattices[J]. npj Computational Materials, 2020, 6: 47(1-8).

[157] Morgan D, Ceder G, Curtarolo S. High-throughput and data mining with ab initio methods[J]. Measurement Science and Technology, 2005, 16: 296-301.

[158] Ong S P, Richards W D, Jain A, et al. Python Materials Genomics (pymatgen): a robust, open-source python library for materials analysis[J]. Computational Materials Science, 2013, 68: 314-319.

[159] Jain A, Ong S P, Chen W, et al. FireWorks: a dynamic workflow system designed for high-throughput applications[J]. Concurrency and Computation: Practice and Experience, 2015, 27: 5037-5059.

[160] Jain A, Ong S P, Hautier G, et al. Commentary: the materials project: a materials genome approach to accelerating materials innovation[J]. APL Materials, 2013, 1: 011002(1-11).

[161] Curtarolo S, Setyawan W, Hart G L W, et al. AFLOW: An automatic framework for high-throughput materials discovery[J]. Computational Materials Science, 2012, 58: 218-226.

[162] Kirklin S, Saal J E, Meredig B, et al. The open quantum materials database (OQMD): assessing the accuracy of DFT formation energies[J]. npj Computational Materials, 2015, 1: 15010(1-15).

[163] Pizzi G, Cepellotti A, Sabatini R, et al. AiiDA: automated interactive infrastructure and database for computational science[J]. Computational Materials Science, 2016, 111: 218-230.

[164] Ghiringhelli L M, Carbogno C, Levchenko S, et al. Towards efficient data exchange and sharing for big-data driven materials science: metadata and data formats[J]. npj Computational Materials, 2017, 3: 46(1-9).

[165] http://compes-x.nims.go.jp/index en.html.

[166] http://matcloud.cnic.cn/index.html.

[167] Davydov A V, Kattner U R. The 2019 materials by design roadmap[J]. Journal of Physics D: Applied Physics, 2019, 52: 013001(1-48).

[168] Wang X, Xiao R, Li H, et al. Discovery and design of lithium battery materials via high-throughput modeling[J]. Chinese Physics B, 2018, 27: 128801(1-8).

[169] Gao J, Chu G, He M, et al. Screening possible solid electrolytes by calculating the conduction pathways using bond valence method[J]. Science China Physics, Mechanics & Astronomy, 2014, 57: 1526-1536.

[170] He B, Chi S, Ye A, et al. High-throughput screening platform for solid electrolytes combining hierarchical ion-transport prediction algorithms[J]. Scientific Data, 2020, 7: 151(1-14).

[171] Zhang L W, He B, Zhao Q, et al. A database of ionic transport characteristics for over 29 000 inorganic compounds[J]. Advanced Functional Materials, 2020, 30: 2003087(1-11).

[172] Katcho N A, Carrete J, Reynaud M, et al. An investigation of the structural properties of Li and Na fast ion conductors using high-throughput bond-valence calculations and machine learning[J]. Journal of Applied Crystallography, 2019, 52: 148-157.

[173] Sendek A D, Yang Q, Cubuk E D, et al. Holistic computational structure screening of more than 12 000 candidates for solid lithium-ion conductor materials[J]. Energy & Environmental Science, 2017, 10: 306-320.

[174] Li X, Liang J, Chen N, et al. Water-mediated synthesis of a superionic halide solid electrolyte[J]. Angewandte Chemie International Edition, 2019, 58: 16427-16432.

[175] Li X, Liang J, Luo J, et al. Air-stable Li_3InCl_6 electrolyte with high voltage compatibility for all-solid-state batteries[J]. Energy & Environmental Science, 2019, 12: 2665-2671.

[176] Kahle L, Marcolongo A, Marzari N. High-throughput computational screening for solid-state Li-ion conductors[J]. Energy & Environmental Science, 2020, 13: 928-948.

[177] Brown I D. Recent developments in the methods and applications of the bond valence model[J]. Chemical Reviews, 2009, 109: 6858-6919.

[178] Xiao R, Li H, Chen L. High-throughput design and optimization of fast lithium ion conductors by the combination of bond-

valence method and density functional theory[J]. Scientific Reports, 2015, 5: 14227(1-11).

[179] Wenzel S, Leichtweiss T, Krüger D, et al. Interphase formation on lithium solid electrolytes—an in situ approach to study interfacial reactions by photoelectron spectroscopy[J]. Solid State Ionics, 2015, 278: 98-105.

[180] Persson B N J. Contact mechanics for randomly rough surfaces[J]. Surface Science Reports, 2006, 61: 201-227.

[181] Koerver R, Aygün I, Leichtwei T, et al. Capacity fade in solid-state batteries: interphase formation and chemomechanical processes in nickel-rich layered oxide cathodes and lithium thiophosphate solid electrolytes[J]. Chemistry of Materials, 2017, 29: 5574-5582.

[182] Koerver R, Zhang W, De Biasi L, et al. Chemo-mechanical expansion of lithium electrode materials-on the route to mechanically optimized all-solid-state batteries[J]. Energy & Environmental Science, 2018, 11: 2142-2158.

[183] Shi T, Zhang Y Q, Tu Q, et al. Characterization of mechanical degradation in an all-solid-state battery cathode[J]. Journal of Materials Chemistry A, 2020, 8: 17399-17404.

[184] Tian H K, Qi Y. Simulation of the effect of contact area loss in all-solid-state Li-ion batteries[J]. Journal of the Electrochemical Society, 2017, 164: E3512-E3521.

[185] Bucci G, Talamini B, Balakrishna A R, et al. Mechanical instability of electrode-electrolyte interfaces in solid-state batteries[J]. Physical Review Materials, 2018, 2: 105407(1-11).

[186] Yamamoto M, Takahashi M, Terauchi Y, et al. Fabrication of composite positive electrode sheet with high active material content and effect of fabrication pressure for all-solid-state battery[J]. Journal of the Ceramic Society of Japan, 2017, 125: 391-395.

[187] Choi S, Jeon M, Ahn J, et al. Quantitative analysis of microstructures and reaction interfaces on composite cathodes in all-solid-state batteries using a three-dimensional reconstruction technique[J]. ACS Applied Materials & Interfaces, 2018, 10: 23740-23747.

[188] Wang M J, Choudhury R, Sakamoto J. Characterizing the Li-solid-electrolyte interface dynamics as a function of stack pressure and current density[J]. Joule, 2019, 3: 2165-2178.

[189] Krauskopf T, Mogwitz B, Rosenbach C, et al. Diffusion limitation of lithium metal and Li–Mg alloy anodes on LLZO type solid electrolytes as a function of temperature and pressure[J]. Advanced Energy Materials, 2019, 9: 1902568(1-13).

[190] Lewis J A, Cortes F J Q, Liu Y, et al. Linking void and interphase evolution to electrochemistry in solid-state batteries using operando X-ray tomography[J]. Nature Materials, 2021, 20: 503-510.

[191] Sharafi A, Yu S, Naguib M, et al. Impact of air exposure and surface chemistry on Li-Li$_7$La$_3$Zr$_2$O$_{12}$ interfacial resistance[J]. Journal of Materials Chemistry A, 2017, 5: 13475-13487.

[192] Gao J, Guo X, Li Y, et al. The ab Initio calculations on the areal specific resistance of Li‐metal/Li$_7$La$_3$Zr$_2$O$_{12}$ Interphase[J]. Advanced Theory and Simulations, 2019, 2: 1900028(1-7).

[193] Zheng H, Wu S, Tian R, et al. Intrinsic lithiophilicity of Li–garnet electrolytes enabling high-rate lithium cycling[J]. Advanced Functional Materials, 2019, 30: 1906189(1-10).

[194] Haruyama J, Sodeyama K, Han L, et al. Space-charge layer effect at interface between oxide cathode and sulfide electrolyte in all-solid-state lithium-ion battery[J]. Chemistry of Materials, 2014, 26: 4248-4255.

[195] Gao B, Jalem R, Ma Y, et al. Li$^+$ transport mechanism at the heterogeneous cathode/solid electrolyte interface in an all-solid-state battery via the first-principles structure prediction scheme[J]. Chemistry of Materials, 2019, 32: 85-96.

[196] Wang L, Xie R, Chen B, et al. In-situ visualization of the space-charge-layer effect on interfacial lithium-ion transport in all-solid-state batteries[J]. Nature Communication, 2020, 11: 5889(1-9).

[197] Morgan B J, Madden P A. Effects of lattice polarity on interfacial space charges and defect disorder in ionically conducting AgI heterostructures[J]. Physical Review Letters, 2011, 107: 206102(1-5).

[198] Stegmaier S, Voss J, Reuter K, et al. Li$^+$ defects in a solid-state Li ion battery: theoretical insights with a Li$_3$OCl electrolyte[J]. Chemistry of Materials, 2017, 29: 4330-4340.

[199] Fu L, Chen C C, Samuelis D, et al. Thermodynamics of lithium storage at abrupt junctions: modeling and experimental evidence[J]. Physical Review Letters, 2014, 112: 208301(1-5).

[200] De Klerk N J J, Wagemaker M. Space-charge layers in all-solid-state batteries; important or negligible?[J]. ACS Applied Energy Materials, 2018, 1: 5609-5618.

[201] Zhang Q, Pan J, Lu P, et al. Synergetic effects of inorganic components in solid electrolyte interphase on high cycle efficiency of lithium ion batteries[J]. Nano Letters, 2016, 16: 2011-2016.

[202] Kasamatsu S, Tada T, Watanabe S. Parallel-sheets model analysis of space charge layer formation at metal/ionic conductor interfaces[J]. Solid State Ionics, 2012, 226: 62-70.

[203] Landstorfer M, Funken S, Jacob T. An advanced model framework for solid electrolyte intercalation batteries[J]. Physical Chemistry Chemical Physics, 2011, 13: 12817-25.

[204] Braun S, Yada C, Latz A. Thermodynamically consistent model for space-charge-layer formation in a solid electrolyte[J]. The Journal of Physical Chemistry C, 2015, 119: 22281-22288.

[205] Swift M W, Qi Y. First-principles prediction of potentials and space-charge layers in all-solid-state batteries[J]. Physical Review Letters, 2019, 122: 167701.

[206] Cheng Z, Liu M, Ganapathy S, et al. Revealing the impact of space-charge layers on the Li-ion transport in all-solid-state batteries[J]. Joule, 2020, 4: 1311-1323.

[207] Zhu Y, He X, Mo Y. First principles study on electrochemical and chemical stability of solid electrolyte–electrode interfaces in all-solid-state Li-ion batteries[J]. Journal of Materials Chemistry A, 2016, 4: 3253-3266.

[208] Nolan A M, Liu Y, Mo Y. Solid-state chemistries stable with high-energy cathodes for lithium-ion batteries[J]. ACS Energy Letters, 2019, 4: 2444-2451.

[209] Han F, Zhu Y, He X, et al. Electrochemical stability of $Li_{10}GeP_2S_{12}$ and $Li_7La_3Zr_2O_{12}$ solid electrolytes[J]. Advanced Energy Materials, 2016, 6: 1501590(1-9).

[210] Zhu Y, He X, Mo Y. Strategies based on nitride materials chemistry to stabilize Li metal anode[J]. Advanced Science, 2017, 4: 1600517(1-11).

[211] Lewis J A, Cortes F J Q, Boebinger M G, et al. Interphase morphology between a solid-state electrolyte and lithium controls cell failure[J]. ACS Energy Letters, 2019, 4: 591-599.

[212] Li Q, Yi T, Wang X, et al. In-situ visualization of lithium plating in all-solid-state lithium-metal battery[J]. Nano Energy, 2019, 63: 103895(1-8).

[213] Wang S, Xu H, Li W, et al. Interfacial chemistry in solid-state batteries: formation of interphase and its consequences[J]. Journal of the American Chemical Society, 2018, 140: 250-257.

[214] Song Y, Yang L, Zhao W, et al. Revealing the short-circuiting mechanism of garnet‐based solid‐state electrolyte[J]. Advanced Energy Materials, 2019, 9: 1900671(1-6).

[215] Porz L, Swamy T, Sheldon B W, et al. Mechanism of lithium metal penetration through inorganic solid electrolytes[J]. Advanced Energy Materials, 2017, 7: 1701003(1-12).

[216] Liu H, Cheng X B, Huang J Q, et al. Controlling dendrite growth in solid-state electrolytes[J]. ACS Energy Letters, 2020, 5: 833-843.

[217] Ren Y, Shen Y, Lin Y, et al. Direct observation of lithium dendrites inside garnet-type lithium-ion solid electrolyte[J]. Electrochemistry Communications, 2015, 57: 27-30.

[218] Yu S, Siegel D J. Grain boundary softening: a potential mechanism for lithium metal penetration through stiff solid electrolytes[J]. ACS Applied Materials & Interfaces, 2018, 10: 38151-38158.

[219] Barai P, Higa K, Ngo A T, et al. Mechanical stress induced current focusing and fracture in grain boundaries[J]. Journal of the Electrochemical Society, 2019, 166: A1752-A1762.

[220] Raj R, Wolfenstine J. Current limit diagrams for dendrite formation in solid-state electrolytes for Li-ion batteries[J]. Journal of Power Sources, 2017, 343: 119-126.

[221] Ban C W, Choi G M. The effect of sintering on the grain boundary conductivity of lithium lanthanum titanates[J]. Solid State Ionics, 2001, 140: 285-292.

[222] Barai P, Ngo A T, Narayanan B, et al. The role of local inhomogeneities on dendrite growth in LLZO-based solid electrolytes[J]. Journal of the Electrochemical Society, 2020, 167: 100537(1-18).

[223] David I N, Thompson T, Wolfenstine J, et al. Microstructure and Li-ion conductivity of hot-pressed cubic $Li_7La_3Zr_2O_{12}$[J]. Journal of the American Ceramic Society, 2015, 98: 1209-1214.

[224] Im C, Park D, Kim H, et al. Al-incorporation into $Li_7La_3Zr_2O_{12}$ solid electrolyte keeping stabilized cubic phase for all-solid-state Li batteries[J]. Journal of Energy Chemistry, 2018, 27: 1501-1508.

[225] Hongahally Basappa R, Ito T, Morimura T, et al. Grain boundary modification to suppress lithium penetration through garnet-type solid electrolyte[J]. Journal of Power Sources, 2017, 363: 145-152.

[226] Huang Z, Chen L, Huang B, et al. Enhanced performance of $Li_{6.4}La_3Zr_{1.4}Ta_{0.6}O_{12}$ solid electrolyte by the regulation of grain and grain boundary phases[J]. ACS Applied Materials & Interfaces, 2020, 12: 56118-56125.

[227] Polczyk T, Zając W, Ziąbka M, et al. Mitigation of grain boundary resistance in $La_{2/3-x}Li_{3x}TiO_3$ perovskite as an electrolyte for solid-state Li-ion batteries[J]. Journal of Materials Science, 2020, 56: 2435-2450.

[228] Chung H, Kang B. Increase in grain boundary ionic conductivity of $Li_{1.5}Al_{0.5}Ge_{1.5}(PO_4)_3$ by adding excess lithium[J]. Solid State Ionics, 2014, 263: 125-130.

[229] Liu Z, Li Y, Ji Y, et al. Dendrite-free lithium based on lessons learned from lithium and magnesium electrodeposition morphology simulations[J]. Cell Reports Physical Science, 2021, 2: 100294(1-18).

[230] Monroe C, Newman J. Dendrite growth in lithium/polymer systems[J]. Journal of the Electrochemical Society, 2003, 150: A1377-A1384.

[231] Guyer J E, Boettinger W J, Warren J A, et al. Phase field modeling of electrochemistry. I. Equilibrium[J]. Physical Review E, 2004, 69: 021603(1-13).

[232] Guyer J E, Boettinger W J, Warren J A, et al. Phase field modeling of electrochemistry. II. Kinetics[J]. Physical Review E, 2004, 69: 021604(1-12).

[233] Liang L, Chen L Q. Nonlinear phase field model for electrodeposition in electrochemical systems[J]. Applied Physics Letters, 2014, 105: 263903(1-5).

[234] Enrique R A, Dewitt S, Thornton K. Morphological stability during electrodeposition[J]. MRS Communications, 2017, 7: 658-663.

[235] Chen L, Zhang H W, Liang L Y, et al. Modulation of dendritic patterns during electrodeposition: a nonlinear phase-field model[J]. Journal of Power Sources, 2015, 300: 376-385.

[236] Cogswell D A. Quantitative phase-field modeling of dendritic electrodeposition[J]. Physical Review E, 2015, 92: 011301.

[237] Hu J M, Wang B, Ji Y, et al. Phase-field based multiscale modeling of heterogeneous solid electrolytes: applications to nanoporous Li_3PS_4[J]. ACS Applied Materials & Interfaces, 2017, 9: 33341-33350.

[238] Yan H H, Bie Y H, Cui X Y, et al. A computational investigation of thermal effect on lithium dendrite growth[J]. Energy Conversion and Management, 2018, 161: 193-204.

[239] Yurkiv V, Foroozan T, Ramasubramanian A, et al. Phase-field modeling of solid electrolyte interface (SEI) influence on Li dendritic behavior[J]. Electrochimica Acta, 2018, 265: 609-619.

[240] Yurkiv V, Foroozan T, Ramasubramanian A, et al. The influence of stress field on Li electrodeposition in Li-metal battery[J]. MRS Communications, 2018, 8: 1285-1291.

[241] Hong Z, Viswanathan V. Prospect of thermal shock induced healing of lithium dendrite[J]. ACS Energy Letters, 2019, 4: 1012-1019.

[242] Mu W Y, Liu X L, Wen Z, et al. Numerical simulation of the factors affecting the growth of lithium dendrites[J]. Journal of Energy Storage, 2019, 26: 100921(1-10).

[243] Zhang R, Shen X, Cheng X B, et al. The dendrite growth in 3D structured lithium metal anodes: Electron or ion transfer limitation?[J]. Energy Storage Materials, 2019, 23: 556-565.

[244] Zhang X, Wang Q J, Harrison K L, et al. Rethinking how external pressure can suppress dendrites in lithium metal batteries[J]. Journal of the Electrochemical Society, 2019, 166: A3639-A3652.

[245] Gao L T, Guo Z S. Phase-field simulation of Li dendrites with multiple parameters influence[J]. Computational Materials Science, 2020, 183: 109919(1-8).

[246] Tian H K, Liu Z, Ji Y, et al. Interfacial electronic properties dictate Li dendrite growth in solid electrolytes[J]. Chemistry of Materials, 2019, 31: 7351-7359.

[247] Ren Y, Zhou Y, Cao Y. Inhibit of lithium dendrite growth in solid composite electrolyte by phase-field modeling[J]. The Journal of Physical Chemistry C, 2020, 124: 12195-12204.

[248] Wang C, Li X, Zhao Y, et al. Manipulating interfacial nanostructure to achieve high‐performance all-solid-state lithium-ion batteries[J]. Small Methods, 2019, 3: 1900261(1-8).

[249] Sakuda A, Kitaura H, Hayashi A, et al. All-solid-state lithium secondary batteries with oxide-coated $LiCoO_2$ electrode and $Li_2S–P_2S_5$ electrolyte[J]. Journal of Power Sources, 2009, 189: 527-530.

[250] Ito S, Fujiki S, Yamada T, et al. A rocking chair type all-solid-state lithium ion battery adopting $Li_2O–ZrO_2$ coated $LiNi_{0.8}Co_{0.15}Al_{0.05}O_2$ and a sulfide based electrolyte[J]. Journal of Power Sources, 2014, 248: 943-950.

[251] Liu G, Lu Y, Wan H, et al. Passivation of the cathode-electrolyte interface for 5 V-class all-solid-state batteries[J]. ACS Applied Materials & Interfaces, 2020, 12: 28083-28090.

[252] Okada K, Machida N, Naito M, et al. Preparation and electrochemical properties of $LiAlO_2$-coated $Li(Ni_{1/3}Mn_{1/3}Co_{1/3})O_2$ for all-solid-state batteries[J]. Solid State Ionics, 2014, 255: 120-127.

[253] Ohta N, Takada K, Zhang L, et al. Enhancement of the high-rate capability of solid-state lithium batteries by nanoscale interfacial modification[J]. Advanced Materials, 2006, 18: 2226-2229.

[254] Takada K, Ohta N, Zhang L, et al. Interfacial modification for high-power solid-state lithium batteries[J]. Solid State Ionics, 2008, 179: 1333-1337.

[255] Zhang Y Q, Tian Y, Xiao Y, et al. Direct visualization of the interfacial degradation of cathode coatings in solid state batteries: a combined experimental and computational study[J]. Advanced Energy Materials, 2020, 10: 1903778(1-9).

[256] Jung S H, Oh K, Nam Y J, et al. $Li_3BO_3–Li_2CO_3$: rationally designed buffering phase for sulfide all-solid-state Li-ion batteries[J]. Chemistry of Materials, 2018, 30: 8190-8200.

[257] Han F, Yue J, Chen C, et al. Interphase engineering enabled all-ceramic lithium battery[J]. Joule, 2018, 2: 497-508.

[258] Zhang W, Weber D A, Weigand H, et al. Interfacial processes and influence of composite cathode microstructure controlling the performance of all-solid-state lithium batteries[J]. ACS Applied Materials & Interfaces, 2017, 9: 17835-17845.

[259] Cao D, Zhang Y, Nolan A M, et al. Stable thiophosphate-based all-solid-state lithium batteries through conformally interfacial nanocoating[J]. Nano Letters, 2020, 20: 1483-1490.

[260] Liu B, Wang D, Avdeev M, et al. High-throughput computational screening of Li-containing fluorides for battery cathode coatings[J]. ACS Sustainable Chemistry & Engineering, 2019, 8: 948-957.

[261] Xiao Y, Miara L J, Wang Y, et al. Computational screening of cathode coatings for solid-state batteries[J]. Joule, 2019, 3: 1252-1275.

[262] Zhang N, Li Y, Luo Y, et al. Impact of $LiTi_2(PO_4)_3$ coating on the electrochemical performance of $Li_{1.2}Ni_{0.13}Mn_{0.54}Co_{0.13}O_2$ using a wet chemical method[J]. Ionics, 2021, 27: 1465-1475.

[263] Xiao Y, Wang Y, Bo S H, et al. Understanding interface stability in solid-state batteries[J]. Nature Reviews Materials, 2019, 5:

105-126.

[264] Wang C, Gong Y, Liu B, et al. Conformal, nanoscale ZnO surface modification of garnet-based solid-state electrolyte for lithium metal anodes[J]. Nano Letters, 2017, 17: 565-571.

[265] Han X, Gong Y, Fu K K, et al. Negating interfacial impedance in garnet-based solid-state Li metal batteries[J]. Nature Materials, 2017, 16: 572-579.

[266] Shao Y, Wang H, Gong Z, et al. Drawing a soft interface: an effective interfacial modification strategy for garnet-type solid-state Li batteries[J]. ACS Energy Letters, 2018, 3: 1212-1218.

[267] Luo W, Gong Y, Zhu Y, et al. Transition from superlithiophobicity to superlithiophilicity of garnet solid-state electrolyte[J]. Journal of the American Chemical Society, 2016, 138: 12258-62.

[268] Lu Y, Huang X, Ruan Y, et al. An in situ element permeation constructed high endurance Li–LLZO interface at high current densities[J]. Journal of Materials Chemistry A, 2018, 6: 18853-18858.

[269] Luo W, Gong Y, Zhu Y, et al. Reducing interfacial resistance between garnet-structured solid-state electrolyte and Li-metal anode by a germanium layer[J]. Advanced Materials, 2017, 29: 1606042(1-7).

[270] Feng W, Dong X, Li P, et al. Interfacial modification of Li/garnet electrolyte by a lithiophilic and breathing interlayer[J]. Journal of Power Sources, 2019, 419: 91-98.

[271] Zhao N, Fang R, He M H, et al. Cycle stability of lithium/garnet/lithium cells with different intermediate layers[J]. Rare Metals, 2018, 37: 473-479.

[272] Fu K K, Gong Y, Fu Z, et al. Transient behavior of the metal interface in lithium metal-garnet batteries[J]. Angewandte Chemie International Edition, 2017, 56: 14942-14947.

[273] Janek J, Zeier W G. A solid future for battery development[J]. Nature Energy, 2016, 1: 16141.

[274] Manthiram A, Yu X W, Wang S F. Lithium battery chemistries enabled by solid-state electrolytes[J]. Nature Reviews Materials, 2017, 2: 16103.

[275] Chen X, Bai Y K, Zhao C Z, et al. Lithium bonds in lithium batteries[J]. Angewandte Chemie, International Edition in English, 2020, 59: 11192-11195.

[276] Banerjee A, Wang X, Fang C, et al. Interfaces and interphases in all-solid-state batteries with inorganic solid electrolytes[J]. Chemical Reviews, 2020, 120: 6878-6933.

[277] Xu L, Lu Y, Zhao C Z, et al. Toward the scale-up of solid-state lithium metal batteries: the gaps between lab-level cells and practical large-format batteries[J]. Advanced Energy Materials, 2021, 11: 2002360.

[278] Monroe C, Newman J. The impact of elastic deformation on deposition kinetics at lithium/polymer interfaces[J]. Journal of the Electrochemical Society, 2005, 152: A396-A404.

[279] Hartmann P, Leichtweiss T, Busche M R, et al. Degradation of NASICON-type materials in contact with lithium metal: formation of mixed conducting interphases (MCI) on solid electrolytes[J]. The Journal of Physical Chemistry C, 2013, 117: 21064-21074.

[280] Kim A, Woo S, Kang M, et al. Research progresses of garnet-type solid electrolytes for developing all-solid-state Li batteries[J]. Front Chem, 2020, 8: 468.

[281] Chen R, Nolan A M, Lu J, et al. The thermal stability of lithium solid electrolytes with metallic lithium[J]. Joule, 2020, 4: 812-821.

[282] Zhang X, Krischok A, Linder C. A variational framework to model diffusion induced large plastic deformation and phase field fracture during initial two-phase lithiation of silicon electrodes[J]. Computer Methods in Applied Mechanics and Engineering, 2016, 312: 51-77.

[283] Miehe C, Dal H, Schänzel L M, et al. A phase-field model for chemo-mechanical induced fracture in lithium-ion battery electrode particles[J]. International Journal for Numerical Methods in Engineering, 2016, 106: 683-711.

[284] Sun Z T, Zhou J, Wu Y, et al. Mapping and modeling physicochemical fields in solid-state batteries[J]. Journal of Physical Chemistry Letters, 2022, 13: 10816-10822.

[285] Monroe C, Newman J. Dendrite growth in lithium/polymer systems - a propagation model for liquid electrolytes under galvanostatic conditions[J]. Journal of the Electrochemical Society, 2003, 150: A1377-A1384.

[286] Monroe C, Newman J. The effect of interfacial deformation on electrodeposition kinetics[J]. Journal of the Electrochemical Society, 2004, 151: A880-A886.

[287] Pacala S, Socolow R. Stabilization wedges: solving the climate problem for the next 50 years with current technologies[J]. Science, 2004, 305: 968-972.

[288] Hafner J, Wolverton C, Ceder G. Toward computational materials design: the impact of density functional theory on materials research[J]. MRS Bulletin, 2006, 31: 659-665.

[289] Hautier G, Jain A, Ong S P. From the computer to the laboratory: materials discovery and design using first-principles calculations[J]. Journal of Materials Science, 2012, 47: 7317-7340.

[290] West A C, Deligianni H, Andricacos P C. Electrochemical planarization of interconnect metallization[J]. Ibm Journal of Research and Development, 2005, 49: 37-48.

[291] Mei W, Duan Q, Qin P, et al. A three-dimensional electrochemical-mechanical model at the particle level for lithium-ion

battery[J]. Journal of the Electrochemical Society, 2019, 166: A3319-A3331.

[292] Oh K Y, Epureanu B I. A novel thermal swelling model for a rechargeable lithium-ion battery cell[J]. Journal of Power Sources, 2016, 303: 86-96.

[293] Wu B, Lu W. Mechanical-electrochemical modeling of agglomerate particles in lithium-ion battery electrodes[J]. Journal of the Electrochemical Society, 2016, 163: A3131-A3139.

[294] Chen C F, Verma A, Mukherjee P P. Probing the role of electrode microstructure in the lithium-ion battery thermal behavior[J]. Journal of the Electrochemical Society, 2017, 164: E3146-E3158.

[295] Doyle M, Newman J. The use of mathematical-modeling in the design of lithium polymer battery systems[J]. Electrochimica Acta, 1995, 40: 2191-2196.

[296] Meyer M, Komsiyska L, Lenz B, et al. Study of the local SOC distribution in a lithium-ion battery by physical and electrochemical modeling and simulation[J]. Applied Mathematical Modelling, 2013, 37: 2016-2027.

[297] Zhang Q, Wang D, Yang B, et al. Electrochemical model of lithium-ion battery for wide frequency range applications[J]. Electrochimica Acta, 2020, 343: 136094.

[298] Haran B S, Popov B N, White R E. Determination of the hydrogen diffusion coefficient in metal hydrides by impedance spectroscopy[J]. Journal of Power Sources, 1998, 75: 56-63.

[299] Li C, Cui N, Wang C, et al. Reduced-order electrochemical model for lithium-ion battery with domain decomposition and polynomial approximation methods[J]. Energy, 2021, 221: 119662.

[300] Li W H, Fan Y, Ringbeck F, et al. Electrochemical model-based state estimation for lithium-ion batteries with adaptive unscented Kalman filter[J]. Journal of Power Sources, 2020, 476: 228534.

[301] Oca L, Miguel E, Agirrezabala E, et al. Physico-chemical parameter measurement and model response evaluation for a pseudo-two-dimensional model of a commercial lithium-ion battery[J]. Electrochimica Acta, 2021, 382: 138287.

[302] Miguel E, Plett G L, Trimboli M S, et al. Review of computational parameter estimation methods for electrochemical models[J]. Journal of Energy Storage, 2021, 44: 103388.

[303] Hu S Y, Chen L Q. A phase-field model for evolving microstructures with strong elastic inhomogeneity[J]. Acta Materialia, 2001, 49: 1879-1890.

[304] Wang Y U, Jin Y M, Cuitiño A M, et al. Phase field microelasticity theory and modeling of multiple dislocation dynamics[J]. Applied Physics Letters, 2001, 78: 2324-2326.

[305] Shen X, Zhang R, Shi P, et al. How does external pressure shape Li dendrites in Li metal batteries?[J]. Advanced Energy Materials, 2021, 11: 2003416.

[306] Vetter J, Novák P, Wagner M R, et al. Ageing mechanisms in lithium-ion batteries[J]. Journal of Power Sources, 2005, 147: 269-281.

[307] Takahashi K, Higa K, Mair S, et al. Mechanical eegradation of graphite/PVDF composite electrodes: a model-experimental study[J]. Journal of the Electrochemical Society, 2015, 163: A385-A395.

[308] Christensen J, Newman J. A mathematical model of stress generation and fracture in lithium manganese oxide[J]. Journal of the Electrochemical Society, 2006, 153: A1019-A1030.

[309] Zhang X, Shyy W, Sastry A M. Numerical simulation of intercalation-induced stress in Li-ion battery electrode particles[J]. Journal of the Electrochemical Society, 2007, 154: S21-S21.

[310] Park J, Lu W, Sastry A M. Numerical simulation of stress evolution in lithium manganese dioxide particles due to coupled phase transition and intercalation[J]. Journal of the Electrochemical Society, 2011, 158: A201-A206.

[311] Dai Y, Cai L, White R E. Simulation and analysis of stress in a Li-ion battery with a blended $LiMn_2O_4$ and $LiNi_{0.8}Co_{0.15}Al_{0.05}O_2$ cathode[J]. Journal of Power Sources, 2014, 247: 365-376.

[312] Wu B, Lu W. A battery model that fully couples mechanics and electrochemistry at both particle and electrode levels by incorporation of particle interaction[J]. Journal of Power Sources, 2017, 360: 360-372.

[313] Zimmerman W B. Process modelling and simulation with finite element methods[J]. World Scientific Publishing Co.，2004.

[314] Fuller T F, Doyle M, Newman J. Simulation and optimization of the dual lithium ion insertion cell[J]. Journal of the Electrochemical Society, 1994, 141: 1-10.

[315] He H, Xiong R, Guo H. Online estimation of model parameters and state-of-charge of $LiFePO_4$ batteries in electric vehicles[J]. Applied Energy, 2012, 89: 413-420.

[316] Huang H H, Chen H Y, Liao K C, et al. Thermal-electrochemical coupled simulations for cell-to-cell imbalances in lithium-iron-phosphate based battery packs[J]. Applied Thermal Engineering, 2017, 123: 584-591.

[317] Kumaresan K, Sikha G, White R E. Thermal model for a Li-ion cell- modeling graphite data[J]. Journal of the Electrochemical, 2008, 155: A164.

[318] Huang H H, Chen H Y, Liao K C, et al. Thermal-electrochemical coupled simulations for cell-to-cell imbalances in lithium-iron-phosphate based battery packs[J]. Applied Thermal Engineering, 2017, 123: 584-591.

[319] Xu W, Hu P. Numerical study on thermal behavior and a liquid cooling strategy for lithium-ion battery[J]. International Journal of Energy Research, 2020, 44: 7645-7659.

[320] Wang T, Tseng K J, Zhao J. Development of efficient air-cooling strategies for lithium-ion battery module based on empirical heat

source model[J]. Applied Thermal Engineering, 2015, 90: 521-529.

[321] Yang N, Zhang X, Li G, et al. Assessment of the forced air-cooling performance for cylindrical lithium-ion battery packs: A comparative analysis between aligned and staggered cell arrangements[J]. Applied Thermal Engineering, 2015, 80: 55-65.

[322] Lan C, Xu J, Qiao Y, et al. Thermal management for high power lithium-ion battery by minichannel aluminum tubes[J]. Applied Thermal Engineering, 2016, 101: 284-292.

[323] Yang S C, Hua Y, Qiao D, et al. A coupled electrochemical-thermal-mechanical degradation modelling approach for lifetime assessment of lithium-ion batteries[J]. Electrochimica Acta, 2019, 326: 134928.

[324] Kim S, Wee J, Peters K, et al. Multiphysics coupling in lithium-ion batteries with reconstructed porous microstructures[J]. The Journal of Physical Chemistry C, 2018, 122: 5280-5290.

[325] Liu B, Zhao H, Yu H, et al. Multiphysics computational framework for cylindrical lithium-ion batteries under mechanical abusive loading[J]. Electrochimica Acta, 2017, 256: 172-184.

[326] Ganser M, Hildebrand F E, Klinsmann M, et al. An extended formulation of Butler-Volmer electrochemical reaction kinetics including the influence of mechanics[J]. Journal of the Electrochemical Society, 2019, 166: H167-H176.

[327] Porz L, Swamy T, Sheldon B W, et al. Mechanism of lithium metal penetration through Inorganic solid electrolytes[J]. Advanced Energy Materials, 2017, 7: 1701003.

[328] Yuan C, Gao X, Jia Y, et al. Coupled crack propagation and dendrite growth in solid electrolyte of all-solid-state battery[J]. Nano Energy, 2021, 86: 106057.

[329] Liu G, Lu W. A model of concurrent lithium dendrite growth, SEI growth, SEI penetration and regrowth[J]. Journal of the Electrochemical Society, 2017, 164: A1826-A1833.

[330] Wenzel S, Randau S, Leichtweiss T, et al. Direct observation of the interfacial instability of the fast ionic conductor $Li_{10}GeP_2S_{12}$ at the lithium metal anode[J]. Chemistry of Materials, 2016, 28: 2400-2407.

[331] Ganser M, Hildebrand F E, Kamlah M, et al. A finite strain electro-chemo-mechanical theory for ion transport with application to binary solid electrolytes[J]. Journal of the Mechanics and Physics of Solids, 2019, 125: 681-713.

[332] Bucci G, Chiang Y M, Carter W C. Formulation of the coupled electrochemical-mechanical boundary-value problem, with applications to transport of multiple charged species[J]. Acta Materialia, 2016, 104: 33-51.

[333] Grazioli D, Zadin V, Brandell D, et al. Electrochemical-mechanical modeling of solid polymer electrolytes: stress development and non-uniform electric current density in trench geometry microbatteries[J]. Electrochimica Acta, 2019, 296: 1142-1162.

[334] Salkind A J, Fennie C, Singh P, et al. Determination of state-of-charge and state-of-health of batteries by fuzzy logic methodology[J]. Journal of Power Sources, 1999, 80: 293-300.

[335] Curtarolo S, Morgan D, Persson K, et al. Predicting crystal structures with data mining of quantum calculations[J]. Physical Review Letters, 2003, 91: 135503.

[336] Morgan D, Ceder G, Curtarolo S. High-throughput and data mining with ab initio methods[J]. Measurement Science and Technology, 2005, 16: 296-301.

[337] Yoshida T, Hongo K, Maezono R. First-principles study of structural transitions in $LiNiO_2$ and high-throughput screening for long life battery[J]. Journal of Physical Chemistry C, 2019, 123: 14126-14131.

[338] Severson K A, Attia P M, Jin N, et al. Data-driven prediction of battery cycle life before capacity degradation[J]. Nature Energy, 2019, 4: 383-391.

[339] Jiang B, Gent W E, Mohr F, et al. Bayesian learning for rapid prediction of lithium-ion battery-cycling protocols[J]. Joule, 2021, 5: 3187-3203.

[340] He W, Williard N, Chen C, et al. State of charge estimation for Li-ion batteries using neural network modeling and unscented Kalman filter-based error cancellation[J]. International Journal of Electrical Power & Energy Systems, 2014, 62: 783-791.

[341] Dixit M B, Verma A, Zaman W, et al. Synchrotron imaging of pore formation in Li metal solid-state batteries aided by machine learning[J]. ACS Applied Energy Materials, 2020, 3: 9534-9542.

[342] Xie T, Grossman J C. Crystal graph convolutional neural networks for an accurate and interpretable prediction of material properties[J]. Physical Review Letters, 2018, 120: 145301.

[343] Xie T, France-Lanord A, Wang Y, et al. Accelerating amorphous polymer electrolyte screening by learning to reduce errors in molecular dynamics simulated properties[J]. Nature Communications, 2022, 13: 3415.

[344] Deringer V L, Bartok A P, Bernstein N, et al. Gaussian process regression for materials and molecules[J]. Chemical Reviews, 2021, 121: 10073-10141.

[345] Chen A, Wang Z, Zhang X, et al. Accelerated mining of 2D Van der Waals heterojunctions by integrating supervised and unsupervised learning[J]. Chemistry of Materials, 2022, 34: 5571-5583.

[346] Zhang Y, He X, Chen Z, et al. Unsupervised discovery of solid-state lithium ion conductors[J]. Nature Communications, 2019, 10: 5260.

[347] Ghadbeigi L, Sparks T D, Harada J K, et al. Data-mining approach for battery materials[J]. IEEE Conference on Technologies for Sustainability (SusTech), 2015, 239-244.

[348] Huang S, Cole J M. A database of battery materials auto-generated using ChemDataExtractor[J]. Scientific Data, 2020, 7: 260.

第9章
固态锂电池器件安全性能评估

近年来，电动汽车的快速发展和大规模储能市场的急剧增长对以锂离子电池为代表的二次电源技术提出了更高的要求，使开发兼具高能量密度和高安全性的锂离子电池成为学术界和产业界关注的焦点。然而，传统液态锂离子电池（LIB）普遍采用易泄漏、低沸点、易燃烧的液态电解质体系，存在极大的安全隐患；与此同时，传统锂离子电池的能量密度已经接近其上限。这两大原因极大地阻碍了传统液态锂离子电池的快速发展。为追求电池的高能量密度，采用高镍三元正极匹配硅碳负极（或锂金属负极）的液态锂电池安全风险呈指数增长。近年来，由电池热失控所引发的可移动电子设备、电动汽车和储能电站等起火、爆炸的安全事件频发，严重打击了消费者信心，阻碍了高能量密度锂电池的未来发展。因此，深入理解和阐明锂离子电池的热失控过程，并以此为指导设计和研发高能量密度、高安全性的锂电池，对于学术界和产业界意义十分重大。

锂离子电池热失控主要是指在非正常工况下（如电池内部存在制造和设计缺陷；电池热管理系统出现算法不合理或失效；电池处于机械滥用、电滥用或者热滥用条件等）发生的一种由电池温度快速升高而引起的放热、烟气喷射、剧烈燃烧或爆炸等极端行为。前期研究对于电池热失控的路径已经进行了经验性总结：电池自放热主要由SEI层的分解引发，然后随着热量不断累积，负极与电解液发生化学反应，并进一步提高电池内部温度，从而引起电解液分解、聚烯烃隔膜变形融化、正负极活性材料短接、正极材料晶格结构变化、气体释放及各种可燃气体的穿梭反应等一系列链式放热反应，最终导致锂电池燃烧、爆炸等不可控灾难性行为的发生。

不同于传统以碳酸酯为主体的液态电解液，固态电解质的出现为解决锂电池安全性难题提供了一种极具潜力和应用前景的解决方案。固态电池由于不包含或者包含极少量的液态界面润滑剂，因此大大降低了电池漏液、燃烧等危险；与此同时，固态电解质的热稳定性通常远远优于商业碳酸酯液态电解液，并且具有较高的机械强度、稳定的化学/电化学特性，因此固态锂电池被公认为是目前解决液态锂离子电池安全性隐患的理想策略。

近年来，研究者对不同类型固态电解质材料及相应电池体系进行了深入探索和研究，主要聚焦于开发新型低成本固态电解质材料，提高固态电解质的室温离子电导率，探索和优化固态电解质制备成型工艺等方面，但目前对固态电池安全性的研究仍处于初级探索阶段，而且目前大多数安全性研究集中在电解质热稳定性等层面，研究的内容相对局限。众所周知，电池安全性远远不只是电池材料的本征安全性，其它如电极材料/电解质热兼容性以及电池机械形变、产气和气体穿梭反应等，都属于电池安全性的研究范畴，且都会对电池安全性产生不利影响。因此，单一地将液态电解液替换为固态电解质并不等同于从源头上解决了电池热失控的风险，而是需要综合多方面因素对电池关键材料及器件安全性能进行综合评估和科学研判。

鉴于此，本章从固态电池关键材料热稳定性、整电池器件安全性、热失控研究方法等多方面进行详细介绍与系统总结。内容主要包括固态电解质安全性、固态电解质/电极界面兼容性、固态电池热安全性测试方法、固态电池热失控特点和改善策略、固态电池热失控模拟分析方法等内容。

9.1 固态电解质稳定性

作为电池材料中的重要组成部分，电解质对电池循环性能以及滥用条件下的安全性均有着重要影响。目前常见的固态电解质主要包括氧化物固态电解质、硫化物固态电解质以及聚合物固态电解质。考虑到前面章节已经对不同固态电解质的化学稳定性、电化学稳定性、力学性能等方面的特性做了详细阐述，故本部分将主要聚焦在不同类型固态电解质性质对固态电池安全性的影响方式及机理方面。

9.1.1 化学稳定性

电解质的化学稳定性可以看作是电池材料和界面在储存和制造过程中保持不变的能力，包括在对电池进行充放电之前。对于化学稳定性差的固态电解质，在环境空气中的副反应可能会导致电池性能差或出现安全问题。电解质的本征化学稳定性及其界面化学稳定性对高能量密度固态电池体系的设计和生产工艺均具有重要影响，也是决定其制造工艺、储存条件和使用环境的重要考虑因素。例如，当一些固态电解质暴露在空气环境中时，会发生降解，由此产生的一些分解产物甚至会对其接下来的使用造成危害，进而影响整个电池的循环稳定性和热安全性能。

在早期研究中，石榴石型固态电解质（如LLZO），被广泛认为是空气稳定的。但是科学家研究发现：LLZO颗粒长时间暴露于空气后，表面会形成一层高Li/Zr原子比层，并且通过各种表征手段也证实这一形成层中还含有Li_2CO_3。

不同于石榴石型固态电解质，NASICON电解质虽然也是氧化物离子导体，但是其空气稳定性较高。$Li_{1.3}Al_{0.3}Ti_{1.7}(PO_4)_3$(LATP)在水或$LiNO_3$水溶液中表现出缓慢降解，甚至在潮湿环境暴露后依然显示出增强的离子传输性。由于其化学稳定性高，LATP也常被用作水性$Li-O_2$电池的锂金属负极的界面保护层。

总结来讲，氧化物固态电解质的空气稳定性差会影响其安全性，因为其产生的界面副产物通常具有较低的分解温度，容易在热失控过程中先开启放热链式反应，从而加剧电池热失控。另一方面，由化学稳定性差所带来的副反应产物也会引起界面阻抗增大，致使电池循环过程中产生过多的不可逆焦耳热，从而会引起电池温度快速升高甚至发生热失控。

硫化物电解质［可以用$xLi_2S·(100-x)P_2S_5$描述］中的Li_2S对水分非常敏感，与水反应容易释放H_2S，极大影响了固态电池的日历寿命及其在滥用条件下的安全性。研究者将不同Li_2S含量的$xLi_2S·(100-x)P_2S_5$硫化物电解质放置于空气环境中，发现Li_2S含量为67%的硫化物电解质发生了最显著的结构变化。具体表现为初始状态下$P_2S_7^{4-}$是$67Li_2S·33P_2S_5$的主要结构单元，而在水侵蚀下硫化物电解质会分解为—OH和—SH基团。另外，H_2S释放量在很大程度上也取决于$Li_2S·P_2S_5$组分，如$75Li_2S·25P_2S_5$产生的H_2S气体最少[1]。上述研究尽管对硫化物电解质的空气稳定性进行了初步探索和研究，但硫化物电解质化学稳定性差的根源依旧不清晰，难以形成共识，因此仍待进一步厘清和阐明。

与无机固态电解质不一样，聚合物固态电解质在空气中通常表现出相对不错的化学稳定性。尽管如此，聚合物固态电解质仍需要在惰性环境中处理，以防止聚合物固态电解质吸附水。PEO/LiTFSI聚合物固态电解质在富氧环境中仍然可以观察到轻微降解，在实际应用中要尽量避免。

综上所述，各种固态电解质的化学稳定性等级排序为NASICON＞聚合物＞石榴石和钙钛矿＞硫化物。NASICON电解质的稳定性处于最高水平。聚合物和其他氧化物电解质因水分带来的不利影响可以通过相对简单的加热方法消除，这在实际生产中是可以接受和做到的。然而，硫化物较差的化学稳定性所带来的不可逆分解和有害反应产物则要求从生产工艺到设备操作全流程进行极为严格的把控，这也是制约硫化物固态电解质产能放大和大规模应用的最主要限制因素。目前可通过引入添加剂、合成后处理等方法对固态电解质的化学稳定性进行提升。

9.1.2 电化学稳定性

早期研究认为：具有较高的电化学稳定性是大多数固态电解质具有的明显优势。然而，近年来的研究及固态电池性能不佳使得科研人员对这一观点的正确与否需要重新进行审视。

无机电解质因不受锂盐和有机组分的限制，其电化学稳定窗口通常比普通的液态电解质会更宽。但更宽的电化学稳定窗口，并不代表其组装器件后的性能也同样优异。例如，对于硫化物固态电解质，虽然暂态检测到了较宽的电化学稳定窗口，但是在其全电池中也发现了不可逆的初始比容量损失。交流阻抗分析结果表明，硫化物电解质一般在正极侧存在较大的极化，这与硫化物固态电解质/正极的界面反应有重要关系。无独有偶，氧化物固态电解质也表现出与硫化物电解质类似的问题，即电解质本身具有宽电化学稳定窗口，但其电池性能同时还受到电极/电解质界面阻抗效应以及固/固界面传输困难等不利影响。

对于聚合物电解质而言，电化学稳定性一直被认为是聚合物固态电解质在高电压电池中应用的主要挑战。由于电化学氧化窗口低，聚合物固态电解质通常匹配具有低充放电平台的正极材料（如$LiFePO_4$和V_2O_5等），导致固态锂电池能量密度低。通过LSV对聚合物固态电解质的电化学稳定窗口进行表征，发现一般醚类聚合物电解质的电化学稳定窗口在3.7～4.5V之间。为提升该类聚合物电解质的电化学稳定窗口，研究人员开发了一系列结构改性方法，如交联、共聚、共混等，以开发兼顾高离子电导率和电化学稳定窗口的高性能聚合物固态电解质。研究发现，共聚物固态电解质通常表现出较强的电化学稳定性。例如，含有PAN-PEO-$LiClO_4$的聚合物固态电解质的氧化稳定性高达4.8V。此外，P(STFSILi)-b-PEO-b-P(STFSILi)嵌段共聚物电解质表现出高于5V的电化学稳定性。这些发现证明了通过共聚增强聚合物电解质的电化学稳定性是重要解决策略。

9.1.3 机械稳定性

机械稳定性是指材料或界面在外部或内部应力中保持不变的能力。应力可能由复合电极或电极/电解质界面不可避免的体积变化所引起。电极和固态电解质的紧密接触实际上是获得良好电化学性能的先决条件。然而，在循环过程中，固态电池不可避免地会出现锂枝晶生长、裂纹或粉化现象，即固态电池中存在不可忽视的机械不稳定性问题。

长期以来，科研人员在一定程度上忽视了电解质的机械稳定性（包括弹性、抗裂性、脆性等）对电池安全性的影响。电极/电解质界面体积变化引起的应力、循环过程中枝晶生长导致的裂纹和粉化等问题均会导致固态锂电池的机械不稳定性，从而加速其在滥用条件下的自放热反应并最终导致电池热失效。例如，锂金属固态电池在低电流密度下，金属锂会在电解质和锂负极界面处沉积，一旦循环超过临界电流密度，锂枝晶就会产生并沿晶界穿透电解质，导致固态电池短路和电池失效。因此，理想的固态电解质应具有良好的机械强度，以适应循环过程中所产生的应力。

表9.1列出了常见固态电解质的力学性能。模量是固态电解质重要的性能参数。一般来讲，聚合物固态电解质的杨氏模量（＜5GPa）通常小于抑制锂枝晶生长的模量（约为6GPa）。因此，聚合物电解质在阻止锂枝晶方面作用不明显。硫化物电解质的剪切模量接近上述临界值，理论上足以限制枝晶生长。考虑到锂枝晶的生长是一个复杂的过程，固态电解质的剪切模量值是否是决定锂枝晶生长的直接原因仍值得商榷。比如，氧化物在所有电解质中表现出最高的剪切模量，比锂枝晶生长临界值大10倍，理论上锂枝晶将很难直接穿透氧化物电解质。然而，很多研究者在氧化物基全固态电池中仍观察到锂枝晶生长和电池短路现象。

固态电解质同样需要考虑的参数是普氏比和断裂韧性。普氏比（B/G）可以用来评价材料的脆性。普氏比的临界值为1.74362，B/G低于该值的材料可视为脆性材料。不同材料的普氏比如表9.1所示。很明显，硫化物电解质的B/G比氧化物高，表现出比氧化物更好的延展性。因此，硫化物电解质可以被视为"软材料"，可以适应电池组装或循环产生的应力。

评估材料脆性的另一个参数是断裂韧性K_{IC}，它反映了裂纹扩展的阻力。K_{IC}定义为：

$$K_{IC}=\xi(E/H)^{0.5}P/C_0^{1.5}$$

式中，ξ为一个取决于材料的常数；H为硬度；E为杨氏模量；C_0为裂纹长度；P为外加应力。

高韧性材料的K_{IC}较高，例如，不锈钢的K_{IC}值高达70MPa·m$^{1/2}$。如表9.1所示，氧化物陶瓷通常表现出约1MPa·m$^{1/2}$的低K_{IC}值，这进一步证实了其极端脆性。材料的脆性参数之所以重要，是因为电极材料不可避免的体积变化会导致应力的集中。这些易碎的电解液/电极界面可能会出现裂纹，进而加剧电池材料/电解质之间的副反应，这对正常工作的电池来说是致命的。

表9.1 常见固态电解质的力学性能[2-12]

种类	材料	弹性模量 E/GPa	剪切模量 G/GPa	普氏比 （B/G）	断裂韧性 K_{IC}/MPa·m$^{1/2}$	参考文献
聚合物	UP+PEO-b-PPO-b-PEO	1～5	—	—	0.4～0.6	[2]
	PEO	6.9×10^{-4}	—	—	—	[3]
硫化物	Li$_2$S-P$_2$S$_5$	18.5	7.1±0.3	—	0.23±0.04	[4]
	25Li$_2$S·75P$_2$S$_5$	13	5	2.18	—	[5]
	10Li$_2$O·60Li$_2$S·30P$_2$S$_5$	23.3	8.9	2.34	—	[5]
	Li$_{10}$GeP$_2$S$_{12}$	21.7	7.9	3.44	—	[6]
	Li$_{10}$SnP$_2$S$_{12}$	29.1	11.2	2.09	—	[6]
	Li$_5$PS$_5$Cl	22.1	8.1	3.57	—	[6]

续表

种类	材料	弹性模量 E/GPa	剪切模量 G/GPa	普氏比 （B/G）	断裂韧性 K_{IC}/MPa·m$^{1/2}$	参考文献
氧化物	$Li_{1.3}Al_{0.3}Ti_{1.7}(PO_4)_3$	115	—	—	1.1±0.3	[7]
	$Li_{0.33}La_{0.56}TiO_3$	200	80	1.66	～1	[6,8]
	$Li_{6.24}Al_{0.24}La_3Zr_2O_{11.98}$	150	58.1	1.74	—	[9]
	$Li_{6.5}La_3Zr_{1.5}Ta_{0.5}O_{12}$	147	55.7	1.59	—	[9]
	$Li_7La_3Zr_2O_{12}$	149.8±0.4	59.6±0.1	1.72	0.97	[10,11]
金属	Al-2219-T851	—	—	—	32	[12]
	403 不锈钢	—	—	—	77	[12]

　　无机电解质材料的力学性能主要由化学键、晶体结构和微观结构决定。例如，硫化物中较低的键能导致其具有较高的延展性。另外，不同类型的黏结剂及工艺也会导致不同的硬度/剪切模量（H/G）值。而且，力学性能也受材料成分、晶格结构、材料密度等因素的影响。因此，导电性和延展性之间可能会出现矛盾，应在进一步研究中加以考虑。单独的剪切模量不足以作为衡量固态电解质阻挡锂枝晶生长的单一标准。氧化物剪切模量虽然很高，但是其却没有足够的柔性来适应电极材料在失效前的变形。因此，平衡好聚合物电解质的"刚与柔"，使其既能抑制枝晶又能维持低的界面电阻及电场的均匀分布，是制备具有优异性能固态锂电池的关键。通过刚柔并济的方法，设计一种结合两种电解质优点的聚合物/陶瓷复合电解质是解决这一难题的有效途径。

　　聚合物固态电解质由聚合物基体和金属盐组成，其高柔韧性特别适合制造柔性固态电池，是新兴的柔性可穿戴电子设备的关键电源部件。其中交联聚合物固态电解质由于形成三维非晶态聚合物骨架而具有良好的机械强度。但是，高模量的电解质会带来界面接触问题，导致电场分布不均匀。相较于非原位固态化聚合物电解质，原位固态化聚合物电解质在室温下具有高的离子电导率且与锂金属有良好的界面接触，因此更适用于开发高安全、高性能的锂金属电池。

9.1.4　热稳定性

　　热稳定性是指在高温下抵抗分解或反应的能力。在传统LIB中，电池组件的热稳定性决定了电池的安全性。对于使用有机液态电解质的传统LIB，温度的升高会引发一系列副反应，导致LIB失效或热失控。首先，SEI在$80\sim120℃$分解，同时释放气体（CO_2、O_2、C_2H_4等）。其次，隔膜在130℃左右开始融化，导致内部短路和进一步放热。最后，当温度继续升高时，正极氧化物材料发生结构坍塌分解并释放氧气，导致LIB内的温度和压力急剧升高，最终导致电池热失控。与液态电解质相比，大多数固态电解质具有优异的热稳定性。

　　材料在高温下的分解过程可以理解为一系列化学键的断裂和重构，其能量决定了要克服的反应势，从而决定材料结构的热稳定性。总体而言，典型的无机固态电解质材料具有较高的热稳定性（常见的固态电解质热稳定性见表9.2）。

氧化物电解质表现出最佳的热稳定性，其烧结温度通常大约在600℃以上。其中，LLZO在高温下的稳定性和不易燃性引起科研人员极大的兴趣。用高温XRD分析研究LLZO的物相和热稳定性，发现其在常温下为稳定的四方相，在650℃转变为立方相并且在冷却后返回到四方相。通过Al掺杂的LLZO其热稳定性可提升至1000℃。

硫化物固态电解质的热稳定性主要取决于基本配位多面体结构的稳定性，包括配位多面体中所含化学键的类型、能量和数量等多种因素。同时，硫化物固态电解质具有极高的反应活性，在一定温度下会发生相变，而且不同的晶体结构会影响电解质的热稳定性。根据现有的文献数据，硫化物的热稳定性也在400℃以上。但是由于硫化物具有强腐蚀性、空气不稳定性、析硫、有毒气体（如H_2S、SO_2）释放等缺点，严重限制了其热稳定性的表征与研究。为进一步表征其热稳定性，中国科学院物理所陈立泉院士团队设计了一种原位观察装置，可以实时观察升温过程中硫化物固态电解质的析硫量，进而得到硫化物固态电解质的热稳定性。实验测试的不同结构硫化物固态电解质的热稳定性如下：$Li_6PS_5Cl > Li_4SnS_4 > LSPS-Cl > Li_3PS_4 > Li_7P_3S_{11}$。进一步，根据理论计算结果，Cu、Si、Sn和O是提升硫化物热稳定性的最佳候选掺杂元素。掺杂后可以将Li_3PS_4的分解温度从400℃提高到500℃，有效提高Li_3PS_4的热稳定性[13]。

聚合物固态电解质的热稳定性对实现固态电池安全性具有非常重要的意义。聚合物电解质的热分解温度与其单体化学结构、聚合度、链段长度、结晶度等有关。在温度升高过程中，当聚合物达到熔点时会显著变软，不利于电池的正常运行。通常聚合物电解质的热稳定性在200℃左右，然而，纯聚合物电解质离子电导率过低，不能满足电池的实际应用。在聚合物固态电解质中通过引入惰性陶瓷、添加剂等填料可有效改善其电化学性质，并对其热稳定性产生显著的积极影响。在进行燃烧试验时，聚合物电解质瞬间熔化，随之发生剧烈燃烧。相比之下，引入陶瓷相后，具有三维网络结构的复合电解质在测试后仍保持了完整的无机网络结构，避免了因正负极直接接触而引起的电池短路，在电池高温稳定性方面显示出良好的应用潜力。除在聚合物固态电解质中引入填料可提高其热稳定性之外，构建杂原子基原位固态化聚合物电解质（HGPE），实现单体和交联剂的高聚合转化率，也可使聚合物固态电解质表现出较高的热稳定性。通过对杂原子基原位固态化聚合物电解质进行燃烧测试发现HGPE的自燃烧时间为0，表明其具有优异的不可燃性，这是因为氟化溶剂中氢原子被氟原子取代，大大减少了氢自由基的产生，从而降低了燃烧危险。单体和交联剂在HGPE中的高度聚合，可有效地固定溶剂并降低其挥发性，从而防止液体泄漏的风险。并且其高温分解产物可以进一步捕获自由基，避免燃烧链式反应[14]。

在聚合物电解质体系中，物理混合锂盐的聚合物电解质起始分解温度比纯聚合物基体的起始分解温度要低。例如，PEO的分解温度大概为400℃，但大部分聚合物固态电解质（如$PEO/LiClO_4$、$PEO/LiCF_3SO_3$和$PEO/LiBF_4$）的热分解起始温度较低。进一步研究发现，在这些聚合物电解质中，含有$LiBF_4$的PEO显示出最差的热稳定性。因此，有必要进一步研究锂盐和聚合物固态电解质之间的相互作用对热稳定性的影响。

表9.2 不同固态电解质材料的热稳定性[15-28]

种类	材料	起始温度/℃	放热行为	方法	参考文献
无机电解质	$2[Li_{1.8}Al_{0.4}Ti_{1.6}Si_{0.4}P_{2.6}O_{12}] \cdot AlPO_4$	642	结晶	DSC	[15]
	$Li_{1.5}Al_{0.5}Ge_{1.5}(PO_4)_3$	～625	结晶	DSC	[16]
	$Li_{1+x}Al_xTi_{2-x}(PO_4)_3$	665	结晶	DSC	[17]
	$Li_{1.5}Al_{0.5}Ti_{1.5}(PO_4)_3$	1348	分解	DFT预测	[18]
	$Li_{6.6}La_3Zr_{1.6}Ta_{0.4}O_{12}$	1819	分解	DFT预测	[18]
	$LiGe_2(PO_4)_3$	640	结晶	DSC	[19]
	$Li_{10}SnP_2S_{12}$	700	分解	TGA/DSC	[20]
	Li_2SnS_3	756	结晶	DTA	[21]
	$75Li_2S \cdot 25P_2S_5$	220	结晶	DSC	[22]
	$Li_{6.75}La_3Zr_{1.75}Nb_{0.25}O_{12}$	>480	—	DSC	[23]
聚合物电解质	$PVDF/LiClO_4$	～300	分解	DSC	[24]
	$PEO/LiBF_4$	160	分解	DSC	[25]
	$PAN/LiBF_4$	～279	分解	DTA/TGA	[26]
	$PEO/LiClO_4$	250	分解	DSC	[25]
	$PEO/LiCF_3SO_3$	>300	分解	DSC	[25]
	$PEO/LiN(CF_3SO_2)_2$	>300	分解	DSC	[25]
	$PEG/EMITFSI$	～350	分解	TGA	[27]
	$Li_{1.5}Al_{0.5}Ti_{1.5}(PO_4)_3+LiMn_2O_4$	600	分解	XRD和DTA	[28]
	$75Li_2S \cdot 25P_2S_5+LiNi_{1/3}Mn_{1/3}Co_{1/3}O_2$	200	结晶	DSC	[22]

9.2 电解质及电极材料界面稳定性

在固态电池中，电解质/电极界面不仅对电池的电化学性能有着重要影响，也对电池的安全性起到了不可忽视的重要作用。在液态电解液电池中，电解液/电极界面会形成钝化层，抑制副反应并提高电池循环性能。同样的，在固态电池中，正负极侧的电极/电解质也会形成界面层。这个形成过程同时受化学和电化学过程的驱动。在电池制备和化成过程中，化学驱动的界面形成是在没有外部电压的情况下发生，可视为一个缓慢的静态过程。同时，电化学过程带来了锂剥离和沉积的动态演化，这两者共同作用形成固态电池的界面层。而且，界面层的化学组分、物理结构及力学性能在电池循环或者温度升高过程中会发生动态演变，进而引起电池内部一系列电、气、力及热等多方面的副反应，影响电池的安全性。

9.2.1 电解质及电极材料界面化学稳定性

通过理论计算研究正极/固态电解质界面的化学稳定性时，可以预测在正极材料和无机固态电解质接触后发生的一系列反应，但在常温常压下，该反应的动力学十分缓慢。

表9.3　不同固态电解质与金属锂的界面反应[29-46]

材料种类	材料组成	与锂金属的反应行为	表征方法	参考文献
石榴石型	$Li_7La_3Zr_2O_{12}$	未观察到	颜色变化	[29]
	$Li_7La_3Zr_2O_{12}$	6nm四方LLZO界面相形成	EELS	[30]
	$Li_{6.4}Fe_{0.2}La_3Zr_2O_{12}$	130μm界面层形成	拉曼成像	[31]
钙钛矿型	$Li_{0.33}La_{0.56}TiO_3$	Ti^{4+}还原为Ti^{3+}，被氧化的锂嵌入	XPS,SIMS	[32]
	$Li_{1.5}Al_{0.5}Ti_{1.5}(PO_4)_3$	形成TiAl、Li_3P、Li_2O、Ti_3P	DFT	[33]
	$Li_{1.5}Al_{0.5}Ti_{0.83}Ge_{0.67}(PO_4)_3$	$6Li_{1.5}Al_{0.5}Ti_{0.83}Ge_{0.67}(PO_4)_3+13Li \rightarrow 3AlPO_4+$ $6Li_3PO_4+5TiPO_4+4LiGePO_4$	DFT	[34]
	$Li_{1.5}Al_{0.5}Ge_{1.5}(PO_4)_3$	$Li_{1.5}Al_{0.5}Ge_{1.5}(PO_4)_3+aLi+bC \rightarrow Li_{1.5+x}Al_{0.5}Ge_{1.5}^{4+/3+}$ $(PO_{4-\delta})_3+cLi_2O+dLi_2O_2+bLi_2CO_3$	XPS	[35]
	$Li_{1.5}Al_{0.5}Ti_{0.95}Ta_{0.5}(PO_4)_3$	Ti^{4+}还原为Ti^{3+}	XPS	[36]
	$LiZr_2(PO_4)_3$	$LiZr_2(PO_4)_3+24Li \rightarrow 2Li_8ZrO_6+3Li_3P$	XRD	[37]
硫化物	$Li_7P_3S_{11}$	$Li_7P_3S_{11}+24Li \rightarrow 11Li_2S+3Li_3P$	XPS	[38]
	$Li_{10}GeP_2S_{12}$	$Li_{10}GeP_2S_{12}+23.75Li \rightarrow 12Li_2S+2Li_3P+1/4Ge_4Li_{15}$ $Li_{10}GeP_2S_{12}+20Li \rightarrow 12Li_2S+2Li_3P+Ge$	XPS	[39,40]
	Li_3PS_4	生成Li_2S	DFT	[41]
	Li_4GeS_4	$7.75Li+Li_4GeS_4 \rightarrow 0.25Li_{15}Ge_4+4Li_2S$	DFT	[42]
	$Li_6PS_5X(X=Cl,Br,I)$	$Li_6PS_5X+8Li \rightarrow 5Li_2S+Li_3P+LiX$	XPS	[43]
聚合物	PEO/LiTFSI	形成由RO-Li和LiF组成的钝化层	XPS	[44]
	NP/LiTFSI	生成LiF	XPS	[45]
	NP/$LiBF_4$	生成LiF	XPS	[45]
	PEO/$LiClO_4$	形成钝化层	EIS	[46]

除了正极材料，固态电解质与常用的锂金属负极材料的化学兼容性也是影响安全性的关键因素。在固态电解质组装的Li/Li对称电池中，不管是聚合物电解质还是无机电解质，电池的电阻都有所增加，主要归因于锂/固态电解质界面层的生长。固态电解质与锂金属界面层的空间分布、物理结构和化学组分与电解质本身的理化性质息息相关，界面层的差异也对电池在滥用过程中的放热反应链有不同的影响。表9.3列举了各种常见的固态电解质与锂金属的界面化学反应过程及其产物。值得注意的是，在温度升高过程中，界面的平衡很容易被打破，从而会引起一系列副反应，导致电池自放热，最终引发电池热失控，这点会在后续章节进行详细介绍。

9.2.2　电解质及电极材料界面力学性能

在电池循环过程中，可能会有枝晶生长和裂纹形成，这些缺陷也会对电池的安全性带来不利影响。

锂枝晶的生长是导致固态电池热失效的重要因素。抑制枝晶生长被认为是开发固态电池必须解决的一个关键点。在热失控过程中，由电池内部锂枝晶生长引起的内短路也时有发生。早期研究将枝晶的生长归因于固态电解质中的晶界。研究者发现，小陶瓷颗粒的表面层有利于抑制锂枝晶生长。这说明表面及界面接触对枝晶生长的重要影响。锂的不均匀沉积或锂枝晶的形成实际上与界面上不均匀的过电位分布有重要关系。

另外，在锂离子电池中，大多数电极材料在锂化/脱锂过程中经历相变、晶格膨胀/收缩或结构变化，导致充电/放电后体积变化。反复的膨胀和收缩导致机械不稳定，如变形、粉化、集流体与电极颗粒之间的接触损耗，导致电池容量衰减和循环稳定性差，也增大了电池发生放热副反应的概率。因此，机械稳定性是实现电池高安全性的关键。

9.2.3　电解质及电极材料界面热稳定性

材料的本征热稳定性并不能代表全电池的热稳定性。固态电解质与电极材料的热稳定性通常受多种因素的影响。固态电解质与未脱锂正极材料具有良好的热兼容性，在常温常压下，简单地将正极材料及电解质颗粒混合在一起，很难观察到界面反应及其产物，说明常温常压下该反应的动力学十分缓慢。但高温或高压条件会加速正极与固态电解质的反应。例如，LATP和层状氧化物正极的混合物即使在低至500℃的温度下也会快速分解。在高温下，$LiNi_{0.5}Mn_{1.5}O_4/Li_{6.6}La_3Zr_{1.6}Ta_{0.4}O_{12}$混合在一起也会发生放热反应，在界面处生成$Li_2CO_3$、$La_2Zr_2O_7$和$LaCoO_3$等产物。

正极材料脱锂后，其与固态电解质的热兼容性大大降低，在机械力（研磨、挤压）或者升温过程中，脱锂正极极易与固态电解质发生剧烈化学反应，释放出大量热量，对电池安全造成极大的威胁。在与电极材料接触时，大部分固态电解质的起始分解温度都会降低。在界面处，电极材料与固态电解质相互作用表现出与原组分不同的热行为，最常见的是脱锂正极材料及锂金属负极会与电解质在高温下发生剧烈的放热反应，引发热失控。这部分将会在固态电池热失控部分进行详细阐述。

9.3　固态电池热安全性测试方法

电池热安全机理的分析与阐明离不开电池热行为的研究方法。根据测试目的及尺度的不同，一般将热行为的研究方法分为整电池测试及电池内部材料测试等。前者能直观、定量地反映电池在失控过程中的重要放热参数及放热量，是评估电池热安全性的重要手段；而材料分析是通过原位及非原位方法对电池中的电极材料、电解质及其他添加剂等进行热稳定性和相互之间热兼容性分析的方法，是理解电池内在放热路径及反应机理的重要支撑。通过将整电池和电池材料的测试进行有机结合，可实现对电池热失控行为及其内在影响机制的阐明和深刻认识。

9.3.1　电池层级热安全性测试方法

绝热加速量热仪（ARC）是测试电池安全性的最常用设备。其基本测试原理及方法如图9.1所示，电池测试样品置于具有绝热效果的电池测试腔体内，在腔体的顶部、底部、侧壁分别布有加热器，仪器可通过腔体四壁对腔体内环境进行温度控制。电池样品上同时附有加热丝及温度传感器，用以对电池进行加热及温度追踪。在测试过程中，通常采用经典的"加热-等待-搜寻"（HWS）模式进行测试，即采取台阶式升温方式对电池进行绝热加热，然后等待一段时间使电池温度与环境温度一致，并进行放热搜寻，记录电池的温度升高速率（自放热速率，℃·min^{-1}或者℃·s^{-1}）。当电池自放热小于设备的检测限（一般为0.02℃·min^{-1}）时，继续进行下一个台阶升温。反之，当电池自放热大于设备的检测限后，电池停止加热，腔体对电池自放热进行跟踪加热，即保持电池温度与环境温度一致，使电池处于一个没有热量交换的绝热状态，这样直至电池发生热失控或者达到检测设定上限温度。因此，ARC测试可得出电池在失控过程中的本征安全热性质参数。在ARC测试过程中，可以通过不同的自放热速率，定义起始放热反应温度（T_{onset}或T_1）、热失控温度（T_{tr}或T_2）及失控过程中最高温度（T_{max}或T_3）三个特征参数来描述热失控过程，并建立不同电池体系、不同条件下的热失控行为数据库，更清晰全面地认识电池热安全行为的影响因素。

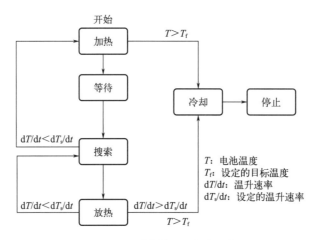

图9.1　ARC测试过程及方法示意图

不过，需要注意的是，ARC整电池测试虽然提供一个准绝热环境进行测试，但其是将电池为均一结构作为理想前提的，因此忽略了电池内部产热、传热及散热等的不均一性，这样测试到的温度与电池内部实际温度具有一定的差异。此外，电池在加热过程中极易产气鼓胀，容易导致电池包装破损，引起活性材料喷射或者外部气体参与电池反应等，对测试结果具有一定的影响。因此，整电池热失控测试往往需要与其他微观电池材料表征手段共同协作来系统、全面地研究电池的热安全性能。

9.3.2　材料层级热安全性测试方法

电池材料的微观研究手段主要包括差示扫描量热仪（DSC）、热重分析（TG）和ARC材料测试系统等。

DSC是一种快速评价电池材料热稳定性及吸/放热的重要工具，其主要原理是在特定升温速率下，通过测试样品与参比样品的热流功率变化差随温度的变化来确定样品的吸放热特点。DSC在电池材料的应用最开始主要用来评估电池电极材料的热稳定性，例如测试不同SOC状态下正负极材料的起始放热温度及总放热量。此外，通过采用不同升温速率对样品进行测试，结合Kissinger方法拟合，可获得电极材料的反应动力学参数，如式（9-1）所示。

$$\ln\left(\frac{\beta}{T_p^2}\right)=\ln\left(\frac{AR_0}{E_a}\right)-\frac{E_a}{RT_p}\tag{9-1}$$

式中，β为升温速率；T_p为该升温速率下DSC曲线峰顶点的温度；E_a为反应的活化能；A为反应的指前因子。通过不同升温速率数据的拟合，即可获得该反应的指前因子和活化能。

热重分析是研究样品在程序升温过程中质量变化与温度关系的有效手段。根据电池材料在不同温度下的质量损失情况，可以获得其组分对应的分解温度。Jeff Dahn等[47]通过热重技术对比了不同正极材料在脱锂情况下的起始热分解温度及热稳定性。在热重分析过程中，样品质量损失多以气体形式溢出，因此，通过将热重与质谱（MS）或者红外测试仪（FTIR）进行联用，可以获得气体产生的具体温度和成分，以进一步帮助解析材料化学分解过程。例如，通过TG-MS技术，可分析不同负极SEI中不同化学组分的热稳定性。结果表明，SEI中的有机组分可以分解为低聚物烷氧基锂（RO-Li）及烷基酯锂（$ROCO_2$-Li）；而且通过对比不同的负极材料，也证实了过渡金属类负极（例如Cr_2O_3）可促进界面副反应的发生，形成较厚的SEI层[48]。

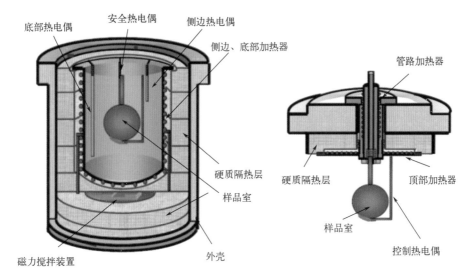

图9.2　ARC材料测试仪器结构示意图

ARC材料测试仪也是表征电池材料热安全性的重要手段，通过采用绝热的环境，可以实现电池材料在升温过程中的放热速率监测。如图9.2所示，可将电池拆解后获得的材料装入样品室，然后进行密封。在测试池内部有插入样品内部的温度传感器，也有用于监测压力变化的压力传感器。ARC材料测试仪可以检测远大于DSC或者TG的样品量，也能承受较大的反应压力和热量，因此比较适合对电池材料进行升温滥用测试。相较于DSC，ARC的优势在于：ARC测试样品使用量大，能够提供更准确的数据；ARC是绝热体系，能够提供体系压力信息等参数（表9.4）。

表9.4 ARC与DSC测试电池材料的参数对比

项目	ARC	DSC
样品测试量	克	毫克
测试时间	较长	较短
放热反应起始温度精度	高	低
体系压力监测	可以	不可以
绝热体系	可以	不可以
材料相容性测试	可以	可以
单电池测试	可以	不可以

　　X射线衍射仪可以有效表征材料的内部结构。不同状态下的正负极材料均可以通过XRD进行非原位测试，获得丰富的材料信息。在电池安全性测试过程中，一般通过对失控前后的材料进行测试，并结合其他分析手段，解析材料的分解路径，例如质谱或者气相色谱等。将热台置于XRD内，通过控制升温速率可以获得不同温度下电池材料晶体结构的变化规律。如图9.3所示，在对脱锂状态下的三元层状氧化物正极材料进行升温的过程中，XRD谱图上的峰形改变，表明材料发生了层状-尖晶石-岩盐相的变化，这也被认为是正极材料热演变的主要机理。另外，对嵌锂的石墨负极加热，通过原位XRD也能发现负极从LiC_6到LiC_{12}再到石墨的转变。

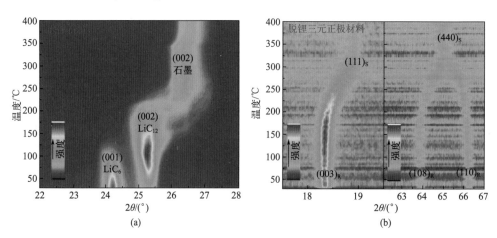

图9.3 XRD对电极材料相变过程的检测：原位升温XRD测试嵌锂态负极材料（a）和脱锂态三元正极材料（b）的谱图

　　随着基础理论和工艺技术的提升，如何将不同类型的技术进行有效耦合，进而对固态电池宏观-微观热性能进行原位、多尺度、多方位检测来获得固态电池更多的热失控信息，是基础研究和产业领域共同面临的一个难题，也是下一步研究电池热安全性的重要发展方向。

9.4　固态电池热失控特点及改善策略

　　鉴于其优异的热稳定性，固态电解质在解决电池安全性问题方面被寄予厚望。但是，电解质的高热稳定性能否带来整电池安全性的提高呢？单独材料的研究并不能很好地回答这个问题，因此，系统评估固态整电池的安全性，揭示固态电池热失控路径及其机理，是实现固态电池商业化前必须解决的关键技术和科学问题。

热失控一般由机械滥用、电滥用或者热滥用诱发，三种诱发方式也不是独立存在的，而是存在相互内在关联。例如，机械滥用过程中一般会伴随着电池及电池材料的形变，而这往往会同时引起正负极接触和内短路，从而引发电池内部电滥用。在正负极短接后，电滥用会产生大量的热量，形成热滥用，从而导致电池内部一系列自放热副反应发生，最终引发电池热失控。固态电池的材料本征特性及电池结构都与液态锂电池存在着较大区别，那么这些不同又如何影响电池的安全性呢？这些疑惑都有待进一步的解答。

总体而言，影响固态电池安全的因素主要分为三个部分。如图9.4所示，在正极侧，主要是正极材料本身的分解及固态电解质与正极材料的界面反应；负极侧主要是锂枝晶的生长、金属锂的化学反应及其与固态电解质之间的界面反应；另外固态电解质本身的热稳定性、机械稳定性及其与各种气体产物的反应也是影响电池安全的重要方面。

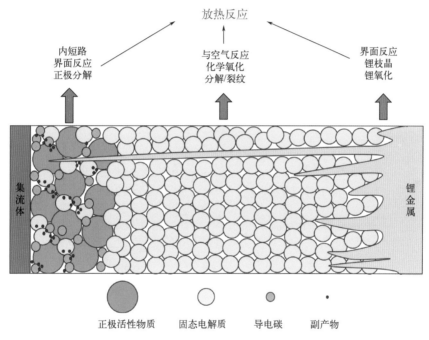

图9.4　影响固态电池热安全性的主要因素

目前，对固态电池热安全性的研究尚处于起步阶段，研究方法和分析手段仍在不断完善中。下面，我们将通过对比液态锂电池热失控路线，详细介绍不同体系固态电池热失控路径特点、内在影响机理以及改善策略。

9.4.1　氧化物固态电池热失控特点及改善策略

氧化物固态电解质热稳定性优异，机械强度高，具有可观的室温离子电导率，而且不像硫化物固态电解质那样遇水容易产生 H_2S。因此学术界对氧化物固态电解质的探索研究从未停止过。近年来，研究者在氧化物固态电解质的材料改性、制备工艺及电池性能等方面都取得了不错的成果。然而，氧化物固态电解质与电极材料之间的热相容性并不稳定，因此氧化物固态锂金属电池的热安全性值得进一步商榷。

2017年，来自丰田中央研发实验室的研究人员Takao Inoue和Kazuhiko Mukai通过设计微型电池，对固态电解质的安全性进行了考察[23]。研究者用DSC对比研究了NCA/NCM锂离子电池和铌掺杂锂镧锆氧（LLZNO）固态电池的产热特性。图9.5所示为用于DSC分析的液态锂离子电池和固态电池的构造示意图。在液态锂离子电池的DSC测试过程中，为了防止正负极短路，负极是卷含在聚乙烯（PE）隔膜中的，而在固态电池的DSC分析中，并没有使用Al箔和Cu箔，而是将组装好的组分放置在Al_2O_3管中以防止短路。

以5℃·min^{-1}的升温速率对样品进行加热，测试温度范围为25~480℃。从图9.5中的DSC结果可以看出LLZNO固态电解质与LCO正极、LTO正极、人造石墨负极均表现出良好的热稳定性，在25~480℃均未出现显著放热峰。而Li金属负极与LLZNO则在185℃附近出现显著吸热峰，该吸热峰是金属Li熔融吸热所致。由此表明，从原材料角度而言，LLZNO与正负极材料均具有较好的热相容性。

接下来对全电池材料的热稳定性进行研究。在DSC升温测试过程中，反应焓越高，表明体系越不稳定。LCO/LLZNO/LTO、LCO/LLZNO/AG和LCO/LLZNO/Li的反应焓分别为57kJ·mol^{-1}、137kJ·mol^{-1}和207kJ·mol^{-1}。但在LCO/LLZNO/Li固态电池添加科琴黑（KB）后，其反应焓由之前的207kJ·mol^{-1}降低至79kJ·mol^{-1}，这主要是因为KB能和LCO热释放的O_2反应生成CO_2，从而避免O_2与金属Li直接反应而大量放热：

$$C+O_2 \rightarrow CO_2 \qquad \Delta_f H = -393.5\,kJ\cdot mol^{-1}$$

$$Li+1/4O_2 \rightarrow 1/2Li_2O \qquad \Delta_f H = -598.73\,kJ\cdot mol^{-1}$$

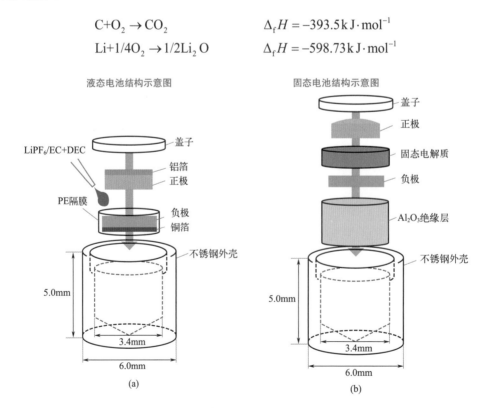

(a) (b)

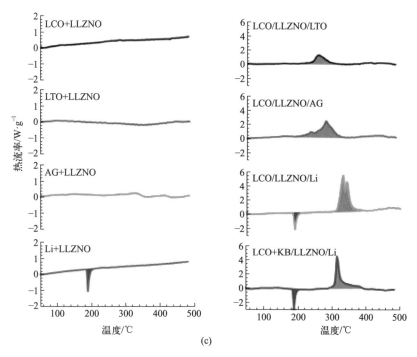

图9.5　DCS分析前后锂离子液态电池（a）和固态电池（b）的构造示意图；（c）固态锂离子电池DSC分析结果。其中AG为人造石墨，LCO为钴酸锂，LTO为钛酸锂，LLZNO为铌掺杂锂镧锆氧固态电解质[23]

　　可以看出，使用液态电解质或固态电解质，全电池均会发生热失控。这些结果表明现有的固态电池还无法做到绝对安全。因此，在未来依然需要努力将放热量进一步降低，以实现固态电池真正意义上的"本征安全"。

　　在氧化物固态电池中，电解质与锂负极在接触时容易发生放热反应，导致与锂箔接触的固态电解质首先粉化，最终在高温下发生热失控。中科院物理所陈立泉院士研究团队对不同氧化物的固态锂电池进行了评估，分别选用了NASICON结构的$Li_{1.5}Al_{0.5}Ge_{1.5}(PO_4)_3$（LAGP）和$Li_{1.4}Al_{0.4}Ti_{1.6}(PO_4)_3$(LATP)，钙钛矿结构的$Li_{3x}La_{2/3-x}TiO_3$（LLTO），以及石榴石结构的$Li_{6.4}La_3Zr_{1.4}Ta_{0.6}O_{12}$(LLZO)四种主流的氧化物固态电解质材料作为研究对象，采用绝热加速量热仪与DFT热力学计算相结合的研究方法，对固态电解质与金属锂之间的化学反应进行了系统研究（如图9.6所示）。测试结果表明，LAGP/Li、LATP/Li在升温过程中出现明显的火焰并释放出大量热量，表明LAGP和LATP与金属锂反应活性高，接触时容易发生明显的热失控。LLTO/Li样品尽管也观察到了放热行为但温度变化较小，而LLZO/Li在整个过程中没有明显的温度上升。对四种样品进行热稳定性排序为LAGP ＜ LATP ＜ LLTO ＜ LLZO[49]。

　　固态电解质与锂金属本质上还是一个固/固接触反应，因此电解质颗粒的物理形貌理论上会对该过程中的反应动力学产生影响。研究人员在ARC中探索了LATP颗粒和粉末与锂金属的不同反应特性。测试表明锂金属与LATP颗粒的热失控温度大概在179℃，而锂金属与LATP粉末的热安全性则明显提高，其热失控温度在301℃。进一步通过X射线CT及电化学阻抗谱等表征手段发现：锂金属在熔融后能进入LATP颗粒的一些缺陷部分（裂纹、孔洞等），从而加速锂金属与电解质的反应，如图9.7所示。因此，锂金属与固态电解质的界面特性对两者的热相容性是至关重要的。而在采用低熔点的3%LiPO$_2$F$_2$改性LATP表面后，其热失控温度明显提高，这也进一步证实了电解质/电极界面层对电池安全性的重要影响[50]。

在升温过程中，LATP氧化物电解质与锂金属的反应可以总结为以下三个步骤：

① 在高温下，LATP与锂金属发生界面反应，造成了LATP结构的坍塌，形成了非晶态的物质，产生高活性氧；

② 随着反应的进行，已达到熔融状态的锂金属迅速与高活性氧反应，释放大量热量；

③ 在后续过程中，固态电解质分解，伴随着Li$_{0.5}$TiO$_2$、Li$_2$O以及Li$_3$P等物质析出，

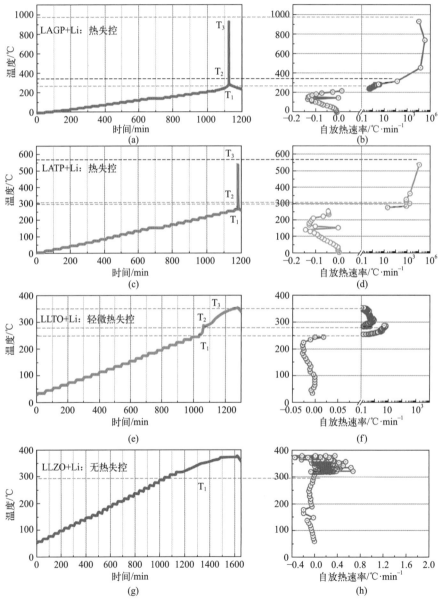

图9.6　不同氧化物固态电解质与Li金属的ARC测试曲线：（a）、（b）为LAGP+Li；（c）和（d）为LATP+Li；（e）和（f）为LLTO+Li；（g）和（h）为LLZO+Li[49]

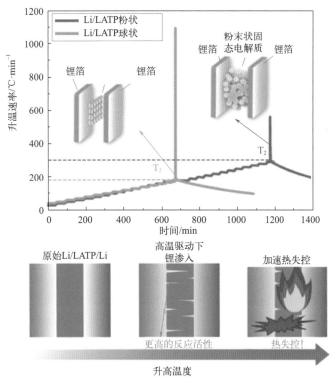

图9.7 LATP高温下与Li金属反应ARC曲线及反应过程示意图[50]

进一步产生氧气，最终发生热失控。

除了材料分析，研究人员针对实用软包层级的固态电池是不是更安全这个问题进行了大量研究。美国国家实验室的研究人员 Alex M. Bates 和 John Hewson 利用热力学模型拓宽了对固态电池安全性的讨论。通过与传统液态商用锂离子电池对比，研究者探讨了常见固态电池的热失控特征，还评估了固态电池中包含的液态电解质的热力学影响。如图9.8所示，三种常见的电池类型被选为研究对象来对其安全性进行评估，包括液态锂离子电池、固液混合电解质电池和固态电池[51]。

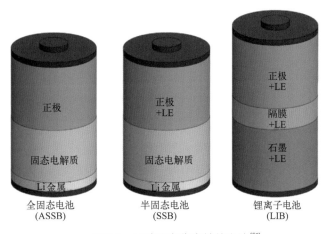

图9.8 三种具有代表性的电池[51]

基于三种不同概念的电池，研究者定量探索了其潜在的热量释放。其中全固态电池（ASSB）不含液态电解质，半固态电池（SSB）在正极层中包含液态电解质，液态电解质锂离子电池（LIB）在负极层、隔膜和正极层中包含液态电解质（LE）。采用60μm厚的多孔$LiNi_{0.33}Mn_{0.33}Co_{0.33}O_2$（NCM111）为正极，碳酸甲乙酯（EMC）作为LE。

考虑了三种具有代表性的热失控：（A）外部加热导致的热失控；（B）短路导致的热失控；（C）固态电解质的机械失效导致的热失控。

方式（A）：由外部热源引起的热失控。对于全固态电池，在没有LE以促进反应的情况下，在较高温度下从正极释放氧气（O_2），固态电解质密度很高，是一种有效的气体屏障，可以防止负极Li和正极释放的O_2之间的接触。对于半固态电池，LE存在于正极的空隙中，它在高温下催化O_2释放（低于全固态体系）。O_2通过与LE反应而被消耗，引起热量释放，并产生CO_2和H_2O气体。但固态电解质膜可以阻止LE、O_2、CO_2和H_2O到达负极。对于液态电池，LE存在于正极、隔膜和负极的空隙中。在高温下释放的O_2因与LE的反应而被消耗。未反应的LE与锂化负极发生反应。这里不考虑由SEI层的降解导致的热量释放，因为这个产热通常仅占负极与LE反应所释放热量的大约5%。

方式（B）：由于电解液的锂枝晶生长导致短路，将所有存储的电化学能量作为热量释放。与方式（A）中一样，固态电解质是一种有效的气体屏障。

方式（C）：固态电解质的机械故障引起的热失控，其中正极侧产生的所有化学物质都可以氧化负极中的Li，其中正极产生的O_2可自由与锂金属负极反应。在半固态电池中，如果正极的孔隙体积分数减少，有限的气态产物可能不会排出。这些未排放的气体可以进一步反应，从而导致半固态电池中的热量释放增加。

三种不同电池的热量释放结果如图9.9所示，在加热过程中（方式A），对于全固态体系，只要固态电解质膜在隔开负极和正极材料方面仍然有效，即使在高温下，ASSB也不会有预期的热量释放。而在半固态电池热失控过程中，添加少量LE的SSB产生的热量比ASSB多，比LIB少。可以看出，在半固态电池中，即使在低LE体积分数下，LIB的热量释放也几乎是SSB估计值的两倍。不过在其他热失控情况下，ASSB和SSB

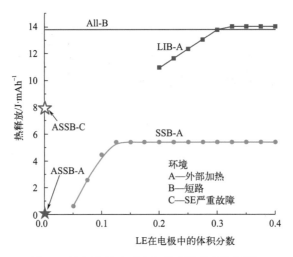

图9.9　不同失控方式下各类电池的产热量[51]

可能并不比 LIB 更安全。短路故障会在 ASSB、SSB 和 LIB 中产生相同的热量释放。此外，如果 SE 发生机械坍塌或者裂纹，会使正极侧的 O_2 与 Li 金属反应，热量释放可能很大。

在固态电池中，如果 SE 较厚，会导致质量和体积能量密度较低。减少 SE 厚度和增加正极负载，可以实现更高的能量密度，但同时同等热量会在更小的质量或体积上释放，造成更严重的热失控。

随着能量密度的增加，SSB 和 ASSB 在短路故障中的潜在升温超过 LIB，表明在这种情况下，SSB 和 ASSB 可能不如 LIB 安全。在薄的 SE 体系中，防止内部短路和固态电解质膜破裂对电池安全至关重要。在不发生内短路情况下，即使随着能量密度的增加，SSB 升温也大大低于 LIB，SSB 中的潜在危险比 LIB 中要小。而在固态电解质膜失效的 ASSB 中，锂与 O_2 反应的升温接近 LIB 的升温。因此，相对于 LIB，高能量密度的 ASSB 和 SSB 可能不会提供明显的安全优势，固态电池的机械完整性对这方面有着较大的影响。

另一方面，半固态电池中少量液态电解质的存在，是否足以抵消固态电解质潜在的安全优势，阻碍其商业化呢？结果显示，添加少量的液态电解质可以降低界面电阻，虽然这可能导致其在特定滥用情况下热量释放得更多，但因为可能性足够小，以至于制造或性能等商业化因素更加重要。因此，综上分析，将半固态电池正极侧液态电解质占比控制在低于10%，是基于成本、可制造性、性能和热失控的折中选择。不过这种计算模型也有其特定的局限性，随着材料、组件和更大规格电池开发的进展，其安全性还需要在不同的实验层面或者热力学模型下进行多尺度深层次测试验证。

在氧化物固态电池中，锂金属负极与固态电解质的不稳定是引起电池热失控的主要原因，因此，如何对锂金属负极或者固态电解质/负极界面层进行改性是提高固态电池安全性的关键。复旦大学夏永姚教授团队[52]针对这一问题，提出采用氮化硼基的脱模剂在 LATP 表面构造一层具有 3D 结构的有机/无机复合涂层。该方法有效阻止了 LATP 与负极界面的反应，提高了稳定性。以丙酮为溶剂，采用喷涂再干燥的工艺，在 LATP 的表面形成一层薄薄的涂覆层，通过 XRD 等表征手段也证明该包覆层主要为氮化硼。通过扫描电镜也能看出，这个包覆层有效隔开了 LATP 与负极活性材料。在组装电池进行电化学测试的过程中，发现这种包覆改性能有效提高电极与固态电解质的电化学界面，提高充放电循环性能。然后，通过制备尺寸为 15cm×7cm 的 Li/LATP/Li 软包电池，采用紫外激光灯及 ARC 对该体系的热安全性进行了探索。通过紫外激光灯的照射结合红外成像仪，可以直观地研究电池内部的热量扩散方向及速度。研究发现，在固态电解质中心进行激光加热后，改性后的 LATP 呈现出更快的热量扩散速度，证明包覆层有利于及时将产生的热量消散掉。进一步，如图 9.10 所示，在 ARC 测试中，未包覆的 LATP 与 Li 的热兼容性较差，负极与 LATP 在 173.1℃ 就开始自放热和化学反应，而且在自放热后，电池很快在 207℃ 就热失控了，最高失控温度达到 591℃。这主要是因为 LATP 与 Li 金属在界面反应容易生成 Li_2O、Li_3P、Li_5AlO_4、Li_4TiO_4，而在升温过程中，尤其是锂金属熔融后，这一反应被加速，而且 LATP 会进一步分解生成 TiO_2、$AlPO_4$、Li_3PO_4、$LiAlO_2$、ALP 等，并伴随着氧气的释放，从而导致剧烈的放热反应和热失控。而在对固态电解质进行包覆之后，电池的起始温度提高到了 193.6℃，而热失控温度也延后到 264.9℃，另外，代表失控过程中热量释放总量的热失控最高温度也下降为 354.4℃，说明在氮化硼包覆后，这层3D保护层能有效地抑制负极与电解质之间的链式放热反应，提高固态电池的热安全性。

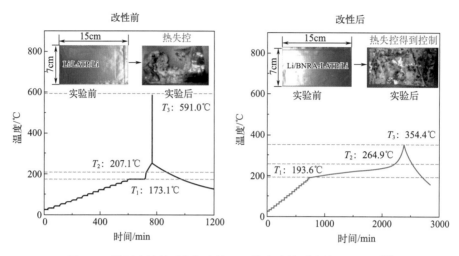

图9.10　界面改性前后软包电池ARC热安全性测试结果对照图[52]

此外，也有研究者通过其他方式在氧化物固态电解质与Li金属界面上进行改性。例如，通过将LAGP纳米颗粒与离子液体电解液形成一个凝胶状的准固态电解质。这种胶状的电解质不仅显著减小了固态电池的固/固界面接触阻抗，提高了电池的电化学性能，也在热稳定性上相较于没有改性的固态电池有较大的提高。将固态电解质与锂金属负极在氩气手套箱内进行加热测试。在300℃下，可以看到，未改性的固态电解质与锂金属在第4分钟的时候就发生了剧烈燃烧，反应后负极基本被LAGP消耗完了，而在具有离子液体基电解液保护层的样品中，一直加热到40分钟，即便LAGP全部浸没在熔融锂金属中，依然没有发生剧烈热失控现象，待降温后，样品损失也不明显，并且将其重新放在Li/Li对称电池中，仍然可以进行电化学循环。通过Raman、XPS及HRTEM等表征可以发现，在升温过程中，离子液体基电解质会分解产生热稳定性高的无定形碳包覆在LAGP表面，从而阻止了固态电解质与锂金属的进一步反应，提高了固态电池的界面热稳定性[53]。

9.4.2　硫化物固态电池热失控特点及改善策略

硫化物固态电解质也是当前主流的两大无机固态电解质之一。该类型电解质离子电导率高、模量较小、加工性能优异，有利于构筑更紧密的电解质/电极固/固界面。而且更重要的是，硫化物固态电解质本身不含氧，因此不会直接在高温释氧与锂金属反应造成剧烈热失控。但是硫化物本身的热稳定性是低于氧化物固态电解质的，而且，硫化物与正负极的热兼容性也受多方面因素影响，因此，硫化物固态电池的安全性也是一个值得深入探讨的课题。

与传统液态锂离子电池相比，基于LPSCl的ASSB改善了放热反应和内部短路。然而，这些评估大多是在温和的条件下进行的，例如在低充电状态（SOC）水平下。当正极材料处于高脱锂状态下时，其与硫化物固态电解质的界面稳定性将变得很差，会对电池安全性带来不利影响。日本学者Hirofumi Tsukasaki等[54]对NCM111与$75Li_2S \cdot 25P_2S_5$

（LPS）共混的复合正极在升温过程中的放热反应进行了探索。通过原位 XRD 及 TEM 等手段，对硫化物和三元复合正极的结构稳定性进行了研究，发现在 DSC 测试中，大概在 340℃ 和 380℃ 可以观察到两个放热峰。进一步通过原位 XRD 对正极固态电解质复合材料的结构进行解析。如图 9.11 所示，在两种不同情况下对电池材料进行原位升温 XRD 测试。一种为常压下（10^5Pa），氮气氛围，另一种为在真空环境中（10^{-5}Pa）。在常压下，300℃ 的时候正极晶体结构便发生了较大的变化，XRD 图上出现了 $CoNi_2S_4$ 的峰，而且 Li_3PO_4、MnS 也在 300℃ 之后开始出现。通过单独对 LPS 进行变温 XRD 测试，发现 LPS 在 100 ～ 200℃ 之间生成 β-Li_3PS_4，然后随着温度升高，β-Li_3PS_4 的特征峰逐渐降低，并且出现 Li_3PO_4 的峰。由此说明，在 300 ～ 500℃ 之间，LPS 和 NCM111 都发生了分解，而且 NCM111 和 LPS 之间也有化学反应发生。另一方面，在真空环境下加热，XRD 图谱出现了不一样的结果。在真空加热到 500℃ 过程中，NCM111 的晶格结构并没有明显变化，只有少量的 $CoNi_2S_4$ 和 Li_3PO_4 生成，该试验证明了加热过程中产生的气态组分（如氧气、硫蒸气等）对 NCM111-LPS 的分解具有重要影响。

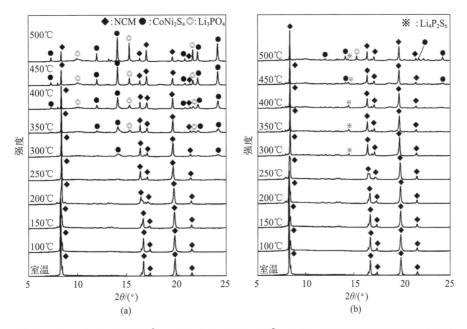

图9.11　在（a）大气压（10^5Pa）和（b）真空（10^{-5}Pa）下，初始充电后 NCM111-LPS 复合材料在不同温度下的 XRD 图谱[54]

　　根据软硬酸碱理论，用 Sn 取代 P 可以降低固态电解质与空气中氧气和水的反应性，因此，Li_4SnS_4(LSS) 可能是更好的电解质选择。通过 DTA 测试发现 LSS-NCM111 复合材料放热起始温度约为 180℃，主要也是由于 NCM111 分解产物与 LSS 在界面处发生放热反应，生成了 SnS_2、过渡金属硫化物、金属氧化物等。在 180 ～ 360℃ 处连续放热，在 400℃ 处有一个大的放热峰。对比而言，LPS-NCM111 的放热起始温度高于 LSS-NCM111 复合材料，总产热量也大于 LSS-NCM111，说明 Li_4SnS_4 具有较高的热稳定性。因此，与氧反应活性较低的固态电解质可以有效抑制产热，提高可实用固态电池的安全性[55]。

　　另一类硫化物电解质，硫银锗矿（LPSCl），其理论电化学窗口范围为 1.6 ～ 2.3V

（vs. Li$^+$/Li），比传统正负极材料的工作电压范围更窄，在升温过程中同样与脱锂正极具有界面不相容性。来自韩国的研究者对在充电状态下的LPSCl和层状氧化物正极材料（LiNi$_{0.8}$Co$_{0.1}$Mn$_{0.1}$O$_2$）组成的复合正极的热失控行为进行了系统探索[56]。研究发现，LPSCl与脱锂的三元正极的热稳定性较差，这一点也可以通过复合正极在不同SOC状态下的点火温度直接证明。由NCM811+LPSCl/LPSCl/In组成的电池使用CC/CV模式被充电到不同截止电压，如4.2V、4.3V、4.4V和4.5V（vs.Li/Li$^+$）。然后将复合正极颗粒放在一个预热的小瓶容器中，在不同的温度下加热。采用热电偶测量容器的温度。在100～200℃范围内以10℃为温度间隔进行测试。图9.12显示了由LPSCl和NCM811组成的复合电极在不同SOC水平下的点火温度。当NCM811充电到≥4.4V（vs. Li$^+$/Li）时，脱锂的Li$_{1-x}$Ni$_{0.8}$Co$_{0.1}$Mn$_{0.1}$O$_2$正极颗粒即使在150℃下也会有剧烈的燃烧。点火温度随着截止电压的增加而降低。热稳定性差的原因是脱锂正极中的不稳定氧与LPSCl发生剧烈反应，形成磷酸锂、金属硫化物、硫化磷、硫化锂和二氧化硫气体。在较高的截止电压下，Li$_{1-x}$Ni$_{0.8}$Co$_{0.1}$Mn$_{0.1}$O$_2$的点火温度较低，这是因为脱锂更多的Li$_{1-x}$Ni$_{0.8}$Co$_{0.1}$Mn$_{0.1}$O$_2$不太稳定，促进了LPSCl和Li$_{1-x}$Ni$_{0.8}$Co$_{0.1}$Mn$_{0.1}$O$_2$反应。此外，当用研杵轻轻研磨Li$_{1-x}$Ni$_{0.8}$Co$_{0.1}$Mn$_{0.1}$O$_2$正极颗粒时，即使在室温下也会有剧烈的火焰燃烧，而不受截止电压的影响。当将层状氧化物正极换成LiFePO$_4$后，即使在350℃，LPSCl与脱锂的LiFePO$_4$也不会被点燃。这意味着该组合的ASSB具有高热稳定性。这是因为PO$_4^{3-}$多阴离子中的强P—O键抑制了LFP的氧气释放。

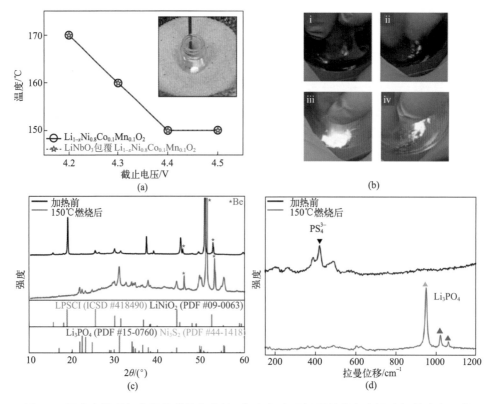

图9.12　固态电解质复合正极的热稳定性：（a）复合正极颗粒的点火温度与截止电压的关系；（b）室温下机械滥用驱动不同SOC下NCM811复合正极的热失控图像：（ⅰ）4.2V，（ⅱ）4.3V，（ⅲ）4.4V和（ⅳ）4.5V（vs. Li$^+$/Li）；（c）复合正极的X射线衍射图和（d）拉曼光谱[56]

在组装好NCM811+LPSCl/LPSCl/In电池后，使用CC/CV模式将复合正极充电到4.5V(vs. Li^+/Li)，再拆开充电的电池，收集复合材料正极粉末进行TG/DTA-MS分析，在约170℃处观察到有一个明显的放热峰，并且伴随着6.5%质量损失。质谱显示，在此温度下产生了CO_2(m/z=44)和SO_2(m/z=64)气体。这意味着NCM811的带电复合正极颗粒在约170℃时会燃烧，释放出CO_2和SO_2气体。LPSCl和脱锂的$Li_{1-x}Ni_{0.8}Co_{0.1}Mn_{0.1}O_2$之间的放热反应产生了$SO_2$，而$CO_2$是由碳添加剂和脱锂的$Li_{1-x}Ni_{0.8}Co_{0.1}Mn_{0.1}O_2$的化学反应产生的。$SO_2$是危险气体，它很容易与水反应，形成$H_2SO_3$。对于LiFePO$_4$+LPSCl/LPSCl/In电池体系，在100～320℃之间观察到了约5.2%的逐渐失重。相应地，在100～320℃之间也逐渐产生CO_2(m/z=44)和SO_2(m/z=64)气体。然而，化学脱锂的$Li_{1-x}FePO_4$粉末在400℃以上是稳定的，释放的热量和氧气可以忽略不计。这些热行为结果表明$Li_{1-x}FePO_4$与LPSCl在热力学上也是不稳定的。然而，与NCM811相比，LiFePO$_4$的复合正极即使在350℃时也没有被烧毁；从复合正极上只观察到没有火焰的烟雾。LPSCl与LiFePO$_4$的热稳定性提高是因为LiFePO$_4$中强的P—O共价键抑制了LPSCl与$Li_{1-x}FePO_4$之间的化学反应。

比较加热前和150℃燃烧后回收的带电复合正极颗粒的XRD图谱、拉曼光谱、XPS和飞行时间二次离子质谱（TOF-SIMS），研究了LPSCl和脱锂的$Li_{1-x}Ni_{0.8}Co_{0.1}Mn_{0.1}O_2$的放热反应机制。可以发现，在150℃燃烧后，LPSCl和$Li_{1-x}Ni_{0.8}Co_{0.1}Mn_{0.1}O_2$的XRD峰完全消失，转而出现$Li_3PO_4$和$Ni_3S_2$的新峰。理论计算表明，半脱锂的$LiNi_{1/3}Co_{1/3}Mn_{1/3}O_2$和LPSCl之间的界面在热力学上是不稳定的，形成硫酸锂、磷酸锂、氧化锂、氯化锂和过渡金属硫化物，如Ni_3S_2和MnS。拉曼分析表明LPSCl在150℃下燃烧后发生彻底的物相变形。燃烧后，LPSCl中PS_4^{3-}基团在420cm^{-1}的振动峰消失，而Li_3PO_4（950cm^{-1}、1022cm^{-1}和1060cm^{-1}）在放热反应后出现。另外，通过XPS光谱测试，发现脱锂的$Li_{1-x}Ni_{0.8}Co_{0.1}Mn_{0.1}O_2$和LPSCl在充电期间甚至在加热之前就发生了界面反应。LPSCl的PS_4^{3-}基团被氧化成PO_4^{3-}和P_2S_5，形成过渡金属硫化物，然后在升温过程中，LPSCl进一步分解为Li_2S和P_2S_5。而LiFePO$_4$复合正极在250℃之前几乎完全不分解，在350℃加热后LPSCl中的PS_4^{3-}特征峰消失，并观察到FeS_2和$Li_4P_2O_7$的新相。

进一步，清华大学欧阳明高院士团队也对硫化物基全固态电池热失控过程中的气-固反应和固-固反应进行深入探究[57]。选用Li_3PS_4、$Li_7P_3S_{11}$、Li_6PS_5Cl和$Li_{10}GeP_{12}S_2$等硫化物电解质匹配常见的$LiNi_{0.8}Co_{0.1}Mn_{0.1}O_2$(NCM811)正极为研究对象。实验结果与主流观点相反，发现脱锂态NCM811与固态电解质反应的放热量要远大于其与液态电解液反应的放热量。并通过DSC与质谱联用（DSC-MS）对该过程的产气行为进行分析。如图9.13所示，在气固反应的驱动下，Li_3PS_4和$Li_7P_3S_{11}$固态电解质在约200℃下被NCM正极相变释放的O_2氧化，产生巨大的热量和有毒的SO_2气体。而对于Li_6PS_5Cl和$Li_{10}GeP_{12}S_2$，其在200℃下与O_2具有良好的热稳定性，不会产生SO_2，但结合非原位XPS等手段，发现其会在300℃下与NCM811正极的分解产物（过渡金属氧化物等）发生固-固反应，释放大量热量。这表明不同硫化物固态电解质与脱锂正极具有的不同失效路径。固态电解质的结构、产气及气体驱动的串扰反应对热失控过程具有重要影响。

众所周知，单体硫具有高挥发性、易燃和易爆性，当其遇到高反应性、低熔点的金

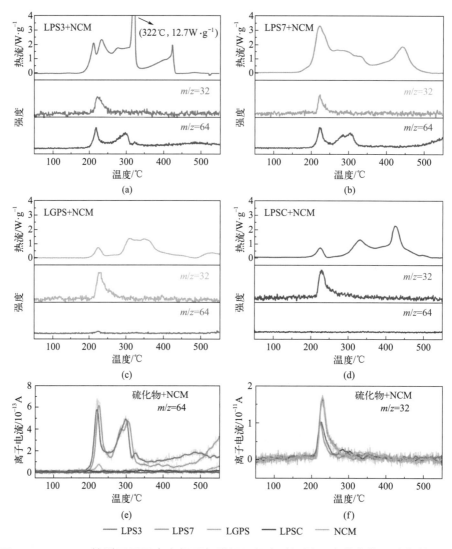

图9.13 DSC-MS检测不同固态电解质与脱锂正极在升温过程中的放热及产气情况：（a）LPS3+NCM；（b）LSP7+NCM；（c）LGPS+NCM；（d）LPSC+NCM；（e）和（f）硫化物电解质+NCM[57]

属锂负极材料时，会发生反应并释放巨大热量（2Li+S → Li$_2$S，△H=435kJ·mol^{-1}）。为进一步厘清电池热失控过程中的气体穿梭反应，中科院青岛能源所崔光磊研究员团队通过自主设计的双反应器系统，如图9.14所示，深入探讨了固态电池体系中电极材料之间的串扰反应对电池热失控的影响机制。通过实验证明了负极侧产生的H$_2$可穿梭至正极，从而加剧放热行为，成为引发电池热失控的关键成因[58]。进一步地，通过选用具有不同热稳定性的电解质体系（包括无机全固态电解质Li$_6$PS$_5$Cl），发现不同电解质体系的Li-S软包均在一个相对集中的温度范围内发生快速热失控，使用无机固态电解质Li$_6$PS$_5$Cl也不能阻止Li-S软包的热失控。在经过系统的原位/非原位界面分析后，发现这主要是由于Li-S体系中，硫正极升华、熔化以及负极锂金属熔融导致正负极在高温下发生串扰反应所致。

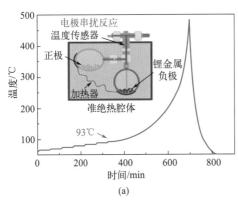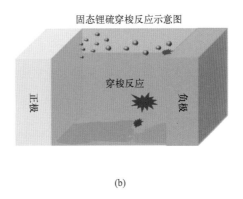

图9.14　锂-硫电池热失控特点：双反应器系统研究负极对正极的串扰行为曲线（a）；固态锂硫电池串扰反应导致热失控机理示意图（b）[58]

大多数固态电解质与金属锂在热力学上是不稳定的，因此导致了固态电解质的分解和界面层的形成。以三种广泛使用的硫化物电解质（LPS、LPSCl和LSPS）为例，研究人员使用绝热加速量热法（ARC）探究其与金属Li之间的界面特性和热稳定性之间的基本关联[59]。在ARC测试中，使用HWS模式，将样品从50℃加热到400℃，温阶为5℃。在各温度增量之间设置20分钟的等待时间。等待步骤结束后，在搜索阶段中如果发现由于自放热而导致的温度上升（dT/dt）大于0.02℃·min^{-1}，系统将切换到绝热模式，并追踪样品温度的上升，直到达到实验预设的最高温度。如图9.15所示，未循环的LPS样品在296.5℃（T_1）时第一次放热，在349.6℃发生自放热（T_2）。超过这个温度，自放热速率迅速增加，高达8.032℃·min^{-1}，这导致热量的大量累积，最高温度达到427.7℃。样品循环前后的特征温度几乎没有变化。对于LPSCl电解质，未循环的样品在185.8℃和275.7℃表现出两个主要的放热峰，循环前后也没有观察到特征温度和自放热速率的明显变化。在185～190℃之间较小的放热峰可能是由于熔融锂和界面产物之间的反应，而在275～300℃时放出大量的热可能对应于界面的热分解及其随后与熔融锂的反应。与LPS和LPSCl样品不同，LSPS样品表现出截然不同的放热行为，未循环时它在295℃时表现出一个大的放热峰，并且检测到一个较高的自放热速率（高达196.3℃·min^{-1}），这导致了热失控，最高温度达到412.7℃。循环的LSPS样品中的热失控行为更加严重，在锂的熔点附近（177.1℃）出现巨大的温度峰值，并在193.6℃发生自放热。此外，自放热速率高达19652.2℃·min^{-1}，最高温度为505.4℃。

ARC实验中获得材料层面的热特征揭示了SE/Li界面的放热反应动力学。ARC曲线中从缓慢放热（T_1）到热失控（T_3）的过渡阶段可以用来提取动力学参数[即活化能（E_a）、频率因子（A）]和反应焓（H），基于方程式（9-2）和式（9-3）可以把这些参数与每个SE/Li界面的放热反应相对应。

$$\ln\left(\frac{\mathrm{d}T}{\mathrm{d}t}\right) \approx \ln\left[A\left(T_3 - T_1\right)\right] - \frac{E_a}{RT} \tag{9-2}$$

$$H = c_p\left(T_3 - T_1\right) \tag{9-3}$$

　　根据ARC实验捕捉到的热反应（图9.15），未循环的LSPS/Li界面放热通过与这种热相互作用相关的频率因子（A）来说明。未循环的LSPS样品从T_1到T_3的ARC特征表示界面上有很高的放热反应速率，而高的放热反应速率也伴随着高的反应焓。这些热动力学参数共同决定了ARC实验中观察到的循环后LSPS样品表现出明显较高的温升和自放热速率。

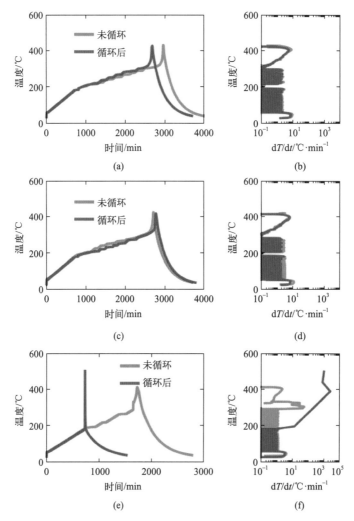

图9.15　SE/Li界面热稳定性的ARC曲线：（a）Li/LPS/Li，（c）Li/LPSCl/Li和（e）Li/LSPS/Li；电池的自放热速率曲线：（b）Li/LPS/Li、（d）Li/LPSCl/Li和（f）Li/LSPS/Li[59]

　　电解质的热失控特征温度参数在表9.5中进行了总结，在未循环状态下，LPS、LPSCl和LSPS与锂金属也会发生界面热失控。对于LPS和LPSCl来说，循环前后的特征温度几乎没有变化，在锂熔点附近熔融锂和界面产物反应，放出的热量进一步触发界面热分解，产生较大的放热峰。LSPS在循环后热失控行为大大加剧。值得注意的是，在ARC测试过程中没有电流通过，所获得的热特征归因于界面的化学成分，与电池电阻无关。因此，循环前后任何样品界面成分的变化都应该表现为不同的热反应。根据LPS、LPSCl和LSPS在未循环/循环情况下检测到的ARC特征，推测LSPS在电化学循环过程中可能涉及一种新的分解产物。即使这种分解产物是热稳定的，它也有可能作为一种催化剂，诱导另一种成分的分解，从而在界面上产生放热效应。

表9.5　通过ARC实验量化SE/Li界面的特性温度

项目	LPS		LPSCl		LSPS	
	未循环	循环后	未循环	循环后	未循环	循环后
T_0/℃	187.6	188.3	185.8	187.3	186.5	N/A
T_1/℃	296.5	296.7	275.7	286.3	291.0	177.1
T_2/℃	349.6	346.1	342.8	345.5	295.0	193.6
T_3/℃	427.7	422.3	426.1	419.3	412.7	505.4
$(dT/dt)_{max}$/℃·min^{-1}	8.032	5.735	6.572	6.923	196.3	19652.2

注：T_2为$dT/dt > 1$℃·min^{-1}（LPS和LPSCl），$dT/dt > 60$℃·min^{-1}（LSPS）。

一般来说，硫化物中的PS_4^{3-}基团可以与正极氧化物反应形成磷酸盐基团和金属硫化物，导致硫化物电解质不稳定。通过对电解质与金属锂接触24小时的样品（未循环电池）和在0.1mA·cm^{-2}，容量10mAh·cm^{-2}条件下电化学循环约100小时后的样品（循环后电池）进行XPS实验，研究界面组成，进一步验证了这一假设。对于未循环的LPS样品，检测到Li_2S、Li_3P和还原性磷化合物的产生。在电化学循环后，这些物种峰值衰减，表明LPS不会发生连续的分解。LPSCl与金属锂接触后分解为Li_2S、Li_3P和还原磷化合物。对于循环后的LPSCl样品，虽然Li_2S峰的强度有很大的下降，但没有观察到对应于Li_3P和还原性磷成分的峰。由于循环/未循环的LPS和LPSCl样品显示出几乎相同的热反应，观察到的放热可能是由于共同产物之一的热分解。

当LSPS与Li接触时，除了有Li_2S、Li_3P和还原性磷成分的形成外，也发现了$Li_{17}Sn_4$存在，即LSPS中的Sn^{4+}被还原成Li-Sn合金，这为界面提供了电子导电性。对于循环后的LSPS样品，除了Li-Sn合金，在Sn 3d XPS光谱中还观察到一个新的、与金属Sn的结合能类似的峰值，这可能是因为在电化学循环过程中，LSPS中的Sn^{4+}被进一步还原为金属Sn。

与LPS和LPSCl相比，未循环的LSPS出现一种独特的成分：Li-Sn合金。结合未循环的LSPS样品与LPS和LPSCl放热行为的不同，界面作用和热稳定性之间的关联被揭示。未循环的LSPS样品热失控发生在295.0℃，而循环的LSPS样品的热失控发生在193.6℃，并伴随着自放热速率和最高温度的急剧增加。综合分析ARC和XPS，推断出LSPS界面的演变与180℃附近的放热反应有关。Li-Sn/Sn成分的电子传导性，导致了界面反应的持续进行，这也进一步影响了界面上的放热。此外，尽管循环后LSPS界面中的金属锡是可以稳定存在的，但它可以作为催化剂，促进另一个成分的分解，反过来影响放热反应。总的来说，LSPS界面在循环前后的组分差异与ARC实验中观察到的明显不同的热反应是相吻合的。

图9.16总结了LIB（石墨负极）、LMB和以LCO为正极的1Ah容量的SSB的五个关键热安全属性。（t_2-t_1）表示T_1和T_2之间的时间间隔，$(dT/dt)_m$表示最大温升率。通过对比，总的来说，SSB虽然需要更大的温度来启动热失控，但一旦达到这个极限，自放热速率和温度上升是非常严重的。此外，界面反应的产物在决定热失控路径方面起着关键作用[59]。

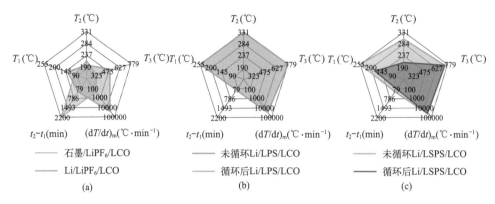

图9.16　不同电池体系的热失控参数对比图[59]

综上，LIB和SSB热失控的主要区别表现在以下几个方面：

① LIB的自放热（T_1，90℃）和热失控（T_2，205℃）的起始温度比SSB低。

② SSB的（t_2-t_1）明显低于LIB。表明SSB在T_1之后有更高的自放热速率。

③ 与LIB相比，SSB的（dT/dt）$_{max}$和最高可达到的温度（T_3）要大得多。

目前，针对硫化物固态锂电池负极界面的热安全性研究还处于起步阶段，缺乏完整的基础理论研究与技术支持，开展基础和应用性的研究工作对满足高容量、长期稳定和高安全固态电池的需求至关重要。

9.4.3　聚合物固态电池热失控特点及改善策略

固态聚合物电解质可以克服传统LIB中液体电解质泄漏和易燃的问题。与无机电解质相比，聚合物电解质表现出良好的界面接触、良好的电化学稳定性、易于制造和经济可用性。基于这些优点，固态聚合物电解质的研究引起了广泛关注。其中，最具代表性的固态聚合物电解质是聚环氧乙烷（PEO）体系，并且研究表明，即便搭配不稳定的锂金属负极，采用PEO基聚合物固态电解质体系的电池安全性也优于常规的商用液态锂离子电池（图9.17）。

聚合物电解质整体热稳定性不如无机固态电解质，而且聚合物与锂盐的搭配也使得其在滥用过程中表现出差异性的热失控特点。中国科学院青岛生物能源与过程研究所固态能源系统技术中心在聚合物基固态电池的安全性探索方面做了大量的工作。为了解决锂金属电池体系循环性能差及安全性不高等缺点，该团队基于前期开发的刚柔并济聚合物电解质体系，提出采用三层夹心式结构对锂负极进行保护。在电池温度升高过程中，聚合物电解质中的碳酸亚乙烯酯与2-乙基己酸乙烯基酯发生共聚，在电解质与锂金属负极界面形成一层不导锂离子的绝缘层，切断锂离子传输路径，对预防不当充放电过程中引发的热失控起到重要的保护作用[60]。此外，该团队还开发了一种热智能响应聚合物电解质，通过两种不同单体的聚合来有效阻止电池的高温热失控行为（图9.18）[61]。在室温下，通过锂金属引发的阴离子聚合，可以在锂负极上形成良好的聚合物保护层，使锂对称电池能可逆地沉积/剥离超过2000h，甚至在10mA·cm^{-2}的大电流密度下也不会产生锂枝晶。在受热情况下，该电解质可以通过自由基聚合反应迅速从液态转变为准固态，降低离子传输能力，减少可逆热及不可逆热的产生，同时提高电解质的模量和热稳定性，降低内短路风

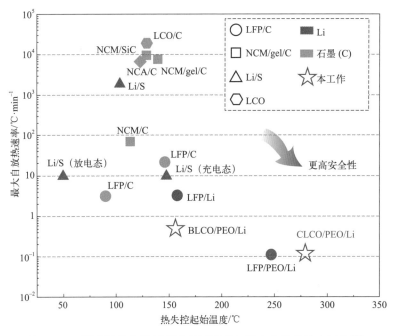

图9.17 不同电池热失控过程中起始温度与最大自放热速率对比[60]

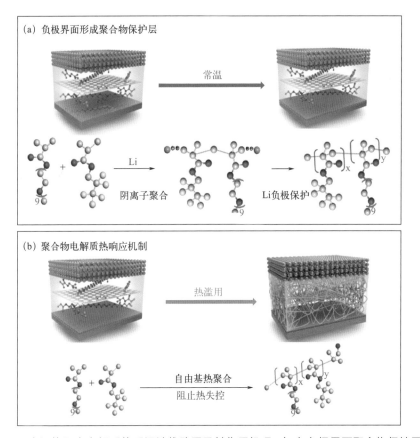

图9.18 高温热聚合电解质体系设计线路图及其作用机理：(a)负极界面聚合物保护层形成机理；(b)热失控过程中聚合物电解质热响应机制示意图[61]

险，从而显著改善了电池的安全性能，使电池在150℃的高温下能安全运行。值得注意的是，该电池即使在280℃的极高温度下也不会发生热失控。这项研究不仅为电解质的界面化学改性提供了重要参考，而且为开发安全的LMBs开辟了新途径。

进一步，该团队通过对聚合物单体进行理论计算筛选和结构设计，选取含有环状碳酸酯结构的丙烯酸酯单体（CUMA）和丙烯酸-2-异氰酸乙酯单体（IEMA），与锂盐原位聚合制备聚合物电解质（图9.19）。该电解质不仅展现出较高的电化学稳定性（0～5.6V，$vs.$Li$^+$/Li），而且与正负极具有良好的界面相容性，形成的界面层也能实现优异的电池倍率及长循环性能（NCM622/Li电池）。在升温过程中，氨基甲酸酯与异氰酸酯发生亲核加成反应，在正负极之间形成网状交联结构，有利于阻止内短路引起的氧化还原反应，从而提升电池的热安全性[62]。

在对软包电池进行ARC测试时，如图9.20所示，液态电池在130℃左右开始放热，

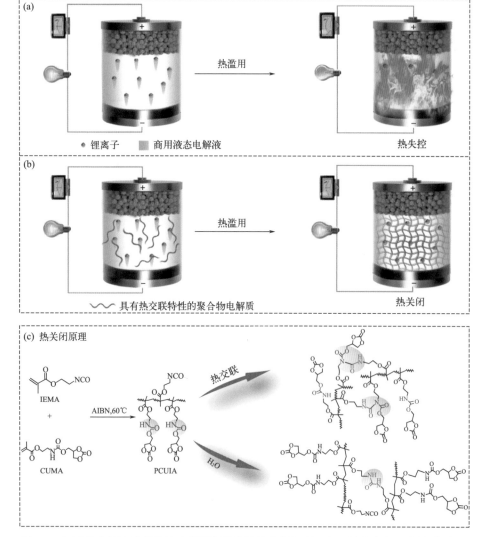

图9.19　聚合物电解质中单体热交联阻断热失控的作用机理：商用液态电解质电池（a）和聚合物固态电池（b）在热滥用下的热失控示意图；（c）聚合物高温热关闭机理示意图[62]

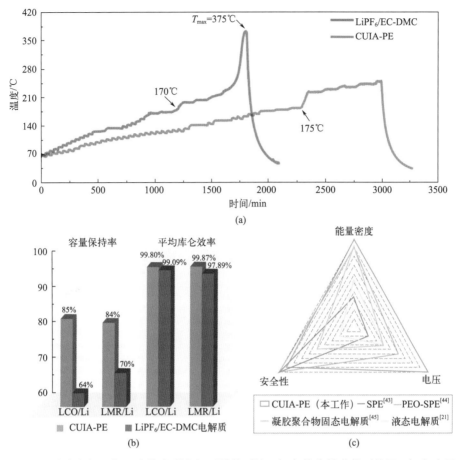

图9.20　液态电解质与聚合物交联电解质性能对比：（a）热失控曲线对比图；（b）容量保持率及库仑效率对比图；（c）本工作与前期研究在能量密度、电压及安全性方面的综合对比图[62]

并在170℃时发生热失控；而对于采用热交联聚合物体系电解质的软包电池，仅仅在175℃左右有一个放热峰，且放出的热量和液态的相比减少了很多。并且电池自放热并没有一直持续，而是在210℃左右就停止了，这说明CUMA与IEMA在高温时发生的交联聚合，有效阻隔了电解质与电极材料之间的热化学反应，并抑制了电池正负极间的气体串扰，提高了电池的安全性能。与此同时，与液态电解液电池相比，该聚合物体系电池无论是在容量保持率、库仑效率、安全性还是能量密度和电压窗口等方面均表现出明显的优势和巨大的应用前景。

中国科学院物理研究所陈立泉院士团队采用ARC对LCO/PEO-LiTFSI/Li全电池进行热失控测试。发现相比于采用液态电解质的钴酸锂/石墨电池，采用PEO电解质的体系均表现出较优的热失控特征温度。如图9.21所示，传统液态电解质电池在100℃以内开始自放热，在150℃左右达到热失控，PEO固态电解质电池（BLCO）自放热温度提高到155℃左右，而在LCO/PEO界面构建了一层VC-LiDFOB保护层后，其ARC测试的T_1提高至280℃（CLCO）。采用PEO固态电解质的电池均表现出较低的自放热速率及较高的热失控温度，说明将液态电解质换成聚合物固态电解质后，传统的液/固界面变成固/固界面，提高了电池整体的热稳定性及电池内部自放热引发温度。此外，正极界面改性与未改性电池的对比表明固态电解质电池的自放热主要来源于脱锂正极材料与PEO固态电解质的反应，而不是来自负极金属锂与PEO之间的反应。通过原位聚合物形成的界面能有效地切断了脱锂正极与PEO电解质的反应，因此表现出更好的电池热稳定性[63]。当然，该工作中加入的VC很容易在升温过程中发生分解，并产生大量的气体，这容易造成电池鼓胀而带来新的安全隐患。

该团队进一步对LCO正极及NCM三元高镍正极与PEO固态电解质的安全兼容性进行了系统的探究，证实PEO在LCO正极体系表现出比液态电解质更好的安全性能，主要是PEO能在LCO表面形成一层钝化层，可有效阻止LCO在升温过程中的氧气释放。但是，PEO在多晶NCM811体系中并不能充分浸润且不能形成有效的界面层，因此无法有效阻止正极的相转变及氧气释放（图9.22），导致电池的安全性并没有因为使用聚合物固态电解质而得到提升[64]。

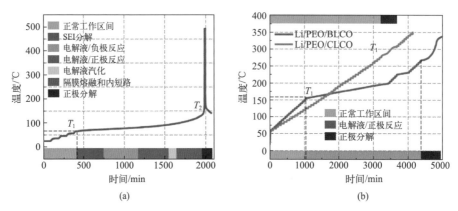

(a)　　　　　　　　　　　　(b)

图9.21　LCO/PEO-LiTFSI/Li全电池与传统液态电解质锂离子电池热失控行为对比：（a）传统液态电解质的锂离子电池（LCO/石墨）热失控曲线；（b）LCO/PEO-LiTFSI/Li固态电池热失控曲线[63]

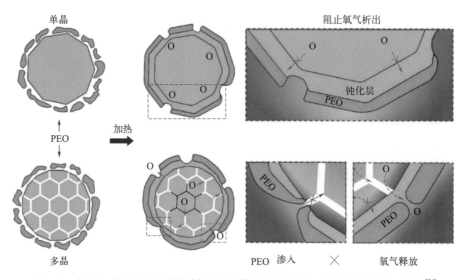

图9.22　单晶和多晶三元正极材料与PEO基电解质在高温下的作用机理示意图[64]

9.5 固态电池热失控模拟分析方法

固态电池在能量密度和安全性能上都表现出了极大的优势，因而在动力电池和储能领域均备受关注。然而，固态电池的研究存在具体实验的复杂性、长周期性以及各种数据的不易测量性等问题，通过建立模型对实验进行模拟是一种行之有效的解决方式。为此，下面总结了几种对电池性能和安全性进行理论分析研究的常见模型，用来预测实验结果，简化实验过程，解决电池在实际运行过程中遇到的各种问题。

在电池热失控过程中，电池的层状结构、孔隙度、固液成分等具有非均匀性，而且放热链触发原因存在多样性，导致实际的热失控传播可能非常复杂。Zhao 等[65]通过模拟固相材料中的反应传播，建立了一个简单而又合理的模型来描述这种现象。将单个电池看作是一种预混合的、均匀的固体反应物，将热失控过程类比于固体材料的燃烧，忽略热膨胀的影响，用阿累尼乌斯反应来表示热失控过程，在一维笛卡尔坐标下满足能量和物种守恒方程，从而建立一种电化学-热耦合模型。具体而言，通过引入特征参数进行无量纲处理，基于边界条件分析来量化反应前端热失控传播的速度。在建立的耦合反应热传导模型中，引入无量纲参数 β 和无量纲温度 θ_u，通过渐进分析，获得热失控传播速度 c，用来描述单电池内的热失控过程。通过方程推导，获得了零级、一级反应的热失控传播速率和 β、θ_u 之间的关系：

$$\text{零级反应：} \quad c = \sqrt{2e^{-\beta+\beta^2}\theta_u(1-e^{-\beta})} \tag{9-4}$$

$$\text{一级反应：} \quad c = c(\theta_u, \beta) = \sqrt{e^{-\beta+\beta^2}\theta_u(1-e^{-\beta})} \tag{9-5}$$

通过相图分析便可获得 c 的数值解。研究发现在材料层面上，活化能高、放热性低的材料热失控传播速度更快。并且在传播过程中，单个电池外未失控区域的温度越高热失控传播速度越快，因此辅以适当的电池冷却装置可以有效地减缓热失控。

固态电解质的力学失效是由电极粒子插入诱导的膨胀引起的，其中微裂纹的形成会大大降低其离子电导率，加速电池性能的衰减。断裂是在电化学循环过程中形成的剪切应力和拉伸应力共同作用的结果。预测电池运行过程中是否会形成微裂纹对固态电池的安全性至关重要。Bucci 等[66]通过耦合电化学-力学模型来建立二维模型研究复合固态电极的断裂机理，以离子和电子导体的均质混合物为基体建模，通过内聚力模型来量化由电极粒子的化学膨胀引起的断裂发生的条件，模拟微观结构中局部应力应变的演变情况。其本质是在潜在裂纹路径中预先插入内聚元素，限制裂缝的扩展，使其只能沿着有限元界面传播。模拟发现缺陷和压力更容易在尖端角落附近积累。作者通过改变固态电解质材料的断裂能进行了一系列的数值试验，发现当电极粒子的膨胀率低于7.5%，且固态电解质的断裂能高于 $4J \cdot m^{-2}$ 时，可以防止断裂。而大多数固态电解质的膨胀率均低于7.5%，因此，机械损伤主要依赖于固态电解质的断裂性能。

在图9.23所示的例子中，断裂都以一种稳定的方式传播，曲线上的平台表示裂纹增长达到饱和。对于图中的每条曲线，可以识别出三个阶段：第一阶段为断裂的产生阶段；第二阶段中裂纹以近似恒定的速率扩展；第三阶段扩展速率降低，裂纹长度达到饱和。并且，硬度更高的材料，裂纹成核被延迟，传播速率随着断裂能的降低而增大。

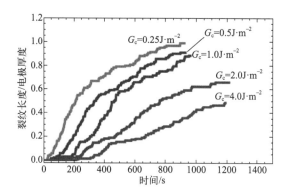

图9.23　通过有限元模型计算的固态电解质材料中微裂纹的扩展过程。断裂能在 $0.25 \sim 4.0J \cdot m^{-2}$ 范围内，五种不同裂纹长度随时间演变行为[66]

Johnson等[67]在量热法结果的基础上建立了一个温升模型，用来模拟大型固态锂电池在加热测试和短路期间（30C放电速率）的瞬态温度分布情况。该模型假设Li与 O_2 反应会生成 Li_2O，未超过一定温度时该产物会阻止锂与氧气的进一步反应。该模型量化了重要的热行为，包括最大温度、最大加热速率和热释放的起始温度。加热测试结果表明，大型固态锂电池自放热的起始温度和最高温度明显高于液态锂离子电池；随着SOC的升高，自放热速率和最高温度都会增加。短路测试表明，由于热扩散，短路区域在短时间内产生的热量，会导致未短路区域发生热失控，且未短路区域热失控的最高温度要高于短路区域。因此阻止熔融态的锂和正极产生的氧气进一步发生反应，是控制电池热失控的关键。

热失控发生在单个电池内部时，活性物质之间相互反应导致迅速温升，从而引发热失控。而在模块内部，如果热管理系统不能正常工作，单个失控电池的热量会传播到相邻的电池内，触发其热失控，导致电池间的失控传播，迅速释放大量的热，将造成电池组发生灾难性的故障。因此对多模块电池组中模块与模块间的热失控进行研究是十分有必要的。清华大学欧阳明高院士团队[68]通过实验和建模分析，研究电池组模块间的热失控传播行为。选用包含八个模块的电池组为研究对象。每个模块由十二个电池串联组成。如图9.24所示，对D2模块进行加热，研究D1、D2、U1、U2模块的热行为。

图中D2为触发热失控模块，U2、D1为相邻模块，U1为其他模块。根据研究结果将电池传播过程分为三个阶段：第一阶段是热失控在电池中的传播，1511s后靠近加热

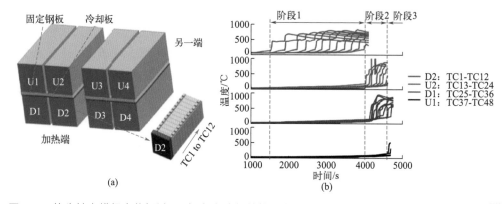

图9.24　热失控在模组内传播过程：（a）电池组结构示意图；（b）热失控在电池组内的蔓延过程[68]

器的电池触发热失控，在此过程中触发热失控的电池虽然将热量散发到周围环境中，但相邻模块并未发生热失控，传播速度较慢；第二阶段对应于相邻模块中热失控的传播，传播速度加快；第三阶段中热失控传播到其他模块，蔓延到整个电池组，在模块间相互传播，传播速度大大增强，在短时间内释放大量的热量。第二、第三阶段的传播迅速，难以控制，因此，对热失控的预防措施应在第一阶段进行，将热失控控制在电池内部。而且，发生初始热失控的模块，其上方模块会最快发生热失控。因此在电池模组设计时，应着重注意上下耐热结构的设计，并在初始模块发生热失控时及时予以控制。

上述这些模型或者实验方法可以帮助我们快速研究电池的力学行为和热失控行为，探究新材料能否符合电池实际应用，为固态电池性能分析提供一种简便的策略。但无论是哪种模型，必然会在某些方面进行简化和假设，与实际条件存在一定的误差。因此，模型的使用必须在相应的条件下进行，设计出来的模型也只是为了更好地去研究电池，探究哪一种方案具有可行性，以便提前预测实验结果，或对实验过程进行简化，节约时间成本。模型的使用需与具体的实验相结合，并不断进行改进，以求更高精度的拟合性。

9.6 固态电池安全评价的其它方法

随着新材料和新技术的发展，除了常规的量热仪，越来越多的其他测试技术也开始应用在电池的热安全性评估中。下面介绍几种典型的固态电池安全检测技术。

9.6.1 热失控成像技术

成像技术具有无损、实时及操作方便等优点，可对固态电池在升温过程中的形貌变化及内部温度场分布进行监测。

显微镜是固态电池成像最简易的检测方式，但是在对电池进行热安全评价的过程中，往往需要对普通显微镜进行改造，将其与热台或其他加热装置联用，才可得到电池在温度变化过程中的形貌变化。

普通光学显微镜是成像的最便捷方式，但其分辨率有限，只能得到电池外貌等相对宏观的信息。目前在固态电池中，原位升温的扫描电镜（SEM）及透射电子显微镜（TEM）是对固态电池微观形貌及界面进行表征的有效方法。例如，燕山大学黄建宇教授等[69]通过搭建原位光学显微镜-红外热成像仪联用平台，对LATP固态电解质热失控过程进行了直接观察，发现在氩气环境下锂金属与LATP固态电解质在300℃时便发生剧烈的燃烧反应。Hirofumi Tsukasaki等[70]也通过原位升温TEM对复合正极中的硫化物固态电解质进行了直接观测，分析了其升温过程中的热稳定性及其分解过程（图9.25）。

除了不同分辨率的显微镜技术，X射线成像可以从另一个角度揭示固态电池的热安全性。微米或纳米X射线CT技术在固态电池内部结构成像方面有重要应用。通过不同材料对X射线的不同吸收率，可以对固态电池内部形变、锂枝晶生长等情况进行直接观测。中国科学院青岛生物能源与过程研究所崔光磊团队[71]采用同步辐射X射线CT技术，对LSPS固态电解质的变形、裂纹蔓延及内短路等进行了详细观察与分析，发现了循环过程中锂枝晶的蔓延过程，直观检测到了电池的失效路径（图9.26）。

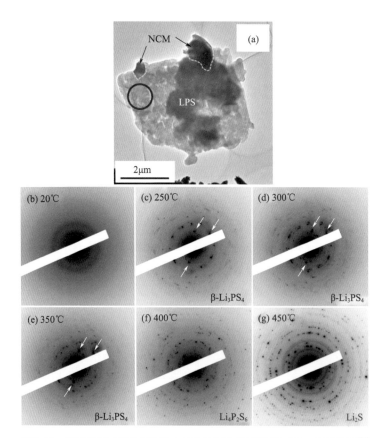

图9.25　首圈充电后复合正极中LPS在不同温度下的TEM成像结果[70]

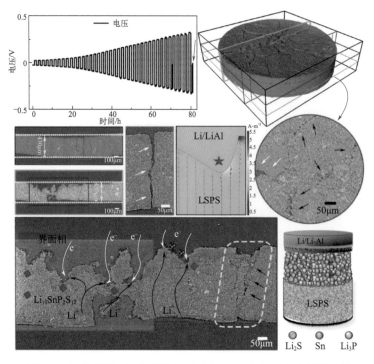

图9.26　同步辐射X射线成像表征LSPS固态电解质的内部形貌[71]

超声波成像技术是另一类无损成像技术，一般是借助频率高于20kHz的声波进行检测。超声波具有良好的穿透性和方向性，在成像过程中具有独特的优势。华中科技大学黄云辉团队[72]在超声波成像技术方向具有深厚的积累，其团队开发的超声波设备已成功应用于各类电池的内部信息检测。如图9.27所示，在固态电池中，通过设计超声波发射和接收装置，可以对电池内部的结构和界面等信息进行成像分析。

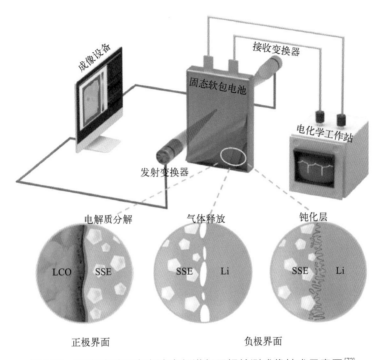

图9.27　超声波对固态电池内部进行无损检测成像技术示意图[72]

9.6.2　电池传感器检测技术

传感器技术是目前广泛应用在不同领域的重要信息技术，它通过感知或者检测被测量者的信息，然后按一定规律转化为电信号或者其他类型的信号进行传输、处理、显示或者存储。传感器具有动态响应快、结构简单、适应恶劣环境能力强和热稳定性高等特点，近年来也被广泛引入到电池检测中，能够对电池的温度、压力、内部机械形变等过程进行监测和分析。传感器检测手段也从开始的外部简单贴合发展为内部嵌入，为电池安全的检测提供了宝贵信息。

温度是电池安全最重要的特征参数，传统外置传感器通常是检测外部接触部分的温度，这与电池内部的实际温度可能存在误差。因此，发展高精度内置温度传感器是近年来电池检测技术的一个重要方向。目前温度传感器主要分为三大类：热电偶型、热电阻型及光纤传感器。

热电偶及热电阻传感器在常用的量热仪或者温度测试中经常使用，在用作电池内置传感器时，主要是对这二者的形状、尺寸及柔韧性等进行调整，使其更好地适应电池的内部结构。Mutyala等[73]提出将柔性聚合物嵌入薄膜热电偶（TFTCs）并插入锂离子软包电池中进行实时温度监测。通过将聚酰亚胺嵌在玻璃基板上来制备TFTCs传感器，然后转移到薄铜箔上。该传感器传输过程可以很容易集成到软包电池的组装过程中，因此在电池内部吸放热及热滥用安全评价方面有重要应用。Zhu 等[74]将内阻温度传感器制成薄膜，并与电池极片结构进行有效整合，提出了集成组装电池的新方法，最大限度地避免了电池在循环过程中的容量损失和损坏，获得了实时、准确的电池内部温度测试数据。

值得注意的是，在电池热失控过程中，内部温度可能会升至500～1000℃，并且伴随着复杂的化学反应，致使传感器的工作环境充满挑战。因此，传感器必须具有足够的耐高温、耐腐蚀等特性。光纤传感器凭借其灵活性、尺寸小、重量轻、耐高温高压、耐化学性、不导电且抗电磁干扰等优势而成为这些任务的理想解决方案。光纤传感器通过将光信号的特征参数（例如波长、强度、相位、偏振态等）与局部温度、应力、压力和折射率等因素相关联来工作。Pinto 教授研究小组[75]首先报道了在电池内部集成光纤传感器用于实时温度测量，随后进行了一系列多点测量研究。随后，他们进一步提出了通过使用保偏光纤布拉格光栅（FBG）以及混合FBG和法布里-珀罗干涉仪（FPI）来实现电池内部应变和温度辨别的先进传感方案。另外，倾斜光纤布拉格光栅传感器、空心光纤传感器和红外光纤倏逝波光谱技术也陆续被开发出来，这些方法也可以实现原位监测电解质/电极化学反应。中国科学技术大学王青松团队[76]开发了一种紧凑型多功能光纤传感器（长度为12mm，直径为125μm），能够直接插入电池中，连续监测电池热失控期间的内部温度和压力影响。采用该传感器可观察到电池热失控和光学响应之间存在稳定且可重复的相关性。研究发现，电池热失控过程中传感器的信号显示两个内部压力峰值，对应于电池内部产气及放热反应两个阶段。进一步通过分析电池温度和压力微分曲线，电池内部微观的放热反应开始过程被检测到了。这一方法对电池安全评估和热失控预警具有重要借鉴意义。

压力传感器技术总体来说比较成熟。在电池内部，压力传感器主要起到一个对内部机械应力(主要为拉应力和压应力)进行检测的作用。目前相关研究中，电池压力传感器一般采用光纤传感器。光纤传感器一般由光纤芯折射率的周期性调制组成。光纤中的这种周期性调制作为一个选择性滤波器，反射满足布拉格定律的窄光带，它决定了被称为布拉格波长的波段的中心。当光纤沿其轴拉伸或压缩时，调制部分被物理地改变，布拉格波长相应地移动。因此，监测反射带的中心波长可以反馈光纤中的诱导应变和应力。法兰西工学院的 Tarascon 教授[77]设计了一种高性能布拉格光栅传感器，结合世伟洛克连接件，对固态电池的内部应力进行了有效测试。为电池内部压力与外界电压、温度等多因素耦合分析提供了方法（图9.28）。

光纤传感器虽然在监测电池应力效果方面明显，但是相对来说制备操作复杂，制备及监测成本较高，而且当传感器在极片上时会影响电池的电化学性能，这些都需要进一步改进。

上述的内嵌式传感器技术可以直接输出电池内部的温度和压力变化信息，有利于对电池状况进行深入分析，保证电池的安全。但是这些方法仍然存在一些问题。已成型的传感器器件直接置于电池内部不仅会增加电池的内部体积，减小电池能量密度，而且还会因为传感器的植入导致电池内部极片贴合不紧，引起电池极化，造成电池容量衰减，

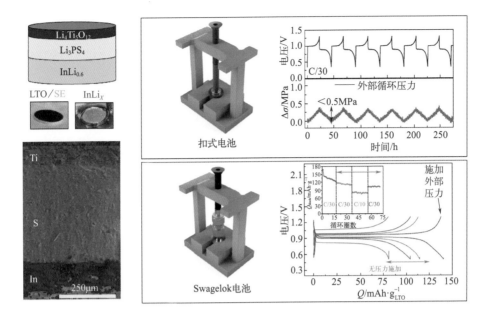

图9.28　布拉格光栅传感器监测固态电池界面应力变化示意图[77]

倍率性能下降。所以，如何在不影响电池电化学性能及能量密度的情况下，将传感器内置于电池来实时监测电池内部温度、压力等参数变化，是亟待解决的问题。

9.7　本章结语

本章主要讨论了不同类型固态电解质的本征安全性、电极材料与固态电解质的界面热相容性、固态电池热安全评估常见测试方法及原理以及不同类型固态电池的热失控机理及改善措施等。

固态锂电池虽然在解决电池安全性方面被寄予厚望，但是研究表明：目前的固态电池材料体系并不意味着具有本征安全性，还需要进一步优化设计；不同类型的固态电解质（无机固态和聚合物固态电解质），均不能保证电池的绝对安全，而且有些体系，尤其是在发生气体串扰的情况下，其安全性相对比当下的液态电池改善不大。

固态电池在滥用条件下的失控机理及影响因素众多，目前只进行了初步的探索，未来还需要进一步借助更深入的科学理论和更先进的表征手段来进行系统、全面的分析和阐释。

参考文献

[1] Sahu G, Lin Z, Li J, et al. Air-stable high-conduction solid electrolytes of arsenic-substituted Li₄SnS₄[J]. Energy & Environmental Science, 2014, 7: 1053-1058.

[2] Builes D, Hernandez J, Coruera M, et al. Effect of poly(ethylene oxide) homopolymer and two different poly(ethylene oxide-b-poly-(propylene oxide)-b-poly(ethylene oxide) triblock copolymers on morphological, optical, and mechanical properties of nanostructured unsaturated polyester[J]. ACS Applied Materials & Interfaces, 2014, 6: 1073-1081.

[3] Ramesh S, Winie T, Arof A. Investigation of mechanical properties of polyvinyl chloride-polyethylene oxide (PVC-PEO) based polymer electrolytes for lithium polymer cells[J]. European Polymer Journal, 2007, 43(5): 1963-1968.

[4] Mcgrogan F, Swamy T, Bishop S, et al. Compliant yet brittle mechanical behavior of $Li_2S-P_2S_5$ lithium-ion-conducting solid electrolyte[J]. Advanced Energy Materials, 2017, 7: 112645.

[5] Kato A, Nose M, Yamaotu M, et al. Mechanical properties of sulfide glasses in all solid-state batteries[J]. Journal of the Ceramic Society of Japan, 2018, 126(9): 719-727.

[6] Deng Z, Wang Z, Chu I, et al. Elastic properties of alkali superionic conductor electrolytes from first principles calculations[J]. Journal of the Electrochemical Society, 2016, 163: A67-A74.

[7] Jackman S, Cutler R. Effect of microcracking on ionic conductivity in LATP[J]. Journal of Power Sources, 2012, 218(6): 65-72.

[8] Cho Y, Wolfenstine J, Rangasamy E, et al. Mechanical properties of the solid Li-ion conducting electrolyte: $Li_{0.33}La_{0.57}TiO_3$[J]. Journal of Materials Science, 2012, 47(16): 5970-5977.

[9] Yu S, Schmidt R, Garcia-Mendez R, et al. Elastic properties of the solid electrolyte $Li_7La_3Zr_2O_{12}$ (LLZO)[J]. Chemistry of Materials, 2016, 28(1): 197-206.

[10] Ni J, Case E, Sakamoto J, et al. Room temperature elastic moduli and Vickers hardness of hot-pressed LLZO cubic garnet[J]. Journal of Materials Science, 2012, 47(23): 7978-7985.

[11] Kim Y, Jo H, Allen J, et al. The effect of relative density on the mechanical properties of hot-pressed cubic $Li_7La_3Zr_2O_{12}$[J]. Journal of the American Ceramic Society, 2016, 99(4): 1367-1374.

[12] Boresi A. Advanced mechanics of materials [M]. John Wiley & Sons, 2003.

[13] Wang S, Wu Y, Li H, et al. Improving thermal stability of sulfide solid electrolytes: an intrinsic theoretical paradigm[J]. InfoMat, 2022, 4(8): e12316.

[14] Wang X, Zhang Y, Zhang X, et al. Lithium-salt-rich $PEO/Li_{0.3}La_{0.557}TiO_3$ interpenetrating composite electrolyte with three-dimensional ceramic nano-backbone for all-solid-state lithium-ion batteries[J]. ACS Applied Materials & Interfaces, 2018, 10: 24791-24798.

[15] Chen H, Tao H, Wu Q, et al. Thermal behavior and lithium ion conductivity of $L_2O-Al_2O_3-TiO_2-SiO_2-P_2O_5$ glass-ceramics[J]. Journal of Wuhan University of Technology (materials science edition), 2012, 27(1): 67-72.

[16] Rodrigues A, Narvaez-Semanate J, Cabral A, et al. Determination of crystallization kinetics parameters of a $Li_{1.5}Al_{0.5}Ge_{1.5}(PO_4)_3$ (LAGP) glass by differential scanning calorimetry[J]. Materials Research, 2013, 16(4): 811-816.

[17] Narvaez-Semanate J, Rodrigues A. Microstructure and ionic conductivity of $Li_{1+x}Al_xTi_{2-x}(PO_4)_3$ nasicon glass ceramics[J]. Solid State Ionics, 2010, 181(25-26): 1197-1204.

[18] Miara L, Windmuller A, Tsai C, et al. About the compatibility between high voltage spinel cathode materials and solid oxide electrolytes as a function of temperature[J]. ACS Applied Materials & Interfaces, 2016, 8: 26842-26850.

[19] Cruz A, Ferreira E, Rodrigues A. Controlled crystallization and ionic conductivity of a nanostructured $LiAlGePO_4$ glass-ceramic[J]. Journal of Non-crystalline Solids, 2009, 355(45-47): 2295-2301.

[20] Bron P, Johansson S, Zick K, et al. $Li_{10}SnP_2S_{12}$: an affordable lithium superionic conductor[J]. Journal of the American Chemical Society, 2013, 135(42): 15694-15697.

[21] Brant J, Massi D, Holzwarth N, et al. Fast lithium ion conduction in Li_2SnS_3: synthesis, physicochemical characterization, and electronic structure[J]. Chemistry of Materials, 2015, 27(1): 189-196.

[22] Tsukasaki H, Otoyama M, Mori Y, et al. Analysis of structural and thermal stability in the positive electrode for sulfide-based all-solid-state lithium batteries[J]. Journal of Power Sources, 2017, 367: 42-48.

[23] Inoue T, Mukai K. Are all-solid-state lithium-ion batteries really safe? Verification by differential scanning calorimetry with an all-inclusive microcell[J]. ACS Applied Materials & Interfaces, 2017, 9(2): 1507-1515.

[24] Zhang X, Liu T, Zhang S, et al. Synergistic coupling between $Li_{6.75}La_3Zr_{1.75}Ta_{0.25}O_{12}$ and poly (vinylidene fluoride) in duces high ionic conductivity, mechanical strength, and thermal stability of solid composite electrolytes[J]. Journal of the American Chemical Society, 2017, 139(39): 13779-13785.

[25] Xia Y, Fujieda T, Tatsumi K, et al. Thermal and electrochemical stability of cathode materials in solid polymer electrolyte[J]. Journal of Power Sources, 2001, 92(1-2): 234-243.

[26] Nippani S, Kuchhal P, Anand G, et al. Structural, thermal and conductivity studies of $PAN-LiBF_4$ polymer electrolytes[J]. Journal of Engineering Science & Technology, 2016, 11: 1595-1608.

[27] You D, Yin Z, Ahn Y, et al. A high-performance polymer composite electrolyte embedded with ionic liquid for all solid lithium-based batteries operating at ambient temperature[J]. Journal of Industrial and Engineering Chemistry, 2017, 52: 1-6.

[28] Gellert M, Dashjav E, Gruner D, et al. Compatibility study of oxide and olivine cathode materials with lithium aluminum titanium phosphate[J]. Ionics, 2018, 24(4): 1001-1006.

[29] Murugan R, Thangadurai V, Weppner W. Fast lithium ion conduction in garnet-type $Li_7La_3Zr_2O_{12}$[J]. Angewandte Chemie International Edition, 2007, 46(41): 7778-7781.

[30] Ma C, Cheng Y, Yin K, et al. Interfacial stability of Li metal-solid electrolyte elucidated via in situ electron microscopy[J]. Nano Letters, 2016, 16(11): 7030-7036.

[31] Rettenwander D, Wagner R, Reyer A, et al. Interface instability of Fe-stabilized $Li_7La_3Zr_2O_{12}$ versus Li metal[J]. The Journal of Physical Chemistry C, 2018, 122(7): 3780-3785.

[32] Yang K, Leu I, Fung K, et al. Mechanism of the interfacial reaction between cation-deficient La$_{0.56}$Li$_{0.33}$TiO$_3$ and metallic lithium at room temperature[J]. Journal of Materials Research, 2008, 23(7):1813-1825.

[33] Zhu Y, He X, Mo Y. First principles study on electrochemical and chemical stability of solid electrolyte-electrode interfaces in all-solid-state Li-Ion batteries[J]. Journal of Materials Chemistry A, 2015, 4(9): 3253-3266.

[34] Wu B, Wang S, Lochal A J, et al. The role of the solid electrolyte interphase layer in preventing Li dendrite growth in solid-state batteries[J]. Energy & Environmental Science, 2018, 11(7): 1803-1810.

[35] Chung H, Kang B. Mechanical and thermal failure induced by contact between a Li$_{1.5}$Al$_{0.5}$Ge$_{1.5}$(PO$_4$)$_3$ solid electrolyte and Li metal in an all solid-state Li cell[J]. Chemistry of Materials, 2017, 29(20): 8611-8619.

[36] Hartmann P, Lrichtweiss T, Busche M, et al. Degradation of NASICON-type materials in contact with lithium metal: formation of mixed conducting interphases (MCI) on solid electrolytes[J]. The Journal of Physical Chemistry C, 2013, 117(41): 21064-21074.

[37] Li Y, Zhou W, Chen X, et al. Mastering the interface for advanced all-solid state lithium rechargeable batteries[J]. Proceedings of the National Academy of Sciences of the United States of America, 2016, 113(47): 13313-13317.

[38] Wenzel S, Leichtweiss T, Kruger D, et al. Interphase formation on lithium solid electrolytes-an in-situ approach to study interfacial reactions by photoelectron spectroscopy[J]. Solid State Ionics, 2015, 278: 98-105.

[39] Wenzel S, Randau S, Leichtweiss T, et al. Direct observation of the interfacial instability of the fast-ionic conductor Li$_{10}$GeP$_2$S$_{12}$ at the lithium metal anode[J]. Chemistry of Materials, 2016, 28(7): 2400-2407.

[40] Wenzel S, Weber D, Leichtweiss T, et al. Interphase formation and degradation of charge transfer kinetics between a lithium metal anode and highly crystalline Li$_7$P$_3$S$_{11}$ solid electrolyte[J]. Solid State Ionics, 2016, 286: 24-33.

[41] Lepley N, Holzwarth N, Du Y. Structures, Li$^+$ mobilities, and interfacial properties of solid electrolytes Li$_3$PS$_4$ and Li$_3$PO$_4$ from first principles[J]. Physical Review B, 2013, 88(10): 2991-3000.

[42] Zhu Y, He X, Mo Y. Strategies based on nitride materials chemistry to stabilize Li metal anode[J]. Advanced Science, 2017, 4(8):1600517.

[43] Wenzel S, Sedlmaier S, Dietrich C, et al. Interfacial reactivity and interphase growth of argyrodite solid electrolytes at lithium metal electrodes[J]. Solid State Ionics, 2018, 318: 102-112.

[44] Xu C, Sun B, Gustafsson T, et al. Interface layer formation in solid polymer electrolyte lithium batteries: an XPS study[J]. Journal of Materials Chemistry A, 2014, 2(20): 7256-7264.

[45] Ismail I, Noda A, Nishimoto A, et al. XPS study of lithium surface after contact with lithium-salt doped polymer electrolytes[J]. Electrochimica Acta, 2001, 46(10-11): 1595-1603.

[46] Munichandraiah N, Shukla A, Scanlon L, et al. On the stability of lithium during ageing of Li/PEO$_8$LiClO$_4$/Li cells[J]. Journal of Power Sources, 1996, 62(2): 201-206.

[47] Dahn J, Fuller E, Obrovac M, et al. Thermal stability of Li$_x$CoO$_2$, Li$_x$NiO$_2$ and λ-MnO$_2$ and consequences for the safety of Li-ion cells[J]. Solid State Ionics, 1994, 69(3-4): 265-270.

[48] Zeng Y, Li L, Li H, et al. TG-MS analysis on thermal decomposable components in the SEI film on Cr$_2$O$_3$ powder anode in Li-ion batteries[J]. Ionics, 2009, 15(1): 91-96.

[49] Chen R, Nolan A, Lu J, et al. The thermal stability of lithium solid electrolytes with metallic lithium[J]. Joule, 2020, 4: 812-821.

[50] Chen R, Yao C, Yang Q, et al. Enhancing the thermal stability of NASICON solid electrolyte pellets against metallic lithium by defect modification[J]. ACS Applied Materials & Interfaces, 2021, 13(16): 18743-18749.

[51] Bates A, Preger Y, Torres-Castro L, et al. Are solid-state batteries safer than lithium-ion batteries[J]. Joule, 2022, 6(4): 742-755.

[52] Zhu L, Wang Y, Wu Y, et al. Boron nitride－based release agent coating stabilizes Li$_{1.3}$Al$_{0.3}$Ti$_{1.7}$(PO$_4$)$_3$/Li interface with superior lean-lithium electrochemical performance and thermal stability[J]. Advanced Functional Materials, 2022, 32(29): 2201136.

[53] Xiong S, Liu Y, Jankowski P, et al. Design of a multifunctional interlayer for NASCION-based solid-state Li metal batteries[J]. Advanced Functional Materials, 2020, 30(22): 2001444.

[54] Tsukasaki H, Uchiyama T, Yamamoto K, et al. Exothermal mechanisms in the charged LiNi$_{1/3}$Mn$_{1/3}$Co$_{1/3}$O$_2$ electrode layers for sulfide-based all-solid-state lithium batteries[J]. Journal of Power Sources, 2019, 434: 226714.

[55] Tsukasaki H, Otoyama M, Kimura T, et al. Exothermal behavior and microstructure of a LiNi$_{1/3}$Mn$_{1/3}$Co$_{1/3}$O$_2$ electrode layer using a Li$_4$SnS$_4$ solid electrolyte[J]. Journal of Power Sources, 2020, 479: 228827.

[56] Kim T, Kim K, Lee S, et al. Thermal runaway behavior of Li$_6$PS$_5$Cl solid electrolytes for LiNi$_{0.8}$Co$_{0.1}$Mn$_{0.1}$O$_2$ and LiFePO$_4$ in all-solid-state batteries[J]. Chemistry of Materials, 2022, 34(20): 9159-9171.

[57] Rui X, Ren D, Liu X, et al. Distinct thermal runaway mechanisms of sulfide-based all-solid-state batteries[J].Energy and Environmental Science, 2023, 16(8): 3552-3563.

[58] Huang L, Lu T, Xu G, et al. Thermal runaway route of large format Li-S batteries[J]. Joule, 2022, 6: 906-922.

[59] Vishnugopi B, Hasan M, Zhou H, et al. Interphases and electrode crosstalk dictate the thermal stability of solid-state batteries[J]. ACS Energy Letters, 2022, 8(1): 398-407.

[60] Zhang H, Huang L, Xu H, et al. A polymer electrolyte with a thermally induced interfacial ion-blocking function enables safety-enhanced lithium metal batteries[J]. eScience, 2022, 002(002): 201-208.

[61] Zhou Q, Dong S, Lv Z, et al. A temperature－responsive electrolyte endowing superior safety characteristic of lithium metal

batteries[J]. Advanced Energy Materials, 2019, 10(6): 1903441.

[62] Dong T, Zhang H, Huang L, et al. A smart polymer electrolyte coordinates the trade-off between thermal safety and energy density of lithium batteries[J]. Energy Storage Materials, 2023, 58: 123-131.

[63] Lu J, Zhou J, Chen R, et al. 4.2 V poly(ethylene oxide)-based all-solid-state lithium batteries with superior cycle and safety performance[J]. Energy Storage Materials, 2020, 32: 191-198.

[64] Yang L, Zhang J, Xue W, et al. Anomalous thermal decomposition behavior of polycrystalline $LiNi_{0.8}Mn_{0.1}Co_{0.1}O_2$ in PEO‐based solid polymer electrolyte[J]. Advanced Functional Materials, 2022, 32(23): 2200096.

[65] Zhao P, Liu L, Chen Y, et al. Theoretical and numerical analysis for thermal runaway propagation within a single cell[J]. International Journal of Heat and Mass Transfer, 2021, 181: 121901.

[66] Bucci G, Swamy T, Chiang Y, et al. Modeling of internal mechanical failure of all-solid-state batteries during electrochemical cycling, and implications for battery design[J]. Journal of Materials Chemistry A, 2017, 5(36): 19422-19430.

[67] Johnson N, Albertus P. Modeling thermal behavior and safety of large format all-solid-state lithium metal batteries under thermal ramp and short circuit conditions[J]. Journal of the Electrochemical Society, 2022, 169: 060546.

[68] Gao S, Lu L, Ouyang M, et al. Experimental study on module-to-module thermal runaway-propagation in a battery pack[J]. Journal of the Electrochemical Society, 2019, 166: A2065-A2073.

[69] Yan J, Zhu D, Ye H, et al. Atomic-scale cryo-TEM studies of the thermal runaway mechanism of $Li_{1.3}Al_{0.3}Ti_{1.7}P_3O_{12}$ solid electrolyte[J]. ACS Energy Letters, 2022, 7: 3855-3863.

[70] Tsukasaki H, Mori Y, Otoyama M, et al. Crystallization behavior of the Li_2S-P_2S_5 glass electrolyte in the $LiNi_{1/3}Mn_{1/3}Co_{1/3}O_2$ positive electrode layer[J]. Scientific Reports, 2018, 8: 6214.

[71] Sun F, Wang C, Osenberg M, et al. Clarifying the electro-ehemo-mechanical coupling in $Li_{10}SnP_2S_{12}$ based all-solid-state batteries[J]. Advanced Energy Materials, 2022, 12 (13): 2103714.

[72] Huo H, Huang K, Luo W, et al. Evaluating interfacial stability in solid-state pouch cells via ultrasonic imaging[J]. ACS Energy Letters, 2022, 7(2): 650-658.

[73] Mutyala M, Zhao J, Li J, et al. In-situ temperature measurement in lithium ion battery by transferable flexible thin film thermocouples[J]. Journal of Power Sources, 2014, 260: 43-49.

[74] Zhu S, Han J, An H, et al. A novel embedded method for in-situ measuring internal multi-point temperatures of lithium ion batteries[J]. Journal of Power Sources, 2020, 456: 227981.

[75] Yang G, Lei T, Li Y, et al. Real-time temperature measurement with fiber Bragg sensors in lithium batteries for safety usage[J]. Measurement, 2013, 46: 3166-3172.

[76] Mei W, Liu Z, Wang C, et al. Operando monitoring of thermal runaway in commercial lithium-ion cells via advanced lab-on-fiber technologies[J]. Nature Communications, 2023, 14: 5251.

[77] Blanquer L, Marchini F, Seitz J, et al. Optical sensors for operando stress monitoring in lithium-based batteries containing solid-state or liquid electrolytes[J]. Nature Communications, 2022, 13: 1153.

第 10 章
固态锂电池应用现状及未来
发展面临的挑战与对策

10.1 固态锂电池应用现状

目前商业化液态锂电池的大规模应用面临两大挑战：

（1）采用液态锂电池供电的电动汽车、智能手机等设备安全事故频发，引发民众对锂电池安全性的疑虑。

（2）液态锂电池在采用高镍正极+硅基负极体系下，350Wh·kg^{-1}或将接近其极限能量密度，无法获得进一步的突破。

相对而言，固态锂电池不含易燃、易爆的有机溶剂，可从根本上解决液态锂电池的安全隐患；此外可与锂金属负极适配实现更高能量密度（预计≥500Wh·kg^{-1}），同时无需电解液和隔膜，可实现多层正极/固态电解质/负极材料串联堆叠再封装焊接工艺，有助于简化封装、冷却系统等，降低电池包重量和体积，提升续航能力。因此，固态锂电池已成为广泛认可的下一代电池技术。

现阶段，固态锂电池按照电解质类型来进行区分，主要有聚合物固态电池、氧化物固态电池和硫化物固态电池。研究早期主要以聚合物为主，后逐渐过渡到氧化物和硫化物。目前国际上主流企业均以这两种技术路线为主。例如，丰田、三星、宁德时代、Solid Power、LG、松下等均选择理论性能最佳，但工艺难度极高的硫化物路线；氧化物代表性企业为QuantumScape、辉能等。另外，国内部分固态电池初创公司目前亦集中于氧化物和硫化物，部分企业选择固液混合作为过渡方案使用。造成不同路线选择的原因在于，目前研究的固态电解质难以同时满足高离子电导率、宽电化学窗口以及高化学/热/机械稳定性（图10.1）。聚合物固态电解质具有柔韧性好、质量轻、成本低以及易于加工等优势，但它们大多由半结晶聚合物构成，室温下离子电导率偏低（＜10^{-6}S·cm^{-1}），限制其发展。

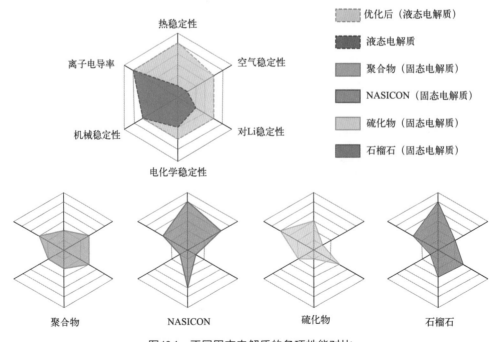

图10.1　不同固态电解质的各项性能对比

这类电解质研究相对成熟的是PEO基固态电解质体系，但窄的电化学窗口及较高的工作温度（室温下离子电导率低），限制其大规模应用，其结构优化和活性填料加入已成为重要的技术优化路径；相对聚合物固态电解质而言，无机固态电解质的最大优势在于离子电导率高、电化学窗口宽，适用于高电压的电极材料体系。然而，氧化物固态电解质（包括NASICON型、石榴石和钙钛矿结构）虽然力学性能优、电化学稳定性高，但高温烧结工艺复杂/能耗高、固-固界面阻抗大，目前主要通过改性、掺杂、引入界面层等技术手段优化。硫化物固态电解质室温电导率接近液态电解质的水平，但其空气中稳定性差，与空气接触会形成有毒的硫化氢，在材料生产工艺方面要求极高，同时成本现阶段也处于高位。目前，开发兼具高离子电导率、宽电化学窗口、良好化学稳定性和空气稳定性的硫化物电解质材料已成为重点研究方向。由于任何单一固态电解质均无法取得令人满意的综合性能，复合固态电解质正成为解决当前固态锂电池应用痛点的技术发展方向。

除了固态电解质材料本身，固态电池的制备工艺也面临一些挑战。对于固态电解质膜的制备，湿法工艺成膜操作简单，工艺成熟，易于规模化生产，是目前最有希望实现固态电解质膜量产的工艺之一，而基于粉末的气溶胶工艺（效率低/成本高）和干法工艺（厚度偏厚）尚不成熟。在固态电池正极极片的制备过程中，由于固态电解质的加入，在湿法工艺中溶剂的选择等方面有一定的变动，但成熟度高，缺点是需要溶剂回收/极片干燥环节，采用无机电解质材料的电极黏结剂选择受限，而干法工艺虽具备低能耗/低成本特性，但薄膜均匀度难以控制，尚处于工艺成熟验证阶段。在负极方面，锂金属的高活性和黏合性使其加工过程对环境/设备/安全等方面要求较高，而无锂负极工艺能避免锂的直接处理，但工艺复杂，均匀性不好控制，效率低。在制造工艺端，分段叠片或一体化叠片具备工艺成熟/成本和效率优势。在电池集成方面，全固态电池通常采用软包的方式集成，与液态电池生产相比，不需要电解液注入工艺。总体来看，目前较为先进的液态电池生产工艺有20%～60%可用于固态电池的生产当中（具体则根据电解质的类型有所差异），但未来固态电池的生产工艺有望出现大幅革新。

近期，各种电池企业、整车企业都积极布局固态电池技术。但目前行业尚处于半固态向全固态发展的阶段，全固态电池的技术难题仍有待解决，真正实现产业化及规模上车仍需较长时间。而且，目前大多数固态电解质/电池及相关生产设备未大规模生产，产业化工艺亦不成熟，导致目前成本较高。现阶段，固态电池将率先向价格不敏感的深空、深地、军工领域渗透，并逐步向电动飞行器发展。未来，当固态锂电池在能量密度、安全性、寿命、快速充电和成本等参数上优于或者接近液态锂电池的水平时，将会向消费电子、电动汽车、规模储能领域渗透，并在这些不断扩大的市场中占有相应的份额（图10.2）。预计包括可穿戴设备、手机和平板电脑在内的消费电子产品将在21世纪20年代首先采用固态电池，作为一种更安全、但更昂贵的选择。在2030年之前，全固态电池不太可能具有成本竞争力，因此在电动汽车领域的应用难以起色。总之，固态电池技术的企业在未来十年内不会获得可观的收入，除非能够抓住深空、深地或军事领域的发展机会。在市场规模方面，到2029年，固态电池的总市场机会可能超过50亿美元，到2035年，将有望达到680亿美元。

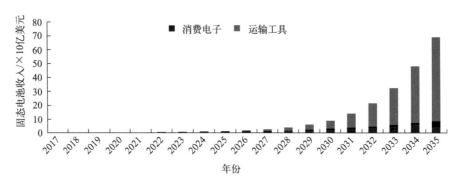

图10.2　固态锂电池在消费电子和交通工具方面的营收预测

此外，有三种情况可能会比预期更快地推动固态电池的普及。

① 固态电解质能真正嵌入现有的制造工艺。锂离子电池的成本降低主要来自规模经济，因为十几家制造商的年产能超过1GWh。现阶段固态锂电池需要使用新的生产工艺和设备，这成为其在全球范围内大规模生产的一个障碍。聚合物固态电解质尽管离子电导率较差但能更好地嵌入现有的制造工艺，而高性能无机电解质则需要新工艺或环境控制的结合。一种真正嵌入现有的制造工艺和高性能的固态电解质将改变能源存储行业的游戏规则，是当前固态锂电池设计的重中之重。因此，聚合物电解质与无机固态电解质复合是一条必然技术路线。

② 固态电解质能实现低成本的锂硫或碱金属电池化学。当规模经济带来的成本降低已经达到极限，未来能源存储的成本降低可能来自使用更高容量和更低成本的材料。一些化学电源产品的目标是通过使用硫、锌或钠等材料来进一步降低成本，但液态电解质的性能一直难以满足要求。未来，在锂硫和碱金属电池化学方面的研究可能会使固态电池价格比传统锂离子电池更便宜。这可能导致固态电池在2030年之后，更多地被采用。

③ 锂离子电池出现大规模故障或召回可能会刺激固态锂电池的应用。如果电动汽车因液态锂电池出现大规模故障或召回，且固态电池可以实现大规模生产，政府可能会要求使用更安全的固态电池。虽然这种可能性很小，但至少安全问题会成为固态锂电池应用的一个不可忽视的驱动因素。

目前，固态锂电池在新能源汽车、储能电站和深海电源装备等领域取得了一定的进展，下面予以简要介绍。

10.1.1　固态动力电池

作为动力电池应用于新能源汽车是固态锂电池技术最主要的应用场景。相比于液态锂离子电池，固态锂电池不仅可以极大增加电动汽车的续航里程，而且可以从根本上提高电动汽车的安全性（大幅减少因电池热失控导致的汽车安全事故发生率）[1]。

目前，固态动力锂电池技术的研发已成为世界各国之间竞争和博弈的重心。传统汽车强国，如德国、美国、日本、韩国等纷纷制定了固态锂电池研发的国家发展规划。就我国而言，2020年11月国家发改委发布了《新能源汽车产业发展规划（2021—2035年）》，其中明确提出"加快固态动力电池技术研发及产业化"，并将其列为"新能源汽车核心技术攻关工程"，力求使我国在固态锂电池技术领域达到国际先进水平。

目前，固态聚合物动力锂电池技术已经在法国成功实现了商业化。2011年10月，法国Bolloré公司自主研发的Bluecar电动车搭载子公司Batscap生产的30kWh金属锂聚合物电池，已经行驶于巴黎的大街小巷。据统计，迄今已约有5000辆Bluecar投放到了巴黎Autolib汽车共享服务项目[2]。这种Bluecar最高时速可达130km·h^{-1}，续航里程为250km。

事实上，法国Bolloré公司采用的固态聚合物锂电池技术源于加拿大魁北克水电研究院。加拿大魁北克水电研究院从1979年开始研究PEO固态电解质关键材料及固态锂电池器件，其生产的第一代固态聚合物锂电池能量密度可达200Wh·kg^{-1}。目前，第二代固态聚合物锂电池使用磷酸铁锂（厚度66μm）/PEO-LiTFSI电解质/锂（39μm）技术路线，电池组能量密度为150Wh·kg^{-1}（80Ah，3.5V平台），循环（100%DOD）2000圈后容量保持率为80%。充一次电续航里程为250km，设计寿命11年（按100km·d^{-1}计算）。

不过，国内固态聚合物锂电池的开发也不甘落后。例如，中国科学院青岛生物能源与过程研究所率先建成了百兆瓦时的固态聚合物锂电池生产线，并开发出能量密度为350Wh·kg^{-1}的聚合物固态锂电池，并且已经完成在新能源汽车上的示范化应用（11000km）。

相比于聚合物固态锂电池技术，无机固态电解质由于制备成本高、固/固界面阻抗高等原因，目前尚无成熟的商业化体系，均处于实验室或原型实验阶段[3]。

在传统车企中，丰田是最早研发无机固态锂电池的企业之一。日本丰田公司2010年推出了采用硫化物电解质的固态电池，2014年样品电池能量密度达到了400Wh·kg^{-1}。目前，丰田在固态锂电池领域拥有超过1000项专利，位居全球第一。丰田计划在2025年，实现全固态锂电池的小规模量产，首先搭载在混动车型上；到2030年，实现全固态电池量产。此外，日本日产汽车计划2025年开始试生产全固态电池，预计2028年正式推出以固态电池为驱动的新能源车型。

2020年10月，美国Solid Power宣布生产和交付其第一代2Ah的无机全固态锂电池，能量密度达到320Wh·kg^{-1}。Solid Power已经与福特汽车等战略合作伙伴进行了产品验证，计划于2026年配装电动汽车。2023年，美国固态电池初创公司QuantumScape宣称研发的固态电池最高续航达到2000公里，15min可以充满80%，使用寿命超过100万公里。

相比于国外，国内众多企业在无机固态锂电池技术方面同样取得了可喜的进展[4]。例如，中国台湾的辉能科技开发的固态锂陶瓷电池，实现了电池可挠曲、可卷曲，体积能量密度最高可达833Wh·L^{-1}，结合其开发的电池内部同步串并联的"双极"技术，单颗电芯电压可达60V，大幅提高了电池包的体积能量密度并显著降低可成组成本。辉能科技于2017年与天际汽车合作完成了首个固态电池包的实车验证工作。目前，基于Multi Axis Bipolar（MAB）电池包的成功开发，辉能科技与蔚来、天际、爱驰等数家企业签署战略合作协议，合作开展固态电池包的装车测试。

10.1.2　固态储能电池

在储能领域，锂电池主要充当储能设备的能量存储和释放角色。具体来说，锂电池通过电化学反应将电能转化为化学能进行存储，在需要时将化学能再次转化为电能进行释放，以满足电网的调峰调频和备用电力等需求。锂电池在储能电站中具有高效、快速、响应灵敏等优势，能够迅速响应电网负荷变化，实现电力平衡控制，提高电力系统的可靠性和稳定性。

在储能电站的运营中，锂电池的具体角色和功能取决于储能电站的类型和应用场景。例如，在分布式储能系统中，锂电池可以与太阳能电池板等清洁能源设备配合联用，实现对电力系统的削峰填谷和储能输出等功能；在大型储能电站中，锂电池可以作为备用电力源，提供紧急备用电力，或者在电力系统需求高峰期提供峰电服务等。传统的储能电池由于使用液态电解质[5]，存在严重安全隐患，例如2017年8月至2019年5月间，韩国接连发生了23起储能电站火灾事故，促使韩国政府一度暂停了所有正在运行的储能电站项目。

相对而言，固态电池储能电站具有高能量密度、长寿命、高安全性等优点，因此备受瞩目。在国内方面，目前正在建设和运营的固态电池储能电站较为有限，但随着国家对清洁能源的重视，其建设和应用也将得到快速推广。2023年12月，江苏南京与清陶云能项目签约，将在全国打造首个固态电池储能零碳示范区。总体来讲，国外固态电池储能电站的应用开发与国内处于同一水平。日本NEC公司已经成功建设了多座固态电池储能电站，例如在石川县建设的"电动力量"固态电池储能电站，其容量高达2.4MWh，可以支撑当地2000户家庭的用电需求。美国也在积极推进固态电池储能电站的建设和应用，例如波士顿动力公司正在开发固态电池储能电站，将其应用于机器人和无人机的能源供应。

总结来讲，固态锂电池在新能源汽车和储能领域的应用已取得可喜进展，但目前规模化应用仍然存在巨大的挑战。但可以预见的是，随着固态锂电池能量密度的不断提升，以及成本的日益降低和生产工艺的日臻成熟，未来固态锂电池必将占据新能源汽车、消费电子、大规模储能领域的大部分市场。就国家层面来讲，固态锂电池是我国成为世界汽车技术强国的关键技术，是助力我国实现碳达峰、碳中和的关键所在[6]。

10.1.3　固态电源系统深海特种应用

深海蕴藏着人类社会未来发展所需的丰富矿产和可再生能源等资源。十八大以来，我国提出建设海洋强国的战略部署，要求进一步提升深海装备的智能化作业能力。现有的海上风能、太阳能、波浪能、洋流能、水深温差能等发电装置，受气候、洋流、深度等因素的影响，电力输出存在功率不恒定、效率低等诸多问题，无法直接对海洋装备进行可靠、高效的能量补给。为保障海洋科考的持续探索和深海矿产资源的稳定开发，满足国家重大海洋战略需求，亟须发展高效、稳定的电能供给系统，进而解决国家深海能源供给"卡脖子"的问题，中国科学院青岛生物能源与过程研究所基于固态锂电池技术的多能互补水下能源基站规划了一种高效的水下能源供给策略（图10.3）[7,8]。

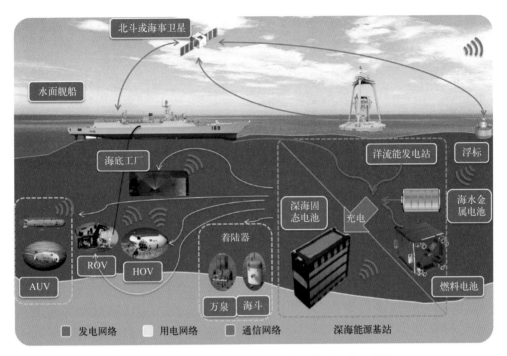

图10.3　基于固态锂电池技术的多能互补水下能源基站

中国科学院青岛生物能源与过程研究所持续提升固态锂电池技术和品质，满足深海特种电源"高耐压""高安全""高能量密度"的"三高"苛刻要求，打破国外技术垄断，为国产深海装备提供了可靠能源动力。

2017年3月，青岛能源所研发的固态锂电池电源系统随TS03航次科考船远赴马里亚纳海沟，为"万泉"号着陆器控制系统及CCD传感器提供能源，累计完成9次下潜，其中6次超过10000m，最大工作水深10901m，累计坐底工作时间98.5h，顺利完成万米全深海示范应用，标志着我国成功突破了全海深电源技术瓶颈，填补了全海深高能量密度电源系统的技术空白，进一步验证了青岛能源所研发的固态锂电池所具有的高可靠性和高安全性。2018年8月到10月，青岛能源所开发的模块化固态电源系统随TS09航次科考船再次远赴马里亚纳海沟，为天涯、海角、万泉等全海深着陆器提供能源动力，共计完成27个潜次的作业，15次下潜深度超过万米，最大下潜深度10918m，单次下潜最长作业时间26天10小时43分钟，创世界上单次连续作业记录，为我国获取首批超万米深度的全海深水文数据及海底复杂地形下实时勘测提供有效能源保障。2018年12月到2019年6月，青岛能源所研制的高能量密度固态锂电池系统完成了南海坐底作业，实现长达198天持续无故障运行，为长潜伏"金鸡"着陆器提供了可靠的能源保障，证明了固态锂电池及BMS系统具有超高能量密度和低功耗特性。2020年11月，青岛能源所研发的全海深固态锂电池系统为"沧海"号视频着陆器提供充足的能量动力，成功保障了"沧海"与"奋斗者"的万米深海联合作业，实现了全球首次万米洋底直播，为"奋斗者"号拍摄了清晰的视频画面，视频见证"奋斗者-沧海号"成功标注了中国载人深潜新坐标。同月，青岛能源所研制的高功率固态锂电池系统为"鹿岭"机器人提供了大功率、长航时的能源动力，成功完成10个位点10km的全海深复杂工况下爬游作业，充分验证了深海固态锂电池系统的高功率、高可靠、高安全、高能量密度等显著特点，达到水下装备对大功率及长航时运行的需求。2022年10月25日，大深度原位科学试验实验站在海底成功布设。由青岛能源所与深海所共同研制的兆瓦时级深海能源系统首次实现了深海原位实验站的集成验证，也是当前深海装备携带的最大能源容量，并在千米海底成功实现了海试验证，本次海试采用的就是青岛能源所研发的固态锂电池（图10.4）。

自2015年至今，青岛能源所已经累计为各类深海科考装备用户提供了超过110批次的固态锂电池电源系统。8年内，研制的全海深电源系统实现零故障应用，为我国深海事业发展提供了安全、可靠、零事故运行的特种电源保障，表明我国深海装备用全海深

图10.4　首台套兆瓦时级深海储能系统成功实现千米海试验证

电源系统技术已趋于成熟，产生了巨大的社会效益。

除此之外，青岛能源所的"高性能聚合物固态锂电池材料与技术"项目2018年顺利通过了中国石油和化工联合会组织的鉴定委员会鉴定，专家们一致认为"该项成果创新性强，在全海深极端条件下，实现固态电池能源系统的成功应用，达到国际领先水平"。相关技术还入选了2020年"全球新能源汽车前沿及创新技术"和中国工程院发布的"全球工程前沿2020"，这为聚合物全固态电池发展起到引领和促进作用。

10.2　全固态锂电池发展面临的挑战与对策

如前所述，固态锂电池是未来最具有应用前景的二次电池储能技术。截至目前，尽管固态锂电池已经在关键材料开发、界面问题研究、器件组装、Pack成组、全海深示范等基础研究和应用示范等诸多方面取得了长足的进步，然而从长远发展角度来讲，全固态锂电池的发展依然面临着非常严峻的挑战。如能采用有效策略解决以下几方面关键挑战和问题，相信固态锂电池必将在未来迎来更大发展。

（1）超级固态电池层面

在未来，通过量子调理的技术探索超级固态电池是一个很有意义的课题。固态电池中，作为载流子的金属离子需要在三个固相环境中进行有效传输，同时还要跨越两个固相界面。电池充放电倍率受制于整个离子传导路径中的限速步骤，导致提升空间较低。类似地，生命的出现恰巧也是利用离子作为信息载体。近年来，江雷院士等学者已深刻认识到道法自然在当今科学发展中的重要意义。离子通道中的量子限域离子超流体被认为是生物信息的量子态，而通道的相干性则是作为神经信息的载体。这可能会解答生命科学的一个终极问题：生命是如何实现超低能耗的高效能量转换和信息传输？正如，李

世石虽惜败于 Alpha Go，但是这是建立在功率仅为20瓦的人类大脑和上千个CPU组成的人类发明的对弈。这些认识启发我们重新思考固态电池中离子运动的本质。

正负极和固态电解质中的金属离子都处在特定的量子态环境，其扩散依赖于周围阴离子骨架环境的物化性质。传统的固态离子导体设计思路往往着眼于静态晶体结构设计，但近年来也发现晶格振动（或低能声子模式）也是触发离子固相迁移的原因。微观上，若找到离子在各传导环节中振荡频率之间的耦合关系，必然可以通过外场（或者本身电池运行中的电场）的刺激，实现电解质-电极之间离子量子态的远程相干。著名的诺贝尔物理学奖得主列夫朗道所说的："不要盯着原子看，更重要的是原子的集体运动。"离子在电极-电解质界面处的调谐转移也是不同量子态频率共振的主要表现。的确，近年来的研究发现界面功能层的引入不仅不会降低固态电池的整体阻抗，甚至还能出现离子加速的现象。在技术方面，随着人类对量子物态的掌控（如光子盒等），一定会加速量子调谐的超级电池的出现，突破充放电速度及能量密度的极限。基于自然界的奇妙现象，探索量子和离子的操控方式将是未来固态电池发展的必然路径之一。

（2）固态锂电池多物理场耦合科学问题研究层面

固态锂电池是一个电-化-力-热等多物理场耦合行为的复杂多相体系，要表征清晰很困难，极具挑战。因此，在未来固态锂电池界面研究中，需要加强多物理场耦合表征技术以及相关理论计算/仿真模拟的协同研究。如（全海深）极端工况下固态锂电池的界面演化机制研究，就是一个非常好的基础科学问题。如何能更好地进行表征？是值得科研人员深入思考的。

（3）固态锂电池关键材料研发层面

① 针对固态电解质，如何设计开发出同时兼具超轻、超薄（$\leqslant 10\mu m$）、高机械强度（$\geqslant 50MPa$）、高杨氏模量（$\geqslant 8GPa$）、室温高离子电导率（$\geqslant 10^{-3}S \cdot cm^{-1}$）、宽电化学稳定窗口（$0 \sim 5V$，$vs.$ Li^+/Li）、柔韧性好、可批量化制备的固态电解质关键材料，是构建高能量密度、长循环寿命室温固态锂电池的关键。为加速该类固态电解质的研发，可以借助高通量理论计算、机器学习、人工智能技术等。

② 考虑到超高能量密度无负极固态锂电池的发展需要，开发新型的与无负极固态锂电池发展相匹配的高性能固态电解质，同样值得高度关注。

③ 从科学角度讲，固态锂电池正极设计是一项非常重要的基础研究课题，它亟须解决诸多科学问题（如体积形变对界面完整性、物相连续性、载流子迁移等方面的影响）以及材料和技术问题（如固态正极的研究必须解决材料、工艺和电池结构等）。

（4）高性能固态锂电池电芯设计、开发及相匹配的装备层面

① 考虑到电动汽车对长续航寿命的迫切需要，开发同时具备超高质量能量密度（$\geqslant 500Wh \cdot kg^{-1}$）和超长循环寿命（$\geqslant 1000$圈）的固态锂金属电池（如高镍/超薄固态电解质/超薄锂金属、硫正极/超薄固态电解质/超薄锂等）和无负极固态锂电池及其相应的电芯制备成型关键核心技术，是未来大势所趋，也是固态锂电池发展的终极形态。

② 对于极地探测、高寒地带、平流层飞行器等特殊应用工况的需要，在保证高能量密度和高安全性能的前提下，开发出可低温（$\leqslant -80℃$）运行的固态锂电池技术，同样值得关注和期待。

③ 鉴于深地、外太空探索等极端高温应用领域对电源供给的苛刻需求，研发耐高温（≥200℃）的固态锂电池，也是未来发展的重要研究方向。

④ 鉴于固态锂电池固有的高安全特性，研发可应用于单兵作战装备的抗枪击、且可持续稳定供电的高比能固态锂电池，对于提升国防装备的现代化意义十分重大。

⑤ 固态锂电池开发是能源材料设计研发、电池制备核心技术和装备等多方面的革命。因此，固态锂电池的制备和组装需要与之相配套的装备和技术革新，并需要有效融合电池各个行业的技术，进而实现智能化组装技术革新，形成一个全新的产业生态和链条。

（5）固态锂电池产业化层面

① 成本是固态锂电池产业化难以绕过的话题。相对比液态锂电池，固态锂电池的成本还是较高（约高20%～40%），较高的成本主要源于固态电解质，因此对比传统液态锂离子电池，固态锂电池在成本方面不具备竞争优势。因此如何大幅度降低固态电解质成本，从而进一步凸显固态锂电池的性价比，实现固态锂电池价格和高安全、高能量密度、长循环寿命的有效均衡，是固态锂电池产业化必须面对和解决的问题。因此可以预见，如何大幅度降低现有固态电解质的成本，抑或是低成本固态电解质的开发，是固态锂电池实现产业化不容忽视的一环，需要引起科研和产业界的格外关注。

② 未来固态锂电池的一个应用出口就是电动汽车。然而，现在的固态锂电池科研机构和企业等动辄就宣称能量密度已超400Wh·kg^{-1}，但其循环寿命仍待进一步考究。因此，对于固态锂电池的产业化来讲，在保证价格相对合理的前提下，如何同时兼顾长循环寿命和高能量密度，也是必须解决的问题。这需要从固态电解质研发、电极材料改性和修饰、界面调控、器件组装技术等多方面入手。

③ 在全生命周期内，固态锂电池是否"真的安全"？是否能够满足实际应用的需要？仍待长期验证，尤其是对于固态锂金属电池挑战更大。与此同时，未来随着"风、光、储"一体化电源系统能源互联网的建立和快速发展，储能器件的安全性将更加凸显。因此，要回答和阐明"全生命周期内，固态锂电池是否真的安全？"这个问题，需要建立定制化、系统化、长效化的评估机制和表征手段。

（6）固态锂电池绿色设计与开发层面

基于"环境友好、可持续发展、以人为本"等多方面的考虑，未来基于无卤素（如氟、氯）的固态电解质和无卤素黏结剂的绿色固态锂电池设计和开发，将在密闭空间（如深海、深空等特种领域）发挥重要作用；并且该绿色固态锂电池对于其回收也是十分有益的（因为含卤素的锂电池在拆解过程中，会产生氟化氢，极大腐蚀回收设备，并且可能对人造成灼伤）。

（7）固态锂电池V2G层面

V2G是"Vehicle-to-Grid"（车辆到电网）的缩写，它描述了电动汽车与电网之间的双向互动关系。V2G技术允许电动汽车不仅从电网获取电力进行充电，而且在需要时，如电网负荷高峰期间，可以将车载电池中的电能反馈给电网。这样，电动汽车就充当了移动式储能装置的角色，有助于平衡电网负荷、提高供电质量、整合可再生能源，并在电网需要时提供辅助服务如调频和备用电力，实现电动汽车和电网的能源互联网。

通过V2G深化落地引领能源产业高质量发展。V2G技术的推广，不仅能提升电网对清洁能源的接入能力和消纳能力，助力能源的有效利用，还可以使新能源车主用车成本显著降低。固态锂电池具有高的安全性和长寿命，因此固态锂电池是实现V2G非常好的储能手段，并且它会促进V2G的实现，从而真正实现智能储能，彻底改变我们的生活方式。

参考文献

[1] 师雨菲. 电动汽车频现自燃，固态电池能否堪大任[J]. 能源，2020, 7: 47-49.

[2] 武佳雄，王曦，徐平红，宗磊，朱星宝. 车用固态锂电池研究进展及产业化应用[J]. 电源技术，2021, 45(3): 402-405.

[3] Yang G, Abraham C, Ma Y, Lee M, Helfrick E, Oh D, Lee D. Advances in materials design for all-solid-state batteries: from bulk to thin films[J]. Applied Sciences, 2020, 10(14): 4727.

[4] 张鹏，赖兴强，沈俊荣，张东海，阎永恒，张锐，盛军，代康伟. 固态锂电池研究及产业化进展[J]. 储能科学与技术，2021, 10(3): 896-904.

[5] Galos J, Pattarakunnan K, Best A S. Energy storage structural composites with integrated lithium-ion batteries: a review [J]. Advanced Materials Technologies, 2021, 6: 2001059.

[6] Wei H, Cui D, Ma J. Energy conversion technologies towards self-powered electrochemical energy storage systems: the state of the art and perspectives [J]. Journal of Materials Chemistry A, 2017, 5: 1873-1894.

[7] 吴天元，江丽霞，崔光磊. 水下观测和探测装备能源供给技术现状与发展趋势[J]. 中国科学院院刊，2022, 37(7): 898-909.

[8] 苑志祥，张浩，张雪，杨志林，张波涛，张建军，吴天元，崔光磊. 深潜器用蓄电池的研究进展[J]. 硅酸盐学报，2023, 51(11): 2868-2875.